河南省建筑施工企业管理人员安全生产继续教育用书

建设工程安全生产法律法规及标准规范选编

（第2版）

河南省住房和城乡建设厅　编

黄河水利出版社
·郑州·

内容提要

本书收集、选编了近年来国家、地方及有关部委和河南省住房和城乡建设厅出台的一系列有关建设工程安全生产的法律、法规、规范性文件以及安全技术标准、规范等。全书分为法律法规、法规性文件、部门规章、规范性文件和标准规范5部分。内容丰富,资料翔实,针对性强,对全面学习、了解和掌握国家有关建设工程安全生产方面新的法律、法规、政策和标准有很强的实用性。

本书可以作为建筑施工企业主要负责人、项目负责人和专职安全生产管理人员安全生产继续教育用书,也可以作为工程建设有关人员的学习参考书。

图书在版编目(CIP)数据

建设工程安全生产法律法规及标准规范选编/河南省住房和城乡建设厅编.—2版.—郑州:黄河水利出版社,2011.8 (2016.5 重印)

ISBN 978-7-5509-0106-3

Ⅰ.①建… Ⅱ.①河… Ⅲ.①建筑工程-工程施工-安全生产-法规-汇编-中国②建筑工程-工程施工-安全生产-标准-汇编-中国 Ⅳ.①D922.549 ②TU714-65

中国版本图书馆CIP数据核字(2011)第174454号

组稿编辑:王路平 电话:0371-66022212 E-mail:hhslwlp@126.com

出 版 社:黄河水利出版社

地址:河南省郑州市顺河路黄委会综合楼14层 邮政编码:450003

发行单位:黄河水利出版社

发行部电话:0371-66026940、66020550、66028024、66022620(传真)

E-mail:hhslcbs@126.com

承印单位:河南承创印务有限公司

开本:787 mm×1 092 mm 1/16

印张:34.5

字数:800千字

版次:2007年11月第1版 印次:2016年5月第6次印刷

2011年8月第2版

定价:58.00元

《建设工程安全生产法律法规及标准规范选编》

（第2版）

编辑委员会名单

第2版前言

本书第1版出版以来，对河南省开展建筑施工企业“三类人员”安全生产继续教育工作起到了重要的作用。但由于近年来国家及河南省相继颁布了一系列新的安全生产技术标准规范、规章和规范性文件，同时一些原有的安全生产法律法规和标准规范也进行了修订与调整。因此，为了使本书能够更好地适应建筑施工企业“三类人员”安全生产继续教育工作的需要，特对本书重新进行了编辑修订。

在本书编辑修订过程中，出于对总体篇幅和实用性的综合考虑，对第1版中一些与建设安全生产关系密切需要重点学习和掌握的法律法规和规范性文件进行了保留，对一些需要了解和一般掌握的以及2007年以前颁布的法律法规、规范性文件和标准规范予以删除，一些新颁布的技术标准规范未全文收录，仅编入了一些需要掌握的关键性条款和基本性条款。

由于本书修订工作时间紧迫，加之受篇幅所限，其整体编排和内容取舍未必恰当，如有不妥，欢迎读者批评指正，以便于进一步修订完善。

编　者

2011年7月

第1版前言

建筑业是一个安全风险较大的行业，而且随着工程建设的发展，“高、大、精、尖”工程项目日益增多，建筑施工活动的安全风险进一步增大，建筑安全生产面临的任务更加繁重。建筑施工企业主要负责人、项目负责人、专职安全生产管理人员（以下简称“三类人员”）在工程建设实施过程中担负着重要的安全管理职责。建筑施工企业能否做到安全生产，与“三类人员”的安全意识、责任意识、安全素质及履行职责状况有着密切的关系。加强“三类人员”的安全教育培训，提高“三类人员”的安全意识、责任意识、安全素质是建设安全生产管理工作的重要内容，是促进建筑施工企业落实安全生产主体责任、强化安全生产管理、推动建筑业安全生产管理水平提高的重要措施。为此，河南省住房和城乡建设厅组织编写了本书，作为全省建筑施工企业“三类人员”安全生产继续教育用书，也可供从事建筑管理的有关人员日常学习使用。希望本书的出版对促进河南省的建设工程安全生产管理工作起到积极的作用。

编　者

2007年9月

目　录

一、法律、法规

二、法规性文件

三、部门规章

四、规范性文件

(一)住房和城乡建设部文件

五、标准、规范

一、法律、法规

FALÜ FAGUI

中华人民共和国突发事件应对法

（2007年8月30日第十届全国人民代表大会常务委员会第二十九次会议通过，中华人民共和国主席令第69号公布，自2007年11月1日起施行）

第一章 总 则

第一条 为了预防和减少突发事件的发生，控制、减轻和消除突发事件引起的严重社会危害，规范突发事件应对活动，保护人民生命财产安全，维护国家安全、公共安全、环境安全和社会秩序，制定本法。

第二条 突发事件的预防与应急准备、监测与预警、应急处置与救援、事后恢复与重建等应对活动，适用本法。

第三条 本法所称突发事件，是指突然发生，造成或者可能造成严重社会危害，需要采取应急处置措施予以应对的自然灾害、事故灾难、公共卫生事件和社会安全事件。

按照社会危害程度、影响范围等因素，自然灾害、事故灾难、公共卫生事件分为特别重大、重大、较大和一般四级。法律、行政法规或者国务院另有规定的，从其规定。

突发事件的分级标准由国务院或者国务院确定的部门制定。

第四条 国家建立统一领导、综合协调、分类管理、分级负责、属地管理为主的应急管理体制。

第五条 突发事件应对工作实行预防为主、预防与应急相结合的原则。国家建立重大突发事件风险评估体系，对可能发生的突发事件进行综合性评估，减少重大突发事件的发生，最大限度地减轻重大突发事件的影响。

第六条 国家建立有效的社会动员机制，增强全民的公共安全和防范风险的意识，提高全社会的避险救助能力。

第七条 县级人民政府对本行政区域内突发事件的应对工作负责；涉及两个以上行政区域的，由有关行政区域共同的上一级人民政府负责，或者由各有关行政区域的上一级人民政府共同负责。

突发事件发生后，发生地县级人民政府应当立即采取措施控制事态发展，组织开展应急救援和处置工作，并立即向上一级人民政府报告，必要时可以越级上报。

突发事件发生地县级人民政府不能消除或者不能有效控制突发事件引起的严重社会危害的，应当及时向上级人民政府报告。上级人民政府应当及时采取措施，统一领导应急处置工作。

法律、行政法规规定由国务院有关部门对突发事件的应对工作负责的，从其规定；地方人民政府应当积极配合并提供必要的支持。

第八条 国务院在总理领导下研究、决定和部署特别重大突发事件的应对工作；根据实际需要，设立国家突发事件应急指挥机构，负责突发事件应对工作；必要时，国务院可以派出工作组指导有关工作。

县级以上地方各级人民政府设立由本级人民政府主要负责人、相关部门负责人、驻当地中国人民解放军和中国人民武装警察部队有关负责人组成的突发事件应急指挥机构，统一领导、协调本级人民政府各有关部门和下级人民政府开展突发事件应对工作；根据实际需要，设立相关类别突发事件应急指挥机构，组织、协调、指挥突发事件应对工作。

上级人民政府主管部门应当在各自职责范围内，指导、协助下级人民政府及其相应部门做好有关突发事件的应对工作。

第九条 国务院和县级以上地方各级人民政府是突发事件应对工作的行政领导机关，其办事机构及具体职责由国务院规定。

第十条 有关人民政府及其部门作出的应对突发事件的决定、命令，应当及时公布。

第十一条 有关人民政府及其部门采取的应对突发事件的措施，应当与突发事件可能造成的社会危害的性质、程度和范围相适应；有多种措施可供选择的，应当选择有利于最大程度地保护公民、法人和其他组织权益的措施。

公民、法人和其他组织有义务参与突发事件应对工作。

第十二条 有关人民政府及其部门为应对突发事件，可以征用单位和个人的财产。被征用的财产在使用完毕或者突发事件应急处置工作结束后，应当及时返还。财产被征用或者征用后毁损、灭失的，应当给予补偿。

第十三条 因采取突发事件应对措施，诉讼、行政复议、仲裁活动不能正常进行的，适用有关时效中止和程序中止的规定，但法律另有规定的除外。

第十四条 中国人民解放军、中国人民武装警察部队和民兵组织依照本法和其他有关法律、行政法规、军事法规的规定以及国务院、中央军事委员会的命令，参加突发事件的应急救援和处置工作。

第十五条 中华人民共和国政府在突发事件的预防、监测与预警、应急处置与救援、事后恢复与重建等方面，同外国政府和有关国际组织开展合作与交流。

第十六条 县级以上人民政府作出应对突发事件的决定、命令，应当报本级人民代表大会常务委员会备案；突发事件应急处置工作结束后，应当向本级人民代表大会常务委员会作出专项工作报告。

第二章 预防与应急准备

第十七条 国家建立健全突发事件应急预案体系。

国务院制定国家突发事件总体应急预案，组织制定国家突发事件专项应急预案；国务院有关部门根据各自的职责和国务院相关应急预案，制定国家突发事件部门应急预案。

地方各级人民政府和县级以上地方各级人民政府有关部门根据有关法律、法规、规章、上级人民政府及其有关部门的应急预案以及本地区的实际情况，制定相应的突发事件应急预案。

应急预案制定机关应当根据实际需要和情势变化，适时修订应急预案。应急预案的制定、修订程序由国务院规定。

第十八条 应急预案应当根据本法和其他有关法律、法规的规定，针对突发事件的性质、特点和可能造成的社会危害，具体规定突发事件应急管理工作的组织指挥体系与职责和突发事件的预防与预警机制、处置程序、应急保障措施以及事后恢复与重建措施等内容。

第十九条 城乡规划应当符合预防、处置突发事件的需要，统筹安排应对突发事件所必需的设备和基础设施建设，合理确定应急避难场所。

第二十条 县级人民政府应当对本行政区域内容易引发自然灾害、事故灾难和公共卫生事件的危险源、危险区域进行调查、登记、风险评估，定期进行检查、监控，并责令有关单位采取安全防范措施。

省级和设区的市级人民政府应当对本行政区域内容易引发特别重大、重大突发事件的危险源、危险区域进行调查、登记、风险评估，组织进行检查、监控，并责令有关单位采取安全防范措施。

县级以上地方各级人民政府按照本法规定登记的危险源、危险区域，应当按照国家规定及时向社会公布。

第二十一条 县级人民政府及其有关部门、乡级人民政府、街道办事处、居民委员会、村民委员会应当及时调解处理可能引发社会安全事件的矛盾纠纷。

第二十二条 所有单位应当建立健全安全管理制度，定期检查本单位各项安全防范措施的落实情况，及时消除事故隐患；掌握并及时处理本单位存在的可能引发社会安全事件的问题，防止矛盾激化和事态扩大；对本单位可能发生的突发事件和采取安全防范措施的情况，应当按照规定及时向所在地人民政府或者人民政府有关部门报告。

第二十三条 矿山、建筑施工单位和易燃易爆物品、危险化学品、放射性物品等危险物品的生产、经营、储运、使用单位，应当制定具体应急预案，并对生产经营场所、有危险物品的建筑物、构筑物及周边环境开展隐患排查，及时采取措施消除隐患，防止发生突发事件。

第二十四条 公共交通工具、公共场所和其他人员密集场所的经营单位或者管理单位应当制定具体应急预案，为交通工具和有关场所配备报警装置和必要的应急救援设备、设施，注明其使用方法，并显著标明安全撤离的通道、路线，保证安全通道、出口的畅通。

有关单位应当定期检测、维护其报警装置和应急救援设备、设施，使其处于良好状态，确保正常使用。

第二十五条 县级以上人民政府应当建立健全突发事件应急管理培训制度，对人民政府及其有关部门负有处置突发事件职责的工作人员定期进行培训。

第二十六条 县级以上人民政府应当整合应急资源，建立或者确定综合性应急救援队伍。人民政府有关部门可以根据实际需要设立专业应急救援队伍。

县级以上人民政府及其有关部门可以建立由成年志愿者组成的应急救援队伍。单位应当建立由本单位职工组成的专职或者兼职应急救援队伍。

县级以上人民政府应当加强专业应急救援队伍与非专业应急救援队伍的合作,联合培训、联合演练,提高合成应急、协同应急的能力。

第二十七条 国务院有关部门、县级以上地方各级人民政府及其有关部门、有关单位应当为专业应急救援人员购买人身意外伤害保险,配备必要的防护装备和器材,减少应急救援人员的人身风险。

第二十八条 中国人民解放军、中国人民武装警察部队和民兵组织应当有计划地组织开展应急救援的专门训练。

第二十九条 县级人民政府及其有关部门、乡级人民政府、街道办事处应当组织开展应急知识的宣传普及活动和必要的应急演练。

居民委员会、村民委员会、企业事业单位应当根据所在地人民政府的要求,结合各自的实际情况,开展有关突发事件应急知识的宣传普及活动和必要的应急演练。

新闻媒体应当无偿开展突发事件预防与应急、自救与互救知识的公益宣传。

第三十条 各级各类学校应当把应急知识教育纳入教学内容,对学生进行应急知识教育,培养学生的安全意识和自救与互救能力。

教育主管部门应当对学校开展应急知识教育进行指导和监督。

第三十一条 国务院和县级以上地方各级人民政府应当采取财政措施,保障突发事件应对工作所需经费。

第三十二条 国家建立健全应急物资储备保障制度,完善重要应急物资的监管、生产、储备、调拨和紧急配送体系。

设区的市级以上人民政府和突发事件易发、多发地区的县级人民政府应当建立应急救援物资、生活必需品和应急处置装备的储备制度。

县级以上地方各级人民政府应当根据本地区的实际情况,与有关企业签订协议,保障应急救援物资、生活必需品和应急处置装备的生产、供给。

第三十三条 国家建立健全应急通信保障体系,完善公用通信网,建立有线与无线相结合、基础电信网络与机动通信系统相配套的应急通信系统,确保突发事件应对工作的通信畅通。

第三十四条 国家鼓励公民、法人和其他组织为人民政府应对突发事件工作提供物资、资金、技术支持和捐赠。

第三十五条 国家发展保险事业,建立国家财政支持的巨灾风险保险体系,并鼓励单位和公民参加保险。

第三十六条 国家鼓励、扶持具备相应条件的教学科研机构培养应急管理专门人才,鼓励、扶持教学科研机构和有关企业研究开发用于突发事件预防、监测、预警、应急处置与救援的新技术、新设备和新工具。

第三章　监测与预警

第三十七条　国务院建立全国统一的突发事件信息系统。

县级以上地方各级人民政府应当建立或者确定本地区统一的突发事件信息系统，汇集、储存、分析、传输有关突发事件的信息，并与上级人民政府及其有关部门、下级人民政府及其有关部门、专业机构和监测网点的突发事件信息系统实现互联互通，加强跨部门、跨地区的信息交流与情报合作。

第三十八条　县级以上人民政府及其有关部门、专业机构应当通过多种途径收集突发事件信息。

县级人民政府应当在居民委员会、村民委员会和有关单位建立专职或者兼职信息报告员制度。

获悉突发事件信息的公民、法人或者其他组织，应当立即向所在地人民政府、有关主管部门或者指定的专业机构报告。

第三十九条　地方各级人民政府应当按照国家有关规定向上级人民政府报送突发事件信息。县级以上人民政府有关主管部门应当向本级人民政府相关部门通报突发事件信息。专业机构、监测网点和信息报告员应当及时向所在地人民政府及其有关主管部门报告突发事件信息。

有关单位和人员报送、报告突发事件信息，应当做到及时、客观、真实，不得迟报、谎报、瞒报、漏报。

第四十条　县级以上地方各级人民政府应当及时汇总分析突发事件隐患和预警信息，必要时组织相关部门、专业技术人员、专家学者进行会商，对发生突发事件的可能性及其可能造成的影响进行评估；认为可能发生重大或者特别重大突发事件的，应当立即向上级人民政府报告，并向上级人民政府有关部门、当地驻军和可能受到危害的毗邻或者相关地区的人民政府通报。

第四十一条　国家建立健全突发事件监测制度。

县级以上人民政府及其有关部门应当根据自然灾害、事故灾难和公共卫生事件的种类和特点，建立健全基础信息数据库，完善监测网络，划分监测区域，确定监测点，明确监测项目，提供必要的设备、设施，配备专职或者兼职人员，对可能发生的突发事件进行监测。

第四十二条　国家建立健全突发事件预警制度。

可以预警的自然灾害、事故灾难和公共卫生事件的预警级别，按照突发事件发生的紧急程度、发展势态和可能造成的危害程度分为一级、二级、三级和四级，分别用红色、橙色、黄色和蓝色标示，一级为最高级别。

预警级别的划分标准由国务院或者国务院确定的部门制定。

第四十三条　可以预警的自然灾害、事故灾难或者公共卫生事件即将发生或者发生的可能性增大时，县级以上地方各级人民政府应当根据有关法律、行政法规和国务院规定的权限和程序，发布相应级别的警报，决定并宣布有关地区进入预警期，同时向上一级人民政府报告，必要时可以越级上报，并向当地驻军和可能受到危害的毗邻或者相关地区的人民政府通报。

第四十四条 发布三级、四级警报，宣布进入预警期后，县级以上地方各级人民政府应当根据即将发生的突发事件的特点和可能造成的危害，采取下列措施：

（一）启动应急预案；

（二）责令有关部门、专业机构、监测网点和负有特定职责的人员及时收集、报告有关信息，向社会公布反映突发事件信息的渠道，加强对突发事件发生、发展情况的监测、预报和预警工作；

（三）组织有关部门和机构、专业技术人员、有关专家学者，随时对突发事件信息进行分析评估，预测发生突发事件可能性的大小、影响范围和强度以及可能发生的突发事件的级别；

（四）定时向社会发布与公众有关的突发事件预测信息和分析评估结果，并对相关信息的报道工作进行管理；

（五）及时按照有关规定向社会发布可能受到突发事件危害的警告，宣传避免、减轻危害的常识，公布咨询电话。

第四十五条 发布一级、二级警报，宣布进入预警期后，县级以上地方各级人民政府除采取本法第四十四条规定的措施外，还应当针对即将发生的突发事件的特点和可能造成的危害，采取下列一项或者多项措施：

（一）责令应急救援队伍、负有特定职责的人员进入待命状态，并动员后备人员做好参加应急救援和处置工作的准备；

（二）调集应急救援所需物资、设备、工具，准备应急设施和避难场所，并确保其处于良好状态、随时可以投入正常使用；

（三）加强对重点单位、重要部位和重要基础设施的安全保卫，维护社会治安秩序；

（四）采取必要措施，确保交通、通信、供水、排水、供电、供气、供热等公共设施的安全和正常运行；

（五）及时向社会发布有关采取特定措施避免或者减轻危害的建议、劝告；

（六）转移、疏散或者撤离易受突发事件危害的人员并予以妥善安置，转移重要财产；

（七）关闭或者限制使用易受突发事件危害的场所，控制或者限制容易导致危害扩大的公共场所的活动；

（八）法律、法规、规章规定的其他必要的防范性、保护性措施。

第四十六条 对即将发生或者已经发生的社会安全事件，县级以上地方各级人民政府及其有关主管部门应当按照规定向上一级人民政府及其有关主管部门报告，必要时可以越级上报。

第四十七条 发布突发事件警报的人民政府应当根据事态的发展，按照有关规定适时调整预警级别并重新发布。

有事实证明不可能发生突发事件或者危险已经解除的，发布警报的人民政府应当立即宣布解除警报，终止预警期，并解除已经采取的有关措施。

第四章　应急处置与救援

第四十八条　突发事件发生后，履行统一领导职责或者组织处置突发事件的人民政府应当针对其性质、特点和危害程度，立即组织有关部门，调动应急救援队伍和社会力量，依照本章的规定和有关法律、法规、规章的规定采取应急处置措施。

第四十九条　自然灾害、事故灾难或者公共卫生事件发生后，履行统一领导职责的人民政府可以采取下列一项或者多项应急处置措施：

（一）组织营救和救治受害人员，疏散、撤离并妥善安置受到威胁的人员以及采取其他救助措施；

（二）迅速控制危险源，标明危险区域，封锁危险场所，划定警戒区，实行交通管制以及其他控制措施；

（三）立即抢修被损坏的交通、通信、供水、排水、供电、供气、供热等公共设施，向受到危害的人员提供避难场所和生活必需品，实施医疗救护和卫生防疫以及其他保障措施；

（四）禁止或者限制使用有关设备、设施，关闭或者限制使用有关场所，中止人员密集的活动或者可能导致危害扩大的生产经营活动以及采取其他保护措施；

（五）启用本级人民政府设置的财政预备费和储备的应急救援物资，必要时调用其他急需物资、设备、设施、工具；

（六）组织公民参加应急救援和处置工作，要求具有特定专长的人员提供服务；

（七）保障食品、饮用水、燃料等基本生活必需品的供应；

（八）依法从严惩处囤积居奇、哄抬物价、制假售假等扰乱市场秩序的行为，稳定市场价格，维护市场秩序；

（九）依法从严惩处哄抢财物、干扰破坏应急处置工作等扰乱社会秩序的行为，维护社会治安；

（十）采取防止发生次生、衍生事件的必要措施。

第五十条　社会安全事件发生后，组织处置工作的人民政府应当立即组织有关部门并由公安机关针对事件的性质和特点，依照有关法律、行政法规和国家其他有关规定，采取下列一项或者多项应急处置措施：

（一）强制隔离使用器械相互对抗或者以暴力行为参与冲突的当事人，妥善解决现场纠纷和争端，控制事态发展；

（二）对特定区域内的建筑物、交通工具、设备、设施以及燃料、燃气、电力、水的供应进行控制；

（三）封锁有关场所、道路，查验现场人员的身份证件，限制有关公共场所内的活动；

（四）加强对易受冲击的核心机关和单位的警卫，在国家机关、军事机关、国家通讯社、广播电台、电视台、外国驻华使领馆等单位附近设置临时警戒线；

（五）法律、行政法规和国务院规定的其他必要措施。

严重危害社会治安秩序的事件发生时，公安机关应当立即依法出动警力，根据现场情况依法采取相应的强制性措施，尽快使社会秩序恢复正常。

第五十一条 发生突发事件，严重影响国民经济正常运行时，国务院或者国务院授权的有关主管部门可以采取保障、控制等必要的应急措施，保障人民群众的基本生活需要，最大限度地减轻突发事件的影响。

第五十二条 履行统一领导职责或者组织处置突发事件的人民政府，必要时可以向单位和个人征用应急救援所需设备、设施、场地、交通工具和其他物资，请求其他地方人民政府提供人力、物力、财力或者技术支援，要求生产、供应生活必需品和应急救援物资的企业组织生产、保证供给，要求提供医疗、交通等公共服务的组织提供相应的服务。

履行统一领导职责或者组织处置突发事件的人民政府，应当组织协调运输经营单位，优先运送处置突发事件所需物资、设备、工具、应急救援人员和受到突发事件危害的人员。

第五十三条 履行统一领导职责或者组织处置突发事件的人民政府，应当按照有关规定统一、准确、及时发布有关突发事件事态发展和应急处置工作的信息。

第五十四条 任何单位和个人不得编造、传播有关突发事件事态发展或者应急处置工作的虚假信息。

第五十五条 突发事件发生地的居民委员会、村民委员会和其他组织应当按照当地人民政府的决定、命令，进行宣传动员，组织群众开展自救和互救，协助维护社会秩序。

第五十六条 受到自然灾害危害或者发生事故灾难、公共卫生事件的单位，应当立即组织本单位应急救援队伍和工作人员营救受害人员，疏散、撤离、安置受到威胁的人员，控制危险源，标明危险区域，封锁危险场所，并采取其他防止危害扩大的必要措施，同时向所在地县级人民政府报告；对因本单位的问题引发的或者主体是本单位人员的社会安全事件，有关单位应当按照规定上报情况，并迅速派出负责人赶赴现场开展劝解、疏导工作。

突发事件发生地的其他单位应当服从人民政府发布的决定、命令，配合人民政府采取的应急处置措施，做好本单位的应急救援工作，并积极组织人员参加所在地的应急救援和处置工作。

第五十七条 突发事件发生地的公民应当服从人民政府、居民委员会、村民委员会或者所属单位的指挥和安排，配合人民政府采取的应急处置措施，积极参加应急救援工作，协助维护社会秩序。

第五章 事后恢复与重建

第五十八条 突发事件的威胁和危害得到控制或者消除后，履行统一领导职责或者组织处置突发事件的人民政府应当停止执行依照本法规定采取的应急处置措施，同时采取或者继续实施必要措施，防止发生自然灾害、事故灾难、公共卫生事件的次生、衍生事件或者重新引发社会安全事件。

第五十九条 突发事件应急处置工作结束后，履行统一领导职责的人民政府应当立即组织对突发事件造成的损失进行评估，组织受影响地区尽快恢复生产、生活、工作和社会秩序，制定恢复重建计划，并向上一级人民政府报告。

受突发事件影响地区的人民政府应当及时组织和协调公安、交通、铁路、民航、邮电、建设等有关部门恢复社会治安秩序，尽快修复被损坏的交通、通信、供水、排水、供电、供气、供热等公共设施。

第六十条 受突发事件影响地区的人民政府开展恢复重建工作需要上一级人民政府支持的，可以向上一级人民政府提出请求。上一级人民政府应当根据受影响地区遭受的损失和实际情况，提供资金、物资支持和技术指导，组织其他地区提供资金、物资和人力支援。

第六十一条 国务院根据受突发事件影响地区遭受损失的情况，制定扶持该地区有关行业发展的优惠政策。

受突发事件影响地区的人民政府应当根据本地区遭受损失的情况，制定救助、补偿、抚慰、抚恤、安置等善后工作计划并组织实施，妥善解决因处置突发事件引发的矛盾和纠纷。

公民参加应急救援工作或者协助维护社会秩序期间，其在本单位的工资待遇和福利不变；表现突出、成绩显著的，由县级以上人民政府给予表彰或者奖励。

县级以上人民政府对在应急救援工作中伤亡的人员依法给予抚恤。

第六十二条 履行统一领导职责的人民政府应当及时查明突发事件的发生经过和原因，总结突发事件应急处置工作的经验教训，制定改进措施，并向上一级人民政府提出报告。

第六章 法律责任

第六十三条 地方各级人民政府和县级以上各级人民政府有关部门违反本法规定，不履行法定职责的，由其上级行政机关或者监察机关责令改正；有下列情形之一的，根据情节对直接负责的主管人员和其他直接责任人员依法给予处分：

（一）未按规定采取预防措施，导致发生突发事件，或者未采取必要的防范措施，导致发生次生、衍生事件的；

（二）迟报、谎报、瞒报、漏报有关突发事件的信息，或者通报、报送、公布虚假信息，造成后果的；

（三）未按规定及时发布突发事件警报、采取预警期的措施，导致损害发生的；

（四）未按规定及时采取措施处置突发事件或者处置不当，造成后果的；

（五）不服从上级人民政府对突发事件应急处置工作的统一领导、指挥和协调的；

（六）未及时组织开展生产自救、恢复重建等善后工作的；

（七）截留、挪用、私分或者变相私分应急救援资金、物资的；

（八）不及时归还征用的单位和个人的财产，或者对被征用财产的单位和个人不按规定给予补偿的。

第六十四条 有关单位有下列情形之一的,由所在地履行统一领导职责的人民政府责令停产停业,暂扣或者吊销许可证或者营业执照,并处五万元以上二十万元以下的罚款;构成违反治安管理行为的,由公安机关依法给予处罚:

(一)未按规定采取预防措施,导致发生严重突发事件的;

(二)未及时消除已发现的可能引发突发事件的隐患,导致发生严重突发事件的;

(三)未做好应急设备、设施日常维护、检测工作,导致发生严重突发事件或者突发事件危害扩大的;

(四)突发事件发生后,不及时组织开展应急救援工作,造成严重后果的。

前款规定的行为,其他法律、行政法规规定由人民政府有关部门依法决定处罚的,从其规定。

第六十五条 违反本法规定,编造并传播有关突发事件事态发展或者应急处置工作的虚假信息,或者明知是有关突发事件事态发展或者应急处置工作的虚假信息而进行传播的,责令改正,给予警告;造成严重后果的,依法暂停其业务活动或者吊销其执业许可证;负有直接责任的人员是国家工作人员的,还应当对其依法给予处分;构成违反治安管理行为的,由公安机关依法给予处罚。

第六十六条 单位或者个人违反本法规定,不服从所在地人民政府及其有关部门发布的决定、命令或者不配合其依法采取的措施,构成违反治安管理行为的,由公安机关依法给予处罚。

第六十七条 单位或者个人违反本法规定,导致突发事件发生或者危害扩大,给他人人身、财产造成损害的,应当依法承担民事责任。

第六十八条 违反本法规定,构成犯罪的,依法追究刑事责任。

第七章 附 则

第六十九条 发生特别重大突发事件,对人民生命财产安全、国家安全、公共安全、环境安全或者社会秩序构成重大威胁,采取本法和其他有关法律、法规、规章规定的应急处置措施不能消除或者有效控制、减轻其严重社会危害,需要进入紧急状态的,由全国人民代表大会常务委员会或者国务院依照宪法和其他有关法律规定的权限和程序决定。

紧急状态期间采取的非常措施,依照有关法律规定执行或者由全国人民代表大会常务委员会另行规定。

第七十条 本法自2007年11月1日起施行。

中华人民共和国食品安全法(节选)

(2009年2月28日中华人民共和国主席令第9号公布,
自2009年6月1日起施行)

第一章 总 则

第一条 为保证食品安全,保障公众身体健康和生命安全,制定本法。

第二条 在中华人民共和国境内从事下列活动,应当遵守本法:

(一)食品生产和加工(以下称食品生产),食品流通和餐饮服务(以下称食品经营);

(二)食品添加剂的生产经营;

(三)用于食品的包装材料、容器、洗涤剂、消毒剂和用于食品生产经营的工具、设备(以下称食品相关产品)的生产经营;

(四)食品生产经营者使用食品添加剂、食品相关产品;

(五)对食品、食品添加剂和食品相关产品的安全管理。

第三条 食品生产经营者应当依照法律、法规和食品安全标准从事生产经营活动,对社会和公众负责,保证食品安全,接受社会监督,承担社会责任。

第十条 任何组织或者个人有权举报食品生产经营中违反本法的行为,有权向有关部门了解食品安全信息,对食品安全监督管理工作提出意见和建议。

第四章 食品生产经营

第二十七条 食品生产经营应当符合食品安全标准,并符合下列要求:

(一)具有与生产经营的食品品种、数量相适应的食品原料处理和食品加工、包装、贮存等场所,保持该场所环境整洁,并与有毒、有害场所以及其他污染源保持规定的距离;

(二)具有与生产经营的食品品种、数量相适应的生产经营设备或者设施,有相应的消毒、更衣、盥洗、采光、照明、通风、防腐、防尘、防蝇、防鼠、防虫、洗涤以及处理废水、存放垃圾和废弃物的设备或者设施;

(三)有食品安全专业技术人员、管理人员和保证食品安全的规章制度;

(四)具有合理的设备布局和工艺流程,防止待加工食品与直接入口食品、原料与成品交叉污染,避免食品接触有毒物、不洁物;

(五)餐具、饮具和盛放直接入口食品的容器,使用前应当洗净、消毒,炊具、用具用后应当洗净,保持清洁;

(六)贮存、运输和装卸食品的容器、工具和设备应当安全、无害,保持清洁,防止食品

污染,并符合保证食品安全所需的温度等特殊要求,不得将食品与有毒、有害物品一同运输;

(七)直接入口的食品应当有小包装或者使用无毒、清洁的包装材料、餐具;

(八)食品生产经营人员应当保持个人卫生,生产经营食品时,应当将手洗净,穿戴清洁的工作衣、帽;销售无包装的直接入口食品时,应当使用无毒、清洁的售货工具;

(九)用水应当符合国家规定的生活饮用水卫生标准;

(十)使用的洗涤剂、消毒剂应当对人体安全、无害;

(十一)法律、法规规定的其他要求。

第二十八条 禁止生产经营下列食品:

(一)用非食品原料生产的食品或者添加食品添加剂以外的化学物质和其他可能危害人体健康物质的食品,或者用回收食品作为原料生产的食品;

(二)致病性微生物、农药残留、兽药残留、重金属、污染物质以及其他危害人体健康的物质含量超过食品安全标准限量的食品;

(三)营养成分不符合食品安全标准的专供婴幼儿和其他特定人群的主辅食品;

(四)腐败变质、油脂酸败、霉变生虫、污秽不洁、混有异物、掺假掺杂或者感官性状异常的食品;

(五)病死、毒死或者死因不明的禽、畜、兽、水产动物肉类及其制品;

(六)未经动物卫生监督机构检疫或者检疫不合格的肉类,或者未经检验或者检验不合格的肉类制品;

(七)被包装材料、容器、运输工具等污染的食品;

(八)超过保质期的食品;

(九)无标签的预包装食品;

(十)国家为防病等特殊需要明令禁止生产经营的食品;

(十一)其他不符合食品安全标准或者要求的食品。

第二十九条 国家对食品生产经营实行许可制度。从事食品生产、食品流通、餐饮服务,应当依法取得食品生产许可、食品流通许可、餐饮服务许可。

取得食品生产许可的食品生产者在其生产场所销售其生产的食品,不需要取得食品流通的许可;取得餐饮服务许可的餐饮服务提供者在其餐饮服务场所出售其制作加工的食品,不需要取得食品生产和流通的许可;农民个人销售其自产的食用农产品,不需要取得食品流通的许可。

食品生产加工小作坊和食品摊贩从事食品生产经营活动,应当符合本法规定的与其生产经营规模、条件相适应的食品安全要求,保证所生产经营的食品卫生、无毒、无害,有关部门应当对其加强监督管理,具体管理办法由省、自治区、直辖市人民代表大会常务委员会依照本法制定。

第三十四条 食品生产经营者应当建立并执行从业人员健康管理制度。患有痢疾、伤寒、病毒性肝炎等消化道传染病的人员,以及患有活动性肺结核、化脓性或者渗出性皮肤病等有碍食品安全的疾病的人员，不得从事接触直接入口食品的工作。

食品生产经营人员每年应当进行健康检查，取得健康证明后方可参加工作。

第三十六条 食品生产者采购食品原料、食品添加剂、食品相关产品，应当查验供货者的许可证和产品合格证明文件；对无法提供合格证明文件的食品原料，应当依照食品安全标准进行检验；不得采购或者使用不符合食品安全标准的食品原料、食品添加剂、食品相关产品。

第三十九条 食品经营者采购食品，应当查验供货者的许可证和食品合格的证明文件。

第四十条 食品经营者应当按照保证食品安全的要求贮存食品，定期检查库存食品，及时清理变质或者超过保质期的食品。

第四十一条 食品经营者贮存散装食品，应当在贮存位置标明食品的名称、生产日期、保质期、生产者名称及联系方式等内容。

食品经营者销售散装食品，应当在散装食品的容器、外包装上标明食品的名称、生产日期、保质期、生产经营者名称及联系方式等内容。

第七章 食品安全事故处置

第七十一条 发生食品安全事故的单位应当立即予以处置，防止事故扩大。事故发生单位和接收病人进行治疗的单位应当及时向事故发生地县级卫生行政部门报告。

任何单位或者个人不得对食品安全事故隐瞒、谎报、缓报，不得毁灭有关证据。

第八章 监督管理

第七十七条 县级以上质量监督、工商行政管理、食品药品监督管理部门履行各自食品安全监督管理职责，有权采取下列措施：

（一）进入生产经营场所实施现场检查；

（二）对生产经营的食品进行抽样检验；

（三）查阅、复制有关合同、票据、账簿以及其他有关资料；

（四）查封、扣押有证据证明不符合食品安全标准的食品，违法使用的食品原料、食品添加剂、食品相关产品，以及用于违法生产经营或者被污染的工具、设备；

（五）查封违法从事食品生产经营活动的场所。

第八十一条 县级以上卫生行政、质量监督、工商行政管理、食品药品监督管理部门应当按照法定权限和程序履行食品安全监督管理职责；对生产经营者的同一违法行为，不得给予二次以上罚款的行政处罚；涉嫌犯罪的，应当依法向公安机关移送。

第九章 法律责任

第八十四条 违反本法规定，未经许可从事食品生产经营活动，或者未经许可生产食品添加剂的，由有关主管部门按照各自职责分工，没收违法所得、违法生产经营的食品、食品添加剂和用于违法生产经营的工具、设备、原料等物品；违法生产经营的食品、食品添加剂货值金额不足一万元的，并处二千元以上五万元以下罚款；货值金额一万元以上的，并处货值金额五倍以上十倍以下罚款。

第八十五条 违反本法规定，有下列情形之一的，由有关主管部门按照各自职责分工，没收违法所得、违法生产经营的食品和用于违法生产经营的工具、设备、原料等物品；违法生产经营的食品货值金额不足一万元的，并处二千元以上五万元以下罚款；货值金额一万元以上的，并处货值金额五倍以上十倍以下罚款；情节严重的，吊销许可证：

（一）用非食品原料生产食品或者在食品中添加食品添加剂以外的化学物质和其他可能危害人体健康的物质，或者用回收食品作为原料生产食品；

（二）生产经营致病性微生物、农药残留、兽药残留、重金属、污染物质以及其他危害人体健康的物质含量超过食品安全标准限量的食品；

（三）生产经营营养成分不符合食品安全标准的专供婴幼儿和其他特定人群的主辅食品；

（四）经营腐败变质、油脂酸败、霉变生虫、污秽不洁、混有异物、掺假掺杂或者感官性状异常的食品；

（五）经营病死、毒死或者死因不明的禽、畜、兽、水产动物肉类，或者生产经营病死、毒死或者死因不明的禽、畜、兽、水产动物肉类的制品；

（六）经营未经动物卫生监督机构检疫或者检疫不合格的肉类，或者生产经营未经检验或者检验不合格的肉类制品；

（七）经营超过保质期的食品；

（八）生产经营国家为防病等特殊需要明令禁止生产经营的食品；

（九）利用新的食品原料从事食品生产或者从事食品添加剂新品种、食品相关产品新品种生产，未经过安全性评估；

（十）食品生产经营者在有关主管部门责令其召回或者停止经营不符合食品安全标准的食品后，仍拒不召回或者停止经营的。

第八十六条 违反本法规定，有下列情形之一的，由有关主管部门按照各自职责分工，没收违法所得、违法生产经营的食品和用于违法生产经营的工具、设备、原料等物品；违法生产经营的食品货值金额不足一万元的，并处二千元以上五万元以下罚款；货值金额一万元以上的，并处货值金额二倍以上五倍以下罚款；情节严重的，责令停产停业，直至吊销许可证：

（一）经营被包装材料、容器、运输工具等污染的食品；

（二）生产经营无标签的预包装食品、食品添加剂或者标签、说明书不符合本法规定的食品、食品添加剂；

（三）食品生产者采购、使用不符合食品安全标准的食品原料、食品添加剂、食品相关产品；

（四）食品生产经营者在食品中添加药品。

第八十七条 违反本法规定,有下列情形之一的,由有关主管部门按照各自职责分工,责令改正,给予警告;拒不改正的,处二千元以上二万元以下罚款;情节严重的,责令停产停业,直至吊销许可证:

(一)未对采购的食品原料和生产的食品、食品添加剂、食品相关产品进行检验;

(二)未建立并遵守查验记录制度、出厂检验记录制度;

(三)制定食品安全企业标准未依照本法规定备案;

(四)未按规定要求贮存、销售食品或者清理库存食品;

(五)进货时未查验许可证和相关证明文件;

(六)生产的食品、食品添加剂的标签、说明书涉及疾病预防、治疗功能;

(七)安排患有本法第三十四条所列疾病的人员从事接触直接入口食品的工作。

第八十八条 违反本法规定,事故单位在发生食品安全事故后未进行处置、报告的,由有关主管部门按照各自职责分工,责令改正,给予警告;毁灭有关证据的,责令停产停业,并处二千元以上十万元以下罚款;造成严重后果的,由原发证部门吊销许可证。

第九十六条 违反本法规定,造成人身、财产或者其他损害的,依法承担赔偿责任。

生产不符合食品安全标准的食品或者销售明知是不符合食品安全标准的食品,消费者除要求赔偿损失外,还可以向生产者或者销售者要求支付价款十倍的赔偿金。

第九十七条 违反本法规定,应当承担民事赔偿责任和缴纳罚款、罚金,其财产不足以同时支付时,先承担民事赔偿责任。

第九十八条 违反本法规定,构成犯罪的,依法追究刑事责任。

第十章 附 则

第一百零四条 本法自2009年6月1日起施行。《中华人民共和国食品卫生法》同时废止。

全国人民代表大会常务委员会关于修改《中华人民共和国建筑法》的决定

（2011年4月22日第十一届全国人民代表大会常务委员会第二十次会议通过，中华人民共和国主席令第46号公布，自2011年7月1日起施行）

第十一届全国人民代表大会常务委员会第二十次会议决定对《中华人民共和国建筑法》作如下修改：

将第四十八条修改为："建筑施工企业应当依法为职工参加工伤保险缴纳工伤保险费。鼓励企业为从事危险作业的职工办理意外伤害保险，支付保险费。"

本决定自2011年7月1日起施行。

《中华人民共和国建筑法》根据本决定作相应修改，重新公布。

建设工程安全生产管理条例

（2003年11月24日中华人民共和国国务院令第393号公布，
自2004年2月1日起施行）

第一章　总　则

第一条　为了加强建设工程安全生产监督管理，保障人民群众生命和财产安全，根据《中华人民共和国建筑法》、《中华人民共和国安全生产法》，制定本条例。

第二条　在中华人民共和国境内从事建设工程的新建、扩建、改建和拆除等有关活动及实施对建设工程安全生产的监督管理，必须遵守本条例。

本条例所称建设工程，是指土木工程、建筑工程、线路管道和设备安装工程及装修工程。

第三条　建设工程安全生产管理，坚持安全第一、预防为主的方针。

第四条　建设单位、勘察单位、设计单位、施工单位、工程监理单位及其他与建设工程安全生产有关的单位，必须遵守安全生产法律、法规的规定，保证建设工程安全生产，依法承担建设工程安全生产责任。

第五条　国家鼓励建设工程安全生产的科学技术研究和先进技术的推广应用，推进建设工程安全生产的科学管理。

第二章　建设单位的安全责任

第六条　建设单位应当向施工单位提供施工现场及毗邻区域内供水、排水、供电、供气、供热、通信、广播电视等地下管线资料，气象和水文观测资料，相邻建筑物和构筑物、地下工程的有关资料，并保证资料的真实、准确、完整。

建设单位因建设工程需要，向有关部门或者单位查询前款规定的资料时，有关部门或者单位应当及时提供。

第七条　建设单位不得对勘察、设计、施工、工程监理等单位提出不符合建设工程安全生产法律、法规和强制性标准规定的要求，不得压缩合同约定的工期。

第八条　建设单位在编制工程概算时，应当确定建设工程安全作业环境及安全施工措施所需费用。

第九条　建设单位不得明示或者暗示施工单位购买、租赁、使用不符合安全施工要求的安全防护用具、机械设备、施工机具及配件、消防设施和器材。

第十条　建设单位在申请领取施工许可证时，应当提供建设工程有关安全施工措施的资料。

依法批准开工报告的建设工程，建设单位应当自开工报告批准之日起15日内，将保证安全施工的措施报送建设工程所在地的县级以上地方人民政府建设行政主管部门或者其他有关部门备案。

第十一条 建设单位应当将拆除工程发包给具有相应资质等级的施工单位。

建设单位应当在拆除工程施工15日前，将下列资料报送建设工程所在地的县级以上地方人民政府建设行政主管部门或者其他有关部门备案：

（一）施工单位资质等级证明；

（二）拟拆除建筑物、构筑物及可能危及毗邻建筑的说明；

（三）拆除施工组织方案；

（四）堆放、清除废弃物的措施。

实施爆破作业的，应当遵守国家有关民用爆炸物品管理的规定。

第三章 勘察、设计、工程监理及其他有关单位的安全责任

第十二条 勘察单位应当按照法律、法规和工程建设强制性标准进行勘察，提供的勘察文件应当真实、准确，满足建设工程安全生产的需要。

勘察单位在勘察作业时，应当严格执行操作规程，采取措施保证各类管线、设施和周边建筑物、构筑物的安全。

第十三条 设计单位应当按照法律、法规和工程建设强制性标准进行设计，防止因设计不合理导致生产安全事故的发生。

设计单位应当考虑施工安全操作和防护的需要，对涉及施工安全的重点部位和环节在设计文件中注明，并对防范生产安全事故提出指导意见。

采用新结构、新材料、新工艺的建设工程和特殊结构的建设工程，设计单位应当在设计中提出保障施工作业人员安全和预防生产安全事故的措施建议。

设计单位和注册建筑师等注册执业人员应当对其设计负责。

第十四条 工程监理单位应当审查施工组织设计中的安全技术措施或者专项施工方案是否符合工程建设强制性标准。

工程监理单位在实施监理过程中，发现存在安全事故隐患的，应当要求施工单位整改；情况严重的，应当要求施工单位暂时停止施工，并及时报告建设单位。施工单位拒不整改或者不停止施工的，工程监理单位应当及时向有关主管部门报告。

工程监理单位和监理工程师应当按照法律、法规和工程建设强制性标准实施监理，并对建设工程安全生产承担监理责任。

第十五条 为建设工程提供机械设备和配件的单位，应当按照安全施工的要求配备齐全有效的保险、限位等安全设施和装置。

第十六条 出租的机械设备和施工机具及配件，应当具有生产（制造）许可证、产品合格证。

出租单位应当对出租的机械设备和施工机具及配件的安全性能进行检测，在签订租

赁协议时，应当出具检测合格证明。

禁止出租检测不合格的机械设备和施工机具及配件。

第十七条 在施工现场安装、拆卸施工起重机械和整体提升脚手架、模板等自升式架设设施，必须由具有相应资质的单位承担。

安装、拆卸施工起重机械和整体提升脚手架、模板等自升式架设设施，应当编制拆装方案、制定安全施工措施，并由专业技术人员现场监督。

施工起重机械和整体提升脚手架、模板等自升式架设设施安装完毕后，安装单位应当自检，出具自检合格证明，并向施工单位进行安全使用说明，办理验收手续并签字。

第十八条 施工起重机械和整体提升脚手架、模板等自升式架设设施的使用达到国家规定的检验检测期限的，必须经具有专业资质的检验检测机构检测。经检测不合格的，不得继续使用。

第十九条 检验检测机构对检测合格的施工起重机械和整体提升脚手架、模板等自升式架设设施，应当出具安全合格证明文件，并对检测结果负责。

第四章 施工单位的安全责任

第二十条 施工单位从事建设工程的新建、扩建、改建和拆除等活动，应当具备国家规定的注册资本、专业技术人员、技术装备和安全生产等条件，依法取得相应等级的资质证书，并在其资质等级许可的范围内承揽工程。

第二十一条 施工单位主要负责人依法对本单位的安全生产工作全面负责。施工单位应当建立健全安全生产责任制度和安全生产教育培训制度，制定安全生产规章制度和操作规程，保证本单位安全生产条件所需资金的投入，对所承担的建设工程进行定期和专项安全检查，并做好安全检查记录。

施工单位的项目负责人应当由取得相应执业资格的人员担任，对建设工程项目的安全施工负责，落实安全生产责任制度、安全生产规章制度和操作规程，确保安全生产费用的有效使用，并根据工程的特点组织制定安全施工措施，消除安全事故隐患，及时、如实报告生产安全事故。

第二十二条 施工单位对列入建设工程概算的安全作业环境及安全施工措施所需费用，应当用于施工安全防护用具及设施的采购和更新、安全施工措施的落实、安全生产条件的改善，不得挪作他用。

第二十三条 施工单位应当设立安全生产管理机构，配备专职安全生产管理人员。

专职安全生产管理人员负责对安全生产进行现场监督检查。发现安全事故隐患，应当及时向项目负责人和安全生产管理机构报告；对违章指挥、违章操作的，应当立即制止。

专职安全生产管理人员的配备办法由国务院建设行政主管部门会同国务院其他有关部门制定。

第二十四条 建设工程实行施工总承包的，由总承包单位对施工现场的安全生产负总责。

总承包单位应当自行完成建设工程主体结构的施工。

总承包单位依法将建设工程分包给其他单位的，分包合同中应当明确各自的安全生产方面的权利、义务。总承包单位和分包单位对分包工程的安全生产承担连带责任。

分包单位应当服从总承包单位的安全生产管理，分包单位不服从管理导致生产安全事故的，由分包单位承担主要责任。

第二十五条 垂直运输机械作业人员、安装拆卸工、爆破作业人员、起重信号工、登高架设作业人员等特种作业人员，必须按照国家有关规定经过专门的安全作业培训，并取得特种作业操作资格证书后，方可上岗作业。

第二十六条 施工单位应当在施工组织设计中编制安全技术措施和施工现场临时用电方案，对下列达到一定规模的危险性较大的分部分项工程编制专项施工方案，并附具安全验算结果，经施工单位技术负责人、总监理工程师签字后实施，由专职安全生产管理人员进行现场监督：

（一）基坑支护与降水工程；

（二）土方开挖工程；

（三）模板工程；

（四）起重吊装工程；

（五）脚手架工程；

（六）拆除、爆破工程；

（七）国务院建设行政主管部门或者其他有关部门规定的其他危险性较大的工程。

对前款所列工程中涉及深基坑、地下暗挖工程、高大模板工程的专项施工方案，施工单位还应当组织专家进行论证、审查。

本条第一款规定的达到一定规模的危险性较大工程的标准，由国务院建设行政主管部门会同国务院其他有关部门制定。

第二十七条 建设工程施工前，施工单位负责项目管理的技术人员应当对有关安全施工的技术要求向施工作业班组、作业人员作出详细说明，并由双方签字确认。

第二十八条 施工单位应当在施工现场入口处、施工起重机械、临时用电设施、脚手架、出入通道口、楼梯口、电梯井口、孔洞口、桥梁口、隧道口、基坑边沿、爆破物及有害危险气体和液体存放处等危险部位，设置明显的安全警示标志。安全警示标志必须符合国家标准。

施工单位应当根据不同施工阶段和周围环境及季节、气候的变化，在施工现场采取相应的安全施工措施。施工现场暂时停止施工的，施工单位应当做好现场防护，所需费用由责任方承担，或者按照合同约定执行。

第二十九条 施工单位应当将施工现场的办公、生活区与作业区分开设置，并保持安全距离；办公、生活区的选址应当符合安全性要求。职工的膳食、饮水、休息场所等应当符合卫生标准。施工单位不得在尚未竣工的建筑物内设置员工集体宿舍。

施工现场临时搭建的建筑物应当符合安全使用要求。施工现场使用的装配式活动房屋应当具有产品合格证。

第三十条 施工单位对因建设工程施工可能造成损害的毗邻建筑物、构筑物和地下管线等,应当采取专项防护措施。

施工单位应当遵守有关环境保护法律、法规的规定,在施工现场采取措施,防止或者减少粉尘、废气、废水、固体废物、噪声、振动和施工照明对人和环境的危害和污染。

在城市市区内的建设工程,施工单位应当对施工现场实行封闭围挡。

第三十一条 施工单位应当在施工现场建立消防安全责任制度,确定消防安全责任人,制定用火、用电、使用易燃易爆材料等各项消防安全管理制度和操作规程,设置消防通道、消防水源,配备消防设施和灭火器材,并在施工现场入口处设置明显标志。

第三十二条 施工单位应当向作业人员提供安全防护用具和安全防护服装,并书面告知危险岗位的操作规程和违章操作的危害。

作业人员有权对施工现场的作业条件、作业程序和作业方式中存在的安全问题提出批评、检举和控告,有权拒绝违章指挥和强令冒险作业。

在施工中发生危及人身安全的紧急情况时,作业人员有权立即停止作业或者在采取必要的应急措施后撤离危险区域。

第三十三条 作业人员应当遵守安全施工的强制性标准、规章制度和操作规程,正确使用安全防护用具、机械设备等。

第三十四条 施工单位采购、租赁的安全防护用具、机械设备、施工机具及配件,应当具有生产(制造)许可证、产品合格证,并在进入施工现场前进行查验。

施工现场的安全防护用具、机械设备、施工机具及配件必须由专人管理,定期进行检查、维修和保养,建立相应的资料档案,并按照国家有关规定及时报废。

第三十五条 施工单位在使用施工起重机械和整体提升脚手架、模板等自升式架设设施前,应当组织有关单位进行验收,也可以委托具有相应资质的检验检测机构进行验收;使用承租的机械设备和施工机具及配件的,由施工总承包单位、分包单位、出租单位和安装单位共同进行验收。验收合格的方可使用。

《特种设备安全监察条例》规定的施工起重机械,在验收前应当经有相应资质的检验检测机构监督检验合格。

施工单位应当自施工起重机械和整体提升脚手架、模板等自升式架设设施验收合格之日起30日内,向建设行政主管部门或者其他有关部门登记。登记标志应当置于或者附着于该设备的显著位置。

第三十六条 施工单位的主要负责人、项目负责人、专职安全生产管理人员应当经建设行政主管部门或者其他有关部门考核合格后方可任职。

施工单位应当对管理人员和作业人员每年至少进行一次安全生产教育培训,其教育培训情况记入个人工作档案。安全生产教育培训考核不合格的人员,不得上岗。

第三十七条 作业人员进入新的岗位或者新的施工现场前,应当接受安全生产教育培训。未经教育培训或者教育培训考核不合格的人员,不得上岗作业。

施工单位在采用新技术、新工艺、新设备、新材料时，应当对作业人员进行相应的安全生产教育培训。

第三十八条 施工单位应当为施工现场从事危险作业的人员办理意外伤害保险。

意外伤害保险费由施工单位支付。实行施工总承包的，由总承包单位支付意外伤害保险费。意外伤害保险期限自建设工程开工之日起至竣工验收合格止。

第五章 监督管理

第三十九条 国务院负责安全生产监督管理的部门依照《中华人民共和国安全生产法》的规定，对全国建设工程安全生产工作实施综合监督管理。

县级以上地方人民政府负责安全生产监督管理的部门依照《中华人民共和国安全生产法》的规定，对本行政区域内建设工程安全生产工作实施综合监督管理。

第四十条 国务院建设行政主管部门对全国的建设工程安全生产实施监督管理。国务院铁路、交通、水利等有关部门按照国务院规定的职责分工，负责有关专业建设工程安全生产的监督管理。

县级以上地方人民政府建设行政主管部门对本行政区域内的建设工程安全生产实施监督管理。县级以上地方人民政府交通、水利等有关部门在各自的职责范围内，负责本行政区域内的专业建设工程安全生产的监督管理。

第四十一条 建设行政主管部门和其他有关部门应当将本条例第十条、第十一条规定的有关资料的主要内容抄送同级负责安全生产监督管理的部门。

第四十二条 建设行政主管部门在审核发放施工许可证时，应当对建设工程是否有安全施工措施进行审查，对没有安全施工措施的，不得颁发施工许可证。

建设行政主管部门或者其他有关部门对建设工程是否有安全施工措施进行审查时，不得收取费用。

第四十三条 县级以上人民政府负有建设工程安全生产监督管理职责的部门在各自的职责范围内履行安全监督检查职责时，有权采取下列措施：

（一）要求被检查单位提供有关建设工程安全生产的文件和资料；

（二）进入被检查单位施工现场进行检查；

（三）纠正施工中违反安全生产要求的行为；

（四）对检查中发现的安全事故隐患，责令立即排除；重大安全事故隐患排除前或者排除过程中无法保证安全的，责令从危险区域内撤出作业人员或者暂时停止施工。

第四十四条 建设行政主管部门或者其他有关部门可以将施工现场的监督检查委托给建设工程安全监督机构具体实施。

第四十五条 国家对严重危及施工安全的工艺、设备、材料实行淘汰制度。具体目录由国务院建设行政主管部门会同国务院其他有关部门制定并公布。

第四十六条 县级以上人民政府建设行政主管部门和其他有关部门应当及时受理对建设工程生产安全事故及安全事故隐患的检举、控告和投诉。

第六章　生产安全事故的应急救援和调查处理

第四十七条　县级以上地方人民政府建设行政主管部门应当根据本级人民政府的要求，制定本行政区域内建设工程特大生产安全事故应急救援预案。

第四十八条　施工单位应当制定本单位生产安全事故应急救援预案，建立应急救援组织或者配备应急救援人员，配备必要的应急救援器材、设备，并定期组织演练。

第四十九条　施工单位应当根据建设工程施工的特点、范围，对施工现场易发生重大事故的部位、环节进行监控，制定施工现场生产安全事故应急救援预案。实行施工总承包的，由总承包单位统一组织编制建设工程生产安全事故应急救援预案，工程总承包单位和分包单位按照应急救援预案，各自建立应急救援组织或者配备应急救援人员，配备救援器材、设备，并定期组织演练。

第五十条　施工单位发生生产安全事故，应当按照国家有关伤亡事故报告和调查处理的规定，及时、如实地向负责安全生产监督管理的部门、建设行政主管部门或者其他有关部门报告；特种设备发生事故的，还应当同时向特种设备安全监督管理部门报告。接到报告的部门应当按照国家有关规定，如实上报。

实行施工总承包的建设工程，由总承包单位负责上报事故。

第五十一条　发生生产安全事故后，施工单位应当采取措施防止事故扩大，保护事故现场。需要移动现场物品时，应当做出标记和书面记录，妥善保管有关证物。

第五十二条　建设工程生产安全事故的调查、对事故责任单位和责任人的处罚与处理，按照有关法律、法规的规定执行。

第七章　法律责任

第五十三条　违反本条例的规定，县级以上人民政府建设行政主管部门或者其他有关行政管理部门的工作人员，有下列行为之一的，给予降级或者撤职的行政处分；构成犯罪的，依照刑法有关规定追究刑事责任：

（一）对不具备安全生产条件的施工单位颁发资质证书的；

（二）对没有安全施工措施的建设工程颁发施工许可证的；

（三）发现违法行为不予查处的；

（四）不依法履行监督管理职责的其他行为。

第五十四条　违反本条例的规定，建设单位未提供建设工程安全生产作业环境及安全施工措施所需费用的，责令限期改正；逾期未改正的，责令该建设工程停止施工。

建设单位未将保证安全施工的措施或者拆除工程的有关资料报送有关部门备案的，责令限期改正，给予警告。

第五十五条　违反本条例的规定，建设单位有下列行为之一的，责令限期改正，处20万元以上50万元以下的罚款；造成重大安全事故，构成犯罪的，对直接责任人员，依照刑法有关规定追究刑事责任；造成损失的，依法承担赔偿责任：

(一)对勘察、设计、施工、工程监理等单位提出不符合安全生产法律、法规和强制性标准规定的要求的;

(二)要求施工单位压缩合同约定的工期的;

(三)将拆除工程发包给不具有相应资质等级的施工单位的。

第五十六条 违反本条例的规定,勘察单位、设计单位有下列行为之一的,责令限期改正,处10万元以上30万元以下的罚款;情节严重的,责令停业整顿,降低资质等级,直至吊销资质证书;造成重大安全事故,构成犯罪的,对直接责任人员,依照刑法有关规定追究刑事责任;造成损失的,依法承担赔偿责任:

(一)未按照法律、法规和工程建设强制性标准进行勘察、设计的;

(二)采用新结构、新材料、新工艺的建设工程和特殊结构的建设工程,设计单位未在设计中提出保障施工作业人员安全和预防生产安全事故的措施建议的。

第五十七条 违反本条例的规定,工程监理单位有下列行为之一的,责令限期改正;逾期未改正的,责令停业整顿,并处10万元以上30万元以下的罚款;情节严重的,降低资质等级,直至吊销资质证书;造成重大安全事故,构成犯罪的,对直接责任人员,依照刑法有关规定追究刑事责任;造成损失的,依法承担赔偿责任:

(一)未对施工组织设计中的安全技术措施或者专项施工方案进行审查的;

(二)发现安全事故隐患未及时要求施工单位整改或者暂时停止施工的;

(三)施工单位拒不整改或者不停止施工,未及时向有关主管部门报告的;

(四)未依照法律、法规和工程建设强制性标准实施监理的。

第五十八条 注册执业人员未执行法律、法规和工程建设强制性标准的,责令停止执业3个月以上1年以下;情节严重的,吊销执业资格证书,5年内不予注册;造成重大安全事故的,终身不予注册;构成犯罪的,依照刑法有关规定追究刑事责任。

第五十九条 违反本条例的规定,为建设工程提供机械设备和配件的单位,未按照安全施工的要求配备齐全有效的保险、限位等安全设施和装置的,责令限期改正,处合同价款1倍以上3倍以下的罚款;造成损失的,依法承担赔偿责任。

第六十条 违反本条例的规定,出租单位出租未经安全性能检测或者经检测不合格的机械设备和施工机具及配件的,责令停业整顿,并处5万元以上10万元以下的罚款;造成损失的,依法承担赔偿责任。

第六十一条 违反本条例的规定,施工起重机械和整体提升脚手架、模板等自升式架设设施安装、拆卸单位有下列行为之一的,责令限期改正,处5万元以上10万元以下的罚款;情节严重的,责令停业整顿,降低资质等级,直至吊销资质证书;造成损失的,依法承担赔偿责任:

(一)未编制拆装方案、制定安全施工措施的;

(二)未由专业技术人员现场监督的;

(三)未出具自检合格证明或者出具虚假证明的;

(四)未向施工单位进行安全使用说明,办理移交手续的。

施工起重机械和整体提升脚手架、模板等自升式架设设施安装、拆卸单位有前款规定的第(一)项、第(三)项行为,经有关部门或者单位职工提出后,对事故隐患仍不采取措施,因而发生重大伤亡事故或者造成其他严重后果,构成犯罪的,对直接责任人员,依照刑法有关规定追究刑事责任。

第六十二条 违反本条例的规定,施工单位有下列行为之一的,责令限期改正;逾期未改正的,责令停业整顿,依照《中华人民共和国安全生产法》的有关规定处以罚款;造成重大安全事故,构成犯罪的,对直接责任人员,依照刑法有关规定追究刑事责任:

(一)未设立安全生产管理机构、配备专职安全生产管理人员或者分部分项工程施工时无专职安全生产管理人员现场监督的;

(二)施工单位的主要负责人、项目负责人、专职安全生产管理人员、作业人员或者特种作业人员,未经安全教育培训或者经考核不合格即从事相关工作的;

(三)未在施工现场的危险部位设置明显的安全警示标志,或者未按照国家有关规定在施工现场设置消防通道、消防水源、配备消防设施和灭火器材的;

(四)未向作业人员提供安全防护用具和安全防护服装的;

(五)未按照规定在施工起重机械和整体提升脚手架、模板等自升式架设设施验收合格后登记的;

(六)使用国家明令淘汰、禁止使用的危及施工安全的工艺、设备、材料的。

第六十三条 违反本条例的规定,施工单位挪用列入建设工程概算的安全生产作业环境及安全施工措施所需费用的,责令限期改正,处挪用费用20%以上50%以下的罚款;造成损失的,依法承担赔偿责任。

第六十四条 违反本条例的规定,施工单位有下列行为之一的,责令限期改正;逾期未改正的,责令停业整顿,并处5万元以上10万元以下的罚款;造成重大安全事故,构成犯罪的,对直接责任人员,依照刑法有关规定追究刑事责任:

(一)施工前未对有关安全施工的技术要求作出详细说明的;

(二)未根据不同施工阶段和周围环境及季节、气候的变化,在施工现场采取相应的安全施工措施,或者在城市市区内的建设工程的施工现场未实行封闭围挡的;

(三)在尚未竣工的建筑物内设置员工集体宿舍的;

(四)施工现场临时搭建的建筑物不符合安全使用要求的;

(五)未对因建设工程施工可能造成损害的毗邻建筑物、构筑物和地下管线等采取专项防护措施的。

施工单位有前款规定第(四)项、第(五)项行为,造成损失的,依法承担赔偿责任。

第六十五条 违反本条例的规定,施工单位有下列行为之一的,责令限期改正;逾期未改正的,责令停业整顿,并处10万元以上30万元以下的罚款;情节严重的,降低资质等级,直至吊销资质证书;造成重大安全事故,构成犯罪的,对直接责任人员,依照刑法有关规定追究刑事责任;造成损失的,依法承担赔偿责任:

(一)安全防护用具、机械设备、施工机具及配件在进入施工现场前未经查验或者查验不合格即投入使用的；

(二)使用未经验收或者验收不合格的施工起重机械和整体提升脚手架、模板等自升式架设设施的；

(三)委托不具有相应资质的单位承担施工现场安装、拆卸施工起重机械和整体提升脚手架、模板等自升式架设设施的；

(四)在施工组织设计中未编制安全技术措施、施工现场临时用电方案或者专项施工方案的。

第六十六条 违反本条例的规定，施工单位的主要负责人、项目负责人未履行安全生产管理职责的，责令限期改正；逾期未改正的，责令施工单位停业整顿；造成重大安全事故、重大伤亡事故或者其他严重后果，构成犯罪的，依照刑法有关规定追究刑事责任。

作业人员不服管理、违反规章制度和操作规程冒险作业造成重大伤亡事故或者其他严重后果，构成犯罪的，依照刑法有关规定追究刑事责任。

施工单位的主要负责人、项目负责人有前款违法行为，尚不够刑事处罚的，处2万元以上20万元以下的罚款或者按照管理权限给予撤职处分；自刑罚执行完毕或者受处分之日起，5年内不得担任任何施工单位的主要负责人、项目负责人。

第六十七条 施工单位取得资质证书后，降低安全生产条件的，责令限期改正；经整改仍未达到与其资质等级相适应的安全生产条件的，责令停业整顿，降低其资质等级直至吊销资质证书。

第六十八条 本条例规定的行政处罚，由建设行政主管部门或者其他有关部门依照法定职权决定。

违反消防安全管理规定的行为，由公安消防机构依法处罚。

有关法律、行政法规对建设工程安全生产违法行为的行政处罚决定机关另有规定的，从其规定。

第八章 附 则

第六十九条 抢险救灾和农民自建低层住宅的安全生产管理，不适用本条例。

第七十条 军事建设工程的安全生产管理，按照中央军事委员会的有关规定执行。

第七十一条 本条例自2004年2月1日起施行。

安全生产许可证条例

(2004年1月13日中华人民共和国国务院令第397号发布,
自公布之日起施行)

第一条 为了严格规范安全生产条件,进一步加强安全生产监督管理,防止和减少生产安全事故,根据《中华人民共和国安全生产法》的有关规定,制定本条例。

第二条 国家对矿山企业、建筑施工企业和危险化学品、烟花爆竹、民用爆破器材生产企业(以下统称企业)实行安全生产许可制度。

企业未取得安全生产许可证的,不得从事生产活动。

第三条 国务院安全生产监督管理部门负责中央管理的非煤矿矿山企业和危险化学品、烟花爆竹生产企业安全生产许可证的颁发和管理。

省、自治区、直辖市人民政府安全生产监督管理部门负责前款规定以外的非煤矿矿山企业和危险化学品、烟花爆竹生产企业安全生产许可证的颁发和管理,并接受国务院安全生产监督管理部门的指导和监督。

国家煤矿安全监察机构负责中央管理的煤矿企业安全生产许可证的颁发和管理。

在省、自治区、直辖市设立的煤矿安全监察机构负责前款规定以外的其他煤矿企业安全生产许可证的颁发和管理,并接受国家煤矿安全监察机构的指导和监督。

第四条 国务院建设主管部门负责中央管理的建筑施工企业安全生产许可证的颁发和管理。

省、自治区、直辖市人民政府建设主管部门负责前款规定以外的建筑施工企业安全生产许可证的颁发和管理,并接受国务院建设主管部门的指导和监督。

第五条 国务院国防科技工业主管部门负责民用爆破器材生产企业安全生产许可证的颁发和管理。

第六条 企业取得安全生产许可证,应当具备下列安全生产条件:

(一)建立、健全安全生产责任制,制定完备的安全生产规章制度和操作规程;

(二)安全投入符合安全生产要求;

(三)设置安全生产管理机构,配备专职安全生产管理人员;

(四)主要负责人和安全生产管理人员经考核合格;

(五)特种作业人员经有关业务主管部门考核合格,取得特种作业操作资格证书;

(六)从业人员经安全生产教育和培训合格;

(七)依法参加工伤保险,为从业人员缴纳保险费;

(八)厂房、作业场所和安全设施、设备、工艺符合有关安全生产法律、法规、标准和规程的要求；

（九）有职业危害防治措施，并为从业人员配备符合国家标准或者行业标准的劳动防护用品；

（十）依法进行安全评价；

（十一）有重大危险源检测、评估、监控措施和应急预案；

（十二）有生产安全事故应急救援预案、应急救援组织或者应急救援人员，配备必要的应急救援器材、设备；

（十三）法律、法规规定的其他条件。

第七条 企业进行生产前，应当依照本条例的规定向安全生产许可证颁发管理机关申请领取安全生产许可证，并提供本条例第六条规定的相关文件、资料。安全生产许可证颁发管理机关应当自收到申请之日起45日内审查完毕，经审查符合本条例规定的安全生产条件的，颁发安全生产许可证；不符合本条例规定的安全生产条件的，不予颁发安全生产许可证，书面通知企业并说明理由。

煤矿企业应当以矿（井）为单位，在申请领取煤炭生产许可证前，依照本条例的规定取得安全生产许可证。

第八条 安全生产许可证由国务院安全生产监督管理部门规定统一的式样。

第九条 安全生产许可证的有效期为3年。安全生产许可证有效期满需要延期的，企业应当于期满前3个月向原安全生产许可证颁发管理机关办理延期手续。

企业在安全生产许可证有效期内，严格遵守有关安全生产的法律法规，未发生死亡事故的，安全生产许可证有效期届满时，经原安全生产许可证颁发管理机关同意，不再审查，安全生产许可证有效期延期3年。

第十条 安全生产许可证颁发管理机关应当建立、健全安全生产许可证档案管理制度，并定期向社会公布企业取得安全生产许可证的情况。

第十一条 煤矿企业安全生产许可证颁发管理机关、建筑施工企业安全生产许可证颁发管理机关、民用爆破器材生产企业安全生产许可证颁发管理机关，应当每年向同级安全生产监督管理部门通报其安全生产许可证颁发和管理情况。

第十二条 国务院安全生产监督管理部门和省、自治区、直辖市人民政府安全生产监督管理部门对建筑施工企业、民用爆破器材生产企业、煤矿企业取得安全生产许可证的情况进行监督。

第十三条 企业不得转让、冒用安全生产许可证或者使用伪造的安全生产许可证。

第十四条 企业取得安全生产许可证后，不得降低安全生产条件，并应当加强日常安全生产管理，接受安全生产许可证颁发管理机关的监督检查。

安全生产许可证颁发管理机关应当加强对取得安全生产许可证的企业的监督检查，发现其不再具备本条例规定的安全生产条件的，应当暂扣或者吊销安全生产许可证。

第十五条 安全生产许可证颁发管理机关工作人员在安全生产许可证颁发、管理和监督检查工作中，不得索取或者接受企业的财物，不得谋取其他利益。

第十六条 监察机关依照《中华人民共和国行政监察法》的规定，对安全生产许可证颁发管理机关及其工作人员履行本条例规定的职责实施监察。

第十七条 任何单位或者个人对违反本条例规定的行为，有权向安全生产许可证颁发管理机关或者监察机关等有关部门举报。

第十八条 安全生产许可证颁发管理机关工作人员有下列行为之一的，给予降级或者撤职的行政处分；构成犯罪的，依法追究刑事责任：

（一）向不符合本条例规定的安全生产条件的企业颁发安全生产许可证的；

（二）发现企业未依法取得安全生产许可证擅自从事生产活动，不依法处理的；

（三）发现取得安全生产许可证的企业不再具备本条例规定的安全生产条件，不依法处理的；

（四）接到对违反本条例规定行为的举报后，不及时处理的；

（五）在安全生产许可证颁发、管理和监督检查工作中，索取或者接受企业的财物，或者谋取其他利益的。

第十九条 违反本条例规定，未取得安全生产许可证擅自进行生产的，责令停止生产，没收违法所得，并处10万元以上50万元以下的罚款；造成重大事故或者其他严重后果，构成犯罪的，依法追究刑事责任。

第二十条 违反本条例规定，安全生产许可证有效期满未办理延期手续，继续进行生产的，责令停止生产，限期补办延期手续，没收违法所得，并处5万元以上10万元以下的罚款；逾期仍不办理延期手续，继续进行生产的，依照本条例第十九条的规定处罚。

第二十一条 违反本条例规定，转让安全生产许可证的，没收违法所得，处10万元以上50万元以下的罚款，并吊销其安全生产许可证；构成犯罪的，依法追究刑事责任；接受转让的，依照本条例第十九条规定处罚。

冒用安全生产许可证或者使用伪造的安全生产许可证的，依照本条例第十九条的规定处罚。

第二十二条 本条例施行前已经进行生产的企业，应当自本条例施行之日起1年内，依照本条例的规定向安全生产许可证颁发管理机关申请办理安全生产许可证；逾期不办理安全生产许可证，或者经审查不符合本条例规定的安全生产条件，未取得安全生产许可证，继续进行生产的，依照本条例第十九条的规定处罚。

第二十三条 本条例规定的行政处罚，由安全生产许可证颁发管理机关决定。

第二十四条 本条例自公布之日起施行。

生产安全事故报告和调查处理条例

（2007年4月9日中华人民共和国国务院令第493号公布，
自2007年6月1日起施行）

第一章 总 则

第一条 为了规范生产安全事故的报告和调查处理，落实生产安全事故责任追究制度，防止和减少生产安全事故，根据《中华人民共和国安全生产法》和有关法律，制定本条例。

第二条 生产经营活动中发生的造成人身伤亡或者直接经济损失的生产安全事故的报告和调查处理，适用本条例；环境污染事故、核设施事故、国防科研生产事故的报告和调查处理不适用本条例。

第三条 根据生产安全事故（以下简称事故）造成的人员伤亡或者直接经济损失，事故一般分为以下等级：

（一）特别重大事故，是指造成30人以上死亡，或者100人以上重伤（包括急性工业中毒，下同），或者1亿元以上直接经济损失的事故；

（二）重大事故，是指造成10人以上30人以下死亡，或者50人以上100人以下重伤，或者5 000万元以上1亿元以下直接经济损失的事故；

（三）较大事故，是指造成3人以上10人以下死亡，或者10人以上50人以下重伤，或者1 000万元以上5 000万元以下直接经济损失的事故；

（四）一般事故，是指造成3人以下死亡，或者10人以下重伤，或者1 000万元以下直接经济损失的事故。

国务院安全生产监督管理部门可以会同国务院有关部门，制定事故等级划分的补充性规定。

本条第一款所称的“以上”包括本数，所称的“以下”不包括本数。

第四条 事故报告应当及时、准确、完整，任何单位和个人对事故不得迟报、漏报、谎报或者瞒报。

事故调查处理应当坚持实事求是、尊重科学的原则，及时、准确地查清事故经过、事故原因和事故损失，查明事故性质，认定事故责任，总结事故教训，提出整改措施，并对事故责任者依法追究责任。

第五条 县级以上人民政府应当依照本条例的规定，严格履行职责，及时、准确地完成事故调查处理工作。

事故发生地有关地方人民政府应当支持、配合上级人民政府或者有关部门的事故调查处理工作,并提供必要的便利条件。

参加事故调查处理的部门和单位应当互相配合,提高事故调查处理工作的效率。

第六条 工会依法参加事故调查处理,有权向有关部门提出处理意见。

第七条 任何单位和个人不得阻挠和干涉对事故的报告和依法调查处理。

第八条 对事故报告和调查处理中的违法行为,任何单位和个人有权向安全生产监督管理部门、监察机关或者其他有关部门举报,接到举报的部门应当依法及时处理。

第二章 事故报告

第九条 事故发生后,事故现场有关人员应当立即向本单位负责人报告;单位负责人接到报告后,应当于1小时内向事故发生地县级以上人民政府安全生产监督管理部门和负有安全生产监督管理职责的有关部门报告。

情况紧急时,事故现场有关人员可以直接向事故发生地县级以上人民政府安全生产监督管理部门和负有安全生产监督管理职责的有关部门报告。

第十条 安全生产监督管理部门和负有安全生产监督管理职责的有关部门接到事故报告后,应当依照下列规定上报事故情况,并通知公安机关、劳动保障行政部门、工会和人民检察院:

(一)特别重大事故、重大事故逐级上报至国务院安全生产监督管理部门和负有安全生产监督管理职责的有关部门;

(二)较大事故逐级上报至省、自治区、直辖市人民政府安全生产监督管理部门和负有安全生产监督管理职责的有关部门;

(三)一般事故上报至设区的市级人民政府安全生产监督管理部门和负有安全生产监督管理职责的有关部门。

安全生产监督管理部门和负有安全生产监督管理职责的有关部门依照前款规定上报事故情况,应当同时报告本级人民政府。国务院安全生产监督管理部门和负有安全生产监督管理职责的有关部门以及省级人民政府接到发生特别重大事故、重大事故的报告后,应当立即报告国务院。

必要时,安全生产监督管理部门和负有安全生产监督管理职责的有关部门可以越级上报事故情况。

第十一条 安全生产监督管理部门和负有安全生产监督管理职责的有关部门逐级上报事故情况,每级上报的时间不得超过2小时。

第十二条 报告事故应当包括下列内容:

(一)事故发生单位概况;

(二)事故发生的时间、地点以及事故现场情况;

(三)事故的简要经过;

(四)事故已经造成或者可能造成的伤亡人数(包括下落不明的人数)和初步估计的

直接经济损失；

（五）已经采取的措施；

（六）其他应当报告的情况。

第十三条 事故报告后出现新情况的，应当及时补报。

自事故发生之日起30日内，事故造成的伤亡人数发生变化的，应当及时补报。道路交通事故、火灾事故自发生之日起7日内，事故造成的伤亡人数发生变化的，应当及时补报。

第十四条 事故发生单位负责人接到事故报告后，应当立即启动事故相应应急预案，或者采取有效措施，组织抢救，防止事故扩大，减少人员伤亡和财产损失。

第十五条 事故发生地有关地方人民政府、安全生产监督管理部门和负有安全生产监督管理职责的有关部门接到事故报告后，其负责人应当立即赶赴事故现场，组织事故救援。

第十六条 事故发生后，有关单位和人员应当妥善保护事故现场以及相关证据，任何单位和个人不得破坏事故现场、毁灭相关证据。

因抢救人员、防止事故扩大以及疏通交通等原因，需要移动事故现场物件的，应当做出标志，绘制现场简图并做出书面记录，妥善保存现场重要痕迹、物证。

第十七条 事故发生地公安机关根据事故的情况，对涉嫌犯罪的，应当依法立案侦查，采取强制措施和侦查措施。犯罪嫌疑人逃匿的，公安机关应当迅速追捕归案。

第十八条 安全生产监督管理部门和负有安全生产监督管理职责的有关部门应当建立值班制度，并向社会公布值班电话，受理事故报告和举报。

第三章 事故调查

第十九条 特别重大事故由国务院或者国务院授权有关部门组织事故调查组进行调查。

重大事故、较大事故、一般事故分别由事故发生地省级人民政府、设区的市级人民政府、县级人民政府负责调查。省级人民政府、设区的市级人民政府、县级人民政府可以直接组织事故调查组进行调查，也可以授权或者委托有关部门组织事故调查组进行调查。

未造成人员伤亡的一般事故，县级人民政府也可以委托事故发生单位组织事故调查组进行调查。

第二十条 上级人民政府认为必要时，可以调查由下级人民政府负责调查的事故。

自事故发生之日起30日内（道路交通事故、火灾事故自发生之日起7日内），因事故伤亡人数变化导致事故等级发生变化，依照本条例规定应当由上级人民政府负责调查的，上级人民政府可以另行组织事故调查组进行调查。

第二十一条 特别重大事故以下等级事故，事故发生地与事故发生单位不在同一个县级以上行政区域的，由事故发生地人民政府负责调查，事故发生单位所在地人民政府应当派人参加。

第二十二条 事故调查组的组成应当遵循精简、效能的原则。

根据事故的具体情况，事故调查组由有关人民政府、安全生产监督管理部门、负有安全生产监督管理职责的有关部门、监察机关、公安机关以及工会派人组成，并应当邀请人民检察院派人参加。

事故调查组可以聘请有关专家参与调查。

第二十三条 事故调查组成员应当具有事故调查所需要的知识和专长，并与所调查的事故没有直接利害关系。

第二十四条 事故调查组组长由负责事故调查的人民政府指定。事故调查组组长主持事故调查组的工作。

第二十五条 事故调查组履行下列职责：

（一）查明事故发生的经过、原因、人员伤亡情况及直接经济损失；

（二）认定事故的性质和事故责任；

（三）提出对事故责任者的处理建议；

（四）总结事故教训，提出防范和整改措施；

（五）提交事故调查报告。

第二十六条 事故调查组有权向有关单位和个人了解与事故有关的情况，并要求其提供相关文件、资料，有关单位和个人不得拒绝。

事故发生单位的负责人和有关人员在事故调查期间不得擅离职守，并应当随时接受事故调查组的询问，如实提供有关情况。

事故调查中发现涉嫌犯罪的，事故调查组应当及时将有关材料或者其复印件移交司法机关处理。

第二十七条 事故调查中需要进行技术鉴定的，事故调查组应当委托具有国家规定资质的单位进行技术鉴定。必要时，事故调查组可以直接组织专家进行技术鉴定。技术鉴定所需时间不计入事故调查期限。

第二十八条 事故调查组成员在事故调查工作中应当诚信公正、恪尽职守，遵守事故调查组的纪律，保守事故调查的秘密。

未经事故调查组组长允许，事故调查组成员不得擅自发布有关事故的信息。

第二十九条 事故调查组应当自事故发生之日起60日内提交事故调查报告；特殊情况下，经负责事故调查的人民政府批准，提交事故调查报告的期限可以适当延长，但延长的期限最长不超过60日。

第三十条 事故调查报告应当包括下列内容：

（一）事故发生单位概况；

（二）事故发生经过和事故救援情况；

（三）事故造成的人员伤亡和直接经济损失；

（四）事故发生的原因和事故性质；

（五）事故责任的认定以及对事故责任者的处理建议；

（六）事故防范和整改措施。

事故调查报告应当附具有关证据材料。事故调查组成员应当在事故调查报告上签名。

第三十一条 事故调查报告报送负责事故调查的人民政府后，事故调查工作即告结束。事故调查的有关资料应当归档保存。

第四章 事故处理

第三十二条 重大事故、较大事故、一般事故，负责事故调查的人民政府应当自收到事故调查报告之日起15日内做出批复；特别重大事故，30日内做出批复，特殊情况下，批复时间可以适当延长，但延长的时间最长不超过30日。

有关机关应当按照人民政府的批复，依照法律、行政法规规定的权限和程序，对事故发生单位和有关人员进行行政处罚，对负有事故责任的国家工作人员进行处分。

事故发生单位应当按照负责事故调查的人民政府的批复，对本单位负有事故责任的人员进行处理。

负有事故责任的人员涉嫌犯罪的，依法追究刑事责任。

第三十三条 事故发生单位应当认真吸取事故教训，落实防范和整改措施，防止事故再次发生。防范和整改措施的落实情况应当接受工会和职工的监督。

安全生产监督管理部门和负有安全生产监督管理职责的有关部门应当对事故发生单位落实防范和整改措施的情况进行监督检查。

第三十四条 事故处理的情况由负责事故调查的人民政府或者其授权的有关部门、机构向社会公布，依法应当保密的除外。

第五章 法律责任

第三十五条 事故发生单位主要负责人有下列行为之一的，处上一年年收入40%至80%的罚款；属于国家工作人员的，并依法给予处分；构成犯罪的，依法追究刑事责任：

（一）不立即组织事故抢救的；

（二）迟报或者漏报事故的；

（三）在事故调查处理期间擅离职守的。

第三十六条 事故发生单位及其有关人员有下列行为之一的，对事故发生单位处100万元以上500万元以下的罚款；对主要负责人、直接负责的主管人员和其他直接责任人员处上一年年收入60%至100%的罚款；属于国家工作人员的，并依法给予处分；构成违反治安管理行为的，由公安机关依法给予治安管理处罚；构成犯罪的，依法追究刑事责任：

（一）谎报或者瞒报事故的；

（二）伪造或者故意破坏事故现场的；

（三）转移、隐匿资金、财产，或者销毁有关证据、资料的；

（四）拒绝接受调查或者拒绝提供有关情况和资料的；

（五）在事故调查中作伪证或者指使他人作伪证的；

（六）事故发生后逃匿的。

第三十七条 事故发生单位对事故发生负有责任的，依照下列规定处以罚款：

（一）发生一般事故的，处10万元以上20万元以下的罚款；

（二）发生较大事故的，处20万元以上50万元以下的罚款；

（三）发生重大事故的，处50万元以上200万元以下的罚款；

（四）发生特别重大事故的，处200万元以上500万元以下的罚款。

第三十八条 事故发生单位主要负责人未依法履行安全生产管理职责，导致事故发生的，依照下列规定处以罚款；属于国家工作人员的，并依法给予处分；构成犯罪的，依法追究刑事责任：

（一）发生一般事故的，处上一年年收入30%的罚款；

（二）发生较大事故的，处上一年年收入40%的罚款；

（三）发生重大事故的，处上一年年收入60%的罚款；

（四）发生特别重大事故的，处上一年年收入80%的罚款。

第三十九条 有关地方人民政府、安全生产监督管理部门和负有安全生产监督管理职责的有关部门有下列行为之一的，对直接负责的主管人员和其他直接责任人员依法给予处分；构成犯罪的，依法追究刑事责任：

（一）不立即组织事故抢救的；

（二）迟报、漏报、谎报或者瞒报事故的；

（三）阻碍、干涉事故调查工作的；

（四）在事故调查中作伪证或者指使他人作伪证的。

第四十条 事故发生单位对事故发生负有责任的，由有关部门依法暂扣或者吊销其有关证照；对事故发生单位负有事故责任的有关人员，依法暂停或者撤销其与安全生产有关的执业资格、岗位证书；事故发生单位主要负责人受到刑事处罚或者撤职处分的，自刑罚执行完毕或者受处分之日起，5年内不得担任任何生产经营单位的主要负责人。

为发生事故的单位提供虚假证明的中介机构，由有关部门依法暂扣或者吊销其有关证照及其相关人员的执业资格；构成犯罪的，依法追究刑事责任。

第四十一条 参与事故调查的人员在事故调查中有下列行为之一的，依法给予处分；构成犯罪的，依法追究刑事责任：

（一）对事故调查工作不负责任，致使事故调查工作有重大疏漏的；

（二）包庇、袒护负有事故责任的人员或者借机打击报复的。

第四十二条 违反本条例规定，有关地方人民政府或者有关部门故意拖延或者拒绝落实经批复的对事故责任人的处理意见的，由监察机关对有关责任人员依法给予处分。

第四十三条 本条例规定的罚款的行政处罚，由安全生产监督管理部门决定。

法律、行政法规对行政处罚的种类、幅度和决定机关另有规定的，依照其规定。

第六章 附 则

第四十四条 没有造成人员伤亡，但是社会影响恶劣的事故，国务院或者有关地方人民政府认为需要调查处理的，依照本条例的有关规定执行。

国家机关、事业单位、人民团体发生的事故的报告和调查处理，参照本条例的规定执行。

第四十五条 特别重大事故以下等级事故的报告和调查处理，有关法律、行政法规或者国务院另有规定的，依照其规定。

第四十六条 本条例自2007年6月1日起施行。国务院1989年3月29日公布的《特别重大事故调查程序暂行规定》和1991年2月22日公布的《企业职工伤亡事故报告和处理规定》同时废止。

国务院关于修改《特种设备安全监察条例》的决定(节选)

(2009 年 1 月 24 日国务院令第 549 号公布,自 2009 年 5 月 1 日起施行)

国务院决定对《特种设备安全监察条例》做如下修改:

一、第二条第一款修改为:“本条例所称特种设备是指涉及生命安全、危险性较大的锅炉、压力容器(含气瓶,下同)、压力管道、电梯、起重机械、客运索道、大型游乐设施和场(厂)内专用机动车辆。”

二、第三条第二款修改为:“军事装备、核设施、航空航天器、铁路机车、海上设施和船舶以及矿山井下使用的特种设备、民用机场专用设备的安全监察不适用本条例。”

第三款修改为:“房屋建筑工地和市政工程工地用起重机械、场(厂)内专用机动车辆的安装、使用的监督管理,由建设行政主管部门依照有关法律、法规的规定执行。”

三、第五条第一款修改为:“特种设备生产、使用单位应当建立健全特种设备安全、节能管理制度和岗位安全、节能责任制度。”

第二款修改为:“特种设备生产、使用单位的主要负责人应当对本单位特种设备的安全和节能全面负责。”

四、第八条增加一款作为第二款:“国家鼓励特种设备节能技术的研究、开发、示范和推广,促进特种设备节能技术创新和应用。”

增加一款,作为第三款:“特种设备生产、使用单位和特种设备检验检测机构,应当保证必要的安全和节能投入。”

增加一款,作为第四款:“国家鼓励实行特种设备责任保险制度,提高事故赔付能力。”

六、第二十二条第三款修改为:“气瓶充装单位应当向气体使用者提供符合安全技术规范要求的气瓶,对使用者进行气瓶安全使用指导,并按照安全技术规范的要求办理气瓶使用登记,提出气瓶的定期检验要求。”

七、第二十六条增加一项作为第六项:“高耗能特种设备的能效测试报告、能耗状况记录以及节能改造技术资料。”

九、第二十九条增加一款作为第二款:“特种设备不符合能效指标的,特种设备使用单位应当采取相应措施进行整改。”

十一、第四十条改为第三十九条,第一款修改为:“特种设备使用单位应当对特种设备作业人员进行特种设备安全、节能教育和培训,保证特种设备作业人员具备必要的特种设备安全、节能知识。"

十二、第四十九条改为第四十八条,修改为:"特种设备检验检测机构进行特种设备检验检测,发现严重事故隐患或者能耗严重超标的,应当及时告知特种设备使用单位,并立即向特种设备安全监督管理部门报告。"

十三、第五十三条改为第五十二条,第一款修改为:"依照本条例规定实施许可、核准、登记的特种设备安全监督管理部门,应当严格依照本条例规定条件和安全技术规范要求对有关事项进行审查;不符合本条例规定条件和安全技术规范要求的,不得许可、核准、登记;在申请办理许可、核准期间,特种设备安全监督管理部门发现申请人未经许可从事特种设备相应活动或者伪造许可、核准证书的,不予受理或者不予许可、核准,并在1年内不再受理其新的许可、核准申请。"

第三款修改为:"违反本条例规定,被依法撤销许可的,自撤销许可之日起3年内,特种设备安全监督管理部门不予受理其新的许可申请。"

十四、第五十九条改为第五十八条,修改为:"特种设备安全监督管理部门对特种设备生产、使用单位和检验检测机构进行安全监察时,发现有违反本条例规定和安全技术规范要求的行为或者在用的特种设备存在事故隐患、不符合能效指标的,应当以书面形式发出特种设备安全监察指令,责令有关单位及时采取措施,予以改正或者消除事故隐患。紧急情况下需要采取紧急处置措施的,应当随后补发书面通知。"

十七、增加一条,作为第六十一条:"有下列情形之一的,为特别重大事故:

"(一)特种设备事故造成30人以上死亡,或者100人以上重伤(包括急性工业中毒,下同),或者1亿元以上直接经济损失的;

"(二)600兆瓦以上锅炉爆炸的;

"(三)压力容器、压力管道有毒介质泄漏,造成15万人以上转移的;

"(四)客运索道、大型游乐设施高空滞留100人以上并且时间在48小时以上的。"

十八、增加一条,作为第六十二条:"有下列情形之一的,为重大事故:

"(一)特种设备事故造成10人以上30人以下死亡,或者50人以上100人以下重伤,或者5 000万元以上1亿元以下直接经济损失的;

"(二)600兆瓦以上锅炉因安全故障中断运行240小时以上的;

"(三)压力容器、压力管道有毒介质泄漏,造成5万人以上15万人以下转移的;

"(四)客运索道、大型游乐设施高空滞留100人以上并且时间在24小时以上48小时以下的。"

十九、增加一条,作为第六十三条:"有下列情形之一的,为较大事故:

"(一)特种设备事故造成3人以上10人以下死亡,或者10人以上50人以下重伤,或者1 000万元以上5 000万元以下直接经济损失的;

"(二)锅炉、压力容器、压力管道爆炸的;

"(三)压力容器、压力管道有毒介质泄漏,造成1万人以上5万人以下转移的;

"(四)起重机械整体倾覆的;

“(五)客运索道、大型游乐设施高空滞留人员12小时以上的。”

二十、增加一条,作为第六十四条:“有下列情形之一的,为一般事故:

“(一)特种设备事故造成3人以下死亡,或者10人以下重伤,或者1万元以上1 000万元以下直接经济损失的;

“(二)压力容器、压力管道有毒介质泄漏,造成500人以上1万人以下转移的;

“(三)电梯轿厢滞留人员2小时以上的;

“(四)起重机械主要受力结构件折断或者起升机构坠落的;

“(五)客运索道高空滞留人员3.5小时以上12小时以下的;

“(六)大型游乐设施高空滞留人员1小时以上12小时以下的。

“除前款规定外,国务院特种设备安全监督管理部门可以对一般事故的其他情形做出补充规定。”

二十一、增加一条,作为第六十五条:“特种设备安全监督管理部门应当制定特种设备应急预案。特种设备使用单位应当制定事故应急专项预案,并定期进行事故应急演练。

二十二、增加一条,作为第六十六条:“特种设备事故发生后,事故发生单位应当立即启动事故应急预案,组织抢救,防止事故扩大,减少人员伤亡和财产损失,并及时向事故发生地县以上特种设备安全监督管理部门和有关部门报告。

“县以上特种设备安全监督管理部门接到事故报告,应当尽快核实有关情况,立即向所在地人民政府报告,并逐级上报事故情况。必要时,特种设备安全监督管理部门可以越级上报事故情况。对特别重大事故、重大事故,国务院特种设备安全监督管理部门应当立即报告国务院并通报国务院安全生产监督管理部门等有关部门。”

二十四、增加一条,作为第六十八条:“事故调查报告应当由负责组织事故调查的特种设备安全监督管理部门的所在地人民政府批复,并报上一级特种设备安全监督管理部门备案。

“有关机关应当按照批复,依照法律、行政法规规定的权限和程序,对事故责任单位和有关人员进行行政处罚,对负有事故责任的国家工作人员进行处分。”

二十五、增加一条,作为第六十九条:“特种设备安全监督管理部门应当在有关地方人民政府的领导下,组织开展特种设备事故调查处理工作。

“有关地方人民政府应当支持、配合上级人民政府或者特种设备安全监督管理部门的事故调查处理工作,并提供必要的便利条件。”

二十八、增加一条,作为第八十二条:“已经取得许可、核准的特种设备生产单位、检验检测机构有下列行为之一的,由特种设备安全监督管理部门责令改正,处2万元以上10万元以下罚款;情节严重的,撤销其相应资格:

“(一)未按照安全技术规范的要求办理许可证变更手续的;

“(二)不再符合本条例规定或者安全技术规范要求的条件,继续从事特种设备生产、检验检测的;

“(三)未依照本条例规定或者安全技术规范要求进行特种设备生产、检验检测的;

“（四）伪造、变造、出租、出借、转让许可证书或者监督检验报告的。”

二十九、第七十四条改为第八十三条，增加一项作为第九项：“未按照安全技术规范要求进行锅炉水（介）质处理的；”

增加一项作为第十项：“特种设备不符合能效指标，未及时采取相应措施进行整改的。”

增加一款，作为第二款：“特种设备使用单位使用未取得生产许可的单位生产的特种设备或者将非承压锅炉、非压力容器作为承压锅炉、压力容器使用的，由特种设备安全监督管理部门责令停止使用，予以没收，处2万元以上10万元以下罚款。”

三十、第七十八条改为第八十七条，修改为：“发生特种设备事故，有下列情形之一的，对单位，由特种设备安全监督管理部门处5万元以上20万元以下罚款；对主要负责人，由特种设备安全监督管理部门处4 000元以上2万元以下罚款；属于国家工作人员的，依法给予处分；触犯刑律的，依照刑法关于重大责任事故罪或者其他罪的规定，依法追究刑事责任：

“（一）特种设备使用单位的主要负责人在本单位发生特种设备事故时，不立即组织抢救或者在事故调查处理期间擅离职守或者逃匿的；

“（二）特种设备使用单位的主要负责人对特种设备事故隐瞒不报、谎报或者拖延不报的。”

三十一、增加一条，作为第八十八条：“对事故发生负有责任的单位，由特种设备安全监督管理部门依照下列规定处以罚款：

“（一）发生一般事故的，处10万元以上20万元以下罚款；

“（二）发生较大事故的，处20万元以上50万元以下罚款；

“（三）发生重大事故的，处50万元以上200万元以下罚款。”

三十二、增加一条，作为第八十九条：“对事故发生负有责任的单位的主要负责人未依法履行职责，导致事故发生的，由特种设备安全监督管理部门依照下列规定处以罚款；属于国家工作人员的，并依法给予处分；触犯刑律的，依照刑法关于重大责任事故罪或者其他罪的规定，依法追究刑事责任：

“（一）发生一般事故的，处上一年年收入30%的罚款；

“（二）发生较大事故的，处上一年年收入40%的罚款；

“（三）发生重大事故的，处上一年年收入60%的罚款。”

三十三、第八十六条改为第九十七条，增加一项作为第八项：“迟报、漏报、瞒报或者谎报事故的；”

增加一项作为第九项：“妨碍事故救援或者事故调查处理的。”

三十四、第八十七条改为第九十八条，增加一款作为第二款：“特种设备生产、使用单位擅自动用、调换、转移、损毁被查封、扣押的特种设备或者其主要部件的，由特种设备安全监督管理部门责令改正，处5万元以上20万元以下罚款；情节严重的，撤销其相应资格。”

三十五、第九十九条第一款增加一项作为第八项："场(厂)内专用机动车辆，是指除道路交通、农用车辆以外仅在工厂厂区、旅游景区、游乐场所等特定区域使用的专用机动车辆。"

三十六、增加一条，作为第一百零一条："国务院特种设备安全监督管理部门可以授权省、自治区、直辖市特种设备安全监督管理部门负责本条例规定的特种设备行政许可工作，具体办法由国务院特种设备安全监督管理部门制定。"

三十七、第九十条改为第一百零二条，修改为："特种设备行政许可、检验检测，应当按照国家有关规定收取费用。"

此外，对条文的顺序和部分文字作相应的调整与修改。

本决定自2009年5月1日起施行。

《特种设备安全监察条例》根据本决定作相应的修订，重新公布。

自然灾害救助条例

（2010年7月8日中华人民共和国国务院令第577号公布，
自2010年9月1日起施行）

第一章 总 则

第一条 为了规范自然灾害救助工作，保障受灾人员基本生活，制定本条例。

第二条 自然灾害救助工作遵循以人为本、政府主导、分级管理、社会互助、灾民自救的原则。

第三条 自然灾害救助工作实行各级人民政府行政领导负责制。

国家减灾委员会负责组织、领导全国的自然灾害救助工作，协调开展重大自然灾害救助活动。国务院民政部门负责全国的自然灾害救助工作，承担国家减灾委员会的具体工作。国务院有关部门按照各自职责做好全国的自然灾害救助相关工作。

县级以上地方人民政府或者人民政府的自然灾害救助应急综合协调机构，组织、协调本行政区域的自然灾害救助工作。县级以上地方人民政府民政部门负责本行政区域的自然灾害救助工作。县级以上地方人民政府有关部门按照各自职责做好本行政区域的自然灾害救助相关工作。

第四条 县级以上人民政府应当将自然灾害救助工作纳入国民经济和社会发展规划，建立健全与自然灾害救助需求相适应的资金、物资保障机制，将人民政府安排的自然灾害救助资金和自然灾害救助工作经费纳入财政预算。

第五条 村民委员会、居民委员会以及红十字会、慈善会和公募基金会等社会组织，依法协助人民政府开展自然灾害救助工作。

国家鼓励和引导单位和个人参与自然灾害救助捐赠、志愿服务等活动。

第六条 各级人民政府应当加强防灾减灾宣传教育，提高公民的防灾避险意识和自救互救能力。

村民委员会、居民委员会、企业事业单位应当根据所在地人民政府的要求，结合各自的实际情况，开展防灾减灾应急知识的宣传普及活动。

第七条 对在自然灾害救助中作出突出贡献的单位和个人，按照国家有关规定给予表彰和奖励。

第二章 救助准备

第八条 县级以上地方人民政府及其有关部门应当根据有关法律、法规、规章，上级人民政府及其有关部门的应急预案以及本行政区域的自然灾害风险调查情况，制定相应的自然灾害救助应急预案。

自然灾害救助应急预案应当包括下列内容：

（一）自然灾害救助应急组织指挥体系及其职责；

（二）自然灾害救助应急队伍；

（三）自然灾害救助应急资金、物资、设备；

（四）自然灾害的预警预报和灾情信息的报告、处理；

（五）自然灾害救助应急响应的等级和相应措施；

（六）灾后应急救助和居民住房恢复重建措施。

第九条 县级以上人民政府应当建立健全自然灾害救助应急指挥技术支撑系统，并为自然灾害救助工作提供必要的交通、通信等装备。

第十条 国家建立自然灾害救助物资储备制度，由国务院民政部门分别会同国务院财政部门、发展改革部门制定全国自然灾害救助物资储备规划和储备库规划，并组织实施。

设区的市级以上人民政府和自然灾害多发、易发地区的县级人民政府应当根据自然灾害特点、居民人口数量和分布等情况，按照布局合理、规模适度的原则，设立自然灾害救助物资储备库。

第十一条 县级以上地方人民政府应当根据当地居民人口数量和分布等情况，利用公园、广场、体育场馆等公共设施，统筹规划设立应急避难场所，并设置明显标志。

启动自然灾害预警响应或者应急响应，需要告知居民前往应急避难场所的，县级以上地方人民政府或者人民政府的自然灾害救助应急综合协调机构应当通过广播、电视、手机短信、电子显示屏、互联网等方式，及时公告应急避难场所的具体地址和到达路径。

第十二条 县级以上地方人民政府应当加强自然灾害救助人员的队伍建设和业务培训，村民委员会、居民委员会和企业事业单位应当设立专职或者兼职的自然灾害信息员。

第三章 应急救助

第十三条 县级以上人民政府或者人民政府的自然灾害救助应急综合协调机构应当根据自然灾害预警预报启动预警响应，采取下列一项或者多项措施：

（一）向社会发布规避自然灾害风险的警告，宣传避险常识和技能，提示公众做好自救互救准备；

（二）开放应急避难场所，疏散、转移易受自然灾害危害的人员和财产，情况紧急时，实行有组织的避险转移；

（三）加强对易受自然灾害危害的乡村、社区以及公共场所的安全保障；

（四）责成民政等部门做好基本生活救助的准备。

第十四条 自然灾害发生并达到自然灾害救助应急预案启动条件的，县级以上人民政府或者人民政府的自然灾害救助应急综合协调机构应当及时启动自然灾害救助应急响

应,采取下列一项或者多项措施:

(一)立即向社会发布政府应对措施和公众防范措施;

(二)紧急转移安置受灾人员;

(三)紧急调拨、运输自然灾害救助应急资金和物资,及时向受灾人员提供食品、饮用水、衣被、取暖、临时住所、医疗防疫等应急救助,保障受灾人员基本生活;

(四)抚慰受灾人员,处理遇难人员善后事宜;

(五)组织受灾人员开展自救互救;

(六)分析评估灾情趋势和灾区需求,采取相应的自然灾害救助措施;

(七)组织自然灾害救助捐赠活动。

对应急救助物资,各交通运输主管部门应当组织优先运输。

第十五条 在自然灾害救助应急期间,县级以上地方人民政府或者人民政府的自然灾害救助应急综合协调机构可以在本行政区域内紧急征用物资、设备、交通运输工具和场地,自然灾害救助应急工作结束后应当及时归还,并按照国家有关规定给予补偿。

第十六条 自然灾害造成人员伤亡或者较大财产损失的,受灾地区县级人民政府民政部门应当立即向本级人民政府和上一级人民政府民政部门报告。

自然灾害造成特别重大或者重大人员伤亡、财产损失的,受灾地区县级人民政府民政部门应当按照有关法律、行政法规和国务院应急预案规定的程序及时报告,必要时可以直接报告国务院。

第十七条 灾情稳定前,受灾地区人民政府民政部门应当每日逐级上报自然灾害造成的人员伤亡、财产损失和自然灾害救助工作动态等情况,并及时向社会发布。

灾情稳定后,受灾地区县级以上人民政府或者人民政府的自然灾害救助应急综合协调机构应当评估、核定并发布自然灾害损失情况。

第四章 灾后救助

第十八条 受灾地区人民政府应当在确保安全的前提下,采取就地安置与异地安置、政府安置与自行安置相结合的方式,对受灾人员进行过渡性安置。

就地安置应当选择在交通便利、便于恢复生产和生活的地点,并避开可能发生次生自然灾害的区域,尽量不占用或者少占用耕地。

受灾地区人民政府应当鼓励并组织受灾群众自救互救,恢复重建。

第十九条 自然灾害危险消除后,受灾地区人民政府应当统筹研究制订居民住房恢复重建规划和优惠政策,组织重建或者修缮因灾损毁的居民住房,对恢复重建确有困难的家庭予以重点帮扶。

居民住房恢复重建应当因地制宜、经济实用,确保房屋建设质量符合防灾减灾要求。

受灾地区人民政府民政等部门应当向经审核确认的居民住房恢复重建补助对象发放补助资金和物资,住房城乡建设等部门应当为受灾人员重建或者修缮因灾损毁的居民住房提供必要的技术支持。

第二十条 居民住房恢复重建补助对象由受灾人员本人申请或者由村民小组、居民小组提名。经村民委员会、居民委员会民主评议，符合救助条件的，在自然村、社区范围内公示；无异议或者经村民委员会、居民委员会民主评议异议不成立的，由村民委员会、居民委员会将评议意见和有关材料提交乡镇人民政府、街道办事处审核，报县级人民政府民政等部门审批。

第二十一条 自然灾害发生后的当年冬季、次年春季，受灾地区人民政府应当为生活困难的受灾人员提供基本生活救助。

受灾地区县级人民政府民政部门应当在每年10月底前统计、评估本行政区域受灾人员当年冬季、次年春季的基本生活困难和需求，核实救助对象，编制工作台账，制定救助工作方案，经本级人民政府批准后组织实施，并报上一级人民政府民政部门备案。

第五章 救助款物管理

第二十二条 县级以上人民政府财政部门、民政部门负责自然灾害救助资金的分配、管理并监督使用情况。

县级以上人民政府民政部门负责调拨、分配、管理自然灾害救助物资。

第二十三条 人民政府采购用于自然灾害救助准备和灾后恢复重建的货物、工程和服务，依照有关政府采购和招标投标的法律规定组织实施。自然灾害应急救助和灾后恢复重建中涉及紧急抢救、紧急转移安置和临时性救助的紧急采购活动，按照国家有关规定执行。

第二十四条 自然灾害救助款物专款(物)专用，无偿使用。

定向捐赠的款物，应当按照捐赠人的意愿使用。政府部门接受的捐赠人无指定意向的款物，由县级以上人民政府民政部门统筹安排用于自然灾害救助；社会组织接受的捐赠人无指定意向的款物，由社会组织按照有关规定用于自然灾害救助。

第二十五条 自然灾害救助款物应当用于受灾人员的紧急转移安置，基本生活救助，医疗救助，教育、医疗等公共服务设施和住房的恢复重建，自然灾害救助物资的采购、储存和运输，以及因灾遇难人员亲属的抚慰等项支出。

第二十六条 受灾地区人民政府民政、财政等部门和有关社会组织应当通过报刊、广播、电视、互联网，主动向社会公开所接受的自然灾害救助款物和捐赠款物的来源、数量及其使用情况。

受灾地区村民委员会、居民委员会应当公布救助对象及其接受救助款物数额和使用情况。

第二十七条 各级人民政府应当建立健全自然灾害救助款物和捐赠款物的监督检查制度，并及时受理投诉和举报。

第二十八条 县级以上人民政府监察机关、审计机关应当依法对自然灾害救助款物和捐赠款物的管理使用情况进行监督检查，民政、财政等部门和有关社会组织应当予以配合。

第六章 法律责任

第二十九条 行政机关工作人员违反本条例规定,有下列行为之一的,由任免机关或者监察机关依照法律法规给予处分;构成犯罪的,依法追究刑事责任:

(一)迟报、谎报、瞒报自然灾害损失情况,造成后果的;

(二)未及时组织受灾人员转移安置,或者在提供基本生活救助、组织恢复重建过程中工作不力,造成后果的;

(三)截留、挪用、私分自然灾害救助款物或者捐赠款物的;

(四)不及时归还征用的财产,或者不按照规定给予补偿的;

(五)有滥用职权、玩忽职守、徇私舞弊的其他行为的。

第三十条 采取虚报、隐瞒、伪造等手段,骗取自然灾害救助款物或者捐赠款物的,由县级以上人民政府民政部门责令限期退回违法所得的款物;构成犯罪的,依法追究刑事责任。

第三十一条 抢夺或者聚众哄抢自然灾害救助款物或者捐赠款物的,由县级以上人民政府民政部门责令停止违法行为;构成违反治安管理行为的,由公安机关依法给予治安管理处罚;构成犯罪的,依法追究刑事责任。

第三十二条 以暴力、威胁方法阻碍自然灾害救助工作人员依法执行职务,构成违反治安管理行为的,由公安机关依法给予治安管理处罚;构成犯罪的,依法追究刑事责任。

第七章 附 则

第三十三条 发生事故灾难、公共卫生事件、社会安全事件等突发事件,需要由县级以上人民政府民政部门开展生活救助的,参照本条例执行。

第三十四条 法律、行政法规对防灾、抗灾、救灾另有规定的,从其规定。

第三十五条 本条例自 2010 年 9 月 1 日起施行。

国务院关于修改《工伤保险条例》的决定

（2010 年 12 月 20 日国务院令第 586 号公布，
自 2011 年 1 月 1 日起施行）

国务院决定对《工伤保险条例》作如下修改：

一、第二条修改为："中华人民共和国境内的企业、事业单位、社会团体、民办非企业单位、基金会、律师事务所、会计师事务所等组织和有雇工的个体工商户（以下称用人单位）应当依照本条例规定参加工伤保险，为本单位全部职工或者雇工（以下称职工）缴纳工伤保险费。

"中华人民共和国境内的企业、事业单位、社会团体、民办非企业单位、基金会、律师事务所、会计师事务所等组织的职工和个体工商户的雇工，均有依照本条例的规定享受工伤保险待遇的权利。"

二、第八条第二款修改为："国家根据不同行业的工伤风险程度确定行业的差别费率，并根据工伤保险费使用、工伤发生率等情况在每个行业内确定若干费率档次。行业差别费率及行业内费率档次由国务院社会保险行政部门制定，报国务院批准后公布施行。"

三、第九条修改为："国务院社会保险行政部门应当定期了解全国各统筹地区工伤保险基金收支情况，及时提出调整行业差别费率及行业内费率档次的方案，报国务院批准后公布施行。"

四、第十条增加一款，作为第三款："对难以按照工资总额缴纳工伤保险费的行业，其缴纳工伤保险费的具体方式，由国务院社会保险行政部门规定。"

五、第十一条第一款修改为："工伤保险基金逐步实行省级统筹。"

六、第十二条修改为："工伤保险基金存入社会保障基金财政专户，用于本条例规定的工伤保险待遇，劳动能力鉴定，工伤预防的宣传、培训等费用，以及法律、法规规定的用于工伤保险的其他费用的支付。

"工伤预防费用的提取比例、使用和管理的具体办法，由国务院社会保险行政部门会同国务院财政、卫生行政、安全生产监督管理等部门规定。

"任何单位或者个人不得将工伤保险基金用于投资运营、兴建或者改建办公场所、发放奖金，或者挪作其他用途。"

七、第十四条第（六）项修改为："在上下班途中，受到非本人主要责任的交通事故或者城市轨道交通、客运轮渡、火车事故伤害的；"

八、第十六条修改为："职工符合本条例第十四条、第十五条的规定，但是有下列情形之一的，不得认定为工伤或者视同工伤：

“(一)故意犯罪的;

“(二)醉酒或者吸毒的;

“(三)自残或者自杀的。”

九、第二十条修改为:“社会保险行政部门应当自受理工伤认定申请之日起60日内作出工伤认定的决定,并书面通知申请工伤认定的职工或者其近亲属和该职工所在单位。

“社会保险行政部门对受理的事实清楚、权利义务明确的工伤认定申请,应当在15日内作出工伤认定的决定。

“作出工伤认定决定需要以司法机关或者有关行政主管部门的结论为依据的,在司法机关或者有关行政主管部门尚未作出结论期间,作出工伤认定决定的时限中止。

“社会保险行政部门工作人员与工伤认定申请人有利害关系的,应当回避。”

十、增加一条,作为第二十九条:“劳动能力鉴定委员会依照本条例第二十六条和第二十八条的规定进行再次鉴定和复查鉴定的期限,依照本条例第二十五条第二款的规定执行。”

十一、第二十九条改为第三十条,第四款修改为:“职工住院治疗工伤的伙食补助费,以及经医疗机构出具证明,报经办机构同意,工伤职工到统筹地区以外就医所需的交通、食宿费用从工伤保险基金支付,基金支付的具体标准由统筹地区人民政府规定。”

第六款修改为:“工伤职工到签订服务协议的医疗机构进行工伤康复的费用,符合规定的,从工伤保险基金支付。”

十二、增加一条,作为第三十一条:“社会保险行政部门作出认定为工伤的决定后发生行政复议、行政诉讼的,行政复议和行政诉讼期间不停止支付工伤职工治疗工伤的医疗费用。”

十三、第三十三条改为第三十五条,第一款第(一)项修改为:“从工伤保险基金按伤残等级支付一次性伤残补助金,标准为:一级伤残为27个月的本人工资,二级伤残为25个月的本人工资,三级伤残为23个月的本人工资,四级伤残为21个月的本人工资;”

第一款第(三)项修改为:“工伤职工达到退休年龄并办理退休手续后,停发伤残津贴,按照国家有关规定享受基本养老保险待遇。基本养老保险待遇低于伤残津贴的,由工伤保险基金补足差额。”

十四、第三十四条改为第三十六条,第一款第(一)项修改为:“从工伤保险基金按伤残等级支付一次性伤残补助金,标准为:五级伤残为18个月的本人工资,六级伤残为16个月的本人工资;”

第二款修改为:“经工伤职工本人提出,该职工可以与用人单位解除或者终止劳动关系,由工伤保险基金支付一次性工伤医疗补助金,由用人单位支付一次性伤残就业补助金。一次性工伤医疗补助金和一次性伤残就业补助金的具体标准由省、自治区、直辖市人民政府规定。”

十五、第三十五条改为第三十七条,修改为:“职工因工致残被鉴定为七级至十级伤残的,享受以下待遇:

“(一)从工伤保险基金按伤残等级支付一次性伤残补助金,标准为:七级伤残为13个月的本人工资,八级伤残为11个月的本人工资,九级伤残为9个月的本人工资,十级伤残为7个月的本人工资;

“(二)劳动、聘用合同期满终止,或者职工本人提出解除劳动、聘用合同的,由工伤保险基金支付一次性工伤医疗补助金,由用人单位支付一次性伤残就业补助金。一次性工伤医疗补助金和一次性伤残就业补助金的具体标准由省、自治区、直辖市人民政府规定。”

十六、第三十七条改为第三十九条,第一款第(三)项修改为:“一次性工亡补助金标准为上一年度全国城镇居民人均可支配收入的20倍。”

十七、第四十条改为第四十二条,删去第(四)项。

十八、第四十一条改为第四十三条,第四款修改为:“企业破产的,在破产清算时依法拨付应当由单位支付的工伤保险待遇费用。”

十九、第五十三条改为第五十五条,修改为:“有下列情形之一的,有关单位或者个人可以依法申请行政复议,也可以依法向人民法院提起行政诉讼:

“(一)申请工伤认定的职工或者其近亲属、该职工所在单位对工伤认定申请不予受理的决定不服的;

“(二)申请工伤认定的职工或者其近亲属、该职工所在单位对工伤认定结论不服的;

“(三)用人单位对经办机构确定的单位缴费费率不服的;

“(四)签订服务协议的医疗机构、辅助器具配置机构认为经办机构未履行有关协议或者规定的;

“(五)工伤职工或者其近亲属对经办机构核定的工伤保险待遇有异议的。”

二十、第五十八条改为第六十条,修改为:“用人单位、工伤职工或者其近亲属骗取工伤保险待遇,医疗机构、辅助器具配置机构骗取工伤保险基金支出的,由社会保险行政部门责令退还,处骗取金额2倍以上5倍以下的罚款;情节严重,构成犯罪的,依法追究刑事责任。”

二十一、第六十条改为第六十二条,修改为:“用人单位依照本条例规定应当参加工伤保险而未参加的,由社会保险行政部门责令限期参加,补缴应当缴纳的工伤保险费,并自欠缴之日起,按日加收万分之五的滞纳金;逾期仍不缴纳的,处欠缴数额1倍以上3倍以下的罚款。

“依照本条例规定应当参加工伤保险而未参加工伤保险的用人单位职工发生工伤的,由该用人单位按照本条例规定的工伤保险待遇项目和标准支付费用。

“用人单位参加工伤保险并补缴应当缴纳的工伤保险费、滞纳金后,由工伤保险基金和用人单位依照本条例的规定支付新发生的费用。”

二十二、增加一条,作为第六十三条:“用人单位违反本条例第十九条的规定,拒不协助社会保险行政部门对事故进行调查核实的,由社会保险行政部门责令改正,处2 000元以上2万元以下的罚款。”

二十三、第六十一条改为第六十四条，删去第一款。

二十四、第六十二条改为第六十五条，修改为："公务员和参照公务员法管理的事业单位、社会团体的工作人员因工作遭受事故伤害或者患职业病的，由所在单位支付费用。具体办法由国务院社会保险行政部门会同国务院财政部门规定。"

此外，对条文的个别文字作了修改，对条文的顺序作了相应调整。

本决定自2011年1月1日起施行。

《工伤保险条例》根据本决定作相应的修改，重新公布。本条例施行后本决定施行前受到事故伤害或者患职业病的职工尚未完成工伤认定的，依照本决定的规定执行。

河南省消防条例

（1999年3月26日河南省第九届人民代表大会常务委员会第八次会议通过，
2010年9月29日河南省第十一届人民代表大会常务委员会
第十七次会议修订，自2011年1月1日起施行）

第一章　总　则

第一条　为了预防火灾和减少火灾危害，加强应急救援工作，保护人身、财产安全，维护公共安全，根据《中华人民共和国消防法》和有关法律、法规，结合本省实际，制定本条例。

第二条　消防工作贯彻预防为主、防消结合的方针，按照政府统一领导、部门依法监管、单位全面负责、公民积极参与的原则，实行消防安全责任制，建立健全社会化的消防工作网络。

第三条　各级人民政府负责本行政区域内的消防工作。

各级人民政府应当将消防工作纳入国民经济和社会发展计划，保障消防工作与经济社会发展相适应。

县级以上人民政府应当将消防业务经费、政府组建的专职消防队和消防文职人员经费纳入本级财政预算，并根据消防工作发展需要增加投入，保障火灾预防、扑救和应急救援的实际需要。

第四条　县级以上人民政府公安机关对本行政区域内的消防工作实施监督管理，并由本级人民政府公安机关消防机构负责实施。

县级以上人民政府其他有关部门在各自的职责范围内依法做好消防工作。

第五条　各级人民政府应当组织开展经常性的消防法律、法规宣传教育，普及消防知识，增强公民的消防安全意识和消防法制观念。

公安机关及其消防机构应当加强消防法律、法规的宣传，并督促、指导、协助有关单位做好消防宣传教育工作。

教育、人力资源行政主管部门和学校、有关职业培训机构应当将消防知识纳入教育、教学、培训的内容。

报刊、广播、影视、网络等有关单位应当积极宣传消防法律、法规和消防常识，适时发布消防公益信息。

工会、共青团、妇联等团体应当结合各自工作对象的特点，组织开展消防宣传教育。

公民应当自觉学习消防知识，积极参加消防演练，提高防火自救能力。

第六条 维护消防安全是全社会的共同责任。任何单位和个人都有维护消防安全、保护消防设施、预防火灾、报告火警的义务。任何单位和成年人都有参加有组织的灭火工作的义务。

第七条 鼓励、支持消防科学研究和技术创新，推广使用先进的消防和应急救援技术、设备，提高火灾预防、灭火和应急救援水平。

鼓励、支持社会力量开展消防公益宣传、火灾预防、消防安全救助等消防志愿服务活动。鼓励单位和个人对公共消防事业进行捐赠。

第八条 每年11月9日为全省消防日，各级人民政府及其有关部门、各单位应当采取多种形式开展消防宣传教育、消防演练等活动。

第二章 消防职责

第九条 县级以上人民政府应当履行下列消防工作职责：

（一）建立消防安全委员会或者消防工作联席会议制度，研究并协调解决重大消防安全问题；

（二）将消防规划纳入城乡规划，并负责组织实施；

（三）加强公共消防设施建设，改善城乡消防安全条件；

（四）组织有关部门开展消防安全检查；

（五）建立健全应急救援社会联动机制，组织指挥重大灾害事故的应急救援工作；

（六）对本级人民政府有关部门和下级人民政府履行消防安全职责情况进行监督检查；

（七）法律、法规规定的其他职责。

第十条 公安机关及其消防机构应当履行下列消防工作职责：

（一）依法开展消防监督检查；

（二）依照规定公开执法依据、权限、程序、期限，公开消防技术标准；

（三）依法对国务院公安部门规定的大型的人员密集场所和其他特殊建设工程进行消防设计审核和消防验收；对备案的其他建设工程进行抽查；对公众聚集场所进行投入使用、营业前的消防安全检查；

（四）依法查处消防安全违法行为，督促火灾隐患整改，及时报告、通报重大火灾隐患；

（五）制定灭火应急救援预案并进行演练；

（六）实施火灾扑救，依法调查火灾事故；

（七）开展重大灾害事故和其他以抢救人员生命为主的应急救援工作；

（八）对专职消防队、志愿消防队进行业务指导；

（九）法律、法规规定的其他职责。

第十一条 公安派出所应当履行下列消防工作职责：

（一）开展消防安全宣传教育，督促和指导村（居）民委员会、物业服务企业等有关单位落实消防安全措施；

（二）开展日常消防监督检查，按照国家和省有关规定处理消防安全违法行为；

（三）协助公安机关消防机构开展灭火、应急救援和火灾事故调查；

（四）法律、法规规定的其他职责。

第十二条 县级以上人民政府有关部门应当加强本部门、本系统消防安全管理，定期组织消防安全检查，依法督促所属单位消除火灾隐患。

行业协会应当结合行业实际制定消防安全管理规则，加强行业自律，引导、支持和帮助会员单位加强消防安全管理，督促会员单位落实消防安全责任。

第十三条 单位应当履行下列消防安全职责：

（一）落实消防安全责任制，制定本单位的消防安全制度、消防安全操作规程，制定灭火和应急疏散预案；

（二）按照国家标准、行业标准配置消防设施、器材，设置消防安全标志，并定期组织检验、维修，确保完好有效；

（三）对建筑消防设施每年至少进行一次全面检测，确保完好有效，检测记录应当完整准确，存档备查；

（四）保障疏散通道、安全出口、消防车通道畅通，保证防火防烟分区、防火间距符合消防技术标准；

（五）组织防火检查，及时消除火灾隐患；

（六）依法建立消防组织，进行有针对性的消防演练；

（七）开展消防宣传教育培训，提高本单位人员查改火灾隐患、扑救初起火灾和组织人员疏散逃生的能力；

（八）法律、法规规定的其他消防安全职责。

单位的主要负责人是本单位的消防安全责任人，应当对本单位的消防安全全面负责。

第十四条 法律、法规规定的消防安全重点单位除应当履行本条例第十三条规定的职责外，还应当履行下列消防安全职责：

（一）确定消防安全管理人，落实消防安全责任；

（二）建立消防档案，确定消防安全重点部位，设置防火标志，实行严格管理；

（三）实行每日防火巡查，并建立巡查记录；

（四）对职工进行岗前消防安全培训，定期组织消防安全培训和消防演练。

第十五条 乡镇人民政府、街道办事处应当确定消防安全管理人，组织消防安全检查，督促整改火灾隐患，定期检查指导村（居）民委员会开展群众性消防工作。

第十六条 村（居）民委员会应当确定消防安全管理人，制定防火公约，配备必要的消防器材，组织开展防火检查巡查、初起火灾扑救和救援救助等工作；在火灾多发季节、农业收获季节、重大节日和乡村民俗活动期间，开展有针对性的消防宣传活动。

第十七条 综合楼、商住楼和居民住宅区的物业服务企业或者管理单位应当履行下列消防安全职责：

（一）制定消防安全制度，落实消防安全责任，开展消防安全宣传教育；

（二）开展防火检查，消除火灾隐患；

（三）保障疏散通道、安全出口、消防车通道畅通；

（四）保障共用消防设施、器材以及消防安全标志完好有效；

（五）组织本单位员工和居民每年至少开展一次消防演练。

物业服务企业对占用、堵塞、封闭疏散通道、安全出口、消防车通道的行为，应当予以劝阻、制止；对不听劝阻、制止的，应当及时向公安机关消防机构或者公安派出所报告。

业主应当遵守用火、用电等消防安全管理规定，不得占用防火间距，不得堵塞消防通道。

没有物业服务企业或者管理单位管理的居民住宅区，由乡镇人民政府、街道办事处、居民委员会和公安派出所负责消防安全教育和指导工作。

第三章　火灾预防

第十八条　各级人民政府应当根据本地经济社会发展和消防工作的实际需要，将包括消防安全布局、消防站、消防供水、消防通信、消防车通道、消防装备等内容的消防规划纳入城乡规划，并负责组织实施。经依法批准的消防规划，未经法定程序批准不得修改。

公共消防设施应当与其他公共基础设施统一规划、统一设计、同步建设。

第十九条　县级以上人民政府应当将公共消防设施的建设、维护资金列入本级财政预算；属于固定资产投资范围的，列入固定资产投资计划。

第二十条　城乡公共消防设施、消防装备不足或者不适应实际需要的，公安机关消防机构应当提出意见，由公安机关书面报告本级人民政府。接到报告的人民政府应当组织有关部门增建、改建、配置或者进行技术改造。

公共消防设施确需拆除的，应当事先通知公安机关消防机构，并按照国家标准重建。

第二十一条　省辖市人民政府应当根据城市发展的实际情况，对城中村既有建筑物采取相应的消防安全措施。

区人民政府、街道办事处应当加强对城中村、旧工业区、老城区消防安全工作的监督检查，根据需要建设和改造公共消防设施、消防车通道，有条件的，配备必要的消防装备。

第二十二条　城市供水单位应当保证消防用水，定期维护市政公共消火栓、消防水池等消防供水设施。单位自行投资建设给水管网的，应当同时建设公共消火栓、消防水池等消防供水设施并负责管理维护。

乡镇、村应当加强农村消防水源建设。在建设农村给水管网时，应当同时建设公共消火栓，并满足消防用水的需要。没有给水管网的，应当利用河流、湖泊、水库、水渠、水井等水源设置消防取水点，并配备必要的取水设施。

第二十三条　国务院公安部门规定的大型的人员密集场所和其他特殊建设工程，建设单位或者个人应当按照国家和本省有关规定将消防设计文件报公安机关消防机构审核。公安机关消防机构应当自受理之日起二十个工作日内作出同意或者不同意的决定，对作出不同意决定的，应当说明理由。公安机关消防机构依法对审核的结果负责。

已经通过消防设计审核的建设工程，其消防设计变更的，应当报公安机关消防机构重新审核。

第二十四条 除国务院公安部门规定的大型的人员密集场所和其他特殊建设工程外，按照国家工程建设消防技术标准需要进行消防设计的其他建设工程，建设单位或者个人应当在依法取得施工许可之日起七个工作日内将消防设计文件报公安机关消防机构备案。公安机关消防机构应当依法对建设工程消防设计进行抽查。

对被抽查的建设工程，公安机关消防机构应当自收到备案材料之日起三十个工作日内完成检查并公布结果，不合格的应当责令停止施工。

已将消防设计文件报公安机关消防机构备案的建设工程，其消防设计变更的，应当重新备案。

第二十五条 按照国家工程建设消防技术标准需要进行消防设计的建设工程竣工，依照下列规定进行消防验收、备案：

（一）国务院公安部门规定的大型的人员密集场所和其他特殊建设工程，建设单位或者个人应当向公安机关消防机构申请消防验收。消防验收应当在二十个工作日内完成。

（二）其他建设工程，建设单位或者个人在验收后应当报公安机关消防机构备案，公安机关消防机构应当进行抽查。对被抽查的建设工程，公安机关消防机构应当在三十个工作日内完成检查。

依法应当进行消防验收的建设工程，未经消防验收或者消防验收不合格的，禁止投入使用；其他建设工程经依法抽查不合格的，应当停止使用。

已报公安机关消防机构备案或者已经消防验收的建设工程，因改建、扩建或改变用途需要变更消防设计的，应当报公安机关消防机构重新备案、验收。

第二十六条 建设工程的施工单位应当按照国家工程建设消防技术标准和经公安机关消防机构审核合格或者备案的消防设计进行施工。

施工单位负责建设工程施工现场的消防安全，建立消防安全管理制度，明确现场消防安全管理人员，配备消防设施、器材。

建筑物施工时高度超过二十四米的，施工单位应当随施工进度保证消防水源。员工集体宿舍应当与施工作业区分开设置，并不得违章用火、用电。

第二十七条 搭建临时建筑物、构筑物或者改变建筑物用途应当符合消防安全要求。

第二十八条 建筑构件、建筑材料和室内装修、装饰材料的防火性能必须符合国家标准；没有国家标准的，必须符合行业标准。

人员密集场所的室内装修、装饰，严禁使用燃烧时产生大量有毒烟气的材料；装修、装饰材料在施工安装前应当按照规定经具有相应资质的检验单位见证取样检验合格。

外墙装饰、装修及广告牌设置应当符合消防安全技术要求，不得影响建筑防火防烟性能和灭火救援行动。

第二十九条 房屋所有权人出租或者委托经营、管理的建筑物应当符合消防安全要求。承包、承租或者受委托经营、管理的单位或者个人应当在其使用、管理范围内履行消防安全职责。

第三十条 同一建筑物由两个以上单位管理或者使用的,应当书面明确各方的消防安全责任,并确定责任人对共用的疏散通道、安全出口、建筑消防设施和消防车通道进行统一管理,同时制定联合灭火和应急疏散预案。

共用消防设施的检验、维修、更新和改造费用,由各产权人或者使用人按照约定承担;没有约定或者约定不明的,由各产权人按照其所有的产权建筑面积占建筑总面积的比例承担。

第三十一条 公众聚集场所在投入使用、营业前,建设单位或者使用单位应当向场所所在地的公安机关消防机构申请消防安全检查。

公安机关消防机构应当自受理申请之日起十个工作日内,对该场所进行消防安全检查;自检查之日起三个工作日内作出是否合格的决定,对作出不合格决定的,应当说明理由。

经公安机关消防机构消防安全检查合格后投入使用、营业的公众聚集场所,需要扩建、改建的,建设单位或者使用单位应当重新申请消防安全检查。

第三十二条 人员密集场所的安全出口、疏散通道不得使用影响疏散的镜面材料和设置影响逃生、灭火救援的障碍物。

第三十三条 禁止在具有火灾、爆炸危险的场所吸烟、使用明火。因施工等特殊情况需要使用明火作业的,应当经单位消防安全责任人或管理人批准,采取相应的消防安全措施;作业人员应当遵守消防安全规定。

禁止人员密集场所在营业、开放期间进行电焊、气焊、气割、砂轮切割等具有火灾危险的施工、维修作业。

第三十四条 禁止在民用建筑、地下建筑内生产、储存易燃易爆危险品。

第三十五条 确定为消防安全重点单位的公共娱乐场所、宾馆应当设置移动照明灯具、防烟面罩等辅助人员逃生的装备。

在具有火灾危险的车间、商场、集贸市场、仓库和公共娱乐场所内不得设置员工宿舍。

第三十六条 学校、福利院、幼儿园、养老院、医院等单位应当落实消防安全管理制度,制定灭火和应急疏散预案,每年至少组织一次消防演练。

第三十七条 中小学校、幼儿园应当结合不同年龄阶段学生认知能力和特点,采取相应的方式,每学期至少对学生开展一次消防安全教育。

第三十八条 公共交通工具应当按照国家和本省有关规定配备必要的消防器材和逃生救助设施。

公共交通运营单位应当加强对司乘人员的消防安全教育培训,提高其使用灭火器材和组织、引导乘客及时疏散的技能,并通过广播、宣传手册等形式,向乘客宣传消防设施、器材的使用方法和逃生自救等消防安全知识。

第三十九条 举办灯会、庙会、焰火晚会等大型群众性活动,承办者应当依法向公安机关申请安全许可,并制定灭火和应急疏散预案,配备必要的消防设施、器材,未经许可不得举办。

第四十条 下列人员应当接受消防安全专业培训:

(一)单位消防安全管理人员;

(二)易燃易爆场所和公共娱乐场所的从业人员;

(三)进行电焊、气焊等具有火灾危险作业的人员;

(四)自动消防系统的设计、施工、监理、维修、操作人员,消防产品的检验维修人员;

(五)消防设施检测、安全监测、技术咨询、安全评估等消防技术服务机构的执业人员;

(六)依照有关规定应当接受消防安全专业培训的其他人员。

自动消防系统的操作人员应当依法取得消防职业资格证书后方可上岗。

第四十一条 消防产品必须符合国家标准;没有国家标准的,必须符合行业标准。禁止生产、销售或者使用不合格的消防产品以及国家明令淘汰的消防产品。

安装、维修消防设施、器材应当遵守有关消防技术标准和管理规定,使用符合消防技术标准的产品或者配件。

第四十二条 鼓励单位将设置的火灾自动报警系统与城市消防远程监控系统联网。

鼓励、引导公众聚集场所和生产、储存、运输、销售易燃易爆危险品的企业投保火灾公众责任保险。

第四章 消防组织

第四十三条 县级以上人民政府应当加强消防组织建设,根据经济社会发展的需要,按照国家规定建立公安消防队、专职消防队等消防组织,承担防火、灭火和应急救援工作。

乡镇人民政府应当根据当地经济社会发展和消防工作的需要,建立专(兼)职消防队或者志愿消防队。

第四十四条 下列单位应当建立单位专职消防队,承担本单位的火灾扑救工作:

(一)大型核设施单位、大型发电厂、民用机场、具有较大火灾危险的大型批发市场;

(二)生产、储存易燃易爆危险品的大型企业;

(三)储备可燃的重要物资的大型仓库、基地;

(四)火灾危险性较大、距离公安消防队较远的其他大型企业;

(五)距离公安消防队较远、被列为全国重点文物保护单位的古建筑群的管理单位;

(六)县级以上人民政府认为需要建立专职消防队的其他单位。

第四十五条 大型商场、公共娱乐场所应当建立适合自身需要的专职消防组织,承担本单位的火灾预防和扑救工作。

第四十六条 专职消防队的建立,应当符合国家有关规定,并报当地公安机关消防机构验收。

专职消防队不得擅自撤销。因单位被撤销或者分立、合并以及其他法定情形确需撤销或者重新组建的，应当报当地公安机关消防机构备案。

专职消防队队员按照国家和本省的有关规定享受相应的待遇。

第四十七条 联防队、巡防队和保安组织应当将消防工作纳入职责范围，开展防火巡查、消防宣传、初起火灾扑救、应急救援等工作。

第四十八条 县级以上人民政府应当依托公安消防队、政府专职消防队建立综合性应急救援队，建设灭火和应急救援训练设施，按照国家有关标准配备应急救援器材、装备，承担重大灾害事故和其他以抢救人员生命为主的应急救援工作。

第五章　灭火救援

第四十九条 县级以上人民政府应当根据本行政区域灭火和应急救援工作的需要，建设消防应急救援调度指挥中心，建立消防与公安、安全生产监管、供水、供电、供气、通信、医疗救护、交通运输、环境保护、气象等有关单位和其他应急救援队伍的应急联动机制，提高消防应急救援能力。

发生灾害事故时，县级以上人民政府应当根据灾害等级迅速启动应急救援预案，统一组织指挥应急救援工作，可以根据灾害等级和特性，授权专业部门实施指挥。

各类应急救援队伍应当履行政府应急救援预案规定的职责，共同承担应急救援工作。

第五十条 县级以上人民政府应当建立应急救援装备和物资储备制度。

因火灾扑救、应急救援需要，县级以上人民政府可以征用单位、个人的车辆、器材和其他物资，任何单位、个人不得拒绝、推诿、拖延。

火灾扑救、应急救援结束后，应当立即返还并依法予以补偿。

第五十一条 任何人发现火灾都应当立即报警。任何单位和个人都应当无偿为报警提供便利，不得阻拦报警。严禁谎报火警。

人员密集场所发生火灾，该场所的现场工作人员应当立即组织、引导在场人员疏散。

任何单位发生火灾，必须立即组织力量扑救。邻近单位应当给予支援。禁止组织未成年人参加火灾扑救。

消防队接到火警，必须立即赶赴火灾现场，救助遇险人员，排除险情，扑灭火灾。

第五十二条 消防车辆在执行扑救火灾或者其他应急救援任务中，指挥员有权决定对占用消防车通道的车辆或者其他障碍物实施强制让道或者清除。

第五十三条 公安消防队、政府专职消防队扑救火灾、应急救援和执行重大活动消防安全保卫任务，不得收取任何费用。

单位专职消防队、志愿消防队参加扑救外单位火灾所损耗的燃料、灭火剂和器材、装备等，由火灾发生地人民政府给予补偿。

志愿消防队员在工作时间参加灭火与应急救援的，其所在单位不得扣发工资、福利。

第五十四条 对参加扑救火灾或者应急救援表现突出的人员，县级以上人民政府和有关部门应当给予表彰和奖励。对因参加扑救火灾或者应急救援受伤、致残或者死亡的人员,按照国家有关规定给予医疗、抚恤。

第六章 监督检查

第五十五条 各级人民政府应当根据本地的火灾形势和特点,定期组织公安、安全生产监管、住房城乡建设、工商、质量技术监督、文化等部门开展消防安全检查,督促整改火灾隐患。

政府有关部门对行政管理中发现的消防违法行为或者火灾隐患,应当及时告知公安机关消防机构。

第五十六条 省辖市、县级人民政府公安机关消防机构对性质重要、功能复杂、规模大、消防安全技术要求高的消防安全重点单位实施消防监督检查。

公安派出所对除省辖市、县级人民政府公安机关消防机构监督检查范围外的消防安全重点单位、其他单位和居民住宅区的物业服务企业、村(居)民委员会履行消防安全职责的情况实施日常消防监督检查。

第五十七条 公安机关消防机构实施消防监督检查时,检查人员不得少于两人,并出示证件。被检查单位或者个人应当如实提供情况和资料,涉及国家秘密和商业秘密的,消防监督检查人员应当保密。

实施消防监督检查时,应当填写消防监督检查记录,记载消防监督检查情况,并由被检查单位现场负责人或者陪同人员签名确认;被检查单位现场负责人或者陪同人员拒不签名的,应当在消防监督检查记录中注明。

第五十八条 公安机关消防机构对消防监督检查的结果,可以通过适当方式向社会公告;对检查发现的影响公共安全的火灾隐患,应当定期公布。

第五十九条 公安机关消防机构在接到危害消防安全行为的投诉后,应当及时处理,并在二十日内将处理结果告知投诉人。

第六十条 质量技术监督部门、工商部门和公安机关消防机构,应当在法定职责范围内依法查处违法生产、销售、使用不合格消防产品和国家明令淘汰的消防产品的行为。

质量技术监督部门、工商部门应当将存在重大质量问题的消防产品以及公安机关消防机构移交的消防产品案件的查处情况,自案件处理结束之日起十日内向同级公安机关消防机构通报。

第六十一条 消防技术服务机构在接受委托进行消防技术咨询、消防设施检测、消防安全监测、消防安全评估、电气消防安全检测等消防安全技术服务时,应当遵守法律、法规、消防技术标准和职业准则,并对服务质量负责。

公安机关消防机构应当依法对消防技术服务机构及其执业人员的消防技术服务实施监督。

第六十二条 公安机关消防机构在消防监督检查中发现火灾隐患的,应当通知有关单位或者个人立即采取措施消除隐患;不及时消除隐患可能严重威胁公共安全的,公安机关消防机构应当依照规定对危险部位或者场所采取临时查封措施。

实施临时查封后,当事人请求进入被查封的危险部位或者场所整改火灾隐患的,应当允许。但不得在被查封的危险部位和场所从事生产经营活动。有关单位或者个人应当做好被查封期间的安全防范工作,防止事故发生。

临时查封期限不得超过一个月,但逾期未消除火灾隐患的,临时查封期限经批准可以延长。对经济和社会生活影响较大的临时查封措施,由公安机关消防机构提出意见,并由公安机关报请本级人民政府依法决定。

第六十三条 公众聚集场所存在重大火灾隐患,经公安机关消防机构采取临时查封措施后,仍不消除火灾隐患的,公安机关消防机构可以撤销其消防安全合格证件,并将有关情况通报工商、文化等有关部门。工商、文化等有关部门应当依法处理。

第六十四条 公安机关消防机构及其工作人员应当依法履行职责,不得有下列行为:

(一)对不符合消防安全要求的消防设计文件、建设工程、场所准予审核合格、消防验收合格、消防安全检查合格的;

(二)无故拖延消防设计审核、消防验收、消防安全检查,不在法定期限内履行审批职责的;

(三)发现火灾隐患不及时通知有关单位或者个人整改的;

(四)利用职务为用户、建设单位指定或者变相指定消防产品的销售单位、品牌、消防设施施工单位或者消防技术服务机构的;

(五)将消防车以及消防器材、装备和设施用于与消防和应急救援无关的事项的;

(六)对举报、投诉或者发现的消防违法行为未调查处理导致发生火灾事故的;

(七)其他滥用职权、玩忽职守、徇私舞弊的行为。

第六十五条 公安机关消防机构及其工作人员执行职务应当依法保护行政相对人的合法权益,自觉接受社会监督。

任何单位和个人有权对公安机关消防机构及其工作人员在执法中的违法行为进行检举、控告。收到检举、控告的机关应当按照职责及时查处,并将处理结果告知举报人。

第七章 法律责任

第六十六条 违反本条例规定,法律、法规已有处罚规定的,从其规定。

第六十七条 人民政府及其有关部门违反本条例规定,未履行消防安全职责严重影响消防安全工作,或者未及时组织整改重大火灾隐患的,由上级人民政府予以通报,并责令限期改正;致使本地发生重特大火灾的,对直接负责的主管人员和其他直接责任人员依法给予行政处分;构成犯罪的,依法追究刑事责任。

单位违反本条例规定,未履行消防职责严重影响消防安全,或者未及时组织整改火灾隐患的,由公安机关消防机构责令限期改正;逾期不改正的,对其直接负责的主管人员和其他直接责任人员依法给予处分或者给予警告处罚;构成犯罪的,依法追究刑事责任。

第六十八条 违反本条例规定,有下列行为之一的,由公安机关消防机构责令限期改正;逾期不改正的,处三千元以上三万元以下罚款:

（一）建设工程的外墙装饰、装修及广告牌设置不符合消防安全要求，影响建筑防火防烟性能和灭火救援行动的；

（二）人员密集场所的安全出口、疏散通道使用影响疏散的镜面材料的；

（三）建筑物施工时高度超过二十四米，施工单位没有随施工进度保证消防水源的；

（四）在具有火灾危险的车间、商场、集贸市场、仓库和公共娱乐场所内设置员工宿舍的。

第六十九条 违反本条例规定，有下列行为之一的，由公安机关消防机构责令限期改正；逾期不改正的，处一千元以上一万元以下罚款：

（一）安装、维修消防设施、器材，违反消防技术标准和管理规定的；

（二）搭建临时建筑物、构筑物或者改变建筑物用途，不符合消防安全要求的；

（三）确定为消防安全重点单位的公共娱乐场所和宾馆，未按照规定配置辅助人员逃生装备的。

第七十条 违反本条例规定引起火灾事故或者导致火灾损失扩大的，由公安机关消防机构处一万元以上十万元以下罚款。

第七十一条 公安机关消防机构的工作人员违反本条例第六十四条规定的，依法给予行政处分；构成犯罪的，依法追究刑事责任。

第八章 附 则

第七十二条 本条例自 2011 年 1 月 1 日起施行。

河南省安全生产条例

（2010年7月30日河南省第十一届人民代表大会常务委员会
第十六次会议通过，自2010年10月1日起施行）

第一章 总 则

第一条 为了加强安全生产监督管理，防止和减少生产安全事故，保障人民群众生命和财产安全，促进经济发展，维护社会稳定，根据《中华人民共和国安全生产法》和有关法律、法规，结合本省实际，制定本条例。

第二条 在本省行政区域内从事生产经营活动单位（以下统称生产经营单位）的安全生产及相关监督管理，适用本条例。有关法律、法规对消防安全和道路交通安全、铁路交通安全、水上交通安全、民用航空安全等另有规定的，适用其规定。

第三条 安全生产工作坚持安全第一、预防为主、综合治理的方针，建立政府统一领导、部门依法监管、单位全面负责、群众参与监督、社会广泛支持的安全生产监督管理体制。

第四条 各级人民政府应当加强对安全生产工作的领导，建立健全安全生产目标责任制和生产安全责任事故追究制度，督促各有关部门依法履行安全生产监督管理职责，及时协调、解决安全生产工作中的重大问题。

第五条 各级人民政府及其有关部门的主要负责人分别对本地区、本行业安全生产工作负全面责任，分管安全生产工作的负责人对安全生产工作负领导责任，其他负责人对分管范围内的安全生产工作负领导责任。

第六条 县级以上人民政府安全生产监督管理部门对本行政区域内安全生产工作实施综合监督管理，指导、协调和监督有关部门承担的专项安全生产管理工作。

县级以上人民政府其他有关部门依法在各自职责范围内对有关安全生产工作实施监督管理。

第七条 生产经营单位是安全生产工作的责任主体，应当依法加强安全生产管理，完善安全生产条件，确保安全生产。

生产经营单位主要负责人是本单位安全生产工作的第一责任人，对安全生产工作全面负责；其他负责人对各自职责范围内的安全生产工作负责。

生产经营单位的从业人员有依法获得安全生产保障的权利，并应当依法履行安全生产义务。

第八条 各级工会应当依法组织职工参加安全生产工作的民主管理和民主监督，维护职工在安全生产方面的合法权益。

第九条 各级人民政府及其有关部门应当组织开展安全生产宣传教育，提高公民的安全生产意识。

广播、电视、网络、报刊、出版等媒体，应当积极开展安全生产公益性宣传教育，加强对安全生产工作的舆论监督。

第十条 县级以上人民政府及其有关部门应当对在改善安全生产条件、防止生产安全事故、参加抢险救护、报告重大事故隐患、举报安全生产违法行为等方面做出显著成绩或者安全生产目标考核优秀的单位和个人，给予表彰或者奖励。

第二章 生产经营单位安全生产责任

第十一条 生产经营单位应当建立健全安全生产责任制，明确本单位各级、各岗位的责任人员、责任内容和考核要求，形成包括全体从业人员和全部生产经营活动的安全生产责任体系。

生产经营单位的安全生产规章制度应当载明下列内容：

(一)安全生产责任；

(二)安全生产例会；

(三)安全生产奖惩；

(四)安全生产教育培训和考核；

(五)生产经营场所、设备和设施的安全管理；

(六)安全生产检查；

(七)重大危险源监控和事故隐患排查、报告、整改；

(八)伤亡事故报告和处理；

(九)劳动防护用品管理；

(十)其他保障安全生产的内容。

第十二条 生产经营单位应当推行安全质量标准化，执行国家和行业有关安全质量标准。生产流程各环节、各岗位的生产经营活动应当符合安全生产有关法律、法规和安全生产技术规范的要求。

第十三条 矿山、建设项目施工单位和危险物品的生产、经营、运输、储存单位，应当设置安全生产管理机构，并按照不低于从业人员百分之一的比例配备专职安全生产管理人员，最低不得少于一人。

前款规定以外的其他生产经营单位，从业人员在三百人以上的，应当设置安全生产管理机构，并按照不低于从业人员千分之五的比例配备专职安全生产管理人员，最低不得少于二人；从业人员在三百人以下的，应当配备一名专职或者兼职安全生产管理人员。

鼓励生产经营单位委托具有相应资质的安全生产中介机构或者注册安全工程师提供安全生产管理服务。

第十四条 生产经营单位主要负责人对本单位安全生产负有下列责任：

（一）建立、健全并组织落实安全生产责任制；

（二）组织制定并督促落实安全生产规章制度和安全操作规程；

（三）保证安全生产条件所必需的资金投入和安全生产费用的提取使用；

（四）依法为本单位从业人员办理工伤保险，缴纳工伤保险费；

（五）组织检查安全生产工作，及时消除生产安全事故隐患；

（六）组织制定生产安全事故应急救援预案；

（七）及时、如实报告生产安全事故，组织事故抢险，配合生产安全事故调查，不得擅离职守；

（八）向职工大会、职工代表大会、股东会或者股东大会报告安全生产情况，接受工会、从业人员、股东对安全生产工作的监督；

（九）法律、法规规定的其他责任。

第十五条　生产经营单位的安全生产管理机构以及安全生产管理人员履行下列职责：

（一）贯彻执行安全生产法律、法规和有关国家标准、行业标准，参与本单位安全生产决策；

（二）参与制定安全生产规章制度和安全操作规程并督促执行；

（三）开展安全生产检查，制止和查处违章指挥、违章操作、违反劳动纪律的行为；

（四）发现事故隐患，督促有关业务部门和人员及时整改，并报告本单位负责人；

（五）开展安全生产宣传、教育和培训，推广安全生产先进技术和经验；

（六）参与本单位生产工艺、技术、设备的安全性能检测及事故预防措施的制定；

（七）参与本单位新建、改建、扩建工程项目安全设施的审查，督促发放、使用劳动防护用品；

（八）参与组织本单位安全生产应急预案的制定及演练；

（九）按规定上报并协助调查和处理生产安全事故，对事故进行统计、分析，落实防范措施；

（十）法律、法规规定的其他安全生产工作。

第十六条　危险物品的生产、经营、储存单位以及矿山、建设项目施工单位的主要负责人和安全生产管理人员应当由具备相应资质的安全生产培训机构培训，并经有关主管部门对其安全生产知识和管理能力考核合格后方可任职。考核不得收费。

特种作业人员应当依法取得特种作业操作资格证书后方可上岗作业。

第十七条　生产经营单位应当制定安全生产教育和培训计划，建立从业人员安全教育和培训档案。未经安全生产教育和培训合格的从业人员，不得上岗作业。

对调换工种或者采用新工艺、新技术、新材料及使用新设备的从业人员，应当进行专门的安全生产教育和培训。培训合格后，方可上岗。

第十八条　生产经营单位应当按照国家和本省规定，为从业人员免费发放合格的劳动防护用品，并监督、教育从业人员按照使用规则佩戴、使用。

生产经营单位不得以货币或者其他物品替代应当按规定配备的劳动防护用品。

第十九条 生产经营单位应当建立健全作业场所的职业安全健康制度，加强对作业场所职业危害的预防与劳动过程的防护和管理，为从业人员提供符合法律、法规和国家标准、行业标准的工作环境和条件，为从事职业危害作业的人员定期进行健康检查，将检查结果如实告知从业人员，并建立职业健康档案，实施健康监护，对本单位产生的职业病危害承担责任。

生产经营单位与从业人员订立劳动合同（含聘用合同）时，应当将工作过程中可能产生的职业危害及其后果、职业危害防护措施和待遇等如实告知从业人员，并在劳动合同中写明，不得隐瞒或者欺骗。

第二十条 生产经营单位应当按照规定对作业场所进行职业危害因素检测、监测和职业危害控制效果评价。检测、评价结果存入用人单位职业卫生档案，定期向所在地安全生产监督管理部门报告并向从业人员公布。

第二十一条 生产经营单位不得违章指挥或者强令从业人员冒险作业。生产经营单位的从业人员，有权限了解其作业场所和工作岗位存在的危险因素、防范措施及事故应急措施，有权对本单位安全生产工作中存在的问题提出建议、批评、检举、控告，有权拒绝违章指挥或者强令冒险作业。

第二十二条 生产、经营、运输、储存、使用危险物品或者处置废弃危险物品的，必须严格执行国家有关规定。

生产经营单位应当按照国家有关规定对生产经营的易燃易爆物品、危险化学品、放射性物品等危险物品登记注册，提供规范的中文安全标签和安全技术说明书。

第二十三条 生产经营单位不得将生产经营项目、场所、设备发包或者出租给不具备安全生产条件或者相应资质的单位或者个人。

生产经营单位将生产经营项目、场所、设备发包或者出租的，应当与承包、承租方约定各自的安全生产管理职责。

发包矿山、建设项目或者出租危险物品生产、储存场所的，双方应当签订专门的安全生产管理协议。

第二十四条 生产经营单位的生产区域、生活区域、储存区域之间应当依照有关规定保持安全距离。

生产、经营、储存、使用危险物品的车间、商店、仓库的周边安全防护必须符合国家标准或者国家有关规定，不得与员工宿舍在同一座建筑物内，并应当与员工宿舍保持安全距离。

生产经营、办公、人员聚集场所和员工宿舍应当设有符合紧急疏散要求、标志明显、保持畅通的安全出口。禁止封闭、堵塞安全出口。

第二十五条 从事矿产资源开采及加工的生产经营单位应当建立健全尾矿库安全生产责任制，制定安全生产规章制度和操作规程，保障尾矿库具备安全生产条件所必需的资金投入，明确专职管理人员，加强尾矿库运行管理。

未经尾矿库业主单位或者管理单位同意及尾矿库建设审批部门批准，任何单位和个人不得在库区从事爆破、采砂等危及尾矿库安全的活动。

第二十六条 尾矿库闭库及闭库后的安全管理由原生产经营单位负责。生产经营单位解散或者关闭破产的，其已关闭或者废弃的尾矿库的管理，由生产经营单位出资人或者其上级主管部门负责；出资人不明确并且无上级主管部门的，由县级以上人民政府指定管理单位。

第二十七条 旅游景区（点）管理机构和经营者应当加强旅游安全管理，完善旅游安全防护设施，制定安全事故应急救援预案，做好旅游预测预报和游人疏导工作。

高空旅游设施和惊险旅游项目应当符合安全规定和标准，保障旅游者人身、财产安全。

第三章 安全生产保障

第二十八条 在下列范围内不得建设居民区（楼）、学校、幼儿园、集贸市场及其他公众聚集的建筑物：

（一）危险物品生产、经营、储存区域安全距离内；

（二）重大危险源危及的区域；

（三）矿区塌陷危及的区域；

（四）尾矿库（含固体废弃物堆场）危及的区域；

（五）输油和燃气管道安全距离内；

（六）高压输电线路保护区。

危险物品的生产、经营场所以及储存数量构成重大危险源的储存设施、输油和燃气管道、高压输电线路，必须与居民区（楼）、学校、幼儿园、集贸市场及其他公众聚集的建筑物保持国家规定的安全距离。

第二十九条 生产经营单位新建、改建、扩建工程项目（以下统称建设项目）的安全设施，必须与主体工程同时设计、同时施工、同时投入生产和使用。安全设施投资应当纳入建设项目概算。

存在重大危险、危害因素的建设项目、重大公共设施建设项目，应当按照国家规定进行安全评价。矿山建设项目和用于生产、储存危险物品的建设项目的安全设施设计应当按照国家有关规定报经有关部门审查，审查部门及其负责审查的人员对审查结果负责。

施工单位应当按照批准的设计文件进行施工，并对安全设施的工程质量负责。

建设项目竣工投产前，生产经营单位应当对安全设施进行安全评价。安全设施经安全生产监督管理等部门和工会验收合格后，方可投入生产和使用。

第三十条 下列单位应当委托具备相应资质的安全生产中介机构，定期进行安全评价，根据安全评价结果采取相应的安全防范措施，并将评价结果报告安全生产监督管理部门和有关部门：

（一）危险物品的生产、经营、储存、运输以及矿山、建设项目施工单位；

（二）尾矿库（含固体废弃物堆场）、大型公共垃圾堆场的管理单位及其他危险、危害因素较多的单位；

（三）存在重大危险源的单位；

（四）发生较大以上生产安全事故的单位。

第三十一条 矿山、建设项目施工以及危险物品的生产、经营、储存、运输等直接关系生命财产安全的生产经营单位，依法取得安全生产许可证后，方可从事生产、经营、储存、运输活动。

第三十二条 特种劳动防护用品、矿山使用的特种设备等直接关系生命财产安全的产品、物品和设备、设施，其设计、制造、安装、使用、检测、维修、改造，应当符合国家标准或者行业标准，经具备相应资质的机构进行安全性能检测、检验合格，取得安全性能鉴定证书或者安全标志。

前款规定的产品、物品和设备、设施的设计应当经安全论证，其生产经营单位应当依照国家规定取得安全生产许可证。

禁止生产经营和使用不符合国家标准或者行业标准、不能保障安全的产品、物品和设备、设施。

第三十三条 生产经营单位应当加强事故隐患的排查，对发现的事故隐患必须立即采取整治措施予以排除，并将有关情况报告安全生产监督管理部门和有关部门。

第三十四条 生产经营单位应当安排专项资金治理重大事故隐患。

重大事故隐患治理完成后，生产经营单位应当向有关部门和安全生产监督管理部门申请专项检查。

第三十五条 县级以上人民政府人力资源和社会保障主管部门应当将工伤认定处理结果定期抄送同级安全生产监督管理部门。

省、省辖市人民政府可以根据实际需要从上年度征缴的工伤保险费中安排一定比例用于工伤事故预防。

第三十六条 矿山、建设项目施工和危险物品的生产、经营、储存、运输等单位，应当建立企业提取安全费用制度。安全费用由企业自行提取，专户储存，专项用于安全生产。具体办法由省人民政府制定。

鼓励生产经营单位参加安全生产责任保险。

第三十七条 生产经营单位的从业人员应当遵守安全生产法律法规、规章制度和操作规程，服从安全生产管理，及时报告生产安全事故和事故隐患，积极参加生产安全事故抢险救援。

第四章 安全生产监督管理

第三十八条 县级以上人民政府对本行政区域内的安全生产工作履行下列职责：

（一）保障安全生产法律、法规的贯彻执行；

（二）将安全生产工作纳入国民经济和社会发展计划；

（三）保障安全生产工作经费，将安全生产监督管理的业务（事业）经费列入同级财政预算；

（四）协调解决安全生产工作重大问题；

（五）建立健全安全生产监督管理体系和应急救援体系，组织制定并实施较大、重大、特大生产安全事故应急救援预案；

（六）组织治理无单位负责的公共安全隐患；

（七）组织查处未经安全许可的生产经营活动；

（八）处理生产安全事故，依法追究行政责任；

（九）法律、法规规定的其他职责。

第三十九条 县级以上人民政府安全生产监督管理部门履行下列安全生产综合监督管理职责：

（一）宣传贯彻执行安全生产法律、法规；

（二）指导、协调和监督有关部门依法履行安全生产职责，组织安全生产综合检查和专项检查，具体负责安全生产目标责任制管理考核，综合监督安全生产应急救援工作；

（三）负责本行政区域的安全生产形势综合分析和生产安全事故统计工作，定期通报本地安全生产形势，发布安全生产信息；

（四）依法对生产经营单位的安全生产工作实施监督管理，对安全生产违法行为实施行政处罚；

（五）依法组织生产安全事故调查处理；

（六）会同有关部门建立本行政区域重大危险源数据库信息系统和监督管理制度；

（七）建立安全生产违法行为信息查询系统，及时记载生产经营单位、安全生产中介服务机构的违法行为和处理情况，供社会公众查询；

（八）组织、指导、协调事故预防和安全生产宣传教育培训工作；

（九）法律、法规规定的其他职责。

第四十条 县级以上人民政府有关部门在各自职责范围内履行下列安全生产监督管理职责：

（一）宣传贯彻执行安全生产法律、法规；

（二）依照有关法律、法规的规定，对涉及安全生产的事项实施行政许可和监督管理；

（三）依法对本行业、本领域生产经营单位执行安全生产法律、法规情况进行监督检查，建立事故隐患排查治理监督检查和重大危险源监督管理制度，督促、指导生产经营单位建立健全和落实安全生产责任制；

（四）定期分析本行业、本领域的安全生产形势，制定年度安全生产工作计划和生产安全事故预防措施，并定期向同级安全生产监督管理部门报送安全生产工作计划和生产安全事故统计、工伤统计等相关信息；

（五）依法查处非法生产、经营、建设活动；

（六）参加生产安全事故应急救援和调查，配合做好事故善后工作，落实事故处理的有关决定；

（七）法律、法规规定的其他职责。

第四十一条 省人民政府安全生产监督管理部门可以在法定职权范围内依法将有关安全生产许可工作委托省辖市人民政府安全生产监督管理部门实施，并对委托行为的后果承担法律责任。

第四十二条 乡（镇）人民政府和城市街道办事处应当确定分管负责人和专职人员监督管理本辖区内的安全生产工作。

对无证或者证照不全进行生产经营等违反安全生产法律、法规的行为，乡（镇）人民政府和城市街道办事处应当予以制止，并向上级人民政府有关部门报告。

第四十三条 行业协会应当根据行业特点，积极开展安全生产宣传教育工作，提供安全生产管理和技术服务，加强行业自律。

第四十四条 安全生产监督管理部门和有关部门应当加强对重大事故隐患治理情况的监督管理，对检查中发现的事故隐患，应当责令立即排除；重大事故隐患排除前或者排除过程中无法保证安全的，应当责令从危险区域内撤出作业人员，责令暂时停产停业或者停止使用；重大事故隐患排除后，经审查同意，方可恢复生产经营和使用。

第四十五条 安全生产监督管理部门和有关部门的安全生产监督检查人员依法履行监督检查职责时，被检查单位应当予以配合，不得拒绝或者阻挠。

第四十六条 承担安全评价、认证、检测、检验的中介机构应当具备国家规定的资质条件，依照法律、法规和职业准则，接受生产经营单位的委托，为其安全生产工作提供服务，并对其作出的评价、认证、检测、检验结果负责。

安全生产中介机构的资质认定由省安全生产监督管理部门负责。县级以上人民政府安全生产监督管理部门应当加强对安全生产中介机构的监督管理。法律、法规另有规定的，适用其规定。

第五章 生产安全事故应急救援与调查处理

第四十七条 县级以上人民政府组织制定的生产安全事故应急救援预案应当包括下列内容：

（一）应急救援的指挥和协调机构；

（二）有关部门或者机构在应急救援中的职责和分工；

（三）应急救援队伍及其人员、装备；

（四）应急救援预案启动程序；

（五）紧急处置、人员疏散、工程抢险、医疗急救、通信与信息保障、信息发布等应急救援保障措施方案；

（六）应急救援预案的演练；

（七）经费保障；

（八）其他有关事项。

第四十八条 生产经营单位应当制定本单位的生产安全事故应急救援预案，并报所在地安全生产监督管理部门和有关部门备案。

负有安全生产监督管理职责的部门应当加强对生产经营单位应急救援预案制定工作的指导，确保生产经营单位制定的应急救援预案与所在地人民政府应急救援预案相衔接。

第四十九条　危险物品的生产、经营、储存单位以及矿山、建筑施工单位应当建立应急救援组织，配备相应的应急救援器材、设备，并定期进行演练；生产经营单位规模较小的，应当配备应急救援人员，并与就近的应急救援组织签订应急救援协议。

第五十条　生产安全事故发生后，事故发生单位应当立即启动应急救援预案，采取有效措施，组织事故抢险，并按规定向所在地安全生产监督管理部门和有关部门报告。

安全生产监督管理部门和有关部门接到事故报告后，应当按照规定上报事故情况，并通知公安机关、人力资源和社会保障部门、工会和人民检察院。

任何单位和个人不得迟报、谎报或者瞒报生产安全事故。

第五十一条　事故调查应当实事求是，及时、准确查清事故原因，查明事故性质和责任，提出整改措施，并对事故责任人提出处理意见。

负责事故调查的人民政府应当自收到事故调查报告后按照国家规定的时间做出批复；有关机关应当按照人民政府的批复，依照法律、行政法规规定的权限和程序，对事故发生单位和有关人员进行行政处罚，对负有事故责任的国家工作人员进行处分；对负有事故责任的人员涉嫌犯罪的，依法追究刑事责任。

任何单位和个人应当配合事故调查，不得阻挠、干涉对事故的依法调查、对事故责任的认定以及对责任人的处理。

事故调查和处理的具体办法按照国家有关规定执行。

第五十二条　因生产安全事故造成从业人员死亡的，死亡者直系亲属除依法获得工伤保险补偿外，事故发生单位还应当向其一次性支付死亡赔偿金，赔偿金的数额按照不低于本省上一年度城镇居民人均可支配收入的二十倍计算。

第六章　法律责任

第五十三条　违反本条例规定的行为，法律、法规有处罚规定的，适用其规定。

第五十四条　违反本条例第十九条规定，作业场所不符合国家标准、行业标准规定的工作环境和条件的，责令限期改正；逾期未改正的，处五万元以上二十万元以下的罚款；情节严重的，责令停止产生职业危害的作业，或者予以关闭。

生产经营单位未按照规定为从事职业危害作业的人员进行职业健康检查、建立职业健康档案，或者未将检查结果如实告知从业人员的，责令限期改正；逾期未改正的，处二万元以上五万元以下的罚款。

第五十五条　违反本条例第二十条规定，生产经营单位作业场所职业危害因素检测、监测和评价结果未按照国家有关规定存档、报告和公布的，给予警告，责令限期改正；逾期未改正的，处五千元以上二万元以下的罚款。

第五十六条　违反本条例第二十二条规定，生产经营易燃易爆物品、危险化学品等危险物品的单位，未按规定对危险物品登记注册或者提供规范的中文安全标签和安全技术说明书的，由有关部门责令限期改正；逾期未改正的，责令停产停业整顿，并处一万元以上五万元以下的罚款。

第五十七条 违反本条例第二十四条规定，生产经营单位的生产区域、生活区域、储存区域未按照规定保持安全距离，生产、经营、储存、使用危险物品的车间、商店、仓库的周边安全防护不符合国家标准或者国家有关规定的，责令限期改正；逾期未改正的，责令停产停业整顿；造成严重后果，构成犯罪的，依法追究刑事责任。

第五十八条 违反本条例第二十九条、第三十二条规定，生产经营单位有下列行为之一的，责令限期改正；逾期未改正的，责令停止建设或者停产停业整顿，可以并处一万元以上五万元以下的罚款；造成严重后果，构成犯罪的，依法追究刑事责任：

（一）建设项目未按规定进行安全评价、安全设施未经审查同意进行施工或者未经竣工验收擅自投产和使用的；

（二）特种劳动防护用品、矿山使用的特种设备等直接关系生命财产安全的产品、物品和设备、设施的生产经营单位，未依照国家有关规定取得安全生产许可证，其设计未经安全论证，未进行安全性能鉴定并取得安全性能鉴定证书或者安全标志的。

第五十九条 违反本条例第三十一条规定，未取得安全生产许可证，擅自进行生产、经营、储存活动的，责令停产停业，没收违法所得，并处十万元以上五十万元以下的罚款；造成严重后果，构成犯罪的，依法追究刑事责任。

第六十条 违反本条例第四十四条规定，生产经营单位被责令停产停业整顿期间擅自从事生产经营的，责令停止违法行为，没收违法所得，违法所得十万元以上的，并处违法所得一倍以上五倍以下的罚款；没有违法所得或者违法所得不足十万元的，单处或者并处十万元以上五十万元以下的罚款；情节严重的，予以关闭，并依法吊销有关证照；造成严重后果，构成犯罪的，依法追究刑事责任。

第六十一条 违反本条例第四十六条规定，安全生产中介机构未取得资质认证或者超越资质许可范围从事安全生产中介服务的，责令停止中介活动，没收违法所得，可以并处一万元以上五万元以下的罚款。

安全生产中介机构出具虚假证明，构成犯罪的，依照刑法有关规定追究刑事责任；尚不够刑事处罚的，没收违法所得，并处违法所得二倍以上五倍以下的罚款；没有违法所得的，单处或者并处五千元以上二万元以下的罚款，对其直接负责的主管人员和其他直接责任人员处五千元以上五万元以下的罚款；给他人造成损害的，与生产经营单位承担连带赔偿责任，并撤销其相应资质。

第六十二条 各级人民政府和安全生产监督管理部门及其他有关部门，有下列情形之一的，对其主要负责人、直接负责的主管人员和其他直接责任人员依法给予行政处分；构成犯罪的，依法追究刑事责任：

（一）发现未依法取得安全生产许可证、安全设施未经验收的单位擅自从事生产经营活动，不依法予以处理的；

（二）对无证或者证照不全进行生产经营等违反安全生产法律、法规的行为不及时制止、报告的；

（三）未按照规定履行重大生产安全事故隐患治理监督管理职责，造成严重后果的；

（四）未按照规定履行安全管理职责，发生重大、特大安全事故的；

（五）未按照规定有效组织救援致使生产安全事故损害扩大的；

（六）对生产安全事故瞒报、谎报或者迟报的；

（七）阻挠、干涉生产安全事故调查处理或者责任追究的；

（八）未依法按照规定履行审查、批准职责，造成严重后果的；

（九）其他滥用职权、玩忽职守、徇私舞弊行为。

第六十三条　本条例所规定的行政处罚，由安全生产监督管理部门决定；予以关闭的行政处罚，由安全生产监督管理部门报请县级以上人民政府按照国务院规定的权限决定。有关法律、行政法规对行政处罚的决定机关另有规定的，依照其规定。

第七章　附　则

第六十四条　本条例自2010年10月1日起施行。2004年5月28日河南省第十届人民代表大会常务委员会第九次会议审议通过的《河南省安全生产条例》同时废止。

二、法规性文件

FAGUIXING WENJIAN

国务院关于进一步加强企业安全生产工作的通知

（国发〔2010〕23 号，2010 年 7 月 19 日）

各省、自治区、直辖市人民政府，国务院各部委、各直属机构：

近年来，全国生产安全事故逐年下降，安全生产状况总体稳定、趋于好转，但形势依然十分严峻，事故总量仍然很大，非法违法生产现象严重，重特大事故多发频发，给人民群众生命财产安全造成重大损失，暴露出一些企业重生产轻安全、安全管理薄弱、主体责任不落实，一些地方和部门安全监管不到位等突出问题。为进一步加强安全生产工作，全面提高企业安全生产水平，现就有关事项通知如下。

一、总体要求

1. 工作要求。深入贯彻落实科学发展观，坚持以人为本，牢固树立安全发展的理念，切实转变经济发展方式，调整产业结构，提高经济发展的质量和效益，把经济发展建立在安全生产有可靠保障的基础上；坚持"安全第一、预防为主、综合治理"的方针，全面加强企业安全管理，健全规章制度，完善安全标准，提高企业技术水平，夯实安全生产基础；坚持依法依规生产经营，切实加强安全监管，强化企业安全生产主体责任落实和责任追究，促进我国安全生产形势实现根本好转。

2. 主要任务。以煤矿、非煤矿山、交通运输、建筑施工、危险化学品、烟花爆竹、民用爆炸物品、冶金等行业（领域）为重点，全面加强企业安全生产工作。要通过更加严格的目标考核和责任追究，采取更加有效的管理手段和政策措施，集中整治非法违法生产行为，坚决遏制重特大事故发生；要尽快建成完善的国家安全生产应急救援体系，在高危行业强制推行一批安全适用的技术装备和防护设施，最大程度减少事故造成的损失；要建立更加完善的技术标准体系，促进企业安全生产技术装备全面达到国家和行业标准，实现我国安全生产技术水平的提高；要进一步调整产业结构，积极推进重点行业的企业重组和矿产资源开发整合，彻底淘汰安全性能低下、危及安全生产的落后产能；以更加有力的政策引导，形成安全生产长效机制。

二、严格企业安全管理

3. 进一步规范企业生产经营行为。企业要健全完善严格的安全生产规章制度，坚持不安全不生产。加强对生产现场监督检查，严格查处违章指挥、违规作业、违反劳动纪律的"三违"行为。凡超能力、超强度、超定员组织生产的，要责令停产停工整顿，并对企业和企业主要负责人依法给予规定上限的经济处罚。对以整合、技改名义违规组织生产，以及规定期限内未实施改造或故意拖延工期的矿井，由地方政府依法予以关闭。要加强对境外中资企业安全生产工作的指导和管理，严格落实境内投资主体和派出企业的安全生产监督责任。

4. 及时排查治理安全隐患。企业要经常性开展安全隐患排查,并切实做到整改措施、责任、资金、时限和预案“五到位”。建立以安全生产专业人员为主导的隐患整改效果评价制度,确保整改到位。对隐患整改不力造成事故的,要依法追究企业和企业相关负责人的责任。对停产整改逾期未完成的不得复产。

5. 强化生产过程管理的领导责任。企业主要负责人和领导班子成员要轮流现场带班。煤矿、非煤矿山要有矿领导带班并与工人同时下井、同时升井,对无企业负责人带班下井或该带班而未带班的,对有关责任人按擅离职守处理,同时给予规定上限的经济处罚。发生事故而没有领导现场带班的,对企业给予规定上限的经济处罚,并依法从重追究企业主要负责人的责任。

6. 强化职工安全培训。企业主要负责人和安全生产管理人员、特殊工种人员一律严格考核,按国家有关规定持职业资格证书上岗;职工必须全部经过培训合格后上岗。企业用工要严格依照劳动合同法与职工签订劳动合同。凡存在不经培训上岗、无证上岗的企业,依法停产整顿。没有对井下作业人员进行安全培训教育,或存在特种作业人员无证上岗的企业,情节严重的要依法予以关闭。

7. 全面开展安全达标。深入开展以岗位达标、专业达标和企业达标为内容的安全生产标准化建设,凡在规定时间内未实现达标的企业要依法暂扣其生产许可证、安全生产许可证,责令停产整顿;对整改逾期未达标的,地方政府要依法予以关闭。

三、建设坚实的技术保障体系

8. 加强企业生产技术管理。强化企业技术管理机构的安全职能,按规定配备安全技术人员,切实落实企业负责人安全生产技术管理负责制,强化企业主要技术负责人技术决策和指挥权。因安全生产技术问题不解决产生重大隐患的,要对企业主要负责人、主要技术负责人和有关人员给予处罚;发生事故的,依法追究责任。

9. 强制推行先进适用的技术装备。煤矿、非煤矿山要制定和实施生产技术装备标准,安装监测监控系统、井下人员定位系统、紧急避险系统、压风自救系统、供水施救系统和通信联络系统等技术装备,并于3年之内完成。逾期未安装的,依法暂扣安全生产许可证、生产许可证。运输危险化学品、烟花爆竹、民用爆炸物品的道路专用车辆,旅游包车和三类以上的班线客车要安装使用具有行驶记录功能的卫星定位装置,于2年之内全部完成;鼓励有条件的渔船安装防撞自动识别系统,在大型尾矿库安装全过程在线监控系统,大型起重机械要安装安全监控管理系统;积极推进信息化建设,努力提高企业安全防护水平。

10. 加快安全生产技术研发。企业在年度财务预算中必须确定必要的安全投入。国家鼓励企业开展安全科技研发,加快安全生产关键技术装备的换代升级。进一步落实《国家中长期科学和技术发展规划纲要(2006—2020年)》等,加大对高危行业安全技术、装备、工艺和产品研发的支持力度,引导高危行业提高机械化、自动化生产水平,合理确定生产一线用工。“十二五”期间要继续组织研发一批提升我国重点行业领域安全生产保障能力的关键技术和装备项目。

四、实施更加有力的监督管理

11. 进一步加大安全监管力度。强化安全生产监管部门对安全生产的综合监管，全面落实公安、交通、国土资源、建设、工商、质检等部门的安全生产监督管理及工业主管部门的安全生产指导职责，形成安全生产综合监管与行业监管指导相结合的工作机制，加强协作，形成合力。在各级政府统一领导下，严厉打击非法违法生产、经营、建设等影响安全生产的行为，安全生产综合监管和行业管理部门要会同司法机关联合执法，以强有力措施查处、取缔非法企业。对重大安全隐患治理实行逐级挂牌督办、公告制度，重大隐患治理由省级安全生产监管部门或行业主管部门挂牌督办，国家相关部门加强督促检查。对拒不执行监管监察指令的企业，要依法依规从重处罚。进一步加强监管力量建设，提高监管人员专业素质和技术装备水平，强化基层站点监管能力，加强对企业安全生产的现场监管和技术指导。

12. 强化企业安全生产属地管理。安全生产监管监察部门、负有安全生产监管职责的有关部门和行业管理部门要按职责分工，对当地企业包括中央、省属企业实行严格的安全生产监督检查和管理，组织对企业安全生产状况进行安全标准化分级考核评价，评价结果向社会公开，并向银行业、证券业、保险业、担保业等主管部门通报，作为企业信用评级的重要参考依据。

13. 加强建设项目安全管理。强化项目安全设施核准审批，加强建设项目的日常安全监管，严格落实审批、监管的责任。企业新建、改建、扩建工程项目的安全设施，要包括安全监控设施和防瓦斯等有害气体、防尘、排水、防火、防爆等设施，并与主体工程同时设计、同时施工、同时投入生产和使用。安全设施与建设项目主体工程未做到同时设计的一律不予审批，未做到同时施工的责令立即停止施工，未同时投入使用的不得颁发安全生产许可证，并视情节追究有关单位负责人的责任。严格落实建设、设计、施工、监理、监管等各方安全责任。对项目建设生产经营单位存在违法分包、转包等行为的，立即依法停工停产整顿，并追究项目业主、承包方等各方责任。

14. 加强社会监督和舆论监督。要充分发挥工会、共青团、妇联组织的作用，依法维护和落实企业职工对安全生产的参与权与监督权，鼓励职工监督举报各类安全隐患，对举报者予以奖励。有关部门和地方要进一步畅通安全生产的社会监督渠道，设立举报箱，公布举报电话，接受人民群众的公开监督。要发挥新闻媒体的舆论监督，对舆论反映的客观问题要深查原因，切实整改。

五、建设更加高效的应急救援体系

15. 加快国家安全生产应急救援基地建设。按行业类型和区域分布，依托大型企业，在中央预算内基建投资支持下，先期抓紧建设 7 个国家矿山应急救援队，配备性能可靠、机动性强的装备和设备，保障必要的运行维护费用。推进公路交通、铁路运输、水上搜救、船舶溢油、油气田、危险化学品等行业（领域）国家救援基地和队伍建设。鼓励和支持各地区、各部门、各行业依托大型企业和专业救援力量，加强服务周边的区域性应急救援能力建设。

16. 建立完善企业安全生产预警机制。企业要建立完善安全生产动态监控及预警预报体系，每月进行一次安全生产风险分析。发现事故征兆要立即发布预警信息，落实防范和应急处置措施。对重大危险源和重大隐患要报当地安全生产监管监察部门、负有安全生产监管职责的有关部门和行业管理部门备案。涉及国家秘密的，按有关规定执行。

17. 完善企业应急预案。企业应急预案要与当地政府应急预案保持衔接，并定期进行演练。赋予企业生产现场带班人员、班组长和调度人员在遇到险情时第一时间下达停产撤人命令的直接决策权和指挥权。因撤离不及时导致人身伤亡事故的，要从重追究相关人员的法律责任。

六、严格行业安全准入

18. 加快完善安全生产技术标准。各行业管理部门和负有安全生产监管职责的有关部门要根据行业技术进步和产业升级的要求，加快制定修订生产、安全技术标准，制定和实施高危行业从业人员资格标准。对实施许可证管理制度的危险性作业要制定落实专项安全技术作业规程和岗位安全操作规程。

19. 严格安全生产准入前置条件。把符合安全生产标准作为高危行业企业准入的前置条件，实行严格的安全标准核准制度。矿山建设项目和用于生产、储存危险物品的建设项目，应当分别按照国家有关规定进行安全条件论证和安全评价，严把安全生产准入关。凡不符合安全生产条件违规建设的，要立即停止建设，情节严重的由本级人民政府或主管部门实施关闭取缔。降低标准造成隐患的，要追究相关人员和负责人的责任。

20. 发挥安全生产专业服务机构的作用。依托科研院所，结合事业单位改制，推动安全生产评价、技术支持、安全培训、技术改造等服务性机构的规范发展。制定完善安全生产专业服务机构管理办法，保证专业服务机构从业行为的专业性、独立性和客观性。专业服务机构对相关评价、鉴定结论承担法律责任，对违法违规、弄虚作假的，要依法依规从严追究相关人员和机构的法律责任，并降低或取消相关资质。

七、加强政策引导

21. 制定促进安全技术装备发展的产业政策。要鼓励和引导企业研发、采用先进适用的安全技术和产品，鼓励安全生产适用技术和新装备、新工艺、新标准的推广应用。把安全检测监控、安全避险、安全保护、个人防护、灾害监控、特种安全设施及应急救援等安全生产专用设备的研发制造，作为安全产业加以培育，纳入国家振兴装备制造业的政策支持范畴。大力发展安全装备融资租赁业务，促进高危行业企业加快提升安全装备水平。

22. 加大安全专项投入。切实做好尾矿库治理、扶持煤矿安全技改建设、瓦斯防治和小煤矿整顿关闭等各类中央资金的安排使用，落实地方和企业配套资金。加强对高危行业企业安全生产费用提取和使用管理的监督检查，进一步完善高危行业企业安全生产费用财务管理制度，研究提高安全生产费用提取下限标准，适当扩大适用范围。依法加强道路交通事故社会救助基金制度建设，加快建立完善水上搜救奖励与补偿机制。高危行业企业探索实行全员安全风险抵押金制度。完善落实工伤保险制度，积极稳妥推行安全生产责任保险制度。

23. 提高工伤事故死亡职工一次性赔偿标准。从2011年1月1日起,依照《工伤保险条例》的规定,对因生产安全事故造成的职工死亡,其一次性工亡补助金标准调整为按全国上一年度城镇居民人均可支配收入的20倍计算,发放给工亡职工近亲属。同时,依法确保工亡职工一次性丧葬补助金、供养亲属抚恤金的发放。

24. 鼓励扩大专业技术和技能人才培养。进一步落实完善校企合作办学、对口单招、订单式培养等政策,鼓励高等院校、职业学校逐年扩大采矿、机电、地质、通风、安全等相关专业人才的招生培养规模,加快培养高危行业专业人才和生产一线急需技能型人才。

八、更加注重经济发展方式转变

25. 制定落实安全生产规划。各地区、各有关部门要把安全生产纳入经济社会发展的总体布局,在制定国家、地区发展规划时,要同步明确安全生产目标和专项规划。企业要把安全生产工作的各项要求落实在企业发展和日常工作之中,在制定企业发展规划和年度生产经营计划中要突出安全生产,确保安全投入和各项安全措施到位。

26. 强制淘汰落后技术产品。不符合有关安全标准、安全性能低下、职业危害严重、危及安全生产的落后技术、工艺和装备要列入国家产业结构调整指导目录,予以强制性淘汰。各省级人民政府也要制订本地区相应的目录和措施,支持有效消除重大安全隐患的技术改造和搬迁项目,遏制安全水平低、保障能力差的项目建设和延续。对存在落后技术装备、构成重大安全隐患的企业,要予以公布,责令限期整改,逾期未整改的依法予以关闭。

27. 加快产业重组步伐。要充分发挥产业政策导向和市场机制的作用,加大对相关高危行业企业重组力度,进一步整合或淘汰浪费资源、安全保障低的落后产能,提高安全基础保障能力。

九、实行更加严格的考核和责任追究

28. 严格落实安全目标考核。对各地区、各有关部门和企业完成年度生产安全事故控制指标情况进行严格考核,并建立激励约束机制。加大重特大事故的考核权重,发生特别重大生产安全事故的,要根据情节轻重,追究地市级分管领导或主要领导的责任;后果特别严重、影响特别恶劣的,要按规定追究省部级相关领导的责任。加强安全生产基础工作考核,加快推进安全生产长效机制建设,坚决遏制重特大事故的发生。

29. 加大对事故企业负责人的责任追究力度。企业发生重大生产安全责任事故,追究事故企业主要负责人责任;触犯法律的,依法追究事故企业主要负责人或企业实际控制人的法律责任。发生特别重大事故,除追究企业主要负责人和实际控制人责任外,还要追究上级企业主要负责人的责任;触犯法律的,依法追究企业主要负责人、企业实际控制人和上级企业负责人的法律责任。对重大、特别重大生产安全责任事故负有主要责任的企业,其主要负责人终身不得担任本行业企业的矿长(厂长、经理)。对非法违法生产造成人员伤亡的,以及瞒报事故、事故后逃逸等情节特别恶劣的,要依法从重处罚。

30. 加大对事故企业的处罚力度。对于发生重大、特别重大生产安全责任事故或一年内发生2次以上较大生产安全责任事故并负主要责任的企业,以及存在重大隐患整改不力的企业,由省级及以上安全监管监察部门会同有关行业主管部门向社会公告,并向投资、国土资源、建设、银行、证券等主管部门通报,一年内严格限制新增的项目核准、用地审批、证券融资等,并作为银行贷款等的重要参考依据。

31. 对打击非法生产不力的地方实行严格的责任追究。在所辖区域对群众举报、上级督办、日常检查发现的非法生产企业(单位)没有采取有效措施予以查处,致使非法生产企业(单位)存在的,对县(市、区)、乡(镇)人民政府主要领导以及相关责任人,根据情节轻重,给予降级、撤职或者开除的行政处分,涉嫌犯罪的,依法追究刑事责任。国家另有规定的,从其规定。

32. 建立事故查处督办制度。依法严格事故查处,对事故查处实行地方各级安全生产委员会层层挂牌督办,重大事故查处实行国务院安全生产委员会挂牌督办。事故查处结案后,要及时予以公告,接受社会监督。

各地区、各部门和各有关单位要做好对加强企业安全生产工作的组织实施,制订部署本地区本行业贯彻落实本通知要求的具体措施,加强监督检查和指导,及时研究、协调解决贯彻实施中出现的突出问题。国务院安全生产委员会办公室和国务院有关部门要加强工作督察,及时掌握各地区、各部门和本行业(领域)工作进展情况,确保各项规定、措施执行落实到位。省级人民政府和国务院有关部门要将加强企业安全生产工作情况及时报送国务院安全生产委员会办公室。

国务院办公厅关于进一步加强安全生产工作的通知

（国办发明电〔2008〕23号，2008年4月30日）

各省、自治区、直辖市人民政府，国务院各部委、各直属机构：

党中央、国务院高度重视安全生产工作，各地区、各有关部门认真贯彻落实中央的一系列决策部署，做了大量工作。但安全生产形势依然严峻，一些地方和企业安全生产责任不落实、措施不到位等问题仍很突出，安全隐患大量存在，煤矿、交通运输、渔业船舶等行业领域安全事故时有发生。4月28日，在胶济铁路发生旅客列车脱轨倾覆相撞特别重大事故，截至30日，已造成71人死亡，416人受伤。事故调查工作正在进行。各地区、各部门要深刻吸取“4·28”特别重大铁路安全事故教训，认真贯彻落实科学发展观，坚持“安全第一、预防为主、综合治理”方针，以更加坚决有力的措施，有效遏制重特大事故。为此，经国务院同意，现就进一步加强安全生产工作有关事项通知如下。

一、切实加强领导，狠抓安全生产责任落实

各地区、各部门、各单位要以对人民生命安全高度负责的精神，把安全生产纳入重要议事日程，进一步加强组织领导。主要领导要亲自抓，认真研究解决本地区、本部门、本单位安全生产方面存在的突出问题，组织制订和落实安全防范措施。建立严格的安全生产责任制，切实把责任落实到每一个单位、每一个岗位、每一个员工。严格安全生产情况的考核，把安全生产工作作为对各地区、各部门、各单位及各级领导干部政绩业绩考核的重要内容。严肃责任追究，对于责任不落实、推诿扯皮、玩忽职守造成事故的，要依纪依法严肃处理。

二、深入排查治理隐患，确保防患于未然

要按照国务院已经做出的部署，全面深入排查治理各生产经营单位及其工艺系统、基础设施、技术装备、作业环境、防控手段等方面存在的隐患，做到排查不留死角、整治不留后患。要健全重大隐患公告公示、挂牌督办、跟踪治理和逐项整改销号制度，采取巡检、抽检等方式，深入基层和生产一线加强督促指导，充分依靠和发动广大从业人员参与隐患排查治理，推进安全生产各项措施落实。对隐患排查治理不认真、走过场的单位要予以公开曝光。

三、全面落实工矿商贸领域防范措施，确保生产安全

加大煤矿瓦斯治理力度，狠抓促进瓦斯抽采利用各项扶持政策的落实，严格执行“先抽后采、监测监控、以风定产”瓦斯治理方针，加强现场管理，严防瓦斯事故。深化煤矿整顿关闭工作，依法严厉打击非法和超层越界开采，严防已关闭矿井死灰复燃。加强非煤矿山、油气井等重点防控，防止坍塌、井喷等事故发生。针对烟花爆竹、民爆物品、建筑施工、

冶金、电力、军工、特种设备等行业领域存在的问题，切实落实安全防范措施，严防事故发生。各地正陆续进入汛期，务必做好河道、水库、堤坝、桥梁、涵洞等除险加固，严防暴雨、台风、泥石流等自然灾害导致事故灾难。存在淹井隐患的矿井，暴雨期间一律严禁井下作业。

四、狠抓运输安全管理，确保交通安全

各级铁路、交通、民航、公安等部门要深刻吸取"4·28"铁路特别重大事故教训，举一反三，全面落实交通安全各项防范措施，坚决遏制重特大事故发生。要加强对铁路列车、线路、通信等运输设施设备的安全监控，加强调度指挥，加强主要干线、提速区段的安全检查和巡查，严格实行标准化作业，严肃查处超速等违规违章行为，严禁旅客携带易燃易爆等危险品进站上车，确保旅客和货物运输安全。要落实道路交通安全工作措施，严把运输市场准入关，严禁非客运车辆载客，严禁不具备安全条件的车辆上路行驶，加大对超速、超载、超限和危险路段治理力度，加强农村道路安全监管。要继续抓好水上交通防碰撞、防泄漏和渡口渡船专项整治，深入排查治理桥梁隐患，加强渔船和乡镇船舶安全监管，出海渔船必须配备救生和通信设备。要加大民航安全监管力度，加强飞行员培训和管理，严格机场安全检查，确保航空运输安全。城市轨道交通和其他公共交通要加强安全保卫工作，防止发生事故。

五、严防事故引发污染事件，确保环境安全

各地区、各有关部门要高度重视环境安全，加强对饮用水源地、居民集中居住区等环境敏感区域和医药、化工等高危企业环境安全隐患排查治理。针对汛期降雨集中、洪涝灾害多发的特点，加快病险尾矿库除险加固进度，严防垮坝事故导致污染事件。认真落实危险化学品生产、运输、储存、销售、使用和废弃处置等环节的各项安全措施，依法取缔各类非法经营的企业和网点，严格执行剧毒化学品运输许可制度，严防丢失、流散或泄漏。加大环境执法力度，加强对违法排污行为的监督检查，有针对性地开展预防工作，把污染隐患消灭在萌芽状态。各级环保部门要做好人员、物资、装备等各项准备，督促企业完善环境应急预案，落实应急救援和保障措施，强化区域联动，提高应对处置能力。

六、切实加强旅游、消防等安全管理，确保公共场所安全

目前已进入旅游旺季，要认真做好游船、缆车、索道等旅游设备的安全检查，达不到安全要求的一律停止运营使用；带有危险性的登山、探险、漂流等旅游项目必须制订严密的安全保障措施。各类旅游场所要按照接待容量，控制高峰时段游客数量，合理疏导游客，严防发生拥堵、踩踏等事件。加强对各种体育、文化、娱乐等大型活动的组织管理，制订妥善的人群疏散方案和应急预案，切实做好安全保卫工作。消防部门要加强对宾馆饭店、车站、码头、学校、商场、集贸市场以及奥运场馆等人员密集场所的消防安全检查，确保疏散通道、安全出口畅通，确保消防设备设施齐全完好，严防火灾事故。

七、狠抓综合治理，构建安全生产长效机制

要加大治本力度，充分运用财税政策、市场调节和保险机制等经济手段，强化对安全生产的激励约束；加快法制建设，落实安全生产各项法律法规和规章制度，把安全生产纳入法制化轨道；加快科研攻关和技术改造步伐，提高安全生产的科技保障水平；加强专业人才培养和安全知识普及，特别要抓好特殊工种和农民工的安全技能培训；强化安全生产基层基础工作，建立健全安全生产规章、规程、制度和标准，大力提高企业安全管理水平；加强安全教育和宣传舆论工作，组织广大职工群众积极开展打击非法建设、生产、经营，反对违章指挥、违章作业、违反劳动纪律，整治生产企业超能力、超强度、超定员以及运输企业超载、超限、超负荷等活动，形成全社会重视、支持和参与安全生产的良好氛围。

八、从严执法，提高监管监察效能

各级安全监管监察部门和行业主管部门要完善体制机制，强化监管职责，加强督促检查。要更加注重对日常生产过程的安全监察，做到关口前移、重心下移。对不具备安全生产条件的企业或单位，坚决责令停产或予以关闭；对严重违反规定即使没有发生伤亡事故的，也要追究责任；对发生的每一起事故，要按照事故原因未查清不放过、责任人员未处理不放过、整改措施未落实不放过、有关人员未受到教育不放过的“四不放过”原则，严格事故查处，及时公布处理结果。要加大对事故频发、隐患突出的地区和单位的监督检查力度，发现重大问题要及时通报有关地方政府，并跟踪督导，确保实效。要做到严格执法、廉洁执法、公正执法，自觉接受舆论监督和社会监督。

国务院办公厅关于进一步加强学校及周边建筑安全管理的通知

（国办发明电〔2008〕38号，2008年10月15日）

各省、自治区、直辖市人民政府，国务院各部委、各直属机构：

今年以来，部分地区陆续发生数起校园及周边建筑工程安全事故，造成多名学生伤亡。10月10日，山东省淄博市张店区刘家村一住宅楼建筑施工过程中，发生塔吊倒塌事故，造成邻近刘家村幼儿园5名幼儿死亡，2名幼儿重伤。国务院领导同志对此高度重视，作出重要批示，要求对学校、幼儿园及其周边建筑进行安全检查，并健全相关制度，确保未成年人生命安全。为深刻吸取事故教训，举一反三，严防类似事故发生，经国务院同意，现就进一步加强学校（含幼儿园，下同）及周边建筑安全管理有关事项通知如下。

一、全面排查学校及周边建筑安全隐患

各地区、各有关部门要以科学发展观为指导，以对人民群众生命财产安全高度负责的精神，高度重视学校及周边建筑安全工作。各级教育、住房城乡建设、安全监管、公安等部门要在当地政府的统一领导下，按照各自职责，制订周密的隐患排查工作方案，明确工作目标，落实排查责任。检查的重点是学校校舍、围墙、挡土墙、厕所、浴室、库房、水井、水池、走道栏杆和供水、供电等设施，学校及附近正在施工的建设工程，生产、经营和储存有毒、有害和危险化学品的企业，并对学校周边地区的公共安全环境进行全面评估，对学校所处自然地理环境进行风险勘察。专项检查结果要向同级人民政府报告，并报送上级教育行政部门。

二、采取有效措施，加大对安全隐患的整改力度

对排查出的各类安全隐患，地方政府要组织有关部门和单位，抓紧进行梳理分类和治理整改，明确整改责任，制定整改措施，落实整改资金，确保整改到位，重大隐患要实行挂牌督办。

（一）加强对校内建筑设施安全隐患治理。各级各类学校对存在安全隐患的校舍等建筑，要立即停止使用，并由有相应资质的单位进行质量安全鉴定，根据鉴定结果制定加固方案，限期完成改造。对学校重点部位和设施，要采取多种形式进行安全改造，确保安全达标。对易发生危险的校内水井、水池、楼梯等，要设置警示标志或者采取加盖、加装防护栏等措施。重点加固学校围墙尤其是毗邻公路的学校围墙，改建学校厕所，更新校舍老化电路，完善消防设施设备，增设逃生通道，防患于未然。不得将学校场地出租用于从事易燃、易爆、有毒、有害等危险品的生产、经营活动，不得将校园内场地开放用于停放社会机动车辆。

(二)加强对学校及周边企业安全隐患治理的督促检查。对排查出的学校周边安全隐患,安全监管部门要会同相关部门立即督促企业整改治理,通过下达整改指令、现场监督整改、严格整改验收等措施,确保整改效果。住房城乡建设等部门要加强对建筑工程施工工地安全隐患治理的监督检查,对整改治理中不能保证安全的,要采取暂时停工停产措施;安全隐患严重的,一律责令停产停工,整改不合格,不得复产复工;对非法违规建设项目,要坚决予以取缔。安全监管等部门要加强对生产经营有毒有害物品和危险化学品企业的监督,指导监督企业采取有效措施,防止危及师生安全;不能保证安全的,要限期搬迁。各类隐患的排查治理、整改验收等工作,要充分听取当地教育部门和附近学校的意见,当地教育部门要积极参与相关工作。

(三)有关生产经营单位要加大隐患治理力度。学校及周边各类生产经营单位,要切实履行安全生产主体责任,按照保障在校师生安全的要求,提高隐患治理标准,强化作业现场安全管理,落实有效安全防范措施。开展工程建设等活动,应事先向附近学校通报,并告知有关安全防范知识。要主动根据学校师生活动范围等实际,合理设置警示标志、绕行指示标志等,引导师生避让危险。有关企业在附近学校师生上下班(课)、举办活动等时段,以及建筑施工活动不能保证学生(幼儿)在校期间安全的,要停止有关生产活动。学校也要根据建筑工程的安全情况,采取暂时调整课时等必要的防范措施。

三、深入开展安全教育,有针对性地增强安全防范意识

各地要在已开展安全教育的基础上,进一步在各级各类学校中开展周边安全防范教育工作,把有关内容纳入中小学生教科书和各级学校学生课外读物中,有针对性地加强实践演练,使广大师生掌握必要的安全知识和避险技能。学校要将安全教育制度化和常态化,各级教育行政部门要将学校安全工作纳入教育督导评估体系和学校工作奖惩制度,开展经常性的安全检查和督导。

有关部门要加强对学校及周边施工企业、生产经营企业的安全教育,把对周边学校的安全保护纳入企业安全责任,严格安全管理,科学评估安全风险,采取有针对性的防护措施,确保不影响周边学校正常教育教学秩序,确保广大师生的健康和安全。

四、切实加强制度建设,建立学校及周边建筑安全管理长效机制

各级教育、住房城乡建设、安全监管、公安等部门要明确责任,加强协调配合,形成监管合力,进一步强化学校及周边安全监管。要严格项目审批和资质认定,提高学校周边各类生产经营单位的安全管理水平。住房城乡建设部门要加强对施工企业的安全生产许可管理,特别是要加强对房屋建筑和市政工程起重机械安装使用的日常监督检查,保障施工设备设施安全运行。安全监管部门要严格事故查处和责任追究,配合有关部门加强对学校及周边生产经营企业和作业现场的安全监督检查,督促相关企业落实安全生产主体责任。学校及周边生产经营单位,应与学校签订安全保证书,落实安全责任。建立学校周边安全隐患举报制度,鼓励在校师生、学生家长及社会各界举报安全隐患。建立健全学校及周边安全事故报告制度。各级各类学校要定期开展安全隐患排查工作,将有关情况及时向当地政府及有关部门报告,同时报告上级教育行政部门,迟报、瞒报的,要追究有关学校

的责任。

教育部、住房城乡建设部、安监总局等部门要在11月上旬,对各地贯彻落实本通知要求的情况进行专项督察,并针对查出问题,进一步完善相关制度,抓好落实。

国务院办公厅关于加强基层应急队伍建设的意见

（国办发〔2009〕59号，2009年10月18日）

各省、自治区、直辖市人民政府，国务院各部委、各直属机构：

基层应急队伍是我国应急体系的重要组成部分，是防范和应对突发事件的重要力量。多年来，我国基层应急队伍不断发展，在应急工作中发挥着越来越重要的作用。但是，各地基层应急队伍建设中还存在着组织管理不规范、任务不明确、进展不平衡等问题。为贯彻落实突发事件应对法，进一步加强基层应急队伍建设，经国务院同意，提出如下意见。

一、基本原则和建设目标

（一）基本原则。坚持专业化与社会化相结合，着力提高基层应急队伍的应急能力和社会参与程度；坚持立足实际、按需发展，兼顾县乡级政府财力和人力，充分依托现有资源，避免重复建设；坚持统筹规划、突出重点，逐步加强和完善基层应急队伍建设，形成规模适度、管理规范的基层应急队伍体系。

（二）建设目标。通过三年左右的努力，县级综合性应急救援队伍基本建成，重点领域专业应急救援队伍得到全面加强；乡镇、街道、企业等基层组织和单位应急救援队伍普遍建立，应急志愿服务进一步规范，基本形成统一领导、协调有序、专兼并存、优势互补、保障有力的基层应急队伍体系，应急救援能力基本满足本区域和重点领域突发事件应对工作需要，为最大程度地减少突发事件及其造成的人员财产损失、维护国家安全和社会稳定提供有力保障。

二、加强基层综合性应急救援队伍建设

（一）全面建设县级综合性应急救援队伍。各县级人民政府要以公安消防队伍及其他优势专业应急救援队伍为依托，建立或确定“一专多能”的县级综合性应急救援队伍，在相关突发事件发生后，立即开展救援处置工作。综合性应急救援队伍除承担消防工作以外，同时承担综合性应急救援任务，包括地震等自然灾害，建筑施工事故、道路交通事故、空难等生产安全事故，恐怖袭击、群众遇险等社会安全事件的抢险救援任务，同时协助有关专业队伍做好水旱灾害、气象灾害、地质灾害、森林草原火灾、生物灾害、矿山事故、危险化学品事故、水上事故、环境污染、核与辐射事故和突发公共卫生事件等突发事件的抢险救援工作。各地要根据本行政区域特点和需要，制订综合性应急救援队伍建设方案，细化队伍职责，配备必要的物资装备，加强与专业队伍互动演练，提高队伍综合应急能力。

（二）深入推进街道、乡镇综合性应急救援队伍建设。街道、乡镇要充分发挥民兵、预备役人员、保安员、基层警务人员、医务人员等有相关救援专业知识和经验人员的作用，在防范和应对气象灾害、水旱灾害、地震灾害、地质灾害、森林草原火灾、生产安全事故、环境突发事件、群体性事件等方面发挥就近优势，在相关应急指挥机构组织下开展先期处置，

组织群众自救互救,参与抢险救灾、人员转移安置、维护社会秩序,配合专业应急救援队伍做好各项保障,协助有关方面做好善后处置、物资发放等工作。同时发挥信息员作用,发现突发事件苗头及时报告,协助做好预警信息传递、灾情收集上报、灾情评估等工作,参与有关单位组织的隐患排查整改。街道办事处、乡镇政府要加强队伍的建设和管理,严明组织纪律,经常性地开展应急培训,提高队伍的综合素质和应急保障能力。

三、完善基层专业应急救援队伍体系

各地要在全面加强各专业应急救援队伍建设的同时,组织动员社会各方面力量重点加强以下几个方面工作:

(一)加强基层防汛抗旱队伍组建工作。水旱灾害常发地区和重点流域的县、乡级人民政府,要组织民兵、预备役人员、农技人员、村民和相关单位人员参加,组建县、乡级防汛抗旱队伍。防汛抗旱重点区域和重要地段的村委会,要组织本村村民和属地相关单位人员参加,组建村防汛抗旱队伍。基层防汛抗旱队伍要在当地防汛抗旱指挥机构的统一组织下,开展有关培训和演练工作,做好汛期巡堤查险和险情处置,做到有旱抗旱,有汛防汛。充分发挥社会各方面作用,合理储备防汛抗旱物资,建立高效便捷的物资、装备调用机制。

(二)深入推进森林草原消防队伍建设。县乡级人民政府、村委会、国有林(农)场、森工企业、自然保护区和森林草原风景区等,要组织本单位职工、社会相关人员建立森林草原消防队伍。各有关方面要加强森林草原扑火装备配套,开展防扑火技能培训和实战演练。要建立基层森林草原消防队伍与公安消防、当地驻军、预备役部队、武警部队和森林消防力量的联动机制,满足防扑火工作需要。地方政府要对基层森林草原消防队伍装备建设给予补助。

(三)加强气象灾害、地质灾害应急队伍建设。县级气象部门要组织村干部和有经验的相关人员组建气象灾害应急队伍,主要任务是接收和传达预警信息,收集并向相关方面报告灾害性天气实况和灾情,做好台风、强降雨、大风、沙尘暴、冰雹、雷电等极端天气防范的科普知识宣传工作,参与本社区、村镇气象灾害防御方案的制订以及应急处置和调查评估等工作。地质灾害应急队伍的主要任务是参与各类地质灾害的群防群控,开展防范知识宣传,隐患和灾情等信息报告,组织遇险人员转移,参与地质灾害抢险救灾和应急处置等工作。容易受气象、地质灾害影响的乡村、企业、学校等基层组织单位,要在气象、地质部门的组织下,明确参与应急队伍的人员及其职责,定期开展相关知识培训。气象灾害和地质灾害基层应急队伍工作经费,由地方政府给予保障。

(四)加强矿山、危险化学品应急救援队伍建设。煤矿和非煤矿山、危险化学品单位应当依法建立由专职或兼职人员组成的应急救援队伍。不具备单独建立专业应急救援队伍的小型企业,除建立兼职应急救援队伍外,还应当与邻近建有专业救援队伍的企业签订救援协议,或者联合建立专业应急救援队伍。应急救援队伍在发生事故时要及时组织开展抢险救援,平时开展或协助开展风险隐患排查。加强应急救援队伍的资质认定管理。矿山、危险化学品单位属地县、乡级人民政府要组织建立队伍调运机制,组织队伍参加社会化应急救援。应急救援队伍建设及演练工作经费在企业安全生产费用中列支,在矿山、危险化学品工业集中的地方，当地政府可给予适当经费补助。

（五）推进公用事业保障应急队伍建设。县级以下电力、供水、排水、燃气、供热、交通、市容环境等主管部门和基础设施运营单位，要组织本区域有关企事业单位懂技术和有救援经验的职工，分别组建公用事业保障应急队伍，承担相关领域突发事件应急抢险救援任务。重要基础设施运营单位要组建本单位运营保障应急队伍。要充分发挥设计、施工和运行维护人员在应急抢险中的作用，配备应急抢修的必要机具、运输车辆和抢险救灾物资，加强人员培训，提高安全防护、应急抢修和交通运输保障能力。

（六）强化卫生应急队伍建设。县级卫生行政部门要根据突发事件类型和特点，依托现有医疗卫生机构，组建卫生应急队伍，配备必要的医疗救治和现场处置设备，承担传染病、食物中毒和急性职业中毒、群体性不明原因疾病等突发公共卫生事件应急处置和其他突发事件受伤人员医疗救治及卫生学处理，以及相应的培训、演练任务。城市医疗卫生机构要与县级或乡镇医疗卫生机构建立长期对口协作关系，把帮助组建基层应急队伍作为对口支援的重要内容。卫生应急队伍的装备配备、培训、演练和卫生应急处置等工作费用由地方政府给予支持。

（七）加强重大动物疫情应急队伍建设。县级人民政府建立由当地兽医、卫生、公安、工商、质检和林业行政管理人员，动物防疫和野生动物保护工作人员，有关专家等组成的动物疫情应急队伍，具体承担家禽和野生动物疫情的监测、控制和扑灭任务。要保持队伍的相对稳定，定期进行技术培训和应急演练，同时加强应急监测和应急处置所需的设施设备建设及疫苗、药品、试剂和防护用品等物资储备，提高队伍应急能力。

四、完善基层应急队伍管理体制机制和保障制度

（一）进一步明确组织领导责任。地方各级人民政府是推进基层应急队伍建设工作的责任主体。县级人民政府要对县级综合性应急救援队伍和专业应急救援队伍建设进行规划，确定各街道、乡镇综合性应急救援队伍和专业应急救援队伍的数量和规模。各有关部门要强化支持政策的研究并加强指导，加强对基层应急队伍建设的督促检查。公安、国土资源、交通、水利、林业、气象、安全监管、环境、电力、通信、建设、卫生、农业等有关部门要明确推进本行业基层应急队伍建设的具体措施，各有关部门要按照各自职责指导推进基层应急队伍组建工作。

（二）完善基层应急队伍运行机制。各基层应急队伍组成人员平时在各自单位工作，发生突发事件后，立即集结到位，在当地政府或应急现场指挥部的统一领导下，按基层应急管理机构安排开展应急处置工作。县乡级人民政府及其有关部门要切实加强基层综合队伍、专业队伍和志愿者队伍之间的协调配合，建立健全相关应急预案，完善工作制度，实现信息共享和应急联动。同时，建立健全基层应急队伍与其他各类应急队伍及装备统一调度、快速运送、合理调配、密切协作的工作机制，经常性地组织各类队伍开展联合培训和演练，形成有效处置突发事件的合力。

（三）积极动员社会力量参与应急工作。通过多种渠道，努力提高基层应急队伍的社会化程度。充分发挥街道、乡镇等基层组织和企事业单位的作用，建立群防群治队伍体系，加强知识培训。鼓励现有各类志愿者组织在工作范围内充实和加强应急志愿服务内

容,为社会各界力量参与应急志愿服务提供渠道。有关专业应急管理部门要发挥各自优势,把具有相关专业知识和技能的志愿者纳入应急救援队伍。发挥共青团和红十字会作用,建立青年志愿者和红十字志愿者应急救援队伍,开展科普宣教和辅助救援工作。应急志愿者组建单位要建立志愿者信息库,并加强对志愿者的培训和管理。地方政府根据情况对志愿者队伍建设给予适当支持。

(四)加大基层应急队伍经费保障力度。县、乡两级综合性应急救援队伍和有关专业应急救援队伍建设与工作经费要纳入同级财政预算。按照政府补助、组建单位自筹、社会捐赠相结合等方式,建立基层应急救援队伍经费渠道。

(五)完善基层应急队伍建设相关政策。认真研究解决基层应急队伍工作中的实际困难,落实基层应急救援队员医疗、工伤、抚恤,以及应急车辆执行应急救援任务时的免交过路费等政策措施。鼓励社团组织和个人参加基层应急队伍,研究完善民间应急救援组织登记管理制度,鼓励民间力量参与应急救援。研究制订基层应急救援队伍装备标准并配备必要装备。对在应急管理、应急队伍建设工作中做出突出贡献的集体和个人,按照国家有关规定给予表彰奖励。开展基层应急队伍建设示范工作,推动基层应急管理水平不断提高。

国务院办公厅关于进一步做好农民工培训工作的指导意见

（国办发〔2010〕11号，2010年1月21日）

各省、自治区、直辖市人民政府，国务院各部委、各直属机构：

近年来，各地区、各部门认真贯彻落实《国务院关于解决农民工问题的若干意见》（国发〔2006〕5号）和《国务院办公厅转发农业部等部门2003—2010年全国农民工培训规划的通知》（国办发〔2003〕79号），农民工培训工作取得显著成效，政策措施逐步完善，培训力度不断加大，农民工职业技能明显提高。但也应当看到，农民工培训工作仍然存在着培训项目缺乏统筹规划、资金使用效益和培训质量不高、监督制约机制不够完善等问题。为提高农民工技能水平和就业能力，促进农村劳动力向非农产业和城镇转移，推进城乡经济社会发展一体化进程，经国务院同意，现就进一步做好农民工培训工作提出如下指导意见。

一、基本原则和主要目标

（一）基本原则

1. 统筹规划、分工负责。把农民工培训工作纳入国民经济和社会发展规划，按照地方政府分级管理，职能部门各负其责，农民工工作协调机制统筹协调的原则，建立相互配合、有序运行的工作机制。

2. 整合资源、提高效益。根据企业和农民工的实际培训需要，整合培训资源，统筹安排、集中使用农民工培训资金。按照同一地区、同一工种补贴标准统一的原则，科学制定培训补贴基本标准，规范培训项目管理，严格监管培训资金使用。

3. 政府支持、市场运作。加大政府培训投入，增强培训能力，加强规范引导。发挥市场机制在资金筹措、培训机构建设、生源组织、过程监管、效果评价等方面的积极作用，鼓励行业、企业、院校和社会力量加强农民工培训。

4. 突出重点、讲求实效。重点发挥企业和院校产学结合的作用，加强农民工职业技能培训、在岗技能提升培训、创业培训和农村实用技术培训。着力提升培训质量，使经过培训的农民工都能掌握一项实用技能，提高培训后的就业率。

（二）主要目标。按照培养合格技能型劳动者的要求，逐步建立统一的农民工培训项目和资金统筹管理体制，使培训总量、培训结构与经济社会发展和农村劳动力转移就业相适应；到2015年，力争使有培训需求的农民工都得到一次以上的技能培训，掌握一项适应就业需要的实用技能。

二、搞好培训工作统筹规划

（三）制定实施新一轮培训规划，抓好培训项目的组织实施。按照我国经济发展、经济结构调整、产业布局和农业农村经济发展人才需求，科学统筹和把握农村劳动力转移就业的力度和节奏，制定新一轮全国农民工培训规划，纳入国民经济和社会发展中长期规划。各省（区、市）以及相关部门要根据国家农民工培训规划并结合实际，编制本地区、本行业的农民工培训规划和年度计划，明确农民工培训的规模和重点，科学规划培训机构的类型、数量和布局，认真抓好组织实施。

（四）明确培训重点，实施分类培训。根据农民工的不同需求，进一步规范培训的形式和内容，提高培训质量和效果。外出就业技能培训主要对拟转移到非农产业务工经商的农村劳动者开展专项技能或初级技能培训。技能提升培训主要对与企业签订一定期限劳动合同的在岗农民工进行提高技能水平的培训。劳动预备制培训主要对农村未能继续升学并准备进入非农产业就业或进城务工的应届初高中毕业生、农村籍退役士兵进行储备性专业技能培训。创业培训主要对有创业意愿并具备一定创业条件的农村劳动者和返乡农民工进行提升创业能力的培训。农村劳动者就地就近转移培训主要面向县域经济发展，重点围绕县域内农产品加工、中小企业以及农村妇女手工编织业等传统手工艺开展培训。

（五）以市场需求为导向，增强培训针对性。建立培训与就业紧密衔接的机制，适应经济结构调整和企业岗位需求，及时调整培训课程和内容。重点加强建筑业、制造业、服务业等吸纳就业能力强、市场容量大的行业的农民工培训。做好水库移民中的农民工培训工作。以实现就业为目标，根据产业发展和企业用工情况，组织开展灵活多样的订单式培训、定向培训，增强培训的针对性和有效性。根据县域经济发展人才需求，开展实用技能培训，促进农村劳动力就地就近转移就业；结合劳务输出开展专项培训，培育和扶持具有本地特色的劳务品牌，促进有组织的劳务输出。

（六）创新农民工培训机制。国务院农民工工作联席会议要组织协调有关部门建立培训项目管理制度，完善政府购买培训成果的机制，保证承担培训任务的院校、具备条件的企业培训机构及其他各类培训机构平等参与招投标，提高培训质量。鼓励有条件的地区探索推行培训券（卡）等有利于农民工灵活选择培训项目、培训方式和培训地点的办法。充分发挥社会各方面参与培训的积极性，建立促进农民工培训的多元投入机制。落实好中等职业教育国家助学金和免学费政策，力争使符合条件的农村劳动力尤其是未能继续升学的初、高中毕业生都能接受中等职业教育。逐步实施农村新成长劳动力免费劳动预备制培训。

三、建立规范的培训资金管理制度

（七）以省级统筹为重点，集中使用培训资金。各省（区、市）要将农民工培训资金列入财政预算，进一步加大农民工培训资金投入，并按照统筹规划、集中使用、提高效益的要求，将中央和省级财政安排的各项农民工培训资金统筹使用，各部门根据职责和任务，做好相关培训工作，改变资金分散安排、分散下达、效益不高的状况。国家有关部门要依据新一轮全国农民工培训规划和年度计划，统筹安排农民工培训资金，对地方予以适当补助。

（八）制定农民工培训补贴基本标准。各省（区、市）要进一步完善农民工培训补贴政策，按照农民工所学技能的难易程度、时间长短和培训成本，以通用型工种为主，科学合理地确定培训补贴基本标准，并根据实际情况定期予以调整，以使农民工能够掌握一门实用技能。各中心城市或县（市）要按照同一工种补贴标准相同的原则，确定具体的补贴标准。优先对未享受过政府培训补贴的农民工进行职业技能培训，避免多部门重复培训。

（九）对培训资金实行全过程监管。各地要加强对农民工培训资金的管理，明确申领程序，严格补贴对象审核、资金拨付和内外部监管。建立健全财务制度，强化财务管理和审计监督。以完善培训补贴资金审批为重点，进一步加强基础工作。建立享受培训补贴政策人员、单位的基础信息数据库，有效甄别培训补贴申请材料的真实性，防止出现冒领行为。财政扶贫培训资金只能用于贫困家庭劳动力的培训补贴。

（十）按照谁审批谁负责的原则，严肃查处违规违纪行为。要按照政府信息公开的有关规定向社会公开培训资金使用管理情况，接受监察、审计部门和社会的监督。健全培训补贴资金与培训成本、培训质量、就业效果挂钩的绩效评估机制，严肃查处套取培训资金的行为。对有虚报、套取、私分、截留、挪用培训补贴资金等行为的单位和个人，要根据有关规定严肃查处，并按照谁审批谁负责的原则，追究相关单位和人员的责任。涉嫌犯罪的，要依法移送司法部门处理。

四、充分发挥企业培训促进就业的作用

（十一）加强产学结合的企业培训。完善企业与院校联合开展培训的政府激励机制，各级政府和有关部门要积极支持企业开展农民工培训，鼓励企业特别是劳动密集的大型企业与院校联合举办产学结合的农民工培训基地，鼓励中小企业依托职业学校、职业培训机构培训在岗农民工，鼓励有条件的企业为职业学校和培训机构提供实习场所和设备，鼓励有一定规模的企业举办农民工业余学校。

（十二）强化企业培训责任。企业要把农民工纳入职工教育培训计划，确保农民工享受和其他在岗职工同等的培训待遇，并根据企业发展和用工情况，重点加强农民工岗前培训、在岗技能提升培训和转岗培训。鼓励企业依托所属培训机构或委托所在地定点培训机构，结合岗位要求和工作需要，组织农民工参加技能提升培训。鼓励企业选送农民工参加脱产、半脱产的技能培训和职业教育，推动技术工人特别是高级技工的技能提升培训。鼓励企业组织农民工参加职业技能竞赛。

（十三）发挥行业的指导作用。行业主管部门要对本行业依托企业开展的农民工培训进行协调和指导，充分发挥行业管理优势，在培训标准、培训内容和专业师资队伍建设等方面，加强对农民工培训的监督检查。要结合行业特点和企业用工需求，办好职业学校和培训基地。各级行业组织要积极发挥作用，优化培训资源配置，做好行业人力资源预测，为企业提供培训信息等中介服务，重点抓好校企合作，形成一批具有一定规模、富有特色的农民工培训项目。

（十四）落实企业培训资金。积极探索培训资金直补用人单位的办法。对用人单位

吸纳农民工并与其签订6个月以上期限劳动合同，在劳动合同签订之日起6个月内由用人单位组织到职业培训机构进行培训的，按照有关规定对用人单位给予职业培训补贴。企业要按照规定足额提取职工教育经费，在岗农民工教育和培训所需费用从职工教育培训经费中列支。职工教育培训经费要按规定使用，不得挪作他用，使用情况要向职工代表大会或员工大会报告。鼓励行业、企业建立农民工培训奖励基金，扶持农民工参加学习与培训。

五、努力提高培训质量

（十五）加大培训组织工作力度。逐步建立和完善农民工培训的政策法规，通过多种渠道大力宣传有关政策，督促指导行业、企业、基层劳动保障工作站点和培训机构做好各类培训的组织工作，广泛动员农民工参加培训。充分发挥人力资源市场、群团组织以及互联网、新闻媒体的作用，及时发布培训项目、培训机构、教学师资、实训设备等方面的信息，为农民工自主选择培训机构和培训项目提供便利条件。积极引导和规范培训机构组织生源的行为。

（十六）规范培训管理，加强绩效评估。各地区和有关部门要建立农村劳动力培训台账和转移就业台账，对培训对象实行实名制管理。制定农民工培训质量效益评估指标体系，统一培训考核指标、考核程序和考核办法。积极探索第三方监督机制，委托有资质的社会中介组织对培训机构的培训质量及资金使用情况进行评估。规范培训工作管理流程，加强对培训工作全程的监管考评，做到培训信息公开、审核结果公示、培训过程透明、社会参与监管。

（十七）严格培训结业考核和发证制度。对于培训机构承担的财政补贴培训项目，要建立统一规范的结业考核程序，加强对考核过程、考核结果和证书发放的监督检查。农民工参加职业技能培训，按规定程序和要求考核合格后，颁发培训合格证书、职业能力证书或职业资格证书。鼓励农民工参加职业技能鉴定，职业技能鉴定机构要积极支持企业开展培训考核和技能鉴定工作。对经鉴定合格并获得职业资格证书的农民工，要按照规定给予一次性职业技能鉴定补贴。要加强对从事高危行业和特种作业农民工的专门培训，按照有关规定持证上岗。

六、强化培训能力建设

（十八）加强培训基地建设，增强实训能力。要按照农民工培训总体规划和布局，在全国主要劳动力输出和输入地区，依托现有培训资源提升改造农民工培训示范基地。承担培训任务的机构要有符合规定条件的教学设施和实训设备，保证参加培训的农民工得到足够的实训时间，达到上岗实际操作的要求。充分利用和优化配置现有教育培训资源，共建共享共用，提高培训资源利用效率。依托农村党员干部远程教育网、农村中小学远程教育网等资源，推广农民工网络培训、广播电视教育和电化教育。新增农民工培训资源要符合区域发展规划，重点投向欠发达地区和薄弱环节。

（十九）规范农民工培训机构管理。各地方农民工工作协调机制要组织有关部门制定农民工培训机构资质规范，明确培训机构在资金、师资、设备、场地等方面的必备条件。

按照公开、公平、公正的原则，根据规定的条件和程序，通过招投标方式，面向全社会选择农民工培训机构，确定其承担的培训项目和工种，并向社会公开发布。建立培训机构动态管理和退出机制，对不合格的农民工培训机构定期进行清理整顿。承担农民工培训任务的院校、具备条件的企业培训机构和其他各类培训机构要发挥优势，起到农民工培训主阵地的作用，其他农民工培训机构要加强基础建设，提高培训能力和办学水平。

（二十）加强培训基础工作。加强农民工培训专兼职师资队伍建设，鼓励高校毕业生和各类优秀人才到基层农民工培训机构服务。根据农民工培训工作的实际需要，抓好培训教材规划编写和审定工作。有关部门要切实做好农民工培训统计工作，准确统计参加培训项目的实际人数。充分利用和整合现有资源，加强公共就业服务信息网络建设，建立培训资源数据库，提供统一高效、互联互通的农民工培训信息，提高农民工培训教学和管理的信息化水平。发挥基层劳动保障工作平台的作用，及时掌握用人单位和农民工的培训需求，为农民工培训管理和服务提供准确、及时的信息。

七、加强组织领导

（二十一）完善统筹协调机制。国务院农民工工作联席会议负责全国农民工培训的统筹规划、综合协调和考核评估，联席会议成员单位按照相关政策规定和各自职责，根据统一规划和年度计划，指导各地具体组织实施农民工培训工作。各地要进一步完善农民工工作协调机制，充分发挥人力资源社会保障、发展改革、教育、科技、财政、住房城乡建设、农业、扶贫等有关部门和工会、共青团、妇联等组织的作用，相互协作，共同做好农民工培训工作。人力资源社会保障部门主要负责向城市非农产业转移的农村劳动者技能培训的政策制定和组织实施；农业部门主要负责就地就近就业培训的政策制定和组织实施；教育部门主要负责农村初、高中毕业生通过接受中等职业教育实现带技能转移的政策制定和组织实施。

（二十二）强化地方政府责任。做好农民工培训工作的主要责任在地方。地方各级政府要把农民工培训工作列入议事日程，按照分级管理的原则，建立领导责任制和目标考核制，对本地区农民工培训进行统一管理和监督检查，要充实必要的工作力量，努力建设一支高素质的农民工培训工作队伍，对在农民工培训工作中做出突出成绩的单位和个人要给予奖励。

（二十三）开展先进经验交流。要探索农民工培训的客观规律，加强对中长期农民工培训发展规划以及政策的分析研究，及时总结推广农民工培训工作的新鲜经验。要注意学习借鉴国外农村劳动力转移就业培训和移民培训的有益经验，开展农民工培训工作领域的国际合作与交流。

各省（区、市）和国务院有关部门要根据本指导意见制定具体实施办法，确保各项政策措施落到实处，及时将贯彻落实本指导意见的办法和实施情况报告国务院农民工工作联席会议办公室。

国务院办公厅关于进一步做好消防工作坚决遏制重特大火灾事故的通知

(国办发明电〔2010〕35号,2010年11月16日)

各省、自治区、直辖市人民政府,国务院各部委、各直属机构:

今年以来,全国消防工作形势总体平稳,火灾事故呈下降趋势。但是,近期部分地区接连发生重特大火灾事故,给人民群众生命财产造成重大损失。11月5日,吉林省吉林市船营区商业大厦发生重大火灾,造成19人死亡、24人受伤;11月13日,全国重点文物保护单位、清华大学清华学堂发生火灾,过火面积约800平方米;11月15日,上海市静安区一高层居民住宅楼发生特大火灾,造成53人死亡、70人受伤。党中央、国务院领导同志对此高度重视,多次作出重要批示、指示,要求有关方面深刻吸取教训,举一反三,针对冬季火灾易发、高发特点,进一步采取有力措施,坚决预防和遏制重特大火灾事故发生。经国务院同意,现就有关事项通知如下。

一、高度重视冬季防火工作

消防工作事关人民群众生命财产安全,事关社会和谐稳定。地方各级人民政府和有关部门一定要从落实科学发展观、保障和改善民生的高度,进一步提高对做好消防工作重要性的认识,清醒判断当前消防工作面临的严峻形势,增强做好这项工作的责任感、紧迫感。目前已进入冬季,风干物燥,用火、用电、用油、用气增加,元旦、春节即将来临,人流、物流集中,各种庆祝集会和传统民俗文化活动频繁,火灾事故隐患增多,防控难度加大,消防安全形势将更加严峻。各地区、各部门、各单位负责人要针对本地区、本部门、本单位消防工作存在的薄弱环节,组织制定各项防范措施,坚决防止重特大火灾事故的发生。

二、认真组织开展火灾隐患大排查大整改

各地区、各部门、各单位要针对当前消防工作实际情况,认真组织检查消防安全责任是否落实,安全管理制度、消防设备设施和火灾防范措施是否到位。地方各级人民政府要组织公安、安监、建设、文化、教育、工商、旅游等部门,以商场市场、宾馆饭店、学校医院、高层建筑、地下工程和公共娱乐场所等人员密集地点为重点,全面排查整治火灾隐患,严格督促单位、业主落实消防安全主体责任。各级公安、安监等执法部门要认真履行职责,加大联合执法力度,依法查处各类消防违法行为,对不具备消防安全条件的场所,经检查发现不能立即整改的,一律依法责令停产停业。要对建筑工地普遍开展一次消防安全检查,督促建立施工现场消防安全制度,落实用火、用电、易燃可燃材料等消防管理制度和操作规程,保障施工现场具备消防安全条件,切实消除火灾隐患。同时,要针对高层建筑、地下工程、石油化工等特殊火灾的防控,进一步修订完善应急预案,配足配齐相关消防装备,加强技战术训练和综合演练,不断提高灭火实战能力。

三、广泛开展消防宣传教育和培训

各地区、各部门、各单位要结合实际，围绕提高检查消除火灾隐患、组织扑救初起火灾、组织人员疏散逃生、消防宣传教育培训等“四个能力”，有重点地开展消防安全知识的宣传教育和培训。各级新闻、宣传、文化部门要利用群众喜闻乐见的形式和各种传播媒介、宣传手段，积极主动做好消防宣传工作，开展提示性宣传，广泛宣传火灾防范措施，普及安全用火、用电、用气、用油等防火常识和逃生自救知识。各单位要加强对员工尤其是流动务工人员的消防安全教育培训。各类学校要对学生开展必要的消防知识教育，增强学生的消防安全意识和自防自救能力。村民委员会、居民委员会应当协助人民政府以及公安消防部门做好消防宣传教育。

四、严格落实消防安全责任制

地方各级人民政府全面负责本地区消防工作，政府主要负责同志为第一责任人，分管负责同志为主要责任人。地方各级人民政府主要领导要亲自安排部署消防工作。要层层落实责任，把任务分解到各有关部门、单位和个人。各单位负责人对本单位消防安全工作负总责，进一步落实消防安全责任制和岗位责任制。要加大火灾事故责任追究力度，实行责任倒查和逐级追查，做到事故原因不查清不放过、事故责任者得不到处理不放过、整改措施不落实不放过、教训不吸取不放过。发生特别重大火灾事故的，除追究单位主要负责人和实际控制人责任外，还要追究地方负责人和上级单位主要负责人的责任；触犯法律的，依法追究单位主要负责人、单位实际控制人和上级单位负责人的法律责任。

各省（区、市）人民政府要切实履行职责，抓紧落实相关工作。同时要统筹安排，全面贯彻落实《国务院关于进一步加强企业安全生产工作的通知》（国发〔2010〕23 号）精神，切实做好道路交通等重点行业（领域）的安全生产各项工作，有效防范和坚决遏制重特大事故发生，确保元旦、春节期间的生产安全和春运安全。

国务院办公厅关于继续深化“安全生产年”活动的通知

（国办发〔2011〕11号，2011年3月2日）

各省、自治区、直辖市人民政府，国务院各部委、各直属机构：

为贯彻落实党的十七届五中全会、中央经济工作会议和全国安全生产电视电话会议精神，进一步加强安全生产工作，有效防范和遏制重特大事故，经国务院同意，现就继续深化“安全生产年”活动有关事项通知如下。

一、总体要求

深入贯彻落实科学发展观，坚持“安全第一，预防为主，综合治理”的方针，牢固树立以人为本、安全发展理念，以落实《国务院关于进一步加强企业安全生产工作的通知》（国发〔2010〕23号）精神为核心，以强化企业安全生产主体责任为重点，继续深入开展“安全生产年”活动，加强基础建设，加强责任落实，加强依法监督，深化安全生产执法、治理、宣教“三项行动”和法制体制机制、保障能力、监管监察队伍“三项建设”，有效防范和坚决遏制重特大事故，促进安全生产形势进一步稳定好转，确保“十二五”时期安全生产工作开好局、起好步。

二、深化企业主体责任落实，加强安全管理和监督

（一）全面落实企业安全生产主体责任。各企业要健全安全管理机构，完善安全生产规章制度，把安全生产作为强基固本的重要举措纳入本企业发展战略，确保安全投入、安全管理、技术装备、教育培训等措施落实到位。要强化法定代表人、实际控制人安全生产第一责任者的责任，严格落实企业领导干部现场带班制度，及时现场解决安全生产中遇到的突出问题。不断完善企业绩效工资制度，加大与安全生产挂钩比重。加强对境外中资企业安全生产工作的指导和管理，严格落实境内投资主体和派出企业的安全生产监督责任。

（二）强化政府和部门监管责任落实。地方各级人民政府要把安全生产作为加强经济社会管理、保障改善民生的重要内容，认真落实省、市、县、乡各级行政首长安全生产负责制和领导班子成员安全生产“一岗双责”制度，建立完善安全生产责任联系点和例会制度，重点抓好县、乡两级政府安全监管责任的落实。各有关部门要认真履行安全生产监督管理和指导职责，及时纠正查处非法违法、违规违章行为。综合监管部门要加强对本级政府相关部门、下级政府安全生产工作的指导协调和监督检查。要充分发挥各级安全生产委员会及其办公室作用，加强协调联动，抓好督促落实。

（三）严格安全生产责任考核和追究。完善安全生产控制指标体系，严格目标责任考

核，增加干部政绩业绩考核中安全生产的权重。认真落实重大事故查处挂牌督办制度，采取约谈、通报和召开现场会等措施，加大警示问责和督导整改力度，限期反馈督办事项整改情况。坚持“四不放过”（事故原因未查清不放过、责任人员未处理不放过、整改措施未落实不放过、有关人员未受到教育不放过）和依法依规、实事求是、注重实效的原则，严格事故调查和责任追究，除依法应当保密的外，所有事故查处结果都要及时向社会公布。对瞒报、谎报、迟报、漏报事故及事故后逃逸的行为，依法从重处理。要严肃查处生产安全事故背后的腐败行为。

三、深化依法监管，持续严厉打击非法违法行为

（一）明确打击重点。持续严厉打击煤矿、非煤矿山、交通运输、建筑施工、危险化学品、烟花爆竹、民爆物品、冶金等行业领域的非法违法生产经营建设行为。对非法违法行为突出的地区和企业，有关部门要与司法机关密切配合，加强部门之间、地区之间联合执法，统一周密部署，增强打击实效。

（二）加大惩治力度。加强和改进安全生产行政执法工作，强化执法责任和手段措施，对较大以上非法违法事故查处实行跟踪督办，并切实做到“四个一律”，即对非法生产经营建设和经停产整顿仍未达到要求的，一律关闭取缔；对非法违法生产经营建设的有关单位和责任人，一律按规定上限予以处罚；对违法生产经营建设的单位，一律依法责令停产整顿，并严格落实监管措施；对触犯法律的有关单位和人员，一律依法严格追究法律责任。

（三）加强跟踪监管。强化地方政府特别是县、乡两级政府打击非法违法行为的责任，查清并斩断非法生产原料供应和产品销售的经济链条，彻底铲除非法违法行为背后的“保护伞”和安全生产领域的黑恶势力，防止前纠后犯。对打击不力的，要依法依规追究有关地方政府和监管部门的责任。

（四）强化社会监督。建立非法违法行为举报奖励制度，依法落实职工群众对安全生产的参与权和监督权，对媒体和群众举报的各类非法违法行为，要及时查处，兑现奖励。抓紧建立全国安全生产信息联网查询系统，对存在非法违法生产经营建设行为的企业，向社会公开曝光。

四、深化专项整治，狠抓隐患排查治理

（一）继续深入开展安全专项整治。以事故总量和重特大事故相对集中的煤矿、非煤矿山、道路交通、铁路交通、建筑施工、烟花爆竹、危险化学品、民爆物品、工矿商贸及消防等行业领域为重点，持续加大安全专项整治力度。要继续推进矿产资源开发整合，完善非煤矿山建设项目安全核准制度，取缔关闭不具备安全生产条件的矿山。从严整治超载超限超速和酒后、疲劳驾驶等道路交通违法违规行为。进一步加强铁路运输安全管理。深入推进构筑社会消防安全“防火墙”工程，以人员密集场所、高层和地下建筑、使用易燃可燃外墙保温材料建筑、“三合一”及“多合一”生产经营场所为重点，持续开展消防安全排查、整治，及时消除火灾隐患，完善消防安全设施。继续推进化工装置自动控制系统改造，健全完善危险化学品道路运输安全区域联合监控机制，加快城市地下易燃易爆品管线隐

患排查治理。全面落实烟花爆竹和民爆物品的生产、经营、运输、储存、使用等各环节安全措施，深入开展“三超一改”（超范围、超人员、超药量和擅自改变工房用途）和礼花弹等高危产品专项治理。严密防范建筑施工坍塌坠落以及农业机械、水上交通、渔业船舶、冶金等其他各行业领域安全事故。

（二）突出加强煤矿安全治理。深化煤矿瓦斯防治，严格落实瓦斯治理利用政策和综合防突措施，切实加强高瓦斯矿井、煤与瓦斯突出矿井和水害、火灾严重等矿井的安全管理，做到瓦斯抽采不达标不生产，水害、火灾等防治措施不到位不生产。继续推进小煤矿整顿关闭、兼并重组、整合技改，支持大型煤炭企业通过收购、兼并、控股等多种方式整合小煤矿，淘汰落后生产能力。

（三）实现隐患排查治理制度化。要将隐患排查治理纳入安全监管和企业日常生产的重要内容，完善各级各类危险源、事故隐患动态监控及预警预报体系，建立跟踪督促整改制度，对重大隐患层层挂牌督办，切实做到整改措施、责任、资金、时限和预案“五到位”。要进一步强化源头治理，严格执行安全生产许可制度、建设项目安全设施“三同时”（同时设计、同时施工、同时投产和使用）制度和行业安全准入，抓紧制定出台安全技术标准和高危行业从业人员资格标准，不具备安全条件不准投入生产和建设。

（四）扎实推进职业危害防治。各级安全监管监察、卫生、社会保障等部门和工会组织要进一步协调配合，认真贯彻执行国家职业病防治规划，加强监管队伍、技术装备、工作制度建设，强化监督检查，有效防范治理职业危害。

五、推进科技进步，提高安全保障和应急救援能力

（一）大力推进安全科技创新。加强安全生产科技机构建设，进一步建立完善以企业为主体、以市场为导向、政产学研用相结合的安全技术创新体系。加快推进安全生产关键技术及装备的研发，在煤矿典型灾害防治、矿山事故预防预警与控制、粉尘与高毒物品职业危害防控、事故快速抢险与应急处置等方面，推出一批具有我国自主知识产权的科技成果。

（二）积极推广应用先进适用技术装备。加快国发〔2010〕23号文件确定的各项安全系统和装备建设，确保按期投入应用。要进一步落实安全生产专用设备企业所得税优惠政策，抓紧制定各行业领域落后技术装备淘汰目录，促进安全设施装备更新改造，引导高危行业企业提高机械化、自动化、信息化生产水平。

（三）加快建设高效实用的应急救援体系。依托大型企业，在中央预算内基建投资支持下，加快7个国家矿山应急救援队建设，保障必要的运行维护费用。推进公路交通、铁路运输、水上搜救、船舶溢油、油气田、危险化学品等行业领域国家救援基地和队伍建设。鼓励支持各地区、各部门、各行业依托大型企业和专业救援力量，加强服务周边的区域性应急救援能力建设。加快全国安全生产应急平台体系建设，建立应急物资储备体系和调用机制，完善应急预案，加强应急演练，切实提高事故救援实战能力。

六、推进安全达标，强化安全基层基础

（一）有序推进企业安全标准化达标升级。在工矿商贸和交通运输企业广泛开展以

“企业达标升级”为主要内容的安全生产标准化创建活动,着力推进岗位达标、专业达标和企业达标。组织对企业安全生产状况进行安全标准化分级考核评价,评价结果向社会公开,并向银行业、证券业、保险业、担保业等主管部门通报,作为企业信用评级的重要参考依据。各有关部门要加快制定完善有关标准,分类指导,分步实施,促进企业安全基础不断强化。

(二)加快推进班组安全建设。充分发挥班组安全生产的基础作用,切实加强各行业领域班组安全建设,不断提高班组安全管理水平,强化现场安全管理责任和措施落实,有效抵制违章指挥、违章作业和违反劳动纪律的行为。

(三)加大安全培训力度。大力开展职业教育培训、岗前培训、全员培训和专业技能培训,企业主要负责人和安全生产管理人员、特种作业人员一律要严格考核、持证上岗,职工必须全部经过培训合格后上岗。进一步落实校企合作办学、对口单招、订单式培养等政策,加强安全学科建设,大力发展职业教育,努力培养高素质的安全专业人才。

(四)加强安全宣传教育。深入开展以“安全责任、重在落实”为主题的第十个全国“安全生产月”和“安全生产万里行”活动,大力宣传安全生产法律法规和政策措施。积极创建安全发展示范城市和安全文化建设示范工程,扶持发展安全文化产业。做好重特大生产安全事故新闻发布和舆论引导工作。

七、推进长效机制建设,构建安全生产防范体系

(一)编制实施安全生产规划。根据国民经济和社会发展“十二五”规划纲要,抓紧制定和实施安全生产“十二五”规划和煤矿、道路交通安全等重点行业领域专项规划,明确安全生产目标、任务和重点建设项目,促进安全基础的不断强化。各地区、各部门制定的各专项规划,要充分考虑安全生产工作的要求,与安全生产“十二五”规划保持密切衔接。

(二)进一步完善落实各项经济政策。认真落实安全费用提取使用、安全风险抵押金等制度,完善道路交通事故社会救助基金制度。贯彻落实社会保险法和新修订的工伤保险条例,推进各类用人单位参加工伤保险,认真落实各项工伤保险待遇,研究制定工伤预防费的使用管理办法,加强工伤预防工作。研究制定扶持发展农村公共道路客运交通政策,落实高瓦斯、煤与瓦斯突出矿井税费优惠减免政策。研究制定安全产业政策,加快高危行业企业整合重组,提高行业安全发展水平。

(三)继续加强安全法制建设。加快有关安全生产的法律法规制定、修订。加强技术标准体系建设。进一步强化基层和生产经营单位的法制教育,普及法律知识和安全生产、应急避险、职业健康等知识。各地区、各部门要健全完善安全生产地方性法规、部门规章和相关政策制度,为安全生产提供法制保障。

(四)加强安全监管监察队伍建设。进一步创新安全监管工作机制,改进工作方式,充实基层监管力量,切实做到严格公正、科学廉洁执法。组织制定并实施安全生产监管监察能力建设规划,进一步提升安全监管监察效能。县级以上地方政府要依照有关规定,建立健全安全生产监管机构,乡镇街道也要结合本地实际加强安全生产监管,确保安全生产工作事有人管、责有人负。

国务院安委会关于深入开展企业安全生产标准化建设的指导意见

（安委〔2011〕4号,2011年5月3日）

各省、自治区、直辖市人民政府,新疆生产建设兵团,国务院安全生产委员会各有关成员单位:

为深入贯彻落实《国务院关于进一步加强企业安全生产工作的通知》(国发〔2010〕23号,以下简称《国务院通知》)和《国务院办公厅关于继续深化"安全生产年"活动的通知》(国办发〔2011〕11号,以下简称《国办通知》)精神,全面推进企业安全生产标准化建设,进一步规范企业安全生产行为,改善安全生产条件,强化安全基础管理,有效防范和坚决遏制重特大事故发生,经报国务院领导同志同意,现就深入开展企业安全生产标准化建设提出如下指导意见。

一、充分认识深入开展企业安全生产标准化建设的重要意义

(一)是落实企业安全生产主体责任的必要途径。国家有关安全生产法律法规和规定明确要求,要严格企业安全管理,全面开展安全达标。企业是安全生产的责任主体,也是安全生产标准化建设的主体,要通过加强企业每个岗位和环节的安全生产标准化建设,不断提高安全管理水平,促进企业安全生产主体责任落实到位。

(二)是强化企业安全生产基础工作的长效制度。安全生产标准化建设涵盖了增强人员安全素质、提高装备设施水平、改善作业环境、强化岗位责任落实等各个方面,是一项长期的、基础性的系统工程,有利于全面促进企业提高安全生产保障水平。

(三)是政府实施安全生产分类指导、分级监管的重要依据。实施安全生产标准化建设考评,将企业划分为不同等级,能够客观真实地反映出各地区企业安全生产状况和不同安全生产水平的企业数量,为加强安全监管提供有效的基础数据。

(四)是有效防范事故发生的重要手段。深入开展安全生产标准化建设,能够进一步规范从业人员的安全行为,提高机械化和信息化水平,促进现场各类隐患的排查治理,推进安全生产长效机制建设,有效防范和坚决遏制事故发生,促进全国安全生产状况持续稳定好转。

各地区、各有关部门和企业要把深入开展企业安全生产标准化建设的思想行动统一到《国务院通知》的规定要求上来,充分认识深入开展安全生产标准化建设对加强安全生产工作的重要意义,切实增强推动企业安全生产标准化建设的自觉性和主动性,确保取得实效。

二、总体要求和目标任务

（一）总体要求。深入贯彻落实科学发展观，坚持“安全第一、预防为主、综合治理”的方针，牢固树立以人为本、安全发展理念，全面落实《国务院通知》和《国办通知》精神，按照《企业安全生产标准化基本规范》（AQ/T 9006—2010，以下简称《基本规范》）和相关规定，制定完善安全生产标准和制度规范。严格落实企业安全生产责任制，加强安全科学管理，实现企业安全管理的规范化。加强安全教育培训，强化安全意识、技术操作和防范技能，杜绝“三违”。加大安全投入，提高专业技术装备水平，深化隐患排查治理，改进现场作业条件。通过安全生产标准化建设，实现岗位达标、专业达标和企业达标，各行业（领域）企业的安全生产水平明显提高，安全管理和事故防范能力明显增强。

（二）目标任务。在工矿商贸和交通运输行业（领域）深入开展安全生产标准化建设，重点突出煤矿、非煤矿山、交通运输、建筑施工、危险化学品、烟花爆竹、民用爆炸物品、冶金等行业（领域）。其中，煤矿要在2011年底前，危险化学品、烟花爆竹企业要在2012年底前，非煤矿山和冶金、机械等工贸行业（领域）规模以上企业要在2013年底前，冶金、机械等工贸行业（领域）规模以下企业要在2015年前实现达标。要建立健全各行业（领域）企业安全生产标准化评定标准和考评体系；进一步加强企业安全生产规范化管理，推进全员、全方位、全过程安全管理；加强安全生产科技装备，提高安全保障能力；严格把关，分行业（领域）开展达标考评验收；不断完善工作机制，将安全生产标准化建设纳入企业生产经营全过程，促进安全生产标准化建设的动态化、规范化和制度化，有效提高企业本质安全水平。

三、实施方法

（一）打基础，建章立制。按照《基本规范》要求，将企业安全生产标准化等级规范为一、二、三级。各地区、各有关部门要分行业（领域）制定安全生产标准化建设实施方案，完善达标标准和考评办法，并于2011年5月底以前将本地区、本行业（领域）安全生产标准化建设实施方案报国务院安委会办公室。企业要从组织机构、安全投入、规章制度、教育培训、装备设施、现场管理、隐患排查治理、重大危险源监控、职业健康、应急管理以及事故报告、绩效评定等方面，严格对应评定标准要求，建立完善安全生产标准化建设实施方案。

（二）重建设，严加整改。企业要对照规定要求，深入开展自检自查，建立企业达标建设基础档案，加强动态管理，分类指导，严抓整改。对评为安全生产标准化一级的企业要重点抓巩固、二级企业着力抓提升、三级企业督促抓改进，对不达标的企业要限期抓整顿。各地区和有关部门要加强对安全生产标准化建设工作的指导和督促检查，对问题集中、整改难度大的企业，要组织专业技术人员进行“会诊”，提出具体办法和措施，集中力量，重点解决；要督促企业做到隐患排查治理的措施、责任、资金、时限和预案“五到位”，对存在重大隐患的企业，要责令停产整顿，并跟踪督办。对发生较大以上生产安全事故、存在非法违法生产经营建设行为、重大隐患限期整顿仍达不到安全要求，以及未按规定要求开展安全生产标准化建设且在规定限期内未及时整改的，取消其安全生产标准化达标参评资格。

（三）抓达标，严格考评。各地区、各有关部门要加强对企业安全生产标准化建设的督促检查，严格组织开展达标考评。对安全生产标准化一级企业的评审、公告、授牌等有关事项，由国家有关部门或授权单位组织实施；二级、三级企业的评审、公告、授牌等具体办法，由省级有关部门制定。各地区、各有关部门在企业安全生产标准化创建中不得收取费用。要严格达标等级考评，明确企业的专业达标最低等级为企业达标等级，有一个专业不达标则该企业不达标。

各地区、各有关部门要结合本地区、本行业（领域）企业的实际情况，对安全生产标准化建设工作作出具体安排，积极推进，成熟一批、考评一批、公告一批、授牌一批。对在规定时间内经整改仍不具备最低安全生产标准化等级的企业，地方政府要依法责令其停产整改直至依法关闭。各地区、各有关部门要将考评结果汇总后报送国务院安委会办公室备案，国务院安委会办公室将适时组织抽检。

四、工作要求

（一）加强领导，落实责任。按照属地管理和"谁主管、谁负责"的原则，企业安全生产标准化建设工作由地方各级人民政府统一领导，明确相关部门负责组织实施。国家有关部门负责指导和推动本行业（领域）企业安全生产标准化建设，制定实施方案和达标细则。企业是安全生产标准化建设工作的责任主体，要坚持高标准、严要求，全面落实安全生产法律法规和标准规范，加大投入，规范管理，加快实现企业高标准达标。

（二）分类指导，重点推进。对于尚未制定企业安全生产标准化评定标准和考评办法的行业（领域），要抓紧制定；已经制定的，要按照《基本规范》和相关规定进行修改完善，规范已达标企业的等级认定。要针对不同行业（领域）的特点，加强工作指导，把影响安全生产的重大隐患排查治理、重大危险源监控、安全生产系统改造、产业技术升级、应急能力提升、消防安全保障等作为重点，在达标建设过程中切实做到"六个结合"，即与深入开展执法行动相结合，依法严厉打击各类非法违法生产经营建设行为；与安全专项整治相结合，深化重点行业（领域）隐患排查治理；与推进落实企业安全生产主体责任相结合，强化安全生产基层和基础建设；与促进提高安全生产保障能力相结合，着力提高先进安全技术装备和物联网技术应用等信息化水平；与加强职业安全健康工作相结合，改善从业人员的作业环境和条件；与完善安全生产应急救援体系相结合，加快救援基地和相关专业队伍标准化建设，切实提高实战救援能力。

（三）严抓整改，规范管理。严格安全生产行政许可制度，促进隐患整改。对达标的企业，要深入分析二级与一级、三级与二级之间的差距，找准薄弱点，完善工作措施，推进达标升级；对未达标的企业，要盯住抓紧，督促加强整改，限期达标。通过安全生产标准化建设，实现"四个一批"：对在规定期限内仍达不到最低标准、不具备安全生产条件、不符合国家产业政策、破坏环境、浪费资源，以及发生各类非法违法生产经营建设行为的企业，要依法关闭取缔一批；对在规定时间内未实现达标的，要依法暂扣其生产许可证、安全生产许可证，责令停产整顿一批；对具备基本达标条件，但安全技术装备相对落后的，要促进达标升级，改造提升一批；对在本行业（领域）具有示范带动作用的企业，要加大支持力度，巩固发展一批。

(四)创新机制,注重实效。各地区、各有关部门要加强协调联动,建立推进安全生产标准化建设工作机制,及时发现解决建设过程中出现的突出矛盾和问题,对重大问题要组织相关部门开展联合执法,切实把安全生产标准化建设工作作为促进落实和完善安全生产法规规章、推广应用先进技术装备、强化先进安全理念、提高企业安全管理水平的重要途径,作为落实安全生产企业主体责任、部门监管责任、属地管理责任的重要手段,作为调整产业结构、加快转变经济发展方式的重要方式,扎实推进。要把安全生产标准化建设纳入安全生产"十二五"规划及有关行业(领域)发展规划。要积极研究采取相关激励政策措施,将达标结果向银行、证券、保险、担保等主管部门通报,作为企业绩效考核、信用评级、投融资和评先推优等的重要参考依据,促进提高达标建设的质量和水平。

(五)严格监督,加强宣传。各地区、各有关部门要分行业(领域)、分阶段组织实施,加强对安全生产标准化建设工作的督促检查,严格对有关评审和咨询单位进行规范管理。要深入基层、企业,加强对重点地区和重点企业的专题服务指导。加强安全专题教育,提高企业安全管理人员和从业人员的技能素质。充分利用各类舆论媒体,积极宣传安全生产标准化建设的重要意义和具体标准要求,营造安全生产标准化建设的浓厚社会氛围。国务院安委会办公室以及各地区、各有关部门要建立公告制度,定期发布安全生产标准化建设进展情况和达标企业、关闭取缔企业名单;及时总结推广有关地区、有关部门和企业的经验做法,培育典型,示范引导,推进安全生产标准化建设工作广泛深入、扎实有效开展。

国务院安委会办公室关于印发《工程建设领域建筑施工预防坍塌事故专项整治工作方案》的通知

（安委办函〔2011〕19号，2011年3月30日）

住房和城乡建设部、交通运输部、铁道部、水利部、电监会、国务院南水北调委员会办公室：

为认真贯彻落实《国务院关于进一步加强企业安全生产工作的通知》（国发〔2010〕23号）、《国务院办公厅关于继续深化"安全生产年"活动的通知》（国办发〔2011〕11号）和全国安全生产电视电话会议、全国安全生产工作会议精神，进一步加强工程建设领域建筑施工安全生产监督管理，遏制重特大事故发生，国务院安委会办公室研究决定开展工程建设领域建筑施工预防坍塌事故专项整治工作。现将《工程建设领域建筑施工预防坍塌事故专项整治工作方案》印发给你们，请认真组织实施。

附件：

工程建设领域建筑施工预防坍塌事故专项整治工作方案

为认真贯彻落实《国务院关于进一步加强企业安全生产工作的通知》（国发〔2010〕23号）、《国务院办公厅关于继续深化"安全生产年"活动的通知》（国办发〔2011〕11号）和全国安全生产电视电话会议、全国安全生产工作会议精神，进一步强化工程建设领域建筑施工安全生产监督管理，重点解决建筑施工坍塌事故多发、频发的问题，遏制重特大事故发生，经研究，决定自2011年3月至12月在房屋与市政工程建设、铁路工程建设、公路工程建设、电力工程建设和水利工程建设等领域开展预防坍塌事故专项整治（以下简称专项整治）工作。专项整治工作方案如下。

一、总体要求

坚持"安全第一、预防为主、综合治理"的方针和以人为本、安全发展的理念，以《安全生产法》、《建筑法》、《建设工程安全生产管理条例》、《安全生产许可证条例》等有关安全生产法律法规和标准为依据，以落实企业安全生产主体责任为重点，以强化施工现场安全管理责任和落实防范措施为手段，以遏制工程建设领域建筑施工坍塌事故为目标，集中整治，突出重点，夯实基础，促进建筑业安全生产形势的稳定好转。

二、整治目标

通过专项整治,进一步加强施工现场安全监管力度,促进工程建设各方主体责任的落实,完善安全生产管理体系,推进施工现场安全生产标准化建设,着重解决工程建设领域建筑施工安全监督管理中存在的突出问题和薄弱环节,狠抓隐患排查治理,纠正违规违章行为,提高建筑施工安全生产的总体水平,有效预防高大模板支撑体系、起重机械、桥梁、隧道、深基坑、高边坡等施工坍塌事故,坚决遏制建筑施工坍塌事故特别是较大事故上升势头,努力实现2011年度建筑业坍塌事故死亡人数下降幅度不低于3%,较大事故起数下降幅度不低于3.5%的目标。

三、专项整治重点和部门职责分工

(一)房屋与市政工程建设:由住房城乡建设部负责组织实施,以预防建筑施工高大模板支撑体系坍塌和基坑坍塌等为重点开展专项整治工作。

(二)铁路工程建设:由铁道部负责组织实施,以预防地质条件复杂地区的隧道和桥梁坍塌等为重点开展专项整治工作。

(三)公路工程建设:由交通运输部负责组织实施,以预防地质条件复杂地区的高速公路桥梁和隧道坍塌等为重点开展专项整治工作。

(四)水利工程建设:由水利部和国务院南水北调委员会办公室负责组织实施,以预防水利工程隧洞、基坑、围堰、边坡坍塌和起重机械、脚手架坍塌等为重点开展专项整治工作。

(五)电力工程建设:由电监会负责组织实施,以预防坍塌、机械伤害、高处坠落等为重点开展专项整治工作。

四、主要任务和措施

各有关行业主管部门开展专项整治工作的任务和措施:

(一)依法落实施工、建设、设计、监理等工程建设各方主体责任,加强施工现场安全监督管理,健全完善机构,配足监管人员,完善规章制度,健全机制体系,细化安全措施,落实各级责任。

(二)编制完善的总体施工方案以及危险性较大的分部分项工程等专项施工方案,落实各项施工安全技术措施,加大安全投入,按要求足额提取安全生产费用,加强对施工重点部位和重点环节危险源的检查,发现并及时排查治理隐患。

(三)通过专项整治,不符合安全生产条件的施工现场得到限期整改。在重大隐患未排除,不能确保施工安全时,责令作业人员立即撤离危险区域或暂时停止施工。对整改不合格的,由有关职能部门进行处罚,并暂扣或吊销施工单位的安全生产许可证,直至降低或吊销相关施工资质。

(四)开展以“施工现场达标升级”为主要内容的企业安全生产标准化创建活动,加强班组安全建设和安全生产规范化管理,建立完善“责任落实、基础扎实、投入到位、管理规范”的企业安全生产保障体系,提高企业本质安全水平。

(五)督促工程建设施工责任主体,严格按照安全生产有关法律法规的要求,强化建筑施工管理和安全技能培训教育,不断增强各级管理人员特别是企业法定代表人、工程项目经理和专职安全员的安全管理能力,以及农民工的安全意识。建筑施工“三类人员”及特种作业人员必须严格考核、持证上岗,其他从业人员必须经过培训合格后上岗作业。要依据法律法规、标准规范组织现场施工活动,提高事故预防、应急处置和逃生自救能力。

(六)强化建筑施工安全技术管理。开发研制和推广应用新型、高效、实用的安全监控、监测技术及预警设备和管理系统,如在大型起重机械上安装安全监控管理系统,在隧道施工中应用成熟的预防坍塌的监测、预报技术和监控装置等,提高技术装备水平,增强安全技术监管能力。

五、工作进度安排

专项整治工作总体上分四个阶段进行。

部署启动阶段:4 月,研究制定专项整治方案,部署有关工作。各有关行业主管部门根据本行业工程建设的特点,研究制定具体的专项整治方案,并部署实施。

自查自纠阶段:5 月至 9 月,具体实施。各有关行业主管部门将专项整治方案及有关要求贯彻落实到工程建设各有关责任主体单位和地方相关部门,开展自查自纠。各有关行业主管部门应加强分类指导、监督检查。

检查督导阶段:10 月至 11 月中旬,组织督察和抽查。对重点地区、重点企业和重点工程进行抽查和督察,发现存在突出问题和重大隐患的,要责令企业整改,并严肃处理。

总结分析阶段:11 月下旬至 12 月,总结分析,归纳评估。各有关行业主管部门对已开展的工作进行分析、研究,全面总结、评估,形成阶段性成果。同时,研究提出继续深化完善的意见和建议等。

六、工作要求

(一)加强领导,落实责任。开展专项整治是继续深化“安全生产年”活动的重要举措。各有关行业主管部门要高度重视,切实加强组织领导,落实工作责任,精心安排,周密部署。要结合本行业(领域)工程建设的实际,制定切实可行的实施工作方案,明确工作重点、步骤、要求和保障措施,认真组织实施;要注意及时掌握工作动态,定期分析、研究有关情况和问题,并适时将各阶段工作进展情况和年末专项整治工作总结评估报告报送国务院安委会办公室。安全监管总局及各省级安全监管局要加强指导协调和监督检查,加强与有关行业主管部门的协调联动,做好督促落实等有关工作。

(二)突出重点,重在治本。各有关行业主管部门要依据本行业(领域)工程建设的特点,紧紧抓住施工坍塌事故易发、多发的主要问题和薄弱环节,重点突破,标本兼治,重在治本,抓出成效。要有针对性地开展工作,既要抓住汛期、事故多发期等重点时段,以及重点工程的重点部位、重要设施、关键装备和关键岗位,也要注重日常安全监管和监督检查,兼顾其他作业场所和岗位,做到深入细致、横向到边、纵向到底、不留死角,努力遏制坍塌事故的发生。

(三)强化监督,严格考核。为确保专项整治工作的进度和质量,各有关行业主管部门要适时组织对重点地区、重点企业和重点工程进行监督检查，采取巡检、抽检、互检等方式进行逐级检查，及时发现问题和隐患，限期整改，跟踪落实，有效抵制施工现场违章指挥、违章作业和违反劳动纪律行为，消除事故隐患。对因隐患排查治理工作不力，特别是引发事故的，要依法严厉查处，追究相关单位和人员的责任，确保各项工作落到实处，取得实效。

(四)统筹协调，有序推进。各有关行业主管部门和企业要将专项整治工作与继续深化“安全生产年”活动，加强基础建设，加强责任落实，加强依法监督，深化安全生产“三项行动”和“三项建设”等工作有机结合起来；要与日常安全管理，健全制度，完善标准，推进安全生产长效机制建设有机结合起来，统一部署，统筹兼顾，相互促进，有序推进。

(五)加强沟通，做好宣传。专项整治涉及多个部门和许多方面的工作，且相互关联。在专项整治期间，各有关行业主管部门应在各司其职、各尽其责的基础上，对一些共性的、倾向性的问题加强信息沟通，相互配合，共同研究，形成合力。同时，要充分利用报刊、广播、电视和网络等各种媒体，广泛宣传专项整治工作的目标、内容和要求，以及阶段性工作成效，加强舆论监督和群众监督力度，宣传先进典型，曝光落后单位，形成良好的社会舆论氛围。

国务院安委会办公室关于贯彻落实国务院《通知》精神加强企业班组长安全培训工作的指导意见

（安委办〔2010〕27 号，2010 年 11 月 22 日）

各省、自治区、直辖市及新疆生产建设兵团安全生产委员会，国务院安全生产委员会各有关成员单位，有关中央企业：

为认真学习贯彻党的十七届五中全会精神，深入贯彻落实《国务院关于进一步加强企业安全生产工作的通知》（国发〔2010〕23 号）的工作部署，着力推进企业班组安全生产基础建设，切实加强以班组长为重点的企业全员安全培训，提高从业人员的安全意识和技能，促进全国安全生产形势持续稳定好转，现就加强企业班组长安全培训工作提出如下指导意见。

一、充分认识加强班组长安全培训工作的重要性和紧迫性

班组是企业的最基层组织，是安全生产的第一道防线。班组长是企业安全生产工作一线的直接指挥者和组织者。加强企业班组长安全培训工作，是全面提高从业人员安全意识和操作技能，规范作业行为，杜绝违章指挥、违章作业、违反劳动纪律的“三违”行为，从根本上防止事故发生的有效途径，也是当前进一步强化企业班组安全生产基础建设，提升现场安全管理水平，促进企业安全生产的一项重要而紧迫的任务。

当前，我国一些企业特别是中小企业班组安全管理仍然薄弱，班组长的安全素质、安全操作技能和安全管理水平与企业安全生产工作要求有很大差距，“三违”现象大量存在，给安全生产带来很大风险。各地区、各有关部门和企业一定要从切实维护人民群众生命财产安全，推动科学发展、安全发展的战略高度，充分认识加强企业班组长安全培训工作的重要性，增强责任感和紧迫感，加大工作力度，采取有力措施，切实抓紧、抓好、抓出成效。

二、明确指导思想、基本原则和工作目标

（一）指导思想。深入贯彻落实科学发展观，认真贯彻执行《国务院关于进一步加强企业安全生产工作的通知》，坚持以人为本，牢固树立安全发展的理念，坚持“安全第一、预防为主、综合治理”的方针，以提高班组长和班组全体人员安全素质为重点，以提升企业现场安全管理水平、减少和杜绝“三违”为目的，落实责任，完善措施，提高质量，进一步强化企业安全培训的基础作用，大力加强企业班组长安全培训，夯实企业安全生产工作基础，预防和减少各类伤亡事故发生，促进全国安全生产形势持续稳定好转。

（二）基本原则。

1. 统筹规划，依法培训。各级安全监管监察机构和企业要把班组长安全培训纳入安全生产工作总体部署，建立政府、企业、培训机构相互配合、运行有序的工作机制，依据《安全生产法》和《生产经营单位安全培训规定》（国家安全监管总局令第3号）等法律法规和规章，大力开展企业班组长安全培训。

2. 政府监管，企业落实。各级安全监管监察机构和各地有关部门要依法对企业班组长安全培训工作实施监督、指导和检查。企业要建立健全管理制度，制定培训计划，明确目标任务，加大投入力度，切实把班组长安全培训工作落到实处。

3. 突出重点，整体推进。以企业自主培训为主，实施企业班组长安全培训工程。企业要把班组长安全培训作为重要工作来抓，结合工作实际制定本企业班组长安全培训实施方案，以班组长培训带动班组全员培训，确保员工做到应知应会，并经安全培训合格后上岗。

4. 形式多样，注重实效。坚持从班组生产工作实际出发，坚持学用结合，针对班组长岗位要求和特点，确定培训内容，编选培训教材，创新培训方式方法，增强培训的针对性和实效性。

（三）工作目标。全面落实企业班组长安全培训的主体责任，确保每个企业每年将本企业班组长轮训一遍；进一步加大对企业班组长安全培训工作的执法检查力度，切实把《国务院关于进一步加强企业安全生产工作的通知》有关加强安全培训工作的要求落到实处；到2011年底，形成工矿商贸行业（领域）企业班组长安全培训教材体系，建立一支能够胜任培训工作的专兼职教师队伍，切实提高班组长安全培训的针对性和实效性。

三、严格培训要求，规范培训管理

（一）制定培训计划。各企业要把班组长安全培训纳入本企业安全生产发展规划、年度工作计划和目标责任体系，制定班组长安全培训实施方案，至2011年底要将班组长普遍培训一遍，并确保以后每年轮训一遍。要把农民工和外包施工企业人员纳入班组长安全培训范围，统筹安排、分类指导。对新进员工要严格按照有关规定，开展岗前“三级”（厂（矿）、车间（工段、区、队）、班组）安全教育培训。

（二）规范培训内容。根据企业班组安全生产工作要求和班组长的特点，确定培训内容，保证培训实效。

班组长安全培训的主要内容包括：本企业安全生产状况及安全生产规章制度；岗位危险有害因素及安全操作规程；作业设备安全使用与管理；作业条件与环境改善；个人劳动防护用品的使用和维护；作业现场安全标准化；现场安全检查与隐患排查治理；现场应急处置和自救互救；本企业、本行业典型事故案例；班组长的职责和作用；员工的权利与义务；与员工沟通的方式和技巧；班组安全生产的组织管理及“白国周班组管理法”等先进的班组安全管理经验等。

（三）细化工作措施。班组长安全培训由企业自行组织实施或由企业委托具有四级以上资质的安全培训机构实施。各企业要指定专门机构负责班组长安全培训工作，明确任务分工，落实培训责任。要不断完善培训制度，妥善处理工作与培训的关系，确保培训时间,保障培训经费。有条件的企业应建立安全培训机构或设立班组长学习室,配备班组长安全教育视频与相关设施设备,为班组长安全培训提供必要条件。

企业班组新上岗的从业人员必须按照《生产经营单位安全培训规定》,经过相应安全培训并考核合格后上岗。已在岗的班组长每年接受安全培训的时间不得少于24学时,班组其他员工每年接受安全培训的时间不得少于16学时。

(四)加强培训考核。班组长安全培训考核工作由企业指定专门机构负责。要本着有效、管用、简便的原则,建立健全培训考核制度,制定培训质量效益评估指标体系,统一考核指标、考核程序和考核方法,严格考核管理,严禁形式主义和弄虚作假。对考核合格的班组长,颁发安全培训合格证书。要完善班组长安全培训激励机制,充分运用考核结果,激发班组长参加培训的积极性和主动性。

(五)建立培训档案。各企业或培训机构要建立班组长安全培训档案,对班组长培训考核情况实行单位与个人签字管理,真实记录培训内容、技能训练科目、培训时间、培训学时及考核情况等。要规范班组长安全培训工作流程,加强对培训考核全程的监督管理,做到培训信息公开、培训过程透明、考核结果公示、部门参与监督。

四、加强基础工作,提高培训质量

(一)培养师资队伍。各企业要结合企业班组长安全培训实际,建立专兼职结合的师资队伍,重点从企业和安全生产一线选聘教师。班组长安全培训教师一般应在具有5年以上现场工作经历、取得注册安全工程师资格的企业安全管理人员或经过专门培训并取得资格证书的教师中选聘。要有计划地组织开展师资培训,培养和优化班组长安全培训师资队伍;建立培训教师跟班劳动、现场调研等制度,强化实践锻炼,不断提高教师的实践教学水平,增强培训的针对性和实效性。

(二)开发适用的培训教材。本着少而精、管用的原则,注重多媒体教材的研制和开发,组织编写班组长安全培训适用教材。国家安全监管总局指导工矿商贸企业班组长师资培训教材以及煤矿、非煤矿山、危险化学品、烟花爆竹、冶金等重点行业企业班组长安全培训教材的编写工作;每2年组织开展一次优秀教材评选活动,并向社会推荐。各有关行业主管部门指导本行业班组长安全培训教材的编写工作。各省级安全监管监察机构根据实际工作需要,指导其他工矿商贸企业班组长安全培训教材的编写工作。各企业要根据本企业实际,编制通俗易懂、图文并茂的班组安全培训适用教材。

(三)丰富培训形式。各企业或培训机构要结合企业生产实际,采取集中培训、半工半培、送教上门等多种形式开展班组长安全培训。要针对企业现场安全管理和班组长的特点,通过开设安全宣传栏,利用多媒体、企业内部网站、电视、报刊、板报等平台以及安全讲座、班前班后会、安全知识竞赛和安全日活动等时机,抓好日常安全教育培训。要通过岗位描述、技术比武、应急演练、现场事故分析、反事故演习、现场安全自检等方式,大力开展岗位练兵,不断提高班组长和员工自我安全保护意识和能力。要注重发挥老工人"传、帮、带"作用,以师带徒,提高员工实际操作技能。

五、加强指导监督，确保班组安全培训落到实处

各企业要把班组长安全培训作为安全生产工作的重要内容，紧密结合生产经营实际，统筹安排部署，采取有力措施，确保工作到位。企业主要负责人和分管负责人要切实加强对班组长安全培训工作的领导，定期组织开展企业内部班组长安全培训工作的检查，及时发现和解决工作中的重大问题，不断推进班组长安全培训的规范化、制度化和经常化。

各级安全监管监察机构和有关行业管理部门要加强协调配合，强化对所辖企业特别是高危行业企业班组长安全培训的监督、指导和检查，指导督促企业落实班组长安全培训要求；要强化服务意识，帮助企业解决班组长安全培训中的实际困难。各级安全监管监察机构要把班组长安全培训纳入安全监管监察的重要内容，加强对企业班组长安全培训的监督检查，适时组织有关部门进行联合执法检查。凡存在不经培训上岗、无证上岗的企业，依法停产整顿；没有对井下作业人员进行安全培训教育，或存在特种作业人员无证上岗的企业，情节严重的要依法予以关闭。

各地区、各有关部门和各单位要注重总结和推广企业班组长安全培训工作中涌现出来的新鲜经验和有效做法，推动工作深入开展。

河南省重大危险源监督管理办法

（2007 年 11 月 21 日河南省人民政府令第 112 号公布，
自 2008 年 1 月 1 日起施行）

第一条 为加强重大危险源监督管理，防止和减少事故发生，根据《中华人民共和国安全生产法》、《河南省安全生产条例》和有关法律、法规，制定本办法。

第二条 本省行政区域内重大危险源的管理和监督，适用本办法。

第三条 本办法所称重大危险源，是指长期或者临时生产、搬运、使用或者储存危险物品，且危险物品的数量等于或者超过临界量的单元（包括场所和设施）。重大危险源包括以下十类：

（一）贮罐区（贮罐）；

（二）库区（库）；

（三）生产场所；

（四）压力管道；

（五）锅炉；

（六）压力容器；

（七）煤矿；

（八）金属非金属地下矿山；

（九）尾矿库；

（十）放射源。

第四条 各级人民政府应当加强对重大危险源监督管理工作的领导，及时协调、解决监督管理工作中存在的重大问题，防范生产安全事故发生。

第五条 县级以上人民政府安全生产监督管理部门对重大危险源的普查、登记、评价和监控工作实施综合监督管理。

县级以上人民政府其他有关主管部门依法在各自的职责范围内对重大危险源的普查、登记、评价和监控工作实施监督管理。

第六条 县级以上人民政府安全生产监督管理部门应当建立重大危险源监控系统和信息管理系统，实行分级监控、动态管理，定期公布监控信息，接受社会监督。

第七条 生产经营单位负责本单位重大危险源的普查、辨识、登记、评价和监控，并将有关情况定期报告安全生产监督管理部门和有关主管部门。

生产经营单位主要负责人对本单位重大危险源的安全管理和检测、监控工作全面负责。

第八条 生产经营单位应当委托具备相应资质的安全生产中介机构定期对重大危险源进行安全评价，根据安全评价结果制定监控方案，并将安全评价结果和监控方案报告安全生产监督管理部门和有关主管部门。

存在剧毒物质的重大危险源，应当每年进行一次安全评价；其他重大危险源，应当两年进行一次安全评价。重大危险源在生产流程、材料、工艺、设备、防护措施和环境等因素发生重大变化，或者有关法律、法规、国家标准或者行业标准发生变化时，应当重新进行安全评价。

安全生产中介机构对其作出的安全评价结果负责。

第九条 安全评价报告应当包括以下主要内容：

（一）安全评价的主要依据；

（二）重大危险源基本情况；

（三）危险、危害因素辨识；

（四）可能发生事故的种类及损害程度；

（五）重大危险源等级；

（六）应急救援预案效果评价；

（七）监控方案。

第十条 生产经营单位应当定期对重大危险源的工艺参数、危险物质进行检测，对重要设备设施进行检验，对安全状况进行检查，做好记录，建立档案。

第十一条 生产经营单位应当制定重大危险源应急救援预案，报送县级以上人民政府安全生产监督管理部门备案，并定期组织演练。

应急救援预案应当包括以下主要内容：

（一）应急救援机构、人员及其职责；

（二）危险辨识与评价；

（三）应急救援设备和设施；

（四）应急救援能力评价与资源；

（五）报警、通讯联络方式；

（六）应急救援程序与行动方案；

（七）保护措施与程序；

（八）事故后的恢复与程序；

（九）培训与演练。

第十二条 生产经营单位应当定期对重大危险源安全状况进行检查，发现事故隐患应当立即采取措施予以排除。难以立即排除的，应当组织论证，制定治理方案，限期治理。事故隐患排除前或者排除过程中无法保证安全的，应当立即从危险区域撤出作业人员，停产停业或者停止使用，并采取有效的安全防范和监控措施。

治理方案应当包括事故隐患事实、治理期限和目标、治理措施、责任机构和人员、治理经费、物质保障等内容。

第十三条 生产经营单位的决策机构及其主要负责人、个人经营的投资人应当保证重大危险源的安全管理、检测、监控及隐患治理所必需的资金投入，并对由于资金投入不足导致的后果承担责任。

生产经营单位在破产或者关闭前，应当排除本单位存在的重大危险源，其缴纳的安全生产风险抵押金应当优先用于排除重大危险源。

第十四条 县级以上人民政府应当组织有关部门按照职责分工,对存在重大危险源的生产经营单位进行监督、检查,督促生产经营单位加强对重大危险源的监控。

第十五条 任何单位和个人对重大危险源存在的事故隐患,有权向安全生产监督管理部门或者其他有关部门报告或者举报。

安全生产监督管理部门或者其他有关部门接到报告或者举报后,应当按照职责分工立即组织核查并依法处理。

第十六条 安全生产监督管理部门或者其他有关主管部门的工作人员有下列行为之一的,依法给予行政处分;构成犯罪的,依法追究刑事责任:

(一)对明知已存在的重大危险源监管不力,导致事故发生的;

(二)接到报告或者举报后,不立即组织核查并依法处理的;

(三)在监管工作中滥用职权,侵犯生产经营单位合法权益的。

第十七条 生产经营单位未按规定对重大危险源进行普查、辨识的,责令限期改正;逾期未改正的,处5 000元以上3万元以下的罚款。

第十八条 生产经营单位对重大危险源未登记建档,或者未进行评价、监控,或者未制定应急预案的,依据《中华人民共和国安全生产法》第八十五条规定,责令限期改正;逾期未改正的,责令停产停业整顿,可以并处2万元以上10万元以下的罚款;造成严重后果,构成犯罪的,依法追究刑事责任。

第十九条 本办法规定的行政处罚由安全生产监督管理部门决定;有关法律、法规、规章对行政处罚决定机关另有规定的,从其规定。

第二十条 本办法自2008年1月1日起施行。

河南省建筑装修装饰管理办法

（2008 年 10 月 20 日河南省人民政府令第 117 号公布，
自 2008 年 12 月 1 日起施行）

第一章 总 则

第一条 为了加强对建筑装修装饰活动的管理，规范市场秩序，保障建筑装修装饰工程质量和安全，根据《中华人民共和国建筑法》、《建设工程质量管理条例》等法律、法规的规定，结合本省实际，制定本办法。

第二条 在本省行政区域内从事建筑装修装饰活动，实施对建筑装修装饰活动的监督管理，应当遵守本办法。

第三条 本办法所称建筑装修装饰，是指为使建筑物、构筑物达到一定的环境质量和使用要求，使用装修装饰材料，对其外表和内部进行修饰处理的建筑活动，包括公共建筑装修装饰和住宅装修装饰。

第四条 建筑装修装饰应当符合城乡规划、工程质量、安全生产、消防、抗震、环境保护、物业管理等法律、法规和本省有关规定。

鼓励建筑装修装饰采用节能、节材、节水、防火、环保的先进技术、设备、工艺和新型材料。

第五条 省建设行政主管部门负责对全省建筑装修装饰活动实施监督管理，其所属的装修装饰管理机构具体负责装修装饰活动监督管理的日常工作。

省辖市、县（市、区）人民政府确定的装修装饰行政主管部门负责本行政区域内建筑装修装饰活动的监督管理工作。

城乡规划、房产、消防、环境保护、工商管理、质量技术监督等部门应当按照各自职责，做好与建筑装修装饰活动相关的监督管理工作。

第六条 装修装饰行业协会应当加强行业自律，开展行业服务，规范行业行为，受理建筑装修装饰咨询和投诉，协调解决装修装饰纠纷。

第二章 共同规定

第七条 从事建筑装修装饰设计、施工、监理的单位应当依法取得相应等级的资质证书，并在其资质等级许可的范围内承揽工程。

从事建筑装修装饰的施工单位应当依法取得安全生产许可证。

第八条 从事建筑装修装饰设计、施工、监理的专业技术人员应当依法取得相应的执业资格证书，并在执业资格证书许可的范围内从业。

国家实行职业资格证书制度的工种，其从业人员应当经过专业培训，并由依法设立的考核鉴定机构实施职业技能考核鉴定，依法取得职业资格证书；从事特殊工种的施工人员还应当依法取得特种作业操作证。

第九条 建筑装修装饰设计单位应当按照工程建设强制性标准进行装修装饰设计，并对设计的质量负责。

建筑装修装饰施工单位应当按照工程设计图纸和施工技术标准施工，并对施工的质量负责。

建筑装修装饰监理单位应当按照法律、法规以及有关技术标准、设计文件和装修装饰承包合同，对施工质量承担监理责任。

第十条 用于建筑装修装饰的材料和设备应当符合国家有关设计要求、产品质量、节能和有害物质限量及燃烧性能控制标准，并附有产品质量检验合格证明和中文标明的产品名称、规格、型号、生产企业名称及地址。

禁止使用质量不合格、国家明令淘汰或者不符合国家室内环境污染控制、节能等相关标准的建筑装修装饰材料和设备。

第十一条 建筑装修装饰施工单位必须按照工程设计要求、施工技术标准和合同的约定，对建筑材料和设备进行检验，不合格的不得使用。

第十二条 对建筑物、构筑物进行装修装饰的建设单位、业主、使用人（以下简称装修装饰人）应当依法与建筑装修装饰施工单位签订建筑装修装饰承包合同。合同应当包括以下主要内容：

（一）装修装饰人和建筑装修装饰施工单位名称、地址和联系方式；

（二）装修装饰工程基本情况和承包方式；

（三）用于装修装饰的主要材料名称、品牌、型号、规格、等级、数量；

（四）开工、竣工日期；

（五）工程价款及支付方式、期限；

（六）工程质量要求和验收办法；

（七）保修范围、期限；

（八）违约责任和解决纠纷的途径。

第十三条 建筑物、构筑物有下列情形之一的，不得进行装修装饰：

（一）新建的建筑物、构筑物的主体结构质量不合格的；

（二）原有的建筑物、构筑物存在结构安全隐患的。

第十四条 在建筑装修装饰活动中禁止下列行为：

（一）未经原设计单位或者具有相应资质等级的设计单位提出设计方案，擅自变动建筑主体、承重结构；

（二）自行拆卸、改装管道燃气设施；

（三）拆除与消防安全有关的建筑设施或者构件；

（四）损坏建筑物原有节能设施；

（五）将没有防水要求的房间或者阳台改为卫生间、厨房间；

（六）侵占公共空间或者损害公共部位和设施；

（七）因改变建筑物、构筑物结构和配套设施，侵害其他使用人、居住人基本权益的；

（八）其他影响建筑结构和使用安全的行为。

第十五条 建筑装修装饰工程涉及变动承重结构、使用功能或者超过设计标准增加楼面荷载的，其施工图设计文件应当依法报送建设行政主管部门或者其他有关部门审查；按照国家工程建筑消防技术标准需要进行消防设计的，其消防设计图纸应当依法报送公安消防机构审核；未经审查、审核或者经审查、审核不合格的，不得颁发施工许可证，不得交付施工。

第十六条 建筑装修装饰应当处理好排水、供水、供电、通行、通风、采光、环境卫生、油烟排放等方面的相邻关系。

第十七条 建筑装修装饰施工单位应当采取措施，加强对易燃材料、物品的安全管理，控制和处理施工现场的各类粉尘、有害气体、固体废弃物、污水、噪声、振动等对环境的污染和危害。

第十八条 建筑装修装饰活动不得影响邻里正常休息。中考、高考期间，除抢修抢险外，禁止在噪声敏感建筑物集中区域内从事产生环境噪声污染的装修装饰活动，具体时间和区域范围由市、县级人民政府公告。

第十九条 在正常使用条件下，建筑装修装饰工程的最低保修期限为2年，有防水要求的卫生间、房间和外墙面的防渗漏最低保修期限为5年。

保修期自建筑装修装饰工程竣工验收合格之日起计算。

第三章 公共建筑装修装饰

第二十条 投资额30万元以上或者建筑面积300平方米以上单独发包的建筑装修装饰工程，装修装饰人应当在开工前依法办理施工许可证。

任何单位和个人不得将应当申请领取施工许可证的建筑装修装饰工程分解为若干限额以下的工程，规避申请领取施工许可证。

第二十一条 建筑装修装饰施工单位应当在施工现场显著位置张贴公示牌，公示企业名称、施工负责人姓名、联系方式、开工与竣工日期。

第二十二条 建筑装修装饰施工单位必须建立、健全施工质量检验制度，严格工序管理，做好隐蔽工程的质量检查和记录。隐蔽工程施工前，建筑装修装饰施工单位应当通知装修装饰人。

第二十三条 装修装饰人收到公共建筑装修装饰工程竣工报告后，应当组织设计、施工、监理等有关单位进行竣工验收。

装修装饰人应当在建筑装修装饰工程竣工验收合格之日起15日内，将竣工验收报告和有关资料报送装修装饰行政主管部门备案。

第二十四条 建筑装修装饰工程投入使用前，装修装饰人应当委托具有相应资质的检测机构对室内空气质量进行检测，经检测合格后方可投入使用。

第二十五条 房地产开发企业对新建商品住宅统一进行装修装饰的，适用本章有关公共建筑装修装饰的规定。

第四章 住宅装修装饰

第二十六条 装修装饰人可以对住宅自行装修装饰，也可以委托具有相应资质的装修装饰企业进行装修装饰。

装修装饰人自行装修装饰的，负责室内水电管线施工的人员应当依法持有职业资格证书。

第二十七条 装修装饰人在住宅装修装饰工程开工前，应当告知物业服务企业或者房屋管理机构；住宅承租人进行装修装饰的，还应当提供业主同意装修装饰的书面证明。

第二十八条 物业服务企业或者房屋管理机构应当将住宅装修装饰中的禁止行为以及允许施工的时间、废弃物的清运与处置、施工人员出入要求等注意事项书面告知装修装饰人。

装修装饰人要求建设单位或者物业服务企业提供房屋结构图、电气及其他管线线路图的，建设单位或者物业服务企业应当提供。

第二十九条 装修装饰过程中产生的废弃物和其他垃圾应当按照物业服务企业或者房屋管理机构指定的位置、方式和时间堆放和清运，不得向户外抛洒，不得向楼下或者向垃圾道、下水道、通风孔、消防通道等倾倒。施工的材料、工具、设备进出场时，应当保持公共部位和小区的环境清洁。

第三十条 改动卫生间、厨房间防水层的，应当按照防水标准进行施工，并做闭水试验。

第三十一条 物业服务企业或者房屋管理机构发现住宅装修装饰存在违反有关法律、法规规定行为的，应当制止，并及时向有关行政管理部门报告。

有关行政管理部门在接到物业服务企业或者房屋管理机构的报告后，应当依法对违法行为予以制止或者处理。

第三十二条 装修装饰工程竣工后，装修装饰人应当按照合同约定进行验收。验收合格的，建筑装修装饰施工单位应当出具住宅装修装饰工程质量保修书和各类管线竣工图，并按合同约定委托具有相应资质的检测单位对室内空气质量进行检测。

建筑装修装饰施工单位负责采购装修装饰材料及设备的，应当向装修装饰人提交说明书、保修单和环保说明书。

第三十三条 房地产开发企业销售实行统一装修装饰的商品住宅时，购销双方应当在商品房买卖合同中就装修装饰的保修范围、保修期限、保修责任等内容作出约定。交付使用时，房地产开发企业应当向购房人提供装修装饰竣工图、室内空气质量检测合格报告和包含装修装饰内容的《住宅质量保证书》、《住宅使用说明书》。

第五章　法律责任

第三十四条 建筑装修装饰施工单位违反本办法规定，法律、法规有处罚规定的，依照有关规定执行。

第三十五条 违反本办法规定，装修装饰人有下列行为之一的，由县级以上人民政府装修装饰行政主管部门责令改正，并按下列规定处以罚款：

（一）损坏建筑物节能设施的，处1 000元以上5 000元以下的罚款；

（二）将没有防水要求的房间或者阳台改为卫生间、厨房间的，处500元以上1 000元以下的罚款。

第三十六条 违反本办法规定，公共建筑工程装修装饰人将未经室内空气质量检测或者经检测不合格的建筑物交付使用的，由县级以上人民政府装修装饰行政主管部门责令改正，处5 000元以上30 000元以下的罚款。

第三十七条 违反本办法规定，建筑装修装饰施工单位未按照防水标准进行施工或者做闭水试验的，由县级以上人民政府装修装饰行政主管部门责令改正，处1 000元以上5 000元以下的罚款。

第三十八条 违反本办法规定，房地产开发企业交付使用统一装修装饰的商品住宅时，未向购房人提供装修装饰竣工图、室内空气质量检测合格报告和包含装修装饰内容的《住宅质量保证书》、《住宅使用说明书》的，由县级以上人民政府装修装饰行政主管部门责令改正，处1 000元以上10 000元以下的罚款。

第三十九条 装修装饰行政主管部门、装修装饰管理机构及其工作人员有下列行为之一的，对直接负责的主管人员和其他直接责任人员依法给予行政处分；构成犯罪的，依法追究刑事责任：

（一）接到物业服务企业或者房屋管理机构对装修装饰人或者装修装饰施工单位违法行为的报告后，未依法予以调查处理的；

（二）不履行监督检查职责，造成重大安全事故的；

（三）违反规定审批、发放施工许可证的；

（四）滥用职权、徇私舞弊、玩忽职守的。

第六章　附　则

第四十条 本办法自2008年12月1日起施行。1995年10月11日省人民政府公布的《河南省室内装饰设计施工管理暂行规定》同时废止。

河南省人民政府关于印发《安全河南创建纲要(2010—2020年)》的通知

(豫政〔2011〕1号,2011年1月6日)

各省辖市人民政府,省人民政府各部门:

现将《安全河南创建纲要(2010—2020年)》印发给你们,请结合实际认真贯彻执行。

附件:

安全河南创建纲要(2010—2020年)

安全发展是科学发展的重要内容,是经济社会发展的基本要求。当前,我省正处在工业化、城镇化加速推进的关键时期,对安全发展提出了更高要求。从战略全局和长远发展出发,为提升安全生产保障水平,全面推进经济社会安全发展,特制定本纲要。

本纲要安全创建范围主要是本省行政区域内,在生产、生活、经营活动中,为避免发生造成人员伤害和财产损失的人为事故与自然灾害而采取相应的预防、控制措施,以防范和遏制重特大事故发生,保障人民群众生命财产安全的相关工作。环境保护、公共卫生、社会治安等领域不适用本纲要。

一、创建安全河南的背景和意义

1.面临的挑战和机遇。近年来,我省深入贯彻落实科学发展观,坚持将生命安全摆在至高无上的位置,采取多种措施强化安全生产综合治理和源头治本,实现了全省安全生产总体形势持续稳定好转。同时,各级、各部门、各单位对安全生产工作重视程度进一步提高,监管监察队伍和应急救援队伍逐步加强,安全生产法制建设和依法行政加快推进,一批先进适用的灾害预防、治理和监控技术逐步推广应用,为做好新形势下安全生产工作积累了宝贵经验。特别是随着科学发展观贯彻落实的不断深入,经济发展方式转变的加快和经济结构调整力度的加大,为淘汰落后生产能力、推动安全生产源头治本提供了有利条件;经济社会的快速发展和综合实力的明显增强,为推进安全发展提供了必要的物质基础。但我省是人口大省、交通大省和新兴工业大省,能源及原材料加工企业比重偏大,技术装备水平不高,产业集中度偏低,矿山中后期开采灾害威胁加大,安全生产基础十分薄弱。在今后较长一个时期,我省仍将处在安全生产事故易发多发期,城市安全高风险、农村安全不设防、企业安全基础差的状况亟待改善，安全发展理念不深入、全民安全防范素质不高、企业主体责任不落实、政府监管监察不到位、安全生产投入不足、支撑保障体系不完善等诸多问题亟待解决，遏制、防范重特大事故发生和减少事故总量的任务十分繁重。

2. 创建安全河南的重要意义。安全生产直接关系人民群众生命财产安全，事关改革发展稳定大局。开展安全河南创建，依靠科技进步和全民素质提高推动综合治理和源头治本，解决当前安全生产突出问题，强化安全生产基层基础，建立健全安全防范长效机制，努力从根本上遏制和防范重特大事故发生，继续保持全省安全生产形势稳定好转良好势头，是加快发展方式转变、保持经济平稳较快增长、维护大局和谐稳定的重要保障，具有非常重要的意义。

二、总体要求和创建目标

3. 总体要求。以科学发展观为指导，以保障人民群众生命财产安全为根本出发点，以实现经济社会安全发展为目标，以建立健全安全生产长效机制为主线，以遏制、防范重特大事故发生为重点，以强化安全生产基层基础为着力点，组织动员社会各方面力量广泛开展安全创建活动，全面提升全民安全素质和安全生产综合保障水平，确保各类事故逐年下降、重特大事故得到有效遏制，保持全省安全生产状况持续稳定好转，到2020年实现根本好转。

4. 创建目标。近期目标。到2012年，初步形成适应安全发展的体制机制和支撑体系，煤矿、金属非金属矿山、危险化学品、交通运输（含铁路、民航和轨道交通）、消防等重点行业（领域）特大责任事故得到有效遏制，2012年事故总量比2009年减少10%以上。中期目标。到2015年，重大责任事故得到有效遏制，亿元生产总值死亡率、工矿商贸十万从业人员死亡率、道路交通万车死亡率、煤炭百万吨死亡率等指标达到全国领先水平。远期目标。到2020年，生产、交通运输等行业（领域）安全水平和职业健康整体水平显著提升，全省安全生产状况实现根本好转，安全生产达到中等发达国家水平。

三、切实解决制约安全发展的突出问题

5. 牢固树立安全发展理念。将安全发展作为经济社会发展一项基本原则，结合产业结构调整和经济发展转型，积极优化产业结构和企业布局，切实解决高危行业企业安全投入少、管理不规范、安全保障程度低等突出问题。以煤矿、金属非金属矿山、危险化学品、交通运输、消防、民爆、建筑施工等行业（领域）为重点，进一步完善产业安全发展规划，用先进适用技术改造传统产业，淘汰不能保障安全的工艺和设备设施。将安全发展作为招商引企、承接产业转移的重要前提条件，凡不符合城乡安全规划、产业安全发展规划的，一律不得批准承接引进。

6. 严厉打击、查处非法违法行为。以打击非法违法建设、生产经营行为为重点，深入开展各重点行业（领域）安全专项治理整顿。对煤矿要严厉打击非法违法生产行为，从严查处生产矿井超能力、超强度、超定员生产行为；对金属非金属矿山要严厉打击无证无照非法生产、滥采乱挖行为；对危险化学品要严厉打击无证生产经营、非法储存行为；对烟花爆竹要严厉打击非法生产行为，从严查处超定员、超药量、超范围组织生产和改变工房用途；对道路交通重点打击无证无照无牌非法营运、车辆非法改装，从严查处酒后驾驶、“四

超”(超员、超载、超速、超限)、低速载货汽车和三轮汽车违法载人行为;对水路运输重点打击无船舶检验证书、无船员适任证书、无名称无标识船舶等非法违法经营行为;对消防要重点查处堵塞疏散通道、锁闭安全出口、停用消防设施和生产、储存、经营、居住“多合一”等违法违规行为。以煤矿、金属非金属矿山、危险化学品、建筑施工、道路交通等为重点,深入开展整治清理非法用工、非法承包、非法转包、非法挂靠专项行动,从严查处无证上岗、层层转包、以包代管、挂而不管等违法、违规行为。

7.严格隐患排查治理。突出煤矿、金属非金属矿山、危险化学品、烟花爆竹、交通运输、消防、建筑施工、特种设备、民爆和旅游等重点行业(领域),节假日、汛期等重点时段,尾矿库、易燃易爆仓库、人员密集场所、学校、景区景点等重点场所和水库、桥梁、电网、铁路等重大设施,定期组织安全生产大检查,及时排查各种安全隐患。落实隐患现场查处和治理责任,强化重大隐患领导包案、分级督办和动态监控,严格执行“重患必停”制度,切实做到治理责任、措施、资金、进度和预案“五落实”。省辖市、县(市、区)要落实公共隐患治理责任,对重大隐患实行政府挂牌督办;公安、交通运输、水利、国土资源等部门,每年确定一定数量的事故多发点(段)、病险水库、河道险工险段、病险桥梁和地质灾害区、矿山采空区等实施重点治理,严防漏管失控。

8.实施安全生产区域综合防控。坚持煤与瓦斯突出矿井区域防突措施先行、局部防突措施补充的原则,强力推进瓦斯区域治理,2012年年底前完成全省瓦斯区域抽采和综合治理规划编制,2015年年底前建成一批煤矿瓦斯区域综合防治示范工程。推进矿山采空区综合治理,2015年年底前选择一批具有较好技术基础的矿山,分别在地下采空区非胶充填、露天矿坑回填和胶结充填采矿等方面进行区域工程示范。建立健全与周边省份的危险化学品区域协作应急联动机制,强化危险化学品生产、经营和运输跨地区联合执法与防控。加强轨道交通周边环境治理,保障轨道交通安全运行。建立健全强对流、强降雨等恶劣天气预测预警预防机制,2015年年底前气象灾害预警信息公众覆盖率达到90%以上,有效防范和遏制因极端天气引发安全事故。

9.完善安全生产监管监察机制。坚持安全生产党政同责、一岗双责,全面落实党政主要领导第一责任人责任,发挥各级安全生产领导小组、安全生产委员会作用,探索建立安全生产激励约束机制、部门联合执法机制和企业安全诚信机制,构建党委统一领导、政府依法监管、企业全面负责、群众监督参与、全社会广泛支持的安全生产工作格局。紧紧抓住安全投入、安全管理和安全培训三项基础性工作,切实抓好科技进步、落实责任和提高素质三个关键环节,把综合治理方针和“标本兼治、重在治本”的要求真正落到实处。进一步加强安全生产监管监察队伍思想政治建设、作风建设和业务建设,加强党风廉政建设,严防以权谋私和失职渎职等行为。

四、实施安全素质提升工程

10.全面提高全民安全素质。把安全素质作为公民素质重要组成部分,结合开展职业技能教育、普法教育、干部培训等,采取多种形式开展全民安全法制教育、警示教育、科普教育和应急避险教育。组织开展安全生产月、“11·9”消防日、安全生产中原行、“安康杯”竞赛等群众性安全教育活动,动员行政村和社区对辖区村(居)民集中开展安全常识普及活动。开展“应急救援演练周”和“安全生产科技周”活动，组织各级政府、规模以上企业和中小学校开展应急演练，提高公众识灾辨灾和应急避险能力。大中专院校、中小学校、幼儿园都要开设一定课时的安全教育课。

11. 全面提高从业人员安全技能。严格安全任职资格管理，生产经营单位的主要负责人和安全管理、特种作业、机动车驾驶等重点岗位作业人员，必须按规定经安全培训考核合格后持证上岗。严格高危行业新上岗人员强制性安全培训，保证其具备本岗位安全操作、自救互救以及应急处置所需的知识和技能。严格新工艺、新技术或新设备、新材料操作使用人员安全培训，强化各类从业人员岗前、岗中、转岗安全教育，未经安全培训教育考核合格不得上岗作业，单位主要负责人 2015 年年底前必须具备相关行业规定的专业知识，安全管理人员取得注册安全工程师资格的比例不低于 30%。把农民工安全培训放在突出位置，纳入技能培训内容，使农村转移劳动力同步接受安全技能培训。

12. 全面提高安全生产监管监察人员执法水平。全面加强安全生产监管监察人才培养、引进和使用工作，优化知识和年龄结构，建设高素质安全生产监管监察和专业技术队伍。加大省、省辖市、县、乡镇（街道）四级安全生产监管监察人员业务培训力度，新任职人员必须经培训考核合格，在职人员每年至少接受一次安全业务知识培训，确保监管监察人员具备与本职岗位相适应的业务素质和执法能力。

13. 加强安全文化建设。各级政府、各生产经营单位要制定有利于安全文化建设的制度措施，编制安全文化建设发展规划，以安全发展、依法行政为主要内容，建设政府安全监管文化；以落实主体责任为主要内容，建设企业安全管理文化；以遵章守纪、依法维权为主要内容，建设班组安全文化；以关爱生命、参与安全为主要内容，建设社会安全文化。2015 年年底前初步形成符合我省省情的政府、社会、企业、班组和职工等不同层次的安全文化建设模式。开展安全文化建设示范企业、示范班组创建活动，分行业培育一批省级安全文化建设示范企业和示范班组。

五、创建安全发展型企业

14. 严格建设项目安全生产准入。应当依法进行安全生产可行性论证的建设项目，未经安全论证合格不得批准立项。建设项目安全设施必须与主体工程同时设计、同时施工、同时投入生产和使用，未经安全专项检查验收合格不得投产。加强建设项目施工和试生产安全监管监察，从严打击违法违规施工和超批复期限试生产等行为。

15. 严格安全生产条件认证许可。严格煤矿、金属非金属矿山、危险化学品、烟花爆竹、民爆、建筑施工等生产经营单位安全生产许可制度。加强对已取得安全生产许可证生产经营单位的监管监察，监督生产经营单位保持和改进安全生产条件，对不再具备安全许可条件的，必须依法采取停产整顿、关闭取缔等行政处罚措施。对现有不符合产业安全发展规划、采用明令禁止使用或者淘汰的技术工艺设备的企业，要监督企业在国家规定的期限内实施改造或在 2012 年年底前实施转产、搬迁、关闭。

16. 严格工艺技术安全论证和设备设施及作业安全检测。新工艺、新技术、新设备、新材料必须依法进行安全论证，不能保证安全的不得投入生产和使用；国家明令禁止使用或者列入淘汰目录的工艺、技术、材料和设备设施必须及时淘汰。严格对矿用产品、锅炉、压力容器、压力管道、起重机、电梯、架空索道、大型游乐设施等设备设施和易燃易爆、易中毒作业场所的安全检测检验，对矿用产品、电工用品等可能影响从业人员或者居民安全的危险性设备设施和劳动防护用品实行安全标识管理和安全检测检验，未经安全检测检验合格不得进入市场或者投入使用，易燃易爆、易中毒作业场所不符合职业安全健康要求不得投入使用。

17. 用先进适用技术改造提升安全生产条件。煤矿、金属非金属矿山要制定和实施生产技术装备标准，安装监测监控系统、井下人员定位系统、紧急避险系统、压风自救系统、供水施救系统和通信联络系统等技术装备，并于3年之内完成。逾期未安装的，依法暂扣安全生产许可证、生产许可证。运输危险化学品、烟花爆竹、民用爆炸物品的道路专用车辆，旅游包车和三类以上的班线客车要安装使用具有行驶记录功能的卫星定位装置，于2年之内全部完成。鼓励有条件的渔船安装防撞自动识别系统，在大型尾矿库安装全过程在线监控系统，大型起重机械要安装安全监控管理系统。积极推进信息化建设，努力提高企业安全防护水平。

18. 全面推进安全标准化工作。在大中型企业推行安全标准体系认证，在小型企业实行安全生产分级分类监管监察，并将安全标准化与风险抵押金、保险费率、名优品牌评选、评先评优等挂钩，健全企业安全标准化激励机制，全面开展企业安全标准化评审达标活动。2015年年底前，煤矿全部达到安全标准化省级以上标准；危险化学品生产企业、烟花爆竹生产经营企业全部达到二级以上标准；金属非金属矿山全部达到五级以上标准；冶金、机械企业全部达到二级以上标准。

19. 强化职业安全健康管理。煤矿、金属非金属矿山、冶炼、水泥制造、箱包加工、皮革加工、制鞋、家具制造、化工、五金电镀、装饰材料加工、医药加工等涉及有毒有害作业的企业，要依法进行职业危害因素登记、分析和危害程度分级，按要求配备作业场所职业危害防护设施，免费为从业人员发放合格的个体防护用品，并严格执行岗前、岗中、离岗健康体检制度，切实保障从业人员职业健康权益。2012年年底前完成重点行业企业职业安全健康分级；2015年年底前建立较为完善的职业安全健康检测体系和职业安全健康监督管理体系。

20. 健全企业安全生产诚信考核机制。大力推进企业安全生产诚信机制建设，强化企业安全生产主体责任意识，促进企业安全生产主体责任落实。开展企业安全信用评比，建立企业安全信用黑名单制度，通过媒体公布存在严重违法违规生产经营行为的企业，并在安全生产行政许可、安全资格证书等证照发放和项目审批、招投标、信贷等方面予以制裁和限制。2011年年底前初步建立企业安全生产诚信体系，2012年年底前完成高危行业企业安全信用评定，2015年年底前完成规模以上企业安全信用评定。建立企业负责人、管理人员和从业人员安全信用档案，对因工作失职渎职导致事故发生的，除依法吊销个人安全资质证书外，在法律、法规规定时限和范围内不得任职。

六、创建安全发展型行业

21. 煤矿。围绕加快河南大型煤炭基地建设，强力推进煤炭资源整合和小煤矿兼并重组，培育大型煤炭企业集团，提升煤炭产业集中度。深入开展煤矿瓦斯治理攻坚，全面强化煤矿水害预防、顶板管理、劳动组织等方面整治，严格煤矿瓦斯突出矿井和受水害威胁严重矿井监管监察，坚决遏制煤矿重特大事故发生。2015年年底前全省煤炭百万吨死亡率保持在0.8以内，2020年年底前控制并稳定到0.5以内。

22. 道路交通。深化平安畅通县(市)创建活动，实施城市畅通工程，全面落实道路交通安全“五整顿三加强”(整顿驾驶人队伍，整顿路面行车秩序，整顿交通运输企业，整顿机动车生产、改装企业，整顿危险路段；加强责任制，加强宣传教育，加强执法检查)措施，加强道路交通安全规划，完善道路交通安全设施，严格校车、旅游车辆、危险物品运输等特殊车辆安全监管，坚决遏制重特大道路交通事故发生。

23. 危险化学品、金属非金属矿山和烟花爆竹。严格落实危险化学品、金属非金属矿山、烟花爆竹行业安全发展规划和企业安全准入制度，加快重大危险源普查登记和动态监控步伐，推动易燃易爆物品管理规范化，加快危险工序机械化改造和自动化监控进度，集中整治影响公众安全的尾矿库、采空区等方面的隐患，努力提升本质安全水平。合理规划布局化工园区(化工集聚区)和化工经营市场，监督新建、扩建项目依法进园区建设，引导现有企业迁入园区，2015年年底前基本完成城镇人口密集区内危险化学品企业的搬迁。强化金属与非金属矿山企业资源整合、兼并重组和治理整顿，2012年年底前完成泄洪河道、水库安全距离内各类井工矿山的清查和关闭工作，2015年年底前基本解决矿山企业规模小、管理乱、条件差等突出问题。加大烟花爆竹企业整顿提升力度，逐年淘汰落后生产企业，2015年年底前全省烟花爆竹生产企业控制到100家以内。保持危险化学品、烟花爆竹、金属非金属矿山行业安全形势稳定。

24. 消防。深入推进构筑社会消防安全“防火墙”工程建设，严格落实消防安全责任制，编制实施城乡消防规划，狠抓农村、社区火灾防控基础工作，从严整治人员密集场所、高层和地下建筑、“多合一”场所等火灾隐患，严格城中村等重点区域消防安全监管。2012年年底前所有人员密集场所基本达到消防安全“三会三化”(会检查消除火灾隐患、会扑救初起火灾、会组织人员疏散逃生和管理标准化、标示明细化、宣传常态化)建设标准。以强化野外用火管理为重点，着力提高全社会森林防火意识，建立健全群防群治机制，扎实开展森林火险区综合治理，有效防范森林火灾发生，努力将森林火灾年均受害率控制在1‰以内。

25. 建筑施工。以房屋建筑和市政基础设施、地铁、公路、铁路、水利、通信、电力等工程建设为重点，全面落实勘察、设计、审批、建设、施工等环节的安全责任，规范建设市场秩序，加强招标投标管理，推行建筑施工标准化管理，严厉打击违法违规建设，2015年年底前建设领域各项秩序得到全面规范，非法承包转包行为和重特大施工事故、质量事故得到有效遏制。

26. 冶金、建材和机械制造。以防范机械伤害、高处坠落、中毒窒息、触电、物体打击等事故为重点，全面加强冶金建材、机械制造行业企业安全生产管理和监督，督促企业制订和完善安全操作规程，严格危险作业安全管理，按照国家有关规范标准设置各种安全防护装置、预警报警装置和安全标志。

27. 特种设备。加强起重机械、压力管道元件、气瓶、危险化学品承压罐车等特种设备整治，落实压力管道普查、检验和登记制度，建立重点设备动态监控机制，坚决遏制特种设备事故发生。2015年年底前重点监控设备监管率达到100%，特种设备事故率控制在

0.4起/万台以内、死亡率控制在0.38人/万台以内。

28.铁路、民航、电力、民爆和通信行业、农机、水利、旅游、教育、供水、供气等行业(领域)。要结合行业(领域)特点,全面加强安全生产综合治理和源头治本,切实提升安全生产保障水平,组织开展本行业(领域)的安全创建活动。

七、创建安全和谐型村镇(社区)

29.完善农村和城市社区安全管理网络。将安全生产纳入村(居)民自治范畴,建立与社会主义新农村和城市社区建设相适应的基层安全管理机制。充分发挥物业公司或业主委员会作用,将楼院公用设施安全检查、重点时段安全提示、家居安全教育纳入物业管理服务范围。行政村和社区要明确专兼职安全管理人员,组织开展安全宣传教育、隐患检查治理等日常活动,切实解决农村和社区安全不设防问题。县(市、区)政府应当将乡镇(街道)安全生产经费列入政府财政预算,提高基层安全监管装备水平,2015年年底前乡镇(街道)安全监管站所办公条件和监管执法装备等应当达到标准要求。

30.做好村镇发展安全规划工作。新农村建设规划应当借鉴城市规划经验,把安全作为村镇建设发展重要前提,将生产、生活等功能区分开。合理布局农村液化气充装点、加油点,科学建设农村沼气工程,指导村民安全用气。小城镇建设应当同步建设消防等公共安全基础设施。矿山开采、隧道施工等可能影响居民安全的,必须进行可行性安全论证,不能保证安全的不得开采、施工。不得在矿山采空塌陷区、尾矿库下游、地质灾害易发区等区域建设居民区、重要设施和公众聚集场所;不得在村民居住区及其周边建设危险物品生产企业和储存场所。按照出行更便捷、更安全、更舒适的目标和要求,加快实施农村公路改造工程,完善农村客运交通网络,支持客运公司开拓农村客运市场,提高农村交通网络的覆盖水平和通畅程度。到2015年,所有具备条件的建制村通达沥青或水泥路,与就近城镇开行客运车辆。

31.加强农村和社区安全管理。将安全生产月等活动向农村和社区延伸,结合"三夏"、"三秋"深入开展安全进农村宣传教育活动。加强农村和社区安全文化建设,制定农村(社区)安全村规民约,推进开展安全文化大院、安全一条街建设活动。加强农村和社区防火、用电、道路交通、水上交通、农用机械、集会等生产生活安全管理。加强农村和社区房屋安全管理,开展中小学校、幼儿园、卫生院、诊所、敬老院等公共场所隐患排查,加大危房改造力度,提高房屋安全等级。

32.深入开展安全村镇(社区)创建活动。建立完善农村和社区安全标准体系,积极创建安全村镇(社区)。2012年年底前全省30%的行政村和城市社区达到安全基本标准;2015年年底前80%的行政村和城市社区达到安全基本标准。

八、创建安全保障型城市

33.构建城市安全新格局。紧紧围绕中原城市群空间发展布局,结合城市体系、产业布局和核心区建设,按照"政府指导推动、部门服务监管、基层单位自治、居民群众自律、社会广泛参与"要求,逐步建立适用于开发区、工业园区、会展、物流等不同领域的安全监管模式,构建集生产、生活和公共安全为一体的城市安全新格局。

34. 强化城市发展安全规划。城市规划要符合有关安全要求，合理规划城市功能分区，完善城市基础安全设施布局，同步建设城镇新区和产业集聚区、科技示范园等园区公共安全设施，易燃易爆单元与居民区必须保证足够的安全防护距离。强化高层建筑、大型设施质量安全和防灾抗灾监督管理，不能保证安全的不得投入使用。对老城区公共安全设施有计划地增加和实施改造，保证基础安全设施完好有效。城市道路、小区道路和庭院道路建设应当满足消防车辆通过等安全要求，保证安全通道畅通。

35. 强化城区易燃易爆安全管理。按照安全、便民原则，对城区加油站、液化气站点等科学布点、严格管理。公共安全隐患主管单位要落实治理责任，省辖市、县（市、区）政府要组织治理无单位负责的公共隐患。加强城区燃气管道等重大设施管理，严禁在重大危险源和易燃易爆场所安全距离内建设公众聚集场所和居住区，严禁违章占压天然气、煤气、原油、成品油等危险物品运输管线。

36. 强化城市公共设施安全管理。通信、广播电视、燃气、自来水、电力、热力、市政、路政等主管部门或单位应当完善城市公共安全设施，加强公共设施管理和巡查，及时整改消除事故隐患。科学规划布局城市公用线路，通过共同沟、专用地下管线等逐步减少地上电缆电线。对楼院或者居民自有的设备设施，有关单位应当根据职责及时提醒安全注意事项，积极提供便民服务。高层建筑物、体育场馆、会展场馆及涵洞、桥梁等大型建筑、设施必须保证工程质量，科学同步设置安全防护和应急避险设施。

37. 强化道路交通安全保障。紧密围绕中原城市群建设构建现代综合立体交通体系，利用涵洞、桥梁逐步消除平交道口，利用现代信息技术手段科学安全调度车辆，强化铁路专线、城市地铁和中原城市群轨道交通安全保障。加强对危险物品运输车辆进入城区的管制，严厉打击危险物品运输车辆超载、超速和不按规定线路行驶等违章行为。

九、完善安全发展支撑体系

38. 完善安全生产法规体系。依据上位法的要求，制订和细化符合我省安全生产实际需要的法规、规章，力争通过3年的努力，基本建立全省较为完善的安全生产法规体系和标准体系，实现政府监管有法可依、企业管理有章可循、员工操作有规可守。统筹规划，加强立法项目申报衔接工作。积极争取制定出台建设项目安全设施“三同时”、重大危险源监督、作业场所职业安全监督、安全生产检测检验、建设工程安全生产和危险化学品安全管理等方面的管理办法，形成具有河南特色、比较完善的地方性法规体系，为我省安全生产提供强有力的法制保障。

39. 完善安全生产监督管理机构及装备支撑体系。加快推进安全生产监督管理机构标准化建设，全面提升安全生产监管监察队伍素质，保证监察执法必备的办公条件和专用设备设施。2012年年底前省辖市安全生产监督管理机构全部达到标准化要求。2015年年底前县（市、区）安全生产监督管理机构全部达到标准化要求。

40. 完善安全生产技术支撑体系。构建安全生产科研协作体系，以省安全科技研究院为基础，联合郑州大学、河南理工大学、河南工程技术学院等高等院校、科研机构，2012年年底前形成省级安全生产科研协作体系。依托省劳动保护检测检验宣传教育中心、省安全科技研究院和矿用安全产品检验中心，2012年年底前建成省级安全生产检测检验中心实验室,2015年年底前建成区域安全检测检验实验室、职业安全健康中心。建立健全省、市、县三级安全专家组,培育发展安全生产、职业安全健康评价、咨询、培训等社会中介组织,2012年年底前形成安全生产专家咨询服务体系。省财政安排的科技、安全生产等专项资金要对安全生产基础理论和关键技术研究攻关进行支持,2012年年底前启动一批煤矿瓦斯灾害综合防治、危险化学品重大危险源监控和应急救援、金属非金属矿山典型灾害监测预警、烟花爆竹涉药工序人与药分离等示范项目。加快安全生产科技人才培养,采取对口单招、校企联合等方式,进一步扩大矿业、化工、安全工程等院校主体专业招生规模,为高危行业安全生产储备必需的专业技术人才。

41.完善安全生产应急救援体系。加快安全生产应急救援体系建设,2012年省辖市和县(市)全部成立安全生产应急救援指挥中心。加快安全生产应急救援指挥体系建设,2015年年底前建成省、省辖市、县(市)安全生产应急救援综合指挥调度系统,实现国家、省、省辖市和县四级互联互通。继续加强国家危险化学品救援洛阳基地和陆地搜寻与救护平顶山基地建设。加快区域应急救援基地建设,以大型骨干企业为依托,采取各级财政补助的办法,2015年年底前建成豫中、豫北、豫南、豫东、豫西应急救援基地。2015年年底前建成国家级区域性公路交通应急指挥和路网协调中心。加快应急救援队伍体系建设,2012年年底前以公安消防部队为主,建成省、省辖市、县(市)综合应急救援队伍,加强矿山、危险化学品、建筑施工、交通运输、卫生、环保、电力等专业救援队伍建设,逐步形成指挥统一、优势互补、协调联动、反应迅速的应急救援体系。

42.完善安全生产宣传教育培训体系。加快安全生产宣传教育培训机构标准化建设,2012年年底前省辖市成立安全生产宣传教育培训机构;2015年年底前建成省、省辖市安全生产培训基地并达到标准化要求。以省、省辖市安全生产培训基地为骨干,以社会和企业培训机构为补充,2015年年底前形成全方位安全生产宣传教育培训体系。规范安全生产教育培训管理,强化培训师资管理和教材审定,2012年年底前实现全省安全生产教育培训统一大纲、统一教材、统一证件。

43.完善安全生产信息体系。落实国家安全生产信息系统“金安”工程的建设要求,加快全省安全生产信息体系建设,启动中央数据库和应用系统建设。2015年年底前建成省、省辖市、县(市、区)和重点企业互联互通的安全生产信息资源专网,实现安全生产监管监察和应急救援等主要业务信息资源共享。建设高危行业和高风险领域从业人员安全信息平台,2015年年底前建成煤矿、建筑施工、金属非金属矿山、危险化学品、民用爆炸物品和烟花爆竹、特种设备等高危行业(领域)的特种作业人员和道路交通营运驾驶人员的安全信用信息系统。

44.完善安全生产资金投入体系。各级政府要加大安全生产基础设施建设、宣传教育培训、表彰奖励、公共重大事故隐患治理等必要的投入,积极发挥市场配置资源的基础性作用,拓宽安全生产投入渠道,引导社会资金投入安全生产,逐步形成以企业投入为主、政府投入引导、保险参与的全社会多元化安全生产投融资体系,切实改善企业安全生产条件。按照国家安全费用提取、风险抵押金、安全生产责任险等安全生产资金投入的规定,有关部门要督促煤矿、金属非金属矿山、交通运输、建筑施工、危险化学品、烟花爆竹、民爆等行业(领域)从事生产经营活动的单位严格执行安全生产资金投入政策,做到应提尽提、应缴尽缴、专款专用。

45. 完善安全生产责任目标考核奖惩体系。继续将安全生产作为领导干部政绩、国有企业负责人业绩和县域经济评价重要指标，建立健全安全生产工作绩效评价考核体系，强化安全生产过程和结果双重考核，并将考核结果与领导干部任用挂钩，实行安全生产“一票否决”。强化安全生产责任目标动态管理、过程管控，实行月统计、季通报、年考核，进一步发挥考核指标的激励和约束作用，推动政府监管责任和企业主体责任的落实。加大政府安全生产奖惩力度，从 2011 年起省政府每两年开展一次安全生产先进单位和先进个人表彰奖励。

十、纲要实施保障

46. 加强组织领导。安全河南创建工作由省政府统一领导，省政府安全生产委员会综合协调，各省辖市、县（市、区）及各有关部门组织实施。各级政府、各部门、各单位主要负责人是安全创建第一责任人，要对安全创建工作亲自研究部署，制定实施方案，周密计划安排，严格督导检查，确保创建进度和成效。

47. 坚持齐抓共建。安全河南创建是全省各级、各部门、各单位和全社会的共同任务。安全生产监管、发展改革、公安、消防、交通运输、国土资源、工业和信息化、住房城乡建设、水利、文化、教育、体育、林业、环保、旅游、质监、煤矿安全监察、气象、农机、工商等部门，要紧紧围绕安全创建的目标要求，制定创建规划和具体实施方案，加大推进力度，加快创建进度，形成创建合力。将安全社区、安全农村、安全校园、平安农机、平安交通等基层安全达标活动纳入安全河南创建总体规划，继续深入开展。

48. 注重创建保障。各级政府要加大对安全创建经费的保障力度，并随着经济发展逐步增加投入，保证创建工作顺利开展。要将公共安全隐患治理、重大危险源监管、公共安全基础设施建设、安全生产应急救援、检测检验、科学技术研究及推广、宣传教育培训、安全创建基层基础建设等所需资金纳入本级财政年度预算。

49. 强化宣传引导。各级、各部门、各单位要加大宣传力度，创新宣传形式，丰富宣传载体，延伸宣传渠道，广泛深入地宣传安全创建目的、意义，形成人人参与、齐抓共管、共同防范、同享和谐的浓厚氛围。

50. 严格检查考核。各级、各部门要把安全创建工作纳入年度工作目标管理范围，完善督察检查、定量考核和评比奖惩制度，制定安全创建年度计划和考核奖惩办法，每年对下级政府及有关部门安全创建工作进行检查考核。对完成创建任务的省辖市、县（市、区）以及对安全创建工作做出突出贡献的集体和个人给予表彰奖励。各省辖市政府要制定具体的安全创建奖惩实施细则。

附件 1：安全和谐型村镇创建标准（试行）（略）
附件 2：安全和谐型社区创建标准（试行）（略）
附件 3：安全发展型企业创建标准（试行）（略）
附件 4：安全保障型城市创建标准（试行）（略）
附件 5：安全生产监督管理机构标准化建设标准（试行）（略）

三、部门规章

BUMEN GUIZHANG

建筑施工企业安全生产许可证管理规定

（2004年7月5日中华人民共和国建设部令第128号发布，
自公布之日起施行）

第一章 总 则

第一条 为了严格规范建筑施工企业安全生产条件，进一步加强安全生产监督管理，防止和减少生产安全事故，根据《安全生产许可证条例》、《建设工程安全生产管理条例》等有关行政法规，制定本规定。

第二条 国家对建筑施工企业实行安全生产许可制度。

建筑施工企业未取得安全生产许可证的，不得从事建筑施工活动。

本规定所称建筑施工企业，是指从事土木工程、建筑工程、线路管道和设备安装工程及装修工程的新建、扩建、改建和拆除等有关活动的企业。

第三条 国务院建设主管部门负责中央管理的建筑施工企业安全生产许可证的颁发和管理。

省、自治区、直辖市人民政府建设主管部门负责本行政区域内前款规定以外的建筑施工企业安全生产许可证的颁发和管理，并接受国务院建设主管部门的指导和监督。

市、县人民政府建设主管部门负责本行政区域内建筑施工企业安全生产许可证的监督管理，并将监督检查中发现的企业违法行为及时报告安全生产许可证颁发管理机关。

第二章 安全生产条件

第四条 建筑施工企业取得安全生产许可证，应当具备下列安全生产条件：

（一）建立、健全安全生产责任制，制定完备的安全生产规章制度和操作规程；

（二）保证本单位安全生产条件所需资金的投入；

（三）设置安全生产管理机构，按照国家有关规定配备专职安全生产管理人员；

（四）主要负责人、项目负责人、专职安全生产管理人员经建设主管部门或者其他有关部门考核合格；

（五）特种作业人员经有关业务主管部门考核合格，取得特种作业操作资格证书；

（六）管理人员和作业人员每年至少进行一次安全生产教育培训并考核合格；

（七）依法参加工伤保险，依法为施工现场从事危险作业的人员办理意外伤害保险，为从业人员缴纳保险费；

（八）施工现场的办公、生活区及作业场所和安全防护用具、机械设备、施工机具及配件符合有关安全生产法律、法规、标准和规程的要求；

（九）有职业危害防治措施，并为作业人员配备符合国家标准或者行业标准的安全防护用具和安全防护服装；

（十）有对危险性较大的分部分项工程及施工现场易发生重大事故的部位、环节的预防、监控措施和应急预案；

（十一）有生产安全事故应急救援预案、应急救援组织或者应急救援人员，配备必要的应急救援器材、设备；

（十二）法律、法规规定的其他条件。

第三章　安全生产许可证的申请与颁发

第五条　建筑施工企业从事建筑施工活动前，应当依照本规定向省级以上建设主管部门申请领取安全生产许可证。

中央管理的建筑施工企业（集团公司、总公司）应当向国务院建设主管部门申请领取安全生产许可证。

前款规定以外的其他建筑施工企业，包括中央管理的建筑施工企业（集团公司、总公司）下属的建筑施工企业，应当向企业注册所在地省、自治区、直辖市人民政府建设主管部门申请领取安全生产许可证。

第六条　建筑施工企业申请安全生产许可证时，应当向建设主管部门提供下列材料：

（一）建筑施工企业安全生产许可证申请表；

（二）企业法人营业执照；

（三）第四条规定的相关文件、材料。

建筑施工企业申请安全生产许可证，应当对申请材料实质内容的真实性负责，不得隐瞒有关情况或者提供虚假材料。

第七条　建设主管部门应当自受理建筑施工企业的申请之日起45日内审查完毕；经审查符合安全生产条件的，颁发安全生产许可证；不符合安全生产条件的，不予颁发安全生产许可证，书面通知企业并说明理由。企业自接到通知之日起应当进行整改，整改合格后方可再次提出申请。

建设主管部门审查建筑施工企业安全生产许可证申请，涉及铁路、交通、水利等有关专业工程时，可以征求铁路、交通、水利等有关部门的意见。

第八条　安全生产许可证的有效期为3年。安全生产许可证有效期满需要延期的，企业应当于期满前3个月向原安全生产许可证颁发管理机关申请办理延期手续。

企业在安全生产许可证有效期内，严格遵守有关安全生产的法律法规，未发生死亡事故的，安全生产许可证有效期届满时，经原安全生产许可证颁发管理机关同意，不再审查，安全生产许可证有效期延期3年。

第九条　建筑施工企业变更名称、地址、法定代表人等，应当在变更后10日内，到原安全生产许可证颁发管理机关办理安全生产许可证变更手续。

第十条　建筑施工企业破产、倒闭、撤销的，应当将安全生产许可证交回原安全生产许可证颁发管理机关予以注销。

第十一条　建筑施工企业遗失安全生产许可证，应当立即向原安全生产许可证颁发管理机关报告，并在公众媒体上声明作废后，方可申请补办。

第十二条 安全生产许可证申请表采用建设部规定的统一式样。

安全生产许可证采用国务院安全生产监督管理部门规定的统一式样。

安全生产许可证分正本和副本,正、副本具有同等法律效力。

第四章 监督管理

第十三条 县级以上人民政府建设主管部门应当加强对建筑施工企业安全生产许可证的监督管理。建设主管部门在审核发放施工许可证时,应当对已经确定的建筑施工企业是否有安全生产许可证进行审查,对没有取得安全生产许可证的,不得颁发施工许可证。

第十四条 跨省从事建筑施工活动的建筑施工企业有违反本规定行为的,由工程所在地的省级人民政府建设主管部门将建筑施工企业在本地区的违法事实、处理结果和处理建议抄告原安全生产许可证颁发管理机关。

第十五条 建筑施工企业取得安全生产许可证后,不得降低安全生产条件,并应当加强日常安全生产管理,接受建设主管部门的监督检查。安全生产许可证颁发管理机关发现企业不再具备安全生产条件的,应当暂扣或者吊销安全生产许可证。

第十六条 安全生产许可证颁发管理机关或者其上级行政机关发现有下列情形之一的,可以撤销已经颁发的安全生产许可证:

(一)安全生产许可证颁发管理机关工作人员滥用职权、玩忽职守颁发安全生产许可证的;

(二)超越法定职权颁发安全生产许可证的;

(三)违反法定程序颁发安全生产许可证的;

(四)对不具备安全生产条件的建筑施工企业颁发安全生产许可证的;

(五)依法可以撤销已经颁发的安全生产许可证的其他情形。

依照前款规定撤销安全生产许可证,建筑施工企业的合法权益受到损害的,建设主管部门应当依法给予赔偿。

第十七条 安全生产许可证颁发管理机关应当建立、健全安全生产许可证档案管理制度,定期向社会公布企业取得安全生产许可证的情况,每年向同级安全生产监督管理部门通报建筑施工企业安全生产许可证颁发和管理情况。

第十八条 建筑施工企业不得转让、冒用安全生产许可证或者使用伪造的安全生产许可证。

第十九条 建设主管部门工作人员在安全生产许可证颁发、管理和监督检查工作中,不得索取或者接受建筑施工企业的财物,不得谋取其他利益。

第二十条 任何单位或者个人对违反本规定的行为,有权向安全生产许可证颁发管理机关或者监察机关等有关部门举报。

第五章 罚 则

第二十一条 违反本规定,建设主管部门工作人员有下列行为之一的,给予降级或者撤职的行政处分;构成犯罪的,依法追究刑事责任:

(一)向不符合安全生产条件的建筑施工企业颁发安全生产许可证的;

(二)发现建筑施工企业未依法取得安全生产许可证擅自从事建筑施工活动,不依法

处理的;

(三)发现取得安全生产许可证的建筑施工企业不再具备安全生产条件,不依法处理的;

(四)接到对违反本规定行为的举报后,不及时处理的;

(五)在安全生产许可证颁发、管理和监督检查工作中,索取或者接受建筑施工企业的财物,或者谋取其他利益的。

由于建筑施工企业弄虚作假,造成前款第(一)项行为的,对建设主管部门工作人员不予处分。

第二十二条 取得安全生产许可证的建筑施工企业,发生重大安全事故的,暂扣安全生产许可证并限期整改。

第二十三条 建筑施工企业不再具备安全生产条件的,暂扣安全生产许可证并限期整改;情节严重的,吊销安全生产许可证。

第二十四条 违反本规定,建筑施工企业未取得安全生产许可证擅自从事建筑施工活动的,责令其在建项目停止施工,没收违法所得,并处10万元以上50万元以下的罚款;造成重大安全事故或者其他严重后果,构成犯罪的,依法追究刑事责任。

第二十五条 违反本规定,安全生产许可证有效期满未办理延期手续,继续从事建筑施工活动的,责令其在建项目停止施工,限期补办延期手续,没收违法所得,并处5万元以上10万元以下的罚款;逾期仍不办理延期手续,继续从事建筑施工活动的,依照本规定第二十四条的规定处罚。

第二十六条 违反本规定,建筑施工企业转让安全生产许可证的,没收违法所得,处10万元以上50万元以下的罚款,并吊销安全生产许可证;构成犯罪的,依法追究刑事责任;接受转让的,依照本规定第二十四条的规定处罚。

冒用安全生产许可证或者使用伪造的安全生产许可证的,依照本规定第二十四条的规定处罚。

第二十七条 违反本规定,建筑施工企业隐瞒有关情况或者提供虚假材料申请安全生产许可证的,不予受理或者不予颁发安全生产许可证,并给予警告,1年内不得申请安全生产许可证。

建筑施工企业以欺骗、贿赂等不正当手段取得安全生产许可证的,撤销安全生产许可证,3年内不得再次申请安全生产许可证;构成犯罪的,依法追究刑事责任。

第二十八条 本规定的暂扣、吊销安全生产许可证的行政处罚,由安全生产许可证的颁发管理机关决定;其他行政处罚,由县级以上地方人民政府建设主管部门决定。

第六章 附 则

第二十九条 本规定施行前已依法从事建筑施工活动的建筑施工企业,应当自《安全生产许可证条例》施行之日起(2004年1月13日起)1年内向建设主管部门申请办理建筑施工企业安全生产许可证;逾期不办理安全生产许可证,或者经审查不符合本规定的安全生产条件,未取得安全生产许可证,继续进行建筑施工活动的,依照本规定第二十四条的规定处罚。

第三十条 本规定自公布之日起施行。

建筑起重机械安全监督管理规定

（2008年1月28日中华人民共和国建设部令第166号公布，
自2008年6月1日起施行）

第一条 为了加强建筑起重机械的安全监督管理，防止和减少生产安全事故，保障人民群众生命和财产安全，依据《建设工程安全生产管理条例》、《特种设备安全监察条例》、《安全生产许可证条例》，制定本规定。

第二条 建筑起重机械的租赁、安装、拆卸、使用及其监督管理，适用本规定。

本规定所称建筑起重机械，是指纳入特种设备目录，在房屋建筑工地和市政工程工地安装、拆卸、使用的起重机械。

第三条 国务院建设主管部门对全国建筑起重机械的租赁、安装、拆卸、使用实施监督管理。

县级以上地方人民政府建设主管部门对本行政区域内的建筑起重机械的租赁、安装、拆卸、使用实施监督管理。

第四条 出租单位出租的建筑起重机械和使用单位购置、租赁、使用的建筑起重机械应当具有特种设备制造许可证、产品合格证、制造监督检验证明。

第五条 出租单位在建筑起重机械首次出租前，自购建筑起重机械的使用单位在建筑起重机械首次安装前，应当持建筑起重机械特种设备制造许可证、产品合格证和制造监督检验证明到本单位工商注册所在地县级以上地方人民政府建设主管部门办理备案。

第六条 出租单位应当在签订的建筑起重机械租赁合同中，明确租赁双方的安全责任，并出具建筑起重机械特种设备制造许可证、产品合格证、制造监督检验证明、备案证明和自检合格证明，提交安装使用说明书。

第七条 有下列情形之一的建筑起重机械，不得出租、使用：

（一）属国家明令淘汰或者禁止使用的；

（二）超过安全技术标准或者制造厂家规定的使用年限的；

（三）经检验达不到安全技术标准规定的；

（四）没有完整安全技术档案的；

（五）没有齐全有效的安全保护装置的。

第八条 建筑起重机械有本规定第七条第（一）、（二）、（三）项情形之一的，出租单位或者自购建筑起重机械的使用单位应当予以报废，并向原备案机关办理注销手续。

第九条 出租单位、自购建筑起重机械的使用单位，应当建立建筑起重机械安全技术档案。

建筑起重机械安全技术档案应当包括以下资料：

（一）购销合同、制造许可证、产品合格证、制造监督检验证明、安装使用说明书、备案证明等原始资料；

（二）定期检验报告、定期自行检查记录、定期维护保养记录、维修和技术改造记录、运行故障和生产安全事故记录、累计运转记录等运行资料；

（三）历次安装验收资料。

第十条 从事建筑起重机械安装、拆卸活动的单位（以下简称安装单位）应当依法取得建设主管部门颁发的相应资质和建筑施工企业安全生产许可证，并在其资质许可范围内承揽建筑起重机械安装、拆卸工程。

第十一条 建筑起重机械使用单位和安装单位应当在签订的建筑起重机械安装、拆卸合同中明确双方的安全生产责任。

实行施工总承包的，施工总承包单位应当与安装单位签订建筑起重机械安装、拆卸工程安全协议书。

第十二条 安装单位应当履行下列安全职责：

（一）按照安全技术标准及建筑起重机械性能要求，编制建筑起重机械安装、拆卸工程专项施工方案，并由本单位技术负责人签字；

（二）按照安全技术标准及安装使用说明书等检查建筑起重机械及现场施工条件；

（三）组织安全施工技术交底并签字确认；

（四）制定建筑起重机械安装、拆卸工程生产安全事故应急救援预案；

（五）将建筑起重机械安装、拆卸工程专项施工方案，安装、拆卸人员名单，安装、拆卸时间等材料报施工总承包单位和监理单位审核后，告知工程所在地县级以上地方人民政府建设主管部门。

第十三条 安装单位应当按照建筑起重机械安装、拆卸工程专项施工方案及安全操作规程组织安装、拆卸作业。

安装单位的专业技术人员、专职安全生产管理人员应当进行现场监督，技术负责人应当定期巡查。

第十四条 建筑起重机械安装完毕后，安装单位应当按照安全技术标准及安装使用说明书的有关要求对建筑起重机械进行自检、调试和试运转。自检合格的，应当出具自检合格证明，并向使用单位进行安全使用说明。

第十五条 安装单位应当建立建筑起重机械安装、拆卸工程档案。

建筑起重机械安装、拆卸工程档案应当包括以下资料：

（一）安装、拆卸合同及安全协议书；

（二）安装、拆卸工程专项施工方案；

（三）安全施工技术交底的有关资料；

（四）安装工程验收资料；

（五）安装、拆卸工程生产安全事故应急救援预案。

第十六条 建筑起重机械安装完毕后，使用单位应当组织出租、安装、监理等有关单位进行验收，或者委托具有相应资质的检验检测机构进行验收。建筑起重机械经验收合格后方可投入使用，未经验收或者验收不合格的不得使用。

实行施工总承包的，由施工总承包单位组织验收。

建筑起重机械在验收前应当经有相应资质的检验检测机构监督检验合格。

检验检测机构和检验检测人员对检验检测结果、鉴定结论依法承担法律责任。

第十七条 使用单位应当自建筑起重机械安装验收合格之日起30日内,将建筑起重机械安装验收资料、建筑起重机械安全管理制度、特种作业人员名单等,向工程所在地县级以上地方人民政府建设主管部门办理建筑起重机械使用登记。登记标志置于或者附着于该设备的显著位置。

第十八条 使用单位应当履行下列安全职责:

(一)根据不同施工阶段、周围环境以及季节、气候的变化,对建筑起重机械采取相应的安全防护措施;

(二)制定建筑起重机械生产安全事故应急救援预案;

(三)在建筑起重机械活动范围内设置明显的安全警示标志,对集中作业区做好安全防护;

(四)设置相应的设备管理机构或者配备专职的设备管理人员;

(五)指定专职设备管理人员、专职安全生产管理人员进行现场监督检查;

(六)建筑起重机械出现故障或者发生异常情况的,立即停止使用,消除故障和事故隐患后,方可重新投入使用。

第十九条 使用单位应当对在用的建筑起重机械及其安全保护装置、吊具、索具等进行经常性和定期的检查、维护和保养,并做好记录。

使用单位在建筑起重机械租期结束后,应当将定期检查、维护和保养记录移交出租单位。

建筑起重机械租赁合同对建筑起重机械的检查、维护、保养另有约定的,从其约定。

第二十条 建筑起重机械在使用过程中需要附着的,使用单位应当委托原安装单位或者具有相应资质的安装单位按照专项施工方案实施,并按照本规定第十六条规定组织验收。验收合格后方可投入使用。

建筑起重机械在使用过程中需要顶升的,使用单位委托原安装单位或者具有相应资质的安装单位按照专项施工方案实施后,即可投入使用。

禁止擅自在建筑起重机械上安装非原制造厂制造的标准节和附着装置。

第二十一条 施工总承包单位应当履行下列安全职责:

(一)向安装单位提供拟安装设备位置的基础施工资料,确保建筑起重机械进场安装、拆卸所需的施工条件;

(二)审核建筑起重机械的特种设备制造许可证、产品合格证、制造监督检验证明、备案证明等文件;

(三)审核安装单位、使用单位的资质证书、安全生产许可证和特种作业人员的特种作业操作资格证书;

(四)审核安装单位制定的建筑起重机械安装、拆卸工程专项施工方案和生产安全事故应急救援预案;

(五)审核使用单位制定的建筑起重机械生产安全事故应急救援预案;

(六)指定专职安全生产管理人员监督检查建筑起重机械安装、拆卸、使用情况;

(七)施工现场有多台塔式起重机作业时,应当组织制定并实施防止塔式起重机相互碰撞的安全措施。

第二十二条 监理单位应当履行下列安全职责:

(一)审核建筑起重机械特种设备制造许可证、产品合格证、制造监督检验证明、备案证明等文件;

(二)审核建筑起重机械安装单位、使用单位的资质证书、安全生产许可证和特种作业人员的特种作业操作资格证书;

(三)审核建筑起重机械安装、拆卸工程专项施工方案;

(四)监督安装单位执行建筑起重机械安装、拆卸工程专项施工方案情况;

(五)监督检查建筑起重机械的使用情况;

(六)发现存在生产安全事故隐患的,应当要求安装单位、使用单位限期整改,对安装单位、使用单位拒不整改的,及时向建设单位报告。

第二十三条 依法发包给两个及两个以上施工单位的工程,不同施工单位在同一施工现场使用多台塔式起重机作业时,建设单位应当协调组织制定防止塔式起重机相互碰撞的安全措施。

安装单位、使用单位拒不整改生产安全事故隐患的,建设单位接到监理单位报告后,应当责令安装单位、使用单位立即停工整改。

第二十四条 建筑起重机械特种作业人员应当遵守建筑起重机械安全操作规程和安全管理制度,在作业中有权拒绝违章指挥和强令冒险作业,有权在发生危及人身安全的紧急情况时立即停止作业或者采取必要的应急措施后撤离危险区域。

第二十五条 建筑起重机械安装拆卸工、起重信号工、起重司机、司索工等特种作业人员应当经建设主管部门考核合格,并取得特种作业操作资格证书后,方可上岗作业。

省、自治区、直辖市人民政府建设主管部门负责组织实施建筑施工企业特种作业人员的考核。

特种作业人员的特种作业操作资格证书由国务院建设主管部门规定统一的样式。

第二十六条 建设主管部门履行安全监督检查职责时,有权采取下列措施:

(一)要求被检查的单位提供有关建筑起重机械的文件和资料;

(二)进入被检查单位和被检查单位的施工现场进行检查;

(三)对检查中发现的建筑起重机械生产安全事故隐患,责令立即排除;重大生产安全事故隐患排除前或者排除过程中无法保证安全的,责令从危险区域撤出作业人员或者暂时停止施工。

第二十七条 负责办理备案或者登记的建设主管部门应当建立本行政区域内的建筑起重机械档案,按照有关规定对建筑起重机械进行统一编号,并定期向社会公布建筑起重机械的安全状况。

第二十八条 违反本规定,出租单位、自购建筑起重机械的使用单位,有下列行为之一的,由县级以上地方人民政府建设主管部门责令限期改正,予以警告,并处以5 000元以上1万元以下罚款:

(一)未按照规定办理备案的;

(二)未按照规定办理注销手续的;

（三）未按照规定建立建筑起重机械安全技术档案的。

第二十九条 违反本规定，安装单位有下列行为之一的，由县级以上地方人民政府建设主管部门责令限期改正，予以警告，并处以5 000元以上3万元以下罚款：

（一）未履行第十二条第（二）、（四）、（五）项安全职责的；

（二）未按照规定建立建筑起重机械安装、拆卸工程档案的；

（三）未按照建筑起重机械安装、拆卸工程专项施工方案及安全操作规程组织安装、拆卸作业的。

第三十条 违反本规定，使用单位有下列行为之一的，由县级以上地方人民政府建设主管部门责令限期改正，予以警告，并处以5 000元以上3万元以下罚款：

（一）未履行第十八条第（一）、（二）、（四）、（六）项安全职责的；

（二）未指定专职设备管理人员进行现场监督检查的；

（三）擅自在建筑起重机械上安装非原制造厂制造的标准节和附着装置的。

第三十一条 违反本规定，施工总承包单位未履行第二十一条第（一）、（三）、（四）、（五）、（七）项安全职责的，由县级以上地方人民政府建设主管部门责令限期改正，予以警告，并处以5 000元以上3万元以下罚款。

第三十二条 违反本规定，监理单位未履行第二十二条第（一）、（二）、（四）、（五）项安全职责的，由县级以上地方人民政府建设主管部门责令限期改正，予以警告，并处以5 000元以上3万元以下罚款。

第三十三条 违反本规定，建设单位有下列行为之一的，由县级以上地方人民政府建设主管部门责令限期改正，予以警告，并处以5 000元以上3万元以下罚款；逾期未改的，责令停止施工：

（一）未按照规定协调组织制定防止多台塔式起重机相互碰撞的安全措施的；

（二）接到监理单位报告后，未责令安装单位、使用单位立即停工整改的。

第三十四条 违反本规定，建设主管部门的工作人员有下列行为之一的，依法给予处分；构成犯罪的，依法追究刑事责任：

（一）发现违反本规定的违法行为不依法查处的；

（二）发现在用的建筑起重机械存在严重生产安全事故隐患不依法处理的；

（三）不依法履行监督管理职责的其他行为。

第三十五条 本规定自2008年6月1日起施行。

安全生产事故隐患排查治理暂行规定

（2007 年 12 月 28 日国家安全生产监督管理总局令第 16 号公布，自 2008 年 2 月 1 日起施行）

第一章　总　则

第一条　为了建立安全生产事故隐患排查治理长效机制，强化安全生产主体责任，加强事故隐患监督管理，防止和减少事故，保障人民群众生命财产安全，根据安全生产法等法律、行政法规，制定本规定。

第二条　生产经营单位安全生产事故隐患排查治理和安全生产监督管理部门、煤矿安全监察机构（以下统称安全监管监察部门）实施监管监察，适用本规定。

有关法律、行政法规对安全生产事故隐患排查治理另有规定的，依照其规定。

第三条　本规定所称安全生产事故隐患（以下简称事故隐患），是指生产经营单位违反安全生产法律、法规、规章、标准、规程和安全生产管理制度的规定，或者因其他因素在生产经营活动中存在可能导致事故发生的物的危险状态、人的不安全行为和管理上的缺陷。

事故隐患分为一般事故隐患和重大事故隐患。一般事故隐患，是指危害和整改难度较小，发现后能够立即整改排除的隐患。重大事故隐患，是指危害和整改难度较大，应当全部或者局部停产停业，并经过一定时间整改治理方能排除的隐患，或者因外部因素影响致使生产经营单位自身难以排除的隐患。

第四条　生产经营单位应当建立健全事故隐患排查治理制度。

生产经营单位主要负责人对本单位事故隐患排查治理工作全面负责。

第五条　各级安全监管监察部门按照职责对所辖区域内生产经营单位排查治理事故隐患工作依法实施综合监督管理；各级人民政府有关部门在各自职责范围内对生产经营单位排查治理事故隐患工作依法实施监督管理。

第六条　任何单位和个人发现事故隐患，均有权向安全监管监察部门和有关部门报告。

安全监管监察部门接到事故隐患报告后，应当按照职责分工立即组织核实并予以查处；发现所报告事故隐患应当由其他有关部门处理的，应当立即移送有关部门并记录备查。

第二章　生产经营单位的职责

第七条　生产经营单位应当依照法律、法规、规章、标准和规程的要求从事生产经营活动。严禁非法从事生产经营活动。

第八条 生产经营单位是事故隐患排查、治理和防控的责任主体。

生产经营单位应当建立健全事故隐患排查治理和建档监控等制度,逐级建立并落实从主要负责人到每个从业人员的隐患排查治理和监控责任制。

第九条 生产经营单位应当保证事故隐患排查治理所需的资金,建立资金使用专项制度。

第十条 生产经营单位应当定期组织安全生产管理人员、工程技术人员和其他相关人员排查本单位的事故隐患。对排查出的事故隐患,应当按照事故隐患的等级进行登记,建立事故隐患信息档案,并按照职责分工实施监控治理。

第十一条 生产经营单位应当建立事故隐患报告和举报奖励制度,鼓励、发动职工发现和排除事故隐患,鼓励社会公众举报。对发现、排除和举报事故隐患的有功人员,应当给予物质奖励和表彰。

第十二条 生产经营单位将生产经营项目、场所、设备发包、出租的,应当与承包、承租单位签订安全生产管理协议,并在协议中明确各方对事故隐患排查、治理和防控的管理职责。生产经营单位对承包、承租单位的事故隐患排查治理负有统一协调和监督管理的职责。

第十三条 安全监管监察部门和有关部门的监督检查人员依法履行事故隐患监督检查职责时,生产经营单位应当积极配合,不得拒绝和阻挠。

第十四条 生产经营单位应当每季、每年对本单位事故隐患排查治理情况进行统计分析,并分别于下一季度15日前和下一年1月31日前向安全监管监察部门和有关部门报送书面统计分析表。统计分析表应当由生产经营单位主要负责人签字。

对于重大事故隐患,生产经营单位除依照前款规定报送外,应当及时向安全监管监察部门和有关部门报告。重大事故隐患报告内容应当包括:

(一)隐患的现状及其产生原因;

(二)隐患的危害程度和整改难易程度分析;

(三)隐患的治理方案。

第十五条 对于一般事故隐患,由生产经营单位(车间、分厂、区队等)负责人或者有关人员立即组织整改。

对于重大事故隐患,由生产经营单位主要负责人组织制定并实施事故隐患治理方案。重大事故隐患治理方案应当包括以下内容:

(一)治理的目标和任务;

(二)采取的方法和措施;

(三)经费和物资的落实;

(四)负责治理的机构和人员;

(五)治理的时限和要求;

(六)安全措施和应急预案。

第十六条 生产经营单位在事故隐患治理过程中,应当采取相应的安全防范措施,防止事故发生。事故隐患排除前或者排除过程中无法保证安全的,应当从危险区域内撤出作业人员,并疏散可能危及的其他人员,设置警戒标志,暂时停产停业或者停止使用;对暂时难以停产或者停止使用的相关生产储存装置、设施、设备,应当加强维护和保养,防止事故发生。

第十七条 生产经营单位应当加强对自然灾害的预防。对于因自然灾害可能导致事故灾难的隐患,应当按照有关法律、法规、标准和本规定的要求排查治理,采取可靠的预防措施,制定应急预案。在接到有关自然灾害预报时,应当及时向下属单位发出预警通知;发生自然灾害可能危及生产经营单位和人员安全的情况时,应当采取撤离人员、停止作业、加强监测等安全措施,并及时向当地人民政府及其有关部门报告。

第十八条 地方人民政府或者安全监管监察部门及有关部门挂牌督办并责令全部或者局部停产停业治理的重大事故隐患,治理工作结束后,有条件的生产经营单位应当组织本单位的技术人员和专家对重大事故隐患的治理情况进行评估;其他生产经营单位应当委托具备相应资质的安全评价机构对重大事故隐患的治理情况进行评估。

经治理后符合安全生产条件的,生产经营单位应当向安全监管监察部门和有关部门提出恢复生产的书面申请,经安全监管监察部门和有关部门审查同意后,方可恢复生产经营。申请报告应当包括治理方案的内容、项目和安全评价机构出具的评价报告等。

第三章 监督管理

第十九条 安全监管监察部门应当指导、监督生产经营单位按照有关法律、法规、规章、标准和规程的要求,建立健全事故隐患排查治理等各项制度。

第二十条 安全监管监察部门应当建立事故隐患排查治理监督检查制度,定期组织对生产经营单位事故隐患排查治理情况开展监督检查;应当加强对重点单位的事故隐患排查治理情况的监督检查。对检查过程中发现的重大事故隐患,应当下达整改指令书,并建立信息管理台账。必要时,报告同级人民政府并对重大事故隐患实行挂牌督办。

安全监管监察部门应当配合有关部门做好对生产经营单位事故隐患排查治理情况开展的监督检查,依法查处事故隐患排查治理的非法和违法行为及其责任者。

安全监管监察部门发现属于其他有关部门职责范围内的重大事故隐患的,应该及时将有关资料移送有管辖权的有关部门,并记录备查。

第二十一条 已经取得安全生产许可证的生产经营单位,在其被挂牌督办的重大事故隐患治理结束前,安全监管监察部门应当加强监督检查。必要时,可以提请原许可证颁发机关依法暂扣其安全生产许可证。

第二十二条 安全监管监察部门应当会同有关部门把重大事故隐患整改纳入重点行业领域的安全专项整治中加以治理,落实相应责任。

第二十三条 对挂牌督办并采取全部或者局部停产停业治理的重大事故隐患,安全监管监察部门收到生产经营单位恢复生产的申请报告后,应当在10日内进行现场审查。审查合格的,对事故隐患进行核销,同意恢复生产经营;审查不合格的,依法责令改正或者下达停产整改指令。对整改无望或者生产经营单位拒不执行整改指令的,依法实施行政处罚;不具备安全生产条件的,依法提请县级以上人民政府按照国务院规定的权限予以关闭。

第二十四条 安全监管监察部门应当每季将本行政区域重大事故隐患的排查治理情况和统计分析表逐级报至省级安全监管监察部门备案。

省级安全监管监察部门应当每半年将本行政区域重大事故隐患的排查治理情况和统计分析表报国家安全生产监督管理总局备案。

第四章 罚 则

第二十五条 生产经营单位及其主要负责人未履行事故隐患排查治理职责，导致发生生产安全事故的，依法给予行政处罚。

第二十六条 生产经营单位违反本规定，有下列行为之一的，由安全监管监察部门给予警告，并处三万元以下的罚款：

（一）未建立安全生产事故隐患排查治理等各项制度的；

（二）未按规定上报事故隐患排查治理统计分析表的；

（三）未制定事故隐患治理方案的；

（四）重大事故隐患不报或者未及时报告的；

（五）未对事故隐患进行排查治理擅自生产经营的；

（六）整改不合格或者未经安全监管监察部门审查同意擅自恢复生产经营的。

第二十七条 承担检测检验、安全评价的中介机构，出具虚假评价证明，尚不够刑事处罚的，没收违法所得，违法所得在五千元以上的，并处违法所得二倍以上五倍以下的罚款，没有违法所得或者违法所得不足五千元的，单处或者并处五千元以上二万元以下的罚款，同时可对其直接负责的主管人员和其他直接责任人员处五千元以上五万元以下的罚款；给他人造成损害的，与生产经营单位承担连带赔偿责任。

对有前款违法行为的机构，撤销其相应的资质。

第二十八条 生产经营单位事故隐患排查治理过程中违反有关安全生产法律、法规、规章、标准和规程规定的，依法给予行政处罚。

第二十九条 安全监管监察部门的工作人员未依法履行职责的，按照有关规定处理。

第五章 附 则

第三十条 省级安全监管监察部门可以根据本规定，制定事故隐患排查治理和监督管理实施细则。

第三十一条 事业单位、人民团体以及其他经济组织的事故隐患排查治理，参照本规定执行。

第三十二条 本规定自2008年2月1日起施行。

生产安全事故应急预案管理办法

（2009 年 4 月 1 日国家安全生产监督管理总局令第 17 号公布，
自 2009 年 5 月 1 日起施行）

第一章　总　则

第一条　为了规范生产安全事故应急预案的管理，完善应急预案体系，增强应急预案的科学性、针对性、实效性，依据《中华人民共和国突发事件应对法》、《中华人民共和国安全生产法》和国务院有关规定，制定本办法。

第二条　生产安全事故应急预案（以下简称应急预案）的编制、评审、发布、备案、培训、演练和修订等工作，适用本办法。

法律、行政法规和国务院另有规定的，依照其规定。

第三条　应急预案的管理遵循综合协调、分类管理、分级负责、属地为主的原则。

第四条　国家安全生产监督管理总局负责应急预案的综合协调管理工作。国务院其他负有安全生产监督管理职责的部门按照各自的职责负责本行业、本领域内应急预案的管理工作。

县级以上地方各级人民政府安全生产监督管理部门负责本行政区域内应急预案的综合协调管理工作。县级以上地方各级人民政府其他负有安全生产监督管理职责的部门按照各自的职责负责辖区内本行业、本领域应急预案的管理工作。

第二章　应急预案的编制

第五条　应急预案的编制应当符合下列基本要求：

（一）符合有关法律、法规、规章和标准的规定；

（二）结合本地区、本部门、本单位的安全生产实际情况；

（三）结合本地区、本部门、本单位的危险性分析情况；

（四）应急组织和人员的职责分工明确，并有具体的落实措施；

（五）有明确、具体的事故预防措施和应急程序，并与其应急能力相适应；

（六）有明确的应急保障措施，并能满足本地区、本部门、本单位的应急工作要求；

（七）预案基本要素齐全、完整，预案附件提供的信息准确；

（八）预案内容与相关应急预案相互衔接。

第六条　地方各级安全生产监督管理部门应当根据法律、法规、规章和同级人民政府以及上一级安全生产监督管理部门的应急预案，结合工作实际，组织制定相应的部门应急预案。

第七条　生产经营单位应当根据有关法律、法规和《生产经营单位安全生产事故应急预案编制导则》(AQ/T 9002—2006),结合本单位的危险源状况、危险性分析情况和可能发生的事故特点,制定相应的应急预案。

生产经营单位的应急预案按照针对情况的不同,分为综合应急预案、专项应急预案和现场处置方案。

第八条 生产经营单位风险种类多、可能发生多种事故类型的,应当组织编制本单位的综合应急预案。

综合应急预案应当包括本单位的应急组织机构及其职责、预案体系及响应程序、事故预防及应急保障、应急培训及预案演练等主要内容。

第九条 对于某一种类的风险,生产经营单位应当根据存在的重大危险源和可能发生的事故类型,制定相应的专项应急预案。

专项应急预案应当包括危险性分析、可能发生的事故特征、应急组织机构与职责、预防措施、应急处置程序和应急保障等内容。

第十条 对于危险性较大的重点岗位,生产经营单位应当制定重点工作岗位的现场处置方案。

现场处置方案应当包括危险性分析、可能发生的事故特征、应急处置程序、应急处置要点和注意事项等内容。

第十一条 生产经营单位编制的综合应急预案、专项应急预案和现场处置方案之间应当相互衔接,并与所涉及的其他单位的应急预案相互衔接。

第十二条 应急预案应当包括应急组织机构和人员的联系方式、应急物资储备清单等附件信息。附件信息应当经常更新,确保信息准确有效。

第三章 应急预案的评审

第十三条 地方各级安全生产监督管理部门应当组织有关专家对本部门编制的应急预案进行审定;必要时,可以召开听证会,听取社会有关方面的意见。涉及相关部门职能或者需要有关部门配合的,应当征得有关部门同意。

第十四条 矿山、建筑施工单位和易燃易爆物品、危险化学品、放射性物品等危险物品的生产、经营、储存、使用单位和中型规模以上的其他生产经营单位,应当组织专家对本单位编制的应急预案进行评审。评审应当形成书面纪要并附有专家名单。

前款规定以外的其他生产经营单位应当对本单位编制的应急预案进行论证。

第十五条 参加应急预案评审的人员应当包括应急预案涉及的政府部门工作人员和有关安全生产及应急管理方面的专家。

评审人员与所评审预案的生产经营单位有利害关系的,应当回避。

第十六条 应急预案的评审或者论证应当注重应急预案的实用性、基本要素的完整性、预防措施的针对性、组织体系的科学性、响应程序的操作性、应急保障措施的可行性、应急预案的衔接性等内容。

第十七条 生产经营单位的应急预案经评审或者论证后,由生产经营单位主要负责人签署公布。

第四章　应急预案的备案

第十八条　地方各级安全生产监督管理部门的应急预案，应当报同级人民政府和上一级安全生产监督管理部门备案。

其他负有安全生产监督管理职责的部门的应急预案，应当抄送同级安全生产监督管理部门。

第十九条　中央管理的总公司（总厂、集团公司、上市公司）的综合应急预案和专项应急预案，报国务院国有资产监督管理部门、国务院安全生产监督管理部门和国务院有关主管部门备案；其所属单位的应急预案分别抄送所在地的省、自治区、直辖市或者设区的市人民政府安全生产监督管理部门和有关主管部门备案。

前款规定以外的其他生产经营单位中涉及实行安全生产许可的，其综合应急预案和专项应急预案，按照隶属关系报所在地县级以上地方人民政府安全生产监督管理部门和有关主管部门备案；未实行安全生产许可的，其综合应急预案和专项应急预案的备案，由省、自治区、直辖市人民政府安全生产监督管理部门确定。

煤矿企业的综合应急预案和专项应急预案除按照本条第一款、第二款的规定报安全生产监督管理部门和有关主管部门备案外，还应当抄报所在地的煤矿安全监察机构。

第二十条　生产经营单位申请应急预案备案，应当提交以下材料：

（一）应急预案备案申请表；

（二）应急预案评审或者论证意见；

（三）应急预案文本及电子文档。

第二十一条　受理备案登记的安全生产监督管理部门应当对应急预案进行形式审查，经审查符合要求的，予以备案并出具应急预案备案登记表；不符合要求的，不予备案并说明理由。

对于实行安全生产许可的生产经营单位，已经进行应急预案备案登记的，在申请安全生产许可证时，可以不提供相应的应急预案，仅提供应急预案备案登记表。

第二十二条　各级安全生产监督管理部门应当指导、督促检查生产经营单位做好应急预案的备案登记工作，建立应急预案备案登记建档制度。

第五章　应急预案的实施

第二十三条　各级安全生产监督管理部门、生产经营单位应当采取多种形式开展应急预案的宣传教育，普及生产安全事故预防、避险、自救和互救知识，提高从业人员安全意识和应急处置技能。

第二十四条　各级安全生产监督管理部门应当将应急预案的培训纳入安全生产培训工作计划，并组织实施本行政区域内重点生产经营单位的应急预案培训工作。

生产经营单位应当组织开展本单位的应急预案培训活动，使有关人员了解应急预案内容，熟悉应急职责、应急程序和岗位应急处置方案。

应急预案的要点和程序应当张贴在应急地点和应急指挥场所，并设有明显的标志。

第二十五条　各级安全生产监督管理部门应当定期组织应急预案演练，提高本部门、本地区生产安全事故应急处置能力。

第二十六条 生产经营单位应当制定本单位的应急预案演练计划，根据本单位的事故预防重点，每年至少组织一次综合应急预案演练或者专项应急预案演练，每半年至少组织一次现场处置方案演练。

第二十七条 应急预案演练结束后，应急预案演练组织单位应当对应急预案演练效果进行评估，撰写应急预案演练评估报告，分析存在的问题，并对应急预案提出修订意见。

第二十八条 各级安全生产监督管理部门应当每年对应急预案的管理情况进行总结。应急预案管理工作总结应当报上一级安全生产监督管理部门。

其他负有安全生产监督管理职责的部门的应急预案管理工作总结应当抄送同级安全生产监督管理部门。

第二十九条 地方各级安全生产监督管理部门制定的应急预案，应当根据预案演练、机构变化等情况适时修订。

生产经营单位制定的应急预案应当至少每三年修订一次，预案修订情况应有记录并归档。

第三十条 有下列情形之一的，应急预案应当及时修订：

（一）生产经营单位因兼并、重组、转制等导致隶属关系、经营方式、法定代表人发生变化的；

（二）生产经营单位生产工艺和技术发生变化的；

（三）周围环境发生变化，形成新的重大危险源的；

（四）应急组织指挥体系或者职责已经调整的；

（五）依据的法律、法规、规章和标准发生变化的；

（六）应急预案演练评估报告要求修订的；

（七）应急预案管理部门要求修订的。

第三十一条 生产经营单位应当及时向有关部门或者单位报告应急预案的修订情况，并按照有关应急预案报备程序重新备案。

第三十二条 生产经营单位应当按照应急预案的要求配备相应的应急物资及装备，建立使用状况档案，定期检测和维护，使其处于良好状态。

第三十三条 生产经营单位发生事故后，应当及时启动应急预案，组织有关力量进行救援，并按照规定将事故信息及应急预案启动情况报告安全生产监督管理部门和其他负有安全生产监督管理职责的部门。

第六章 奖励与处罚

第三十四条 对于在应急预案编制和管理工作中做出显著成绩的单位和人员，安全生产监督管理部门、生产经营单位可以给予表彰和奖励。

第三十五条 生产经营单位应急预案未按照本办法规定备案的，由县级以上安全生产监督管理部门给予警告，并处三万元以下罚款。

第三十六条 生产经营单位未制定应急预案或者未按照应急预案采取预防措施，导致事故救援不力或者造成严重后果的，由县级以上安全生产监督管理部门依照有关法律、法规和规章的规定，责令停产停业整顿，并依法给予行政处罚。

第七章　附　则

第三十七条　《生产经营单位生产安全事故应急预案备案申请表》、《生产经营单位生产安全事故应急预案备案登记表》由国家安全生产应急救援指挥中心统一制定。

第三十八条　各省、自治区、直辖市安全生产监督管理部门可以依据本办法的规定，结合本地区实际制定实施细则。

第三十九条　本办法自2009年5月1日起施行。

建设工程消防监督管理规定

（2009年4月30日中华人民共和国公安部令第106号发布，
自2009年5月1日起施行）

第一章 总 则

第一条 为了加强建设工程消防监督管理，落实建设工程消防设计、施工质量和安全责任，规范消防监督管理行为，依据《中华人民共和国消防法》、《建设工程质量管理条例》，制定本规定。

第二条 本规定适用于新建、扩建、改建（含室内装修、用途变更）等建设工程的消防监督管理。

本规定不适用住宅室内装修、村民自建住宅、救灾和其他临时性建筑的建设活动。

第三条 建设、设计、施工、工程监理等单位应当遵守消防法规、国家消防技术标准，对建设工程消防设计、施工质量和安全负责。

公安机关消防机构依法实施建设工程消防设计审核、消防验收和备案、抽查。

第四条 除省、自治区人民政府公安机关消防机构外，县级以上地方人民政府公安机关消防机构承担辖区建设工程的消防设计审核、消防验收和备案抽查工作。具体分工由省级公安机关消防机构确定，并报公安部消防局备案。

跨行政区域的建设工程消防设计审核、消防验收和备案抽查工作，由其共同的上一级公安机关消防机构指定管辖。

第五条 公安机关消防机构实施建设工程消防监督管理，应当遵循公正、严格、文明、高效的原则。

第六条 建设工程的消防设计、施工必须符合国家工程建设消防技术标准。

新颁布的国家工程建设消防技术标准实施之前，建设工程的消防设计已经公安机关消防机构审核合格或者备案的，分别按原审核意见或者备案时的标准执行。

第七条 公安机关消防机构对建设工程进行消防设计审核、消防验收和备案抽查，应当由二名以上执法人员实施。

第二章 消防设计、施工的质量责任

第八条 建设单位不得要求设计、施工、工程监理等有关单位和人员违反消防法规和国家工程建设消防技术标准，降低建设工程消防设计、施工质量，并承担下列消防设计、施工的质量责任：

（一）依法申请建设工程消防设计审核、消防验收，依法办理消防设计和竣工验收备案手续并接受抽查；建设工程内设置的公众聚集场所未经消防安全检查或者经检查不符

合消防安全要求的,不得投入使用、营业;

(二)实行工程监理的建设工程,应当将消防施工质量一并委托监理;

(三)选用具有国家规定资质等级的消防设计、施工单位;

(四)选用合格的消防产品和满足防火性能要求的建筑构件、建筑材料及室内装修装饰材料;

(五)依法应当经消防设计审核、消防验收的建设工程,未经审核或者审核不合格的,不得组织施工;未经验收或者验收不合格的,不得交付使用。

第九条 设计单位应当承担下列消防设计的质量责任:

(一)根据消防法规和国家工程建设消防技术标准进行消防设计,编制符合要求的消防设计文件,不得违反国家工程建设消防技术标准强制性要求进行设计;

(二)在设计中选用的消防产品和有防火性能要求的建筑构件、建筑材料、室内装修装饰材料,应当注明规格、性能等技术指标,其质量要求必须符合国家标准或者行业标准;

(三)参加建设单位组织的建设工程竣工验收,对建设工程消防设计实施情况签字确认。

第十条 施工单位应当承担下列消防施工的质量和安全责任:

(一)按照国家工程建设消防技术标准和经消防设计审核合格或者备案的消防设计文件组织施工,不得擅自改变消防设计进行施工,降低消防施工质量;

(二)查验消防产品和有防火性能要求的建筑构件、建筑材料及室内装修装饰材料的质量,使用合格产品,保证消防施工质量;

(三)建立施工现场消防安全责任制度,确定消防安全负责人,加强对施工人员的消防教育培训,落实动火、用电、易燃可燃材料等消防管理制度和操作规程,保证在建工程竣工验收前消防通道、消防水源、消防设施和器材、消防安全标志等完好有效。

第十一条 工程监理单位应当承担下列消防施工的质量监理责任:

(一)按照国家工程建设消防技术标准和经消防设计审核合格或者备案的消防设计文件实施工程监理;

(二)在消防产品和有防火性能要求的建筑构件、建筑材料、室内装修装饰材料施工、安装前,核查产品质量证明文件,不得同意使用或者安装不合格的消防产品和防火性能不符合要求的建筑构件、建筑材料、室内装修装饰材料;

(三)参加建设单位组织的建设工程竣工验收,对建设工程消防施工质量签字确认。

第十二条 为建设工程消防设计、竣工验收提供图纸审查、安全评估、检测等消防技术服务的机构和人员,应当依法取得相应的资质、资格,按照法律、行政法规、国家标准、行业标准和执业标准提供消防技术服务,并对出具的审查、评估、检验、检测意见负责。

第三章 消防设计审核和消防验收

第十三条 对具有下列情形之一的人员密集场所,建设单位应当向公安机关消防机构申请消防设计审核,并在建设工程竣工后向出具消防设计审核意见的公安机关消防机构申请消防验收:

(一)建筑总面积大于二万平方米的体育场馆、会堂,公共展览馆、博物馆的展示厅;

（二）建筑总面积大于一万五千平方米的民用机场航站楼、客运车站候车室、客运码头候船厅；

（三）建筑总面积大于一万平方米的宾馆、饭店、商场、市场；

（四）建筑总面积大于二千五百平方米的影剧院，公共图书馆的阅览室，营业性室内健身、休闲场馆，医院的门诊楼，大学的教学楼、图书馆、食堂，劳动密集型企业的生产加工车间，寺庙、教堂；

（五）建筑总面积大于一千平方米的托儿所、幼儿园的儿童用房，儿童游乐厅等室内儿童活动场所，养老院、福利院，医院、疗养院的病房楼，中小学校的教学楼、图书馆、食堂，学校的集体宿舍，劳动密集型企业的员工集体宿舍；

（六）建筑总面积大于五百平方米的歌舞厅、录像厅、放映厅、卡拉 OK 厅、夜总会、游艺厅、桑拿浴室、网吧、酒吧，具有娱乐功能的餐馆、茶馆、咖啡厅。

第十四条 对具有下列情形之一的特殊建设工程，建设单位应当向公安机关消防机构申请消防设计审核，并在建设工程竣工后向出具消防设计审核意见的公安机关消防机构申请消防验收：

（一）设有本规定第十三条所列的人员密集场所的建设工程；

（二）国家机关办公楼、电力调度楼、电信楼、邮政楼、防灾指挥调度楼、广播电视楼、档案楼；

（三）本条第一项、第二项规定以外的单体建筑面积大于四万平方米或者建筑高度超过五十米的其他公共建筑；

（四）城市轨道交通、隧道工程，大型发电、变配电工程；

（五）生产、储存、装卸易燃易爆危险物品的工厂、仓库和专用车站、码头，易燃易爆气体和液体的充装站、供应站、调压站。

第十五条 建设单位申请消防设计审核应当提供下列材料：

（一）建设工程消防设计审核申报表；

（二）建设单位的工商营业执照等合法身份证明文件；

（三）新建、扩建工程的建设工程规划许可证明文件；

（四）设计单位资质证明文件；

（五）消防设计文件。

第十六条 具有下列情形之一的，建设单位除提供本规定第十五条所列材料外，应当同时提供特殊消防设计的技术方案及说明，或者设计采用的国际标准、境外消防技术标准的中文文本，以及其他有关消防设计的应用实例、产品说明等技术资料：

（一）国家工程建设消防技术标准没有规定的；

（二）消防设计文件拟采用的新技术、新工艺、新材料可能影响建设工程消防安全，不符合国家标准规定的；

（三）拟采用国际标准或者境外消防技术标准的。

第十七条 公安机关消防机构应当自受理消防设计审核申请之日起二十日内出具书面审核意见。但是依照本规定需要组织专家评审的，专家评审时间不计算在审核时间内。

第十八条 公安机关消防机构应当依照消防法规和国家工程建设消防技术标准强制

性要求对申报的消防设计文件进行审核。对符合下列条件的,公安机关消防机构应当出具消防设计审核合格意见;对不符合条件的,应当出具消防设计审核不合格意见,并说明理由:

(一)新建、扩建工程已经取得建设工程规划许可证;

(二)设计单位具备相应的资质条件;

(三)消防设计文件的编制符合公安部规定的消防设计文件申报要求;

(四)建筑的总平面布局和平面布置、耐火等级、建筑构造、安全疏散、消防给水、消防电源及配电、消防设施等的设计符合国家工程建设消防技术标准强制性要求;

(五)选用的消防产品和有防火性能要求的建筑材料符合国家工程建设消防技术标准和有关管理规定。

第十九条 对具有本规定第十六条情形之一的建设工程,公安机关消防机构应当在受理消防设计审核申请之日起五日内将申请材料报送省级人民政府公安机关消防机构组织专家评审。

省级人民政府公安机关消防机构应当在收到申请材料之日起三十日内会同同级住房和城乡建设行政主管部门召开专家评审会,对建设单位提交的消防技术方案进行评审。参加评审的专家应当具有相关专业高级技术职称,总数不应少于七人,并应当出具专家评审意见。评审专家有不同意见的,应当注明。

省级人民政府公安机关消防机构应当在专家评审会后五日内将专家评审意见书面通知报送申请材料的公安机关消防机构,同时报公安部消防局备案。

对三分之二以上评审专家同意的消防技术方案,受理消防设计审核申请的公安机关消防机构应当出具消防设计审核合格意见。

第二十条 建设、设计、施工单位不得擅自修改经公安机关消防机构审核合格的建设工程消防设计。确需修改的,建设单位应当向出具消防设计审核意见的公安机关消防机构重新申请消防设计审核。

第二十一条 建设单位申请消防验收应当提供下列材料:

(一)建设工程消防验收申报表;

(二)工程竣工验收报告;

(三)消防产品质量合格证明文件;

(四)有防火性能要求的建筑构件、建筑材料、室内装修装饰材料符合国家标准或者行业标准的证明文件、出厂合格证;

(五)消防设施、电气防火技术检测合格证明文件;

(六)施工、工程监理、检测单位的合法身份证明和资质等级证明文件;

(七)其他依法需要提供的材料。

第二十二条 公安机关消防机构应当自受理消防验收申请之日起二十日内组织消防验收,并出具消防验收意见。

第二十三条 公安机关消防机构对申报消防验收的建设工程,应当依照建设工程消防验收评定标准对已经消防设计审核合格的内容组织消防验收。

对综合评定结论为合格的建设工程,公安机关消防机构应当出具消防验收合格意见;

对综合评定结论为不合格的，应当出具消防验收不合格意见，并说明理由。

第二十四条 对通过消防设计审核的高层建筑、地下工程，以及采用新技术、新工艺、新材料的建设工程，公安机关消防机构应当重点进行监督检查，督促施工单位落实工程建设消防安全和质量责任。

第四章 消防设计和竣工验收的备案抽查

第二十五条 对本规定第十三条、第十四条规定以外的建设工程，建设单位应当在取得施工许可、工程竣工验收合格之日起七日内，通过省级公安机关消防机构网站的消防设计和竣工验收备案受理系统进行消防设计、竣工验收备案，或者报送纸质备案表由公安机关消防机构录入消防设计和竣工验收备案受理系统。

第二十六条 公安机关消防机构收到消防设计、竣工验收备案后，应当出具备案凭证，并通过消防设计和竣工验收备案受理系统中预设的抽查程序，随机确定抽查对象；被抽查到的建设单位应当在收到备案凭证之日起五日内按照备案项目向公安机关消防机构提供本规定第十五条或者第二十一条规定的材料。

公安机关消防机构应当在收到消防设计、竣工验收备案材料之日起三十日内，依照消防法规和国家工程建设消防技术标准强制性要求完成图纸检查，或者按照建设工程消防验收评定标准完成工程检查，制作检查记录。检查结果应当在消防设计和竣工验收备案受理系统中公告。

第二十七条 公安机关消防机构发现消防设计不合格的，应当在五日内书面通知建设单位改正；已经开始施工的，同时责令停止施工。

建设单位收到通知后，应当停止施工，对消防设计组织修改后送公安机关消防机构复查。经复查，对消防设计符合国家工程建设消防技术标准强制性要求的，公安机关消防机构应当出具书面复查意见，告知建设单位恢复施工。

第二十八条 公安机关消防机构实施竣工验收抽查时，发现有违反消防法规和国家工程建设消防技术标准强制性要求或者降低消防施工质量的，应当在五日内书面通知建设单位改正。

建设单位收到通知后，应当停止使用，组织整改后向公安机关消防机构申请复查。经复查符合要求的，公安机关消防机构应当出具书面复查意见，告知建设单位恢复使用。

第二十九条 建设工程的消防设计、竣工验收未依法报公安机关消防机构备案的，公安机关消防机构应当依法处罚，责令建设单位在五日内备案，并纳入抽查范围；对逾期不备案的，公安机关消防机构应当在备案期限届满之日起五日内通知建设单位，责令其停止施工、使用。

第五章 执法监督

第三十条 上级公安机关消防机构对下级公安机关消防机构建设工程消防监督管理情况进行监督、检查和指导。

第三十一条 公安机关消防机构办理建设工程消防设计审核、消防验收，实行主责承办、技术复核、审验分离和集体会审等制度。

公安机关消防机构实施消防设计审核、消防验收的主责承办人、技术复核人和行政审批人应当依照职责对消防执法质量负责。

第三十二条 省级公安机关消防机构应当在互联网上设立消防设计和竣工验收备案受理系统,结合辖区内建设工程数量和消防设计、施工质量情况,统一确定消防设计与竣工验收备案预设程序和抽查比例,并对备案、抽查实施情况进行定期检查。对设有人员密集场所的建设工程的抽查比例不应低于百分之五十。

公安机关消防机构和人员应当依照本规定对建设工程消防设计和竣工验收实施备案抽查,不得擅自确定抽查对象。

第三十三条 办理消防设计审核、消防验收、备案抽查的公安机关消防机构工作人员是申请人、利害关系人的近亲属,或者与申请人、利害关系人有其他关系可能影响办理公正的,应当回避。

第三十四条 公安机关消防机构接到公民、法人和其他组织有关建设工程违反消防法律法规和国家工程建设消防技术标准的举报,应当在三日内组织人员核查,核查处理情况应当及时告知举报人。

第三十五条 公安机关消防机构实施建设工程消防监督管理时,不得对消防技术服务机构、消防产品设定法律法规规定以外的地区性准入条件。

第三十六条 公安机关消防机构及其工作人员不得指定或者变相指定建设工程的消防设计、施工、工程监理单位和消防技术服务机构。不得指定消防产品和建筑材料的品牌、销售单位。不得参与或者干预建设工程消防设施施工、消防产品和建筑材料采购的招投标活动。

第三十七条 公安机关消防机构实施消防设计审核、消防验收和备案、抽查,不得收取任何费用。

第三十八条 公安机关消防机构实施建设工程消防监督管理的依据、范围、条件、程序、期限及其需要提交的全部材料的目录和申请书示范文本应当在互联网网站、受理场所、办公场所公示。

消防设计审核、消防验收、备案抽查的结果,除涉及国家秘密、商业秘密和个人隐私的以外,应当予以公开,公众有权查阅。

第三十九条 消防设计审核合格意见、消防验收合格意见具有下列情形之一的,出具许可意见的公安机关消防机构或者其上级公安机关消防机构,根据利害关系人的请求或者依据职权,可以依法撤销许可意见:

(一)对不具备申请资格或者不符合法定条件的申请人作出的;

(二)建设单位以欺骗、贿赂等不正当手段取得的;

(三)公安机关消防机构超出法定职责和权限作出的;

(四)公安机关消防机构违反法定程序作出的;

(五)公安机关消防机构工作人员滥用职权、玩忽职守作出的。

依照前款规定撤销消防设计审核合格意见、消防验收合格意见,可能对公共利益造成重大损害的,不予撤销。

第四十条 公民、法人和其他组织对公安机关消防机构建设工程消防监督管理中作出的具体行政行为不服的,可以向本级人民政府公安机关申请行政复议。

第六章　法律责任

第四十一条　违反本规定的,依照《中华人民共和国消防法》第五十八条、第五十九条、第六十五条二款、第六十六条、第六十九条规定给予处罚;构成犯罪的,依法追究刑事责任。

建设、设计、施工、工程监理单位、消防技术服务机构及其从业人员违反有关消防法规、国家工程建设消防技术标准,造成危害后果的,除依法给予行政处罚或者追究刑事责任外,还应当依法承担民事赔偿责任。

第四十二条　建设单位在申请消防设计审核、消防验收时,提供虚假材料的,公安机关消防机构不予受理或者不予许可并处警告。

第四十三条　违反本规定并及时纠正,未造成危害后果的,可以从轻、减轻或者免予处罚。

第四十四条　依法应当经公安机关消防机构进行消防设计审核的建设工程未经消防设计审核和消防验收,擅自投入使用的,分别处罚,合并执行。

第四十五条　有下列情形之一的,应当依法从重处罚:

(一)已经通过消防设计审核,擅自改变消防设计,降低消防安全标准的;

(二)建设工程未依法进行备案,且不符合国家工程建设消防技术标准强制性要求的;

(三)经责令限期备案逾期不备案的;

(四)工程监理单位与建设单位或者施工单位串通,弄虚作假,降低消防施工质量的。

第四十六条　有下列情形之一的,公安机关消防机构应当函告同级住房和城乡建设行政主管部门:

(一)建设工程被公安机关消防机构责令停止施工、停止使用的;

(二)建设工程经消防设计、竣工验收抽查不合格的;

(三)其他需要函告的。

第四十七条　公安机关消防机构的人员玩忽职守、滥用职权、徇私舞弊,构成犯罪的,依法追究刑事责任。有下列行为之一,尚未构成犯罪的,依照有关规定给予处分:

(一)对不符合法定条件的建设工程出具消防设计审核合格意见、消防验收合格意见的;

(二)对符合法定条件的建设工程消防设计、消防验收的申请,不予受理、审核、验收或者拖延时间办理的;

(三)指定或者变相指定设计单位、施工单位、工程监理单位的;

(四)指定或者变相指定消防产品品牌、销售单位或者技术服务机构、消防设施施工单位的;

(五)利用职务接受有关单位或者个人财物的。

第七章 附 则

第四十八条 国家工程建设消防技术标准强制性要求，是指国家工程建设消防技术标准中必须严格执行的规定。

第四十九条 本规定中的“三日”、“五日”、“七日”、“二十日”、“三十日”均指工作日。

第五十条 执行本规定所需的法律文书式样由公安部统一制定。

第五十一条 本规定自2009年5月1日起施行。1996年10月16日发布的《建筑工程消防监督审核管理规定》（公安部令第30号）同时废止。

四、规范性文件

GUIFANXING WENJIAN

(一)住房和城乡建设部文件

建设部关于印发《建筑业企业职工安全培训教育暂行规定》的通知

(建教〔1997〕83号,1997年5月4日)

各省、自治区、直辖市建委(建设厅),山东省、江苏省建管局,各计划单列市建委,新疆生产建设兵团,中建总公司,国务院有关部门:

现将《建筑业企业职工安全培训教育暂行规定》印发给你们,请遵照执行。

附件:

建筑业企业职工安全培训教育暂行规定

第一章 总 则

第一条 为贯彻安全第一、预防为主的方针,加强建筑业企业职工安全培训教育工作,增强职工的安全意识和安全防护能力,减少伤亡事故的发生,制定本暂行规定。

第二条 建筑业企业职工必须定期接受安全培训教育,坚持先培训、后上岗的制度。

第三条 本暂行规定适用于所有在中华人民共和国境内从事工程建设的建筑业企业。

第四条 建设部主管全国建筑业企业职工安全培训教育工作。

国务院有关专业部门负责所属建筑业企业职工的安全培训教育工作。其所属企业的安全培训教育工作,还应当接受企业所在地建设行政主管部门及其所属建筑安全监督管理机构的指导和监督。

县级以上地方人民政府建设行政主管部门负责本行政区域内建筑业企业职工安全培训教育管理工作。

第二章　培训对象、时间和内容

第五条　建筑业企业职工每年必须接受一次专门的安全培训。

(一)企业法定代表人、项目经理每年接受安全培训的时间,不得少于30学时;

(二)企业专职安全管理人员除按照建教〔1991〕522号文《建设企事业单位关键岗位持证上岗管理规定》的要求,取得岗位合格证书并持证上岗外,每年还必须接受安全专业技术业务培训,时间不得少于40学时;

(三)企业其他管理人员和技术人员每年接受安全培训的时间,不得少于20学时;

(四)企业特殊工种(包括电工、焊工、架子工、司炉工、爆破工、机械操作工、起重工、塔吊司机及指挥人员、人货两用电梯司机等)在通过专业技术培训并取得岗位操作证后,每年仍须接受有针对性的安全培训,时间不得少于20学时;

(五)企业其他职工每年接受安全培训的时间,不得少于15学时;

(六)企业待岗、转岗、换岗的职工,在重新上岗前,必须接受一次安全培训,时间不得少于20学时。

第六条　建筑业企业新进场的工人,必须接受公司、项目(或工区、工程处、施工队,下同)、班组的三级安全培训教育,经考核合格后,方能上岗。

(一)公司安全培训教育的主要内容是:国家和地方有关安全生产的方针、政策、法规、标准、规范、规程和企业的安全规章制度等。培训教育的时间不得少于15学时。

(二)项目安全培训教育的主要内容是:工地安全制度、施工现场环境、工程施工特点及可能存在的不安全因素等。培训教育的时间不得少于15学时。

(三)班组安全培训教育的主要内容是:本工种的安全操作规程、事故案例剖析、劳动纪律和岗位讲评等。培训教育的时间不得少于20学时。

第三章　安全培训教育的实施与管理

第七条　实行安全培训教育登记制度。建筑业企业必须建立职工的安全培训教育档案,没有接受安全培训教育的职工,不得在施工现场从事作业或者管理活动。

第八条　县级以上地方人民政府建设行政主管部门制订本行政区域内建筑业企业职工安全培训教育规划和年度计划,并组织实施。省、自治区、直辖市的建筑业企业职工安全培训教育规划和年度计划,应当报建设部建设教育主管部门和建筑安全主管部门备案。

国务院有关专业部门负责组织制订所属建筑业企业职工安全培训教育规划和年度计划,并组织实施。

第九条　有条件的大中型建筑业企业,经企业所在地的建设行政主管部门或者授权所属的建筑安全监督管理机构审核确认后,可以对本企业的职工进行安全培训工作,并接受企业所在地的建设行政主管部门或者建筑安全监督管理机构的指导和监督。其他建筑业企业职工的安全培训工作,由企业所在地的建设行政主管部门或者建筑安全监督管理机构负责组织。

建筑业企业法定代表人、项目经理的安全培训工作,由企业所在地的建设行政主管部门或者建筑安全监督管理机构负责组织。

第十条 实行总分包的工程项目,总包单位要负责统一管理分包单位的职工安全培训教育工作。分包单位要服从总包单位的统一管理。

第十一条 从事建筑业企业职工安全培训工作的人员,应当具备下列条件:

(一)具有中级以上专业技术职称;

(二)有五年以上施工现场经验或者从事建筑安全教学、法规等方面工作五年以上的人员;

(三)经建筑安全师资培训合格,并获得培训资格证书。

第十二条 建筑业企业职工的安全培训,应当使用经建设部主管部门和建筑安全主管部门统一审定的培训大纲和教材。

第十三条 建筑业企业职工的安全培训教育经费,从企业职工教育经费中列支。

第四章 附 则

第十四条 本暂行规定自发布之日起施行。

建设部关于印发《建筑工程预防高处坠落事故若干规定》和《建筑工程预防坍塌事故若干规定》的通知

（建质〔2003〕82号，2003年4月17日）

各省、自治区建设厅，直辖市建委、市政管委，江苏省、山东省建管局，新疆生产建设兵团建设局：

现将《建筑工程预防高处坠落事故若干规定》和《建筑工程预防坍塌事故若干规定》印发给你们，请结合实际，贯彻执行。

附件1：建筑工程预防高处坠落事故若干规定

附件2：建筑工程预防坍塌事故若干规定

附件1：

建筑工程预防高处坠落事故若干规定

第一条 为预防高处坠落事故发生，保证施工安全，依据《建筑法》和《安全生产法》对施工企业提出的有关要求，制定本规定。

第二条 本规定适用于脚手架上作业、各类登高作业、外用电梯安装作业及洞口临边作业等可能发生高处坠落的施工作业。

第三条 施工单位的法定代表人对本单位的安全生产全面负责。施工单位在编制施工组织设计时，应制定预防高处坠落事故的安全技术措施。

项目经理对本项目的安全生产全面负责。项目经理部应结合施工组织设计，根据建筑工程特点编制预防高处坠落事故的专项施工方案，并组织实施。

第四条 施工单位应做好高处作业人员的安全教育及相关的安全预防工作。

（一）所有高处作业人员应接受高处作业安全知识的教育；特种高处作业人员应持证上岗，上岗前应依据有关规定进行专门的安全技术签字交底。采用新工艺、新技术、新材料和新设备的，应按规定对作业人员进行相关安全技术签字交底。

（二）高处作业人员应经过体检，合格后方可上岗。施工单位应为作业人员提供合格的安全帽、安全带等必备的安全防护用具，作业人员应按规定正确佩戴和使用。

第五条 施工单位应按类别,有针对性地将各类安全警示标志悬挂于施工现场各相应部位,夜间应设红灯示警。

第六条 高处作业前,应由项目分管负责人组织有关部门对安全防护设施进行验收,经验收合格签字后,方可作业。安全防护设施应做到定型化、工具化,防护栏杆以黄黑(或红白)相间的条纹标示,盖件等以黄(或红)色标示。需要临时拆除或变动安全设施的,应经项目分管负责人审批签字,并组织有关部门验收,经验收合格签字后,方可实施。

第七条 物料提升机应按有关规定由其产权单位编制安装拆卸施工方案,产权单位分管负责人审批签字,并负责安装和拆卸;使用前与施工单位共同进行验收,经验收合格签字后,方可作业。物料提升机应有完好的停层装置,各层联络要有明确信号和楼层标记。物料提升机上料口应装设有连锁装置的安全门,同时采用断绳保护装置或安全停靠装置。通道口走道板应满铺并固定牢靠,两侧边应设置符合要求的防护栏杆和挡脚板,并用密目式安全网封闭两侧。物料提升机严禁乘人。

第八条 施工外用电梯应按有关规定由其产权单位编制安装拆卸施工方案,产权单位分管负责人审批签字,并负责安装和拆卸;使用前与施工单位共同进行验收,经验收合格签字后,方可作业。施工外用电梯各种限位应灵敏可靠,楼层门应采取防止人员和物料坠落措施,电梯上下运行行程内应保证无障碍物。电梯轿厢内乘人、载物时,严禁超载,载荷应均匀分布,防止偏重。

第九条 移动式操作平台应按相关规定编制施工方案,项目分管负责人审批签字并组织有关部门验收,经验收合格签字后,方可作业。移动式操作平台立杆应保持垂直,上部适当向内收紧,平台作业面不得超出底脚。立杆底部和平台立面应分别设置扫地杆、剪刀撑或斜撑,平台应用坚实木板满铺,并设置防护栏杆和登高扶梯。

第十条 各类作业平台、卸料平台应按相关规定编制施工方案,项目分管负责人审批签字并组织有关部门验收,经验收合格签字后,方可作业。架体应保持稳固,不得与施工脚手架连接。作业平台上严禁超载。

第十一条 脚手架应按相关规定编制施工方案,施工单位分管负责人审批签字,项目分管负责人组织有关部门验收,经验收合格签字后,方可作业。作业层脚手架的脚手板应铺设严密,下部应用安全平网兜底。脚手架外侧应采用密目式安全网做全封闭,不得留有空隙。密目式安全网应可靠固定在架体上。作业层脚手板与建筑物之间的空隙大于15 cm时应作全封闭,防止人员和物料坠落。作业人员上下应有专用通道,不得攀爬架体。

第十二条 附着式升降脚手架和其他外挂式脚手架应按相关规定由其产权单位编制施工方案,产权单位分管负责人审批签字,并与施工单位在使用前进行验收,经验收合格签字后,方可作业。附着式升降脚手架和其他外挂式脚手架每提升一次,都应由项目分管负责人组织有关部门验收,经验收合格签字后,方可作业。附着式升降脚手架和其他外挂式脚手架应设置安全可靠的防倾覆、防坠落装置,每一作业层架体外侧应设置符合要求的防护栏杆和挡脚板。附着式升降脚手架和其他外挂式脚手架升降时,应设专人对脚手架作业区域进行监护。

第十三条 模板工程应按相关规定编制施工方案,施工单位分管负责人审批签字;项目分管负责人组织有关部门验收,经验收合格签字后,方可作业。模板工程在绑扎钢筋、粉刷模板、支拆模板时应保证作业人员有可靠立足点,作业面应按规定设置安全防护设施。模板及其支撑体系的施工荷载应均匀堆置,并不得超过设计计算要求。

第十四条 吊篮应按相关规定由其产权单位编制施工方案,产权单位分管负责人审批签字,并与施工单位在使用前进行验收,经验收合格签字后,方可作业。吊篮产权单位应做好日常例保和记录。吊篮悬挂机构的结构件应选用钢材或其他适合的金属结构材料制造,其结构应具有足够的强度和刚度。作业人员应按规定佩戴安全带;安全带应挂设在单独设置的安全绳上,严禁安全绳与吊篮连接。

第十五条 施工单位对电梯井门应按定型化、工具化的要求设计制作,其高度应在1.5 m至1.8 m范围内。电梯井内不超过10 m应设置一道安全平网;安装拆卸电梯井内安全平网时,作业人员应按规定佩戴安全带。

第十六条 施工单位进行屋面卷材防水层施工时,屋面周围应设置符合要求的防护栏杆。屋面上的孔洞应加盖封严,短边尺寸大于1.5 m时,孔洞周边也应设置符合要求的防护栏杆,底部加设安全平网。在坡度较大的屋面作业时,应采取专门的安全措施。

附件2：

建筑工程预防坍塌事故若干规定

第一条 为预防坍塌事故发生，保证施工安全，依据《建筑法》和《安全生产法》对施工企业提出的有关要求，制定本规定。

第二条 凡从事建筑工程新建、改建、扩建等活动的有关单位，应当遵守本规定。

第三条 本规定所称坍塌是指施工基坑（槽）坍塌、边坡坍塌、基础桩壁坍塌、模板支撑系统失稳坍塌及施工现场临时建筑（包括施工围墙）倒塌等。

第四条 施工单位的法定代表人对本单位的安全生产全面负责，施工单位在编制施工组织设计时，应制定预防坍塌事故的安全技术措施。

项目经理对本项目的安全生产全面负责。项目经理部应结合施工组织设计，根据建筑工程特点，编制预防坍塌事故的专项施工方案，并组织实施。

第五条 基坑（槽）、边坡、基础桩、模板和临时建筑作业前，施工单位应按设计单位要求，根据地质情况、施工工艺、作业条件及周边环境编制施工方案，单位分管负责人审批签字，项目分管负责人组织有关部门验收，经验收合格签字后，方可作业。

第六条 土方开挖前，施工单位应确认地下管线的埋置深度、位置及防护要求后，制定防护措施，经项目分管负责人审批签字后，方可作业。土方开挖时，施工单位应对相邻建（构）筑物、道路的沉降和位移情况进行观测。

第七条 施工单位应编制深基坑（槽）、高切坡、桩基和超高、超重、大跨度模板支撑系统等专项施工方案，并组织专家审查。

本规定所称深基坑（槽）是指开挖深度超过5 m的基坑（槽）或深度未超过5 m但地质情况和周围环境较复杂的基坑（槽）。高切坡是指岩质边坡超过30 m、或土质边坡超过15 m的边坡。超高、超重、大跨度模板支撑系统是指高度超过8 m、或跨度超过18 m、或施工总荷载大于10 kN/m、或集中线荷载大于15 kN/m的模板支撑系统。

第八条 施工单位应做好施工区域内临时排水系统规划，临时排水不得破坏相邻建（构）筑物的地基和挖、填土方的边坡。在地形、地质条件复杂，可能发生滑坡、坍塌的地段挖方时，应由设计单位确定排水方案。场地周围出现地表水汇流、排泄或地下水管渗漏时，施工单位应组织排水，对基坑采取保护措施。开挖低于地下水位的基坑（槽）、边坡和基础桩时，施工单位应合理选用降水措施降低地下水位。

第九条 基坑（槽）、边坡设置坑（槽）壁支撑时，施工单位应根据开挖深度、土质条件、地下水位、施工方法及相邻建（构）筑物等情况设计支撑。拆除支撑时应按基坑（槽）回填顺序自下而上逐层拆除，随拆随填，防止边坡塌方或相邻建（构）筑物产生破坏，必要时应采取加固措施。

第十条 基坑（槽）、边坡和基础桩孔边堆置各类建筑材料的，应按规定距离堆置。各类施工机械距基坑（槽）、边坡和基础桩孔边的距离，应根据设备重量、基坑（槽）、边坡和基础桩的支护、土质情况确定，并不得小于1.5 m。

第十一条 基坑(槽)作业时,施工单位应在施工方案中确定攀登设施及专用通道,作业人员不得攀爬模板、脚手架等临时设施。

第十二条 机械开挖土方时,作业人员不得进入机械作业范围内进行清理或找坡作业。

第十三条 地质灾害易发区内施工时,施工单位应根据地质勘察资料编制施工方案,单位分管负责人审批签字,项目分管负责人组织有关部门验收,经验收合格签字后,方可作业。施工时应遵循自上而下的开挖顺序,严禁先切除坡脚。爆破施工时,应防止爆破震动影响边坡稳定。

第十四条 施工单位应防止地面水流入基坑(槽)内造成边坡塌方或土体破坏。基坑(槽)开挖后,应及时进行地下结构和安装工程施工,基坑(槽)开挖或回填应连续进行。在施工过程中,应随时检查坑(槽)壁的稳定情况。

第十五条 模板作业时,施工单位对模板支撑宜采用钢支撑材料作支撑立柱,不得使用严重锈蚀、变形、断裂、脱焊、螺栓松动的钢支撑材料和竹材作立柱。支撑立柱基础应牢固,并按设计计算严格控制模板支撑系统的沉降量。支撑立柱基础为泥土地面时,应采取排水措施,对地面平整、夯实,并加设满足支撑承载力要求的垫板后,方可用以支撑立柱。斜支撑和立柱应牢固拉接,形成整体。

第十六条 基坑(槽)、边坡和基础桩施工及模板作业时,施工单位应指定专人指挥、监护,出现位移、开裂及渗漏时,应立即停止施工,将作业人员撤离作业现场,待险情排除后,方可作业。

第十七条 楼面、屋面堆放建筑材料、模板、施工机具或其他物料时,施工单位应严格控制数量、重量,防止超载。堆放数量较多时,应进行荷载计算,并对楼面、屋面进行加固。

第十八条 施工单位应按地质资料和设计规范,确定临时建筑的基础型式和平面布局,并按施工规范进行施工。施工现场临时建筑与建筑材料等的间距应符合技术标准。

第十九条 临时建筑外侧为街道或行人通道的,施工单位应采取加固措施。禁止在施工围墙墙体上方或紧靠施工围墙架设广告或宣传标牌。施工围墙外侧应有禁止人群停留、聚集和堆砌土方、货物等的警示。

第二十条 施工现场使用的组装式活动房屋应有产品合格证。施工单位在组装后进行验收,经验收合格签字后,方能使用。对搭设在空旷、山脚等处的活动房应采取防风、防洪和防暴雨等措施。

第二十一条 雨期施工,施工单位应对施工现场的排水系统进行检查和维护,保证排水畅通。在傍山、沿河地区施工时,应采取必要的防洪、防泥石流措施。

深基坑特别是稳定性差的土质边坡、顺向坡,施工方案应充分考虑雨季施工等诱发因素,提出预案措施。

第二十二条 冬季解冻期施工时,施工单位应对基坑(槽)和基础桩支护进行检查,无异常情况后,方可施工。

建设部、总工会关于进一步改善建筑业农民工作业、生活环境切实保障农民工职业健康的通知

（建质〔2006〕58号，2006年3月17日）

各省、自治区建设厅、总工会，直辖市建委、工会，江苏省、山东省建管局，新疆生产建设兵团建设局、工会：

建筑业农民工队伍约占进城务工人员总数的三分之一，占从事建筑施工人员总数的90%以上，在现代化建设中发挥着积极作用。为农民工创造良好的作业、生活环境，提高农民工队伍整体素质，对于统筹城乡发展，构建社会主义和谐社会，促进建筑业的健康发展具有重要意义。

为进一步改善建筑业农民工作业、生活环境，切实保障农民工职业健康，现提出以下要求。

一、统一思想，提高认识，切实保障建筑业农民工职业健康

各级建设行政主管部门和各级工会组织要以实践"三个代表"重要思想为指导，按照落实科学发展观和构建社会主义和谐社会的要求，采取积极有效的措施，为农民工创造良好的工作、生活环境，逐步实现农民工作业环境的标准化、生活环境的秩序化、安全警示人性化，全面提高农民工的职业素质和安全意识，逐步建立保障建筑业农民工职业健康的长效机制，真正体现"以人为本"的思想。

二、明确目标，落实责任，共同推进农民工作业、生活环境的改善和提高

各级建设行政主管部门、各级工会组织以及各有关单位要明确目标，落实责任，共同探索改善农民工作业、生活环境的有效途径。

建设行政主管部门要加大对安全防护、文明施工措施费用的拨付、使用的监督，督促建设单位及时拨付安全防护、文明施工措施费用，督促施工企业确保费用的及时投入。要督促施工企业按照规定为农民工配备安全生产和职业病防护设施，强化用人单位职工安全卫生的主体责任，要向新招用的农民工告知劳动安全、职业危害事项，发放符合要求的劳动防护用品。要加快推进工伤保险工作，应为从事危险作业的农民工办理意外伤害保险。

各级工会组织要在改善农民工作业、生活环境中发挥积极的作用，把维护农民工生命安全和身体健康作为维护农民工合法权益的首要任务。要监督施工企业（劳务企业）招用农民工时必须依法订立并严格履行劳动合同，建立权责明确的劳动关系，劳动合同中应包含劳动保护条件条款，并符合有关规定。工会组织应通过职工代表大会和厂务公开方式监督施工企业是否保证安全专项经费的足额支出。

三、充分发挥群众监督作用,加强施工现场安全生产工作

要全面落实“安全第一,预防为主,群防群治,防治结合”的指导方针,在建筑施工企业中发挥建筑安全群众监督员作用。选用一批长期在施工现场生产一线,熟悉建筑施工安全生产工作,责任心强,文化程度较高的农民工担任建筑安全群众监督员。充分发挥群众监督员的作用,加强对现场施工人员安全生产行为的监督。群众监督员发现违法违章行为要及时进行制止;发现事故隐患及时向企业报告;出现可能危及工人生命安全紧急情况时,协助有关人员组织工人及时撤离现场;对施工现场安全事故防范措施提出整改建议等。

四、积极开展安全质量标准化活动,进一步改善建筑业农民工的作业、生活环境

建筑施工企业要在继续深入开展创建文明工地活动的基础上,积极推行建筑施工安全质量标准化活动。

要按照《建筑施工现场环境与卫生标准》的有关要求,明确划分施工作业区和生活区,合理设置宿舍、食堂、饮水、淋浴、卫生等基本生活设施。有条件地区的施工单位可与电信运营单位联系合作,在农民工宿舍内或在施工现场安装基本通讯设施。要结合季节特点,做好农民工的饮食卫生和防暑降温、防疫等工作,特别是高温天气,要合理调剂户外作业时间,适当延长午休时间。定期组织农民工进行体检,使农民工真正感受到企业的温暖,增强企业的凝聚力、向心力。

施工企业的工会组织要切实为农民工创造业余文化学习和娱乐条件,配备相关的书报、杂志、电视机、棋牌等文化用品和文体活动设施,不断满足农民工业余文化生活的需要,体现对农民工的人文关怀。

五、积极开展建筑业农民工职业技能和安全教育培训工作,提高农民工队伍整体素质

各级建设行政主管部门和各级建设产业工会要切实做好农民工职业技能及安全教育培训工作,强化用人单位对农民工的岗位培训责任。要积极组织施工企业开展寓教于乐、贴近生活、贴近实际的农民工喜闻乐见的职业技能及安全教育培训活动,使广大农民工了解他们在安全生产中的责任、义务和权利,掌握劳动安全卫生知识和技能,提高自我保护的意识和能力,严格遵守安全生产规章制度和标准规范,形成我要安全、我懂安全、我保安全的企业文化氛围。对不履行培训义务的用人单位,应按国家规定强制提取职工教育培训费,用于政府组织的培训。施工企业工会组织要积极配合企业举办建筑业农民工夜校,有计划地对施工现场一线人员进行安全培训。有条件的施工企业可在施工现场建立临时培训教室,要在施工现场推行人性化警示用语,在施工现场作业区、加工区及生活区使用统一规范的警示牌。对从事特种作业的农民工要专门培训、持证上岗。各级建设行政主管部门要积极支持配合工会组织在建筑业开展“安康杯”等竞赛活动,提高企业安全生产管理水平,切实保障农民工职业健康。

六、加强舆论宣传，形成关心农民工的良好氛围

要大力宣传党和国家关于农民工的方针政策，宣传农民工在改革开放和现代化建设中的突出贡献和先进典型，加强对保障农民工权益情况的舆论监督。对优秀农民工要给予表彰奖励。总结和推广各地和施工企业关心农民工的做法经验，提高对农民工的服务和管理水平。要结合实际抓紧制定和完善保护农民工权益的配套措施和具体办法，积极研究解决工作中遇到的新问题，确保涉及建筑业农民工的各项政策措施落到实处。

建设部关于印发《关于加强汛期建筑施工安全生产工作的意见》的通知

（建质函〔2006〕200号，2006年7月27日）

各省、自治区建设厅，直辖市建委（建设交通委），江苏省、山东省建管局，新疆生产建设兵团建设局：

每年6月至8月，我国大部分地区处于汛期，南方部分地区进入汛期更早。汛期大风、暴雨天气多，洪水、山体滑坡、泥石流等自然灾害易发，给建筑施工安全生产工作带来许多不利的因素，我国每年在汛期都发生多起建筑施工重大安全事故，给人民生命和财产带来严重损失。为建立汛期建筑施工安全生产的长效机制，我部制定了《关于加强汛期建筑施工安全生产工作的意见》，现印发给你们，请结合本地实际贯彻执行。

附件：

关于加强汛期建筑施工安全生产工作的意见

为建立汛期建筑施工安全生产的长效机制，科学应对各种复杂和不利因素，及早作出相关防范措施，遏止重大安全事故发生，根据《建设工程安全生产管理条例》和《建筑工程安全生产监督管理工作导则》，现提出以下意见。

一、加强领导，完善汛期安全生产责任制

（1）各级建设行政主管部门特别是降雨集中区、台风多发区和地质灾害易发区建设行政主管部门要牢固树立“安全发展”理念，坚持“安全第一、预防为主、综合治理”，加强对汛期建筑施工安全生产工作的组织领导，成立专门的防汛工作领导机构，深入分析本地区建筑安全生产形势，吸取以往汛期重大建筑施工安全事故的教训，研究汛期安全生产工作的特点和规律，针对汛期安全生产薄弱环节和事故易发类型，及早制定防范措施和部署各项工作。

（2）各级建设行政主管部门的主要负责人是本地区汛期建筑施工安全生产工作的第一责任人，要高度重视汛期安全生产工作，深入汛期安全生产工作第一线，切实做到对本地区汛期安全生产薄弱环节心中有数，并及时解决突出问题和矛盾。同时，要将汛期安全生产工作责任分解落实到每个职能部门和工作岗位，并强化对责任落实情况的监督检查。

（3）施工企业的法定代表人是本企业汛期建筑施工安全生产工作的第一责任人，要

全面安排部署本企业汛期安全生产工作，建立专门管理机构，配备专门管理人员，加强对企业各个项目安全生产工作的监督检查。工程项目的项目经理是本项目汛期建筑施工安全生产工作的第一责任人，要及时排查、消除施工现场的各项事故隐患，根据天气变化合理安排工程进度和工序，确保一线操作人员生命安全。

二、着眼长效，建立各项汛期安全工作制度

（4）信息沟通制度。各级建设行政主管部门要加强与国土资源、气象等有关部门的沟通和配合，在汛期建立经常性的联系渠道，强化信息沟通，及时掌握水情预测预报和地质灾害气象等预报，以便快速作出应对反应。

（5）预警提示制度。在汛期来临之前，向各级建设行政主管部门和有关施工企业发布预警通知，指出可能发生事故的薄弱环节和重点部位以及相应对策，督促有关方面提前部署防范工作。

（6）隐患检查制度。组织对本辖区内在建工程施工现场进行全面检查，尤其是对基坑开挖、边坡支护、脚手架、模板工程、塔吊拆装等危险性较大的分部分项工程更要重点排查，发现事故隐患要督促施工企业及时整改并监督其落实情况。

（7）重大危险源公示、监控制度。对于汛期内本辖区施工现场可能造成事故的各类重大危险源，要分门别类登记造册并向社会公布，同时对其密切监控，防止危险源转化为事故隐患甚至酿成重大事故。

（8）应急救援制度。编制符合本地实际、针对性和可操作性强的汛期建筑安全生产事故应急预案，定期组织演练，并做好宣传培训工作。一旦发生险情，立即启动预案，科学组织抢险救灾。

（9）汛期值班制度。要合理安排值班制度，主要领导和工作人员要坚守岗位，确保通讯联络畅通，全面掌握本辖区建筑安全生产工作动态。发现险情立即作出应急反应并及时向上级报告。

（10）责任追究制度。对于未及时作出防范措施或擅离职守造成重大事故的，要追究企业主要负责人和项目经理的责任；涉及建设主管部门有关人员失职渎职的，要追究其相关法律责任。

三、突出重点，落实企业安全生产主体责任

（11）施工企业和工程项目部要针对工程项目的具体特点，制定本单位汛期安全生产事故应急救援预案，并定期组织演练，同时要加强对一线操作人员汛期安全生产知识和防护、救护技能的培训教育，提高其安全意识和素质。

（12）施工企业和工程项目部要及时收看天气预报，密切关注天气变化，总结以往汛期施工经验，合理安排施工进度和计划，在大风天气、连续暴雨或者有关部门发出自然灾害或气候预警时，应停止施工并根据情况安排工人撤离施工现场或危险区域。

（13）施工企业和工程项目部要强化对施工现场各个关键部位和关键环节的检查，检查重点是施工现场排水、运输道路、边坡基坑支护、脚手架工程、施工用电、垂直运输设备、临时设施等，要确保消除各项事故隐患，确保各项防护措施满足汛期安全生产的需要。施

工现场重点部位和环节的安全防范措施要点见附件1。

(14)施工企业和工程项目部要做好汛期值班工作,企业主要负责人和项目经理要职守在第一线,全面掌握、部署本单位安全生产工作。一旦事故发生,立即启动预案组织抢险,并按规定及时将事故情况上报建设行政主管部门。

(15)施工企业和工程项目部在险情或大风暴雨天气结束、恢复施工之前,必须逐个环节、逐个部位地对施工现场进行全面细致的安全检查,确保不留隐患。检查结束后,需经监理单位复查并由总监理工程师签发开工令后方可复工。

(16)施工企业和工程项目部要做好高温天气下的防暑降温工作,落实每一位工人的防暑降温物品,合理调配工人的作业时间,避免高温时段室外作业,同时,要改善劳动作业条件,减轻劳动强度,积极为广大工人创造良好的作业和休息环境。

(17)施工企业和工程项目部要确保施工人员宿舍、食堂、厕所、淋浴间等符合标准要求,加强对饮用水、食品的卫生管理,严格执行食品卫生制度,避免食品变质引发中毒事件。同时,加强对夏季易发疾病的监控,现场作业人员发生法定传染病、食物中毒时,应及时向有关主管部门报告。

汛期来临前,各地建设行政主管部门要根据本意见要求,制定符合本地区实际的汛期建筑安全生产工作方案,及时部署安排各项安全生产工作;汛期前及汛期期间要认真按本意见附件2的要求强化对汛期建筑安全各项工作措施的检查落实;汛期结束后,要认真对本地区汛期建筑安全生产工作进行总结评估。各地要及时将汛期前制订的工作方案和汛期后作出的评估报告报建设部。

附件1:汛期施工现场重点部位和环节安全防范措施要点

附件2:汛期建筑安全生产工作措施检查表

附件1：

汛期施工现场重点部位和环节安全防范措施要点

一、施工现场排水

(1)施工现场应按标准实现现场硬化处理。

(2)根据施工总平面图、规划和设计排水方案及设施，利用自然地形确定排水方向，按规定坡度挖好排水沟。

(3)设置连续、通畅的排水设施和其他应急设施，防止泥浆、污水、废水外流或堵塞下水道和排水河沟。

(4)若施工现场临近高地，应在高地的边缘(现场上侧)挖好截水沟，防止洪水冲入现场。

(5)汛期前做好傍山施工现场边缘的危石处理，防止滑坡、塌方威胁工地。

(6)雨期指定专人负责，及时疏浚排水系统，确保施工现场排水畅通。

二、施工现场运输道路

(1)临时道路起拱5%，两侧做宽300 mm、深200 mm的排水沟。

(2)对路基易受冲刷部分，铺石块、焦渣、砾石等渗水防滑材料，或设涵管排泄，保证路基的稳固。

(3)雨期指定专人负责维修路面，对路面不平或积水现象应及时修复、清除。

三、边坡基坑支护

(1)汛期前应清除沟边多余弃土，减轻坡顶压力。

(2)雨后应及时对坑、槽、沟边坡和固壁支撑结构进行检查，并派专人对深基坑进行测量，观察边坡情况，如发现边坡有裂缝、疏松、支撑结构折断、走动等危险征兆，立即采取措施解决。

(3)因雨水原因发生坡道打滑等情况时，应停止土石方机械作业施工。

(4)雷雨天气不得露天进行电力爆破土石方，如爆破过程中遇到雷电，迅速将雷管脚线、电线主线两端连成短路。

(5)加强对基坑周边的监控，配备足够的潜水泵等排水设施，确保排水及时，防止基坑坍塌。

四、脚手架工程

(1)遇大雨、高温、雷击和6级以上大风等恶劣天气，停止脚手架搭设和拆除作业。

(2)大风、大雨等天气后，组织人员检查脚手架是否有摇晃、变形情况，遇有倾斜、下沉、连墙件松脱、节点连接位移和安全网脱落、开绳等现象，应及时进行处理。

(3)落地式钢管脚手架立杆底端应当高于自然地坪50 mm，并夯实整平，留出一定散水坡度，在周围设置排水措施，防止雨水浸泡脚手架。

(4)悬挑架和附着式升降脚手架在汛期来临前要有加固措施，将架体与建筑物按照架体的高度设置连接件或拉结措施。

(5)吊篮脚手架在汛期来临前，应予拆除。

五、施工用电

(1)严格按照《施工现场临时用电安全技术规范》(JGJ 46—2005)落实临时用电的各项安全措施。

(2)各种露天使用的电气设备应选择较高的干燥处放置。

(3)总配电箱、分配电箱、开关箱应有可靠的防雨措施，电焊机应加防护雨罩。

(4)雨期前应检查照明和动力线有无混线、漏电现象，电杆有无腐蚀、埋设松动等，防止触电。

(5)雨期要检查现场电气设备的接零、接地保护措施是否牢靠，漏电保护装置是否灵敏，电线绝缘接头是否良好。

(6)暴雨等险情来临之前，施工现场临时用电除照明、排水和抢险用电外，其他电源应全部切断。

(7)施工现场高出建筑物的塔吊、外用电梯、井字架、龙门架以及较高金属脚手架等高架设施，如果在相邻建筑物、构筑物的防雷装置保护范围以外，应按规范设置防雷装置。

六、垂直运输设备

(一)塔吊

(1)自升式塔吊有附着装置的，在最上一道以上自由高度超过说明书设计高度的，应朝建筑物方向设置两根钢丝绳拉结。

(2)自升式塔吊未附着，但已达到设计说明书最大独立高度的，应设置四根钢丝绳对角拉结。

(3)拉结应用$\Phi15$以上的钢丝绳，拉结点应设在转盘以下第一个标准节的根部；拉结点处标准节内侧应采用大于标准节角钢宽度的木方作支撑，以防拉伤塔身钢结构；四根拉结绳与塔身之间的角度应一致，控制在45°~60°之间；钢丝绳应采用地锚、地锚筐固定或与建筑物已达到设计强度的混凝土结构联结等形式进行锚固；钢丝绳应有调整松紧度的措施，以确保塔身处于垂直状态。

(4)塔身螺栓必须全部紧固，塔身附着装置应全面检查，确保无松动、无开焊、无变形。

(5)严禁对塔吊前后臂进行固定，确保自由旋转。塔机的避雷设施必须确保完好有效，塔吊电源线路必须切断。

(二)龙门架(井子架)和施工用电梯

(1)有附墙装置的龙门架(井字架)物料提升机和施工用电梯，要采取措施强化附墙拉结装置。

(2)无附墙装置的物料提升机，应加大缆风绳及地锚的强度，或设置临时附墙设施等作加固处理。

七、宿舍、办公室等临时设施

(1)选址必须在安全可靠的地点,避开滑坡、泥石流、山洪、坍塌等灾害地段。

(2)工地宿舍设专人负责,进行昼夜值班,每个宿舍配备不少于2个手电筒。发现险情时,要清楚记得避险路线、避险地点和避险方法。台风来临之际,严禁工人到海边游玩或观景看浪。

(3)采用彩钢板房应有产品合格证,用做宿舍和办公室的,必须根据设置的地址及当地常年风压值等,对彩钢板房的地基进行加固,并使彩钢板房与地基牢固连接,确保房屋稳固。

(4)当地气象部门发布强对流(台风)天气预报后,所有在砖砌临建宿舍住宿的人员必须全部撤出到达安全地点。临近海边、基坑、砖砌围挡墙及广告牌的临建住宿人员必须全部撤出。在以塔机高度为半径的地面范围内的临建设施内的人员也必须全部撤出。

(5)施工现场宿舍、办公室等临时设施,在汛期前应整修加固完毕,保证不漏、不塌、不倒,周围不积水,严防水冲入室内。大风和大雨后,应当检查临时设施地基和主体结构情况,发现问题及时处理。

注1:对于汛期施工现场临时建筑的安全管理和隐患排查,可参考本措施要点附表。

注2:本措施要点列举的各项措施,是根据现行建筑安全技术标准规范,在汛期安全工作中需要着重突出的部分,做好汛期建筑安全生产工作,除应按本措施要点强化防护和检查工作外,还应全面贯彻国家和行业有关安全生产的各项法律、法规、规章和技术标准规范。

附表:临时建筑安全隐患排查表

附表：

临时建筑安全隐患排查表

项目名称			
建设单位			
施工单位			
监理单位			
检查情况			
序号	检查项目	满足要求	不满足要求
1	工人临时宿舍选址是否符合安全性要求，是否充分考虑周边水文、地质情况，是否与施工区分开设置，是否符合施工现场总平面图布置要求		
2	现场自建的临时宿舍设计和施工是否符合有关规范要求，临时宿舍材料选用是否符合有关规定		
3	装配式活动房屋是否具有产品合格证		
4	临时宿舍是否有检查验收制度和记录		
5	施工围墙内外有无依墙堆放建筑材料、建筑垃圾和中小型机械设备，施工围墙有无作为广告牌和设备支撑墙		
6	施工现场临时设施、临时宿舍、现场办公用房、职工食堂、厕所、浴室等与建筑材料、设备、建筑垃圾以及与施工围墙是否保持足够安全距离		
7	对于搭建在易发生山体滑坡、崩塌等危险区域的临时宿舍是否及时拆除或将人员转移		
8	地方自定项目		

项目经理：　　　　　　　　　　总　监：　　　　　　　　　　日　期：

附件2：

汛期建筑安全生产工作措施检查表

<table>
<tr><th>单位</th><th colspan="2">检查项目</th><th>满足要求</th><th>不满足要求</th></tr>
<tr><td rowspan="9">各级建设行政主管部门</td><td colspan="2">成立专门防汛工作领导机构</td><td></td><td></td></tr>
<tr><td colspan="2">建立汛期建筑安全生产工作责任制</td><td></td><td></td></tr>
<tr><td rowspan="7">建立汛期各项工作制度并予落实</td><td>信息沟通制度</td><td></td><td></td></tr>
<tr><td>预警提示制度</td><td></td><td></td></tr>
<tr><td>隐患检查制度</td><td></td><td></td></tr>
<tr><td>重大危险源公示、监控制度</td><td></td><td></td></tr>
<tr><td>应急救援制度</td><td></td><td></td></tr>
<tr><td>汛期值班制度</td><td></td><td></td></tr>
<tr><td>责任追究制度</td><td></td><td></td></tr>
<tr><td rowspan="14">施工企业</td><td colspan="2">建立汛期专门管理机构、配备专管人员</td><td></td><td></td></tr>
<tr><td colspan="2">建立汛期安全生产责任制</td><td></td><td></td></tr>
<tr><td colspan="2">制订汛期应急预案并定期演练</td><td></td><td></td></tr>
<tr><td colspan="2">强化对作业人员汛期安全生产知识培训</td><td></td><td></td></tr>
<tr><td colspan="2">合理安排汛期施工进度、计划</td><td></td><td></td></tr>
<tr><td colspan="2">建立汛期值班制度</td><td></td><td></td></tr>
<tr><td colspan="2">汛期过后按规定程序复工</td><td></td><td></td></tr>
<tr><td rowspan="7">强化对施工现场关键部位和关键环节检查</td><td>施工现场排水</td><td></td><td></td></tr>
<tr><td>施工现场运输道路</td><td></td><td></td></tr>
<tr><td>边坡基坑支护</td><td></td><td></td></tr>
<tr><td>脚手架工程</td><td></td><td></td></tr>
<tr><td>施工用电</td><td></td><td></td></tr>
<tr><td>垂直运输设备</td><td></td><td></td></tr>
<tr><td>临时设施</td><td></td><td></td></tr>
</table>

建设部关于印发《绿色施工导则》的通知

（建质〔2007〕223 号，2007 年 9 月 10 日）

各省、自治区建设厅，直辖市建委，国务院有关部门：

现将《绿色施工导则》印发给你们，请结合本地区、本部门实际情况认真贯彻执行。执行中有何问题和建议，请及时告我部工程质量安全监督与行业发展司。

附件：

绿色施工导则

1 总 则

1.1 我国尚处于经济快速发展阶段，作为大量消耗资源、影响环境的建筑业，应全面实施绿色施工，承担起可持续发展的社会责任。

1.2 本导则用于指导建筑工程的绿色施工，并可供其他建设工程的绿色施工参考。

1.3 绿色施工是指工程建设中，在保证质量、安全等基本要求的前提下，通过科学管理和技术进步，最大限度地节约资源与减少对环境负面影响的施工活动，实现四节一环保（节能、节地、节水、节材和环境保护）。

1.4 绿色施工应符合国家的法律、法规及相关的标准规范，实现经济效益、社会效益和环境效益的统一。

1.5 实施绿色施工，应依据因地制宜的原则，贯彻执行国家、行业和地方相关的技术经济政策。

1.6 运用 ISO 14000 和 ISO 18000 管理体系，将绿色施工有关内容分解到管理体系目标中去，使绿色施工规范化、标准化。

1.7 鼓励各地区开展绿色施工的政策与技术研究，发展绿色施工的新技术、新设备、新材料与新工艺，推行应用示范工程。

2 绿色施工原则

2.1 绿色施工是建筑全寿命周期中的一个重要阶段。实施绿色施工，应进行总体方案优化。在规划、设计阶段，应充分考虑绿色施工的总体要求，为绿色施工提供基础条件。

2.2 实施绿色施工，应对施工策划、材料采购、现场施工、工程验收等各阶段进行控制，加强对整个施工过程的管理和监督。

3 绿色施工总体框架

绿色施工总体框架由施工管理、环境保护、节材与材料资源利用、节水与水资源利用、节能与能源利用、节地与施工用地保护6个方面组成(见图1)。这6个方面涵盖了绿色施工的基本指标,同时包含了施工策划、材料采购、现场施工、工程验收等各阶段的指标的子集。

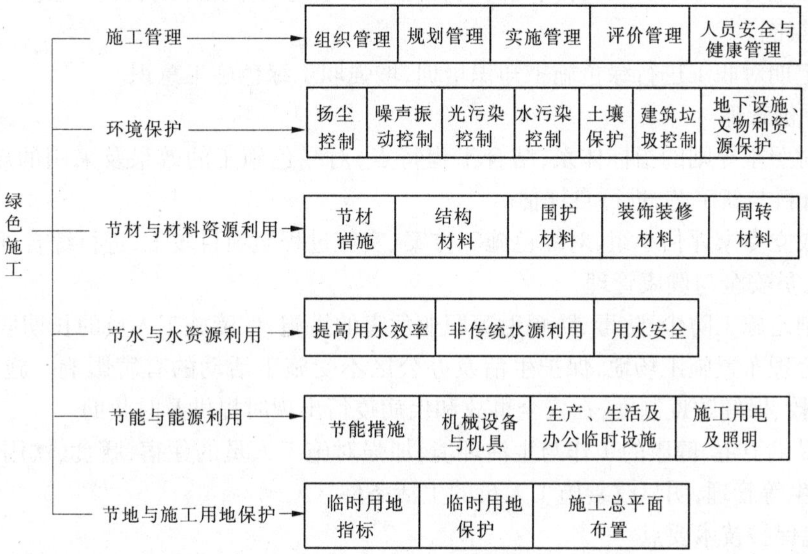

图1 绿色施工总体框架

4 绿色施工要点

4.1 绿色施工管理主要包括组织管理、规划管理、实施管理、评价管理和人员安全与健康管理5个方面。

4.1.1 组织管理

(1)建立绿色施工管理体系,并制定相应的管理制度与目标。

(2)项目经理为绿色施工第一责任人,负责绿色施工的组织实施及目标实现,并指定绿色施工管理人员和监督人员。

4.1.2 规划管理

编制绿色施工方案。该方案应在施工组织设计中独立成章,并按有关规定进行审批。

绿色施工方案应包括以下内容:

(1)环境保护措施。制定环境管理计划及应急救援预案,采取有效措施,降低环境负荷,保护地下设施和文物等资源。

(2)节材措施。在保证工程安全与质量的前提下,制定节材措施。如进行施工方案的节材优化,建筑垃圾减量化,尽量利用可循环材料等。

(3)节水措施。根据工程所在地的水资源状况,制定节水措施。

(4)节能措施。进行施工节能策划,确定目标,制定节能措施。

(5)节地与施工用地保护措施。制定临时用地指标、施工总平面布置规划及临时用地节地措施等。

4.1.3 实施管理

(1)绿色施工应对整个施工过程实施动态管理,加强对施工策划、施工准备、材料采购、现场施工、工程验收等各阶段的管理和监督。

(2)应结合工程项目的特点,有针对性地对绿色施工作相应的宣传,通过宣传营造绿色施工的氛围。

(3)定期对职工进行绿色施工知识培训,增强职工绿色施工意识。

4.1.4 评价管理

(1)对照本导则的指标体系,结合工程特点,对绿色施工的效果及采用的新技术、新设备、新材料与新工艺,进行自评估。

(2)成立专家评估小组,对绿色施工方案、实施过程至项目竣工,进行综合评估。

4.1.5 人员安全与健康管理

(1)制定施工防尘、防毒、防辐射等职业危害的措施,保障施工人员的长期职业健康。

(2)合理布置施工场地,保护生活及办公区不受施工活动的有害影响。施工现场建立卫生急救、保健防疫制度,在安全事故和疾病疫情出现时提供及时救助。

(3)提供卫生、健康的工作与生活环境,加强对施工人员的住宿、膳食、饮用水等生活与环境卫生等管理,明显改善施工人员的生活条件。

4.2 环境保护技术要点

4.2.1 扬尘控制

(1)运送土方、垃圾、设备及建筑材料等,不污损场外道路。运输容易散落、飞扬、流漏的物料的车辆,必须采取措施封闭严密,保证车辆清洁。施工现场出口应设置洗车槽。

(2)土方作业阶段,采取洒水、覆盖等措施,达到作业区目测扬尘高度小于1.5 m,不扩散到场区外。

(3)结构施工、安装装饰装修阶段,作业区目测扬尘高度小于0.5 m。对易产生扬尘的堆放材料应采取覆盖措施;对粉末状材料应封闭存放;场区内可能引起扬尘的材料及建筑垃圾搬运应有降尘措施,如覆盖、洒水等;浇筑混凝土前清理灰尘和垃圾时尽量使用吸尘器,避免使用吹风器等易产生扬尘的设备;机械剔凿作业时可用局部遮挡、掩盖、水淋等防护措施;高层或多层建筑清理垃圾应搭设封闭性临时专用道或采用容器吊运。

(4)施工现场非作业区达到目测无扬尘的要求。对现场易飞扬物质采取有效措施,如洒水、地面硬化、围挡、密网覆盖、封闭等,防止扬尘产生。

(5)构筑物机械拆除前,做好扬尘控制计划。可采取清理积尘、拆除体洒水、设置隔挡等措施。

(6)构筑物爆破拆除前,做好扬尘控制计划。可采用清理积尘、淋湿地面、预湿墙体、屋面敷水袋、楼面蓄水、建筑外设高压喷雾状水系统、搭设防尘排栅和直升机投水弹等综合降尘。选择风力小的天气进行爆破作业。

(7)在场界四周隔挡高度位置测得的大气总悬浮颗粒物(TSP)月平均浓度与城市背景值的差值不大于0.08 mg/m^3。

4.2.2 噪声与振动控制

(1)现场噪声排放不得超过国家标准《建筑施工场界噪声限值》(GB 12523—90)的规定。

(2)在施工场界对噪声进行实时监测与控制。监测方法执行国家标准《建筑施工场界噪声测量方法》(GB 12524—90)。

(3)使用低噪声、低振动的机具,采取隔音与隔振措施,避免或减少施工噪声和振动。

4.2.3 光污染控制

(1)尽量避免或减少施工过程中的光污染。夜间室外照明灯加设灯罩,透光方向集中在施工范围。

(2)电焊作业采取遮挡措施,避免电焊弧光外泄。

4.2.4 水污染控制

(1)施工现场污水排放应达到国家标准《污水综合排放标准》(GB 8978—1996)的要求。

(2)在施工现场应针对不同的污水,设置相应的处理设施,如沉淀池、隔油池、化粪池等。

(3)污水排放应委托有资质的单位进行废水水质检测,提供相应的污水检测报告。

(4)保护地下水环境。采用隔水性能好的边坡支护技术。在缺水地区或地下水位持续下降的地区,基坑降水尽可能少地抽取地下水;当基坑开挖抽水量大于50万m^3时,应进行地下水回灌,并避免地下水被污染。

(5)对于化学品等有毒材料、油料的储存地,应有严格的隔水层设计,做好渗漏液收集和处理。

4.2.5 土壤保护

(1)保护地表环境,防止土壤侵蚀、流失。因施工造成的裸土,及时覆盖砂石或种植速生草种,以减少土壤侵蚀;因施工造成地表径流、土壤流失的情况,应采取设置地表排水系统、稳定斜坡、植被覆盖等措施,减少土壤流失。

(2)沉淀池、隔油池、化粪池等不发生堵塞、渗漏、溢出等现象。及时清掏各类池内沉淀物,并委托有资质的单位清运。

(3)对于有毒有害废弃物如电池、墨盒、油漆、涂料等应回收后交有资质的单位处理,不能作为建筑垃圾外运,避免污染土壤和地下水。

(4)施工后应恢复施工活动破坏的植被(一般指临时占地内)。与当地园林、环保部门或当地植物研究机构进行合作,在先前开发地区种植当地或其他合适的植物,以恢复剩余空地地貌或科学绿化,补救施工活动中人为破坏植被和地貌造成的土壤侵蚀。

4.2.6 建筑垃圾控制

(1)制定建筑垃圾减量化计划,如住宅建筑,每万平方米的建筑垃圾不宜超过400 t。

(2)加强建筑垃圾的回收再利用,力争建筑垃圾的再利用和回收率达到30%,建筑物拆除产生的废弃物的再利用和回收率大于40%。对于碎石类、土石方类建筑垃圾,可采用地基填埋、铺路等方式提高再利用率,力争再利用率大于50%。

(3)施工现场生活区设置封闭式垃圾容器,施工场地生活垃圾实行袋装化,及时清运。对建筑垃圾进行分类,并收集到现场封闭式垃圾站,集中运出。

4.2.7 地下设施、文物和资源保护

(1)施工前应调查清楚地下各种设施,做好保护计划,保证施工场地周边的各类管道、管线、建筑物、构筑物的安全运行。

(2)施工过程中一旦发现文物,立即停止施工,保护现场并通报文物部门并协助做好工作。

(3)避让、保护施工场区及周边的古树名木。

(4)逐步开展统计分析施工项目的CO_2排放量,以及各种不同植被和树种的CO_2固定量的工作。

4.3 节材与材料资源利用技术要点

4.3.1 节材措施

(1)图纸会审时,应审核节材与材料资源利用的相关内容,达到材料损耗率比定额损耗率降低30%。

(2)根据施工进度、库存情况等合理安排材料的采购、进场时间和批次,减少库存。

(3)现场材料堆放有序。储存环境适宜,措施得当。保管制度健全,责任落实。

(4)材料运输工具适宜,装卸方法得当,防止损坏和遗洒。根据现场平面布置情况就近卸载,避免和减少二次搬运。

(5)采取技术和管理措施提高模板、脚手架等的周转次数。

(6)优化安装工程的预留、预埋、管线路径等方案。

(7)应就地取材,施工现场500 km以内生产的建筑材料用量占建筑材料总重量的70%以上。

4.3.2 结构材料

(1)推广使用预拌混凝土和商品砂浆。准确计算采购数量、供应频率、施工速度等,在施工过程中动态控制。结构工程使用散装水泥。

(2)推广使用高强钢筋和高性能混凝土,减少资源消耗。

(3)推广钢筋专业化加工和配送。

(4)优化钢筋配料和钢构件下料方案。钢筋及钢结构制作前应对下料单及样品进行复核,无误后方可批量下料。

(5)优化钢结构制作和安装方法。大型钢结构宜采用工厂制作,现场拼装;宜采用分段吊装、整体提升、滑移、顶升等安装方法,减少方案的措施用材量。

(6)采取数字化技术,对大体积混凝土、大跨度结构等专项施工方案进行优化。

4.3.3 围护材料

(1)门窗、屋面、外墙等围护结构选用耐候性及耐久性良好的材料,施工确保密封性、防水性和保温隔热性。

(2)门窗采用密封性、保温隔热性能、隔音性能良好的型材和玻璃等材料。

(3)屋面材料、外墙材料具有良好的防水性能和保温隔热性能。

(4)当屋面或墙体等部位采用基层加设保温隔热系统的方式施工时,应选择高效节能、耐久性好的保温隔热材料,以减小保温隔热层的厚度及材料用量。

(5)屋面或墙体等部位的保温隔热系统采用专用的配套材料,以加强各层次之间的黏结或连接强度,确保系统的安全性和耐久性。

(6)根据建筑物的实际特点,优选屋面或外墙的保温隔热材料系统和施工方式,例如保温板粘贴、保温板干挂、聚氨酯硬泡喷涂、保温浆料涂抹等,以保证保温隔热效果,并减少材料浪费。

(7)加强保温隔热系统与围护结构的节点处理,尽量降低热桥效应。针对建筑物的不同部位保温隔热特点,选用不同的保温隔热材料及系统,以做到经济适用。

4.3.4 装饰装修材料

(1)贴面类材料在施工前,应进行总体排版策划,减少非整块材的数量。

(2)采用非木质的新材料或人造板材代替木质板材。

(3)防水卷材、壁纸、油漆及各类涂料基层必须符合要求,避免起皮、脱落。各类油漆及黏结剂应随用随开启,不用时及时封闭。

(4)幕墙及各类预留预埋应与结构施工同步。

(5)木制品及木装饰用料、玻璃等各类板材等宜在工厂采购或定制。

(6)采用自粘类片材,减少现场液态黏结剂的使用量。

4.3.5 周转材料

(1)应选用耐用、维护与拆卸方便的周转材料和机具。

(2)优先选用制作、安装、拆除一体化的专业队伍进行模板工程施工。

(3)模板应以节约自然资源为原则,推广使用定型钢模、钢框竹模、竹胶板。

(4)施工前应对模板工程的方案进行优化。多层、高层建筑使用可重复利用的模板体系,模板支撑宜采用工具式支撑。

(5)优化高层建筑的外脚手架方案,采用整体提升、分段悬挑等方案。

(6)推广采用外墙保温板替代混凝土施工模板的技术。

(7)现场办公和生活用房采用周转式活动房。现场围挡应最大限度地利用已有围墙,或采用装配式可重复使用围挡封闭。力争工地临房、临时围挡材料的可重复使用率达到70%。

4.4 节水与水资源利用的技术要点

4.4.1 提高用水效率

(1)施工中采用先进的节水施工工艺。

(2)施工现场喷洒路面、绿化浇灌不宜使用市政自来水。现场搅拌用水、养护用水应采取有效的节水措施,严禁无措施浇水养护混凝土。

(3)施工现场供水管网应根据用水量设计布置,管径合理、管路简捷,采取有效措施减少管网和用水器具的漏损。

(4)现场机具、设备、车辆冲洗用水必须设立循环用水装置。施工现场办公区、生活区的生活用水采用节水系统和节水器具,提高节水器具配置比率。项目临时用水应使用节水型产品,安装计量装置,采取针对性的节水措施。

(5)施工现场建立可再利用水的收集处理系统,使水资源得到梯级循环利用。

(6)施工现场分别对生活用水与工程用水确定用水定额指标,并分别计量管理。

(7)大型工程的不同单项工程、不同标段、不同分包生活区,凡具备条件的应分别计量用水量。在签订不同标段分包或劳务合同时,将节水定额指标纳入合同条款,进行计量考核。

(8)对混凝土搅拌站点等用水集中的区域和工艺点进行专项计量考核。施工现场建立雨水、中水或可再利用水的收集利用系统。

4.4.2 非传统水源利用

(1)优先采用中水搅拌、中水养护,有条件的地区和工程应收集雨水养护。

(2)处于基坑降水阶段的工地,宜优先采用地下水作为混凝土搅拌用水、养护用水、冲洗用水和部分生活用水。

(3)现场机具、设备、车辆冲洗、喷洒路面、绿化浇灌等用水,优先采用非传统水源,尽量不使用市政自来水。

(4)大型施工现场,尤其是雨量充沛地区的大型施工现场建立雨水收集利用系统,充分收集自然降水用于施工和生活中适宜的部位。

(5)力争施工中非传统水源和循环水的再利用量大于30%。

4.4.3 用水安全

在非传统水源和现场循环再利用水的使用过程中,应制定有效的水质检测与卫生保障措施,确保避免对人体健康、工程质量以及周围环境产生不良影响。

4.5 节能与能源利用的技术要点

4.5.1 节能措施

(1)制定合理施工能耗指标,提高施工能源利用率。

(2)优先使用国家、行业推荐的节能、高效、环保的施工设备和机具,如选用变频技术的节能施工设备等。

(3)施工现场分别设定生产、生活、办公和施工设备的用电控制指标,定期进行计量、核算、对比分析,并有预防与纠正措施。

(4)在施工组织设计中,合理安排施工顺序、工作面,以减少作业区域的机具数量,相邻作业区充分利用共有的机具资源。安排施工工艺时,应优先考虑耗用电能的或其他能耗较少的施工工艺。避免设备额定功率远大于使用功率或超负荷使用设备的现象。

(5)根据当地气候和自然资源条件,充分利用太阳能、地热等可再生能源。

4.5.2 机械设备与机具

(1)建立施工机械设备管理制度,开展用电、用油计量,完善设备档案,及时做好维修保养工作,使机械设备保持低耗、高效的状态。

(2)选择功率与负载相匹配的施工机械设备,避免大功率施工机械设备低负载长时间运行。机电安装可采用节电型机械设备,如逆变式电焊机和能耗低、效率高的手持电动工具等,以利节电。机械设备宜使用节能型油料添加剂,在可能的情况下,考虑回收利用,节约油量。

(3)合理安排工序,提高各种机械的使用率和满载率,降低各种设备的单位耗能。

4.5.3 生产、生活及办公临时设施

(1)利用场地自然条件,合理设计生产、生活及办公临时设施的体形、朝向、间距和窗墙面积比,使其获得良好的日照、通风和采光。南方地区可根据需要在其外墙窗设遮阳设施。

(2)临时设施宜采用节能材料,墙体、屋面使用隔热性能好的材料,减少夏天空调、冬天取暖设备的使用时间及耗能量。

(3)合理配置采暖、空调、风扇数量,规定使用时间,实行分段分时使用,节约用电。

4.5.4 施工用电及照明

(1)临时用电优先选用节能电线和节能灯具,临电线路合理设计、布置,临电设备宜采用自动控制装置。采用声控、光控等节能照明灯具。

(2)照明设计以满足最低照度为原则,照度不应超过最低照度的20%。

4.6 节地与施工用地保护的技术要点

4.6.1 临时用地指标

(1)根据施工规模及现场条件等因素合理确定临时设施,如临时加工厂、现场作业棚及材料堆场、办公生活设施等的占地指标。临时设施的占地面积应按用地指标所需的最低面积设计。

(2)要求平面布置合理、紧凑,在满足环境、职业健康与安全及文明施工要求的前提下尽可能减少废弃地和死角,临时设施占地面积有效利用率大于90%。

4.6.2 临时用地保护

(1)应对深基坑施工方案进行优化,减少土方开挖和回填量,最大限度地减少对土地的扰动,保护周边自然生态环境。

(2)红线外临时占地应尽量使用荒地、废地,少占用农田和耕地。工程完工后,及时对红线外占地恢复原地形、地貌,使施工活动对周边环境的影响降至最低。

(3)利用和保护施工用地范围内原有绿色植被。对于施工周期较长的现场,可按建筑永久绿化的要求,安排场地新建绿化。

4.6.3 施工总平面布置

(1)施工总平面布置应做到科学、合理,充分利用原有建筑物、构筑物、道路、管线为施工服务。

(2)施工现场搅拌站、仓库、加工厂、作业棚、材料堆场等布置应尽量靠近已有交通线路或即将修建的正式或临时交通线路,缩短运输距离。

(3)临时办公和生活用房应采用经济、美观、占地面积小、对周边地貌环境影响较小,且适合于施工平面布置动态调整的多层轻钢活动板房、钢骨架水泥活动板房等标准化装配式结构。生活区与生产区应分开布置,并设置标准的分隔设施。

(4)施工现场围墙可采用连续封闭的轻钢结构预制装配式活动围挡,减少建筑垃圾,保护土地。

(5)施工现场道路按照永久道路和临时道路相结合的原则布置。施工现场内形成环形通路,减少道路占用土地。

(6)临时设施布置应注意远近结合(本期工程与下期工程),努力减少和避免大量临时建筑拆迁和场地搬迁。

5 发展绿色施工的新技术、新设备、新材料与新工艺

5.1 施工方案应建立推广、限制、淘汰公布制度和管理办法。发展适合绿色施工的资源利用与环境保护技术,对落后的施工方案进行限制或淘汰,鼓励绿色施工技术的发展,推动绿色施工技术的创新。

5.2 大力发展现场监测技术、低噪声的施工技术、现场环境参数检测技术、自密实混凝土施工技术、清水混凝土施工技术、建筑固体废弃物再生产品在墙体材料中的应用技术、新型模板及脚手架技术的研究与应用。

5.3 加强信息技术应用,如绿色施工的虚拟现实技术、三维建筑模型的工程量自动统计、绿色施工组织设计数据库建立与应用系统、数字化工地、基于电子商务的建筑工程材料、设备与物流管理系统等。通过应用信息技术,进行精密规划、设计、精心建造和优化集成,实现与提高绿色施工的各项指标。

6 绿色施工的应用示范工程

我国绿色施工尚处于起步阶段,应通过试点和示范工程,总结经验,引导绿色施工的健康发展。各地应根据具体情况,制定有针对性的考核指标和统计制度,制定引导施工企业实施绿色施工的激励政策,促进绿色施工的发展。

建设部关于印发《建筑施工人员个人劳动保护用品使用管理暂行规定》的通知

（建质〔2007〕255 号，2007 年 11 月 5 日）

各省、自治区建设厅，直辖市建委，江苏省、山东省建管局，新疆生产建设兵团建设局：

现将《建筑施工人员个人劳动保护用品使用管理暂行规定》印发给你们，请结合本地区实际，认真贯彻执行。

附件：

建筑施工人员个人劳动保护用品使用管理暂行规定

第一条　为加强对建筑施工人员个人劳动保护用品的使用管理，保障施工作业人员安全与健康，根据《中华人民共和国建筑法》、《建设工程安全生产管理条例》、《安全生产许可证条例》等法律法规，制定本规定。

第二条　本规定所称个人劳动保护用品，是指在建筑施工现场，从事建筑施工活动的人员使用的安全帽、安全带以及安全（绝缘）鞋、防护眼镜、防护手套、防尘（毒）口罩等个人劳动保护用品（以下简称“劳动保护用品”）。

第三条　凡从事建筑施工活动的企业和个人，劳动保护用品的采购、发放、使用、管理等必须遵守本规定。

第四条　劳动保护用品的发放和管理，坚持“谁用工，谁负责”的原则。施工作业人员所在企业（包括总承包企业、专业承包企业、劳务企业等，下同）必须按国家规定免费发放劳动保护用品，更换已损坏或已到使用期限的劳动保护用品，不得收取或变相收取任何费用。

劳动保护用品必须以实物形式发放，不得以货币或其他物品替代。

第五条　企业应建立完善劳动保护用品的采购、验收、保管、发放、使用、更换、报废等规章制度。同时应建立相应的管理台账，管理台账保存期限不得少于两年，以保证劳动保护用品的质量具有可追溯性。

第六条　企业采购、个人使用的安全帽、安全带及其他劳动防护用品等，必须符合《安全帽》（GB 2811）、《安全带》（GB 6095）及其他劳动保护用品相关国家标准的要求。

企业、施工作业人员，不得采购和使用无安全标记或不符合国家相关标准要求的劳动保护用品。

第七条 企业应当按照劳动保护用品采购管理制度的要求,明确企业内部有关部门、人员的采购管理职责。企业在一个地区组织施工的,可以集中统一采购;对企业工程项目分布在多个地区,集中统一采购有困难的,可由各地区或项目部集中采购。

第八条 企业采购劳动保护用品时,应查验劳动保护用品生产厂家或供货商的生产、经营资格,验明商品合格证明和商品标识,以确保采购劳动保护用品的质量符合安全使用要求。

企业应当向劳动保护用品生产厂家或供货商索要法定检验机构出具的检验报告或由供货商签字盖章的检验报告复印件,不能提供检验报告或检验报告复印件的劳动保护用品不得采购。

第九条 企业应加强对施工作业人员的教育培训,保证施工作业人员能正确使用劳动保护用品。

工程项目部应有教育培训的记录,有培训人员和被培训人员的签名和时间。

第十条 企业应加强对施工作业人员劳动保护用品使用情况的检查,并对施工作业人员劳动保护用品的质量和正确使用负责。实行施工总承包的工程项目,施工总承包企业应加强对施工现场内所有施工作业人员劳动保护用品的监督检查。督促相关分包企业和人员正确使用劳动保护用品。

第十一条 施工作业人员有接受安全教育培训的权利,有按照工作岗位规定使用合格的劳动保护用品的权利;有拒绝违章指挥、拒绝使用不合格劳动保护用品的权利。同时,也负有正确使用劳动保护用品的义务。

第十二条 监理单位要加强对施工现场劳动保护用品的监督检查。发现有不使用、或使用不符合要求的劳动保护用品,应责令相关企业立即改正。对拒不改正的,应当向建设行政主管部门报告。

第十三条 建设单位应当及时、足额向施工企业支付安全措施专项经费,并督促施工企业落实安全防护措施,使用符合相关国家产品质量要求的劳动保护用品。

第十四条 各级建设行政主管部门应当加强对施工现场劳动保护用品使用情况的监督管理。发现有不使用、或使用不符合要求的劳动保护用品的违法违规行为的,应当责令改正;对因不使用或使用不符合要求的劳动保护用品造成事故或伤害的,应当依据《建设工程安全生产管理条例》和《安全生产许可证条例》等法律法规,对有关责任方给予行政处罚。

第十五条 各级建设行政主管部门应将企业劳动保护用品的发放、管理情况列入建筑施工企业《安全生产许可证》条件的审查内容之一;施工现场劳动保护用品的质量情况作为认定企业是否降低安全生产条件的内容之一;施工作业人员是否正确使用劳动保护用品情况作为考核企业安全生产教育培训是否到位的依据之一。

第十六条 各地建设行政主管部门可建立合格劳动保护用品的信息公告制度,为企业购买合格的劳动保护用品提供信息服务。同时依法加大对采购、使用不合格劳动保护用品的处罚力度。

第十七条 施工现场内,为保证施工作业人员安全与健康所需的其他劳动保护用品可参照本规定执行。

第十八条 各地可根据本规定,制定具体的实施办法。

第十九条 本规定自发布之日起施行。

建设部关于印发《关于进一步规范房屋建筑和市政工程生产安全事故报告和调查处理工作的若干意见》的通知

(建质〔2007〕257号,2007年11月9日)

各省、自治区建设厅,直辖市建委,江苏省、山东省建管局,新疆生产建设兵团建设局:

为贯彻落实《生产安全事故报告和调查处理条例》(国务院令第493号),规范房屋建筑和市政工程生产安全事故报告和调查处理工作,我们制定了《关于进一步规范房屋建筑和市政工程生产安全事故报告和调查处理工作的若干意见》,现印发给你们,请认真贯彻执行。

附件:

关于进一步规范房屋建筑和市政工程生产安全事故报告和调查处理工作的若干意见

为认真贯彻落实《生产安全事故报告和调查处理条例》(国务院令第493号,以下简称《条例》),规范房屋建筑和市政工程生产安全事故报告和调查处理工作,现提出如下意见。

一、事故等级划分

(一)特别重大事故,是指造成30人以上死亡,或者100人以上重伤,或者1亿元以上直接经济损失的事故;

(二)重大事故,是指造成10人以上30人以下死亡,或者50人以上100人以下重伤,或者5 000万元以上1亿元以下直接经济损失的事故;

(三)较大事故,是指造成3人以上10人以下死亡,或者10人以上50人以下重伤,或者1 000万元以上5 000万元以下直接经济损失的事故;

(四)一般事故,是指造成3人以下死亡,或者10人以下重伤,或者1 000万元以下100万元以上直接经济损失的事故。

本等级划分所称的“以上”包括本数,所称的“以下”不包括本数。

二、事故报告

(一)施工单位事故报告要求

事故发生后,事故现场有关人员应当立即向施工单位负责人报告;施工单位负责人接到报告后,应当于1小时内向事故发生地县级以上人民政府建设主管部门和有关部门报告。

情况紧急时,事故现场有关人员可以直接向事故发生地县级以上人民政府建设主管部门和有关部门报告。

实行施工总承包的建设工程,由总承包单位负责上报事故。

(二)建设主管部门事故报告要求

1. 建设主管部门接到事故报告后,应当依照下列规定上报事故情况,并通知安全生产监督管理部门、公安机关、劳动保障行政主管部门、工会和人民检察院:

(1)较大事故、重大事故及特别重大事故逐级上报至国务院建设主管部门;

(2)一般事故逐级上报至省、自治区、直辖市人民政府建设主管部门;

(3)建设主管部门依照本条规定上报事故情况,应当同时报告本级人民政府,国务院建设主管部门接到重大事故和特别重大事故的报告后,应当立即报告国务院。

必要时,建设主管部门可以越级上报事故情况。

2. 建设主管部门按照本规定逐级上报事故情况时,每级上报的时间不得超过2小时。

3. 事故报告内容:

(1)事故发生的时间、地点和工程项目、有关单位名称;

(2)事故的简要经过;

(3)事故已经造成或者可能造成的伤亡人数(包括下落不明的人数)和初步估计的直接经济损失;

(4)事故的初步原因;

(5)事故发生后采取的措施及事故控制情况;

(6)事故报告单位或报告人员;

(7)其他应当报告的情况。

4. 事故报告后出现新情况,以及事故发生之日起30日内伤亡人数发生变化的,应当及时补报。

三、事故调查

(一)建设主管部门应当按照有关人民政府的授权或委托组织事故调查组对事故进行调查,并履行下列职责:

1. 核实事故项目基本情况,包括项目履行法定建设程序情况、参与项目建设活动各方主体履行职责的情况;

2. 查明事故发生的经过、原因、人员伤亡及直接经济损失,并依据国家有关法律法规和技术标准分析事故的直接原因和间接原因;

3. 认定事故的性质,明确事故责任单位和责任人员在事故中的责任;

4. 依照国家有关法律法规对事故的责任单位和责任人员提出处理建议;

5. 总结事故教训,提出防范和整改措施;

6. 提交事故调查报告。

(二)事故调查报告应当包括下列内容:

1. 事故发生单位概况;

2. 事故发生经过和事故救援情况;

3. 事故造成的人员伤亡和直接经济损失;

4. 事故发生的原因和事故性质;

5. 事故责任的认定和对事故责任者的处理建议;

6. 事故防范和整改措施。

事故调查报告应当附具有关证据材料,事故调查组成员应当在事故调查报告上签名。

四、事故处理

(一)建设主管部门应当依据有关人民政府对事故的批复和有关法律法规的规定,对事故相关责任者实施行政处罚。处罚权限不属本级建设主管部门的,应当在收到事故调查报告批复后15个工作日内,将事故调查报告(附具有关证据材料)、结案批复、本级建设主管部门对有关责任者的处理建议等转送有权限的建设主管部门。

(二)建设主管部门应当依照有关法律法规的规定,对因降低安全生产条件导致事故发生的施工单位给予暂扣或吊销安全生产许可证的处罚;对事故负有责任的相关单位给予罚款、停业整顿、降低资质等级或吊销资质证书的处罚。

(三)建设主管部门应当依照有关法律法规的规定,对事故发生负有责任的注册执业资格人员给予罚款、停止执业或吊销其注册执业资格证书的处罚。

五、事故统计

(一)建设主管部门除按上述规定上报生产安全事故外,还应当按照有关规定将一般及以上生产安全事故通过《建设系统安全事故和自然灾害快报系统》上报至国务院建设主管部门。

(二)对于经调查认定为非生产安全事故的,建设主管部门应在事故性质认定后10个工作日内将有关材料报上一级建设主管部门。

六、其他要求

事故发生地的建设主管部门接到事故报告后,其负责人应立即赶赴事故现场,组织事故救援。

发生一般及以上事故或领导对事故有批示要求的,设区的市级建设主管部门应派员赶赴现场了解事故有关情况。

发生较大及以上事故或领导对事故有批示要求的,省、自治区建设厅,直辖市建委应派员赶赴现场了解事故有关情况。

发生重大及以上事故或领导对事故有批示要求的,国务院建设主管部门应根据相关规定派员赶赴现场了解事故有关情况。

七、各地区可以根据本地实际情况制定实施细则。

住房和城乡建设部关于印发《建筑施工特种作业人员管理规定》的通知

（建质〔2008〕75号,2008年4月18日）

各省、自治区建设厅,直辖市建委,江苏省、山东省建管局,新疆生产建设兵团建设局:

现将《建筑施工特种作业人员管理规定》印发给你们,请结合本地区实际贯彻执行。

附件:

建筑施工特种作业人员管理规定

第一章　总　则

第一条　为加强对建筑施工特种作业人员的管理,防止和减少生产安全事故,根据《安全生产许可证条例》、《建筑起重机械安全监督管理规定》等法规规章,制定本规定。

第二条　建筑施工特种作业人员的考核、发证、从业和监督管理,适用本规定。

本规定所称建筑施工特种作业人员是指在房屋建筑和市政工程施工活动中,从事可能对本人、他人及周围设备设施的安全造成重大危害作业的人员。

第三条　建筑施工特种作业包括:

(一)建筑电工;

(二)建筑架子工;

(三)建筑起重信号司索工;

(四)建筑起重机械司机;

(五)建筑起重机械安装拆卸工;

(六)高处作业吊篮安装拆卸工;

(七)经省级以上人民政府建设主管部门认定的其他特种作业。

第四条　建筑施工特种作业人员必须经建设主管部门考核合格,取得建筑施工特种作业人员操作资格证书(以下简称"资格证书"),方可上岗从事相应作业。

第五条　国务院建设主管部门负责全国建筑施工特种作业人员的监督管理工作。

省、自治区、直辖市人民政府建设主管部门负责本行政区域内建筑施工特种作业人员的监督管理工作。

第二章 考 核

第六条 建筑施工特种作业人员的考核发证工作，由省、自治区、直辖市人民政府建设主管部门或其委托的考核发证机构（以下简称"考核发证机关"）负责组织实施。

第七条 考核发证机关应当在办公场所公布建筑施工特种作业人员申请条件、申请程序、工作时限、收费依据和标准等事项。

考核发证机关应当在考核前在机关网站或新闻媒体上公布考核科目、考核地点、考核时间和监督电话等事项。

第八条 申请从事建筑施工特种作业的人员，应当具备下列基本条件：

（一）年满18周岁且符合相关工种规定的年龄要求；

（二）经医院体检合格且无妨碍从事相应特种作业的疾病和生理缺陷；

（三）初中及以上学历；

（四）符合相应特种作业需要的其他条件。

第九条 符合本规定第八条规定的人员应当向本人户籍所在地或者从业所在地考核发证机关提出申请，并提交相关证明材料。

第十条 考核发证机关应当自收到申请人提交的申请材料之日起5个工作日内依法作出受理或者不予受理决定。

对于受理的申请，考核发证机关应当及时向申请人核发准考证。

第十一条 建筑施工特种作业人员的考核内容应当包括安全技术理论和实际操作。

考核大纲由国务院建设主管部门制定。

第十二条 考核发证机关应当自考核结束之日起10个工作日内公布考核成绩。

第十三条 考核发证机关对于考核合格的，应当自考核结果公布之日起10个工作日内颁发资格证书；对于考核不合格的，应当通知申请人并说明理由。

第十四条 资格证书应当采用国务院建设主管部门规定的统一样式，由考核发证机关编号后签发。资格证书在全国通用。

资格证书样式见附件一，编号规则见附件二。

第三章 从 业

第十五条 持有资格证书的人员，应当受聘于建筑施工企业或者建筑起重机械出租单位（以下简称用人单位），方可从事相应的特种作业。

第十六条 用人单位对于首次取得资格证书的人员，应当在其正式上岗前安排不少于3个月的实习操作。

第十七条 建筑施工特种作业人员应当严格按照安全技术标准、规范和规程进行作业，正确佩戴和使用安全防护用品，并按规定对作业工具和设备进行维护保养。

建筑施工特种作业人员应当参加年度安全教育培训或者继续教育，每年不得少于24小时。

第十八条 在施工中发生危及人身安全的紧急情况时，建筑施工特种作业人员有权立即停止作业或者撤离危险区域，并向施工现场专职安全生产管理人员和项目负责人报告。

第十九条 用人单位应当履行下列职责:

(一)与持有效资格证书的特种作业人员订立劳动合同;

(二)制定并落实本单位特种作业安全操作规程和有关安全管理制度;

(三)书面告知特种作业人员违章操作的危害;

(四)向特种作业人员提供齐全、合格的安全防护用品和安全的作业条件;

(五)按规定组织特种作业人员参加年度安全教育培训或者继续教育,培训时间不少于24小时;

(六)建立本单位特种作业人员管理档案;

(七)查处特种作业人员违章行为并记录在档;

(八)法律法规及有关规定明确的其他职责。

第二十条 任何单位和个人不得非法涂改、倒卖、出租、出借或者以其他形式转让资格证书。

第二十一条 建筑施工特种作业人员变动工作单位,任何单位和个人不得以任何理由非法扣押其资格证书。

第四章 延期复核

第二十二条 资格证书有效期为两年。有效期满需要延期的,建筑施工特种作业人员应当于期满前3个月内向原考核发证机关申请办理延期复核手续。延期复核合格的,资格证书有效期延期2年。

第二十三条 建筑施工特种作业人员申请延期复核,应当提交下列材料:

(一)身份证(原件和复印件);

(二)体检合格证明;

(三)年度安全教育培训证明或者继续教育证明;

(四)用人单位出具的特种作业人员管理档案记录;

(五)考核发证机关规定提交的其他资料。

第二十四条 建筑施工特种作业人员在资格证书有效期内,有下列情形之一的,延期复核结果为不合格:

(一)超过相关工种规定年龄要求的;

(二)身体健康状况不再适应相应特种作业岗位的;

(三)对生产安全事故负有责任的;

(四)2年内违章操作记录达3次(含3次)以上的;

(五)未按规定参加年度安全教育培训或者继续教育的;

(六)考核发证机关规定的其他情形。

第二十五条 考核发证机关在收到建筑施工特种作业人员提交的延期复核资料后,应当根据以下情况分别作出处理:

(一)对于属于本规定第二十四条情形之一的,自收到延期复核资料之日起5个工作日内作出不予延期决定,并说明理由;

(二)对于提交资料齐全且无本规定第二十四条情形的,自受理之日起10个工作日内办理准予延期复核手续,并在证书上注明延期复核合格,并加盖延期复核专用章。

第二十六条 考核发证机关应当在资格证书有效期满前按本规定第二十五条作出决定;逾期未作出决定的,视为延期复核合格。

第五章 监督管理

第二十七条 考核发证机关应当制定建筑施工特种作业人员考核发证管理制度,建立本地区建筑施工特种作业人员档案。

县级以上地方人民政府建设主管部门应当监督检查建筑施工特种作业人员从业活动,查处违章作业行为并记录在档。

第二十八条 考核发证机关应当在每年年底向国务院建设主管部门报送建筑施工特种作业人员考核发证和延期复核情况的年度统计信息资料。

第二十九条 有下列情形之一的,考核发证机关应当撤销资格证书:

(一)持证人弄虚作假骗取资格证书或者办理延期复核手续的;

(二)考核发证机关工作人员违法核发资格证书的;

(三)考核发证机关规定应当撤销资格证书的其他情形。

第三十条 有下列情形之一的,考核发证机关应当注销资格证书:

(一)依法不予延期的;

(二)持证人逾期未申请办理延期复核手续的;

(三)持证人死亡或者不具有完全民事行为能力的;

(四)考核发证机关规定应当注销的其他情形。

第六章 附 则

第三十一条 省、自治区、直辖市人民政府建设主管部门可结合本地区实际情况制定实施细则,并报国务院建设主管部门备案。

第三十二条 本办法自2008年6月1日起施行。

附件一:建筑施工特种作业操作资格证书样式(略)

附件二:建筑施工特种作业操作资格证书编号规则(略)

住房和城乡建设部关于印发《建筑起重机械备案登记办法》的通知

（建质〔2008〕76号，2008年4月18日）

各省、自治区建设厅，直辖市建委，江苏省、山东省建管局，新疆生产建设兵团建设局：

现将《建筑起重机械备案登记办法》印发给你们，请结合本地区实际贯彻执行。

附件：

建筑起重机械备案登记办法

第一条 为加强建筑起重机械备案登记管理，根据《建筑起重机械安全监督管理规定》（建设部令第166号），制定本办法。

第二条 本办法所称建筑起重机械备案登记包括建筑起重机械备案、安装（拆卸）告知和使用登记。

第三条 县级以上地方人民政府建设主管部门可以使用计算机信息管理系统办理建筑起重机械备案登记，并建立数据库。

县级以上地方人民政府建设主管部门应当提供本行政区域内建筑起重机械备案登记查询服务。

第四条 出租、安装、使用单位应当按规定提交建筑起重机械备案登记资料，并对所提供资料的真实性负责。

县级以上地方人民政府建设主管部门应当建立建筑起重机械备案登记诚信考核制度。

第五条 建筑起重机械出租单位或者自购建筑起重机械使用单位（以下简称“产权单位”）在建筑起重机械首次出租或安装前，应当向本单位工商注册所在地县级以上地方人民政府建设主管部门（以下简称“设备备案机关”）办理备案。

第六条 产权单位在办理备案手续时，应当向设备备案机关提交以下资料：

（一）产权单位法人营业执照副本；

（二）特种设备制造许可证；

（三）产品合格证；

（四）制造监督检验证明；

(五)建筑起重机械设备购销合同、发票或相应有效凭证;

(六)设备备案机关规定的其他资料。

所有资料复印件应当加盖产权单位公章。

第七条 设备备案机关应当自收到产权单位提交的备案资料之日起7个工作日内,对符合备案条件且资料齐全的建筑起重机械进行编号,向产权单位核发建筑起重机械备案证明。

建筑起重机械备案编号规则见附件一。

第八条 有下列情形之一的建筑起重机械,设备备案机关不予备案,并通知产权单位:

(一)属国家和地方明令淘汰或者禁止使用的;

(二)超过制造厂家或者安全技术标准规定的使用年限的;

(三)经检验达不到安全技术标准规定的。

第九条 起重机械产权单位变更时,原产权单位应当持建筑起重机械备案证明到设备备案机关办理备案注销手续。设备备案机关应当收回其建筑起重机械备案证明。

原产权单位应当将建筑起重机械的安全技术档案移交给现产权单位。

现产权单位应当按照本办法办理建筑起重机械备案手续。

第十条 建筑起重机械属于本办法第八条情形之一的,产权单位应当及时采取解体等销毁措施予以报废,并向设备备案机关办理备案注销手续。

第十一条 从事建筑起重机械安装、拆卸活动的单位(以下简称"安装单位")办理建筑起重机械安装(拆卸)告知手续前,应当将以下资料报送施工总承包单位、监理单位审核:

(一)建筑起重机械备案证明;

(二)安装单位资质证书、安全生产许可证副本;

(三)安装单位特种作业人员证书;

(四)建筑起重机械安装(拆卸)工程专项施工方案;

(五)安装单位与使用单位签订的安装(拆卸)合同及安装单位与施工总承包单位签订的安全协议书;

(六)安装单位负责建筑起重机械安装(拆卸)工程专职安全生产管理人员、专业技术人员名单;

(七)建筑起重机械安装(拆卸)工程生产安全事故应急救援预案;

(八)辅助起重机械资料及其特种作业人员证书;

(九)施工总承包单位、监理单位要求的其他资料。

第十二条 施工总承包单位、监理单位应当在收到安装单位提交的齐全有效的资料之日起2个工作日内审核完毕并签署意见。

第十三条 安装单位应当在建筑起重机械安装(拆卸)前2个工作日内通过书面形式、传真或者计算机信息系统告知工程所在地县级以上地方人民政府建设主管部门,同时按规定提交经施工总承包单位、监理单位审核合格的有关资料。

第十四条 建筑起重机械使用单位在建筑起重机械安装验收合格之日起30日内,向工程所在地县级以上地方人民政府建设主管部门(以下简称“使用登记机关”)办理使用登记。

第十五条 使用单位在办理建筑起重机械使用登记时,应当向使用登记机关提交下列资料:

(一)建筑起重机械备案证明;

(二)建筑起重机械租赁合同;

(三)建筑起重机械检验检测报告和安装验收资料;

(四)使用单位特种作业人员资格证书;

(五)建筑起重机械维护保养等管理制度;

(六)建筑起重机械生产安全事故应急救援预案;

(七)使用登记机关规定的其他资料。

第十六条 使用登记机关应当自收到使用单位提交的资料之日起7个工作日内,对于符合登记条件且资料齐全的建筑起重机械核发建筑起重机械使用登记证明。

第十七条 有下列情形之一的建筑起重机械,使用登记机关不予使用登记并有权责令使用单位立即停止使用或者拆除:

(一)属于本办法第八条情形之一的;

(二)未经检验检测或者经检验检测不合格的;

(三)未经安装验收或者经安装验收不合格的。

第十八条 使用登记机关应当在安装单位办理建筑起重机械拆卸告知手续时,注销建筑起重机械使用登记证明。

第十九条 建筑起重机械实行年度统计上报制度。省、自治区、直辖市人民政府建设主管部门应当在每年年底将本地区建筑起重机械备案登记情况汇总后上报国务院建设主管部门。

建筑起重机械备案登记汇总表见附件二。

第二十条 县级以上地方人民政府建设主管部门应当对施工现场的建筑起重机械备案登记情况进行监督检查。

第二十一条 省级以上人民政府建设主管部门应当按照有关规定及时公布限制或禁止使用的建筑起重机械。

第二十二条 出租、安装、使用单位未按规定办理建筑起重机械备案、安装(拆卸)告知、使用登记及注销手续的,由建设主管部门依照有关法规和规章进行处罚。

第二十三条 省、自治区、直辖市人民政府建设主管部门可结合本地区实际制定实施细则。

第二十四条 本办法自2008年6月1日起施行。

附件一:建筑起重机械备案编号规则(略)

附件二:建筑起重机械备案登记汇总表(略)

住房和城乡建设部关于印发《建筑施工企业安全生产管理机构设置及专职安全生产管理人员配备办法》的通知

（建质〔2008〕91 号，2008 年 5 月 13 日）

各省、自治区建设厅，直辖市建委，江苏、山东省建管局，新疆生产建设兵团建设局，中央管理的建筑企业：

为进一步规范建筑施工企业安全生产管理机构设置及专职安全生产管理人员配备，全面落实建筑施工企业安全生产主体责任，我们组织修订了《建筑施工企业安全生产管理机构设置及专职安全生产管理人员配备办法》，现印发给你们，请遵照执行。原《关于印发〈建筑施工企业安全生产管理机构设置及专职安全生产管理人员配备办法〉和〈危险性较大工程安全专项施工方案编制及专家论证审查办法〉的通知》（建质〔2004〕213 号）中的《建筑施工企业安全生产管理机构设置及专职安全生产管理人员配备办法》同时废止。

附件：

建筑施工企业安全生产管理机构设置及专职安全生产管理人员配备办法

第一条 为规范建筑施工企业安全生产管理机构的设置，明确建筑施工企业和项目专职安全生产管理人员的配备标准，根据《中华人民共和国安全生产法》、《建设工程安全生产管理条例》、《安全生产许可证条例》及《建筑施工企业安全生产许可证管理规定》，制定本办法。

第二条 从事土木工程、建筑工程、线路管道和设备安装工程及装修工程的新建、改建、扩建和拆除等活动的建筑施工企业安全生产管理机构的设置及其专职安全生产管理人员的配备，适用本办法。

第三条 本办法所称安全生产管理机构是指建筑施工企业设置的负责安全生产管理工作的独立职能部门。

第四条 本办法所称专职安全生产管理人员是指经建设主管部门或者其他有关部门安全生产考核合格取得安全生产考核合格证书，并在建筑施工企业及其项目从事安全生产管理工作的专职人员。

第五条 建筑施工企业应当依法设置安全生产管理机构，在企业主要负责人的领导下开展本企业的安全生产管理工作。

第六条 建筑施工企业安全生产管理机构具有以下职责：

（一）宣传和贯彻国家有关安全生产法律法规和标准；

（二）编制并适时更新安全生产管理制度并监督实施；

（三）组织或参与企业生产安全事故应急救援预案的编制及演练；

（四）组织开展安全教育培训与交流；

（五）协调配备项目专职安全生产管理人员；

（六）制订企业安全生产检查计划并组织实施；

（七）监督在建项目安全生产费用的使用；

（八）参与危险性较大工程安全专项施工方案专家论证会；

（九）通报在建项目违规违章查处情况；

（十）组织开展安全生产评优评先表彰工作；

（十一）建立企业在建项目安全生产管理档案；

（十二）考核评价分包企业安全生产业绩及项目安全生产管理情况；

（十三）参加生产安全事故的调查和处理工作；

（十四）企业明确的其他安全生产管理职责。

第七条 建筑施工企业安全生产管理机构专职安全生产管理人员在施工现场检查过程中具有以下职责：

（一）查阅在建项目安全生产有关资料、核实有关情况；

（二）检查危险性较大工程安全专项施工方案落实情况；

（三）监督项目专职安全生产管理人员履责情况；

（四）监督作业人员安全防护用品的配备及使用情况；

（五）对发现的安全生产违章违规行为或安全隐患，有权当场予以纠正或作出处理决定；

（六）对不符合安全生产条件的设施、设备、器材，有权当场作出查封的处理决定；

（七）对施工现场存在的重大安全隐患有权越级报告或直接向建设主管部门报告；

（八）企业明确的其他安全生产管理职责。

第八条 建筑施工企业安全生产管理机构专职安全生产管理人员的配备应满足下列要求，并应根据企业经营规模、设备管理和生产需要予以增加：

（一）建筑施工总承包资质序列企业：特级资质不少于6人；一级资质不少于4人；二级和二级以下资质企业不少于3人。

（二）建筑施工专业承包资质序列企业：一级资质不少于3人；二级和二级以下资质企业不少于2人。

（三）建筑施工劳务分包资质序列企业：不少于2人。

（四）建筑施工企业的分公司、区域公司等较大的分支机构（以下简称分支机构）应依据实际生产情况配备不少于2人的专职安全生产管理人员。

第九条 建筑施工企业应当实行建设工程项目专职安全生产管理人员委派制度。建设工程项目的专职安全生产管理人员应当定期将项目安全生产管理情况报告企业安全生产管理机构。

第十条 建筑施工企业应当在建设工程项目组建安全生产领导小组。建设工程实行施工总承包的，安全生产领导小组由总承包企业、专业承包企业和劳务分包企业项目经理、技术负责人和专职安全生产管理人员组成。

第十一条 安全生产领导小组的主要职责：

（一）贯彻落实国家有关安全生产法律法规和标准；

（二）组织制定项目安全生产管理制度并监督实施；

（三）编制项目生产安全事故应急救援预案并组织演练；

（四）保证项目安全生产费用的有效使用；

（五）组织编制危险性较大工程安全专项施工方案；

（六）开展项目安全教育培训；

（七）组织实施项目安全检查和隐患排查；

（八）建立项目安全生产管理档案；

（九）及时、如实报告安全生产事故。

第十二条 项目专职安全生产管理人员具有以下主要职责：

（一）负责施工现场安全生产日常检查并做好检查记录；

（二）现场监督危险性较大工程安全专项施工方案实施情况；

（三）对作业人员违规违章行为有权予以纠正或查处；

（四）对施工现场存在的安全隐患有权责令立即整改；

（五）对于发现的重大安全隐患，有权向企业安全生产管理机构报告；

（六）依法报告生产安全事故情况。

第十三条 总承包单位配备项目专职安全生产管理人员应当满足下列要求：

（一）建筑工程、装修工程按照建筑面积配备：

1.1 万平方米以下的工程不少于 1 人；

2.1 万～5 万平方米的工程不少于 2 人；

3.5 万平方米及以上的工程不少于 3 人，且按专业配备专职安全生产管理人员。

（二）土木工程、线路管道、设备安装工程按照工程合同价配备：

1.5 000 万元以下的工程不少于 1 人；

2.5 000 万～1 亿元的工程不少于 2 人；

3.1 亿元及以上的工程不少于 3 人，且按专业配备专职安全生产管理人员。

第十四条 分包单位配备项目专职安全生产管理人员应当满足下列要求：

（一）专业承包单位应当配置至少 1 人，并根据所承担的分部分项工程的工程量和施工危险程度增加。

（二）劳务分包单位施工人员在 50 人以下的，应当配备 1 名专职安全生产管理人员；50～200 人的，应当配备 2 名专职安全生产管理人员；200 人及以上的，应当配备 3 名及以上专职安全生产管理人员，并根据所承担的分部分项工程施工危险实际情况增加，不得少于工程施工人员总人数的5‰。

第十五条 采用新技术、新工艺、新材料或致害因素多、施工作业难度大的工程项目，项目专职安全生产管理人员的数量应当根据施工实际情况，在第十三条、第十四条规定的配备标准上增加。

第十六条 施工作业班组可以设置兼职安全巡查员，对本班组的作业场所进行安全监督检查。

建筑施工企业应当定期对兼职安全巡查员进行安全教育培训。

第十七条 安全生产许可证颁发管理机关颁发安全生产许可证时，应当审查建筑施工企业安全生产管理机构设置及其专职安全生产管理人员的配备情况。

第十八条 建设主管部门核发施工许可证或者核准开工报告时，应当审查该工程项目专职安全生产管理人员的配备情况。

第十九条 建设主管部门应当监督检查建筑施工企业安全生产管理机构及其专职安全生产管理人员履责情况。

第二十条 本办法自颁发之日起实施，原《关于印发〈建筑施工企业安全生产管理机构设置及专职安全生产管理人员配备办法〉和〈危险性较大工程安全专项施工方案编制及专家论证审查办法〉的通知》（建质〔2004〕213号）中的《建筑施工企业安全生产管理机构设置及专职安全生产管理人员配备办法》废止。

住房和城乡建设部关于印发《建筑施工企业安全生产许可证动态监管暂行办法》的通知

（建质〔2008〕121号，2008年6月30日）

各省、自治区建设厅，直辖市建委：

为强化建筑施工企业安全生产许可证动态监管，促进施工企业保持和改善安全生产条件，控制和减少生产安全事故，我部制定了《建筑施工企业安全生产许可证动态监管暂行办法》。现印发给你们，请结合本地区实际执行。

附件：

建筑施工企业安全生产许可证动态监管暂行办法

第一条 为加强建筑施工企业安全生产许可证的动态监管，促进建筑施工企业保持和改善安全生产条件，控制和减少生产安全事故，根据《安全生产许可证条例》、《建设工程安全生产管理条例》和《建筑施工企业安全生产许可证管理规定》等法规规章，制定本办法。

第二条 建设单位或其委托的工程招标代理机构在编制资格预审文件和招标文件时，应当明确要求建筑施工企业提供安全生产许可证，以及企业主要负责人、拟担任该项目负责人和专职安全生产管理人员（以下简称"三类人员"）相应的安全生产考核合格证书。

第三条 建设主管部门在审核发放施工许可证时，应当对已经确定的建筑施工企业是否具有安全生产许可证以及安全生产许可证是否处于暂扣期内进行审查，对未取得安全生产许可证及安全生产许可证处于暂扣期内的，不得颁发施工许可证。

第四条 建设工程实行施工总承包的，建筑施工总承包企业应当依法将工程分包给具有安全生产许可证的专业承包企业或劳务分包企业，并加强对分包企业安全生产条件的监督检查。

第五条 工程监理单位应当查验承建工程的施工企业安全生产许可证和有关"三类人员"安全生产考核合格证书持证情况，发现其持证情况不符合规定的或施工现场降低安全生产条件的，应当要求其立即整改。施工企业拒不整改的，工程监理单位应当向建设单位报告。建设单位接到工程监理单位报告后，应当责令施工企业立即整改。

第六条 建筑施工企业应当加强对本企业和承建工程安全生产条件的日常动态检查,发现不符合法定安全生产条件的,应当立即进行整改,并做好自查和整改记录。

第七条 建筑施工企业在“三类人员”配备、安全生产管理机构设置及其他法定安全生产条件发生变化以及因施工资质升级、增项而使得安全生产条件发生变化时,应当向安全生产许可证颁发管理机关(以下简称颁发管理机关)和当地建设主管部门报告。

第八条 颁发管理机关应当建立建筑施工企业安全生产条件的动态监督检查制度,并将安全生产管理薄弱、事故频发的企业作为监督检查的重点。

颁发管理机关根据监管情况、群众举报投诉和企业安全生产条件变化报告,对相关建筑施工企业及其承建工程项目的安全生产条件进行核查,发现企业降低安全生产条件的,应当视其安全生产条件降低情况对其依法实施暂扣或吊销安全生产许可证的处罚。

第九条 市、县级人民政府建设主管部门或其委托的建筑安全监督机构在日常安全生产监督检查中,应当查验承建工程施工企业的安全生产许可证。发现企业降低施工现场安全生产条件的或存在事故隐患的,应立即提出整改要求;情节严重的,应责令工程项目停止施工并限期整改。

第十条 依据本办法第九条责令停止施工符合下列情形之一的,市、县级人民政府建设主管部门应当于作出最后一次停止施工决定之日起15日内以书面形式向颁发管理机关(县级人民政府建设主管部门同时抄报设区市级人民政府建设主管部门;工程承建企业跨省施工的,通过省级人民政府建设主管部门抄告)提出暂扣企业安全生产许可证的建议,并附具企业及有关工程项目违法违规事实和证明安全生产条件降低的相关询问笔录或其他证据材料。

(一)在12个月内,同一企业同一项目被两次责令停止施工的。

(二)在12个月内,同一企业在同一市、县内三个项目被责令停止施工的。

(三)施工企业承建工程经责令停止施工后,整改仍达不到要求或拒不停工整改的。

第十一条 颁发管理机关接到本办法第十条规定的暂扣安全生产许可证建议后,应当于5个工作日内立案,并根据情节轻重依法给予企业暂扣安全生产许可证30日至60日的处罚。

第十二条 工程项目发生一般及以上生产安全事故的,工程所在地市、县级人民政府建设主管部门应当立即按照事故报告要求向本地区颁发管理机关报告。

工程承建企业跨省施工的,工程所在地省级建设主管部门应当在事故发生之日起15日内将事故基本情况书面通报颁发管理机关,同时附具企业及有关项目违法违规事实和证明安全生产条件降低的相关询问笔录或其他证据材料。

第十三条 颁发管理机关接到本办法第十二条规定的报告或通报后,应立即组织对相关建筑施工企业(含施工总承包企业和与发生事故直接相关的分包企业)安全生产条件进行复核,并于接到报告或通报之日起20日内复核完毕。

颁发管理机关复核施工企业及其工程项目安全生产条件,可以直接复核或委托工程所在地建设主管部门复核。被委托的建设主管部门应严格按照法规规章和相关标准进行复核,并及时向颁发管理机关反馈复核结果。

第十四条 依据本办法第十三条进行复核,对企业降低安全生产条件的,颁发管理机关应当依法给予企业暂扣安全生产许可证的处罚；属情节特别严重的或者发生特别重大事故的，依法吊销安全生产许可证。

暂扣安全生产许可证处罚视事故发生级别和安全生产条件降低情况，按下列标准执行：

（一）发生一般事故的，暂扣安全生产许可证30至60日。

（二）发生较大事故的，暂扣安全生产许可证60至90日。

（三）发生重大事故的，暂扣安全生产许可证90至120日。

第十五条 建筑施工企业在12个月内第二次发生生产安全事故的，视事故级别和安全生产条件降低情况，分别按下列标准进行处罚：

（一）发生一般事故的，暂扣时限为在上一次暂扣时限的基础上再增加30日。

（二）发生较大事故的，暂扣时限为在上一次暂扣时限的基础上再增加60日。

（三）发生重大事故的，或按本条（一）、（二）处罚暂扣时限超过120日的，吊销安全生产许可证。

12个月内同一企业连续发生三次生产安全事故的，吊销安全生产许可证。

第十六条 建筑施工企业瞒报、谎报、迟报或漏报事故的，在本办法第十四条、第十五条处罚的基础上，再处延长暂扣期30日至60日的处罚。暂扣时限超过120日的，吊销安全生产许可证。

第十七条 建筑施工企业在安全生产许可证暂扣期内，拒不整改的，吊销其安全生产许可证。

第十八条 建筑施工企业安全生产许可证被暂扣期间，企业在全国范围内不得承揽新的工程项目。发生问题或事故的工程项目停工整改，经工程所在地有关建设主管部门核查合格后方可继续施工。

第十九条 建筑施工企业安全生产许可证被吊销后，自吊销决定作出之日起一年内不得重新申请安全生产许可证。

第二十条 建筑施工企业安全生产许可证暂扣期满前10个工作日，企业需向颁发管理机关提出发还安全生产许可证申请。颁发管理机关接到申请后，应当对被暂扣企业安全生产条件进行复查，复查合格的，应当在暂扣期满时发还安全生产许可证；复查不合格的，增加暂扣期限直至吊销安全生产许可证。

第二十一条 颁发管理机关应建立建筑施工企业安全生产许可动态监管激励制度。对于安全生产工作成效显著、连续三年及以上未被暂扣安全生产许可证的企业，在评选各级各类安全生产先进集体和个人、文明工地、优质工程等时可以优先考虑，并可根据本地实际情况在监督管理时采取有关优惠政策措施。

第二十二条 颁发管理机关应将建筑施工企业安全生产许可证审批、延期、暂扣、吊销情况，于做出有关行政决定之日起5个工作日内录入全国建筑施工企业安全生产许可证管理信息系统，并对录入信息的真实性和准确性负责。

第二十三条 在建筑施工企业安全生产许可证动态监管中，涉及有关专业建设工程主管部门的，依照有关职责分工实施。

各省、自治区、直辖市人民政府建设主管部门可根据本办法，制定本地区的实施细则。

住房和城乡建设部关于印发《危险性较大的分部分项工程安全管理办法》的通知

（建质〔2009〕87 号，2009 年 5 月 13 日）

各省、自治区住房和城乡建设厅，直辖市建委，江苏省、山东省建管局，新疆生产建设兵团建设局，中央管理的建筑企业：

为进一步规范和加强对危险性较大的分部分项工程安全管理，积极防范和遏制建筑施工生产安全事故的发生，我们组织修定了《危险性较大的分部分项工程安全管理办法》，现印发给你们，请遵照执行。

附件：

危险性较大的分部分项工程安全管理办法

第一条 为加强对危险性较大的分部分项工程安全管理，明确安全专项施工方案编制内容，规范专家论证程序，确保安全专项施工方案实施，积极防范和遏制建筑施工生产安全事故的发生，依据《建设工程安全生产管理条例》及相关安全生产法律法规制定本办法。

第二条 本办法适用于房屋建筑和市政基础设施工程（以下简称“建筑工程”）的新建、改建、扩建、装修和拆除等建筑安全生产活动及安全管理。

第三条 本办法所称危险性较大的分部分项工程是指建筑工程在施工过程中存在的、可能导致作业人员群死群伤或造成重大不良社会影响的分部分项工程。危险性较大的分部分项工程范围见附件 1。

危险性较大的分部分项工程安全专项施工方案（以下简称“专项方案”），是指施工单位在编制施工组织（总）设计的基础上，针对危险性较大的分部分项工程单独编制的安全技术措施文件。

第四条 建设单位在申请领取施工许可证或办理安全监督手续时，应当提供危险性较大的分部分项工程清单和安全管理措施。施工单位、监理单位应当建立危险性较大的分部分项工程安全管理制度。

第五条 施工单位应当在危险性较大的分部分项工程施工前编制专项方案；对于超

过一定规模的危险性较大的分部分项工程,施工单位应当组织专家对专项方案进行论证。超过一定规模的危险性较大的分部分项工程范围见附件2。

第六条 建筑工程实行施工总承包的,专项方案应当由施工总承包单位组织编制。其中,起重机械安装拆卸工程、深基坑工程、附着式升降脚手架等专业工程实行分包的,其专项方案可由专业承包单位组织编制。

第七条 专项方案编制应当包括以下内容:

(一)工程概况:危险性较大的分部分项工程概况、施工平面布置、施工要求和技术保证条件。

(二)编制依据:相关法律、法规、规范性文件、标准、规范及图纸(国标图集)、施工组织设计等。

(三)施工计划:包括施工进度计划、材料与设备计划。

(四)施工工艺技术:技术参数、工艺流程、施工方法、检查验收等。

(五)施工安全保证措施:组织保障、技术措施、应急预案、监测监控等。

(六)劳动力计划:专职安全生产管理人员、特种作业人员等。

(七)计算书及相关图纸。

第八条 专项方案应当由施工单位技术部门组织本单位施工技术、安全、质量等部门的专业技术人员进行审核。经审核合格的,由施工单位技术负责人签字。实行施工总承包的,专项方案应当由总承包单位技术负责人及相关专业承包单位技术负责人签字。

不需专家论证的专项方案,经施工单位审核合格后报监理单位,由项目总监理工程师审核签字。

第九条 超过一定规模的危险性较大的分部分项工程专项方案应当由施工单位组织召开专家论证会。实行施工总承包的,由施工总承包单位组织召开专家论证会。

下列人员应当参加专家论证会:

(一)专家组成员;

(二)建设单位项目负责人或技术负责人;

(三)监理单位项目总监理工程师及相关人员;

(四)施工单位分管安全的负责人、技术负责人、项目负责人、项目技术负责人、专项方案编制人员、项目专职安全生产管理人员;

(五)勘察、设计单位项目技术负责人及相关人员。

第十条 专家组成员应当由5名及以上符合相关专业要求的专家组成。

本项目参建各方的人员不得以专家身份参加专家论证会。

第十一条 专家论证的主要内容:

(一)专项方案内容是否完整、可行;

(二)专项方案计算书和验算依据是否符合有关标准规范;

(三)安全施工的基本条件是否满足现场实际情况。

专项方案经论证后,专家组应当提交论证报告,对论证的内容提出明确的意见,并在论证报告上签字。该报告作为专项方案修改完善的指导意见。

第十二条 施工单位应当根据论证报告修改完善专项方案,并经施工单位技术负责人、项目总监理工程师、建设单位项目负责人签字后，方可组织实施。

实行施工总承包的，应当由施工总承包单位、相关专业承包单位技术负责人签字。

第十三条 专项方案经论证后需做重大修改的，施工单位应当按照论证报告修改，并重新组织专家进行论证。

第十四条 施工单位应当严格按照专项方案组织施工，不得擅自修改、调整专项方案。

如因设计、结构、外部环境等因素发生变化确需修改的，修改后的专项方案应当按本办法第八条重新审核。对于超过一定规模的危险性较大工程的专项方案，施工单位应当重新组织专家进行论证。

第十五条 专项方案实施前，编制人员或项目技术负责人应当向现场管理人员和作业人员进行安全技术交底。

第十六条 施工单位应当指定专人对专项方案实施情况进行现场监督和按规定进行监测。发现不按照专项方案施工的，应当要求其立即整改；发现有危及人身安全紧急情况的，应当立即组织作业人员撤离危险区域。

施工单位技术负责人应当定期巡查专项方案实施情况。

第十七条 对于按规定需要验收的危险性较大的分部分项工程，施工单位、监理单位应当组织有关人员进行验收。验收合格的，经施工单位项目技术负责人及项目总监理工程师签字后，方可进入下一道工序。

第十八条 监理单位应当将危险性较大的分部分项工程列入监理规划和监理实施细则，应当针对工程特点、周边环境和施工工艺等，制定安全监理工作流程、方法和措施。

第十九条 监理单位应当对专项方案实施情况进行现场监理；对不按专项方案实施的，应当责令整改，施工单位拒不整改的，应当及时向建设单位报告；建设单位接到监理单位报告后，应当立即责令施工单位停工整改；施工单位仍不停工整改的，建设单位应当及时向住房城乡建设主管部门报告。

第二十条 各地住房城乡建设主管部门应当按专业类别建立专家库。专家库的专业类别及专家数量应根据本地实际情况设置。

专家名单应当予以公示。

第二十一条 专家库的专家应当具备以下基本条件：

（一）诚实守信、作风正派、学术严谨；

（二）从事专业工作15年以上或具有丰富的专业经验；

（三）具有高级专业技术职称。

第二十二条 各地住房城乡建设主管部门应当根据本地区实际情况，制定专家资格审查办法和管理制度并建立专家诚信档案，及时更新专家库。

第二十三条 建设单位未按规定提供危险性较大的分部分项工程清单和安全管理措施，未责令施工单位停工整改的，未向住房城乡建设主管部门报告的；施工单位未按规定编制、实施专项方案的；监理单位未按规定审核专项方案或未对危险性较大的分部分项工程实施监理的；住房城乡建设主管部门应当依据有关法律法规予以处罚。

第二十四条 各地住房城乡建设主管部门可结合本地区实际，依照本办法制定实施细则。

第二十五条 本办法自颁布之日起实施。原《关于印发〈建筑施工企业安全生产管理机构设置及专职安全生产管理人员配备办法〉和〈危险性较大工程安全专项施工方案编制及专家论证审查办法〉的通知》(建质[2004]213号)中的《危险性较大工程安全专项施工方案编制及专家论证审查办法》废止。

附件1:危险性较大的分部分项工程范围
附件2:超过一定规模的危险性较大的分部分项工程范围

附件1：

危险性较大的分部分项工程范围

一、基坑支护、降水工程

开挖深度超过3 m(含3 m)或虽未超过3 m但地质条件和周边环境复杂的基坑(槽)支护、降水工程。

二、土方开挖工程

开挖深度超过3 m(含3 m)的基坑(槽)的土方开挖工程。

三、模板工程及支撑体系

(一)各类工具式模板工程:包括大模板、滑模、爬模、飞模等工程。

(二)混凝土模板支撑工程:搭设高度5 m及以上;搭设跨度10 m及以上;施工总荷载10 kN/m^{2}及以上;集中线荷载15 kN/m^{2}及以上;高度大于支撑水平投影宽度且相对独立无联系构件的混凝土模板支撑工程。

(三)承重支撑体系:用于钢结构安装等满堂支撑体系。

四、起重吊装及安装拆卸工程

(一)采用非常规起重设备、方法,且单件起吊重量在10 kN及以上的起重吊装工程。

(二)采用起重机械进行安装的工程。

(三)起重机械设备自身的安装、拆卸。

五、脚手架工程

(一)搭设高度24 m及以上的落地式钢管脚手架工程。

(二)附着式整体和分片提升脚手架工程。

(三)悬挑式脚手架工程。

(四)吊篮脚手架工程。

(五)自制卸料平台、移动操作平台工程。

(六)新型及异型脚手架工程。

六、拆除、爆破工程

(一)建筑物、构筑物拆除工程。

(二)采用爆破拆除的工程。

七、其他

(一)建筑幕墙安装工程。

（二）钢结构、网架和索膜结构安装工程。

（三）人工挖扩孔桩工程。

（四）地下暗挖、顶管及水下作业工程。

（五）预应力工程。

（六）采用新技术、新工艺、新材料、新设备及尚无相关技术标准的危险性较大的分部分项工程。

附件2：

超过一定规模的危险性较大的分部分项工程范围

一、深基坑工程

（一）开挖深度超过5 m（含5 m）的基坑（槽）的土方开挖、支护、降水工程。

（二）开挖深度虽未超过5 m，但地质条件、周围环境和地下管线复杂，或影响毗邻建筑（构筑）物安全的基坑（槽）的土方开挖、支护、降水工程。

二、模板工程及支撑体系

（一）工具式模板工程：包括滑模、爬模、飞模工程。

（二）混凝土模板支撑工程：搭设高度8 m及以上；搭设跨度18 m及以上，施工总荷载15 kN/m^2 及以上；集中线荷载20 kN/m^2 及以上。

（三）承重支撑体系：用于钢结构安装等满堂支撑体系，承受单点集中荷载700 kg以上。

三、起重吊装及安装拆卸工程

（一）采用非常规起重设备、方法，且单件起吊重量在100 kN及以上的起重吊装工程。

（二）起重量300 kN及以上的起重设备安装工程；高度200 m及以上内爬起重设备的拆除工程。

四、脚手架工程

（一）搭设高度50 m及以上落地式钢管脚手架工程。

（二）提升高度150 m及以上附着式整体和分片提升脚手架工程。

（三）架体高度20 m及以上悬挑式脚手架工程。

五、拆除、爆破工程

（一）采用爆破拆除的工程。

（二）码头、桥梁、高架、烟囱、水塔或拆除中容易引起有毒有害气（液）体或粉尘扩散、易燃易爆事故发生的特殊建、构筑物的拆除工程。

（三）可能影响行人、交通、电力设施、通讯设施或其他建、构筑物安全的拆除工程。

（四）文物保护建筑、优秀历史建筑或历史文化风貌区控制范围的拆除工程。

六、其他

（一）施工高度50 m及以上的建筑幕墙安装工程。

（二）跨度大于36 m及以上的钢结构安装工程；跨度大于60 m及以上的网架和索膜

结构安装工程。

（三）开挖深度超过 16 m 的人工挖孔桩工程。

（四）地下暗挖工程、顶管工程、水下作业工程。

（五）采用新技术、新工艺、新材料、新设备及尚无相关技术标准的危险性较大的分部分项工程。

住房和城乡建设部关于印发《建设工程高大模板支撑系统施工安全监督管理导则》的通知

（建质〔2009〕254号，2009年10月26日）

省、自治区住房和城乡建设厅，直辖市建委（建设交通委），江苏省、山东省建管局，新疆生产建设兵团建设局，中央管理的建筑企业：

为进一步规范和加强对建设工程高大模板支撑系统施工安全的监督管理，积极预防和控制建筑生产安全事故，我们组织制定了《建设工程高大模板支撑系统施工安全监督管理导则》，现印发给你们，请遵照执行。

附件：

建设工程高大模板支撑系统施工安全监督管理导则

1 总 则

1.1 为预防建设工程高大模板支撑系统（以下简称高大模板支撑系统）坍塌事故，保证施工安全，依据《建设工程安全生产管理条例》及相关安全生产法律法规、标准规范，制定本导则。

1.2 本导则适用于房屋建筑和市政基础设施建设工程高大模板支撑系统的施工安全监督管理。

1.3 本导则所称高大模板支撑系统是指建设工程施工现场混凝土构件模板支撑高度超过8 m，或搭设跨度超过18 m，或施工总荷载大于15 kN/m^2，或集中线荷载大于20 kN/m的模板支撑系统。

1.4 高大模板支撑系统施工应严格遵循安全技术规范和专项方案规定，严密组织，责任落实，确保施工过程的安全。

2 方案管理

2.1 方案编制

2.1.1 施工单位应依据国家现行相关标准规范，由项目技术负责人组织相关专业技术人员，结合工程实际，编制高大模板支撑系统的专项施工方案。

2.1.2 专项施工方案应当包括以下内容：

（一）编制说明及依据：相关法律、法规、规范性文件、标准、规范及图纸（国标图集）、施工组织设计等。

（二）工程概况：高大模板工程特点、施工平面及立面布置、施工要求和技术保证条件，具体明确支模区域、支模标高、高度、支模范围内的梁截面尺寸、跨度、板厚、支撑的地基情况等。

（三）施工计划：施工进度计划、材料与设备计划等。

（四）施工工艺技术：高大模板支撑系统的基础处理、主要搭设方法、工艺要求、材料的力学性能指标、构造设置以及检查、验收要求等。

（五）施工安全保证措施：模板支撑体系搭设及混凝土浇筑区域管理人员组织机构、施工技术措施、模板安装和拆除的安全技术措施、施工应急救援预案，模板支撑系统在搭设、钢筋安装、混凝土浇捣过程中及混凝土终凝前后模板支撑体系位移的监测监控措施等。

（六）劳动力计划：包括专职安全生产管理人员、特种作业人员的配置等。

（七）计算书及相关图纸：验算项目及计算内容包括模板、模板支撑系统的主要结构强度和截面特征与各项荷载设计值及荷载组合，梁、板模板支撑系统的强度和刚度计算，梁板下立杆稳定性计算，立杆基础承载力验算，支撑系统支撑层承载力验算，转换层下支撑层承载力验算等。每项计算列出计算简图和截面构造大样图，注明材料尺寸、规格、纵横支撑间距。

附图包括支模区域立杆、纵横水平杆平面布置图，支撑系统立面图、剖面图，水平剪刀撑布置平面图及竖向剪刀撑布置投影图，梁板支模大样图，支撑体系监测平面布置图及连墙件布设位置及节点大样图等。

2.2 审核论证

2.2.1 高大模板支撑系统专项施工方案，应先由施工单位技术部门组织本单位施工技术、安全、质量等部门的专业技术人员进行审核，经施工单位技术负责人签字后，再按照相关规定组织专家论证。下列人员应参加专家论证会：

（一）专家组成员；

（二）建设单位项目负责人或技术负责人；

（三）监理单位项日总监理工程师及相关人员；

（四）施工单位分管安全的负责人、技术负责人、项目负责人、项目技术负责人、专项方案编制人员、项目专职安全管理人员；

（五）勘察、设计单位项目技术负责人及相关人员。

2.2.2 专家组成员应当由5名及以上符合相关专业要求的专家组成。本项目参建各方的人员不得以专家身份参加专家论证会。

2.2.3 专家论证的主要内容包括：

（一）方案是否依据施工现场的实际施工条件编制，方案、构造、计算是否完整、可行；

（二）方案计算书、验算依据是否符合有关标准规范；

（三）安全施工的基本条件是否符合现场实际情况。

2.2.4 施工单位根据专家组的论证报告,对专项施工方案进行修改完善,并经施工单位技术负责人、项目总监理工程师、建设单位项目负责人批准签字后,方可组织实施。

2.2.5 监理单位应编制安全监理实施细则,明确对高大模板支撑系统的重点审核内容、检查方法和频率要求。

3 验收管理

3.1 高大模板支撑系统搭设前,应由项目技术负责人组织对需要处理或加固的地基、基础进行验收,并留存记录。

3.2 高大模板支撑系统的结构材料应按以下要求进行验收、抽检和检测,并留存记录、资料。

3.2.1 施工单位应对进场的承重杆件、连接件等材料的产品合格证、生产许可证、检测报告进行复核,并对其表面观感、重量等物理指标进行抽检。

3.2.2 对承重杆件的外观抽检数量不得低于搭设用量的30%,发现质量不符合标准、情况严重的,要进行100%的检验,并随机抽取外观检验不合格的材料(由监理见证取样)送法定专业检测机构进行检测。

3.2.3 采用钢管扣件搭设高大模板支撑系统时,还应对扣件螺栓的紧固力矩进行抽查,抽查数量应符合《建筑施工扣件式钢管脚手架安全技术规范》(JGJ 130)的规定,对梁底扣件应进行100%检查。

3.3 高大模板支撑系统应在搭设完成后,由项目负责人组织验收,验收人员应包括施工单位和项目两级技术人员,项目安全、质量、施工人员,监理单位的总监和专业监理工程师。验收合格,经施工单位项目技术负责人及项目总监理工程师签字后,方可进入后续工序的施工。

4 施工管理

4.1 一般规定

4.1.1 高大模板支撑系统应优先选用技术成熟的定型化、工具式支撑体系。

4.1.2 搭设高大模板支撑架体的作业人员必须经过培训,取得建筑施工脚手架特种作业操作资格证书后方可上岗。其他相关施工人员应掌握相应的专业知识和技能。

4.1.3 高大模板支撑系统搭设前,项目工程技术负责人或方案编制人员应当根据专项施工方案和有关规范、标准的要求,对现场管理人员、操作班组、作业人员进行安全技术交底,并履行签字手续。

安全技术交底的内容应包括模板支撑工程工艺、工序、作业要点和搭设安全技术要求等内容,并保留记录。

4.1.4 作业人员应严格按规范、专项施工方案和安全技术交底书的要求进行操作,并正确配戴相应的劳动防护用品。

4.2 搭设管理

4.2.1 高大模板支撑系统的地基承载力、沉降等应能满足方案设计要求。如遇松软土、回填土,应根据设计要求进行平整、夯实,并采取防水、排水措施,按规定在模板支撑立柱底部采用具有足够强度和刚度的垫板。

4.2.2 对于高大模板支撑体系，其高度与宽度相比大于两倍的独立支撑系统，应加设保证整体稳定的构造措施。

4.2.3 高大模板工程搭设的构造要求应当符合相关技术规范要求，支撑系统立柱接长严禁搭接；应设置扫地杆、纵横向支撑及水平垂直剪刀撑，并与主体结构的墙、柱牢固拉接。

4.2.4 搭设高度2 m以上的支撑架体应设置作业人员登高措施。作业面应按有关规定设置安全防护设施。

4.2.5 模板支撑系统应为独立的系统，禁止与物料提升机、施工升降机、塔吊等起重设备钢结构架体机身及其附着设施相连接；禁止与施工脚手架、物料周转料平台等架体相连接。

4.3 使用与检查

4.3.1 模板、钢筋及其他材料等施工荷载应均匀堆置，放平放稳。施工总荷载不得超过模板支撑系统设计荷载要求。

4.3.2 模板支撑系统在使用过程中，立柱底部不得松动悬空，不得任意拆除任何杆件，不得松动扣件，也不得用做缆风绳的拉接。

4.3.3 施工过程中检查项目应符合下列要求：

（一）立柱底部基础应回填夯实；

（二）垫木应满足设计要求；

（三）底座位置应正确，顶托螺杆伸出长度应符合规定；

（四）立柱的规格尺寸和垂直度应符合要求，不得出现偏心荷载；

（五）扫地杆、水平拉杆、剪刀撑等设置应符合规定，固定可靠；

（六）安全网和各种安全防护设施符合要求。

4.4 混凝土浇筑

4.4.1 混凝土浇筑前，施工单位项目技术负责人、项目总监确认具备混凝土浇筑的安全生产条件后，签署混凝土浇筑令，方可浇筑混凝土。

4.4.2 框架结构中，柱和梁板的混凝土浇筑顺序，应按先浇筑柱混凝土，后浇筑梁板混凝土的顺序进行。浇筑过程应符合专项施工方案要求，并确保支撑系统受力均匀，避免引起高大模板支撑系统的失稳倾斜。

4.4.3 浇筑过程应有专人对高大模板支撑系统进行观测，发现有松动、变形等情况，必须立即停止浇筑，撤离作业人员，并采取相应的加固措施。

4.5 拆除管理

4.5.1 高大模板支撑系统拆除前，项目技术负责人、项目总监应核查混凝土同条件试块强度报告，浇筑混凝土达到拆模强度后方可拆除，并履行拆模审批签字手续。

4.5.2 高大模板支撑系统的拆除作业必须自上而下逐层进行，严禁上下层同时拆除作业，分段拆除的高度不应大于两层。设有附墙连接的模板支撑系统，附墙连接必须随支撑架体逐层拆除，严禁先将附墙连接全部或数层拆除后再拆支撑架体。

4.5.3 高大模板支撑系统拆除时，严禁将拆卸的杆件向地面抛掷，应有专人传递至地面,并按规格分类均匀堆放。

4.5.4 高大模板支撑系统搭设和拆除过程中,地面应设置围栏和警戒标志,并派专人看守,严禁非操作人员进入作业范围。

5 监督管理

5.1 施工单位应严格按照专项施工方案组织施工。高大模板支撑系统搭设、拆除及混凝土浇筑过程中,应有专业技术人员进行现场指导,设专人负责安全检查,发现险情,立即停止施工并采取应急措施,排除险情后,方可继续施工。

5.2 监理单位对高大模板支撑系统的搭设、拆除及混凝土浇筑实施巡视检查,发现安全隐患应责令整改,对施工单位拒不整改或拒不停止施工的,应当及时向建设单位报告。

5.3 建设主管部门及监督机构应将高大模板支撑系统作为建设工程安全监督重点,加强对方案审核论证、验收、检查、监控程序的监督。

6 附 则

6.1 建设工程高大模板支撑系统施工安全监督管理,除执行本导则的规定外,还应符合国家现行有关法律法规和标准规范的规定。

住房和城乡建设部关于印发《城市轨道交通工程安全质量管理暂行办法》的通知

（建质〔2010〕5号，2010年1月8日）

各省、自治区住房和城乡建设厅，直辖市建委（建设交通委），新疆生产建设兵团建设局：

现将《城市轨道交通工程安全质量管理暂行办法》印发给你们，请结合本地区实际，认真贯彻执行。贯彻执行中的有关问题和情况及时反馈住房和城乡建设部。

附件：

城市轨道交通工程安全质量管理暂行办法

第一章 总 则

第一条 为了加强城市轨道交通工程安全质量管理，保障人民群众生命财产安全，制定本办法。

第二条 在中华人民共和国境内从事城市轨道交通新建、扩建、改建等有关活动及实施对城市轨道交通工程安全质量的监督管理，必须遵守本办法。

第三条 从事城市轨道交通工程建设活动必须坚持先勘察、后设计、再施工的原则，严格执行基本建设程序，保证各阶段合理的工期和造价，加强全过程安全质量风险管理。

第四条 国务院住房和城乡建设主管部门负责全国城市轨道交通工程安全质量的监督管理。

县级以上地方人民政府承担城市轨道交通工程安全质量监督管理职责的主管部门（以下称建设主管部门）负责本行政区域内城市轨道交通工程安全质量的监督管理。

第二章 建设单位安全质量责任

第五条 建设单位对工程项目管理负总责。

建设单位必须建立健全安全质量责任制和管理制度，设置安全质量管理机构，配备与建设规模相适应的安全质量管理人员，对勘察、设计、施工、监理、监测等单位进行安全质量履约管理。

第六条 建设单位应当在初步设计阶段组织开展城市轨道交通工程安全质量风险评

估(含建设工期、造价对工程安全质量影响性评估)并组织专家论证,同时按照有关规定组织专家进行抗震、抗风等专项论证。

建设单位在报送初步设计文件审查时,应当提交经专家论证的安全质量风险评估报告。

第七条 建设单位应当向设计、施工、监理、监测等单位提供气象水文和地形地貌资料,工程地质和水文地质资料,施工现场及毗邻区域内的建筑物和构筑物、地下管线、桥梁、隧道、道路、轨道交通设施等(以下简称工程周边环境)资料。

建设单位因工程需要,组织调查前款相关资料时,有关部门或单位应当支持配合。

第八条 工程周边环境严重影响工程实施或因工程施工可能造成其严重损害的,建设单位应当在确定线路规划方案时尽可能予以避让。无法避让且因条件所限不能进行拆除、迁移的,建设单位应当根据设计要求和工程实际,组织开展现状评估,并将现状评估报告提供给设计、施工、监理、监测等单位。

第九条 建设单位应当依法将施工图设计文件(含勘察文件)报送经认定具有资格的施工图审查机构进行审查。

施工图设计文件未经审查或审查不合格的,不得使用。

第十条 建设单位应当按规定办理安全、质量监督手续。

第十一条 建设单位应当及时组织勘察单位向设计单位进行勘察文件交底,在施工前组织勘察、设计单位向施工、监理、监测等单位进行勘察、设计文件交底。

勘察、设计文件交底应当重点说明勘察、设计文件中涉及工程安全质量的内容,并形成文字记录,由各方签字并盖章。

第十二条 建设单位应当委托工程监测单位和质量检测单位进行第三方监测和质量检测。

第十三条 建设单位在编制工程概算时,应当包括安全质量风险评估费、工程监测费、工程周边环境调查费及现状评估费等保障工程安全质量所需的费用。

第十四条 建设单位在施工招标前,应当组织专家对施工工期和造价进行论证,论证时应充分考虑工程的复杂程度及其周边环境拆除、迁移等对施工工期和造价的影响。

专家论证报告作为招标文件编制的依据。

第十五条 建设单位应当依法执行国家有关勘察设计费、监理费等管理规定,不得明示或暗示勘察、设计、施工、监理、监测等单位以低于成本的价格或政府指导价竞标。

建设单位应当科学确定勘察、设计、施工等各阶段工期,不得任意压缩合同约定的工期。

迫使承包方以低于成本的价格或政府指导价竞标,或任意压缩合同约定工期导致发生安全质量事故的,建设单位应当承担相应责任。

第十六条 建设单位在编制工程量清单时,应当将安全措施费用单列,施工单位竞标时不得删减。

建设单位与施工单位应当在施工合同中明确安全措施费用,以及费用预付、支付计划,使用要求及调整方式等条款。

建设单位应当按合同约定及时将安全措施费用拨付给施工单位。

第十七条 建设单位应当在施工前组织地下管线产权单位或管理单位向施工单位进行现场交底，并形成文字记录，由各方签字并盖章。

第十八条 建设单位应当在工程完工后组织不载客试运行调试，试运行调试三个月后，方可按有关规定进行工程竣工验收并办理工程竣工验收备案手续。

第三章 勘察、设计单位安全质量责任

第十九条 勘察、设计单位从事城市轨道交通工程勘察、设计业务，必须具有相应资质，不得转包或者违法分包所承揽的工程勘察、设计业务。

第二十条 勘察、设计单位对工程项目的安全质量承担勘察、设计责任。

勘察、设计单位的主要负责人对本单位勘察、设计安全质量工作全面负责。

项目负责人应当具有相应执业资格和城市轨道交通工程勘察、设计工作经验。项目负责人对所承担工程项目的勘察、设计安全质量负责。

从事工程勘察、设计的执业人员应当对其签字的勘察、设计文件负责。

第二十一条 勘察、设计单位必须建立健全安全质量责任制和管理制度，设置或明确安全质量管理机构，对工程勘察、设计的安全质量实施管理。

勘察外业工作应当严格执行勘察方案、操作规程和安全生产有关规定，并采取措施保护勘察作业范围内的地下管线和地下构筑物等，保证外业安全质量。

勘探孔应当按规定及时回填，避免对工程施工等造成影响。

第二十二条 勘察单位进行勘察时，对尚不具备现场勘察条件的，应当书面通知建设单位，并在勘察文件中说明情况，提出合理建议。在具备现场勘察条件后，应当及时进行勘察。

工程设计、施工条件发生变化的，建设单位应当及时委托勘察单位进行补充勘察。

第二十三条 勘察单位提交的勘察文件应当真实、准确、可靠，符合国家规定的勘察深度要求，满足设计、施工的需要，并结合工程特点明确说明地质条件可能造成的工程风险，必要时针对特殊地质条件提出专项勘察建议。

第二十四条 设计单位提交的设计文件应当符合国家规定的设计深度要求，并应根据工程周边环境的现状评估报告提出设计处理措施，必要时进行专项设计。

设计文件中应当注明涉及工程安全质量的重点部位和环节，并提出保障工程安全质量的设计处理措施。

施工图设计应当包括工程及其周边环境的监测要求和监测控制标准等内容。

第二十五条 设计单位应当对安全质量风险评估确定的高风险工程的设计方案、工程周边环境的监测控制标准等组织专家论证。

第二十六条 工程设计条件发生变化的，设计单位应当及时变更施工图设计。施工图设计发生重大变更的，应当按有关规定重新报审。

第二十七条 勘察、设计单位应当将勘察、设计文件和原始资料归档保存。

第二十八条 勘察、设计单位应当委派专业技术人员配合施工单位及时解决与勘察、设计工作有关的问题。

第四章 施工单位安全质量责任

第二十九条 施工单位从事城市轨道交通工程施工活动,必须具备相应资质,依法取得安全生产许可证,不得转包或者违法分包。

第三十条 施工单位对工程项目的施工安全质量负责。

施工单位主要负责人对本单位施工安全质量工作全面负责,项目负责人对所承担工程项目的施工安全质量负责。

施工单位主要负责人、项目负责人和专职安全生产管理人员应当依法取得安全生产考核合格证书。项目负责人应当具有相应执业资格和城市轨道交通工程施工管理工作经验。建筑施工特种作业人员应当持证上岗。

第三十一条 施工单位必须建立健全安全质量责任制和管理制度,加强对施工现场项目管理机构的管理。

项目安全质量管理人员专业、数量应当符合相关规定,并满足项目管理需要。

第三十二条 施工单位项目负责人原则上在一个工程项目任职,如确需在其他项目兼任的,应当征得建设单位书面同意。

第三十三条 施工总承包单位对施工现场安全生产负总责。

总承包单位依法将工程分包给专业分包单位的,专业分包合同应当明确各自的安全责任。总承包单位和专业分包单位对专业分包工程的安全生产承担连带责任。

总承包单位和专业分包单位依法进行劳务分包的,总承包单位和专业分包单位应当对劳务作业进行管理。

第三十四条 施工单位应当按照合同约定的工期要求编制合理的施工进度计划,不得盲目抢进度、赶工期。

施工单位不得以低于成本的价格竞标。

第三十五条 施工单位应将安全措施费用用于施工安全防护用具及设施的采购和更新、安全施工措施的落实、安全生产条件的改善等,不得挪作他用。

第三十六条 施工单位应当对工程周边环境进行核查。工程周边环境现状与建设单位提供的资料不一致的,建设单位应当组织有关单位及时补充完善。

第三十七条 施工单位应当按照有关规定对危险性较大分部分项工程(含可能对工程周边环境造成严重损害的分部分项工程,下同)编制专项施工方案。对超过一定规模的危险性较大分部分项工程专项施工方案应当组织专家论证。

专项施工方案应当根据设计处理措施、专项设计和工程实际情况编制,并经施工单位技术负责人和总监理工程师签字后实施,不得随意变更。

第三十八条 工程施工前,施工单位项目技术人员应当就有关施工安全质量的技术要求向施工作业班组、作业人员作详细说明,并由双方签字确认。

第三十九条 施工单位应当指定专人保护施工现场地下管线及地下构筑物等,在施工前将地下管线、地下构筑物等基本情况、相应保护及应急措施等向施工作业班组和作业人员作详细说明,并在现场设置明显标识。

第四十条 施工单位应当对工程支护结构、围岩以及工程周边环境等进行施工监测、安全巡视和综合分析,及时向设计、监理单位反馈监测数据和巡视信息。发现异常时,及时通知建设、设计、监理等单位,并采取应对措施。

施工单位应当按照设计要求和工程实际编制施工监测方案,并经监理单位审查后实施。

第四十一条 施工单位应当按照施工图设计文件和施工技术标准施工,落实设计文件中提出的保障工程安全质量的设计处理措施,不得擅自修改工程设计,不得偷工减料。

施工单位应当按照规定和合同约定对建筑材料、建筑构配件、设备等进行检验。未经检验或检验不合格的,不得使用。

对涉及结构安全的试块、试件及有关材料,施工单位应当在监理单位见证下,按规定进行现场取样,并送有相应资质的质量检测单位进行质量检测。

第四十二条 建筑起重机械安装完成后,施工单位应当委托具有相应资质的检测检验机构进行检验,经检验合格并经验收合格后方可使用。

施工单位应当按规定向工程所在地建设主管部门办理建筑起重机械使用登记手续。

第四十三条 施工单位应当按照有关规定对管理人员和作业人员进行安全质量教育培训,教育培训情况记入个人工作档案。教育培训考核不合格的人员,不得上岗。

第四十四条 施工单位应当按规定做好安全质量资料的收集、整理和归档,保证安全质量文件真实、完整。

第四十五条 施工单位在提交工程竣工验收报告时,应当向建设单位出具质量保修书,明确保修范围、保修期限和保修责任等。保修范围、保修期限应当符合国家有关规定。

第五章　监理单位安全质量责任

第四十六条 监理单位从事城市轨道交通工程监理业务,必须具备相应资质,不得转让所承担的工程监理业务。

监理单位不得与被监理工程的施工单位以及建筑材料、建筑构配件和设备供应单位有隶属关系或者其他利害关系。

第四十七条 监理单位对工程项目的安全质量承担监理责任。监理单位主要负责人对本单位监理工作全面负责。项目总监理工程师对所承担工程项目的安全质量监理工作负责。

项目总监理工程师应当具有相应专业的注册监理工程师执业资格和城市轨道交通工程监理工作经验。

第四十八条 监理单位必须建立健全安全质量责任制和管理制度,加强对施工现场项目监理机构的管理。

项目监理人员专业、数量应当满足监理工作的需要。

第四十九条 项目总监理工程师原则上在一个工程项目任职,如确需在其他项目兼任的,应当征得建设单位书面同意。

第五十条 监理单位应当编制包括工程安全质量监理内容的项目监理规划,对超过一定规模的危险性较大工程编制专项安全生产监理实施细则。

第五十一条 监理单位应当审查施工组织设计中安全技术措施、专项施工方案及施工监测方案是否符合工程建设强制性标准和设计文件要求。

第五十二条 建筑材料、建筑构配件和设备未经注册监理工程师签字，不得在工程上使用或安装，施工单位不得进行下一道工序的施工。

第五十三条 监理单位应当会同有关单位按照施工技术标准规范和有关规定进行隐蔽工程和分部分项工程验收，并对工程重要部位和环节进行施工前条件验收。

第五十四条 监理单位应当检查施工监测点的布置和保护情况，比对、分析施工监测和第三方监测数据及巡视信息。发现异常时，及时向建设、施工单位反馈，并督促施工单位采取应对措施。

第五十五条 监理单位在实施监理过程中，发现施工单位有下列情况之一的，应当要求施工单位立即整改。情况严重的，应当要求施工单位暂时停止施工，并及时报告建设单位。

（一）工程施工不符合工程设计和标准规范要求的；

（二）不按批准的施工组织设计、专项施工方案或施工监测方案组织施工或监测的；

（三）未落实安全措施费用的；

（四）施工现场存在安全质量隐患的；

（五）项目主要管理人员不到位或资格、数量不符合要求的。

（六）其他违法违规行为。

施工单位拒不整改或者不停止施工的，监理单位应当及时向建设单位报告，建设单位应当责令施工单位整改或停止施工，施工单位仍不整改或不停止施工的，建设单位应当向工程所在地建设主管部门报告。

第五十六条 监理单位应当按规定对监理人员进行安全质量培训。

第五十七条 监理单位应当按照规定将工程监理资料立卷归档。

第六章 工程监测、质量检测单位安全质量责任

第五十八条 从事城市轨道交通工程第三方监测业务的工程监测单位（以下简称监测单位），应当具有相应工程勘察资质，并向工程所在地建设主管部门办理备案手续。

监测单位不得转包监测业务，不得与所监测工程的施工单位有隶属关系或者其他利害关系。

第五十九条 从事城市轨道交通工程质量检测业务的质量检测单位，应当具备相应资质。

质量检测单位不得转包检测业务，不得与所检测工程项目相关的设计单位、施工单位、监理单位有隶属关系或者其他利害关系。

第六十条 监测单位对工程项目的安全质量承担监测责任。监测单位主要负责人应当对本单位监测工作全面负责。项目监测负责人对所承担工程项目的安全质量监测工作负责。

项目监测负责人应当具有相应执业资格和城市轨道交通工程监测工作经验。

第六十一条 监测单位必须建立健全安全质量责任制和管理制度，加强对施工现场项目监测机构的管理。

项目监测人员专业、数量应当满足监测工作的需要。

第六十二条 监测单位应当根据勘察设计文件、安全质量风险评估报告、监测合同及有关资料编制第三方监测方案，经专家论证并经监测单位主要负责人签字后实施。

监测单位应当按照第三方监测方案开展监测和巡视工作，及时向建设、监理、设计单位提供监测报告。发现异常时，立即向建设单位反馈。

第六十三条 质量检测机构应当按照工程建设标准和国家有关规定进行质量检测。在检测过程中发现有结构安全检测结果不合格、严重影响使用功能等情况，应当及时向建设、监理单位反馈。

第六十四条 监测、质量检测单位出具的监测、检测报告应当经监测、检测人员签字，监测、质量检测单位法定代表人或其授权签字人签署，并加盖公章后方可生效。质量检测单位出具的见证取样检测报告中应当注明见证人单位及姓名。

监测、质量检测单位应当对监测、检测报告的真实性和准确性负责。

第六十五条 监测、质量检测单位应当按规定对监测、检测人员进行安全质量培训，培训考核合格后方可上岗。

第六十六条 监测、质量检测单位应当按照规定将工程监测、质量检测资料立卷归档。

第七章 安全质量事故应急处置

第六十七条 城市轨道交通工程所在地县级以上地方人民政府建设主管部门、建设单位、施工单位应当编制城市轨道交通工程安全质量事故应急预案，建立健全安全生产预警和应急协调保障机制。

建设单位、施工单位应当将编制的应急预案报工程所在地建设主管部门备案，并组织定期演练。

第六十八条 城市轨道交通工程安全质量事故发生后，施工单位应当立即采取防止事故危害扩大的必要措施，并按有关规定向工程所在地建设主管部门报告。工程所在地建设主管部门接到报告后，应当按照规定逐级上报上级建设主管部门。

工程所在地建设主管部门应当在当地人民政府的统一领导下，针对事故危害程度，启动相应应急预案，可以采取以下应急处置措施：

（一）组织制定抢险救援方案；

（二）组织应急抢险队伍参加抢险救援工作；

（三）拆除、迁移妨碍应急处置和抢险救援的设施、设备或者其他障碍物等；

（四）采取防止发生次生、衍生灾害的其他必要措施。

第六十九条 应急抢险结束后，建设单位应当组织设计、施工等单位制定工程恢复方案，必要时经专家论证后实施。

第七十条 鼓励建设、施工等单位参加工程保险，采用现代化信息技术加强施工现场监控管理，提高风险防范能力。

第八章 监督管理

第七十一条 城市轨道交通工程所在地县级以上地方人民政府建设主管部门应当对城市轨道交通工程安全质量相关法律、法规以及强制性标准的执行情况实施监督检查。

第七十二条 城市轨道交通工程所在地县级以上地方人民政府建设主管部门可以委托建设工程安全质量监督机构(以下简称监督机构)具体实施对城市轨道交通工程安全质量的监督检查。

监督机构应当根据城市轨道交通工程规模,配备城市轨道交通工程相关专业监督人员。

第七十三条 城市轨道交通工程所在地县级以上地方人民政府建设主管部门或其委托的监督机构履行监督检查职责时,有权采取下列措施:

(一)要求被检查单位提供工程安全质量的文件和资料;

(二)进入被检查单位的施工现场或工作场所进行检查;

(三)对检查中发现的安全质量隐患,责令立即整改,对于重大安全质量隐患,责令暂时停止施工。

第七十四条 城市轨道交通工程所在地县级以上人民政府建设主管部门应当建立、公布并及时更新城市轨道交通工程专家库,并制定相应管理制度。

第七十五条 城市轨道交通工程安全质量情况实行逐级报送制度。城市轨道交通工程所在地县级以上地方人民政府建设主管部门应当每季度向上级建设主管部门上报上季度本行政区域内城市轨道交通工程安全质量情况。发生安全质量事故的,应当及时报送事故调查处理情况。

城市轨道交通工程所在地县级以上地方人民政府建设主管部门应当定期公布建设、勘察、设计、施工、监理、监测、质量检测等单位安全质量信息。

第七十六条 建设、勘察、设计、施工、监理、监测、质量检测等单位有违反建设法律法规规章行为的,由县级以上人民政府建设主管部门按照管理权限依法予以罚款、停业整顿、降低资质等级、吊销资质证书等行政处罚;构成犯罪的,依法追究刑事责任。

第九章 附 则

第七十七条 本办法由国务院住房和城乡建设主管部门负责解释。

第七十八条 本办法自公布之日起施行。

住房和城乡建设部关于印发《关于加强建筑市场资质资格动态监管完善企业和人员准入清出制度的指导意见》的通知

（建市〔2010〕128号，2010年8月13日）

各省、自治区住房和城乡建设厅，直辖市建委（建交委），北京市规委，国务院有关部门建设司（局），总后营房部工程管理局，有关中央企业：

为贯彻落实住房城乡建设系统开展建设领域突出问题专项治理工作要求，引导、规范、监督建筑市场主体行为，建立和维护公平竞争、规范有序的建筑市场秩序，我部制定了《关于加强建筑市场资质资格动态监管完善企业和人员准入清出制度的指导意见》。现印发给你们，请遵照执行。

附件：

关于加强建筑市场资质资格动态监管完善企业和人员准入清出制度的指导意见

进入新世纪以来，我国建筑市场开放程度不断提高，推动了建筑业持续发展，为促进国民经济发展发挥了重要作用。据统计，2009年我国全社会固定资产投资224 846亿元，建筑业总产值75 864亿元，占固定资产投资的33.7%；建筑业增加值22 333亿元，比上年增长18.2%。目前，全国建筑业企业及其分支机构总量已达到23万家，从业人员约3 400万人；工程勘察、工程设计、工程监理、工程招标代理等工程咨询服务企业近3万家，从业人员已超过200万人。

但是，当前建筑市场仍存在一些不容忽视的问题：建筑业企业数量过多，建筑业产业结构不尽合理，特别是房屋建筑和市政基础设施工程类企业“供大于求”矛盾比较突出；各类注册人员分布不均衡，部分地区注册人员与企业数量、建设规模不匹配；工程转包、违法分包、工程结算纠纷、拖欠农民工工资以及质量安全事故等问题屡有发生；建筑市场监管体系不健全，市场清出机制不完善，“重准入、轻监管”的现象依然存在。这些问题严重影响了建筑市场秩序和建筑业的健康发展，必须下大力气认真解决。

为解决建筑市场中存在的问题，以开展工程建设领域突出问题专项治理为契机，加快完善我国建筑市场监管体系；严格市场准入，着力解决企业、从业人员市场清出机制不健全的问题；实行市场准入清出与工程质量安全、诚信体系建设相结合，形成各部门监管合力；实现资质资格许可、动态监管、信用管理等各环节的联动；保障建设工程质量安全，维护统一、规范、公开、有序的建筑市场秩序，促进建筑业健康协调可持续发展，特制定本指导意见。

一、强化质量安全事故"一票否决制"

各级住房和城乡建设主管部门应当依据《建设工程质量管理条例》、《建设工程安全生产管理条例》等法规规定，将工程质量安全作为建筑市场资质资格动态监管的重要内容，认真落实质量安全事故"一票否决制"。

质量安全事故发生后，在依法进行事故报告和调查处理的同时，事故发生地县级以上住房和城乡建设主管部门应当在事故发生之日起3个工作日内将事故情况、与事故有关的企业以及注册人员简要情况上报省级住房和城乡建设主管部门；对非本省市的企业和注册人员，事故发生地省级住房和城乡建设主管部门接到报告后，应当在3个工作日内通报其注册所在地省级住房和城乡建设主管部门。企业和注册人员注册所在地省级住房和城乡建设主管部门，应当在接到报告或通报之日起3个工作日内，做出在事故调查处理期间暂停其资质升级、增项，资格认定、注册等事项的处理。

属于住房和城乡建设部审批资质资格的企业和注册人员，其注册所在地省级住房和城乡建设主管部门应当在接到事故调查报告或批复后7个工作日内，将事故调查报告或批复以及处理建议上报住房和城乡建设部。

根据事故调查报告或批复，应当降低或吊销有关责任企业和注册人员资质资格的，原发证机关应当在做出行政处罚决定后7个工作日内，将其证书注销，并向社会公布。同时在15个工作日内监督企业或注册人员将资质、资格证书交回。住房和城乡建设部负责审批的企业和注册人员资质、资格证书，由其注册所在地省级住房和城乡建设主管部门负责在规定时间内监督企业或注册人员交回，并及时将资质、资格证书交住房和城乡建设部。

对事故负有责任但未给予降低或吊销资质处罚的企业，一年内不得申请资质升级、增项。

事故调查报告或者负责组织事故调查的人民政府对事故调查报告的批复认定与事故有关的企业和注册人员无过错责任的，其注册所在地省级住房和城乡建设主管部门应当在接到事故调查报告或批复后3个工作日内恢复其资质升级、增项，资格认定、注册等事项。

住房和城乡建设部将抓紧开展规范工程建设领域行政处罚自由裁量权的相关工作，依法研究制定规范工程建设行政处罚自由裁量权实施办法和裁量基准。

二、加大对资质资格申报弄虚作假查处力度

住房和城乡建设部将制定《建设工程企业资质弄虚作假处理办法》，明确资质核查及处理的主体、程序、具体措施以及责任追究等制度。各资质审查部门应实行申报企业注册人员、工程业绩等公示制度。对于申报材料有弄虚作假嫌疑或被举报的企业和个人，要及时开展核查。经核查确实存在弄虚作假行为的，对其申请事项不给予行政许可，在一年内

不受理其资质升级和增项申请，在住房和城乡建设主管部门网站和各级有形建筑市场予以通报，并记入企业和个人信用档案；对于存在伪造印章等严重违法行为的，移交公安或司法部门处理。

需要核查非本省市工程业绩的，由受理申请的省级住房和城乡建设主管部门商请工程所在地省级住房和城乡建设主管部门协助核查。工程所在地省级住房和城乡建设主管部门应当给予配合，在接到协助核查函后7个工作日内书面反馈核查情况。

各级住房和城乡建设主管部门应当加强对下级资质、资格审批情况的监督管理。我部将定期对省级资质、资格审批情况进行抽查并向全国通报抽查结果。省级住房和城乡建设主管部门要对所属设区市住房和城乡建设主管部门资质、资格审批情况开展检查、抽查。严禁违规下放审批权限，对违规下放审批权限的，要责令限期收回，撤销行政许可，并给予通报批评。

三、加强建筑市场动态监管

住房和城乡建设部将尽快出台《企业资质和注册人员动态核查办法》。各级住房和城乡建设主管部门应当充分利用信息化等手段，对企业取得资质后是否继续符合资质标准进行动态核查。一是核查企业的工程业绩和主要技术指标情况；二是核查企业的主要管理和技术、经济注册人员变动情况；三是核查包括企业资本金在内的有关财务指标变动等情况；四是重点核查企业工程质量和安全生产管理的各项制度、措施落实情况，是否发生工程质量、安全生产事故，或者存在质量安全隐患；五是核查企业是否存在其他违法违规行为。

在核查企业时，要对注册在该企业的人员一并进行核查。重点核查其注册和在岗情况，以及是否存在出租、出借、倒卖或以其他形式非法转让执业资格证书、注册证书和执业印章，不履行执业责任，超越执业范围执业等违法违规行为。

省级住房和城乡建设主管部门每年动态核查的比例应不低于在本地区注册企业总数的5%。对经核查认定已不符合相应资质标准的企业，应当撤回其资质；对存在违法违规行为的注册人员，应当给予相应的行政处罚。

省级住房和城乡建设主管部门应当对在本地区从事经营活动的企业和注册人员招标投标、合同订立及履约、质量安全管理、劳务管理等市场行为实施动态监管，建立和完善动态监管制度，加大对依法诚信经营企业和注册人员的表彰宣传力度，可采取在有关管理事项中给予绿色通道服务等措施，发挥动态监管的激励作用。

对问题比较突出的企业和注册人员，可以采用预警提示或约谈等措施，督促其限期改正。逾期不改的，要采取进一步措施予以处理。其企业资质或个人执业资格由省级以下住房和城乡建设主管部门负责审批的，省级以上住房和城乡建设主管部门应当对其资质或执业资格条件进行核查，经核查已不符合相应资质、执业资格标准的，应当撤回其资质、资格许可。对外省市企业和注册人员，应当通报其注册所在地省级住房和城乡建设主管部门进行核查、处理。其注册所在地省级住房和城乡建设主管部门应当及时将核查、处理结果反馈工程所在地省级住房和城乡建设主管部门。企业资质或执业资格由住房和城乡建设部负责审批的，其注册所在地省级住房和城乡建设主管部门核查后，应当将处理建议报住房和城乡建设部。

省级住房和城乡建设主管部门应当规范和完善外省市企业和注册人员进入本地区的告知性备案管理制度。不得擅自设立审批性备案和借用备案等名义违法、违规收取费用，不得强行要求企业和注册人员注册所在地省级住房和城乡建设行政主管部门或其上级集团公司出具证明其资质、资格、诚信行为、合同履约、质量安全等情况的文件。企业和注册人员办理备案后，省级住房和城乡建设主管部门应当将备案信息及时通报本地区各级住房和城乡建设主管部门。企业或注册人员在备案时提供虚假资料的，省级住房和城乡建设主管部门不予备案，并作为不良行为记录向社会公布。除省级住房和城乡建设主管部门外，设区市和县(市)级住房和城乡建设主管部门均不得设置外省市企业和注册人员进入本地区的备案管理制度。

四、加快建立完善基础数据库

加快建立和完善建设工程企业、注册人员、工程项目和质量安全事故基础数据库。最大程度利用各地现有信息化建设成果，健全数据采集、报送、发布制度，统一数据标准，实现注册人员、企业、工程项目和质量安全事故数据库之间的动态关联，实行住房和城乡建设部数据库与省级住房和城乡建设主管部门数据库数据信息的同步共享。要为监管机构对建设工程企业、注册人员市场准入和清出提供全面、准确、动态的基础数据；为政府部门制定政策提供科学、客观的依据；为社会公众提供真实、便捷的信息查询服务。

住房和城乡建设部负责建立注册人员、企业和工程项目的中央数据库，制定统一的数据标准、数据交换标准，统一数据信息采集、报送标准，制定数据库运行、维护的相关管理制度，建立相关管理程序。

省级住房和城乡建设主管部门应当建立和完善本地区统一的注册人员、企业、工程项目和质量安全事故数据库，按照住房和城乡建设部的工作部署和要求，采集、报送各类数据信息，实现与全国中央数据库对接，及省际数据库之间互通共享。

人员数据库

2011年6月前，住房和城乡建设部负责制定统一的注册人员数据标准，完善现有的一级注册建筑师、勘察设计注册工程师(二级注册结构工程师除外)、注册监理工程师、一级注册建造师、注册造价工程师等相关注册人员数据库，建立全国注册人员中央数据库，公布与各地的接口标准；省级住房和城乡建设主管部门负责按照统一的数据标准，完善本地区二级注册建筑师、二级注册结构工程师和二级注册建造师数据库，实现与全国注册人员中央数据库对接，实时上传数据。

2012年6月前，在部分有条件的省市开展将企业主要技术人员和管理人员纳入人员数据库的试点工作。

从2010年起开展农民工实名制管理试点工作，加强农民工输出地和输入地之间的联动管理，逐步建立包括农民工基本信息、技能培训、工作简历等基本数据系统和制发实名电子信息卡。通过农民工实名制管理，保护农民工合法权益，开展农民工基本技能培训，提高建设工程质量，促进城乡一体化的发展。

企业数据库

住房和城乡建设部负责制定统一的企业数据标准,以2007年启用的资质证书管理信息系统为基础,完善现有工程招标代理机构、工程设计企业、工程监理企业数据库,尽快整合工程勘察企业、建筑业企业数据库,建立全国建设工程企业中央数据库。

2010年前,完成各地资质证书管理系统使用情况检查,并向全国通报。督促未将本地管理系统与全国建设工程企业数据库对接的省市尽快对接,实现企业数据实时共享。

《工程勘察资质标准》和《建筑业企业资质等级标准》修订颁布后,住房和城乡建设部将启动工程勘察和建筑业企业资质证书管理系统。2011年底前建立实时联网共享的全国建设工程企业中央数据库。

2011年6月前,实现全国建设工程企业数据库与注册人员数据库的互联互通,实时监控企业中的注册人员是否能够满足企业资质条件。

强化企业资质证书管理,企业资质证书必须通过证书管理系统订购,对证书使用量与证书订购量有明显偏差的地区,要求其说明情况后,再予以批准发放。

工程项目数据库

2012年6月底前,住房和城乡建设部充分依托各地已有工程项目数据资源和信息系统,研究制定统一的工程项目数据标准、数据交换标准,明确信息采集、数据上报的管理模式,构建覆盖工程项目招标投标、合同备案、施工图审查、施工许可、质量监督、安全生产监督、竣工验收备案各主要环节,包括工程规模、工程造价、参建企业以及与项目有关的主要管理、技术人员等信息的全国工程项目中央数据库。

2012年底前,各省级住房和城乡建设主管部门负责建立本地区工程项目数据库,并根据统一的数据标准和数据交换标准实现与全国工程项目中央数据库对接。

2013年6月底前,建立建筑市场监管的指标数据库、信息发布与共享数据库和数据分析及应用模型,实现基础数据库的整合、统计、分析、评价及发布,做到建筑市场的立法与执法并重、市场准入管理与清出管理并重、资质资格审批管理与后续动态管理并重,为建筑市场与工程质量安全监管工作提供系统、科学的技术支撑与保障。

五、加强建筑市场诚信体系建设

在建立健全全国建筑市场诚信平台以及注册人员、企业、工程项目和质量安全事故数据库的基础上,完善各类企业和注册人员诚信行为标准,健全诚信信息采集、报送制度,实现各地诚信信息互通、互用和互认,建立有效的诚信激励和失信惩戒机制。

各级住房和城乡建设主管部门应当按照规定做好企业和注册人员诚信信息的采集、发布和报送工作。住房和城乡建设部将定期统计、公布各地报送情况,对存在不按期报送、瞒报等问题的地区通报批评。

省级住房和城乡建设主管部门应当在开展资质、资格动态监管的基础上,及时将企业和注册人员在合同履约、招标投标、工程质量管理、安全生产管理等方面的良好行为信息和不良行为信息记入诚信档案,可以通过有形建筑市场、新闻媒体公布信誉良好的企业和注册人员,引导市场各方主体依法诚信经营;将发生不良行为较多的企业和注册人员列为重点监管对象,加强动态监管。

省级住房和城乡建设主管部门应当建立和完善本地区建筑市场诚信行为公示制度，对发生较大及以上质量安全事故、拖欠劳务费或农民工工资、以讨要工资为名扰乱正常生产生活秩序、转包工程、违法分包工程等违法违规行为的企业和注册人员要及时向社会公布，引导市场各方主体重视诚信记录，选择守法诚信的合作者，同时加强与有关部门的信息互通，加大对违法失信企业和注册人员的信用惩戒。

2011 年底前，住房和城乡建设部出台工程建设领域不良信息分级发布标准，建立部、省两级分级发布的信息平台。

六、加强与有关部门的联动

加强与铁道、交通、水利、工业和信息化等部门的配合，加快建立与工商等部门的工作协调机制，完善沟通渠道，健全信息共享、联动执法等制度，形成建筑市场监管合力。尽快实现与工商部门信息共享，对企业虚报、抽逃注册资本金等行为进行治理；将被吊销或伪造资质、资格证书，以及发生严重违法违规行为的企业和注册人员名单提供给工商部门。以此为基础，逐步与相关部门开展联动，及时准确地了解企业营业状况和纳税、社会保险缴纳等情况，以便更好地实施动态监管；对发生重大违法行为或拒不执行法院判决的企业和注册人员纳入重点监管范围，并作为不良行为记入诚信档案，对其实施资质、资格条件核查、信用惩戒等动态监管。

住房和城乡建设部关于贯彻落实《国务院关于进一步加强企业安全生产工作的通知》的实施意见

（建质〔2010〕164号，2010年10月13日）

各省、自治区住房和城乡建设厅，直辖市建委（建交委），新疆生产建设兵团建设局：

为贯彻落实《国务院关于进一步加强企业安全生产工作的通知》（国发〔2010〕23号，以下简称《通知》）精神，严格落实企业安全生产责任，全面提高建筑施工安全管理水平，现提出以下实施意见。

一、充分认识《通知》的重要意义

（一）《通知》是继2004年《国务院关于进一步加强安全生产工作的决定》之后的又一重要文件，充分体现了党中央、国务院对安全生产工作的高度重视。《通知》进一步明确了现阶段安全生产工作的总体要求和目标任务，提出了新形势下加强安全生产工作的一系列政策措施，是指导全国安全生产工作的纲领性文件。各地住房和城乡建设部门要充分认识《通知》的重要意义，从深入贯彻落实科学发展观，加快推进经济发展方式转变的高度，进一步增强做好安全生产工作的紧迫感、责任感和使命感。要根据建筑施工特点和实际情况，坚定不移抓好各项政策措施的贯彻落实，努力推动全国建筑安全生产形势的持续稳定好转。

二、严格落实企业安全生产责任

（二）规范企业生产经营行为。企业是安全生产的主体，要健全和完善严格的安全生产制度，坚持不安全不生产。施工企业要设立独立的安全生产管理机构，配备足够的专职安全生产管理人员，取得安全生产许可证后方可从事建筑施工活动。建设单位要依法履行安全责任，不得压缩工程项目的合理工期、合理造价，及时支付安全生产费用。监理企业要熟练掌握建筑安全生产方面的法律法规和标准规范，严格实施施工现场的安全监理。

（三）强化施工过程管理的领导责任。企业要加强工程项目施工过程的日常安全管理。工程项目要有施工企业负责人或项目负责人、监理企业负责人或项目监理负责人在现场带班，并与工人同时上班、同时下班。对无负责人带班或该带班而未带班的，对有关负责人按擅离职守处理，同时给予规定上限的经济处罚。发生事故而没有负责人现场带班的，对企业给予规定上限的经济处罚，并依法从重追究企业主要负责人的责任。

（四）认真排查治理施工安全隐患。企业要经常性开展安全隐患排查，切实做到整改措施、责任、资金、时限和预案“五到位”。要对在建工程项目涉及的深基坑、高大模板、脚手架、建筑起重机械设备等施工部位和环节进行重点检查和治理，并及时消除隐患。对重大隐患，企业负责人要现场监督整改，确保隐患消除后再继续施工。省级住房和城乡建设部门要对重大隐患治理实行挂牌督办，住房和城乡建设部将加强督促检查。对不执行政府及有关部门下达的安全隐患整改通知，不认真进行隐患整改以及对隐患整改不力造成事故的，要依法从重追究企业和相关负责人的责任。

（五）加强安全生产教育培训。企业主要负责人、项目负责人、专职安全生产管理人员必须参加安全生产教育培训，按有关规定取得安全生产考核合格证书。工程项目的特种作业人员，必须经安全教育培训，取得特种作业人员考核合格证书后方可上岗。要加强对施工现场一线操作人员尤其是农民工的安全教育培训，使其掌握安全操作基本技能和安全防护救护知识。对新入场和进入新岗位的作业人员，必须进行安全培训教育，没有经过培训的不得上岗。企业每年要对所有人员至少进行一次安全教育培训。对存在无证上岗、不经培训上岗等问题的企业，要依法进行处罚。

（六）推进建筑施工安全标准化。企业要深入开展以施工现场安全防护标准化为主要内容的建筑施工安全标准化活动，提高施工安全管理的精细化、规范化程度。要健全建筑施工安全标准化的各项内容和制度，从工程项目涉及的脚手架、模板工程、施工用电和建筑起重机械设备等主要环节入手，作出详细的规定和要求，并细化和量化相应的检查标准。对建筑施工安全标准化不达标，不具备安全生产条件的企业，要依法暂扣其安全生产许可证。

三、加强安全生产保障体系建设

（七）完善安全技术保障体系。企业要加强安全生产技术管理，强化技术管理机构的安全职能，按规定配备安全技术人员。要确保必要的安全研发经费投入，推动安全生产科技水平不断提高。要积极推进信息化建设，充分应用高科技手段，工程项目的起重机械设备等重点部位要安装安全监控管理系统。要强制推行先进适用的安全技术装备，逐步淘汰人工挖孔桩等落后的生产技术、工艺和设备。因安全技术问题不解决产生重大隐患的，要对企业主要负责人、主要技术负责人和有关人员给予处罚，发生事故的，依法追究责任。

（八）完善安全预警应急机制。企业要建立完善安全生产动态监控及预警预报体系，对所属工程项目定期进行安全隐患和风险的排查分析。要加强对深基坑等危险性较大的分部分项工程的监测，并增加安全隐患和风险排查分析的频次。发现事故征兆要立即发布预警信息，落实防范和应急处置措施。对工程建设中的重大危险源和重大隐患，要及时采取措施，并报工程所在地的住房和城乡建设部门进行备案。企业要制定完善的应急救援预案，有专门机构和人员负责，配备必要的应急救援器材和设备，并定期组织演练，提高应急救援能力。企业应急预案要与当地政府应急预案相衔接。鼓励有条件的企业加强专业救援力量的建设。

（九）加大安全生产专项投入。企业要加强对安全生产费用的管理，确保安全生产费用足额投入。工程项目的建设单位要严格按照有关规定，提供安全生产费用，不得扣减。施工企业必须将安全生产费用全部用于安全生产方面，不得挪作他用。要加强对建筑企业安全生产费用提取和使用管理的监督检查，确保安全生产费用的落实。

四、加大安全生产监督管理力度

（十）严厉打击违法违规行为。要严厉查处不办理施工许可、质量安全监督等法定建设手续，擅自从事施工活动的行为。严厉查处建筑施工企业无施工资质证书、无安全生产许可证，企业“三类”人员（企业主要负责人、项目负责人、专职安全生产管理人员）无安全生产考核合格证书、特种作业人员无操作资格证书进行施工活动的行为。严厉查处拒不执行政府有关部门下达的停工整改通知的行为。对违法违规造成人员伤亡的，以及有瞒报事故、事故逃逸等恶劣情节的，要依法从重处罚。对打击违法违规行为不力的地方，要严肃追究有关领导的责任。

（十一）加强建筑市场监督管理。要认真整顿规范建筑市场秩序，认真落实质量安全事故“一票否决制”，将工程质量安全作为建筑市场资质资格动态监管的重要内容。强化建筑市场准入管理，在企业资质审批、工程招投标、项目施工许可等环节上严格把关，将安全生产条件作为一项重要的审核指标，确保只有真正符合条件的企业才能进入市场。加大市场清出力度，对企业落实安全责任情况进行监督检查，不符合安全生产条件的企业要坚决取消市场准入资格。对在建筑施工活动中随意降低安全生产条件，工程项目建设中存在违法分包、转包等违法违规行为的，要依法责令停业整顿，并依法追究项目建设方、承包方等各方责任。

（十二）严肃查处生产安全事故。要依法严格事故查处，按照“四不放过”的原则，严肃追究事故责任者的责任。除依法追究刑事、党纪、政纪责任外，还要依法加大对事故责任企业的资质和责任人员的执业资格的处罚力度。对事故责任企业，该吊销资质证书的吊销资质证书，该降低资质等级的降低资质等级，该暂扣吊销安全生产许可证的暂扣吊销安全生产许可证，该责令停业整顿的责令停业整顿，该罚款的罚款。对事故责任人员，该吊销执业资格证书的吊销执业资格证书，该责令停止执业的责令停止执业，该吊销岗位证书的吊销岗位证书，该罚款的罚款。要建立生产安全事故查处督办制度，重大事故查处由住房和城乡建设部负责督办，较大及以下事故查处由省级住房和城乡建设部门负责督办。事故查处情况要在媒体上予以公告，接受社会监督。对发生较大及以上事故的企业及其负责人，由住房和城乡建设部向社会公告；发生其他事故的企业及其负责人由省级住房和城乡建设部门向社会公告，进行通报批评。对重大、特别重大生产安全事故负有主要责任的企业，其主要负责人终身不得担任本行业企业负责人。

（十三）加强社会和舆论监督。充分发挥新闻媒体作用，大力宣传建筑安全生产法律法规和方针政策，以及安全生产工作的先进经验和典型。对忽视建筑安全生产，导致事故发生的企业和人员，要予以曝光。要依法维护和落实企业职工对安全生产的参与权与监督权，鼓励职工监督举报各类安全隐患，对举报者予以奖励。要进一步畅通社会监督渠道，设立举报箱、公开举报电话，接受人民群众的公开监督。要加大对安全生产的宣传教育，形成全社会共同重视建筑安全生产的局面。

五、注重安全生产长效机制建设

（十四）完善安全生产法规体系。住房和城乡建设部将制定修订《建筑施工企业主要负责人、项目负责人及专职安全生产管理人员管理规定》等部门规章及规范性文件，制定颁布《建筑施工企业安全生产管理规范》等标准规范。各地住房和城乡建设部门要结合本地实际，制定和完善地方建筑安全生产法规及标准规范，及时修改与有关法律法规不相符的内容。

（十五）加强建筑安全科技研究。安全生产科技进步是提高建筑安全生产水平的有效途径，要不断推进安全生产科技进步。要加强科研和技术开发工作，组织高等院校、科研机构、生产企业、社会团体等安全生产科研资源，共同推动建筑安全生产科技进步。要注重政府引导与市场导向相结合，研究建立安全生产激励机制，鼓励企业加大安全生产科技投入。要结合安全生产实际，推广安全适用、先进可靠的生产工艺和技术装备，限制和强制淘汰落后的生产技术、工艺和设备。

（十六）加强安全监管队伍建设。建立健全建筑安全生产监督管理机构，根据建设工程规模不断扩大的实际情况，配备满足工作需要的人员，并有效解决工作经费来源。加强对建筑安全监督执法人员的安全生产法律法规和业务能力的教育培训，建立完善考核持证上岗制度，切实提高监督执法人员的服务意识和依法监督的行政管理水平。

各地住房和城乡建设部门要按照《通知》精神和本实施意见的要求，结合本地实际，制定具体的实施办法，并认真组织实施。

住房和城乡建设部关于继续深入开展建筑安全生产标准化工作的通知

（建安办函〔2011〕14号，2011年5月30日）

各省、自治区住房和城乡建设厅，直辖市建委（建交委），新疆生产建设兵团建设局：

近日国务院安委会下发了《关于深入开展企业安全生产标准化建设的指导意见》（安委〔2011〕4号，以下简称《指导意见》），就深入开展企业安全生产标准化工作提出指导意见。现结合建筑安全生产实际，就继续深入开展建筑安全生产标准化工作有关事宜通知如下：

一、提高思想认识，继续深入开展建筑安全生产标准化工作

建筑安全生产标准化是加强建筑安全生产管理的一项基础性、长期性工作，是新形势下安全生产工作方式方法的创新和发展。特别是2005年以来，各级住房城乡建设主管部门和广大建筑施工企业根据我部《关于开展建筑施工安全质量标准化工作的指导意见》（建质〔2005〕232号）的要求，结合本地区、本企业的具体情况认真贯彻实施。经过努力工作，建筑安全生产标准化工作取得显著成效，全国建筑安全生产形势持续稳定好转。为深入贯彻落实《国务院关于进一步加强企业安全生产工作的通知》（国发〔2010〕23号）精神，全面推进企业安全生产标准化建设，各地住房和城乡建设主管部门要在认真总结以往开展建筑安全生产标准化工作经验的基础上，按照《指导意见》的总体要求，在地方人民政府的统一领导下，做好组织实施工作，认真督促指导建筑施工企业建立健全严格的企业安全生产责任制度，全面落实安全生产法律法规和标准规范，促进建筑施工企业不断提高安全生产管理水平。

二、认真制定方案，确保建筑安全生产标准化工作取得实效

各地住房和城乡建设主管部门要结合本地区建筑安全生产标准化工作开展以来的实践情况，制定本地区深入开展建筑安全生产标准化工作实施方案。要进一步明确开展建筑安全生产标准化工作的要求、目标、任务和考核办法，继续健全完善以《施工企业安全生产评价标准》（JGJ/T 77—2010）和《建筑施工安全检查标准》（JGJ 59—99）及有关规定为核心的考评体系，科学评定建筑施工企业和工程项目安全生产标准化工作。要进一步加强和规范企业安全生产管理工作，推进企业全员、全方位、全过程的安全管理，促进安全生产标准化工作的深入开展。

三、完善奖惩机制，提高部门和企业开展建筑安全生产标准化工作的积极性和主动性

各地住房和城乡建设主管部门要继续完善建筑安全生产标准化工作奖惩机制，对于积极创新安全监管方式方法，全面深入开展建筑安全生产标准化工作的住房和城乡建设主管部门给予表彰并推广经验，对于建筑安全生产标准化工作成绩突出的施工企业和工程项目可授予建筑安全生产标准化“示范企业”、“示范工程”等称号，充分发挥典型示范引路的作用，带动建筑安全生产标准化工作的全面开展。对于建筑安全生产标准化工作开展不力的地区、企业和工程项目要予以通报批评，并在新闻媒体上曝光。通过完善奖惩机制，进一步提高住房和城乡建设主管部门、施工企业和工程项目开展建筑安全生产标准化工作的积极性和主动性。

四、采取有效措施，加强建筑安全生产标准化长效机制建设

建筑安全生产标准化工作是督促企业落实主体责任、加强安全生产管理工作的重要措施，也是预防和减少伤亡事故发生，提高建筑安全管理水平的有效途径。各地住房和城乡建设主管部门要认真研究，结合本地实际，从加强安全监管、落实安全责任、提高人员素质、改善作业环境等多个环节入手，采取有针对性的措施，督促企业全面加强安全生产管理水平，逐步健全完善建筑安全生产标准化建设的长效机制。

请各地住房和城乡建设主管部门按照以上要求认真贯彻落实，并将本地区建筑安全生产标准化工作实施方案于2011年6月30日前报送我部工程质量安全监管司。

住房和城乡建设部关于印发《建筑施工企业负责人及项目负责人施工现场带班暂行办法》的通知

（建质〔2011〕111号，2011年7月22日）

各省、自治区住房和城乡建设厅，直辖市建委（建交委），新疆生产建设兵团建设局，中央管理的建筑施工企业：

为贯彻落实《国务院关于进一步加强企业安全生产工作的通知》（国发〔2010〕23号），切实加强建筑施工企业及施工现场质量安全管理工作，我部制定了《建筑施工企业负责人及项目负责人施工现场带班暂行办法》。现印发给你们，请遵照执行。

附件：

建筑施工企业负责人及项目负责人施工现场带班暂行办法

第一条 为进一步加强建筑施工现场质量安全管理工作，根据《国务院关于进一步加强企业安全生产工作的通知》（国发〔2010〕23号）要求和有关法规规定，制定本办法。

第二条 本办法所称的建筑施工企业负责人，是指企业的法定代表人、总经理、主管质量安全和生产工作的副总经理、总工程师和副总工程师。

本办法所称的项目负责人，是指工程项目的项目经理。

本办法所称的施工现场，是指进行房屋建筑和市政工程施工作业活动的场所。

第三条 建筑施工企业应当建立企业负责人及项目负责人施工现场带班制度，并严格考核。

施工现场带班制度应明确其工作内容、职责权限和考核奖惩等要求。

第四条 施工现场带班包括企业负责人带班检查和项目负责人带班生产。

企业负责人带班检查是指由建筑施工企业负责人带队实施对工程项目质量安全生产状况及项目负责人带班生产情况的检查。

项目负责人带班生产是指项目负责人在施工现场组织协调工程项目的质量安全生产活动。

第五条 建筑施工企业法定代表人是落实企业负责人及项目负责人施工现场带班制度的第一责任人，对落实带班制度全面负责。

第六条 建筑施工企业负责人要定期带班检查，每月检查时间不少于其工作日的

25%。

建筑施工企业负责人带班检查时，应认真做好检查记录，并分别在企业和工程项目存档备查。

第七条 工程项目进行超过一定规模的危险性较大的分部分项工程施工时，建筑施工企业负责人应到施工现场进行带班检查。对于有分公司（非独立法人）的企业集团，集团负责人因故不能到现场的，可书面委托工程所在地的分公司负责人对施工现场进行带班检查。

本条所称“超过一定规模的危险性较大的分部分项工程”详见《关于印发〈危险性较大的分部分项工程安全管理办法〉的通知》（建质〔2009〕87号）的规定。

第八条 工程项目出现险情或发现重大隐患时，建筑施工企业负责人应到施工现场带班检查，督促工程项目进行整改，及时消除险情和隐患。

第九条 项目负责人是工程项目质量安全管理的第一责任人，应对工程项目落实带班制度负责。

项目负责人在同一时期只能承担一个工程项目的管理工作。

第十条 项目负责人带班生产时，要全面掌握工程项目质量安全生产状况，加强对重点部位、关键环节的控制，及时消除隐患。要认真做好带班生产记录并签字存档备查。

第十一条 项目负责人每月带班生产时间不得少于本月施工时间的80%。因其他事务需离开施工现场时，应向工程项目的建设单位请假，经批准后方可离开。离开期间应委托项目相关负责人负责其外出时的日常工作。

第十二条 各级住房和城乡建设主管部门应加强对建筑施工企业负责人及项目负责人施工现场带班制度的落实情况的检查。对未执行带班制度的企业和人员，按有关规定处理；发生质量安全事故的，要给予企业规定上限的经济处罚，并依法从重追究企业法定代表人及相关人员的责任。

第十三条 工程项目的建设、监理等相关责任主体的施工现场带班要求应参照本办法执行。

第十四条 省级住房和城乡建设主管部门可依照本办法制定实施细则。

第十五条 本办法自发文之日起施行。

（二）其他部委文件

河南省安全生产监督管理局关于印发《河南省安全生产应急救援队伍管理办法（试行）》的通知

（豫安监管应急〔2009〕184号，2009年6月17日）

各省辖市安全生产监督管理局，有关安全生产应急救援队伍：

为加强安全生产应急救援队伍建设，强化应急救援队伍管理，建立统一指挥、反应灵敏、协调有序、运转高效的安全生产应急救援机制，提高应急救援能力，全面推动我省安全生产应急救援工作开展，根据国家有关法律、法规等有关规定，结合我省实际，省安全监管局制订了《河南省安全生产应急救援队伍管理办法（试行）》，现印发给你们，请认真贯彻，遵照执行。

附件：

河南省安全生产应急救援队伍管理办法（试行）

第一章 总 则

第一条 为加强我省安全生产应急救援专业队伍建设，强化管理，提高生产安全事故应急救援能力，根据《中华人民共和国安全生产法》、《中华人民共和国突发事件应对法》、《安全生产许可证条例》和《河南省安全生产条例》等法律法规，结合我省实际情况，制定本办法。

第二条 河南省各级安全生产应急救援专业队伍（以下简称应急救援队伍）的管理，适用本办法。

第三条 河南省各级安全生产应急救援队伍实行分级负责、属地管理，接受当地安全生产应急管理部门的统一领导。

河南省生产安全应急救援指挥中心负责指导、综合协调全省安全生产应急救援队伍建设工作：

（一）制定有关组织管理制度，指导全省安全生产应急救援队伍建设工作；

（二）与有关部门协调，解决应急救援队伍工作中的问题；

（三）根据应急救援工作需要，统一指挥、协调调度全省安全生产应急救援队伍；

（四）申请用于全省安全生产应急救援队伍建设的国家、省财政支持资金，并监督检查资金的使用情况；

（五）指导全省安全生产应急救援队伍的培训和演练工作；

（六）监督检查全省安全生产应急救援队伍建设工作；

（七）负责全省安全生产应急救援队伍的信息统计管理工作；

（八）负责全省安全生产应急救援队伍评比奖惩工作；

（九）负责全省安全生产应急救援队伍的资质登记管理工作。

第四条 安全生产应急救援队伍所在单位和辖区安监部门负责该应急救援专业队伍的日常管理工作：

（一）明确安全生产应急救援队伍的管理部门和职责，规范安全生产应急救援队伍管理工作；

（二）整合所属应急救援队伍，及时调整、补充应急救援专业队伍人员，保持应急救援队伍稳定，确保应急救援能力；

（三）根据有关法律法规规定和应急救援工作需要，安排专项资金用于应急救援装备配备、人员培训、应急演练等建设；

（四）组织实施、监督检查应急救援培训和演练工作。

第二章 机构和队伍

第五条 本省行政区域内的煤矿生产企业、危险化学品生产企业、非煤矿山生产企业等高危行业，要按规定建立安全生产应急救援专业队伍，配备规定的应急救援器材、装备。规模较小，达不到要求建立应急救援专业队伍规定的，应当明确兼职应急救援人员，并配备必要的应急救援器材、装备。

第六条 煤矿、非煤矿山等高危行业生产企业，必须与资质相符的邻近应急救援专业队伍签订救援服务协议，实行有偿服务。

第七条 应急救援队伍应当坚持"预防与应急并重，常态与非常态结合"以及"险时搞救援，平时搞防范"的工作原则，履行以下职责：

（一）承担本单位、协议服务单位和各级安全生产应急管理部门下达的安全生产抢险救援任务。

（二）开展预防性安全检查、隐患排查和应急预案演练，熟悉本单位、签订救援服务协议单位道路交通、作业环境、场所和应急预案、处置方案、救援物资储备等情况。

（三）开展应急救援知识培训，普及事故预防、避险、自救、互救和应急处置知识，提高生产经营单位从业人员避险救助能力，指导应急预案和现场处置方案的制定，落实应急预案演练等相关技术服务工作；加强自身宣传，树立队伍良好形象。

（四）执行应急救援任务结束后，应在15日内形成救援总结评估报告，并报送当地安全生产应急管理部门。重特大事故的救援总结评估报告，应同时上报省生产安全应急救援指挥中心。

每半年向省生产安全应急救援指挥中心和当地安全生产应急管理部门报送救援工作总结报告，不得拒报、迟报、虚报、瞒报、伪造和篡改救援基础资料。

（五）建立相应的管理机构和规章制度，并做好工作记录。

（六）明确工作职责，规范应急救援队伍日常工作。

（七）及时调整、补充应急救援工作人员，保持应急救援队伍稳定，确保应急救援能力。

（八）根据应急救援工作需要，安排资金用于应急救援装备配备、人员培训、应急演练等。

（九）按时准确上报有关应急救援信息，自觉接受上级有关部门指导，服从安全生产应急管理部门指挥调动，完成好相关应急救援协作任务。

第八条 应急救援队伍要按照国家、河南省和上级单位的要求做好日常训练、队伍管理和应急救援工作：

（一）制定应急救援队伍值班、备勤、通讯、训练、演练、装备管理、应急救援、业务学习等管理制度、程序；

（二）根据应急救援工作需要，安排人员24小时值班、备勤，接到调度命令后，迅速实施应急救援行动；

（三）制定人员培训和演练计划，组织应急救援人员进行日常训练；

（四）制定装备配置计划，按照有关规定维护、保养和报废应急救援装备；

（五）定期组织救援人员开展技术培训、体能和技能训练、应急预案演练，提高实战能力；

（六）每季度至少一次到协作单位进行安全生产应急救援督察检查。

第三章 应急救援装备管理

第九条 应急救援队伍所在单位应当根据应急救援工作需要，配备应急救援装备。

应急救援队伍装备配置以单位配备为主，各级政府予以重点支持。需要当地财政重点支持的，应当向当地安委会办公室提出申请。

第十条 应急救援队伍负责应急救援设备的维护保养工作，保证应急救援装备状况良好，运行正常，能够及时投入应急救援行动。

各级财政提供资金购置的应急救援设备，纳入应急救援队伍所在单位资产管理。日常维护保养等配套资金，由相关应急救援队伍或所在单位负责落实。

第十一条 在生产安全事故应急救援过程中，省生产安全应急救援指挥中心可以根据需要，对全省应急救援装备进行统一调配。

第十二条 应急救援队伍应在每年12月25日前将当年购置的主要应急救援装备名称、型号、用途、数量等有关情况报省生产安全应急救援指挥中心和当地安全生产应急管理部门。

报废或者新购置应急救援设备，应当及时报省生产安全应急救援指挥中心和当地安全生产应急管理部门。

第十三条 各级财政提供资金购置的应急救援设备,原则上不得用于日常生产,不得出租和转让。在确保应急救援工作需要的前提下,经当地安委会办公室批准可在本行政区域内应急使用。

第四章 培训和演练

第十四条 应急救援队伍及其所在单位应当根据安全生产应急救援事故、灾害类型和应急救援队伍的实际情况,制定培训工作计划,由有资质的培训机构对应急救援人员进行培训和考核,并建立培训档案,记录人员接受培训的情况。

应急救援队伍及其所在单位对应急救援人员进行培训,每年不得少于两次,考核不合格人员不得安排承担应急救援工作。

第十五条 应急救援培训的主要内容包括:

(一)有关应急救援的法律、法规和规章;

(二)全省应急救援队伍规章制度;

(三)应急救援预案;

(四)应急救援过程中的安全防护措施;

(五)应急装备、工具操作规程;

(六)异常情况的鉴别和紧急处置方法;

(七)自救、互救知识;

(八)应急通讯联络方法;

(九)应急救援案例。

第十六条 应急救援队伍应当根据应急救援工作需要,制定应急演练计划和方案,明确应急演练种类、范围、目标、时间、参加人员、评审人员等具体内容和要求,定期组织应急演练。

全省应急救援队伍每季度组织应急演练不得少于一次。

第十七条 应急救援队伍应当总结应急演练情况,编写应急演练书面报告,落实改进措施,并将方案、改进措施和总结报告及时报当地安全生产应急管理部门和省生产安全应急救援指挥中心。

第五章 应急值守与救援

第十八条 应急救援队伍应当坚持24小时值班制度,设立值班电话,安排带班负责人和应急救援人员24小时值班、备勤。

应急救援专业队伍工作人员暂离工作岗位的,应急救援专业队伍应当及时安排人员替补;调离工作岗位的,应当及时补充人员,确保应急救援工作人员时刻在位。应急救援队伍负责人变动、通讯方式变更的,应及时上报省生产安全应急救援指挥中心和当地安全生产应急管理部门。

第十九条 省生产安全应急救援指挥中心可以直接调度全省各级安全生产应急救援队伍参加安全生产事故应急救援工作。

第二十条 应急救援队伍值班人员接到应急救援报警后，应当记录事故类别、时间、地点等基本情况，并立即向应急救援队伍负责人报告。

第二十一条 应急救援队伍负责人接到应急救援指令后，应当立即调动应急救援人员及设备，选择最佳路线，在第一时间到达救援现场。

第二十二条 应急救援队伍在抵达现场后，应当立即向现场指挥部报告，服从现场指挥人员指挥。接受应急救援任务后应当及时确定方案，按照有关程序开展应急救援工作，并及时向现场指挥人员报告有关情况。

第二十三条 现场应急救援结束后，应当清点人员、设备。需要恢复救援现场的，应当根据现场指挥人员要求进行现场恢复，经现场指挥人员同意后方可撤离现场。

第二十四条 应急救援队伍应当总结和分析每次应急救援行动情况，必要时组织有关人员对应急救援程序、措施等进行评审和改进。

第六章 奖励与惩罚

第二十五条 对在安全生产应急救援工作中做出显著成绩的单位和个人，各级政府及其安委会要给予表彰、奖励。对在安全生产事故应急救援抢险中，导致受伤和牺牲的，应当按照有关规定给予伤残评定、经济补偿、授予荣誉称号奖励等。

第二十六条 应急救援队伍及其所在单位违反本办法规定的，由省安全生产应急管理机构、当地政府及安委会办公室进行通报批评，并责令限期改正。

第二十七条 应急救援队伍及其所在单位违反本办法规定并造成严重后果的，按照有关法律法规，分别追究相关责任人的法律责任和行政责任。

第七章 附 则

第二十八条 本办法自2009年7月1日起施行。

第二十九条 本办法由河南省安全生产监督管理局解释。

公安部 住房和城乡建设部关于进一步加强建设工程施工现场消防安全工作的通知

(公消〔2009〕131 号,2009 年 3 月 25 日)

各省、自治区、直辖市公安厅、局,建设厅、建委,江苏、山东省建管局,新疆生产建设兵团公安局、建设局:

近期,一些地方建设工程施工现场接连发生火灾,给国家和人民生命财产带来了严重损失,造成了重大的社会影响。2009 年 2 月 9 日,中央电视台新址园区在建附属文化中心工地,由于建设单位违规燃放礼花引燃可燃材料引发火灾;2008 年 7 月、11 月,山东济南在建奥体中心体育馆顶部施工两次发生火灾;2008 年 10 月 9 日,黑龙江省哈尔滨市在建"经纬 360 度"高层商住楼双子座 A 座和四层裙房发生火灾。这些火灾均暴露出施工现场消防安全责任制度不落实,以及消防车通道不畅,缺乏消防水源、消防设施、灭火器材等,消防安全意识不强等诸多问题。为深刻汲取火灾教训,确保建设工程施工现场消防安全,各地公安消防、建设主管部门要严格按照《消防法》和有关法律、法规的要求,加强对建设工程施工现场的管理,进一步强化对建设工程各方责任主体的监督管理力度,加强对建设工程施工现场的消防安全检查,督促建设工程各方责任主体特别是施工单位建立并落实消防安全责任制度,改善消防安全条件,重点做好以下工作。

一、保障施工现场具备以下消防安全条件

(一)施工现场要设置消防通道并确保畅通。建筑工地要满足消防车通行、停靠和作业要求。在建建筑内应设置标明楼梯间和出入口的临时醒目标志,视情安装楼梯间和出入口的临时照明,及时清理建筑垃圾和障碍物,规范材料堆放,保证发生火灾时,现场施工人员疏散和消防人员扑救快捷畅通。

(二)施工现场要按有关规定设置消防水源。应当在建设工程平地阶段按照总平面设计设置室外消火栓系统,并保持充足的管网压力和流量。根据在建工程施工进度,同步安装室内消火栓系统或设置临时消火栓,配备水枪水带,消防干管设置水泵接合器,满足施工现场火灾扑救的消防供水要求。

(三)施工现场应当配备必要的消防设施和灭火器材。施工现场的重点防火部位和在建高层建筑的各个楼层,应在明显和方便取用的地方配置适当数量的手提式灭火器、消防沙袋等消防器材。

(四)施工现场的办公、生活区与作业区应当分开设置,并保持安全距离;施工单位不得在尚未竣工的建筑物内设置员工集体宿舍。

二、制定并落实各项消防安全管理制度和操作规程

施工单位应当在施工组织设计中编制消防安全技术措施和专项施工方案，并由专职安全管理人员进行现场监督。动用明火必须实行严格的消防安全管理，禁止在具有火灾、爆炸危险的场所使用明火；需要进行明火作业的，动火部门和人员应当按照用火管理制度办理审批手续，落实现场监护人，在确认无火灾、爆炸危险后方可动火施工；动火施工人员应当遵守消防安全规定，并落实相应的消防安全措施；易燃易爆危险物品和场所应有具体防火防爆措施；电焊、气焊、电工等特殊工种人员必须持证上岗；将容易发生火灾、一旦发生火灾后果严重的部位确定为重点防火部位，实行严格管理。

三、加强施工现场人员消防安全教育培训

施工人员上岗前的安全培训应当包括以下消防内容：有关消防法规、消防安全制度和保障消防安全的操作规程，本岗位的火灾危险性和防火措施，有关消防设施的性能、灭火器材的使用方法，报火警、扑救初起火灾以及自救逃生的知识和技能等，保障施工现场人员具有相应的消防常识和逃生自救能力。

四、落实防火检查，消除火灾隐患

施工单位应及时纠正违章操作行为，及时发现火灾隐患并采取防范、整改措施。国家、省级等重点工程的施工现场应当进行每日防火巡查，其他施工现场也应根据需要组织防火巡查。施工单位防火检查的内容应当包括：火灾隐患的整改情况以及防范措施的落实情况，疏散通道、消防车通道、消防水源情况，灭火器材配置及有效情况，用火、用电有无违章情况，重点工种人员及其他施工人员消防知识掌握情况，消防安全重点部位管理情况，易燃易爆危险物品和场所防火防爆措施落实情况，防火巡查落实情况等。

五、加强初期火灾扑救和疏散演练

施工单位应当根据国家有关消防法规和建设工程安全生产法规的规定，建立施工现场消防组织，制定灭火和应急疏散预案，并至少每半年组织一次演练，提高施工人员及时报警、扑灭初期火灾和自救逃生的能力。

各地建设主管部门要加强对辖区建设工程项目各方责任主体的监督管理，在对建设单位审核发放施工许可证时，应当对建设工程是否具备保障安全的具体措施进行审查，不具备条件的，不得颁发施工许可证。各地公安消防部门要加强对辖区内建设工程施工现场尤其是高层建筑施工现场的消防监督检查，对于不满足施工现场消防安全条件、施工现场消防安全责任制不落实的要依法督促整改。各地公安消防、建设主管部门要密切配合，建立协作机制，采取切实有效措施，最大限度地减少火灾，最大限度降低火灾危害，确保施工现场消防安全。

公安部 住房和城乡建设部关于印发《民用建筑外保温系统及外墙装饰防火暂行规定》的通知

（公通字〔2009〕46 号，2009 年 9 月 25 日）

各省、自治区、直辖市公安厅、局，住房和城乡建设厅、建委，江苏、山东省建管局，新疆生产建设兵团公安局、建设局：

为有效防止建筑外保温系统火灾事故，公安部、住房和城乡建设部联合制定了《民用建筑外保温系统及外墙装饰防火暂行规定》，现印发给你们。请结合工作实际，认真贯彻执行。相关标准规范制修订后，按发布的标准规范的有关规定执行。

附件：

民用建筑外保温系统及外墙装饰防火暂行规定

第一章　一般规定

第一条　本暂行规定适用于民用建筑外保温系统及外墙装饰的防火设计、施工及使用。

第二条　民用建筑外保温材料的燃烧性能宜为 A 级，且不应低于 B2 级。

第三条　民用建筑外保温系统及外墙装饰防火设计、施工及使用，除执行本暂行规定外，还应符合国家现行标准规范的有关规定。

第二章　墙　体

第四条　非幕墙式建筑应符合下列规定：

（一）住宅建筑应符合下列规定：

1. 高度大于等于 100 m 的建筑，其保温材料的燃烧性能应为 A 级。

2. 高度大于等于 60 m 小于 100 m 的建筑，其保温材料的燃烧性能不应低于 B2 级。当采用 B2 级保温材料时，每层应设置水平防火隔离带。

3. 高度大于等于 24 m 小于 60 m 的建筑，其保温材料的燃烧性能不应低于 B2 级。当采用 B2 级保温材料时，每两层应设置水平防火隔离带。

4. 高度小于 24 m 的建筑，其保温材料的燃烧性能不应低于 B2 级。其中，当采用 B2 级保温材料时，每三层应设置水平防火隔离带。

（二）其他民用建筑应符合下列规定：

1. 高度大于等于 50 m 的建筑，其保温材料的燃烧性能应为 A 级。

2. 高度大于等于 24 m 小于 50 m 的建筑，其保温材料的燃烧性能应为 A 级或 B1 级。其中，当采用 B1 级保温材料时，每两层应设置水平防火隔离带。

3. 高度小于 24 m 的建筑，其保温材料的燃烧性能不应低于 B2 级。其中，当采用 B2 级保温材料时，每层应设置水平防火隔离带。

（三）外保温系统应采用不燃或难燃材料作防护层。防护层应将保温材料完全覆盖。首层的防护层厚度不应小于 6 mm，其他层不应小于 3 mm。

（四）采用外墙外保温系统的建筑，其基层墙体耐火极限应符合现行防火规范的有关规定。

第五条 幕墙式建筑应符合下列规定：

（一）建筑高度大于等于 24 m 时，保温材料的燃烧性能应为 A 级。

（二）建筑高度小于 24 m 时，保温材料的燃烧性能应为 A 级或 B1 级。其中，当采用 B1 级保温材料时，每层应设置水平防火隔离带。

（三）保温材料应采用不燃材料作防护层。防护层应将保温材料完全覆盖。防护层厚度不应小于 3 mm。

（四）采用金属、石材等非透明幕墙结构的建筑，应设置基层墙体，其耐火极限应符合现行防火规范关于外墙耐火极限的有关规定；玻璃幕墙的窗间墙、窗槛墙、裙墙的耐火极限和防火构造应符合现行防火规范关于建筑幕墙的有关规定。

（五）基层墙体内部空腔及建筑幕墙与基层墙体、窗间墙、窗槛墙及裙墙之间的空间，应在每层楼板处采用防火封堵材料封堵。

第六条 按本规定需要设置防火隔离带时，应沿楼板位置设置宽度不小于 300 mm 的 A 级保温材料。防火隔离带与墙面应进行全面积粘贴。

第七条 建筑外墙的装饰层，除采用涂料外，应采用不燃材料。当建筑外墙采用可燃保温材料时，不宜采用着火后易脱落的瓷砖等材料。

第三章 屋 顶

第八条 对于屋顶基层采用耐火极限不小于 1.00 h 的不燃烧体的建筑，其屋顶的保温材料不应低于 B2 级；其他情况，保温材料的燃烧性能不应低于 B1 级。

第九条 屋顶与外墙交界处、屋顶开口部位四周的保温层，应采用宽度不小于 500 mm 的 A 级保温材料设置水平防火隔离带。

第十条 屋顶防水层或可燃保温层应采用不燃材料进行覆盖。

第四章 金属夹芯复合板材

第十一条 用于临时性居住建筑的金属夹芯复合板材，其芯材应采用不燃或难燃保温材料。

第五章　施工及使用的防火规定

第十二条　建筑外保温系统的施工应符合下列规定：

（一）保温材料进场后，应远离火源。露天存放时，应采用不燃材料完全覆盖。

（二）需要采取防火构造措施的外保温材料，其防火隔离带的施工应与保温材料的施工同步进行。

（三）可燃、难燃保温材料的施工应分区段进行，各区段应保持足够的防火间距，并宜做到边固定保温材料边涂抹防护层。未涂抹防护层的外保温材料高度不应超过3层。

（四）幕墙的支撑构件和空调机等设施的支撑构件，其电焊等工序应在保温材料铺设前进行。确需在保温材料铺设后进行的，应在电焊部位的周围及底部铺设防火毯等防火保护措施。

（五）不得直接在可燃保温材料上进行防水材料的热熔、热黏结法施工。

（六）施工用照明等高温设备靠近可燃保温材料时，应采取可靠的防火保护措施。

（七）聚氨酯等保温材料进行现场发泡作业时，应避开高温环境。施工工艺、工具及服装等应采取防静电措施。

（八）施工现场应设置室内外临时消火栓系统，并满足施工现场火灾扑救的消防供水要求。

（九）外保温工程施工作业工位应配备足够的消防灭火器材。

第十三条　建筑外保温系统的日常使用应符合下列规定：

（一）与外墙和屋顶相贴邻的竖井、凹槽、平台等，不应堆放可燃物。

（二）火源、热源等火灾危险源与外墙、屋顶应保持一定的安全距离，并应加强对火源、热源的管理。

（三）不宜在采用外保温材料的墙面和屋顶上进行焊接、钻孔等施工作业。确需施工作业的，应采取可靠的防火保护措施，并应在施工完成后，及时将裸露的外保温材料进行防护处理。

（四）电气线路不应穿过可燃外保温材料。确需穿过时，应采取穿管等防火保护措施。

国家发改委等七部委关于加强重大工程安全质量保障措施的通知

（发改投资〔2009〕3183号，2009年12月14日）

各省、自治区、直辖市及计划单列市、副省级省会城市人民政府，新疆生产建设兵团：

工程安全质量关系人民生命财产安全。近年来，各地区、各部门普遍加强了工程安全质量管理，工程安全质量水平不断提高。但在重大工程领域，仍有一些项目前期工作准备不足、深度不够，不顾客观条件盲目抢时间、赶进度，安全质量管理不严，责任制未真正落实，造成工程质量下降，安全隐患增加，包括城市地下工程、油气水电等生命线工程和水利、能源、交通运输等大型基础设施在内的重大工程安全质量形势面临严峻挑战和考验。对此，必须引起高度重视，采取有效措施切实加以解决。为深入贯彻落实科学发展观，保证重大工程安全质量，促进国民经济又好又快发展，经国务院批准，现就有关事项通知如下。

一、科学确定并严格执行合理的工程建设周期

合理的工程建设周期是保证工程安全质量的重要前提。有关方面对此要高度重视，科学确定并严格执行合理工期。

（一）科学确定合理工期。建设单位要根据实际情况对工程进行充分评估、论证，从保证工程安全和质量的角度，科学确定合理工期及每个阶段所需的合理时间。要严格基本建设程序，坚决防止边勘察、边设计、边施工。

（二）严格执行合理工期。在工程招标投标时，要将合理的工期安排作为招标文件的实质性要求和条件。要严格按照施工图招标，不能预招标或边设计边招标。与中标方签订的建设工程合同应明确勘察、设计、施工等环节的合理周期，相关单位要严格执行。

（三）严肃工期调整。建设工程合同要严格规定工期调整的前提和条件，坚决杜绝任何单位和个人任意压缩合同约定工期，严禁领导干部不顾客观规律随意干预工期调整。确需调整工期的，必须经过充分论证，并采取相应措施，通过优化施工组织等，确保工程安全质量。

二、充分做好工程开工前的准备工作

工程开工前的准备工作是保证工程安全质量的基础环节。要充分做好规划、可行性研究、初步设计、招标投标、征地拆迁等各阶段的准备工作，为有效预防安全质量事故打下坚实基础。

（一）建立工程安全评估管理制度。建设单位要对工程建设过程中可能存在的重大风险进行全面评估，并将评估结论作为确定设计和施工方案的重要依据。实行工程安全

风险动态分级管理,要针对重大风险编制专项方案和应急预案。

(二)前期工作各环节都要加强风险管理。规划阶段要不断优化工程选线、选址方案,尽量避免风险较大的敏感区域。可行性研究报告要对涉及工程安全质量的重大问题进行专门分析、评价,提出应对方案。工程初步设计必须达到规定深度要求,严格执行工程建设强制性标准,提出专门的安全质量防护措施,并对施工方案提出相应要求。工程开工前要切实做好拆迁和安置工作,减少工程安全质量隐患,为项目顺利实施创造良好外部环境。

(三)工程招标投标要体现安全质量要求。建设单位应将强制性安全与质量标准等作为招标文件的实质性要求和条件。施工单位要按照《高危行业企业安全生产费用财务管理暂行办法》(财企〔2006〕478 号)的有关规定提取安全生产费用,并列入工程造价,在竞标时不得删减。招标投标确定的中标价格要体现合理造价要求,建立防范低于成本价中标的机制,杜绝造价过低带来的安全质量问题。勘察、设计、施工、物资材料和设备供应等环节的招标投标合同要对工程质量以及相应的义务和责任作出明确约定。

三、切实加强工程建设全过程安全质量管理

工程的实施是项目建设的中心环节。建设、勘察、设计、施工、监理单位等有关方面应认真贯彻执行《建设工程质量管理条例》和《建设工程安全生产管理条例》,切实提高安全质量意识,强化安全质量管理,确保工程质量安全。

(一)建设单位要全面负起管理职责。建设单位是项目实施管理总牵头单位,要根据事前确定的设计、施工方案,组织设计、施工、监理等单位加强安全质量管理,确保工程安全质量。要认真执行工程的安全设施与主体工程同时设计、同时施工、同时投入生产和使用的有关规定。要定期和不定期地对安全质量管理体系运行情况,勘察设计单位、施工单位和监理单位落实安全质量责任情况进行检查。

(二)加强设计服务,降低工程风险。设计单位要加强项目实施过程中的驻场设计服务,了解现场施工情况,对施工单位发现的设计错误、遗漏或对设计文件的疑问,要及时予以解决,同时对施工安全提出具体要求和措施。要根据项目进展情况,不断优化设计方案,降低工程风险。

(三)加强施工管理,切实保障工程安全质量。施工单位要按照设计图纸和技术标准进行施工,严格执行有关安全质量的要求,认真落实设计方案中提出的专门安全质量防护措施,对列入建设工程概算的安全生产费用,不得挪作他用;要加强对施工风险点的监测管理,根据标准规程,科学编制监控量测方案,合理布置监测点。

(四)加强工程监理,减少安全质量隐患。监理单位应认真审查施工组织设计中的安全技术措施,确保专项施工方案符合工程建设强制性标准。要发挥现场监理作用,确保施工的关键部位、关键环节、关键工序监理到位。落实安全监理巡查责任,履行对重大安全隐患和事故的督促整改和报告责任。

(五)建立施工实时监测和工程远程监控制度。建设单位应委托独立的第三方监测单位,对工程进展和周边地质变形情况等进行监测、分析,并及时采取防范措施。建立工

程远程监控网络系统,接收并及时分析处理施工现场信息,强化工程安全质量的信息化管理。

（六）强化竣工验收质量管理。要严格按照国家有关规定和技术标准开展竣工验收工作,将工程质量作为工程竣工验收的重要内容。工程质量达到规定要求的,方可通过竣工验收;工程质量未达到要求的,要及时采取补救措施,直至符合工程相关质量验收标准后,方可交付使用。

四、严格落实安全质量责任

要切实提高安全质量责任意识,严格落实有关各方责任,建立各负其责、齐抓共管的工程安全质量责任约束机制,有效保障工程安全质量。

（一）严格落实工程安全质量责任制。建设单位对项目建设的安全质量负总责,勘察设计单位对勘察、设计安全质量负责,施工单位对建设工程施工安全质量负责,监理单位对施工安全质量承担监理责任。相关单位违反国家规定,降低工程安全质量标准的,依法追究责任。由此发生的费用由责任单位承担。

（二）严格注册执业人员责任。注册建筑师、勘察设计注册工程师等注册执业人员对其签字的设计文件负责。施工单位确定的工程项目经理、技术负责人和施工管理责任人按照各自职责对施工负责。总监理工程师、监理工程师按各自职责对监理工作负责。造成安全质量事故的,要依法追究有关方面责任。

（三）强化工程中介服务机构的责任。工程监测、检测、科研、施工图审查等单位,因监测数据、检测和科研结果严重失准或者施工图审查意见有重大失误,造成重大事故的,应承担赔偿责任,并追究相关单位领导的行政责任。对技术总负责人要取消技术职称,不得从事该领域工作。

（四）落实工程质量终身责任制。各参建单位工作人员,以及工程监测、检测、咨询评估及施工图审查等单位工作人员,按各自职责对其经手的工程质量负终身责任。对由于调动工作、退休等原因离开原单位的相关人员,如发现在原单位工作期间违反国家建设工程质量管理有关规定,或未切实履行相应职责,造成重大事故的,应依法追究法律责任。

（五）建立安全质量信息发布制度。建设、勘察、设计、施工、材料和设备供应、监理等单位的安全质量信息,应采取适当方式向社会公布,并纳入企业信用等级评定体系。在市场准入、招标投标、资质管理等工作中,应充分利用安全质量信息,激励守信行为,惩处失信行为。

五、建立健全快速有效的应急救援体系

进一步建立健全快速有效的应急救援体系,确保在发生重大工程安全事故时能够及时有效地开展应急救援工作,最大限度减少人员伤亡和财产损失,防止安全质量事故扩大蔓延,保障项目建设秩序尽快恢复。

（一）健全政府部门应急救援机制。各级建设、铁道、交通、水利、电力等行业主管部门,要制定重大工程安全质量事故应急救援预案,落实应急组织、程序、资源及措施。地方

各级人民政府要以城市为单位建立工程抢险专业力量，强化工程突发险情和事故的应急处置。有关部门要组织做好救援物资储备工作。

（二）规范事故报告和调查处理。各级行业主管部门和安全监管部门要严格按照《生产安全事故报告和调查处理条例》等有关规定，在同级人民政府领导下，做好事故报告和调查处理工作。对国家、部省重点建设项目及跨区市实施项目和特殊复杂工程，建立事故调查协调处理机制。

（三）建立参建单位应急抢险机制。建设单位要完善应急抢险机构设置，提早制定施工应急预案，并开展应急预案的演练；施工单位要根据施工特点制定切实可行的应急救援预案，配备相应装备和人员，并按有关规定进行演练。建设、施工单位等要共同建立起与政府应急体系的联动机制，确保应急救援工作反应灵敏、行动迅速、处置得力。

六、全面提高基础保障能力

消除重大工程安全质量隐患，根本在于提高基础保障能力，要从实行标准化管理、严格工程规范、充实监管力量、推动科技进步、加强人员培训等方面，全方位提高重大工程安全质量的基础保障能力。

（一）推动工程安全质量标准化管理。各行业主管部门及行业协会要加强工程质量安全标准化工作，制定具有可操作性的工程安全质量管理标准和技术标准，明确管理的重点领域、关键部门和重点环节。建设、施工单位要结合项目情况制定作业标准和相关规定，严格落实各项工程规范。

（二）加强政府安全质量监管队伍建设。要加强安全质量监管队伍建设，充实监管人员，提供必要的工作条件。工程安全质量监督机构的经费，各级财政预算要予以保障。严格工程安全质量监督机构和人员的考核，落实责任制，建立责权明确、行为规范、执法有力的安全质量监管队伍。

（三）通过科技进步促进工程安全质量。加大安全科学技术研究的投入和扶持力度，鼓励和引导企业加大工程安全科技投入。鼓励有利于保障工程安全质量的新技术、新材料、新设备、新工艺的研发和推广应用。

（四）加强人才培养和工程安全质量教育培训。建设行政主管部门要会同有关方面，进一步打破市场分割，完善考试、培训和资格认证等制度，努力增加设计、施工、监理力量的有效供应。行业主管部门、行业协会等要定期组织工程安全质量教育培训。建设、施工单位要加强对技术人员和一线操作人员的培训和考核，尤其要做好新入场农民工等非专业人员上岗、转岗前的培训工作。要加强对监理人员的安全技术培训。

地方各级人民政府及相关部门要高度重视重大工程安全质量工作，切实加强组织领导。按照中共中央办公厅、国务院办公厅《关于开展工程建设领域突出问题专项治理工作的意见》（中办发〔2009〕27号）有关加强工程质量与安全工作的要求，结合今年“质量和安全年”的部署，严格落实重大工程安全质量的各项保障措施，组织开展全国工程安全质量大检查，排查隐患，堵塞管理漏洞，加大安全质量事故处理力度，严肃追究有关单位和人员责任，形成重大工程安全质量保障工作的长效机制，不断提高工程质量，确保工程安全。

国家发展改革委
工业和信息化部
住房和城乡建设部
交通运输部
铁道部
水利部
安全监管总局

（三）河南省住房和城乡建设厅文件

河南省建设厅关于印发《河南省建设工程项目安全生产评价办法（试行）》的通知

（豫建建〔2005〕173号，2005年9月4日）

各省辖市建委（建设局）、各扩权县（市）建委（建设局）：

为进一步加强建设工程安全生产监管，完善管理制度，规范监管行为，在广泛征求意见的基础上，我厅制定了《河南省建设工程项目安全生产评价办法（试行）》，现印发给你们，请认真贯彻执行。

附件1：河南省建设工程项目安全生产评价办法（试行）
附件2：河南省建设工程项目安全生产评价表（基础施工阶段）
附件3：河南省建设工程项目安全生产评价表（结构、装饰施工阶段）
附件4：河南省建设工程项目安全生产综合评定表

附件1：

河南省建设工程项目安全生产评价办法（试行）

第一章　总　则

第一条　为强化行业安全生产监督管理，促进全省建设工程安全生产文明施工规范化、标准化和制度化，不断提高施工现场安全生产管理水平，根据《中华人民共和国建筑法》、《中华人民共和国安全生产法》、国务院《建设工程安全生产管理条例》、建设部《建筑安全生产监督管理规定》和《建设工程施工现场管理规定》及《河南省建筑市场管理条例》等法律、法规，特制定本办法。

第二条　建设工程项目安全生产评价是依照《建筑施工安全检查标准》（JGJ 59—

99)和《建筑施工现场环境与卫生标准》(JGJ 146—2004),并结合国家、建设部及河南省有关安全生产管理规定,对建设工程施工现场安全生产情况进行监督、检查的综合结论。

第三条 建设工程项目安全生产评价结果作为建筑业企业安全生产管理年度总体评价和安全文明工地评审及项目负责人、项目监理负责人资质年审、晋级、评先的重要依据。

第四条 在本省行政区域内新建、扩建、改建的工业及民用建筑工程必须依照本办法进行安全生产评价。

第五条 建设工程项目安全生产评价工作由各市或县(市)建设行政主管部门或其授权的建设工程安全监督管理机构(部门)统一组织实施。

第六条 省建设厅委托河南省建设安全监督总站对全省建设工程项目安全生产评价工作进行监督检查指导;各市建设行政主管部门或其授权的建设工程安全生产监督管理机构(部门)对本行政区域内各县(市)建设工程项目安全生产评价工作进行监督检查指导。

第二章 评价程序和内容

第七条 全省建设工程项目安全生产评价分为阶段性评价和综合评价。阶段性评价包括基础施工阶段评价、结构施工阶段评价和装饰施工阶段评价;综合评价为建设工程项目安全生产最终评价。

第八条 建设工程项目安全生产评价工作采取自查自评和审查评定的方式进行。自查自评工作由施工单位负责;阶段性审查评定由监理单位负责;阶段性评价审查备案和综合审查评定由当地市或县(市)建设行政主管部门或其授权的建设工程安全监督管理机构(部门)负责。

限额以下无工程监理单位的建设工程项目,由建设单位委托有相应资格的建筑安全中介服务机构进行阶段性审查评定。

各市或县(市)建设行政主管部门或其授权的建设工程安全监督管理机构(部门)对阶段性评价情况实施监督并进行抽查(具体抽查比例由各地自行规定)。凡发现评价结果与施工现场实际不符时,可不予备案,并要求重新组织评价。

第九条 各项评价按下列程序进行:

(一)基础施工阶段评价

建设工程基础施工时,由施工单位对施工现场安全生产条件、安全管理体系和制度的建立及执行等情况进行自查自评,填写《河南省建设工程项目安全生产评价表(基础施工阶段)》,报项目监理单位(或建筑安全中介服务机构)。监理单位(或建筑安全中介服务机构)在接到评价表一周内进行审查评价,并将评价情况报当地市县(市)建设行政主管部门或其授权的建设工程安全监督管理机构(部门)审查备案。

(二)结构施工阶段评价

当建筑物施工到二至四层时,施工单位按照《建筑施工安全检查标准》(JGJ 59—99)进行自查自评,填写《河南省建设工程项目安全生产评价表(结构施工阶段)》,报项目监理单位(或建筑安全中介服务机构)。监理单位(或建筑安全中介服务机构)在接到评价表一周内进行审查评价,并将评价情况报当地市或县(市)建设行政主管部门或其授权的建设工程安全监督管理机构(部门)审查备案。

高层建筑每完成十层增加评定一次。单层建筑物以及构筑物的结构施工阶段评价时间由监理单位(或建筑安全中介服务机构)根据当地市或县(市)建设行政主管部门或其授权的建设工程安全监督管理机构(部门)的要求或项目进展情况确定。

(三)装饰施工阶段评价

当工程进行到装饰装修施工阶段,在外脚手架拆除前,施工单位按照《建筑施工安全检查标准》进行自查自评,填写《河南省建设工程项目安全生产评价表(装饰施工阶段)》,报监理单位(或建筑安全中介服务机构)。监理单位(或建筑安全中介服务机构)在接到评价表一周内进行审查评价,并将评价情况报当地市或县(市)建设行政主管部门或其授权的建设工程安全监督管理机构(部门)审查备案。

(四)综合评价

工程竣工验收交付使用前,建设、监理(或建筑安全中介服务机构)、施工单位总结整个施工阶段安全生产情况,填写《河南省建设工程项目安全生产综合评定表》,同历次安全评价和项目安全生产工作有关资料(包括行业各类安全大检查和安全监督管理部门日常检查及创建安全文明工地等情况)报当地市、县(市)建设行政主管部门或其授权的建设工程安全监督管理机构(部门)。建设行政主管部门或其授权的建设工程安全监督管理机构(部门)在接到资料10日内,组织评价小组,综合该工程项目历次安全评价意见、安全事故记录、行业大检查和日常监督检查情况,做出工程项目综合评价结论。

第十条 监理单位(或建筑安全中介服务机构)在进行阶段性评价时,可根据当地市或县(市)建设行政主管部门或其授权的建设工程安全监督管理机构(部门)的要求或工程项目进展情况和需要,适当增加评价次数。

第十一条 监理单位(或建筑安全中介服务机构)在做出阶段性评价结论时,除评定等级外,还应对该阶段工程项目安全生产状况进行概括性评述,指出主要问题,提出改进意见。对现场审查评价中发现的安全问题和事故隐患应及时下发整改通知,限期整改。

第三章 评价标准和方法

第十二条 建设工程项目安全生产评价实行100分制,各阶段评价和综合评价结论分为优良、合格、不合格三个等级。

第十三条 各阶段评价按下列计分划分等级:

(一)80分以上(含80分)为优良;

(二)70分以上(含70分)为合格;

(三)70分以下或必评阶段漏评的为不合格。

第十四条 以各阶段评价平均分作为综合评价得分,结合项目施工期间安全事故、日常监督检查等情况,最终确定工程项目综合评价结果。

(一)综合评价优良的,应同时符合以下条件:

1. 综合评价得分在80分及其以上;

2. 施工期间未发生四级及其以上安全事故;

3. 各阶段评价结论均为合格或优良,其中优良有两次以上(含两次);

4. 认真组织开展创建安全文明工地活动,在行业安全大检查和日常监督检查中没有受到严重警告、责令停工或通报批评。

（二）综合评价合格的，应同时符合以下条件：

1. 综合评价得分在70分及其以上；

2. 施工期间未发生四级及其以上安全事故；

3. 各阶段评价结论中不合格数不超过一次；

4. 在行业安全大检查中没有受到严重警告、责令停工或通报批评。

（三）有以下情况之一的，综合评价为不合格：

1. 综合评价得分在70分以下的；

2. 施工期间发生四级及其以上安全事故的；

3. 各阶段评价结论中不合格数在两次以上（含两次）的；

4. 在行业安全大检查中受到责令停工或通报批评的；

5. 严重违反强制性标准和国家、地方有关安全生产法规及标准、规范，施工现场管理混乱，存在重大安全隐患的；

6. 在建设工程安全监督管理机构（部门）日常监督检查中受到两次以上（含两次）停工处罚的；

7. 隐瞒事故不报的；

8. 被责令停工或责令整改的工程，未经许可擅自开工或不按要求整改的；

9. 拒绝或不配合建设安全监督管理部门安全检查的。

第四章　监督与奖惩

第十五条　建立工程项目安全生产评价情况上报制度。各地建设工程安全监督管理机构（部门）应将本行政区域内已竣工建设工程项目安全生产评价情况，于每年6月和12月，向同级建设行政主管部门和上一级建设工程安全监督管理机构（部门）上报；各省辖市建设工程安全监督管理机构（部门）汇总后报省建设安全监督总站备案。

第十六条　综合评价为优良的工程项目应给予通报表彰，施工企业对项目负责人和项目安全管理人员应给予适当奖励；监理单位对项目监理负责人和主要监理人员应给予适当奖励。各阶段评价和综合评价为优良等级的，作为评选安全文明工地、优秀项目负责人、优秀项目监理负责人的基本条件。

第十七条　综合评价为不合格的工程项目，按照《河南省建筑施工企业主要负责人、项目负责人和专职安全生产管理人员安全生产考核管理实施细则》的有关规定，吊销其项目负责人和施工现场专职安全生产管理人员的安全生产考核合格证书，取消其参加各类评先资格；同时取消其项目监理负责人参加各类评先资格。

第十八条　国家和地方其他法律、法规有相应奖惩规定的，从其规定。

第十九条　评价工作要事实求是，客观公正，严肃认真，不得弄虚作假，凡违反者视其情节给予批评、警告、直至行政处罚。

发现监理单位（或建筑安全中介服务机构）不认真履行职责，阶段性评价与施工现场情况严重不符的，将给予单位和有关责任人通报批评，并进行相应处罚。

第二十条　对安全评价有异议时，可提请当地建设行政主管部门组织复查。

第五章 附 则

第二十一条 其他建设工程项目的安全生产评价参照本办法进行。

第二十二条 本办法由省建设厅负责解释。

第二十三条 本办法自颁布之日起施行。

附件2：

编号：

（样　表）

二〇〇　年度

河南省建设工程项目安全生产评价表

（基础施工阶段）

工 程 名 称：____________________

安全报监编号：____________________

施 工 单 位：____________________

填 报 日 期：____________________

河南省建设厅监制

填表说明

1. 此表在建设工程基础施工时，由施工单位对施工现场安全生产情况进行自查自评后填写，报项目监理单位审查评定，并将评价情况报当地市或县（市）建设行政主管部门或其授权的建设工程安全监督管理机构（部门）备案。

2. “安全管理”重点评价安全生产责任制和目标管理、规章制度建立、施工组织设计及安全技术交底等；“文明施工”重点评价现场围墙、大门、生活设施、现场食宿及办公、材料堆放、安全标志、现场防火等。

3. 各分项检查评分表均采用 JGJ 59—99 标准，并作为附件备查。检查评分遇有缺项时，汇总表总得分按 JGJ 59—99 评分方法进行换算；多人对同一项目检查评分时，应按加权评分方法确定分值。

4. 监理单位在做出评价结论时，除评定等级外，还应对本阶段工程项目安全生产状况进行概括性评述，指出主要问题，提出改进意见。

5. 如有建筑安全中介服务机构，可在监理单位栏中填写有关内容。

6. 此表一式四份，施工单位、项目部、监理单位、建设行政主管部门或其授权的建设工程安全监督机构（部门）各一份。

工程名称				工程地址			
建设单位				负责人		电话	
监理单位				负责人		电话	
施工单位				负责人		电话	
分包单位				负责人		电话	
项目负责人		项目负责人证书及安全考核证书号				电话	
安全负责人		安全考核证书号				电话	
项目监理负责人		电话		工程造价		建筑面积	
结　构		层数		开工时间		计划竣工时间	
安　全　评　价　内　容							
内容/序号	评价内容	标准	扣　分　标　准			施工单位自评分	监理单位评　分
1	工程报监情况	10	1. 未办理报监手续扣 10 分 2. 未办理意外伤害保险扣 10 分				
2	安全管理	20	执行 JGJ 59—99 扣分标准及评分方法				
3	文明施工	20	执行 JGJ 59—99 扣分标准及评分方法				
4	施工用电	20	执行 JGJ 59—99 扣分标准及评分方法				
5	基坑支护	15	执行 JGJ 59—99 扣分标准及评分方法				
6	施工机具	10	执行 JGJ 59—99 扣分标准及评分方法				
7	安全帽、安全带、安全网	5	1. 安全帽、安全带、安全网不符合标准，每发现 1 处扣 1 分 2. 不戴安全帽或不正确佩戴安全帽的，有 1 人扣 1 分				
合计		100					

施工单位自我评价意见	负责人(签字)　(盖章) 年　月　日
监理单位评价结论	项目监理负责人(签字)　(盖章) 年　月　日
建设行政主管部门或其授权的建设工程安全监督管理机构(部门)审查备案情况	负责人(签字)　(盖章) 年　月　日

附件3：

编号：

（样 表）

二〇〇 年度

河南省建设工程项目安全生产评价表

（结构、装饰施工阶段）

工 程 名 称：____________________

安全报监编号：____________________

施 工 单 位：____________________

填 报 日 期：____________________

河南省建设厅监制

填表说明

1. 此表在建设工程结构、装饰施工时，由施工单位对施工现场安全生产情况进行自查自评填写后，报项目监理单位审查评定，并将评价情况报当地市或县(市)建设行政主管部门或其授权的建设工程安全监督管理机构(部门)备案。

2. 各分项检查评分表均采用 JGJ 59—99 标准，并作为附件备查。检查评分遇有缺项时，汇总表总得分按 JGJ 59—99 评分方法进行换算；多人对同一项目检查评分时，应按加权评分方法确定分值。

3. 安全管理资料达不到 8 分，安全管理一项不得分。

4. 监理单位在做出评价结论时，除评定等级外，还应对本阶段工程项目安全生产状况进行概括性评述，指出主要问题，提出改进意见。

5. 如有建筑安全中介服务机构，可在监理单位栏中填写有关内容。

6. 此表一式四份，施工单位、项目部、监理单位、建设行政主管部门或其授权的建设工程安全监督管理机构(部门)各一份。

工程名称				施工单位			
开工时间		形象进度		分包单位			
项目负责人		电　话		安全负责人		电话	
安　全　评　价　内　容							
内容	标准分	施工单位自评分	监理单位评分	内容	标准分	施工单位自评分	监理单位评分
安全管理	10			施工用电	10		
文明施工	20			物料提升机与外用电梯	10		
脚手架	10			塔吊	10		
模板工程	10			起重吊装	5		
三宝、四口	10			施工机具	5		
标　准　分	100	企业自评总分		监理单位总评分			
施工单位自我评价意见	负责人（签字）　（盖章） 年　月　日						
监理单位评价结论	项目监理负责人(签字)　（盖章） 年　月　日						
建设行政主管部门或其授权的建设工程安全监督管理机构（部门）审查备案情况	负责人(签字)　（盖章） 年　月　日						

附件4：

编号：

（样　表）

二〇〇　年度

河南省建设工程项目安全生产综合评定表

工程名称：____________________

建设单位：____________________

监理单位：____________________

施工单位：____________________

安监部门：____________________

填报日期：____________________

河南省建设厅监制

填表说明

1. 此表在工程竣工验收交付使用前，由施工企业填写，建设和监理单位签署意见，同历次安全评价和项目安全生产工作有关资料，上报当地市或县(市)建设行政主管部门或其授权的建设工程安全监督管理机构(部门)。

2. “安全施工基本状况”主要填写工程施工过程中安全事故和处理结案简况以及安全管理、安全投入、安全检查、实际效果等基本情况，可另加附页。“其他简要情况及评价意见”主要指日常监督检查情况，由建设行政主管部门或其授权的建设工程安全监督管理机构(部门)填写。

3. 评价以项目施工过程中各阶段安全评价意见、安全事故记录和日常安全监督情况综合核定。

4. 如有建筑安全中介服务机构，可在监理单位栏中填写有关内容。

5. 本表填写时一式五份，核定等级后由施工单位、项目部、建设单位、监理单位、建设行政主管部门或其授权的建设工程安全监督管理机构(部门)各存一份。

工程名称					
工程地点					
施工单位	公司	分公司(处)		项目部	
层次、高度		结　构		工程造价	
开工日期		竣工日期		安全报监编号	
项目负责人姓名 及安全考核证号		安全负责人姓名 及安全考核证号		监督起止时间	
监理单位		监理负责人 姓名及证书号			

各次评价检查得分及简要情况

序号	内容	应得分	实得分	简要情况
1	基础施工阶段	100		
2	结构施工阶段	100		
3	装饰装修施工阶段	100		
4	(　　　　)阶段检查情况	100		
5	(　　　　)阶段检查情况	100		
6	(　　　　)阶段检查情况	100		
	(　　　　)阶段检查情况	100		
7	综合平均得分	100		

其他简要情况及评价意见

创建安全文明工地情况	
工地受检及奖罚情况	
伤亡事故情况	
各阶段隐患整改情况	
其他	

安全施工基本状况及企业自评等级	自评等级： 负责人(签字)： 施工单位(盖章) 年 月 日
监理单位意见	项目监理负责人(签字)： 监理单位(盖章) 年 月 日
建设单位意见	负责人(签字)： 建设单位(盖章) 年 月 日
建设行政主管部门或其授权的建设工程安全监督管理机构(部门)综合评价结论	负责人(签字)： (盖章) 年 月 日

河南省建设厅关于建立建设工程重大安全事故重大安全隐患约谈制度的通知

（豫建建〔2005〕229 号，2005 年 11 月 15 日）

各省辖市建委（局）、各扩权县（市）建委（局）：

为贯彻落实国务院《建设工程安全生产管理条例》（国务院令第 393 号）、《安全生产许可证条例》（国务院令第 397 号）和国务院《关于进一步加强安全生产工作决定的通知》（国发〔2004〕2 号）及河南省人民政府办公厅《关于加强建设工程安全生产管理工作的通知》（豫政办〔2005〕77 号）的有关规定，全面加强我省建设工程安全管理，做好重大安全事故的调查和处理工作，维护国家财产和人民生命安全，按照建设部的统一部署，决定建立河南省建设工程安全事故、重大安全隐患约谈制度。现将有关事项通知如下：

一、按照省、市、县三级管理的原则，建立省、市、县三级建设工程重大安全事故、重大安全隐患约谈制度。

二、在工程建设过程中，凡有以下情形的，均应被确定为约谈对象：

（一）发生安全事故造成人员伤亡或者重大经济损失的；

（二）建设工程存在重大安全隐患，被省或市、县建设安全监管部门下达停工整改通知书，施工企业拒不整改或未按期整改的（谁下整改通知，谁负责约谈）。

三、发生安全事故（或停工整改期满）后 5 日内，由省、市、县建设行政主管部门主管领导和建设安全监管机构主要负责人约见项目建设单位主要负责人、施工企业法人和项目总监谈话（事故采取属地管理，1～2 人市、县负责约谈；3 人以上（含 3 人）省厅负责约谈）。

四、约谈主要听取企业在事故发生（或下达停工整改）后建设单位、施工企业采取应急救援和整改措施的汇报，帮助企业分析事故（重大安全隐患）原因，确定整改方案，对企业进一步加强安全生产管理提出具体要求。企业应对安全管理中存在的问题进行深刻剖析，提出具体的整改措施。记录人员应做好约谈书面记录（见附件 2）。

五、约谈前，对确定为约谈对象的施工企业，省、市、县建设行政主管部门应下发约谈通知书（见附件 1），通知书上应注明相关企业名称、企业法人、企业约谈参加人员、约谈具体事项、约谈时间、约谈地点等内容。

约谈通知书一式四联，加盖约谈（省、市、县）建设行政主管部门印章，建设单位、施工企业、监理企业和约谈（省、市、县）建设行政主管部门各留存一联。

六、企业应严格按照国家法律法规和省有关管理规定及行业标准进行全面整改，并在约谈后 10 日内以书面形式将事故（隐患）整改报告上报负责约谈的建设行政主管部门。

对无故不参加约谈或约谈无效的企业，依据有关规定予以严肃处理。

附件1：

河南省建设工程重大安全事故、重大安全隐患约谈通知书

（盖章）

约谈单位		约谈企业法人	
企业约谈参会人员			
约谈时间		约谈地点	
具体事项			

附件 2：

河南省建设工程重大安全事故、重大安全隐患约谈记录

（盖章）

<table>
<tr><td>约谈单位</td><td colspan="4"></td></tr>
<tr><td>约谈负责人</td><td colspan="2"></td><td>记录人</td><td></td></tr>
<tr><td>约谈时间</td><td></td><td>约谈地点</td><td colspan="2"></td></tr>
<tr><td colspan="5">约谈记录</td></tr>
<tr><td colspan="5"></td></tr>
</table>

河南省建设厅关于印发《河南省建设工程重大危险源安全监控管理暂行办法》的通知

（豫建建〔2006〕27号，2006年2月22日）

各省辖市有关建设主管委（局）、各扩权县有关建设主管委（局）：

为加强建设工程施工安全管理，消除安全隐患，提高风险控制和防范能力，减少重大伤亡事故的发生，我厅组织制定了《河南省建设工程重大危险源安全监控管理暂行办法》，现印发给你们，请认真组织实施。

附件：

河南省建设工程重大危险源安全监控管理暂行办法

为了贯彻“安全第一、预防为主”的安全生产方针，强化对建设工程重大危险源的监控，提高施工现场安全生产管理水平，杜绝重特大事故发生，特制定本暂行办法。

一、重大危险源的识别

（一）本办法所称重大危险源是指存在重大施工危险的分部分项工程，主要包括：

1. 施工现场开挖深度超过5 m（含5 m）或地下室三层以上（含三层），或深度虽未超过5 m（含5 m），但地质条件和周围环境及地下管线极其复杂的基坑、沟（槽）工程；

2. 地下暗挖工程；

3. 水平混凝土构件模板支撑系统高度超过8 m，或跨度超过18 m，施工总荷载大于10 kN/m^2，或集中线荷载大于15 kN/m的高大模板工程以及各类工具式模板工程，包括滑模、爬模、大模板等；

4. 30 m及以上高空作业；

5. 城市房屋拆除爆破和其他土石大爆破；

6. 建筑起重机械设备安装拆卸；

7. 起重吊装工程；

8. 悬挑式脚手架、高度超过24 m的落地式钢管脚手架、附着式升降脚手架、吊篮脚手架；

9. 其他专业性强、工艺复杂、危险性大、交叉等易发生重大事故的施工部位及作业活动。

（二）施工总承包单位和分包单位应根据工程特点和施工范围，在基础、结构、装饰阶段施工前，对施工过程进行安全分析，对可能出现的危险因素进行识别，列出重大危险源，制定有关安全监控措施，经企业主管部门审批后，由施工总承包单位报当地建设行政主管部门或安全监督管理机构备案。

二、重大危险源的控制与管理

（一）施工总承包单位应制定重大危险源的管理制度，建立安全管理体系，明确具体责任，制定消除或减少危险性的安全技术方案、措施，认真组织方案、措施的实施，并对其进行严格的监控、检查和验收。

（二）重大危险工程的施工必须编制专项施工方案，专项施工方案除应包括相应的安全技术措施外，还应当包括监控措施、应急方案以及紧急救护措施等内容。

（三）专项施工方案应由施工企业技术部门的专业技术人员及监理单位专业监理工程师进行审核，审核合格，由施工企业技术负责人、监理单位总监理工程师签字。对建设部《危险性较大工程安全专项施工方案编制及专家论证审查办法》中规定的深基坑等达到一定规模的危险性较大工程，建筑施工企业应当组织专家组进行论证审查。经审批的专项施工方案确需修改时，应按原审批程序重新审批。

（四）重大危险工程的施工单位应按专项施工方案严格进行技术交底，并有书面记录和签字，确保作业人员清楚掌握施工方案的技术要领。

（五）重大危险工程的施工应按方案实施，凡涉及验收的项目，方案编制人员应参加首次验收，并及时形成验收记录台账。

（六）监理单位应对重大危险工程的专项施工方案进行审核，对重大危险作业进行旁站监理。对旁站过程中发现的安全隐患及时开具监理通知单，问题严重的，有权停止施工。对整改不力的，应及时将有关情况报当地建设行政主管部门或安全监督管理机构。

三、重大危险源的检查

（一）施工总承包单位应建立重大危险工程施工台账，每周组织分包、专业施工等单位按照专项施工方案对重大危险源的施工进行安全检查，并做好施工安全检查记录。

（二）监理单位应参与总包单位组织的重大危险工程的施工检查，并对总包单位开具的隐患整改单及整改情况予以确认。

（三）凡被列入监控范围的重大危险工程，必须经常与当地建设行政主管部门或安全监督管理机构沟通信息，定期将由监理签证的安全检查及问题整改情况报送安全监督管理机构，确保重大危险工程施工的信息畅通。

（四）各地建设行政主管部门或安全监督管理机构应建立全市在建工程重大危险源台账，对列入监控范围的重大危险源，应重点管理，进行定期或不定期专项检查。重点检查重大危险工程的管理制度的建立和实施；检查专项施工方案的编制、审批、交底和过程控制；检查现场实物与内业资料的相符性；检查监理单位旁站制度的落实情况，并对检查结果予以公布或通报。

（五）各地建设行政主管部门或安全监督管理机构和项目监理单位应把施工单位对重大危险工程的监控及施工情况作为工程项目安全生产阶段性评价的一项重要内容，落实控制措施，保证工程项目安全生产。

河南省建设厅关于印发《河南省建设工程安全文明施工措施费计价管理办法》的通知

（豫建设标〔2006〕82号，2007年1月1日执行）

各省辖市建设行政主管部门，各省定扩权县（市）建设行政主管部门，各建设、施工、监理、工程造价咨询、招标代理单位：

为了切实改善我省建设工程施工人员的作业条件和生活环境，防止和减少安全事故的发生，保证现场安全文明施工措施费的落实和使用，根据建设部《关于印发〈建筑工程安全防护、文明施工措施费用及使用管理规定〉的通知》（建办〔2005〕89号）的文件精神，结合我省建设工程造价管理实际，我厅制定了《河南省建设工程安全文明施工措施费计价管理办法》，现印发给你们，请认真贯彻执行。

一、现行的2002年综合基价计价办法、2004年清单计价实施细则的规定与本办法不一致时，以本办法为准。

二、取消2002年综合基价计价办法中的安全文明施工增加费。

三、取消《河南省建筑和装饰工程综合基价》中的“安全网用于里脚手架砌外墙”（4—25～27）、“沿街荆笆防护”（4—49）、“高压线防护”（4—50）、“独立防护架”（4—51、52）子目。

扣去“外墙脚手架、电梯脚手架、烟囱脚手架”（4—1～15、4—21、4—23、4—28～37、4—39～48）等子目中的尼龙网和0.2个定额工日，并扣去综合费用1.86元。

四、采用2002年综合基价进行计价时，以综合基价合计（工程量×综合基价）为基数，扣除临时设施费0.5%。

五、本办法从2007年元月1日起执行，执行中遇到的问题，请及时向我厅反映。

附件：

河南省建设工程安全文明施工措施费计价管理办法

第一条 为加强我省建设工程安全生产、文明施工管理，保证安全文明专项费用有效使用，确保施工人员的安全作业条件和文明生活环境，根据《中华人民共和国建筑法》、国务院《建设工程安全生产管理条例》、建设部《建筑工程安全防护、文明施工措施费用及使用管理规定》等法律法规及有关技术标准，制定《河南省建设工程安全文明施工措施费计价管理办法》(以下简称本办法)。

第二条 本办法适用于我省行政区域内各类新建、扩建、改建的房屋建筑工程(包括与其配套的线路管道和设备安装工程、装饰工程)、市政基础设施工程和古建园林工程。维修改造工程和拆除工程也应参照本办法。

第三条 本办法所称安全文明施工措施费,是指按照有关规定,企业为满足安全生产、文明施工要求,购置和更新施工安全防护用具及设施、改善安全生产和作业条件所需要的费用。

第四条 本办法所称安全文明施工措施费由建设部财政部印发的《建筑安装工程费用项目组成》措施费中的环境保护费,文明施工费,安全施工费,临时设施费组成。

第五条 我省安全文明施工措施费设为三部分计价,即:基本费、现场考评费、奖励费。(附表1)

基本费指为保障施工现场安全生产与文明施工措施必需投入的基本费用。

现场考评费指需经考评组考核,工程造价管理机构按规定测算核定的安全文明施工措施增加费。

奖励费指承包方创建省、市文明工地称号后,发包方应当支付承包方的奖励费用。

第六条 凡是受到建设行政主管部门(市级及市级以上)安全通报批评的工程、发生重大安全事故的工程、现场安全考评不合格的工程,不得计取现场考评费和奖励费。

第七条 安全文明施工措施费实行单项工程测算制度。现场考评费实行动态管理。未经考评、测算的工程不计取现场考评费。

第八条 安全文明施工措施费列入不可竞争费用,不参加商务标评分。有关单位在编制工程预算、标底或拦标价以及投标报价时,应按规定(附表1)足额计取安全文明施工措施全部费用,在工程造价结算以及审核时,按工程造价管理机构核发的《安全文明施工措施费——费率核定表》对造价进行调整。

第九条 招标评标时对投标人投标报价不按规定足额计算安全文明施工措施费的,应视其为不当竞标行为予以拒绝。

第十条 发、承包双方,可对地点特殊,安全文明防护标准要求高的工程,依据合理的施工组织设计,在规定的标准之外另增加特殊措施项目费用进行约定,属安全文明施工措施费的特殊约定项目。

第十一条 安全文明施工措施费应在"中标通知书"和"施工合同书"中单独列项,予以明确。

第十二条 发包单位在开工前应当预付不少于70%基本费,其余部分完工后结清。

第十三条 安全文明施工措施费的测算核定,承包单位应在工程施工进行70%时,向项目所在地市级和市级以上工程造价管理机构申报《安全文明设施——费用投入表》(附表2),工程造价管理机构测算后,向申报人发《安全文明施工措施费——费率核定表》(附表3),作为发包单位支付专项资金的支付标准。

第十四条 奖励费用,获省级以上安全文明工地称号的全额奖励,市级按70%奖励,县(区)级按50%奖励。

第十五条 安全文明施工措施费用的项目核算,采用清单计价的工程,基本费列入其他项目费中投标人部分并单独核算;现场考评费和奖励费列入其他项目费中招标人部分并单独核算。采用综合计价的工程,基本费、现场考评费、奖励费三项费用,在施工措施费下单独列项,只计税金(原“安全文明施工增加费”不再计取)。

第十六条 发包单位应当按照本规定及合同约定条款,及时向施工承包单位支付现场安全文明施工措施费。安全文明施工措施费随工程进度款拨付,工程结算时按造价管理机构核定的标准调整。

第十七条 编制工程预算时,应当按照本办法规定足额编入预算文件。审核工程造价文件时,应当按照造价管理机构核发的《安全文明施工措施费——费率核定表》确定的费率,对现场安全文明施工措施费进行必要调整。

第十八条 招标人或招标代理机构不按本办法规定在招标文件中明确计取现场安全文明施工措施费的,由招标管理机构责令限期改正;对逾期未改的不予备案,并给予通报批评。

第十九条 发包单位不按本办法支付现场安全文明施工措施费的,由县级及以上建设行政主管部门依据国务院《建设工程安全生产管理条例》第五十四条规定,责令限期改正;逾期未改正的,责令该建设工程停止施工;造成事故的,依法追究其法律责任。

第二十条 本办法授权河南省建筑工程标准定额站负责解释。

第二十一条 本办法自2007年元月1日起执行。

附表1:河南省建设工程现场安全文明施工措施费——费率表

附表2:安全文明设施——费用投入表

附表3:安全文明施工措施费——费率核定表

附表 1:

河南省建设工程
现场安全文明施工措施费——费率表

序号	工程分类	费率基数	安全文明措施费(%)			
			基本	考评费	奖励	合计
1	建筑工程	综合基价	2.08	0.98	0.61	3.67
2	构件吊装	人工费	6.04	2.84	1.78	10.66
3	大型土方工程	人工费	5.03	2.37	1.48	8.88
4	桩基工程	人工费	5.03	2.37	1.48	8.88
5	单独装饰工程	人工费	5.03	2.37	1.48	8.88
6	安装工程	人工费	10.06	4.74	2.96	17.76
7	市政道桥工程	人工费	13.40	6.30	3.94	23.64
8	园林绿化工程	人工费	6.70	3.15	1.97	11.82
9	仿古建工程	人工费	5.03	2.37	1.48	8.88
10	其他工程	人工费	4.03	1.89	1.18	7.10
11	清单计价工程	人工费	10.06	4.74	2.96	17.76
12	改造、拆除工程	人工费	另行规定			

注:1. 表中所列工程均为单独发包工程。

2. 人工费 = 综合工日数 ×34(元/工日)。

附表 2:

资料编号:__________

安全文明设施——费用投入表

工程名称:______________________结构类型:___________层数:___________

工程造价(万元):_________建筑面积(m^2):_________综合工日(工日):______

序号	设施项目内容	计量单位	单价	数量	金额(元)
1	现场围挡				
2	五板一图				
3	场容场貌				
4	材料堆放、操作加工棚				
5	现场防火				
6	垃圾清运				
7	办公、生活设施				
8	配电线路				
9	配电箱开关箱				
10	接地保护装置				
11	楼面楼梯阳台边防护				
12	门道洞口防护				
13	高空作业防护				
	合计				

填报单位:　　　　　　　　　　　　　　　　　　　　　　　负责人:

经办人:

联系电话:

填表日期:　　　　年　　　　月　　　　日

附表3：

安全文明施工措施费——费率核定表

工程名称：＿＿＿＿＿＿＿＿＿＿编号：＿＿＿＿＿＿＿＿

序号	工程分类	费率基数	核定安全文明措施费(%)			
			基本	考评费	奖励	合计
1	建筑工程	综合基价	2.08		0.61	
2	构件吊装	人工费	6.04		1.78	
3	大型土方工程	人工费	5.03		1.48	
4	桩基工程	人工费	5.03		1.48	
5	单独装饰工程	人工费	5.03		1.48	
6	安装工程	人工费	10.06		2.96	
7	市政道桥工程	人工费	13.40		3.94	
8	园林绿化工程	人工费	6.70		1.97	
9	仿古建工程	人工费	5.03		1.48	
10	其他工程	人工费	4.03		1.18	
11	清单计价工程	人工费	10.06		2.96	
12	改造、拆除工程	人工费	另行规定		另行规定	

测算单位：　　　　　　　　　　　　　　　负责人：

经办人：

联系电话：

填表日期：　　年　　月　　日

河南省建设厅关于建筑施工企业、监理企业法定代表人组织开展企业安全讲课活动的通知

（豫建建〔2006〕248 号，2006 年 12 月 1 日）

各省辖市建委（局）、各扩权县（市）建委（局）：

为了进一步落实企业安全生产主体责任，促进建筑施工企业、监理企业提高安全意识，强化安全生产管理，遏止重大安全事故的发生，决定在全省范围内开展企业法定代表人讲安全生产课活动，现将本次活动的有关事宜通知如下。

一、活动范围

全省各级各类建筑施工企业、监理企业，包括中央驻豫企业、外省进豫企业。

二、活动内容

（一）宣传讲解安全生产的方针政策、法律法规；

（二）宣传讲解政府及建设行政主管部门对安全生产工作的部署和要求；

（三）安全生产警示教育、形势教育、法纪教育；

（四）分析本企业安全生产存在的突出问题和薄弱环节；

（五）宣传企业安全文化，部署安排本公司安全生产的目标、任务、措施和要求，贯彻本企业安全生产规章制度；

（六）其他企业确定需要讲解的内容。

三、活动时间

2006 年年底前组织一次，以后每年组织不少于 2 次。

四、活动方式

各企业法定代表人（或主持全面工作的负责人）必须亲自讲课，此外，如需增加安全专业技术知识的可由分管安全负责人或安全专职人员讲课，但不得以专业技术知识讲课代替法定代表人讲课。根据本公司情况可分层次、分批次进行讲课。规模较大的企业和规模较大的工程可在企业和工地开办培训学校、夜校，定期、不定期组织安全讲座。

五、授课对象

本企业与安全生产相关的人员。

六、活动要求

（一）企业法定代表人组织安全生产讲课是落实企业法定代表人第一安全生产责任的重要措施，也是强化企业安全生产管理、落实企业主体责任的重要手段，同时，也是管理创新的重要探索。各级建设行政主管部门和相关企业要切实提高对开展这次活动的认识，认真研究部署此项工作，建立定期讲课制度，扎实有效地开展此次活动。

（二）各建筑施工企业、监理企业法定代表人要组织班子成员认真研究制定活动方案，做好充分准备，精心组织实施，确保活动取得实效，严禁走形式、走过场。

（三）各施工企业、监理企业要对活动内容进行录音、摄像和录像并及时将活动情况写成书面材料报当地建设行政主管部门。各地建设行政主管部门确定15%的企业并派人参加企业活动（特别是中小型企业），对未直接参加的企业除报送书面材料外，要抽听抽看活动的录音、录像资料。

（四）各级建设行政主管部门要加强对此项活动开展情况的检查监督，在今后检查中要将其作为一项内容，对组织认真、活动扎实的单位和法定代表人将给予表彰，对于领导不重视、活动不认真，走形式、走过场的企业和法定代表人要给予通报批评，并做出严肃处理。

（五）各级建设行政主管部门要注意发现此项工作开展好坏两方面的典型，并收集该单位活动的音像资料，省厅将建立此项活动音像库。

（六）各省辖市建设行政主管部门要对此项工作的组织开展写出专题汇报，报省建设安全监督总站。今年的活动情况于2007年1月底前上报，以后每年的活动情况分别于每年的7月10日和12月30日上报，省厅将此项工作的开展情况列入年度安全生产考核的内容。

河南省建设厅关于做好河南省建筑施工企业安全生产许可证延期工作的通知

（豫建建〔2007〕131号，2007年9月30日）

各省辖市建委（局）、省定扩权县（市）建设局（委）：

为做好我省建筑施工企业安全生产许可证延期工作，根据国务院《安全生产许可证条例》、建设部《建筑施工企业安全生产许可证管理规定》（建设部令第128号）及《关于建筑施工企业安全生产许可证有效期满延期工作的通知》（建质〔2007〕201号），现将延期工作的有关事宜通知如下。

一、延期对象

持有河南省建设厅颁发建筑施工企业安全生产许可证的各类施工总承包企业、专业承包企业（不含预拌商品混凝土、混凝土预制构件、园林绿化企业）和劳务分包企业。

二、延期条件

（一）建筑施工企业安全生产许可证有效期为三年。建筑施工企业在证书有效期内，符合下列条件，由企业提出延期申请，经企业注册所在地省辖市建设行政主管部门和巩义市、项城市、永城市、邓州市、中牟县、固始县建设行政主管部门（以下简称六个扩权县（市））初审核实，提出意见并报省建设厅核准，换领新的安全生产许可证正本和副本：

1. 严格遵守有关安全生产的法律、法规、规章和工程建设强制性标准；

2. 未发生生产安全等级事故；

3. 未被暂扣过安全生产许可证；

4. 未受到各级建设行政主管部门通报批评、处罚、安全生产诚信不良记录，或受到处罚、通报批评、安全生产诚信不良记录的总次数不满3次；

5. 已取得安全生产考核合格证的项目负责人数和级别符合企业资质等级标准的要求。

（二）属于下列范围的建筑施工企业，将重新对其安全生产条件进行审查：

1. 在安全生产许可证有效期内，发生生产安全等级事故且对事故发生负有责任的；

2. 在安全生产许可证有效期内，曾被暂扣过安全生产许可证的；

3. 在安全生产许可证有效期内，受到各级建设行政主管部门3次以上（含3次）处罚、通报批评或安全生产诚信不良记录的；

4. 企业进行改制、重组的；

5. 企业资质等级发生变化的；

6. 已取得安全生产考核合格证的项目负责人数量和级别与企业现有资质等级标准要求不一致的；

7. 未在规定时间内提出延期申请的；

8. 省建设厅认为有必要重新审查的。

（三）有下列情形之一的，安全生产许可证不予进行延期：

1. 企业依法终止的；

2. 安全生产许可证、企业资质证依法被吊销的；

3. 申请延期资料有弄虚作假行为的；

4. 依法不予延期的其他情形。

另外，对于预拌商品混凝土、混凝土预制构件、园林绿化等不属于建设部规定建筑施工企业安全生产许可证发放范围的企业，此前已发放过安全生产许可证的，将不再受理延期。

三、延期工作程序及相关资料

我省建筑安全生产许可证延期工作按企业提出申请、省辖市及六个扩权县（市）建设行政主管部门和省直有关厅局初审核实、省建设厅核准换发新证的程序办理。

（一）申请

企业在安全生产许可证有效期满前三个月内，向企业注册所在地省辖市和六个扩权县（市）建设行政主管部门提出延期申请。

1. 不需要重新审查安全生产条件的企业在申请延期时，需提交以下申请材料：

（1）建筑施工企业安全生产许可证延期申请表（附件1）。

（2）建筑业企业营业执照、资质证书、原安全生产许可证、企业"三类人员"安全生产考核合格证书（企业安全生产许可证获准延期之前，"三类人员"安全生产考核合格证书应在有效期之内）复印件（需交验原件，下同）。

2. 需要进行重新审查安全生产条件的企业，除提交上述（1）、（2）两项申请材料外，还需提交以下材料：

（1）各级安全生产责任制和安全生产规章制度目录及文件，操作规程目录；主要包括：

①本企业各部门、各类人员安全生产责任制；

②本企业完备的安全生产管理制度；

③本企业完备的安全生产操作规程。

（2）保证安全生产投入的证明文件（包括企业保证安全生产投入的管理办法或规章制度、年度安全资金投入计划及实施情况）；

（3）设置安全生产管理机构（指企业安全科、处、部）和配备专职安全生产管理人员的文件（包括企业设置安全管理机构的文件、安全管理机构的工作职责、安全管理机构负责人的任命文件、安全管理机构组成人员明细表）；

（4）本企业特种作业人员名单及操作资格证书复印件；

（5）本企业管理人员和作业人员年度安全培训教育材料（包括企业培训计划、培训考核记录）；

（6）从业人员参加工伤保险以及施工现场从事危险作业人员参加意外伤害保险有关证明（参加两个保险的管理办法，当年在建工程统计表和项目缴纳保险费的票据复印件）；

（7）施工起重机械设备检测合格证明（近一年来检测合格证明复印件及汇总表）；

(8)职业危害防治措施(根据本企业业务特点,对可能会导致的职业病种类制定相应的预防措施及为从业人员发放劳动防护用品的管理办法和台账);

(9)危险性较大分部分项工程及施工现场易发生重大事故的部位、环节的预防监控措施和应急预案(根据本企业业务特点,详细列出危险性较大分部分项工程和事故易发部位、环节及有针对性和可操作性的控制措施和应急预案);

(10)生产安全事故应急救援预案(本着事故发生后有效救援原则,列出救援组织人员详细名单、应急救援器材、设备清单)。

3. 申请材料中,除建筑施工企业安全生产许可证延期申请表单列外,其他材料按要求层次和顺序统一装订整齐成册。企业在申请安全生产许可证延期时,需要交验所有证件、凭证原件。

企业应对申请材料内容的真实性负责。

(二)受理

企业注册所在地省辖市和六个扩权县(市)建设行政主管部门负责本区域内建筑施工企业延期申请的受理。

受理延期申请的部门对属于延期范围且申请材料齐全的企业应予以受理;对申请材料不齐全的,应当场或者在5个工作日内以书面形式一次告知企业需要补正的全部内容,企业应及时补正并重新申报;对不属于延期范围或者企业隐瞒有关情况、提供虚假材料的,不予受理。

(三)初审

负责初审的省辖市和六个扩权县(市)建设行政主管部门应对申请延期材料进行初步审核,对需要交验的证件、凭证原件进行查验,在建筑施工企业安全生产许可证延期申请表中签署审核意见并加盖单位行政章后,按以下两种情况分别汇总、报送相应资料至省建设厅行政服务大厅:

1. 对于不需要重新审查安全生产条件的企业,报送《免复核安全生产条件企业安全生产许可证延期汇总表》(附件2)和《建筑施工企业安全生产许可证延期申请表》(附件1)。

2. 对于需要重新审查安全生产条件的企业,报送《需复核安全生产条件企业安全生产许可证延期汇总表》(附件3)、《建筑施工企业安全生产许可证延期申请表》(附件1)和本条款(一)2中所述的全部申报材料(装订成册,所有复印件加盖"与原件核对无误"章)。

其中,涉及交通、水利等有关专业企业申请延期,征得同级有关部门初审同意后审批。

(四)核准

省建设厅负责全省建筑施工企业安全生产许可证延期的核准。

对于不需要重新审查安全生产条件、且经过初审符合规定要求的企业,准予安全生产许可证延期。

对于需要重新审查安全生产条件的企业,省建设厅依据有关法规、规章对企业申请材料进行审查,并随机对企业1到2个在建工程施工现场进行抽查。必要时征求交通、水利等有关部门意见。经重新审查合格的,准予安全生产许可证延期;审查不合格的,不予延期,书面通知企业并说明理由,企业自接到通知之日起应当进行整改,整改合格后可再次提出延期申请。

（五）发证

对于准予安全生产许可证延期的企业，省建设厅通知省辖市及六个扩权县（市）建设行政主管部门和省直相关部门集中交回企业原安全生产许可证的全部正本和副本，并换领新的安全生产许可证正本和副本。延期的安全生产许可证证号不变，副本采用新的样式。

四、办理期限

（一）省辖市和六个扩权县（市）建设行政主管部门自受理之日起，在20个工作日内完成初审，并汇总上报材料至省建设厅行政服务大厅。

（二）省建设厅自受理之日起，分别在20个工作日和45个工作日内，对无需重新审查安全生产条件和需要重新审查安全生产条件的企业作出安全生产许可证准予延期或不予延期的决定。

（三）省建设厅将定期向社会公布全省建筑施工企业安全生产许可证延期以及发放、暂扣、吊销等情况。

五、工作要求

（一）各地建设行政主管部门要高度重视延期工作，切实加强领导，抓紧安排部署，合理规划安全生产许可证延期工作的批次和时间，确保符合条件的企业在安全生产许可证有效期届满之前申领到新的安全生产许可证。

（二）各地要将安全生产许可证延期工作与安全生产的日常管理有机结合起来，以延期工作为契机，进一步规范建筑施工企业安全生产行为和安全生产条件，促使企业建立起自我约束、持续改进的安全生产长效机制，减少和控制生产安全事故，推动全省建筑安全生产形势的稳定好转。

（三）要强化安全生产的动态监管，建立并完善安全信用体系，及时向社会公布本地区安全生产信用信息，实现安全信息在全省建设系统监管职能机构之间的互联、互通和信息共享。

（四）严格安全生产许可证制度，对于安全生产许可证有效期满未办理延期手续继续进行生产的，要按照《安全生产许可证条例》有关规定严肃处理。

（五）在安全生产许可证延期工作中要严格程序、严格标准、严格纪律，提高效率，对有关违法违纪行为，要依照有关规定追究有关人员责任。

（六）请各地将《建筑施工企业安全方面受处理情况明细表》（附件4）于2007年10月30日前报河南省建设厅建管处，以后凡建设行政主管部门对企业进行通报批评、处罚或记入不良记录的应按月上报。

附件1：建筑施工企业安全生产许可证延期申请表（略）
附件2：免复核安全生产条件企业安全生产许可证延期汇总表（略）
附件3：需复核安全生产条件企业安全生产许可证延期汇总表（略）
附件4：建筑施工企业安全方面受处理情况明细表（略）

河南省建设厅关于做好建筑施工企业主要负责人、项目负责人和专职安全生产管理人员安全生产考核合格证书延期工作的通知

（豫建建〔2007〕133号，2007年9月30日）

各省辖市建委（建设局）、各扩权县建委（建设局）：

为做好我省建筑施工企业主要负责人、项目负责人和专职安全生产管理人员（以下简称"三类人员"）安全生产考核合格证书延期工作，根据有关法律法规和建设部《关于建筑施工企业主要负责人、项目负责人和专职安全生产管理人员安全生产考核合格证书延期工作指导意见》（建质〔2007〕189号），现将延期工作有关事宜通知如下。

一、延期条件

（一）"三类人员"安全生产考核合格证书有效期为三年。"三类人员"在证书有效期内，符合下列条件的，在证书有效期届满前三个月内，由申请人提出延期申请，经省建设厅同意，不再进行重新考核，证书有效期延期三年：

1. 对安全生产工作认识到位，严格遵守安全生产法律法规，认真履行安全生产职责；

2. 按规定接受企业年度安全生产培训教育和建设行政主管部门继续教育并在《河南省建筑施工企业管理人员安全知识考试合格证书》中有相应记录；

3. 未发生相应等级生产安全责任事故（事故等级具体规定见下述条款）。

（二）"三类人员"在安全生产考核合格证书有效期内，有对应下列行为之一的，证书有效期届满时，需重新进行考核，考核合格的，证书方可延期：

1. 企业主要负责人

（1）所在企业发生过较大及以上等级生产安全责任事故或两起一般生产安全责任事故的；

（2）所在企业存在违法违规行为，或本人未依法认真履行安全生产管理职责，被处罚或通报批评的；

（3）所在企业或个人安全不良记录达到6分及以上的；

（4）未按规定接受企业年度安全生产培训教育和建设行政主管部门继续教育的；

（5）企业法定代表人未按规定讲安全生产课的；

（6）未按规定提出延期申请的；

（7）省建设厅认为有必要重新考核的其他行为。

2. 项目负责人

（1）承建的工程项目发生过一般及以上等级生产安全责任事故的；

(2)承建的工程项目存在违法违规行为,或本人未依法认真履行安全生产管理职责,被处罚或通报批评的;

(3)个人安全不良记录达到6分及以上的;

(4)未按规定接受企业年度安全生产培训教育和建设行政主管部门继续教育的;

(5)未按规定提出延期申请的;

(6)省建设厅认为有必要重新考核的其他行为。

3. 专职安全生产管理人员

(1)企业安全管理机构的专职安全生产管理人员,其所在企业发生过较大及以上等级生产安全责任事故或两起一般生产安全责任事故的;施工现场的专职安全生产管理人员,其所在工程项目发生过一般及以上等级生产安全责任事故的;

(2)所在企业或工程项目存在违法违规行为,或本人未依法认真履行安全生产管理职责,被处罚或通报批评的;

(3)个人安全不良记录达到6分及以上的;

(4)未按规定接受企业年度安全生产培训教育和建设行政主管部门继续教育的;

(5)未按规定提出延期申请的;

(6)省建设厅认为有必要重新考核的其他行为。

(三)有下列情形之一的,安全生产考核合格证书不予进行延期:

1. 丧失民事行为能力的;

2. 安全生产考核合格证书依法被撤销、吊销的;

3. 申请延期资料有弄虚作假行为的;

4. 依法不予延期的其他情形。

二、申请延期提交资料及办理程序

(一)申报资料

1. 个人向单位申报资料

(1)《建筑施工企业"三类人员"安全生产考核合格证书延期申请表》(附件1);

(2)《河南省建筑施工企业管理人员安全知识考试合格证》,其证书上应有参加企业年度培训和建设行政主管部门继续教育培训记录;

(3)"三类人员"安全生产考核合格证书复印件(单位加盖公章,标注"与原件无误"字样);

(4)对本职安全生产工作的认识、体会和打算(不少于1 500字,不得相互抄袭)。

项目经理(或建造师)除上述4项资料外,还应提交项目经理(或建造师)证书复印件(单位加盖公章,标注"与原件无误"字样)。

企业法定代表人除上述4项资料外,还应提交其两次以上讲安全生产课的照片或录音(像)带。

2. 企业向当地主管部门报送资料

个人申报的全部资料及《建筑施工企业"三类人员"安全生产考核合格证书延期申请汇总表》(附件2)。

3. 市(县)建设行政主管部门向省建设厅报送资料

《建筑施工企业“三类人员”安全生产考核合格证书延期初审情况汇总表》(附件3纸表及电子版)、延期初审报告及《建设施工企业“三类人员”安全生产考核合格证书延期申请表》。

(二)办理程序

1. 符合延期条件的“三类人员”在延期规定时间内提出申请,提交规定的全部资料,经所在单位同意后向企业注册地建设行政主管部门报送相关资料,受理资料的建设行政主管部门对资料进行核实,由省辖市建设行政主管部门进行初审后,将符合延期条件“三类人员”的相关资料报省建设厅核准后,办理相关手续;巩义市、项城市、永城市、邓州市、固始县、中牟县建设行政主管部门对其受理资料核实初审后,可直接将延期资料报送省建设厅;逾期未办理延期手续的“三类人员”安全生产考核合格证书自行失效。

2. 施工企业应按照《建设工程安全生产管理条例》的规定,认真组织开展本企业的安全教育培训工作,并建立完整规范的教育培训档案。企业注册地建设行政主管部门在对“三类人员”安全生产考核合格证书延期申请资料核实初审时,对其接受企业年度安全教育培训的真实性、有效性要进行监督审查,以促进企业安全教育培训工作扎扎实实地开展。具体办法和措施由各地自行制定和掌握。

3. 对于需要重新考核的“三类人员”,在安全生产考核合格证书三年有效期满前三个月内,按照《河南省建筑施工企业主要负责人、项目负责人和专职安全生产管理人员安全生产考核管理实施细则》(豫建建〔2004〕132号)规定的考核程序,重新申报考核,经省建设厅理论知识考试和能力考核合格后,办理延期手续。重新考核不合格的,不予办理延期手续。重新考核的具体实施办法另行制定。

4. “三类人员”在申报安全考核合格证书延期时,暂不提交安全生产考核合格证书原件,由各施工单位统一收缴保存,以便延期申请批准后,尽快办理延期手续。

各级建设行政主管部门对申报资料中复印件的真实性有疑问时,可以随时要求申请人或所在单位提供原件。

三、办理期限

(一)省辖市及县(市)建设行政主管部门自接收企业或下级建设行政主管部门报送资料之日起15个工作日内完成初审上报。省建设厅对无需重新考核的“三类人员”,自收到各地建设行政主管部门报送延期资料(资料应齐全,符合要求)之日起20个工作日内办理延期手续,在原安全生产考核合格证书有效期一栏内填写新的有效期,加盖发证机关公章,并注明“经考核,同意延期三年”字样。

(二)对于需要重新考核的“三类人员”,经省建设厅重新考核合格后,在20个工作日内办理延期手续,在原安全生产考核合格证书有效期一栏内填写新的有效期,加盖发证机关公章,并注明“经重新考核,同意延期三年”字样。

(三)省建设厅将定期向社会公布“三类人员”取得安全生产考核合格证及延期情况。

四、工作要求

(一)各地建设行政主管部门要高度重视"三类人员"安全生产考核合格证书延期工作,切实加强组织领导,抓紧安排部署,认真组织实施,确保此项工作顺利开展。

(二)各级建设行政主管部门在办理"三类人员"安全生产考核合格证书延期工作中,要坚持原则、坚持标准、严格程序、严肃纪律、认真把关,确保延期工作的公正性和严肃性。对于不符合正常延期条件的"三类人员"要严格进行重新审查。

(三)请各地将《建筑施工企业"三类人员"安全方面受处理情况明细表》(附件4)于2007年10月30日前报省建筑施工企业"三类人员"考核领导小组办公室。以后,凡建设行政主管部门对"三类人员"进行通报、处罚或记入不良行为记录的应按月随时上报。

(四)各地要以延期工作为契机,强化对"三类人员"的动态考核和继续教育培训,促使其理解和掌握安全生产法律法规及技术标准规范,认真履行岗位职责,不断提高"三类人员"安全业务素质和管理水平。

附件1:建筑施工企业"三类人员"安全生产考核合格证书延期申请表
附件2:建筑施工企业"三类人员"安全生产考核合格证书延期申请汇总表(略)
附件3:建筑施工企业"三类人员"安全生产考核合格证书延期初审情况汇总表(略)
附件4:建筑施工企业"三类人员"安全方面受处理情况明细表(略)

附件 1：

建筑施工企业“三类人员”安全生产考核合格证书延期申请表

<table>
<tr><td>姓 名</td><td></td><td>身份证号</td><td></td><td>所在单位</td><td></td></tr>
<tr><td>人员类别</td><td></td><td>证书编号</td><td></td><td>发证时间</td><td></td></tr>
<tr><td>安全员
岗 位</td><td colspan="2"></td><td>项目经
理等级</td><td colspan="2"></td></tr>
<tr><td>接受企业年度安全生产教育培训情况（培训内容及学时）</td><td colspan="5"></td></tr>
<tr><td>接受建设行政主管部门安全生产继续教育情况（培训部门、内容及学时）</td><td colspan="5"></td></tr>
<tr><td>履行安全生产职责情况（包括是否发生生产安全事故、受处罚和通报及不良行为记录等情况）</td><td colspan="5"></td></tr>
<tr><td>所在企业意见</td><td colspan="5">负责人（签字） 单 位（章）
年 月 日</td></tr>
<tr><td>省辖市建设行政主管部门意见</td><td colspan="5">负责人（签字） 单 位（章）
年 月 日</td></tr>
<tr><td>省建设厅意见</td><td colspan="5">单 位（章）
年 月 日</td></tr>
</table>

注：1. 项目经理级别只对项目负责人或兼职项目负责人填写；

2. 本表各栏目情况均应如实认真填写；

3. 安全员岗位填机关科室或施工现场。

河南省建设厅关于在我省建筑工地创建农民工业余学校的通知

（豫建〔2007〕100 号，2007 年 10 月 18 日）

各省辖市建设委（局），巩义、项城、邓州、永城、固始、中牟建设局：

为认真贯彻《国务院关于解决农民工问题的若干意见》（国发〔2006〕5 号）和建设部等五部委《关于在建筑工地创建农民工业余学校的通知》（建人〔2007〕82 号）精神，推动我省建筑工地创建农民工业余学校工作，切实提高农民工队伍综合素质，保证工程质量、安全生产和文明施工，在借鉴外省建立农民工业余学校经验的基础上，结合我省实际，现对我省建筑工地创建农民工业余学校工作提出如下要求。

一、统一思想，充分认识建立农民工业余学校的重要意义

农民工是我国改革开放和工业化、城镇化进程中涌现的一支新型劳动大军，建筑业农民工队伍约占进城务工人员总数的三分之一，占从事建筑施工人员总数的 90% 以上，已成为建筑业产业工人的重要组成部分，在现代化建设中发挥着积极作用。为农民工创造良好的作业、生活环境，提高农民工队伍整体素质，对于统筹城乡发展，构建社会主义和谐社会，促进建筑业的健康发展具有十分重要的意义。各市建设主管部门要高度重视建立农民工业余学校工作，深刻认识加强农民工业余学校建设的重要性、紧迫性。把创建农民工业余学校作为落实国务院、省委、省政府有关意见的实际行动，作为保证工程质量和安全生产的重要手段，作为关爱农民工，解决农民工问题，提高企业综合竞争力的重要措施。

二、采取措施，确保全省农民工业余学校创建工作顺利进行

各市（县）建设主管委（局）工程安全质监部门要制定具体措施，将建立农民工业余学校作为评选文明工地的条件之一；各地的拟建工程在开工前，凡符合当地建立农民工业余学校工程造价和工程量、工期要求的工程，在领取施工许可证的同时，将建立农民工业余学校的计划进行备案，在工程结束验收时，进行撤案。

2007 年 12 月底前为试点推动阶段。省直管工程项目要率先创建农民工业余学校。各市要选择试点施工企业和试点工程项目，在 2007 年 12 月底前根据本要求挂牌成立农民工业余学校，并将选取的企业和工程项目名单于 2007 年 11 月 10 日前报送建设厅人事劳动教育处和建筑管理处。各地建设主管部门指导试点工程项目设立农民工业余学校时要实地踏勘，并针对培训内容、培训师资、培训时间和设置标准等内容提出指导意见，确保试点工程项目的农民工业余学校在本地起到示范带头作用。

2008 年 6 月底前为全面推进阶段。各地要通过总结试点经验、组织观摩学习、规范培训内容、建立激励约束机制等措施，推动符合条件要求的工程项目全部设立农民工业余

学校,自2008年5月后,凡符合条件的工程项目未设立农民工业余学校的,一律不得参评省、市级文明工地,其工程项目不得参加"中州杯"、"中州平安杯"评选。该工程项目所属的企业,由厅人事劳动教育处、建筑管理处进行联合通报,并取消当年评先、评优资格。

三、加强组织领导,落实工作责任

各级建设局(委)要成立由人事教育、企业管理、质量安全管理等部门组成的工程项目农民工业余学校推进工作组,明确牵头部门,制订工作计划和工作规程,定期研究农民工业余学校的重大事项,及时进行指导和督察,推动此项工作的开展。成立工作机构的情况于2007年10月30日前报省建设厅人事劳动教育处。工作机构成立后,教育培训主管部门负责协调各部门分工、教学安排,企业和质量安全管理部门负责落实各项具体措施,督促、指导企业做好管理工作,并对各学校运行情况进行监督、考核。

总承包企业要切实落实农民工业余学校的建设责任,从工程项目开工至竣工,善始善终抓好农民工业余学校的组织和教学管理。制定农民工业余学校规划,组织、编制指导性教材以及教学总体计划安排,并对农民工业余学校实施情况进行指导、检查。总承包企业在多个建筑工地建立农民工业余学校的,应在2008年6月前建立农民工业余学校领导小组。

负责农民工业余学校具体实施的各工程项目部,要加强领导,做到组织到位、制度到位、教学到位、管理到位。形成全社会关注、主管部门监督、总承包企业管理、项目部实施的有效联动工作机制。

四、几点要求

1. 各级建设委(局)领导要高度重视这项工作,主管领导要亲自参与和督促,将创建农民工业余学校工作列入重要的议事日程。

2. 参与这项工作的各部门要加强协作沟通,充分发挥各自的职能作用,切实加强指导监督,确保我省建筑工地农民工业余学校创建工作的顺利开展。

3. 各地要严格按照文件要求和试点学校分配表(见附件1)按时完成任务,及时汇报工作进度。在2007年12月31日前完成试点工地的挂牌工作。

附件1:农民工业余学校试点分配表(略)
附件2:河南省建筑工地农民工业余学校设置标准(略)
附件3:河南省建筑工地农民工业余学校教学台账(略)

河南省建设厅关于印发《河南省建设工程生产安全事故报告处理暂行规定》的通知

（豫建建〔2007〕162号，2007年12月19日）

各省辖市、省定扩权县（市）建设口主管委（局），各建设、施工、监理单位，各有关单位：

为规范建设工程生产安全事故报告、调查、处理程序，现将《河南省建设工程生产安全事故报告处理暂行规定》印发给你们，请认真组织学习并遵照执行。

附件：

河南省建设工程生产安全事故报告处理暂行规定

第一章 总 则

第一条 为了规范建设工程生产安全事故报告、调查、处理程序，落实生产安全事故责任追究制度，根据《建筑法》、《安全生产法》、《生产安全事故报告和调查处理条例》、《建设工程安全生产管理条例》、《安全生产许可证条例》、《注册建造师管理规定》、《房地产开发企业资质管理规定》和建设部《关于进一步规范房屋建筑和市政工程生产安全事故报告和调查处理工作的若干意见》、《建筑施工企业主要负责人、项目负责人和专职安全生产管理人员安全生产考核管理暂行规定》等有关规定，结合我省实际，制定本规定。

第二条 本省行政区域内房屋建筑、市政工程等建设工程生产安全事故的报告、调查、处理，适用本规定。

本规定中事故等级划分按照《生产安全事故报告和调查处理条例》执行。

第二章 事故报告

第三条 各省辖市、县（市）建设行政主管部门负责本区域内分管建设工程生产安全事故的上报工作，省建设厅负责全省建设工程生产安全事故的上报工作。

第四条 发生重伤以上建设工程生产安全事故后，各建设行政主管部门应在接到事故报告后，在报告当地人民政府的同时，通过建设系统安全事故快报系统向上一级建设行政主管部门上报事故情况，各级自接到报告至上报的时间不得超过2小时。

第五条 发生一般及以上生产安全事故的，省辖市建设行政主管部门应派员赶赴现场了解事故有关情况;发生较大及以上或对社会有重大影响的生产安全事故的,省建设厅派员赶赴现场了解事故有关情况。

第六条 发生较大及以上生产安全事故的,事故所在地省辖市建设行政主管部门和事故相关单位要在事故发生之日起7日内,带事故相关文字、音像等材料,到省建设厅汇报情况。

第三章 事故调查和处理

第七条 发生一般及以上生产安全事故的工程现场必须立即停工,省建设厅在事故发生之日起5个工作日内对事故负直接责任的施工单位暂扣安全生产许可证,同时对与其有管理关系的总承包单位和专业分包单位暂扣安全生产许可证,并责令限期整改。

对以上单位暂扣安全生产许可证的期限按照下列情况执行:

(一)发生一次死亡1人,或者3人以上5人以下重伤,或者300万元以上600万元以下直接经济损失事故的,暂扣时间不少于30天。

(二)发生一次死亡2人,或者5人以上10人以下重伤,或者600万元以上1 000万元以下直接经济损失事故的,暂扣时间不少于45天。

(三)发生一次死亡3人以上5人以下,或者10人以上30人以下重伤,或者1 000万元以上3 000万元以下直接经济损失事故的,暂扣时间不少于60天。

(四)发生一次死亡5人以上10人以下,或者30人以上50人以下重伤,或者3 000万元以上5 000万元以下直接经济损失事故的,暂扣时间不少于75天。

(五)发生一次死亡10人以上,或者50人以上重伤,或者5 000万元以上直接经济损失事故的,暂扣时间不少于90天。

本规定中"以上"包括本数,"以下"不包括本数。

非本省颁发安全生产许可证的建筑施工(总、分包)单位,省建设厅将按相关规定函告其安全生产许可证颁发机关处理。

建筑施工(总、分包)单位安全生产许可证被暂扣的同时,通报资质管理部门对其资质证书予以暂扣,暂扣期限同安全生产许可证暂扣期限。

第八条 建筑施工(总、分包)单位应在暂扣期限到期前5日内,向省建设厅提交发还安全生产许可证的申请报告。经复查符合安全生产条件的予以发还安全生产许可证,并通报资质管理部门发还其资质证书;不符合条件的,限期整改,并依法延长暂扣期限30至60天;拒不整改或整改仍不具备安全生产条件的,依照《建筑施工企业安全生产许可证管理规定实施意见》,吊销其安全生产许可证。

企业安全生产许可证被吊销的同时,通报资质管理部门收回其资质证书。

第九条 各级建设行政主管部门应当按照有关人民政府的授权或委托组织事故调查组对事故进行调查。调查程序按照《生产安全事故报告和调查处理条例》执行。

第十条 依据人民政府批复的事故调查报告和有关法律法规的规定,省建设厅对发生事故的相关责任单位和人员按照下列情况进行处理:

(一)发生一次死亡1人,或者3人以上5人以下重伤,或者300万元以上600万元以下直接经济损失事故的。

1. 对事故负有主要责任的：

暂扣施工现场负责人（项目经理或注册建造师）安全生产考核证书、停止其招投标180天；

吊销施工现场专职安全生产管理人员安全生产考核证书，1年内不得重新申报考核。

2. 对事故负有非主要责任的：

暂扣施工现场负责人（项目经理或注册建造师）安全生产考核证书、停止其招投标90天；

暂扣施工现场专职安全生产管理人员安全生产考核证书、停止其招投标180天。

3. 停止负有事故责任的项目总监招投标90天。

（二）发生一次死亡2人，或者5人以上10人以下重伤，或者600万元以上1 000万元以下直接经济损失事故的。

1. 对事故负有主要责任的：

停止施工（总、分包）单位招投标30至60天；

吊销施工现场负责人（项目经理或注册建造师）安全生产考核证书，1年内不得重新申报考核；

吊销施工企业安全生产管理机构负责人安全生产考核证书，1年内不得重新申报考核；

吊销施工现场专职安全生产管理人员安全生产考核证书，3年内不得重新申报考核。

2. 对事故负有非主要责任的：

暂扣施工现场负责人（项目经理或注册建造师）安全生产考核证书、停止其招投标180天；

吊销施工现场专职安全生产管理人员安全生产考核证书，1年内不得重新申报考核。

3. 停止负有事故责任的监理单位招投标30至60天，停止项目总监招投标180天。

（三）发生一次死亡3人以上5人以下，或者10人以上30人以下重伤，或者1 000万元以上3 000万元以下直接经济损失事故的。

1. 对事故负有主要责任的：

停止施工（总、分包）单位招投标60至120天；

吊销施工现场负责人（项目经理或注册建造师）执业资格证书和安全生产考核证书，3年内不得重新注册或申报考核；

吊销施工企业安全生产管理机构负责人安全生产考核证书，3年内不得重新申报考核；

吊销施工现场专职安全生产管理人员安全生产考核证书，5年内不得重新申报考核。

2. 对事故负有非主要责任的：

停止施工（总、分包）单位招投标30至60天；

吊销施工现场负责人（项目经理或注册建造师）执业资格证书和安全生产考核证书，1年内不得重新注册或申报考核；

吊销施工企业安全生产管理机构负责人安全生产考核证书，1年内不得重新申报考核；

吊销施工现场专职安全生产管理人员安全生产考核证书，3年内不得重新申报考核。

3. 停止负有事故责任的监理单位招投标 60 至 90 天，停止项目总监招投标 360 天。

（四）发生一次死亡 5 人以上 10 人以下，或者 30 人以上 50 人以下重伤，或者 3 000 万元以上 5 000 万元以下直接经济损失事故的。

1. 对事故负有主要责任的：

停止施工（总、分包）单位招投标 120 至 360 天或降低企业资质等级；

吊销施工企业分管安全生产副经理安全生产考核证书，1 年内不得重新申报考核；

吊销施工现场负责人（项目经理或注册建造师）执业资格证书和安全生产考核证书，5 年内不得重新注册或申报考核；

吊销施工企业安全生产管理机构负责人安全生产考核证书，5 年内不得重新申报考核；

吊销施工现场专职安全生产管理人员安全生产考核证书，终身不得重新申报考核。

2. 对事故负有非主要责任的：

停止施工（总、分包）单位招投标 60 至 120 天；

吊销施工现场负责人（项目经理或注册建造师）执业资格证书和安全生产考核证书，3 年内不得重新注册或申报考核；

吊销施工企业安全生产管理机构负责人安全生产考核证书，3 年内不得重新申报考核；

吊销施工现场专职安全生产管理人员安全生产考核证书，5 年内不得重新申报考核。

3. 停止负有事故责任的监理单位招投标 90 至 180 天或降低企业资质等级，吊销项目总监执业资格证书，2 年内不予注册。

（五）发生一次死亡 10 人以上，或者 50 人以上重伤，或者 5 000 万元以上直接经济损失事故的。

1. 对事故负有主要责任的：

降低施工（总、分包）单位资质等级或吊销其资质证书；

吊销施工企业法定代表人（总经理）安全生产考核证书，1 年内不得重新申报考核；

吊销施工企业分管安全生产副经理安全生产考核证书，5 年内不得重新申报考核；

吊销施工现场负责人（项目经理或注册建造师）执业资格证书和安全生产考核证书，终身不得重新注册或申报考核；

吊销施工企业安全生产管理机构负责人安全生产考核证书，终身不得重新申报考核；

吊销施工现场专职安全生产管理人员安全生产考核证书，终身不得重新申报考核。

2. 对事故负有非主要责任的：

停止施工（总、分包）单位招投标 120 至 360 天或降低企业资质等级；

吊销施工企业分管安全生产副经理安全生产考核证书，1 年内不得重新申报考核；

吊销施工现场负责人（项目经理或注册建造师）执业资格证书和安全生产考核证书，5 年内不得重新注册或申报考核；

吊销施工企业安全生产管理机构负责人安全生产考核证书，5 年内不得重新申报考核；

吊销施工现场专职安全生产管理人员安全生产考核证书，终身不得重新申报考核。

3. 降低负有事故责任的监理单位资质等级或吊销其资质证书，吊销项目总监执业资格证书,终身不予注册。

非本省建设行政主管部门或由建设部颁发执业资格证书的人员,省建设厅将按相关规定函告其执业资格颁发机关处理。

发生生产安全事故的责任单位和人员,构成犯罪的,依照刑法有关规定由司法机关追究其刑事责任。

第十一条 施工(总、分包)单位和监理单位在人员执业资格证书、安全生产考核证书被暂扣或吊销期间,必须委派新的人员进行接替,确保满足企业资质等级标准要求的人员数量与等级,并到有关行政机关完善变更手续,否则不予复工。

第十二条 对事故负有责任的建设单位的处罚依照《建设工程安全生产管理条例》执行,对房地产开发企业资质的处理依照《房地产开发企业资质管理规定》执行,构成犯罪的,对直接责任人员,依照刑法有关规定由司法机关追究其刑事责任。

第十三条 责任单位或人员有下列情况之一的,按照第十条中递次高一等级条款进行处理:

(一)12个月内发生第二起一般及以上生产安全事故的施工(总、分包)单位、监理单位和相关人员;

(二)人员执业资格证书、安全生产考核证书被暂扣或吊销,因人员调整不及时而不再满足安全生产条件要求导致发生生产安全事故的施工(总、分包)单位、监理单位和相关人员;

(三)项目未配备专职安全生产管理人员或专职安全生产管理人员配备不符合规定要求发生生产安全事故的项目负责人;

(四)企业未设立专门的安全管理机构或企业专职安全生产管理人员配备不符合规定要求发生生产安全事故的企业主要负责人。

第十四条 发生生产安全事故的相关责任单位和人员的资质、资格证书由其资质、资格颁发部门实施暂扣和收缴。

第十五条 发生生产安全事故后,各级建设行政主管部门对相关责任单位和人员进行约谈。县级以上建设行政主管部门对有关责任单位和人员的处罚,记入河南省诚信信息管理系统。省建设厅对建设生产安全事故,按季度通报全省(外省企业将通报企业所在地建设行政主管部门),并在河南省建设厅门户网站或河南省工程建设信息网上公布,时间保留一年。

第十六条 建设生产安全事故发生后,事故所在地省辖市建设行政主管部门应当在90天内将《生产安全事故调查处理报告》及有关部门批复等相关资料报省建设厅;凡90天不能结案的,须报送文字材料说明,但结案时间不能超过180天。

第四章 附 则

第十七条 本规定未做出具体处理规定的,依照有关法律、法规规定执行。

第十八条 本规定由省建设厅负责解释。

第十九条 本规定自下发之日起施行,原《河南省建设系统重大伤亡事故报告处理暂行规定》同时废止。

河南省建设厅关于印发《河南省建筑市场诚信行为信息记录和公示管理办法》的通知

（豫建〔2008〕63 号，2008 年 4 月 10 日）

各省辖市建委（建设局），各扩权县（市）建委（建设局），各相关单位，省直有关部门：

为规范工程建设与建筑业各方主体和从业人员的市场行为，加快建立我省建筑市场信用体系，完善建筑市场监管体制，促进工程建设与建筑业健康发展，根据有关法律、法规和建设部《建筑市场诚信行为信息管理办法》（建市〔2007〕9 号），结合我省工程建设和建筑市场实际，制定了《河南省建筑市场信用信息记录和公示管理办法》，现予以公布，望遵照执行。

附件：

河南省建筑市场信用信息记录和公示管理办法

第一条 为规范我省建筑市场秩序，健全建筑市场诚信体系，加强对建筑市场各方主体的监管，促进建筑业的健康发展，根据有关法律、法规及建设部《建筑市场诚信行为信息管理办法》（建市〔2007〕9 号）的规定，制定本办法。

第二条 在本省行政区域内，对参与建筑市场活动的各方主体信用信息记录、公示和管理，适用本办法。

第三条 本办法所称建筑市场各方主体是：

（一）从事新建、扩建、改建的房屋建筑工程和市政基础设施工程建设活动的建设单位（包括代建单位）、勘察、设计、施工、监理、招标代理、造价咨询、施工图审查、检测试验机构及构配件、预拌混凝土生产或供应企业及其他相关单位；

（二）从事工程建设活动的各类注册执业人员、具体项目负责人、监理人员、招标代理专职人员、检测人员、评标专家及其他从业人员。

第四条 本办法所称信用信息包括良好行为记录和不良行为记录。

良好行为记录是指建筑市场各方主体在工程建设过程中严格遵守有关工程建设的法律、法规、规章或强制性标准，行为规范，诚信经营，自觉维护建筑市场秩序，受到各级建设行政主管部门和相关专业部门的奖励和表彰，所形成的良好行为记录。

不良行为记录是指建筑市场各方主体在工程建设过程中违反有关工程建设的法律、

法规、规章或强制性标准、施工技术标准和执业行为规范，经县级以上建设行政主管部门或其委托的执法监督机构查实和行政处罚，形成的不良行为记录。不良行为记录的认定按照《河南省建筑市场各方主体不良行为记录认定标准》执行（详见附表）。

第五条 “河南省工程建设监管暨建筑市场信用体系系统”（简称“省监管暨信用系统”，网址 http://www.hngcjs.net）是我省建筑市场信用信息的统一发布平台。建筑市场信用信息统一记录在“省监管暨信用系统”中，各市和各相关行业网站也可同时发布。

第六条 省建设行政主管部门建立建筑市场信用信息记录和公示联席办公会议制度（以下简称联席办公会议制度），办公会议成员单位由厅建管处、法规处（执法办）、勘察设计处、质量安全监督总站、招标办、标准定额站、装饰办、清欠办组成。办公室设在建管处，具体工作由建管处牵头组织实施。

各成员单位按照统分结合的工作机制和各自的职责分工，履行以下职责：

（一）厅建管处负责信用体系建设联席会议的召集；负责综合管理全省建筑市场信用信息记录与公示工作；负责建筑市场有关信用信息与相关部门信用信息资源共享及市场联动机制；负责管理“省监管暨信用系统”；负责协调各市建筑市场信用信息管理牵头部门，采集、记录、汇总各市、县牵头部门上报的信用信息；负责对比、整理各市牵头部门上报和联席办公会议各专业部门填报的信用信息；负责公示和向建设部上报建筑市场信用信息；负责建档管理汇总的信用信息证据和资料。

（二）厅法规处（执法办）、勘察设计处、质量安全监督总站、招标办、标准定额站、装饰办、清欠办等机构，依托“省监管暨信用系统”，在各自职责范围内，明确专人，负责采集、审核、汇总、记录各业务口承办机构上报和本级业务口范围内的信用信息，并记入“省监管暨信用系统”；负责收集各市、县（市）报送的信用信息证据和资料并向建管处归档。

第七条 各市、县（市）建设行政主管部门应参照省厅的组织形式，建立相应的管理体系，并明确负责此项工作的分管领导、牵头部门、业务对口承办机构和具体责任人员，落实工作责任制，履行以下工作职责：

（一）各市、县（市）建筑市场信用信息牵头部门负责向厅建管处上报采集的各类信用信息，负责各市信用信息档案的建立和完善。各市、县（市）建委（建设局）对口专业部门根据各自工作职责，负责对辖区内参与工程建设各方主体的信用行为进行检查、认定、通报、处罚；负责受理群众投诉举报，并对不良行为事实进行调查认定；负责逐级对口上报已经认定的信用信息和相应的证据及资料（如文件、处罚决定书等）。

（二）各市、县（市）工程交易中心、招投标监管部门、施工许可部门应通过“省监管暨信用系统”填报工程信息，内容应包含工程名称、建设单位、招标代理单位、设计单位、施工单位、监理单位和项目施工、监理负责人名称等基本信息。其中进入工程交易中心交易的工程信息由各市工程交易中心填报，其他招标项目由招投标监管部门填报，其他未招标项目由各市施工许可主管部门填报。各市施工许可部门对系统中填报的工程信息进行最终核对、更正、补充，并通过“省监管暨信用系统”打印施工许可证。

第八条 各级建委（建设局）应认真执行下列制度：

（一）联席办公会议制度。省、市、县（市）每季度至少召开一次联席办公会议，听取各承办机构信用信息采集、整理、报送记录情况、存在问题、下一步工作计划；科学合理地规划、安排信用信息管理阶段性工作以及专项治理、综合执法等活动;对各承办机构上报的信用信息进行审定,并作出相关决议或决定。

(二)信息定期上报制度。各市、县对良好行为信息每季度上报一次,对有重大影响的良好信息应及时核实上报;不良行为信息实行逐月上报制度(每月25日至30日为上报时间);发生等级以上质量和安全事故及其他严重违法违规行为的,应随时审定上报。

(三)层级督促检查制度。省级牵头部门组织对各市信息报送情况进行督促检查,市级牵头部门组织对各县(市)信息报送情况进行督促检查。督促检查应每季度开展一次,确保信息准确上报。

(四)信息管理奖惩制度。联席办公会议制度对各市、县(市)采集、汇总、报送的信用信息进行综合评价,对年度内能够按时、准确采集、汇总、报送信用信息的主管部门和承办机构,可作为评先的重要依据。反之,将在全省通报批评,取消年度评先资格。

第九条 建筑市场各方主体信用信息记录的证据和资料:

(一)市级以上各类表彰奖励的决定或文件;

(二)已生效的判决书或仲裁裁决书;

(三)已生效的行政处罚决定书;

(四)各主管部门的通报文件;

(五)经有关职能部门或机构检查认定的不良行为认定文书或处理决定的文书;

(六)媒体披露、投诉举报查实认定的不良行为认定文书或文件。

第十条 信用信息公示、交流、上报工作程序。对于记入"省监管暨信用系统"的信用记录需要公示、向其他省直部门交流或向建设部上报的,由负责记录的成员单位提出建议,经建管处汇总报主管厅长审批后进行公示、交流和上报。不良行为记录信息的公示期限为6个月至3年,对单位一般为1年,对责任人一般为2年;良好行为记录信息公示期限一般为3年。法律、法规另有规定的从其规定。公示信息应注明公示期限,公示期满后,应及时撤销公示。

第十一条 负责记录的联席办公会议成员单位对记录、公示的不良行为信息应督促相关单位和责任人进行整改并负责审查整改结果。对整改确有实效的,由企业提出申请,经批准,可缩短其不良行为记录信息公布期限,但公布期限最短不得少于3个月,同时将整改结果列于相应不良行为记录后,供有关部门和社会公众查询;对于拒不整改或整改不力的单位,信息发布部门可延长其不良行为记录信息公布期限。

第十二条 各级建设委(局)或其委托的承办机构、有关行业协会在日常监督管理、行政许可、企业资质、资格等级评定以及周期性检查和表彰评优等工作中,应参阅建筑市场主体的信用信息,作为分级管理的重要依据。建筑市场各方主体发生不良行为的,联席办公会议各有关单位除按法律法规和文件规定对建筑市场各方主体进行处理外,对建设单位两年内、其他市场主体一年内发生3次以上不良记录的,应视情节轻重对相关单位和责任人进行约谈、集中培训、媒体公示、向社会预警、限制新上建设项目、取消评先资格、给予重点考核等处理。

第十三条 联席办公会议各有关单位应制订激励措施,根据具体实际使用建筑市场良好行为记录鼓励先进。

第十四条 本办法自发布之日起实施。原《河南省建设厅关于印发河南省工程建设与建筑业不良行为记录和公示管理办法（试行）的通知》（豫建建〔2006〕21号）和《河南省建设厅关于印发工程造价咨询企业不良行为记录记分表和处理办法（试行）的通知》（豫建设标〔2006〕54号）同时废止。

附件：河南省建筑市场不良行为记录认定标准（节选安全部分）

附件：

建设单位及相关责任人不良行为记录认定标准(A1)

行为类别	行为代码	不良行为	法律法规文件依据	备注
A1－1 建设程序	A1－1－05	未按国家规定办理建设工程安全措施备案的	《建设工程安全生产管理条例》第五十四条	涉及行政处罚
A1－3 安全	A1－3－04	对勘察设计、施工、监理等单位提出不符合安全生产法律、法规和强制性标准规定的要求的；要求施工单位压缩合同约定的工期的	《建设工程安全生产管理条例》第七条	涉及行政处罚
	A1－3－08	建设单位未提供或挪用建设工程安全作业环境及安全施工措施费用的	《建设工程安全生产管理条例》第八条、第二十七条	涉及行政处罚
	A1－3－09	建设单位未将保证安全施工的措施或者拆除工程的有关资料报送有关部门审查备案的	《建设工程安全生产管理条例》第五十四条	其他禁止性条款
	A1－3－10	建设单位未向施工单位提供施工现场及毗邻区域内供水、排水、供电、供气、供热、通信、广播电视等地下管线资料，气象和水文观测资料，相邻建筑物和构筑物、地下工程的有关资料，并保证资料的真实、准确、完整的	《建设工程安全生产管理条例》第六条	其他禁止性条款
	A1－3－11	建设单位明示或者暗示施工单位购买、租赁、使用不符合安全施工要求的安全防护用具、机械设备、施工机具及配件、消防设施和器材的	《建设工程安全生产管理条例》第九条	其他禁止性条款
	A1－3－12	施工中使用的施工图设计文件与经审查批准的施工图设计文件不符的；设计文件在施工过程中有涉及结构安全和重要使用功能的设计变更，未将变更后的施工图报原施工图审查机构进行审查通过，擅自施工的	《建设工程安全生产管理条例》第九条、第五十六条	涉及行政处罚
	A1－3－13	建设单位未按照规定协调组织制定防止多台塔式起重机相互碰撞的安全措施的	建设部《建筑起重机械安全监督管理规定》第三十三条	涉及行政处罚
	A1－3－14	建设单位接到监理单位报告后，未责令安装单位、使用单位立即停工整改的	建设部《建筑起重机械安全监督管理规定》第三十三条	涉及行政处罚
A1－5 其他	A1－5－01	其他违法违规行为		其他禁止性条款

勘察单位及相关责任人不良行为记录认定标准（B1）

行为类别	行为代码	不良行为	法律法规文件依据	备注
B1－3 安全	B1－3－01	未按照工程建设强制性标准进行勘察的	《建设工程安全生产管理条例》第十二条	涉及行政处罚
B1－4 其他	B1－4－01	其他违法违规行为		其他禁止性条款

设计单位不良行为记录及相关责任人认定标准（C1）

行为类别	行为代码	不良行为	法律法规文件依据	备注
C1－3 安全	C1－3－01	未按照工程建设强制性标准进行设计的	《建设工程安全生产管理条例》第十二条	涉及行政处罚
	C1－3－04	采用新结构、新材料、新工艺的建设工程和特殊结构的建设工程，未在设计中提出保障施工作业人员安全和预防生产安全事故的措施建议的	《建设工程安全生产管理条例》第十三条	涉及行政处罚
C1－4 其他	C1－4－01	其他违法违规行为		其他禁止性条款

施工单位及相关责任人不良行为记录认定标准(D1)

行为类别	行为代码	不良行为	法律法规文件依据	备注
D1－4 工程安全	D1－4－01	主要负责人在本单位发生重大生产安全事故时，不立即组织抢救或者在事故调查处理期间擅离之后或者逃匿的；主要负责人对生产安全事故隐瞒不报、谎报或者拖延不报的	《安全生产法》第七十条，《建设工程安全生产管理条例》第五十条、第五十一条	涉及行政处罚
	D1－4－02	对建筑安全事故隐患不采取措施予以消除的	《建筑法》第四十四条	涉及行政处罚
	D1－4－03	未设立安全生产管理机构、配备专职安全生产管理人员或者分部分项工程施工时无专职安全生产管理人员现场监督的	《建设工程安全生产管理条例》第二十三条、第二十六条	涉及行政处罚
	D1－4－04	主要负责人、项目负责人、专职安全生产管理人员、作业人员或者特种作业人员，未经安全教育培训或者经考核不合格即从事相关工作的	《建筑法》第四十六条、《建设工程安全生产管理条例》第三十六条、第三十七条、第二十五条	涉及行政处罚
	D1－4－05	未在施工现场的危险部位设置明显的安全警示标志，或者未按照国家有关规定在施工现场设置消防通道、消防水源、配备消防设施和灭火器材的	《建设工程安全生产管理条例》第二十八条、第三十一条	涉及行政处罚
	D1－4－06	未向作业人员提供安全防护用具和安全防护服装的	《建设工程安全生产管理条例》第三十二条	涉及行政处罚
	D1－4－07	未按照规定在施工起重机械和整体提升脚手架、模板等自升式架设设施验收合格后登记的	《建设工程安全生产管理条例》第三十五条	涉及行政处罚
	D1－4－08	使用国家明令淘汰、禁止使用的危及施工安全的工艺、设备、材料的	《建设工程安全生产管理条例》第三十四条	涉及行政处罚
	D1－4－09	违法挪用列入建设工程概算的安全生产作业环境及安全施工措施所需费用	《建设工程安全生产管理条例》第二十二条	涉及行政处罚
	D1－4－10	施工前未对有关安全施工的技术要求作出详细说明的	《建设工程安全生产管理条例》第二十七条	涉及行政处罚

续表

行为类别	行为代码	不良行为	法律法规文件依据	备注
D1－4 工程安全	D1－4－11	未根据不同施工阶段和周围环境及季节、气候的变化，在施工现场采取相应的安全施工措施，或者在城市市区内的建设工程的施工现场未实行封闭围挡的	《建设工程安全生产管理条例》第二十八条、第三十条	涉及行政处罚
	D1－4－12	在尚未竣工的建筑物内设置员工集体宿舍的	《建设工程安全生产管理条例》第二十九条	涉及行政处罚
	D1－4－13	施工现场临时搭建的建筑物不符合安全使用要求的	《建设工程安全生产管理条例》第二十九条	涉及行政处罚
	D1－4－14	未对因建设工程施工可能造成损害的毗邻建筑物、构筑物和地下管线等采取专项防护措施的	《建设工程安全生产管理条例》第三十条	涉及行政处罚
	D1－4－15	安全防护用具、机械设备、施工机具及配件在进入施工现场前未经查验或者查验不合格即投入使用的	《建设工程安全生产管理条例》第三十四条	涉及行政处罚
	D1－4－16	使用未经验收或者验收不合格的施工起重机械和整体提升脚手架、模板等自升式架设设施的	《建设工程安全生产管理条例》第三十五条	涉及行政处罚
	D1－4－17	委托不具有相应资质的单位承担施工现场安装、拆卸施工起重机械和整体提升脚手架、模板等自升式架设设施的	《建设工程安全生产管理条例》第十七条	涉及行政处罚
	D1－4－18	在施工组织设计中未编制安全技术措施、施工现场临时用电方案或者专项施工方案的	《建设工程安全生产管理条例》第二十六条	涉及行政处罚
	D1－4－19	主要负责人、项目负责人未履行安全生产管理职责的，或不服管理、违反规章制度和操作规程冒险作业	《建设工程安全生产管理条例》第二十一条、第三十三条	涉及行政处罚
	D1－4－20	施工单位取得资质证书后，降低安全生产条件的；或经整改仍未达到与其资质等级相适应的安全生产条件的	《安全生产许可证条例》第十四条	涉及行政处罚
	D1－4－21	取得安全生产许可证发生重大安全事故的	《安全生产许可证条例》第十四条	涉及行政处罚
	D1－4－22	未取得安全生产许可证擅自进行生产的	《安全生产许可证条例》第二条	涉及行政处罚

续表

行为类别	行为代码	不良行为	法律法规文件依据	备 注
D1－4 工程安全	D1－4－23	安全生产许可证有效期满未办理延期手续,继续进行生产的,或逾期不办理延期手续,继续进行生产的	《安全生产许可证条例》第九条	涉及行政处罚
	D1－4－24	转让安全生产许可证的;接受转让的;冒用或者使用伪造的安全生产许可证的	《安全生产许可证条例》第十三条	涉及行政处罚
	D1－4－25	建设工程施工前,施工单位负责项目管理的技术人员对有关安全施工的技术要求未向施工作业班组、作业人员做出详细说明,并由双方签字确认的	《安全生产许可证条例》第二十七条	涉及行政处罚
	D1－4－26	施工单位未为施工现场从事危险作业的人员办理意外伤害保险的	《安全生产许可证条例》第三十八条	涉及行政处罚
	D1－4－27	安装单位未按照安全技术标准及安装使用说明书等检查建筑起重机械及现场施工条件的	建设部《建筑起重机械安全监督管理规定》第二十九条	涉及行政处罚
	D1－4－28	安装单位未制定建筑起重机械安装、拆卸工程生产安全事故应急救援预案的	建设部《建筑起重机械安全监督管理规定》第二十九条	涉及行政处罚
	D1－4－29	安装单位未将建筑起重机械安装、拆卸工程专项施工方案,安装、拆卸人员名单,安装、拆卸时间等材料报施工总承包单位和监理单位审核,或未告知工程所在地县级以上地方人民政府建设主管部门的	建设部《建筑起重机械安全监督管理规定》第二十九条	涉及行政处罚
	D1－4－30	安装单位未按照规定建立建筑起重机械安装、拆卸工程档案的	建设部《建筑起重机械安全监督管理规定》第二十九条	涉及行政处罚
	D1－4－31	安装单位未按照建筑起重机械安装、拆卸工程专项施工方案及安全操作规程组织安装、拆卸作业的	建设部《建筑起重机械安全监督管理规定》第二十九条	涉及行政处罚
	D1－4－32	使用单位未根据不同施工阶段、周围环境以及季节、气候的变化,对建筑起重机械采取相应的安全防护措施的	建设部《建筑起重机械安全监督管理规定》第三十条	涉及行政处罚
	D1－4－33	使用单位未制定建筑起重机械生产安全事故应急救援预案的	建设部《建筑起重机械安全监督管理规定》第三十条	涉及行政处罚

续表

行为类别	行为代码	不良行为	法律法规文件依据	备 注
D1－4 工程安全	D1－4－34	使用单位未设置相应的设备管理机构或者配备专职的设备管理人员的	建设部《建筑起重机械安全监督管理规定》第三十条	涉及行政处罚
	D1－4－35	使用单位在建筑起重机械出现故障或者发生异常情况的，未立即停止使用，或未消除故障和事故隐患，重新投入使用的	建设部《建筑起重机械安全监督管理规定》第三十条	涉及行政处罚
	D1－4－36	使用单位未指定专职设备管理人员进行现场监督检查的	建设部《建筑起重机械安全监督管理规定》第三十条	涉及行政处罚
	D1－4－37	使用单位擅自在建筑起重机械上安装非原制造厂制造的标准节和附着装置的	建设部《建筑起重机械安全监督管理规定》第三十条	涉及行政处罚
	D1－4－38	施工总承包单位未向安装单位提供拟安装设备位置的基础施工资料，确保建筑起重机械进场安装、拆卸所需的施工条件的	建设部《建筑起重机械安全监督管理规定》第三十一条	涉及行政处罚
	D1－4－39	施工总承包单位未审核安装单位、使用单位的资质证书、安全生产许可证和特种作业人员的特种作业操作资格证书的	建设部《建筑起重机械安全监督管理规定》第三十一条	涉及行政处罚
	D1－4－40	施工总承包单位未审核安装单位制定的建筑起重机械安装、拆卸工程专项施工方案和生产安全事故应急救援预案的	建设部《建筑起重机械安全监督管理规定》第三十一条	涉及行政处罚
	D1－4－41	施工总承包单位未审核使用单位制定的建筑起重机械生产安全事故应急救援预案的	建设部《建筑起重机械安全监督管理规定》第三十一条	涉及行政处罚
	D1－4－42	施工现场有多台塔式起重机作业时，施工总承包单位未组织制定并实施防止塔式起重机相互碰撞的安全措施的	建设部《建筑起重机械安全监督管理规定》第三十一条	涉及行政处罚
D1－6 其他	D1－6－01	其他违法违规行为		其他禁止性条款

监理单位及相关责任人不良行为记录认定标准(E1)

行为类别	行为代码	不良行为	法律法规文件依据	备　注
E1－3 安全	E1－3－04	未对施工组织设计中的安全技术措施或者专项施工方案进行审查的	《建设工程安全生产管理条例》第十四条	涉及行政处罚
	E1－3－05	发现安全事故隐患未及时要求施工单位整改或者暂时停止施工的	《建设工程安全生产管理条例》第十四条	涉及行政处罚
	E1－3－06	施工单位拒不整改或者不停止施工，未及时向有关主管部门报告的	《建设工程安全生产管理条例》第十四条	涉及行政处罚
	E1－3－07	未依照法律、法规和工程建设强制性标准实施监理的	《建设工程安全生产管理条例》第十四条	涉及行政处罚
	E1－3－13	监理单位未审核建筑起重机械特种设备制造许可证、产品合格证、制造监督检验证明、备案证明等文件的	建设部《建筑起重机械安全监督管理规定》第三十二条	涉及行政处罚
	E1－3－14	监理单位未审核建筑起重机械安装单位、使用单位的资质证书、安全生产许可证和特种作业人员的特种作业操作资格证书的	建设部《建筑起重机械安全监督管理规定》第三十二条	涉及行政处罚
	E1－3－15	监理单位未监督安装单位执行建筑起重机械安装、拆卸工程专项施工方案情况的	建设部《建筑起重机械安全监督管理规定》第三十二条	涉及行政处罚
	E1－3－16	监理单位未监督检查建筑起重机械的使用情况的	建设部《建筑起重机械安全监督管理规定》第三十二条	涉及行政处罚
	E1－3－17	监理单位、监理人员不具有或无相应资质和资格从事监理工作的	《工程监理企业资质管理规定》第十六条	其他禁止性条款
E1－4 其他	E1－3－01	其他违法违规行为		其他禁止性条款

检测机构及相关责任人不良行为记录认定标准(H1)

行为类别	行为代码	不良行为	法律法规文件依据	备 注
H1－4 安全	H1－4－01	检验检测单位从事施工起重机械和整体提升脚手架、模板等自升式架设设施检验检测的人员，未取得相应作业证书上岗作业的	《建设工程安全管理条例》第二十五条	其他禁止性条款
	H1－4－02	检验检测工作不符合安全技术规范要求的	《特种设备安全监察条例》第八十一条	涉及行政处罚
H1－5 其他	H1－5－01	其他违法违规行为		其他禁止性条款

良好行为信息记录(K1)

行为类别	行为代码	奖项名称
K1－1 综合类	K1－1－01	省级先进单位
	K1－1－02	市级先进单位
K1－2 质量类	K1－2－01	鲁班奖、詹天佑奖
	K1－2－02	省级质量管理奖(含工程质量奖)
	K1－2－03	市级质量管理奖(含工程质量奖)
K1－3 安全类	K1－3－01	国家级文明工地
	K1－3－02	省级文明工地
	K1－3－03	市级文明工地
	K1－3－04	省级安全管理奖
	K1－3－05	市级安全管理奖
K1－4 其他专项类奖项	K1－4－01	获国家级专有技术奖
	K1－4－02	获省级专有技术奖
	K1－4－03	获国家级示范工程奖
	K1－4－04	获省级示范工程奖
	K1－4－05	获国家级工法
	K1－4－06	获省级工法
K1－5 其他市级以上奖项	K1－5－06	

河南省建设厅关于印发《河南省建设工程重大危险源登记建档管理办法》的通知

（豫建建〔2008〕66 号，2008 年 4 月 25 日）

各省辖市建委（局）、各扩权县（市）建委（局）：

为强化重大危险源管理，提高控制和防范风险的能力，我厅研究制定了《河南省建设工程重大危险源登记建档管理办法》，现印发给你们，请结合工作实际，认真组织实施。

附件：

河南省建设工程重大危险源登记建档管理办法

为及时准确掌握建设工程重大危险源的数量和分布状况，强化重大危险源管理，提高控制和防范风险的能力，杜绝重大生产事故发生，根据《河南省建设工程重大危险源安全监控管理暂行办法》，特制定本办法。

一、在本省行政区域内的建设工程重大危险源，应按照本办法进行登记建档。

本办法所称重大危险源是指存在重大施工危险的分部分项工程（以下简称危险性较大工程），主要包括：

（一）建设部建质〔2004〕213 号文规定的危险性较大工程；

（二）《河南省建设工程重大危险源安全监控管理暂行办法》中明确的存在重大施工危险的分部分项工程；

（三）施工现场存在的符合国家标准《重大危险源辨识》（GB 18218—2000）重大危险源分类中规定的重大危险源。

二、建设单位在办理建设工程项目安全施工措施备案手续时，应组织施工单位填写《建设工程重大危险源登记表》，如实将拟建工程的重大危险源报当地建设行政主管部门或建设工程安全监督管理机构备案。

在安全措施备案时，建设工程重大危险源登记不全的，应根据工程进度情况，适时登记上报。

三、施工单位在列入重大危险源的危险性较大工程施工前，应单独编制专项施工方案，并按规定程序进行审核、审批或论证。

四、施工单位应建立重大危险源安全管理档案和台账，并建立重大危险源公示制度，在施工现场醒目位置设立《建设工程重大危险源公示牌》，向有关人员公示施工中不同阶段、不同时段的重大危险源名称、施工部位、可能发生的事故、防护措施和责任人等内容。

五、列入重大危险源的危险性较大工程施工前5天，施工单位应填写《危险性较大工程施工告知单》，并报送当地建设行政主管部门或建设工程安全监督管理机构，以便安全监督管理部门及时了解危险性较大工程进展情况，有重点地进行跟踪督查。

施工单位在危险性较大工程施工前，应当在施工区域设置警戒线和警示标志，并做好防护措施和应急救援工作。

六、列入重大危险源的危险性较大工程实施完毕后，施工单位应填写《危险性较大工程实施完毕告知单》，并及时报送当地建设行政主管部门或建设工程安全监督管理机构。

七、在建工程重大危险源的登记、建档、公示、施工告知和实施完毕告知等由总承包单位统一负责。

总承包单位应经常组织分包单位对重大危险源的实施进行安全检查，并做好相应记录。

八、监理单位应加强对重大危险源的监管，通过采取方案审核、旁站、巡视或者检查验收等形式，监督施工单位建立并落实重大危险源有关登记、公示、告知、监控、整改等各项管理制度。

九、各级建设主管部门或建设工程安全监督管理机构应建立本地区建设工程重大危险源台账，对列入监控范围的重大危险源，应进行定期或不定期的专项检查和抽查，实施重点监督。对实施完毕的列入重大危险源的危险性较大工程，应及时予以销案。

各地建设主管部门或建设工程安全监督管理机构应将本地区建设工程重大危险源数量、种类、分布和实施时间，通过网络、媒体等方式向社会公示。

十、建设单位未向建设主管部门和安全监督管理机构报送《建设工程重大危险源登记表》或填写不认真的；施工企业、监理单位未按本办法规定对建设工程重大危险源进行登记、公示、告知和跟踪监控的，将作为安全不良行为予以记录。

十一、建设工程重大危险源登记、建档及监督管理情况列入各级建设行政主管部门监督检查的主要内容。

十二、本办法自发布之日起执行。

附件：一、建设工程重大危险源公示牌（略）
　　　二、建设工程重大危险源登记表（略）
　　　三、危险性较大工程施工告知单（略）
　　　四、危险性较大工程实施完毕告知单（略）

河南省建设厅关于印发《河南省建筑起重机械设备安全监督管理办法》的通知

（豫建〔2008〕202号，2008年9月22日）

各省辖市、各扩权县（市）建委（建设局）、城建局、市政局：

现将《河南省建筑起重机械设备安全监督管理办法》印发给你们，请认真贯彻执行。

附件：

河南省建筑起重机械设备安全监督管理办法

第一条 为切实加强建筑起重机械设备的安全监督管理，防止和减少生产安全事故，保障人民生命和财产安全，根据《建设工程安全生产管理条例》、《特种设备安全监察条例》、《安全生产许可证条例》和建设部《建筑起重机械安全监督管理规定》等有关法规、规章，结合本省实际，制定本办法。

第二条 在本省行政区域内的建筑起重机械设备的租赁、安装、拆卸、使用、检验检测及监督管理，应当遵守本办法。

第三条 本办法所称建筑起重机械设备，是指纳入特种设备目录，在房屋建筑工地和市政工程工地安装、拆卸、使用的起重机械设备。

第四条 省建设主管部门负责全省范围内建筑起重机械设备的监督管理工作。

省辖市、县（市）建设主管部门对本行政区域内建筑起重机械设备的租赁、安装、拆卸、使用、检验检测实施监督管理。

第五条 对全省范围内建筑起重机械设备实行备案登记管理制度。建筑起重机械设备的产权单位、安装（拆卸）单位、使用单位应当按规定及时到县级以上建设主管部门进行备案登记。

第六条 出租单位出租的建筑起重机械设备和使用单位购置、租赁、使用的建筑起重机械设备应当具有特种设备制造许可证、产品合格证、制造监督检验证明。

第七条 出租单位在建筑起重机械设备首次出租前，自购建筑起重机械设备的使用单位在建筑起重机械设备首次安装前，应当持建筑起重机械设备的特种设备制造许可证、产品合格证、制造监督检验证明等有关资料到本单位工商注册所在地县级以上建设主管部门办理备案。

第八条 建筑起重机械设备的租赁、安装（拆卸）、使用单位应建立健全起重机械设备安全管理制度和岗位安全责任制，切实加强本单位出租、安拆、使用建筑起重机械设备的安全管理工作。

第九条 出租单位在与承租单位签订的建筑起重机械设备租赁合同中，应当明确租赁双方的安全责任，并向承租方出具建筑起重机械特种设备制造许可证、产品合格证、制造监督检验证明、备案证、自检合格证明及安装使用说明书。

购置三年以上的建筑起重机械设备出租时，出租单位还须提交近两年内由具有相应资质的检验检测机构出具的定期检验合格报告。

第十条 有下列情形之一的建筑起重机械设备，不得出租、安装和使用：

（一）属国家明令淘汰或者禁止使用的；

（二）超过安全技术标准或者制造厂家规定的使用年限的；

（三）经检验达不到安全技术标准规定的；

（四）没有完整安全技术档案的；

（五）没有齐全有效的安全保护装置的；

（六）没有办理建筑起重机械设备备案的。

第十一条 建筑起重机械设备有本规定第十条第（一）、（二）、（三）项情形之一的，出租单位或者自购建筑起重机械设备的使用单位应当予以报废，并向原备案机关办理注销手续。

第十二条 出租单位和自购建筑起重机械设备的使用单位，必须建立建筑起重机械设备安全技术档案。

建筑起重机械设备安全技术档案应当包括以下资料：

（一）购销合同、制造许可证、产品合格证、制造监督检验证明、安装使用说明书、备案证等原始资料；

（二）定期检验报告、定期自行检查记录、定期维护保养记录、维修和技术改造记录、运行故障和生产安全事故记录、使用情况及累计运转记录等运行资料；

（三）历次安装验收资料。

第十三条 从事建筑起重机械设备安装、拆卸活动的单位（以下简称安装单位）必须在依法取得建设主管部门颁发的相应资质和安全生产许可证后，方可在其资质许可范围内从事建筑起重机械设备的安装、拆卸工程活动。

第十四条 建筑起重机械设备使用单位（安拆工程发包单位）在选择安装单位时，应当对安装单位的资质、安全生产许可证及有关证件进行核验，不得委托无相应资质和安全生产许可证的单位和个人进行建筑起重机械设备的安装、拆卸（含顶升、附着、移位等）活动。

第十五条 建筑起重机械设备使用单位应向安装单位提供拟安装（拆卸）机械设备场地的地质和水文资料、施工平面图及隐蔽工程验收报告等有关方面的资料。安装单位在安装、拆卸过程中，应当服从使用单位及施工总承包单位对施工现场的安全生产管理。

第十六条 建筑起重机械设备安装单位及有关安拆人员应当按照国家有关规定及建筑起重机械设备安装、拆卸工程专项施工方案和安全操作规程组织安装、拆卸等活动，并对其安装质量和作业过程的安全生产负责。

第十七条 建筑起重机械设备使用单位和安装单位应当在签订的建筑起重机械设备安装、拆卸合同中明确双方的安全生产责任。

实行施工总承包的,施工总承包单位应当与安装单位签订建筑起重机械安装、拆卸工程安全协议书。

第十八条 安装单位应当履行下列安全职责:

(一)按照安全技术标准及建筑起重机械设备性能要求,编制建筑起重机械设备安装、拆卸工程专项施工方案,并由本单位技术负责人签字;

(二)按照安全技术标准及安装使用说明书等检查建筑起重机械设备及现场施工条件;

(三)组织安全施工技术交底并签字确认;

(四)制定建筑起重机械设备安装、拆卸工程生产安全事故应急救援预案;

(五)将建筑起重机械设备安装、拆卸工程专项施工方案,安装、拆卸人员名单,安装、拆卸时间等材料报施工总承包单位和监理单位审核后,告知工程所在地县级以上建设主管部门。

第十九条 安装、拆卸建筑起重机械设备应设置警戒区。

安装单位的专业技术人员、专职安全生产管理人员对安拆工程应当进行现场监督,技术负责人应当定期巡查。

第二十条 建筑起重机械设备安装完毕后,安装单位应当按照安全技术标准及安装使用说明书的有关要求对建筑起重机械设备进行自检、调试和试运转。自检合格的,应当出具自检合格证明,并向使用单位进行安全使用说明。

第二十一条 建筑起重机械设备安装完毕后,使用单位应当组织出租、安装、监理等有关单位按规定进行验收,并履行验收签字手续,或者委托具有相应资质的检验检测机构进行验收。建筑起重机械设备经验收合格后方可投入使用,未经验收或者验收不合格的不得使用。

实行施工总承包的,由施工总承包单位组织验收。

建筑起重机械设备在验收前应当经有相应资质的检验检测机构检验检测合格。

检验检测机构和检验检测人员对检验检测结果、鉴定结论依法承担法律责任。

第二十二条 安装单位应当建立建筑起重机械设备安装、拆卸工程档案。

建筑起重机械设备安装、拆卸工程档案应当包括以下资料:

(一)安装、拆卸合同及安全协议书;

(二)安装、拆卸工程专项施工方案;

(三)安全施工技术交底的有关资料;

(四)安装工程验收资料;

(五)安装、拆卸工程生产安全事故应急救援预案。

第二十三条 使用单位应当自建筑起重机械设备安装验收合格之日起30日内,将建筑起重机械安装验收资料、建筑起重机械设备安全管理制度、特种作业人员名单等,报工程所在地县级以上地方人民政府建设主管部门进行建筑起重机械设备使用登记。登记标志置于或者附着于该设备的显著位置。

第二十四条 使用单位应当履行下列安全职责：

（一）根据不同施工阶段、周围环境以及季节、气候的变化，对建筑起重机械设备采取相应的安全防护措施；

（二）制定建筑起重机械设备生产安全事故应急救援预案；

（三）在建筑起重机械设备活动范围内设置明显的安全警示标志，对集中作业区做好安全防护；

（四）设置相应的设备管理机构或者配备专职的设备管理人员；

（五）指定专职设备管理人员、专职安全生产管理人员进行现场监督检查，制止违章指挥和违章操作；

（六）对在用的建筑起重机械设备及安全保护装置、吊具、索具进行经常性和定期的检查、维护和保养，并做好记录；

（七）建筑起重机械设备出现故障或者发生异常情况，应立即停止使用，消除故障和事故隐患后，方可重新投入使用。

第二十五条 使用单位在建筑起重机械设备租期结束后，应当将定期检查、维护和保养记录移交出租单位。

建筑起重机械设备租赁合同对建筑起重机械设备的检查、维护、保养另有约定的，从其约定。

第二十六条 建筑起重机械设备在使用过程中需要附着的，使用单位应当委托原安装单位或者具有相应资质的安装单位按照专项施工方案实施，并按照本办法第二十一条规定组织验收。验收合格后方可投入使用。

建筑起重机械在使用过程中需要顶升的，使用单位委托原安装单位或者具有相应资质的安装单位按照专项施工方案实施后，即可投入使用。

禁止擅自在建筑起重机械设备上安装非原制造厂制造的标准节和附着装置。

施工现场暂时停工时，使用单位应当做好建筑起重机械设备的现场保护。

第二十七条 建筑起重机械设备的产权单位必须按照下列规定委托具有相应资质的检验检测机构进行定期检验检测。定期检验检测应包括设备性能和安全装置的检验检测。

购置满三年的建筑起重机械设备必须进行检验检测，以后每两年进行一次定期检验检测（即定期检验检测有效期为两年），定期检验检测应于有效期满前进行。

有下列情况之一的，产权单位对建筑起重机械设备必须按照定期检验检测的内容和要求进行检验检测：

（一）重大故障修复后或正常大修后；

（二）自然灾害后可能影响安全技术性能；

（三）国家法律法规规定的其他情况。

国家标准规定施工升降机防坠安全器的检验有效期为一年，有效期满前应重新进行检验。

未按本办法规定进行检验检测或检验检测不合格的建筑起重机械设备，不得出租，不得在施工现场使用。

第二十八条 建筑起重机械设备安装拆卸工、起重信号工、起重司机、司索工等特种作业人员应当经建设主管部门考核合格，并取得省级以上建设主管部门颁发的特种作业操作资格证书后，方可上岗作业。

建筑起重机械设备安装单位、使用单位（含负责起重设备安拆、使用的出租单位）应当对建筑起重机械设备特种作业人员和管理人员每年至少进行一次安全生产教育培训，保证作业人员和管理人员具备必要的安全作业知识。

第二十九条 建筑起重机械设备特种作业人员应当遵守建筑起重机械设备安全操作规程和安全管理制度，对设备安全状况和危险因素进行检查，在检查或作业过程中发现事故隐患或者其他不安全因素，应当立即处理；情况紧急时，可以决定停止安拆和使用，并及时向现场安全管理人员和有关负责人报告。建筑起重机械设备特种作业人员在作业中有权拒绝违章指挥和强令冒险作业，有权在发生危及人身安全的紧急情况时立即停止作业或者采取必要的应急措施后撤离危险区域。

第三十条 施工总承包单位应当履行下列安全职责：

（一）向安装单位提供拟安装设备位置的基础施工资料，确保建筑起重机械进场安装、拆卸所需的施工条件；

（二）审核建筑起重机械的特种设备制造许可证、产品合格证、制造监督检验证明、定期检验报告、备案证等文件资料；

（三）审核安装单位、使用单位的资质证书、安全生产许可证和特种作业人员的特种作业操作资格证书；

（四）审核安装单位制定的建筑起重机械设备安装、拆卸工程专项施工方案和生产安全事故应急救援预案；

（五）审核使用单位制定的建筑起重机械设备生产安全事故应急救援预案；

（六）指定专职安全生产管理人员监督检查建筑起重机械设备安装、拆卸、使用情况；

（七）施工现场有多台塔式起重机作业时，应当组织制定并实施防止塔式起重机相互碰撞的安全措施。

第三十一条 监理单位应当履行下列安全职责：

（一）审核建筑起重机械设备制造许可证、产品合格证、制造监督检验证明、定期检验报告、备案证等文件资料；

（二）审核建筑起重机械设备安装单位、使用单位的资质证书、安全生产许可证和特种作业人员的特种作业操作资格证书；

（三）审核建筑起重机械设备安装、拆卸工程专项施工方案；

（四）监督安装单位执行建筑起重机械设备安装、拆卸工程专项施工方案情况；

（五）监督检查建筑起重机械设备的使用情况；

（六）发现存在生产安全事故隐患的，应当要求安装单位或使用单位限期整改，对安装单位、使用单位拒不整改的，及时向建设单位报告，情况严重的，向建设主管部门报告。

第三十二条 建设单位依法发包给两个及两个以上施工单位的工程，不同施工单位在同一施工现场使用多台塔式起重机作业时，应当协调组织制定防止塔式起重机相互碰撞的安全措施。

安装单位、使用单位拒不整改生产安全事故隐患的，建设单位接到监理单位报告后，应当责令安装单位、使用单位立即停工整改。

第三十三条 建设主管部门应当建立建筑起重设备安全监督举报制度，公布举报电话、电子信箱，受理对建筑起重机械设备租赁、安装、拆卸、使用和检验检测中违法违规等行为的举报，并及时予以处理。

第三十四条 建设主管部门履行安全监督检查职责时，有权采取下列措施：

（一）要求被检查的单位提供有关建筑起重机械设备的文件和资料；

（二）进入被检查单位和被检查单位的施工现场进行检查；

（三）对检查中发现的建筑起重机械设备生产安全事故隐患，责令立即排除；重大生产安全事故隐患排除前或者排除过程中无法保证安全的，责令从危险区域撤出作业人员或者暂时停止施工。

第三十五条 负责办理备案登记的建设主管部门应当建立本行政区域内的建筑起重机械设备档案，按照有关规定对建筑起重机械设备进行统一编号，并定期向社会公布建筑起重机械设备的有关情况。

第三十六条 违反本规定，出租单位、自购建筑起重机械设备的使用单位，有下列行为之一的，由县级以上地方人民政府建设主管部门责令限期改正，予以警告，并处以5 000元以上1万元以下罚款：

（一）未按照规定办理备案的；

（二）未按照规定办理注销手续的；

（三）未按照规定建立建筑起重机械设备安全技术档案的。

第三十七条 违反本规定，安装单位有下列行为之一的，由县级以上建设主管部门责令限期改正，予以警告，并处以5 000元以上3万元以下罚款：

（一）未履行第十八条第（二）、（四）、（五）项安全职责的；

（二）未按照规定建立建筑起重机械安装、拆卸工程档案的；

（三）未按照建筑起重机械安装、拆卸工程专项施工方案及安全操作规程组织安装、拆卸作业的。

第三十八条 违反本规定，使用单位有下列行为之一的，由县级以上建设主管部门责令限期改正，予以警告，并处以5 000元以上3万元以下罚款：

（一）未履行第二十四条第（一）、（三）、（四）、（五）、（七）项安全职责的；

（二）擅自在建筑起重机械上安装非原制造厂制造的标准节和附着装置的。

第三十九条 违反本规定，施工总承包单位未履行第三十条第（一）、（三）、（四）、（五）、（七）项安全职责的，由县级以上建设主管部门责令限期改正，予以警告，并处以5 000元以上3万元以下罚款。

第四十条 违反本规定，监理单位未履行第三十一条第（一）、（二）、（四）、（五）项安全职责的，由县级以上建设主管部门责令限期改正，予以警告，并处以5 000元以上3万元以下罚款。

第四十一条 违反本规定，建设单位有下列行为之一的，由县级以上建设主管部门责令限期改正，予以警告，并处以5 000元以上3万元以下罚款；逾期未改的，责令停止施工：

（一）未按照规定协调组织制定防止多台塔式起重机相互碰撞安全措施的；

（二）接到监理单位报告后，未责令安装单位、使用单位立即停工整改的。

第四十二条 违反本规定，建设主管部门的工作人员有下列行为之一的，依法给予处分；构成犯罪的，依法追究刑事责任：

（一）发现违反本办法的违法行为不依法查处的；

（二）发现在用的建筑起重机械设备存在严重生产安全事故隐患不依法处理的；

（三）不依法履行监督管理职责的其他行为。

第四十三条 本办法由河南省建设厅负责解释。

第四十四条 本办法自颁布之日起施行，《河南省建筑起重设备安全监督管理（暂行）办法》（豫建建〔2004〕162 号）同时废止。

河南省建设厅关于印发《河南省建筑起重机械设备备案登记管理办法》的通知

（豫建〔2008〕203号，2008年9月24日）

各省辖市、各扩权县（市）建委（建设局）、城建局、市政局：

现将《河南省建筑起重机械设备备案登记管理办法》印发给你们，并提出如下实施意见，请认真贯彻执行。

一、各级建设行政主管部门要高度重视建筑起重机械设备备案登记工作，抓紧安排部署，广泛进行宣传，明确管理机构，安排专人或专职小组负责，认真组织实施，扎扎实实地做好此项工作。

二、各级建设行政主管部门要主动与当地工商行政管理部门联系沟通，摸清建筑起重机械设备出租单位的底数和有关情况，以便更加积极有效地开展建筑起重设备的备案管理工作。

三、该《办法》实施后，省建设行政主管部门不再对建筑起重机械进行产品备案。

四、各级建设行政主管部门及其安全监督机构要督促建筑起重机械设备产权单位抓紧办理建筑起重机械设备备案，现有建筑起重设备的备案工作应在2008年12月底前完成，新购置的建筑起重机械设备应按规定及时办理备案。

五、鉴于建筑起重机械设备备案工作量较大，需要一段集中办理的时间，对于涉及建筑起重机械设备备案的处罚性条款从2009年1月1日起执行。

六、各地建设行政主管部门在办理建筑起重机械设备备案登记中遇到的问题，请及时向省建设行政主管部门报告。

附件：

河南省建筑起重机械设备备案登记管理办法

第一条　为加强建筑起重机械设备备案登记管理，根据建设部《建筑起重机械安全监督管理规定》、《建筑起重机械备案登记办法》及《河南省建筑起重机械设备安全监督管理办法》，制定本办法。

第二条　河南省境内建筑起重机械设备的备案登记管理适用本办法。

第三条　本办法所称建筑起重机械设备备案登记，包括建筑起重机械设备备案、安装（拆卸）告知和使用登记。

建筑起重机械设备的备案、使用登记分别由设备所有权单位、使用单位申请办理，安装（拆卸）告知由安装、拆卸单位办理。

第四条 省建设主管部门负责全省建筑起重机械设备的备案登记管理工作。

省辖市、县（市）建设主管部门负责本行政区域内起重机械设备的备案登记管理工作。

第五条 建筑起重机械设备出租单位或者自购建筑起重机械设备使用单位（以下简称“产权单位”）在建筑起重机械首次出租或安装前，应当到本单位工商注册所在地县级以上建设主管部门（以下简称“设备备案机关”）办理备案。

产权单位现有的建筑起重设备应在本办法实施后尽快到本单位工商注册所在地县级以上建设主管部门办理备案。

第六条 产权单位在办理建筑起重机械设备备案手续时，应当向设备备案机关提交以下资料：

（一）《河南省建筑起重机械设备备案申请表》；

（二）产权单位法人营业执照副本；

（三）起重设备制造许可证；

（四）产品合格证；

（五）制造监督检验证明；

（六）产品安装使用说明书；

（七）建筑起重机械设备购销合同、发票或相应有效凭证；

（八）购置3年以上的建筑起重机械设备近2年内检测单位出具的性能及安全装置检测报告。

所提交资料应为原件，留存复印件，复印件应当加盖产权单位公章。

第七条 设备备案机关应当对符合备案条件且资料齐全的建筑起重机械设备进行编号，分别在7个及30个工作日内向产权单位核发建筑起重机械设备备案证和备案牌。

第八条 有下列情形之一的建筑起重机械设备，设备备案机关不予备案，并通知产权单位：

（一）属国家和地方明令淘汰或者禁止使用的；

（二）超过制造厂家或者安全技术标准规定的使用年限的；

（三）经检验达不到安全技术标准规定的。

第九条 起重机械设备产权单位变更时，变更单位双方应当持建筑起重机械设备备案证、设备备案牌和起重设备变更申请表及有关资料到设备备案机关办理备案变更手续。设备备案机关应当收回并注销其原发的建筑起重机械设备备案证和备案牌，并按规定重新核发备案证和备案牌。

原产权单位应当将建筑起重机械设备的原始资料及安全技术档案移交给现产权单位。

第十条 建筑起重机械设备属于本办法第八条情形之一的，产权单位应当及时采取解体等销毁措施予以报废，并向设备备案机关办理备案注销手续。

第十一条 建筑起重机械设备的安装（拆卸）实行事前告知制度。从事建筑起重机械设备安装、拆卸活动的单位(以下简称“安装单位”)办理建筑起重机械安装(拆卸)告知手续前,应当将以下资料报送施工总承包单位、监理单位审核:

(一)建筑起重机械设备备案证;

(二)安装单位资质证书、安全生产许可证副本;

(三)安装单位特种作业人员名单及证书;

(四)建筑起重机械设备安装(拆卸)工程专项施工方案;

(五)安装单位与使用单位签订的安装(拆卸)合同及安装单位与施工总承包单位签订的安全协议书;

(六)安装单位负责建筑起重机械设备安装(拆卸)工程专职安全生产管理人员、专业技术人员名单及证书;

(七)建筑起重机械设备安装(拆卸)工程生产安全事故应急救援预案;

(八)辅助起重机械设备资料;

(九)施工总承包单位、监理单位要求的其他资料。

第十二条　施工总承包单位、监理单位应当在收到安装单位提交的齐全有效的资料之日起2个工作日内审核完毕并签署意见。

第十三条　安装单位应当在建筑起重机械设备安装(拆卸)前2个工作日将建筑起重机械设备安装(拆卸)告知书及施工总承包单位、监理单位审核意见书、审核资料报送到工程所在地县级以上地方建设主管部门,建设主管部门应在收到报送材料之日后1个工作日内向安装单位作出回复,安装单位在收到建设主管部门告知回复书后方可进行作业。

第十四条　建筑起重机械设备使用单位在建筑起重机械设备安装验收合格之日起30日内,向工程所在地县级以上建设主管部门(以下简称“使用登记机关”)办理使用登记。

第十五条　使用单位在办理建筑起重机械设备使用登记时,应当向使用登记机关提交下列资料:

(一)《河南省建筑起重机械设备使用登记表》;

(二)建筑起重机械设备备案证;

(三)建筑起重机械设备租赁合同(非租赁设备不提供本项材料);

(四)建筑起重机械设备定期检验及安装后检验检测报告和安装验收资料;

(五)使用单位现场特种作业人员资格证书;

(六)建筑起重机械设备使用、维护保养等管理制度;

(七)建筑起重机械设备生产安全事故应急救援预案;

(八)使用登记机关规定的其他资料。

第十六条　使用登记机关应当自收到使用单位提交的资料之日起7个工作日内,对于符合登记条件且资料齐全的建筑起重机械设备进行编号,核发建筑起重机械设备使用登记证。

第十七条　建筑起重机械设备备案牌、建筑起重机械设备使用登记证应并列附着在建筑起重设备的显著位置,距地面高度不应大于3米,设备备案牌为该设备的身份标志,不得随意拆取。建筑起重机械设备使用登记证仅限于登记的设备和施工项目使用,建筑起重机械设备转移到其他工地需重新办理使用登记备案证(不含自行驱动行走的起重机械,例如汽车起重机)。

建筑起重机械设备备案证、备案牌、使用登记证不得转借。

第十八条 建筑起重机械设备备案、使用登记编号按省建设主管部门统一确定的编码规则编号,建筑起重设备备案证由省建设厅统一印制,设备备案牌、使用登记证由实施备案登记机关按照省建设主管部门确定的统一式样制作。各种证、牌均由具体实施备案、登记的管理机关核发。

第十九条 出租、安装、使用单位应当按规定提交建筑起重机械设备备案登记资料,并对所提供资料的真实性负责。

县级以上建设主管部门应当建立建筑起重机械设备备案登记诚信考核制度,一经发现有关单位提供的备案登记材料有虚假行为,可随时撤销备案登记,收回备案登记证、牌,并作出不良行为记录,同时向社会公示。

第二十条 未按本办法进行设备备案、安装(拆卸)告知、使用登记的建筑起重机械设备相关单位不得从事应在备案、告知、登记后方可实施的行为和活动。

第二十一条 有下列情形之一的建筑起重机械设备,使用登记机关不予使用登记并有权责令使用单位立即停止使用或者拆除:

(一)属于本办法第八条情形之一的;

(二)未经检验检测或者经检验检测不合格的;

(三)未经安装验收或者经安装验收不合格的。

第二十二条 使用单位应当在安装单位办理建筑起重机械设备拆卸告知手续时,将建筑起重机械使用登记证交使用登记机关注销。

第二十三条 负责建筑起重机械设备备案登记的管理部门应当建立建筑起重机械设备档案和计算机信息管理系统,提供本行政区域内建筑起重机械设备备案登记查询服务,并接受上级主管部门的监督检查。

第二十四条 建筑起重机械设备备案登记实行定期统计上报制度。省辖市、省定扩权县(市)建设主管部门应当在每季度末将本地区《建筑起重机械设备备案登记情况汇总表》、《建筑起重机械设备备案情况一览表》、《建筑起重机械设备使用登记情况一览表》上报省建设主管部门。

第二十五条 县级以上建设主管部门应当对施工现场的建筑起重机械设备备案登记情况进行监督检查,发现出租、安装、使用单位未按规定办理建筑起重机械设备备案、安装(拆卸)告知、使用登记及注销手续的,应依照有关法规和规章及时作出停止使用、限期办理备案登记手续及经济处罚的处理。

第二十六条 省建设主管部门应定期或不定期及时公布限制或禁止使用的建筑起重机械设备名录。

第二十七条 本办法由河南省建设厅负责解释。

第二十八条 本办法自颁布之日起施行。

附件一:建筑起重机械设备备案登记编号规则(略)
附件二:建筑起重机械设备备案申请表(略)
附件三:河南省建筑起重机械设备备案证(略)
附件四:河南省建筑起重机械设备备案牌(略)
附件五:河南省建筑起重机械设备使用登记申请表(略)
附件六:建筑起重机械设备产权变更备案申请表(略)
附件七:建筑起重机械设备安装(拆卸)审核表(略)
附件八:建筑起重机械设备安装(拆卸)告知书(略)
附件九:建筑起重机械设备安装(拆卸)告知回复书(略)
附件十:河南省建筑起重机械设备备案情况一览表(略)
附件十一:河南省建筑起重机械设备使用登记情况一览表(略)
附件十二:建筑起重机械备案登记汇总表(略)

河南省住房和城乡建设厅关于印发《河南省建筑边坡与深基坑工程管理规定(试行)》的通知

(豫建〔2010〕25号,2010年3月1日)

各省辖市建委(建设局),各有关扩权县建设局:

为加强对建筑边坡与深基坑工程的管理,确保建设工程及其相邻建(构)筑物和地下管线、道路的安全,根据国家有关法律、法规和规范,结合我省实际,我厅制定了《河南省建筑边坡与深基坑工程管理规定(试行)》,现印发给你们,请各地认真贯彻执行。

附件:

河南省建筑边坡与深基坑工程管理规定(试行)

第一章 总 则

第一条 为加强对建筑边坡与深基坑工程的管理,确保建设工程及其相邻建(构)筑物和地下管线、道路的安全,根据国家有关法律、法规和住建部《危险性较大的分部分项工程安全管理办法》(建质〔2009〕87号)精神,结合我省实际,制定本规定。

第二条 本规定所称建筑边坡(以下简称"边坡"),是指在建(构)筑物场地或其周边,由于建(构)筑物和市政工程开挖或填筑施工所形成的高度超过8 m(含8 m)人工边坡和对建(构)筑物安全或稳定有影响的自然边坡,或虽未超过8 m,但地质情况和周围环境较复杂的边坡。

本规定所称深基坑(以下简称"基坑"),是指开挖深度超过自然地面下5 m(含5 m)或深度虽未超过5 m,但地质条件和周围环境复杂的基坑。

本规定所称边坡与基坑工程,包括边坡与基坑支护、地下水控制、地表水的疏导与排泄、土方开挖、基坑回填、基坑周边环境保护、监测等内容。

第三条 本规定适用于河南省行政区域内边坡与基坑工程的环境调查、勘察、设计、施工、监理、监(检)测及其相关的管理活动。

第四条 河南省住房城乡建设主管部门负责全省范围内的边坡与基坑工程的建设管理工作。

设区的市、县(市)住房城乡建设主管部门负责所辖区域内边坡与基坑工程的建设管理工作。

各级建设工程质量、安全监督机构根据职责具体负责边坡与基坑工程的日常监督管理工作。

省住房和城乡建设主管部门负责组织成立"河南省建筑边坡与深基坑工程专家委员会"（以下简称"专家委员会"），负责危险性较大的边坡与基坑工程的设计方案评审工作。

第五条　建设单位在办理《建筑工程施工许可证》和建筑工程质量、安全监督手续时，对于该项目有满足第二条的边坡或基坑工程的，除按规定提交有关文件外，应同时提交边坡与基坑工程专家委员会设计方案评审报告、专家委员会或各市住房城乡建设管理部门（或其委托机构）出具的设计方案复核证明，以及经施工企业技术负责人和总监理工程师批准的边坡或基坑工程专项施工方案。

第六条　鼓励采用科学先进的勘察、设计、施工技术和工艺。未在本省范围内应用过的技术与工艺，应结合工程所在地的具体地质情况和工程实际进行研究、试验，并通过专家委员会评审后，方可应用。

第七条　鼓励建设单位或施工总承包单位对边坡与基坑工程办理工程一切险和附加第三者责任险，以减少工程的风险损失。

第二章　建设单位

第八条　建设单位应依法将边坡与基坑工程的建设发包给具有相应资质且有经验的勘察、设计、施工、监理、监（检）测单位。

第九条　建设单位应当在勘察前对边坡与基坑工程邻近的建（构）筑物结构类型、层数、地基、基础类型、埋深、持力层及上部结构现状和周边道路、管线、排水等情况，以及同期施工的相邻建设工程施工情况进行调查，并将调查资料及时提供给勘察、设计、施工、监理、监（检）测等单位。

第十条　前期的调查范围应为边坡及基坑可能的影响范围，不小于边坡、基坑边线起，基坑开挖深度或边坡高度3倍的范围。

临近地铁、隧道工程或有特殊要求的建设工程，按有关法律、法规和规范规定执行。

第十一条　边坡与基坑工程在建设过程中要确保相邻建（构）筑物、道路、地下管线等的安全及正常使用。

对可能受影响的相邻建筑物、构筑物、道路、地下管线等作进一步检查；对可能发生争议的部位应拍照或摄像，布设记号，做好原始记录。

对受影响可能发生争议的相邻建筑物、构筑物，建设单位或工程总承包单位应依法委托房屋质量鉴定单位进行鉴定。鉴定报告应提出相邻建筑物、构筑物可承受外界影响的程度。

第十二条　建设工程相邻有多项建设工程相继施工时，各有关单位要采取措施，共同做好协调、配合工作，避免对相邻建设工程产生不良影响和造成损失。

第十三条　建设单位应按有关规定承担专项施工安全技术措施费。不得迫使承包方以低于成本的价格施工；不得明示或暗示施工单位违反技术标准、降低工程质量；不得压缩合理工期和削减施工过程中的监测项目。

第三章 工程勘察

第十四条 勘察单位应对边坡或基坑可能影响的区域进行勘察,查明工程建筑地域及周边环境的地质情况,为边坡与基坑工程设计和施工提供地质资料及设计参数。

第十五条 勘察单位应当根据规范、设计要求和工程实际制定勘察纲要和方案,并经单位技术负责人审核后方可实施。

边坡与基坑工程的勘察深度除满足主体工程详细勘察要求外,还应当满足边坡与基坑工程勘察的要求。

第十六条 勘察报告应当按技术规范和经审定后的勘察方案编写,给出工程设计、施工所需的工程地质条件、水文地质条件、岩土体特征及物理力学性质指标、气象及水文条件等技术资料。对边坡与基坑工程可能的影响范围、破坏模式、稳定性和危害性进行评价。对基坑与边坡工程设计、施工、监测提出合理的建议。

第十七条 勘察报告必须经主体工程施工图审查机构审查后方可使用。

第十八条 勘察单位应当做好勘察报告提交后的服务工作。当工程设计、施工中出现异常情况时,勘察单位应当做好配合。

第四章 工程设计

第十九条 鼓励有岩土工程设计资质的主体结构设计单位对该工程的边坡或基坑工程进行设计。当从事边坡和基坑工程设计的单位为非主体结构工程的设计单位时,其应当具有相应的综合岩土工程勘察或专业岩土工程设计资质,完成的设计文件应与原主体结构工程设计文件相协调。设计人员与设计文件应符合国家对注册师的规定。

第二十条 设计单位应依据审查合格后的勘察报告以及边坡与基坑周边的地质情况、周围环境、工程主体设计要求和施工条件等确定设计方案。

设计方案应包括支护结构、土方开挖、降排水措施、地表水的排泄与疏导、环境保护、监测、应急措施等内容,工程设计计算和分析必须符合有关规范的要求。

第二十一条 边坡与基坑工程的设计必须按照国家和本省有关规范、标准、规定进行,其设计文件应明确提出避免对周围环境和邻近建(构)筑物、道路、管线等可能产生不利影响或造成损害的技术要求和措施。设计图纸及文件必须注明支护结构、周边重要建(构)筑物、重要管线及周边土体的控制变形值以及坡顶堆载的限制值。必须注明边坡和基坑工程的设计使用期限。

边坡与基坑工程的支护结构不得超出用地红线,必须超越红线时应征得相邻地块业主的同意。

第二十二条 采用与主体地下结构相结合的基坑支护设计,应当与主体工程设计密切配合,依据工程建筑设计和结构设计文件资料进行设计,并考虑围护结构和主体结构基础沉降的适应性。

第二十三条 设计方案应由住房和城乡建设主管部门组织专家委员会进行专门评审,参加评审的专家应当到实地查看现场情况,本着安全、经济、合理的原则对设计方案进行评审,并出具由专家签名的书面评审报告。

以下边坡和基坑工程的设计方案评审由河南省建筑边坡与深基坑工程专家委员会组织评审：

(一)土质边坡高度超过15 m(含15 m),岩质边坡高度超过30 m(含30 m)；

(二)土质边坡高度虽未超过15 m,岩质边坡高度虽未超过30 m,但根据现行国家标准《建筑边坡工程技术规范》(GB 50330)划分标准边坡安全等级为一级的建筑边坡；

(三)基坑开挖深度超过7 m(含7 m)；

(四)基坑开挖深度虽未超过7 m,但根据现行国家标准《建筑地基基础工程施工质量验收规范》(GB 50202)划分标准基坑安全等级为二级及以上的基坑；

(五)工程所在地为湿陷性黄土的基坑工程根据现行行业标准《湿陷性黄土地区建筑基坑工程安全技术规程》(JGJ 167)划分标准基坑安全等级为二级及以上的基坑。

其他边坡与基坑工程设计方案的评审由各市住房城乡建设管理部门或其委托机构组织实施。

第二十四条 设计单位应当根据专家委员会的评审意见,对设计方案进行修改、优化后出具正式施工图纸,并由专家委员会复核。

第二十五条 设计单位应做好技术交底和工程施工过程的技术服务工作,及时掌握施工现场情况。发现实际情况与勘察、设计不符或者出现异常情况时,应及时会同建设、勘察、施工、监理、监(检)测等单位研究解决,必要时应提出补充勘察要求和修改设计的建议。

第五章 工程施工

第二十六条 施工单位应依据设计文件、岩土工程勘察报告及环境资料,编制出具有针对性和可操作性的专项施工方案。从施工方法、施工顺序、质量要求、进度安排、安全防范等方面进行有效控制。对邻近建(构)筑物及设施应有周密的保护措施;对坡顶堆载、地表水、地下水应有详细的控制措施;对工程地质、水文地质条件复杂地区的工程应有控制险情的应急措施。

第二十七条 专项施工方案应当包括以下内容：

(一)工程概况:边坡与基坑工程的概况、可能受影响的相邻建筑物、构筑物、道路、地下管线概况、施工平面布置、施工要求和技术保证条件；

(二)编制依据:相关法律、法规、规范性文件、标准、规范及图纸(标准图集)、施工组织设计等；

(三)施工计划:包括施工进度计划、材料与设备计划；

(四)施工工艺技术:技术参数、工艺流程、施工方法、检查验收等；

(五)土方开挖、运输、工况要求及施工注意事项；

(六)施工质量与安全保证措施:组织保障、技术措施、质量检验、应急预案、监测监控等；

(七)劳动力计划:专职安全生产管理人员、特种作业人员等配备情况；

(八)经审查合格的勘察报告、相关图纸和必要的计算书等。

第二十八条 对专项施工方案,施工单位应组织不少于5人的专家组进行论证审核,并根据审查报告进行完善,最终方案须经施工企业技术负责人、相关专业承包企业技术负责人、监理单位总监理工程师、建设单位项目负责人签字后方可实施。

施工中专项施工方案确需修改的,应当经施工企业技术负责人、相关专业承包企业技术负责人、监理单位总监理工程师、建设单位项目负责人签字同意,并提出是否重新组织专家进行论证、审核。因设计、结构、外部环境等因素发生变化确需修改的,应当重新组织论证、审核。

第二十九条 施工单位必须严格按照审查审核通过的设计方案和专项施工方案进行施工。开工前,项目技术负责人应当向现场管理人员和作业人员进行技术交底;施工单位技术负责人应当定期巡查专项方案实施情况。

第三十条 建设单位或工程总承包单位应当加强对边坡与基坑工程施工的质量和安全管理,树立警戒标志,及时了解和分析监测信息,对可能出现的险情应有充分的预见,施工现场应当按应急预案的要求配备抢险人员和器材。

发生边坡与基坑工程质量、安全事故,事故发生单位必须按有关规定向政府相关管理部门报告,并迅速启动应急预案,有效组织抢险,防止事故及事故后果的扩大。

第三十一条 边坡与基坑工程施工完毕后,建设单位应及时组织勘察、设计、施工、监理、监测单位进行验收。

第三十二条 基坑开挖后,施工单位应当及时进行地下结构工程施工,严禁基坑暴露时间超过设计使用期限。地下工程施工完毕并达到设计要求后,基坑应及时回填,并按设计要求保证回填质量。

特殊情况下未能及时回填超过设计有效使用期限的,建设单位应及时组织回填或制定加固方案进行加固处理。加固方案应委托专家对方案的可行性和基坑的安全性进行论证审查,提出书面论证审查意见,同时报送安监机构。责任单位对因未能及时回填或未进行加固处理而发生的基坑工程安全事故承担相应的法律责任。

第六章 工程监理与监(检)测

第三十三条 监理单位应根据相应的国家规范、技术标准、设计文件、评审意见、专项施工方案等有关资料,编写工程监理规划、实施细则,并对边坡与基坑工程进行全过程安全、质量监理。

派驻施工现场的监理人员必须具备相应的专业技术知识,必要时应配备注册土木工程师(岩土)。

第三十四条 监理单位在实施监理时,应当把以下内容作为监理工作要点:

(一)核查建设、勘察、设计、施工、监测等单位提供的技术资料是否满足施工要求;

(二)监督设计、施工、监测方案的实施;

(三)检查和督促施工现场质量、安全保证体系和各项技术措施的落实;

(四)对施工过程实施现场监理,并随时关注施工对周边环境及设施的影响;

(五)检查和督促各项观测、监测数据的记录并做好监理资料的整理、归档。

第三十五条 建筑边坡与深基坑工程支护体系的变形监测、相邻建(构)筑物、道路、地下管线、地下水位等的监测应当委托有岩土工程监测资质的工程监测单位承担,监测单位不得与施工单位有隶属关系。

第三十六条 监测单位应当根据国家现行规范、工程场地的勘察报告、设计文件、专项施工方案等制定监测方案。

第三十七条 监测单位应当自施工准备阶段开始直至工程竣工验收，按相关规范及监测方案要求做好边坡与基坑以及周边环境的全过程监测工作。

第三十八条 监测数据必须真实，监测记录应当规范，监测单位应当及时向建设、设计、施工、监理等单位通报监测分析情况，提出合理建议。当监测数据已达报警临界值时，监测单位应立即通知有关各方采取措施，必要时应向相关主管部门报告。

工程结束后，监测单位应及时向委托方移交监测资料。

第三十九条 在遇到暴雨以及地下水位涨落幅度较大、地质情况特别复杂等情形时，监测单位应加强观察和监测，出现异常情况及时报告建设、设计、施工等相关单位。

第四十条 边坡与基坑工程应按相应的标准、规范及设计文件要求进行工程质量检测，检测部位应具有代表性，检测数量应满足规范及设计要求。

第七章 监督管理

第四十一条 各级住房和城乡建设主管部门及其建设工程质量、安全监督机构应当依据有关法律、法规的规定，针对边坡与基坑工程特点，制定相应监管措施，并加强监督检查。发现违法违规、违章作业或违反本规定的建设、勘察、设计、施工、监理、监测、检测等单位，应当及时督促整改，并依据《中华人民共和国建筑法》、《建设工程质量管理条例》和我省有关法规予以处罚，并按相关规定将不良行为记入企业和个人信用档案。

第四十二条 各级住房和城乡建设主管部门应当加强与国土资源、气象、水利、地震等部门的沟通和协调，及时掌握当地边坡与基坑工程现状及动态趋势，增强监管工作的科学性、预见性和主动性。

河南省住房和城乡建设厅关于继续深入开展“安全生产年”活动的实施意见

（豫建建〔2010〕38号，2010年4月6日）

各省辖市、扩权县（市）建委（住房和城乡建设局）：

按照住房和城乡建设部《关于住房和城乡建设系统继续深入开展“安全生产年”活动的实施意见》（建质〔2010〕32号）的要求，结合我厅今年的工作部署，现就2010年进一步做好建筑安全生产工作，提出以下实施意见。

一、认真安排部署，狠抓工作落实

各地要按照“安全生产年”活动的部署和要求，认真研究制定“安全生产年”活动工作实施方案，精心安排部署，明确工作目标、任务、步骤，细化工作措施，强化管理手段，加大工作力度，广泛宣传动员，切实做好“三个突出”和“三个加强”，即突出预防为主，突出加强监管，突出落实责任，加强宣传教育和队伍建设，加强安全基础工作，加强组织协作，通过安全生产年活动的有效开展，进一步促进全省建筑安全形势的稳定好转。

二、落实企业主体责任，规范企业安全管理

今年，省住房和城乡建设厅将陆续印发《建筑施工企业安全检查规定》、《建立建筑施工企业法定代表人安全生产履职情况述职制度的规定》、《建筑施工企业安全专职机构及专职人员配备情况检查登记实施方案》、《建筑施工企业安全培训工作规定》等规范性文件，各地要根据文件的要求，进一步细化方案措施，加强检查督导，抓好贯彻落实，促进企业进一步落实主体责任，加强和规范企业安全管理，切实有效地做好安全生产工作。

三、突出重点，深入开展专项治理和监督检查

各地要针对建筑行业的特点，结合本地区安全生产薄弱环节，有重点、有步骤、有针对性地开展安全生产专项整治，要重点加大对深基坑、高支模架、超高脚手架、挑架、附着式升降脚手架、建筑起重机械设备、施工临时用电及外电防护等危险性较大的分部分项工程和设备的检查，对事故多发、易发的重点部位、重点环节要加强调研、分析、研究，找出原因，制定有针对性的预防措施，我厅将对各地工作的开展情况适时组织检查和督察。

四、加强市场与现场联动，形成安全生产工作合力

各地要围绕保障安全生产这一重大课题，认真研究安全生产联动机制，树立协同治理理念，严格市场准入和清出，强化“源头”管理和过程控制，严格各环节监督把关，确保真正符合安全生产条件的企业才能进入市场，具备安全条件的项目才能开工建设。负责企

业资质管理工作的部门要严格资质条件审查和资质等级审批，在企业资质等级晋升审查审批中要了解并结合企业安全管理状况及企业安全管理能力。招投标监管机构在对投标企业审查时，要重点审查投标企业的资质、安全生产许可证、项目负责人执业资格和安全考核证等证照、证件，不具备相应资格的，决不能允许投标。同时在对招标文件审查时，未将施工安全措施费在招标文件中单独明确的应不予认可通过。工程管理审批的工作部门在审查工程开工条件时要把是否具备安全生产的条件、办理施工安全措施备案作为重要内容严格把关，不具备安全生产条件，未办理安全措施备案的不予颁发《建设工程施工许可证》。建筑施工合同管理工作部门，要对工程合同中是否有施工安全措施费用计取、支付条款进行审查监督，没有明确该项条款的不予合同备案，对没有明确施工安全措施费条款的合同文本应予以废止或修订。安全生产许可证及安全生产考核合格证管理工作部门要严格审查企业和"三类人员"安全生产条件，不具备条件的坚决不予审批发证。安全监督机构要切实加强对企业落实法律法规的安全生产责任情况进行监督检查，对不符合安全生产条件或不具备安全生产管理能力的企业和个人，提出降低资质或吊销资格、清出建筑市场处理建议，对安全管理混乱、安全隐患较多的工程项目要责令相关单位限期整改，问题严重的予以暂停施工。执法监察工作部门要对违法开工的项目坚决予以查处。要通过各部门协作联动，营造安全生产的良好环境，促进工程建设安全顺利实施。

五、加大执法和事故查处力度，严厉打击安全生产违法违规行为

各地要对施工企业无施工资质证书和安全生产许可证，企业"三类人员"无安全生产考核合格证书，特种作业人员无操作资格证书进行施工活动，施工企业、监理企业无资质或超越资质范围承包工程及违法分包、转包工程，建设单位无施工许可证开工、任意肢解工程等违法违规行为予以严肃惩处和有力打击。要认真做好生产事故的统计上报工作。今年我厅将对建筑安全事故报告、调查处理作进一步规定，切实加强和规范建筑生产安全事故的报告、调查处理工作。要真正按照"四不放过"的原则和实事求实、依法依规的要求，严肃查处发生事故的责任单位和责任人。

六、大力营造安全生产浓厚氛围，着力提高全行业的安全生产素质

为提高全省建筑行业的整体安全意识，倡导安全文明行为，我厅决定在全省建筑行业立即开展以《建筑安全生产八荣八耻》（以下简称"八荣八耻"）为主题的宣传教育活动，各地要把培养和强化建筑行业广大干部职工的安全生产理念作为一项重要工作来抓，本《意见》下发后，按照活动要求，做好动员部署，认真组织开展"八荣八耻"宣传教育活动，通过舆论引导和思想渗透，努力营造"以重视安全生产为荣，以忽视安全生产为耻"的浓厚氛围，使安全生产理念根植于每个从业人员的脑海中，促进我省建筑业从"要我安全"向"我要安全"重大思想转变，为做好安全生产工作奠定坚实的思想基础。今后，在建筑工地设置的标牌中增加"建筑安全生产八荣八耻牌"，并把它作为建筑工地安全文明检查的必要内容。同时要继续抓好企业主要负责人、项目负责人、专职安全生产管理人员、特种作业的培训，严格持证上岗制度，切实提高管理人员和作业人员的安全素质与技能。

七、加强建筑安全监管队伍建设

各地要着力加强监管队伍的业务素质和思想作风建设，探索监管方式，创新监管方法，改进监管手段，提高监管工作效能，努力造就一支公正廉洁、务实高效的建筑安全监管队伍。

八、加强信息报送工作

各地要将开展“安全生产年”活动的有关情况（包括建筑安全专项治理以及检查工程数量、事故查处和安全教育培训等方面），于每季度最后一个月25日前，将本季度工作情况及附表2报我厅建设安全监督总站，并于2010年11月10日前上报全年工作情况。

附件1：建筑安全生产“八荣八耻”

附件2：“安全生产年”活动开展情况统计表（略）

附件1

建筑安全生产“八荣八耻”

以重视安全为荣，以忽视安全为耻

以遵纪守法为荣，以违法乱纪为耻

以规范管理为荣，以粗放管理为耻

以自觉主动为荣，以被动应付为耻

以关爱健康为荣，以蔑视生命为耻

以现场整洁为荣，以脏乱无序为耻

以安全先进为荣，以安全落后为耻

以平安和谐为荣，以发生事故为耻

河南省住房和城乡建设厅关于开展河南省建筑施工企业安全管理专职机构及其安全专职管理人员配备情况检查登记的通知

（豫建建〔2010〕51号，2010年5月4日）

根据《建设工程安全生产管理条例》和住建部印发的《建筑施工企业安全生产管理机构设置及专职安全生产管理人员配备办法》，为促进建筑施工企业建立安全生产管理专职机构，并按规定要求配备专职安全生产管理人员，切实履行企业安全生产管理责任，有效开展生产检查，我厅决定在全省范围内开展建筑施工企业安全管理专职机构设置及其安全专职管理人员配备情况检查登记工作，现将有关工作事宜通知如下。

一、工作步骤与时间安排

本次检查登记分为六个阶段：

第一阶段为工作部署阶段（5月8日至5月20日）。此阶段由各地建设行政主管部门印发（或转发）相关文件，召开会议安排部署此项工作。

第二阶段为企业自我对照检查整改阶段（5月21日至6月20日）。由建筑施工企业根据住建部印发的《建筑施工企业安全生产管理机构设置与专职安全生产管理人员配备办法》（建质〔2008〕91号），查对本企业安全机构设置与人员配备是否符合要求，不符合要求的进行自我整改。

第三阶段为企业填报阶段（6月21日至7月10日）。由建筑施工企业根据本企业安全管理机构设置及其专职安全管理人员配备实际情况，填写《建筑施工企业安全管理机构及人员配备情况登记表》（以下简称《登记表》）并附加盖公章的企业资质证书复印件，于2010年7月10日前报企业所在地建设行政主管部门。

第四阶段为建设行政主管部门核查登记阶段（7月11日至12月31日）。7月11日至12月15日由建设行政主管部门根据企业报送的《登记表》，逐一对每个企业的安全生产管理机构设置及专职安全管理人员配备情况进行核查，填写《建筑施工企业安全管理机构及其专职安全管理人员配备核查情况登记表》（以下简称《核查情况登记表》）。

12月16日至12月底，由建设行政主管部门根据每个企业《核查登记表》整理填写《建筑施工企业安全管理机构和专职安全管理人员配备核查情况汇总登记表》（以下简称《核查情况汇总登记表》），县（市）建设行政主管部门先将《汇总登记表》报省辖市建设行政主管部门，省辖市建设行政主管部门将本辖区核查情况统一汇总后（纸质版与电子版）报河南省建设安全监督总站。

第五阶段为网上公示阶段（2011年1月），省建设安全监督总站对各市报送的情况进行汇总后,在河南省工程建设信息网上予以公示。

第六阶段为再整改阶段(2011 年年底前),网上公示后,各企业机构设置及人员配备发生调整变化的,可以根据调整变化的情况如实填写并向企业所在地建设主管部门报送《建筑施工企业安全专职机构人员配备情况变更登记表》,由建设行政主管部门指派核查人员进行核查,经核查人员签字并经主管部门盖章后报河南省建设安全监督总站。

二、核查的方式和内容

建设主管部门进行核查时必须亲自到企业办公基地进行核查,核查的内容包括:

(一)企业下达的机构设置文件及机构工作职责;

(二)机构名称标示牌及办公场所;

(三)机构全部人员名单及身份证、职称证;

(四)每个人员办公位置及办公设施;

(五)工资发放登记签名;

(六)人员岗位职责;

(七)有关人员安全生产考核合格证。

三、工作要求

(一)建筑施工企业建立安全专职管理机构及配备专职安全管理人员是落实企业安全生产管理职责的组织保障,是抓好安全生产工作的重要前提。建筑施工企业和建设行政主管部门要按照文件规定的工作步骤和内容,认真做好自查报送及核查登记工作。

(二)此次登记核查的企业包括中央企业及省外企业在我省设立的区域性公司(分公司);登记核查的专职安全管理人员,仅指企业安全管理机构的安全管理人员,不包括工程项目专职安全管理人员。建筑施工企业在填报《建筑施工企业安全管理机构及人员配备情况登记表》时,必须实事求是,不得弄虚作假。

(三)此次核查登记工作量较大,各地建设行政主管部门要抓紧安排部署,广泛宣传动员,精心组织实施。为了确保此次登记核查覆盖到每一个建筑施工企业,各地建设主管部门要将该《通知》精神传达或通知到每一个建筑施工企业,并建立通知记录(通知内容、通知时间、接听电话号、被通知人姓名及身份职务等)。此项工作开展情况将列为省住建厅对省辖市建设行政主管部门安全工作考核的内容。

(四)各地建设行政主管部门要选派原则性强、作风扎实、工作认真、公正廉洁的同志作为核查人员,确保核查工作的质量。

(五)核查人员要切实履行核查职责,认真做好核查工作,确保核查情况的真实性。核查部门要将核查资料予以存档,省建设厅对各地上报的核查情况将适时进行抽查,一经发现企业弄虚作假,将随时暂扣企业安全生产许可证;一经发现核查人员核查情况虚假或在核查中存在不廉洁行为,将在全省予以通报批评。

(六)此次核查情况网上公示后,建设行政主管部门在建筑施工企业安全生产许可证延期审查时,要把专职机构设置及人员配备公示情况是否符合规定国家要求作为一项重要内容审查把关,不符合规定要求的不予延期,与规定要求差距较大的暂扣安全生产许可证。

附件1:住房和城乡建设部关于印发《建筑施工企业安全生产管理机构设置及专职安全生产管理人员配备办法》的通知(略)

附件2:建筑施工企业安全管理机构及专职人员配备情况登记表(略)

附件3:建筑施工企业安全管理机构及专职人员配备核查情况登记表(略)

附件4:建筑施工企业安全管理机构及其专职安全管理人员配备核查情况汇总登记表(略)

附件5:建筑施工企业安全管理机构及专职人员配备情况变更登记表(略)

河南省住房和城乡建设厅关于认真学习贯彻落实《国务院关于进一步加强企业安全生产工作的通知》的通知

(豫建建〔2010〕80号,2010年8月16日)

各省辖市住房和城乡建设局(委):

为进一步强化安全生产工作,国务院于2010年7月19日印发了《国务院关于进一步加强企业安全生产工作的通知》(国办发〔2010〕23号)(以下简称《通知》),省政府安全生产委员会就如何学习宣传贯彻《通知》精神,进一步做好安全生产工作提出了明确要求,现就全省建筑行业学习宣传贯彻执行《通知》的有关事宜通知如下。

一、认真组织学习宣传,深刻领会《通知》精神

《通知》是党中央、国务院为进一步加强安全生产工作采取的又一个重大举措,是指导全国安全生产工作的纲领性文件。《通知》进一步明确了现阶段安全生产工作的总体要求和目标任务,提出了新时期加强安全生产工作的一系列政策措施,对企业管理、技术保障、应急救援、安全监管、安全准入、事故赔偿、职工培训、考核监督、责任追究等一系列安全生产的重大问题作了具体的规定。不仅为进一步加强安全生产指明了方向,而且提供了可靠的政策保障。各级住房和城乡建设部门和有关单位要充分认识《通知》对于加强安全生产工作的重大意义,切实加强领导,层层传达贯彻,认真组织学习,领导带头先学,全面了解内容,重点把握内涵,吃透精神实质,进一步提升安全生产理念,切实增强贯彻落实《通知》的自觉性和坚定性,确保《通知》所提出工作要求不折不扣贯彻执行。

二、结合实际,研究制定工作措施

各地住房和城乡建设部门和有关单位要把贯彻落实《通知》精神作为推动安全生产工作的有利时机,结合本地、本单位实际,研究制定更加有效的工作措施。一是要进一步加强行政许可及准入资格管理,严格建筑施工安全生产许可证、建筑施工企业"三类人员"安全生产考核合格证条件的审查,进一步规范审查程序,严格工作纪律,凡不具备条件的坚决不予通过;二是要严格施工许可证条件的审查,对于技术条件、资金条件、环境条件、前置条件不具备,安全措施不落实、不备案的,坚决不予发放《施工许可证》;三是强化联合监督执法,严肃查处、严厉打击违法分包、转包、挂靠、无证承揽工程、无证开工、无证上岗等违法违规行为;四是要严格执行技术产品淘汰制度,对工艺落后、安全无可靠保障设备设施,坚决予以淘汰,一经发现使用的坚决予以停用。同时要继续加大建筑起重设备备案工作力度;五是进一步完善考核制度,加强考核结果的运用,更好地发挥安全考核工

作的效能；六是加强对事故企业责任追究及制约力度，建立对事故颁发企业的公示制度，对一年内发生2次以上较大安全生产事故并负主要责任的企业，以及存在重大隐患整改不力的企业向社会公告，并向投资、国土、银行、证券等主管部门通报，也可报送省住房和城乡建设厅由省厅予以公告和通报；七是要通过各种途径、渠道，充分发挥媒体作用，广泛宣传新的事故工亡人员赔偿标准，提高企业对事故成本的认识，正确处理安全与效益的关系；八是落实企业主体责任，特别是在安全专职人员配备、安全检查制度建立与落实、职工安全教育培训、安全生产投入、重大危险源建档登记、专项施工方案编制审批与实施情况工程检查验收、安全考核奖惩、应急救援队伍、装备及应急能力方面要予以重点检查督导；九是进一步推进建筑施工安全质量标准化活动的有效开展，通过树立榜样、示范带动、标准宣贯等措施，提升建筑施工安全生产标准化水平；十是完善应急预案，加强应急能力建设，提高应对突出事故和灾难的能力。特别要建立完善预警预报体系，切实加强防汛、防灾方面的工作。

三、进一步开展安全生产检查和专项整治

各级住房和城乡建设主管部门要进一步加大安全检查的力度，重点加强安全薄弱环节、重点环节、安全保障能力较低的企业、危险性较大分部分项工程，如深基坑、高支模架、超高脚手架、附着式升降脚手架、悬挑脚手架、建筑起重设备及其他大型设备、大型构件吊装等施工过程的检查，对查出的问题除责令整改外，要着重分析问题形成的原因，从责任分工及责任落实上、制度建立及落实上、管理方式方法上查问题、定措施、促整改，真正建立长效机制，夯实安全生产基础，促进安全生产水平不断提高。

河南省住房和城乡建设厅　河南省安全生产监督管理局关于进一步强化全省建设安全生产工作的通知

（豫建建〔2010〕108号，2010年12月16日）

各省辖市住房和城乡建设局（委）、安全生产监督管理局：

2010年12月2日12时许，新乡县大召营镇工业园区新乡市晟和机械有限公司新建厂房土建施工时，发生一起墙体倒塌事故，造成5人死亡，8人受伤。事故发生后，省政府高度重视，省安监局、省住建厅立即派相关部门领导赶赴现场，指导事故抢险救援和调查处理工作。经初步核实，该项目没有履行基本建设程序，无勘察单位、无设计单位、无监理单位，违规发包给个人，野蛮施工，严重违反国家有关法律法规规定。

2010年12月12日下午13时40分左右，信阳市潢川县桃林镇潢川恒源粮业有限公司新建粮仓工地发生一起高处坠落安全事故，造成3人当场死亡。该项目在乡镇集体土地上违规建设，未办理规划手续、未进行招标投标，没有选择有资质的设计单位、施工单位、监理单位，没有申请办理质量安全监督手续。主体施工系业主联系个体施工队进行施工，钢结构屋面由不具备安全生产许可证的队伍进行施工。

上述2起事故暴露出我省在建设安全管理特别是各类产业聚集区、工业园区及城乡结合部、村镇工程建设安全管理方面还存在一些薄弱环节。为深刻吸取事故教训，有效预防和遏制事故发生，现就进一步强化建设工程安全生产管理工作通知如下。

一、提高认识，加强领导，努力推动安全发展

当前正是我省贯彻落实党的十七届五中全会精神，加快经济社会发展的关键时期，各地市在大力推进城镇化进程、加快经济建设，发展各类产业聚集区的同时，要认真贯彻落实《国务院关于进一步加强企业安全生产工作的通知》（国发〔2010〕23号）精神，切实提高对安全生产工作重要性和紧迫性的认识，认真吸取事故教训，采取有效措施，落实安全责任，强化社会监管，扎扎实实地做好安全生产工作，努力实现科学发展，确保社会和谐和安全稳定。

二、明确职责，落实责任，坚决防范生产安全事故发生

针对目前在工业园区、产业聚集区以及城乡结合部、城中村、村镇等土地、规划以及建设管理中的薄弱环节，各地建设行政主管部门要严格按照住建部《关于转发国务院安委会办公室关于2006年安全生产控制指标中房屋建筑及市政工程范围有关问题复函的通知》（建安办函〔2006〕71号）、《建设部、国家安全生产监督管理总局关于加强建设工程安全生产工作的紧急通知》（建质〔2005〕135号）及《河南省人民政府办公厅关于加强建设工程安全生产管理工作的通知》（豫政办〔2005〕77号）精神，认真履行监管职责，切实加

强对依法应当监管工程的监督管理，消除在监管上存在的盲区和漏洞，不断改进工作方法，理顺工作程序，加大巡查力度，坚决防范重特大安全事故发生。

三、加强部门联动，加大执法力度，严厉打击违法违规行为

各地住房和城乡建设部门与安全生产监督部门要加强配合，联合执法，加大对建筑市场安全生产违法违规行为的整治力度。各地市要立即对辖区内各类开发区、工业园区、产业聚集区、村镇等在建工程安全生产情况进行一次全面系统的排查，严厉查处逃避主管部门监管，不遵守法定建设程序，不办理质量安全监督手续，无施工许可证和安全生产许可证、无安全生产考核合格证书和操作资格证书擅自从事建筑施工活动的行为，特别是无资质及超越资质范围承包、违法分包、转包工程和以包代管等行为。对各类违法违规工程和存在重大安全隐患的工程要坚决责令停工，并严肃追究有关责任单位和人员的法律责任。

四、严格事故调查，强化责任追究，推动安全生产工作有效开展

各地要依法加强生产安全事故的查处工作，按照“四不放过”的原则，认真组织开展事故调查，严厉惩戒违法违规企业和个人，加大事故责任单位的事故成本，有力震慑违法违规单位；要严肃事故责任追究和行政责任追究，尤其是对各类开发区、工业园区、产业集聚区因设置逃避安全生产监管而发生事故的，要追究设置部门领导的责任，并严肃从重处理。同时各地建设行政主管部门和安全生产监督部门要逐步建立健全有效的社会监督机制和事故举报制度，把安全生产工作置于全社会的监督之下，鼓励广大人民群众积极参与对建设工程活动的监督，发现重大安全生产事故的隐瞒行为和事故隐患及时举报，使违法违规行为无处容身，从而推动安全生产工作更加有效地开展。

河南省食品药品监督管理局　河南省住房和城乡建设厅转发国家食品药品监督管理局　住房和城乡建设部《关于进一步加强建筑工地食堂食品安全工作的意见》的通知

（豫食药监协〔2010〕100号，2010年5月10日）

各省辖市食品药品监督管理局、卫生局、住房和城乡建设局：

现将国家食品药品监督管理局、住房和城乡建设部《关于进一步加强建筑工地食堂食品安全工作的意见》（国食药监食〔2010〕172号，以下简称《意见》）转发给你们，结合贯彻《河南省食品安全工作领导小组关于印发河南省2010年食品安全整顿工作实施方案的通知》（豫食安〔2010〕4号）精神，提出如下要求，请一并贯彻执行。

一、切实做好《意见》的学习贯彻工作

《意见》深刻阐述了进一步加强建筑工地食堂食品安全管理的重要意义，提出了规范许可、加强日常监管、落实责任主体、畅通举报渠道、严查违法行为、有效防控食物中毒事故等重要举措，并作了明确要求，全省各级食品药品监管、卫生、住房和城乡建设部门都要认真学习，全面贯彻。要主动向当地政府汇报《意见》精神和要求，争取更大的支持和更好的执法条件、环境，同时要做好对各建筑施工单位负责人、建筑工地食堂从业人员贯彻执行《意见》的宣传教育工作。

二、切实加强建筑工地食堂食品安全监管

全省各级食品药品监管、卫生部门要按照有关要求，切实做好机构改革期间监管工作的衔接，加强对建筑工地食堂等高风险场所的监督检查，加强对常见易引起食物中毒食品等高风险食品的监督检查，切实落实餐饮服务食品安全的许可、检查、抽检等各项监管措施，发现不规范或违法行为要及时纠正和处罚，保证建筑工地食堂在合法、规范、有效监管的状态下安全经营。同时，要及时把检查中发现的建筑工地食堂存在的食品安全问题和隐患通报同级住房和城乡建设部门，做好对问题、隐患的整改落实工作。

三、切实强化建筑工地食堂食品安全经营管理

全省各级住房和城乡建设部门要把建筑工地食堂食品安全工作纳入建筑施工单位的管理指标范围，作为重要检查内容，开展经常性检查，督促建筑施工单位加强建筑工地食堂食品安全经营管理，切实做好对餐饮服务食品安全监管部门所通报的问题食堂整改的督查工作。

四、切实落实建筑施工单位食品安全的第一责任

建筑施工单位主要负责人是建筑工地食堂食品安全第一责任人，要按照要求加强对本单位建筑工地食堂食品安全工作的领导，配备专职或兼职食品安全管理人员，要按照《意见》要求制定建筑工地食品安全相关制度和食品安全事故应急预案。建筑工地食堂食品安全管理人员要抓好食品安全有关制度的落实，防止发生食物中毒事故。

五、切实加强建筑工地食堂食品安全督导检查

全省各级餐饮服务食品安全监管部门和住房和城乡建设部门要加强协作，每年要联合对本辖区建筑工地食堂食品安全情况进行检查，并将检查情况对口向上级部门书面汇报。省食品药品监管局、住房和城乡建设厅每年将组成联合督察组，定期、不定期对全省建筑工地食堂食品安全情况进行督察。

附件：

关于进一步加强建筑工地食堂食品安全工作的意见

（国食药监食〔2010〕172 号）

各省、自治区、直辖市食品药品监管局、住房和城乡建设厅（委），北京市卫生局、福建省卫生厅，新疆生产建设兵团食品药品监管分局、建设局：

为认真贯彻落实《食品安全法》、《食品安全法实施条例》以及《国务院办公厅关于印发食品安全整顿工作方案的通知》（国办发〔2009〕8 号）、《国务院办公厅关于印发 2010 年食品安全整顿工作安排的通知》（国办发〔2010〕17 号）要求，进一步加强建筑工地食堂食品安全工作，确保广大建筑工人饮食安全，现提出如下意见。

一、充分认识加强建筑工地食堂食品安全工作的重要性

近年来，各地餐饮服务食品安全监管部门和住房城乡建设主管部门在当地政府统一领导下，密切合作，不断强化监管力度，建筑工地食堂食品安全管理水平进一步提高。但有些建筑施工单位负责人和食堂从业人员还存在食品安全意识不强、管理制度不健全、责任落实不到位等问题，食品安全事件时有发生。建筑工地食堂食品安全关系广大建筑工人身心健康，关系社会的和谐发展与稳定。各级食品药品监管部门和住房城乡建设主管部门要深入贯彻科学发展观，认真落实《食品安全法》及其实施条例，进一步增强大局意识和责任意识，把建筑工地食堂食品安全摆在突出位置，贯彻落实地方政府负总责、监管部门各负其责、企业是第一责任人的要求，认真落实相关责任，强化建筑企业主体责任，做到日常监管与集中整治、食堂自律与强化监管有机结合，进一步提高建筑工地食堂食品安

全管理水平。

二、严格规范建筑工地食堂餐饮服务许可

各地食品药品监管部门要加强建筑工地食堂餐饮服务许可管理，按照《餐饮服务许可管理办法》规定的许可条件和程序，审查核发《餐饮服务许可证》。对于申请开办食堂的建筑工地，应当要求其提供符合规定的用房、科学合理的流程布局，配备加工制作和消毒等设施设备，健全食品安全管理制度，配备食品安全管理人员和取得健康合格证明的从业人员。不符合法定要求的，一律不发许可证。对未办理许可证经营的，要严格依法进行处理。

三、切实加强建筑工地食堂日常监督管理

各地食品药品监管部门要在当地政府的统一领导下采取切实有效措施加强建筑工地食堂食品安全工作。要督促建筑工地食堂落实食品原料进货查验和采购索证索票制度，不得采购和使用《食品安全法》禁止生产经营的食品，减少加工制作高风险食品；要按照食品安全操作规范加工制作食品，严防食品交叉污染；要加强对建筑工地食堂关键环节的控制和监管，加强厨房设施、设备的检查；要针对建筑工地食堂加工制作的重点食品品种进行抽样检验，及时了解食品安全状况，认真解决存在的突出问题，防止不安全食品流入工地食堂。各地住房城乡建设主管部门要加强对建筑工地食堂食品安全措施落实情况的巡查工作，并将建筑工地食堂食品安全管理作为施工企业文明施工的重要检查内容。

四、督促建筑施工企业认真落实主体责任

建筑施工企业是建筑工地食堂食品安全的责任主体。建筑工地应当建立健全以项目负责人为第一责任人的食品安全责任制，建筑工地食堂要配备专职或者兼职食品安全管理人员，明确相关人员的责任，建立相应的考核奖惩制度，确保食品安全责任落实到位。要建立健全食品安全管理制度，建立从业人员健康管理档案，食堂从业人员取得健康证明后方可持证上岗。对于从事接触直接入口食品工作的人员患有痢疾、伤寒、甲型病毒性肝炎、戊型病毒性肝炎等消化道传染病，以及患有活动性肺结核、化脓性或者渗出性皮肤病等有碍食品安全的疾病的，应当将其调整到其他不影响食品安全的工作岗位。建筑工地食堂要依据食品安全事故处理的有关规定，制定食品安全事故应急预案，提高防控食品安全事故能力和水平。发生食品安全事故时，要迅速采取措施控制事态的发展并及时报告，积极做好相关处置工作，防止事故危害的扩大。

五、畅通投诉举报渠道

各地食品药品监管部门要与住房和城乡建设主管部门密切配合，建立健全建筑工地食堂食品安全投诉举报网络，畅通投诉举报渠道，及时受理投诉举报，依法查处建筑工地食堂违法违规经营行为。

六、加强食品安全信息通报

各级食品药品监管部门与住房城乡建设主管部门应当建立健全建筑工地食堂食品安全事故信息通报制度，畅通报送渠道，及时通报建筑工地食堂餐饮服务许可、监督检查和巡查、违法违规行为查处以及建筑工地食堂食品安全事件处理等情况，共同强化食品安全监管。

七、严厉查处违法违规行为

各地食品药品监管部门要按照《食品安全法》及其实施条例，以及《餐饮服务食品安全监督管理办法》的规定，严厉查处建筑工地食堂无证经营、采购和使用假冒伪劣食品等违法违规行为，对性质恶劣、后果严重的违法案件，要依法加大处罚力度；构成犯罪的，移交司法机关处理。

河南省公安厅　河南省住房和城乡建设厅 河南省安全生产监督管理局关于印发《全省建设工程施工现场消防安全专项治理工作方案》的通知

（豫公通〔2010〕289 号,2010 年 12 月 31 日）

各省辖市公安局、住房和城乡建设委员会、安全生产监督管理局：

现将《全省建设工程施工现场消防安全专项治理工作方案》印发给你们,请结合本地实际,迅速组织实施。

附件：

全省建设工程施工现场消防安全专项治理工作方案

为认真吸取上海“11·15”特别重大火灾事故教训,切实加强建设工程施工现场消防安全管理工作,坚决预防和减少建设工程施工现场火灾事故的发生,根据河南省人民政府办公厅《关于贯彻落实国办发明电〔2010〕35 号进一步做好消防工作的通知》（豫政办明电〔2010〕199 号）要求,省公安厅、住房和城乡建设厅、安全生产监督管理局决定,2010 年 12 月 15 日至 2011 年 1 月 31 日,在全省范围内开展建设工程施工现场专项治理。特制定方案如下。

一、治理目标

通过治理,达到“七个一,七个确保”的目标：辖区内在建建设工程全部排查一遍,确保底数澄清；所有工程递交消防安全承诺书一份,确保持证上岗；施工人员集体宿舍用火、用电设施全部检查一遍,确保违规用火用电隐患彻底清除；建筑外墙保湿装饰材料普查一遍,确保满足消防技术标准；对随施工进步同步安装的消防设施检测维护一遍,确保设施完整好用；施工单位普遍开展一次疏散和灭火预案演练,确保自防自救能力全面提升。

二、治理范围、内容

全省所有在建建设工程施工现场为此次专项治理对象,具体治理内容如下：

（一）建设工程是否依法通过消防设计审核或备案抽查。

（二）建筑外墙搭建的脚手架、围护网等所用材料是否为不燃或难燃材料。建筑外墙保湿材料燃烧性能是否满足公安部、住房和城乡建筑部联合制定下发的《民用建筑外保温系统及外墙装饰防火暂行规定》要求。

（三）施工现场消防通道是否畅通，建筑工地周围是否满足消防车通行、停靠和登高作业要求。

（四）施工现场是否根据工程施工进度，同步安装室内消火栓系统或设置临时消火栓，并保证管网压力和流量。

（五）施工现场以及在建高层建筑的各个楼层是否配置灭火器、消防沙袋等必要的消防器材。

（六）施工现场的办公、生活区与作业区，员工宿舍与明火作业区、生活用火区是否分开设置，并保持安全距离。是否在尚未竣工的建筑物内设置员工集体宿舍。

（七）需要进行明火作业的，动火部门和人员是否按照用火管理制度输审批手续，易燃易爆危险物品和场所是否具有防火防爆措施。电焊、气焊、电工等特殊工种人员是否持证上岗。

（八）施工人员上岗前是否进行消防安全制度、灭火器材的使用方法及自救逃生的知识和技能等消防安全教育培训。

（九）施工单位是否落实每日防火检查巡查制度。

（十）施工单位是否建立施工现场消防组织，制定灭火和应急疏散预案，并定期组织演练。

三、治理措施

依据国家有关消防法律法规，对检查治理中发现有下列违法违规行为的，从来予以惩处：

（一）依法应当经公安机关消防机构进行消防设计审核的建设工程，未经依法审核或者审核不合格，擅自施工的；消防设计经公安机关消防机构依法抽查不合格，不停止施工的，依法责令停止施工、停止使用或停产停业并处三万元以上三十万元以下罚款。

（二）对火灾隐患经公安机关消防机构通知后不及时采取措施消除的；擅自挪用、拆除、停用消防设施、器材的，依法处五千元以上五万元以下罚款，并强制其恢复原状。

（三）建设工程的外墙装饰、装修及广告牌设置不符合消防安全要求，影响建筑防火防烟性能和灭火救援行动的；建筑物施工时高度超过二十四米，施工单位没有随施工进度保证消防水源的，责令限期改正；逾期不改正的，依法处三千元以上三万元以下罚款。

（四）违反规定使用明火作业或者在具有火灾、爆炸危险的场所吸烟、使用明火的，依法处警告或者五百元以下罚款；情节严重的，处五日以下拘留。

（五）在建建筑周边违章搭建的临时建（构）筑物、堆垛，影响火灾扑救、消防通道、防火间距的，应依法拆除或搬离。

（六）依法应当经公安机关消防机构审核的建设工程消防设计未经审核或审核不合格的，建设主管部门应依法责令其停止施工并吊销施工许可证。

（七）对构成重大火灾隐患严重危及公共安全的，要书面报请当地人民政府研究解决。

四、工作要求

（一）高度重视，加强领导。当前正值冬季火灾高发季节，火灾防控压力剧增。各地要站在贯彻落实科学发展观、构建社会主义和谐社会的高度，从维护社会稳定大局出发，充分认识做好建筑工程施工现场消防安全工作的重要性和紧迫性，把建筑工程施工现场消防安全摆上重要议事日程，层层动员部署，出台刚性措施，全力抓好落实。各地要成立专门领导组织，公安、消防、住建、安监部门要组成联合检查组，明确职责任务，深入一线全面开展检查治理。

（二）开展自查，落实责任。各建设单位、施工单位要严格落实《消防法》及《河南省消防条例》中明确的相关责任，认真进行自查整改，张贴《建设工程施工现场消防安全管理要求》，将消防通道、消防水源、灭火器材配置、用火、用电、员工集体宿舍设置、重点工种人员培训等情况作为自查重点。自查期间，要对发现问题进行归纳汇总，安排专人进行整改，自查整改结束后，建设单位要向有关部门呈报《自查整改承诺书》。

（三）部门联动，严格执法。各级公安、住建、安监部门要充分发挥行业管理和监督的职能作用，建立健全部门信息沟通和联合执法工作机制。各级公安消防部门要全员参与，密切协调有关部门，加强对辖区内建设工程施工现场尤其是高层建筑施工现场的消防监督检查，对不满足施工现场消防安全条件、消防安全责任制不落实的，要依法督促整改，最大限度地消除火灾隐患。各地建设行政主管部门要加强对建筑工程各方责任主体以及施工现场的监督管理，核发施工许可证前，要对建筑工程是否具备保障安全的具体措施进行审查，不具备条件的，不得颁发施工许可证。各级安全生产监管部门要积极配合专项治理行动督查检查，要对易燃易爆危险物品场所施工现场加强督查。各级公安、住建、安监部门要通力合作，密切联系，对检查发现的消防违法违章行为，按照各自职责依法进行处理，切实形成整治火灾隐患和消防违法行为的强大合力。

（四）严格督导，总结通报。各地要严格落实消防安全责任制和责任追究制，一级抓一级，层层抓落实。治理期间，凡发生火灾事故造成严重后果的，要坚决按照“四不放过”原则，严肃追究有关领导和人员的责任；省公安厅、建设厅、安监局将对各地治理情况进行明查暗访，对玩忽职守、工作懈怠、推诿应付、治理不力的单位和人员，严格实施责任倒查和责任追究。治理工作结束后，将对各地治理情况进行通报。

各地要于2011年1月25日前将本地区建筑工程施工现场消防安全专项治理工作总结及统计表上报省公安消防总队。

附件：1. 自查整改承诺书（略）
　　2. 建设工程施工现场消防安全管理要求
　　3. 全省建设工程施工现场消防安全专项治理工作统计表（略）

附件2:

建设工程施工现场消防安全管理要求

一、建设工程施工现场应具备以下消防安全条件

(一)施工现场要确保消防通道畅通。建筑工地周围要满足消防车通行、停靠和登高作业要求,及时清理建筑垃圾和障碍物,材料堆场应满足防火间距和消防车通道要求;建筑物内应设置标明疏散楼梯间和安全出口的临时醒目标志,视情安装楼梯间和安全出口的临时应急照明。

(二)施工现场要按有关规定设置消防给水设施。施工现场应按照总平面设计设置室外消火栓系统,保证管网压力和流量,应随工程施工进度同步安装室内消火栓系统或设置临时消火栓,配备水枪水带,消防干管设置水泵接合器,满足施工现场火灾扑救的消防供水要求。

(三)施工现场应当配备必要的消防器材。施工现场要重点防火部位和在建高层建筑的各个楼层,应在明显和方便取用的地方配置适当数量的手提式灭火器、消防沙袋、救生绳和简易防毒面具等消防器材。

(四)施工现场的办公、生活区与作业区,员工宿舍区与明火作业区、生活用火应当分开设置,并保持安全距离;员工宿舍内电气线路敷设应符合规范要求;不得在尚未竣工的建筑物内设置员工集体宿舍。

(五)建筑外墙搭建的脚手架、围护网等所用材料应为不燃或难燃材料。建筑外墙保温材料的燃烧性能应满足公安部、住房和城乡建筑部联合制定下发的《民用建筑外保温系统及外墙装饰防火暂行规定》要求。

二、制定并落实各项消防安全管理制度和操作规程

施工单位应当在施工组织设计中编制消防安全技术措施和专项施工方案,并由专职安全管理人员进行现场监督。动用明火必须实行严格的消防安全管理,禁止在具有火灾、爆炸危险的场所使用明火;需要进行明火作业的,动火部门和人员应当按照用火管理制度办理审批手续,落实现场监护人,在确认无火灾、爆炸危险后方可动火施工;动火施工人员应当遵守消防安全规定,并落实相应的消防安全措施;易燃易爆危险物品和场所应有具体防火防爆措施;电焊、气焊、电工等特殊工种人员必须持证上岗;将容易发生火灾、一旦发生火灾后果严重的部位确定为重点防火部位,实行严格管理。

三、加强施工现场人员消防安全教育培训

施工人员上岗前的安全培训应当包括以下消防内容:有关消防法规、消防安全制度和保障消防安全的操作规程,本岗位的火灾危险性和防火措施,有关消防设施的性能、灭火器材的使用方法,报火警、扑救初起火灾以及自救逃生的知识和技能等,提高施工现场人员的消防常识和逃生自救能力。

四、落实防火检查巡查，消除火灾隐患

施工单位应当进行每日防火巡查，及时纠正违章操作行为，及时发现火灾隐患并采取整改措施。施工单位防火巡查的内容应当包括：火灾隐患的整改情况以及防范措施的落实情况，疏散通道、消防车通道、消防水源情况，灭火器材配置及有效情况，用火、用电有无违章情况，重点工种人员及其他施工人员消防知识掌握情况，消防安全重点部位管理情况，易燃易爆危险物品和场所防火防爆措施落实情况等。

五、加强初期火灾扑救和疏散演练

施工单位应当根据国家有关消防法规和建设工程安全生产法规的规定，建立施工现场消防组织，制定灭火和应急疏散预案，定期组织演练，提高施工人员及时报警、扑灭初期火灾和逃生自救能力。

五、标准、规范

BIAOZHUN GUIFAN

建筑施工模板安全技术规范(节选)

JGJ 162—2008 J 814—2008

(2008年12月1日实施,其中,第5.1.6、6.1.9、6.2.4条为强制性条文)

1 总 则

1.0.2 本规范适用于建筑施工中现浇混凝土工程模板体系的设计、制作、安装和拆除。

1.0.3 进行模板工程的设计和施工时,应从工程实际情况出发,合理选用材料、方案和构造措施;应满足模板在运输、安装和使用过程中的强度、稳定性和刚度要求,并宜优先采用定型化、标准化的模板支架和模板构件。

5 设 计

5.1 一般规定

5.1.1 模板及其支架的设计应根据工程结构形式,荷载大小、地基土类别、施工设备和材料等条件进行。

5.1.2 模板及其支架的设计应符合下列规定:

1 应具有足够的承载能力、刚度和稳定性,应能可靠地承受新浇混凝土的自重、侧压力和施工过程中所产生的荷载及风荷载。

2 构造应简单,装拆方便,便于钢筋的绑扎、安装和混凝土的浇筑、养护。

3 混凝土梁的施工应采用从跨中向两端对称进行分层浇筑,每层厚度不得大于400 mm。

4 当验算模板及其支架在自重和风荷载作用下的抗倾覆稳定性时,应符合相应材质结构设计规范的规定。

5.1.3 模板设计应包括下列内容:

1 根据混凝土的施工工艺和季节性施工措施,确定其构造和所承受的荷载;

2 绘制配板设计图、支撑设计布置图、细部构造和异形模板大样图;

3 按模板承受荷载的最不利组合对模板进行验算;

4 制定模板安装及拆除的程序和方法;

5 编制模板及配件的规格、数量汇总表和周转使用计划;

6 编制模板施工安全、防火技术措施及设计、施工说明书。

5.1.6 模板结构构件的长细比应符合下列规定:

1 受压构件长细比:支架立柱及桁架,不应大于150;拉条、缀条、斜撑等连系构件,不应大于200;

2 受拉构件长细比：钢杆件，不应大于350；木杆件，不应大于250。

5.1.7 用扣件式钢管脚手架作支架立柱时，应符合下列规定：

1 连接扣件和钢管立杆底座应符合现行国家标准《钢管脚手架扣件》GB 15831 的规定；

2 承重的支架柱，其荷载应直接作用于立杆的轴线上，严禁承受偏心荷载，并应按单立杆轴心受压计算；钢管的初始弯曲率不得大于1/1 000，其壁厚应按实际检查结果计算；

3 当露天支架立柱为群柱架时，高宽比不应大于5；当高宽比大于5时，必须加设抛撑或缆风绳，保证宽度方向的稳定。

5.1.8 用门式钢管脚手架作支架立柱时，应符合下列规定：

1 几种门架混合使用时，必须取支承力最小的门架作为设计依据；

2 荷载宜直接作用在门架两边立杆的轴线上，必要时可设横梁将荷载传于两立杆顶端，且应按单榀门架进行承力计算；

3 门架结构在相邻两榀之间应设工具式交叉支撑，使用的交叉支撑线刚度必须满足下式要求：

$$\frac{I_b}{L_b} \geqslant 0.03\frac{I}{h_0} \tag{5.1.8}$$

式中 I_b——剪刀撑的截面惯性矩；

L_b——剪刀撑的压曲长度；

I——门架的截面惯性矩；

h_0——门架立杆高度。

4 当门架使用可调支座时，调节螺杆伸出长度不得大于150 mm；

5 当露天门架支架立柱为群柱架时，高宽比不应大于5；当高宽比大于5时，必须使用缆风绳，保证宽度方向的稳定。

5.1.9 遇有下列情况时，水平支承梁的设计应采取防倾倒措施，不得取消或改动销紧装置的作用，且应符合下列规定：

1 水平支承如倾斜或由倾斜的托板支承以及偏心荷载情况存在时；

2 梁由多杆件组成；

3 当梁的高宽比大于2.5时，水平支承梁的底面严禁支承在50 mm宽的单托板面上；

4 水平支承梁的高宽比大于2.5时，应避免承受集中荷载。

5.1.10 当采用卷扬机和钢丝绳牵拉进行爬模设计时，其支承架和锚固装置的设计能力，应为总牵引力的3～5倍。

5.1.11 烟囱、水塔和其他高大构筑物的模板工程，应根据其特点进行专项设计，制定专项施工安全措施。

6 模板构造与安装

6.1 一般规定

6.1.1 模板安装前必须做好下列安全技术准备工作：

1 应审查模板结构设计与施工说明书中的荷载、计算方法、节点构造和安全措施,设计审批手续应齐全。

2 应进行全面的安全技术交交底,操作班组应熟悉设计与施工说明书,并应做好模板安装作业的分工准备。采用爬模、飞模、隧道模等特殊模板施工时,所有参加作业人员必须经过专门技术培训,考核合格后方可上岗。

3 应对模板和配件进行挑选、检测,不合适者应剔除,并应运至工地指定地点堆放。

4 备齐操作所需的一切安全防护设施和器具。

6.1.2 模板构造与安装应符合下列规定:

1 模板安装应按设计与施工说明书顺序拼装。木杆、钢管、门架等支架立柱不得混用。

2 竖向模板和支架立柱支承部分安装在基土上时,应加设垫板,垫板应有足够强度和支承面积,且应中心承载。基土应坚实,并应有排水措施。对湿陷性黄土应有防水措施;对特别重要的结构工程可采用混凝土、打桩等措施防止支架柱下沉;对冻胀性土应有防冻融措施。

3 当满堂或共享空间模板支架立柱高度超过 8 m 时,若地基土达不到承载要求,无法防止立柱下沉,则应先施工地面下的工程,再分层回填夯实基土,浇筑地面混凝土垫层,达到强度后方可支模。

4 模板及其支架在安装过程,必须设置有效防倾覆的临时固定设施。

5 现浇钢筋混凝土梁、板,当跨度大于 4 m 时,模板应起拱;当设计无具体要求时,起拱高度宜为全跨长度的 1/1 000 ~ 3/1 000。

6 现浇多层或高层房屋和构筑物,安装上层模板及其支架应符合下列规定:

1)下层楼板应具有承受上层施工荷载的承载能力,否则应加设支撑支架;

2)上层支架立柱应对准下层支架立柱,并应在立柱底铺设垫板;

3)当采用悬臂吊模板、桁架支模方法时,其支撑结构的承载能力和刚度必须符合设计构造要求。

7 当层间高度大于 5 m 时,应选用桁架支模或钢管立柱支模。当层间高度小于或等于 5 m 时,可采用木立柱支模。

6.1.3 安装模板应保证工程结构和构件各部分形状、尺寸和相互位置的正确,防止漏浆,构造应符合模板设计要求。

模板应具有足够的承载能力、刚度和稳定性,应能可靠承受新浇混凝土自重和侧压力以及施工过程中所产生的荷载。

6.1.4 拼装高度为 2 m 以上的竖向模板,不得站在下层模板上拼装上层模板。安装过程中应设置临时固定设施。

6.1.5 当承重焊接钢筋骨架和模板一起安装时,应符合下列规定:

1 梁的侧模、底模必须固定在承重焊接钢筋骨架的节点上。

2 安装钢筋模板组合体时,吊索应按模板设计的吊点位置绑扎。

6.1.6 当支架立柱成一定角度倾斜,或其支架立柱的顶表面倾斜时,应采取可靠措施确保支点稳定,支撑底脚必须有防滑移的可靠措施。

6.1.7 除设计图另有规定者外,所有垂直支架柱应保证其垂直。

6.1.8 对梁和板安装二次支撑前,其上不得有施工荷载,支撑的位置必须正确。安装后所传给支撑或连接件的荷载不应超过其允许值。

6.1.9 支撑梁、板的支架立柱构造与安装应符合下列规定:

1 梁和板的立柱,其纵横向间距应相等或成倍数。

2 木立柱底部应设垫木,顶部应设支撑头。钢管立柱底部应设垫木和底座,顶部应设可调支托,U形支托与楞梁两侧间如有间隙,必须楔紧,其螺杆伸出钢管顶部不得大于200 mm,螺杆外径与立柱钢管内径的间隙不得大于3 mm,安装时应保证上下同心。

3 在立柱底距地面200 mm高处,沿纵横水平方向应按纵下横上的程序设扫地杆。可调支托底部的立柱顶端应沿纵横向设置一道水平拉杆。扫地杆与顶部水平拉杆之间的间距,在满足模板设计所确定的水平拉杆步距要求条件下,进行平均分配确定步距后,在每一步距处纵横向应各设一道水平拉杆。当层高在8~20 m时,在最顶步距两水平拉杆中间应加设一道水平拉杆;当层高大于20 m时,在最顶两步距水平拉杆中间应分别增加一道水平拉杆。所有水平拉杆的端部均应与四周建筑物顶紧顶牢。无处可顶时,应在水平拉杆端部和中部沿竖向设置连续式剪刀撑。

4 木立柱的扫地杆、水平拉杆、剪刀撑应采用40 mm×50 mm木条或25 mm×80 mm的木板条与木立柱钉牢。钢管立柱的扫地杆、水平拉杆、剪刀撑应采用ϕ48 mm×3.5 mm钢管,用扣件与钢管立柱扣牢。木扫地杆、水平拉杆、剪刀撑应采用搭接,并应采用铁钉钉牢。钢管扫地杆、水平拉杆应采用对接。剪刀撑应采用搭接,搭接长度不得小于500 mm,并应采用2个旋转扣件分别在离杆端不小于100 mm处进行固定。

6.1.10 施工时,在已安装好的模板上的实际荷载不得超过设计值。已承受荷载的支架和附件,不得随意拆除或移动。

6.1.11 组合钢模板、滑升模板等的构造与安装,尚应符合现行国家标准《组合钢模板技术规范》GB 50214和《滑动模板工程技术规范》GB 50113的相应规定。

6.1.12 安装模板时,安装所需各种配件应置于工具箱或工具袋内,严禁散放在模板或脚手板上;安装所用工具应系挂在作业人员身上或置于所配带的工具袋中,不得掉落。

6.1.13 当模板安装高度超过3.0 m时,必须搭设脚手架,除操作人员外,脚手架下不得站其他人。

6.1.14 吊运模板时,必须符合下列规定:

1 作业前应检查绳索、卡具、模板上的吊环,必须完整有效,在升降过程中应设专人指挥,统一信号,密切配合。

2 吊运大块或整体模板时,竖向吊运不应少于2个吊点,水平吊运不应少于4个吊点。吊运必须使用卡环连接,并应稳起稳落,待模板就位连接牢固后,方可摘除卡环。

3 吊运散装模板时,必须码放整齐,待捆绑牢固后方可起吊。

4 严禁起重机在架空输电线路下面工作。

5 遇5级及以上大风时,应停止一切吊运作业。

6.1.15 木料应堆放在下风向,离火源不得小于30 m,且料场四周应设置灭火器材。

6.2 支架立柱构造与安装

6.2.1 梁式或桁架式支架的构造与安装应符合下列规定:

1 采用伸缩式桁架时,其搭接长度不得小于 500 mm,上下弦连接销钉规格、数量应按设计规定,并应采用不少于 2 个 U 形卡或钢销钉销紧,2 个 U 形卡距或销距不得小于 400 mm。

2 安装的梁式或桁架式支架的间距设置应与模板设计图一致。

3 支承梁式或桁架式支架的建筑结构应具有足够强度,否则,应另设立柱支撑。

4 若桁架采用多榀成组排放,在下弦折角处必须加设水平撑。

6.2.2 工具式立柱支撑的构造与安装应符合下列规定:

1 工具式钢管单立柱支撑的间距应符合支撑设计的规定。

2 立柱不得接长使用。

3 所有夹具、螺栓、销子和其他配件应处在闭合或拧紧的位置。

4 立杆及水平拉杆构造应符合本规范第 6.1.9 条的规定。

6.2.3 木立柱支撑的构造与安装应符合下列规定:

1 木立柱宜选用整料,当不能满足要求时,立柱的接头不宜超过 1 个,并应采用对接夹板接头方式。立柱底部可采用垫块垫高,但不得采用单码砖垫高,垫高高度不得超过 300 mm。

2 木立柱底部与垫木之间应设置硬木对角楔调整标高,并应用铁钉将其固定在垫木上。

3 木立柱间距、扫地杆、水平拉杆、剪刀撑的设置应符合本规范 6.1.9 条的规定,严禁使用板皮替代规定的拉杆。

4 所有单立柱支撑应在底垫木和梁底模板的中心,并应与底部垫木和顶部梁底模板紧密接触,且不得承受偏心荷载。

5 当仅为单排立柱时,应在单排立柱的两边每隔 3 m 加设斜支撑,且每边不得少于 2 根,斜支撑与地面的夹角应为 60°。

6.2.4 当采用扣件式钢管作立柱支撑时,其构造与安装应符合下列规定:

1 钢管规格、间距、扣件应符合设计要求。每根立柱底部应设置底座及垫板,垫板厚度不得小于 50 mm。

2 钢管支架立柱间距、扫地杆、水平拉杆、剪刀撑的设置应符合本规范第 6.1.9 条的规定。当立柱底部不在同一高度时,高处的纵向扫地杆应向低处延长不少于 2 跨,高低差不得大于 1 m,立柱距边坡上方边缘不得小于 0.5 m。

3 立柱接长严禁搭接,必须采用对接扣件连接,相邻两立柱的对接接头不得在同步内,且对接接头沿竖向错开的距离不宜小于 500 mm,各接头中心距主节点不宜大于步距的 1/3。

4 严禁将上段的钢管立柱与下段钢管立柱错开固定在水平拉杆上。

5 满堂模板和共享空间模板支架立柱,在外侧周圈应设由下至上的竖向连续式剪刀撑;中间在纵横向应每隔 10 m 左右设由下至上的竖向连续式剪刀撑,其宽度宜为 4 ~ 6 m,并在剪刀撑部位的顶部、扫地杆处设置水平剪刀撑(图 6.2.4-1)。剪刀撑杆件的底端应与地面顶紧,夹角宜为45°~60°。当建筑层高在8~20 m时,除应满足上述规定外,还应在纵横向相邻的两竖向连续式剪刀撑之间增加之字斜撑,在有水平剪刀撑的部位,应在每个剪刀撑中间处增加一道水平剪刀撑(图6.2.4-2)。当建筑层高超过20 m时,在满足以上规定的基础上,应将所有之字斜撑全部改为连续式剪刀撑(图6.2.4-3)。

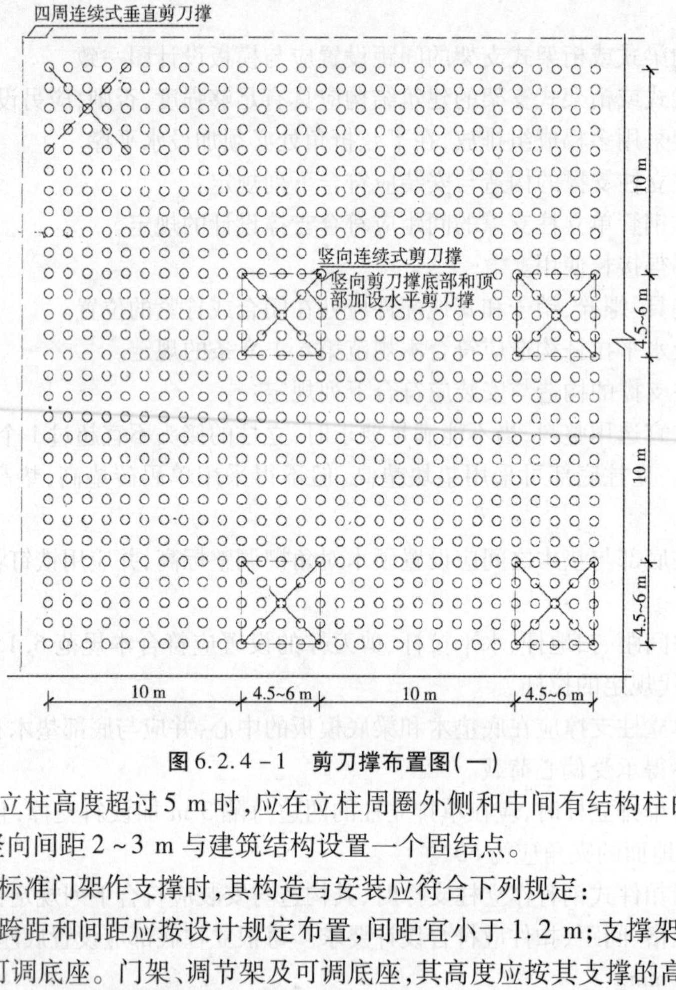

图6.2.4-1 剪刀撑布置图(一)

6 当支架立柱高度超过5 m时,应在立柱周圈外侧和中间有结构柱的部位,按水平间距6~9 m、竖向间距2~3 m与建筑结构设置一个固结点。

6.2.5 当采用标准门架作支撑时,其构造与安装应符合下列规定:

1 门架的跨距和间距应按设计规定布置,间距宜小于1.2 m;支撑架底部垫木上应设固定底座或可调底座。门架、调节架及可调底座,其高度应按其支撑的高度确定。

2 门架支撑可沿梁轴线垂直和平行布置。当垂直布置时,在两门架间的两侧应设置交叉支撑;当平行布置时,在两门架间的两侧亦设置交叉支撑,交叉支撑应与立杆上的锁销锁牢,上下门架的组装连接必须设置连接棒及锁臂。

3 当门架支撑宽度为4跨及以上或5个间距及以上时,应在周边底层、顶层、中间每5列、5排在每门架立杆跟部设ϕ48 mm×3.5 mm通长水平加固杆,并应采用扣件与门架立杆扣牢。

4 当门架支撑高度超过8 m时,应按本规范第6.2.4条的规定执行,剪刀撑不应大于4个间距,并应采用扣件与门架立杆扣牢。

5 顶部操作层应采用挂扣式脚手板满铺。

6.2.6 悬挑结构立柱支撑的安装应符合下列要求:

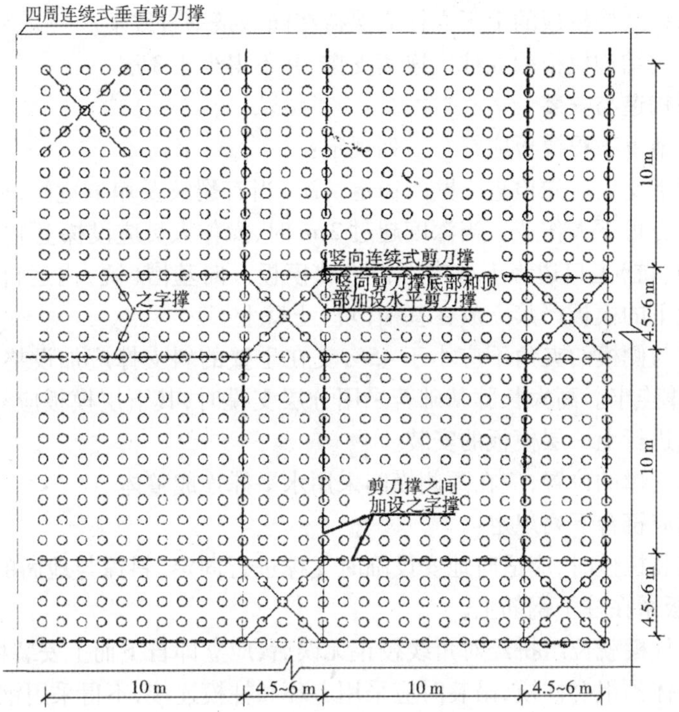

图 6.2.4-2 剪刀撑布置图(二)

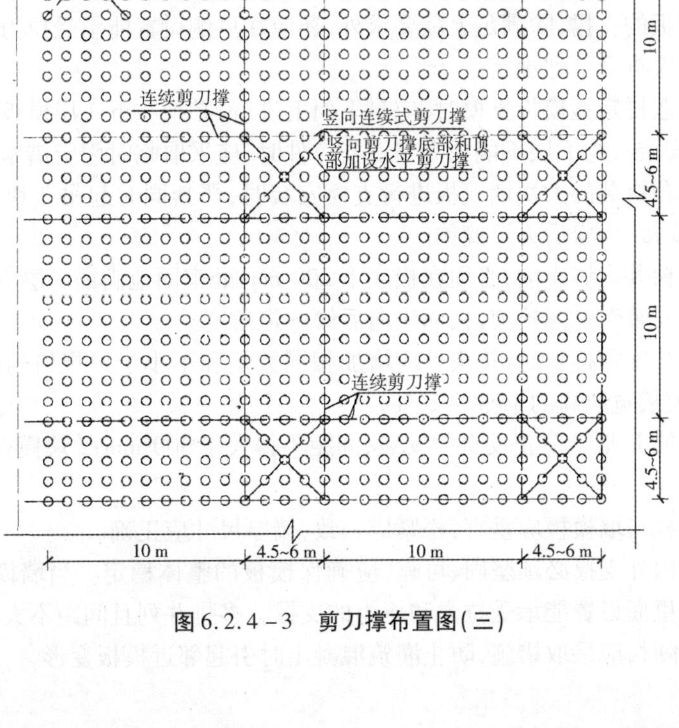

图 6.2.4-3 剪刀撑布置图(三)

1　多层悬挑结构模板的上下立柱应保持在同一条垂直线上。

2　多层悬挑结构模板的立柱应连续支撑，并不得少于3层。

6.3　普通模板构造与安装

6.3.1　基础及地下工程模板应符合下列规定：

1　地面以下支模应先检查土壁的稳定情况，当有裂纹及塌方危险迹象时，应采取安全防范措施后，方可下人作业。当深度超过2 m时，操作人员应设梯上下。

2　距基槽（坑）上口边缘1 m内不得堆放模板。向基槽（坑）内运料应使用起重机、溜槽或绳索；运下的模板严禁立放在基槽（坑）土壁上。

3　斜支撑与侧模的夹角不应小于45°，支在土壁的斜支撑应加设垫板，底部的对角楔木应与斜支撑连牢。高大长脖基础若采用分层支模时，其下层模板应经就位校正并支撑稳固后，方可进行上一层模板的安装。

4　在有斜支撑的位置，应在两侧模间采用水平撑连成整体。

6.3.2　柱模板应符合下列规定：

1　现场拼装柱模时，应适时地安设临时支撑进行固定，斜撑与地面的倾角宜为60°，严禁将大片模板系在柱子钢筋上。

2　待四片柱模就位组拼经对角线校正无误后，应立即自下而上安装柱箍。

3　若为整体预组合柱模，吊装时应采用卡环和柱模连接，不得采用钢筋钩代替。

4　柱模校正（用四根斜支撑或用连接在柱模顶四角带花篮螺栓的揽风绳，底端与楼板钢筋拉环固定进行校正）后，应采用斜撑或水平撑进行四周支撑，以确保整体稳定。当高度超过4 m时，应群体或成列同时支模，并应将支撑连成一体，形成整体框架体系，当需单根支模时，柱宽大于500 mm应每边在同一标高上设置不得少于2根斜撑或水平撑。斜撑与地面的夹角宜为45°~60°，下端尚应有防滑移的措施。

5　角柱模板的支撑，除满足上款要求外，还应在里侧设置能承受拉力和压力的斜撑。

6.3.3　墙模板应符合下列规定：

1　当采用散拼定型模板支模时，应自下而上进行，必须在下一层模板全部紧固后，方可进行上一层安装。当下层不能独立安设支撑件时，应采取临时固定措施。

2　当采用预拼装的大块墙模板进行支模安装时，严禁同时起吊2块模板，并应边就位、边校正、边连接，固定后方可摘钩。

3　安装电梯井内墙模前，必须在板底下200 mm处牢固地满铺一层脚手板。

4　模板未安装对拉螺栓前，板面应向后倾一定角度。

5　当钢楞长度需接长时，接头处应增加相同数量和不小于原规格的钢楞，其搭接长度不得小于墙模板宽或高的15%~20%。

6　拼接时的U形卡应正反交替安装，间距不得大于300 mm；2块模板对接接缝处的U形卡应满装。

7　对拉螺栓与墙模板应垂直，松紧应一致，墙厚尺寸应正确。

8　墙模板内外支撑必须坚固、可靠，应确保模板的整体稳定。当墙模板外面无法设置支撑时，应在里面设置能承受拉力和压力的支撑。多排并列且间距不大的墙模板，当其与支撑互成一体时，应采取措施，防止灌筑混凝土时引起邻近模板变形。

6.3.4　独立梁和整体楼盖梁结构模板应符合下列规定：

1　安装独立梁模板时应设安全操作平台，并严禁操作人员站在独立梁底模或柱模支架上操作及上下通行。

2　底模与横楞应拉结好，横楞与支架、立柱应连接牢固。

3　安装梁侧模时，应边安装边与底模连接，当侧模高度多于2块时，应采取临时固定措施。

4　起拱应在侧模内外楞连固前进行。

5　单片预组合梁模，钢楞与板面的拉结应按设计规定制作，并应按设计吊点试吊无误后，方可正式吊运安装，侧模与支架支撑稳定后方准摘钩。

6.3.5　楼板或平台板模板应符合下列规定：

1　当预组合模板采用桁架支模时，桁架与支点的连接应固定牢靠，桁架支承应采用平直通长的型钢或木方。

2　当预组合模板块较大时，应加钢楞后方可吊运。当组合模板为错缝拼配时，板下横楞应均匀布置，并应在模板端穿插销。

3　单块模就位安装，必须待支架搭设稳固、板下横楞与支架连接牢固后进行。

4　U形卡应按设计规定安装。

6.3.6　其他结构模板应符合下列规定：

1　安装圈梁、阳台、雨篷及挑檐等模板时，其支撑应独立设置，不得支搭在施工脚手架上。

2　安装悬挑结构模板时，应搭设脚手架或悬挑工作台，并应设置防护栏杆和安全网。作业处的下方不得有人通行或停留。

3　烟囱、水塔及其他高大构筑物的模板，应编制专项施工设计和安全技术措施，并应详细地向操作人员进行交底后方可安装。

4　在危险部位进行作业时，操作人员应系好安全带。

6.4　爬升模板构造与安装

6.4.1　进入施工现场的爬升模板系统中的大模板、爬升支架、爬升设备、脚手架及附件等，应按施工组织设计及有关图纸验收，合格后方可使用。

6.4.2　爬升模板安装时，应统一指挥，设置警戒区与通信设施，做好原始记录，并应符合下列规定：

1　检查工程结构上预埋螺栓孔的直径和位置，并应符合图纸要求。

2　爬升模板的安装顺序应为底座、立柱、爬升设备、大模板、模板外侧吊脚手。

6.4.3　施工过程中爬升大模板及支架时，应符合下列规定：

1　爬升前，应检查爬升设备的位置、牢固程度、吊钩及连接杆件等，确认无误后，拆除相邻大模板及脚手架间的连接杆件，使各个爬升模板单元彻底分开。

2　爬升时，应先收紧千斤钢丝绳，吊住大模板或支架，然后拆卸穿墙螺栓，并检查再无任何连接，卡环和安全钩无问题，调整好大模板或支架的重心，保持垂直，开始爬升。爬升时，作业人员应站在固定件上，不得站在爬升件上爬升，爬升过程中应防止晃动与扭转。

3　每个单元的爬升不宜中途交接班，不得隔夜再继续爬升。每单元爬升完毕应及时固定。

4 大模板爬升时，新浇混凝土的强度不应低于1.2 N/mm^2。支架爬升时的附墙架穿墙螺栓受力处的新浇混凝土强度应达到10 N/mm^2 以上。

5 爬升设备每次使用前均应检查，液压设备应由专人操作。

6.4.4 作业人员应背工具袋，以便存放工具和拆下的零件，防止物件跌落，且严禁高空向下抛物。

6.4.5 每次爬升组合安装好的爬升模板、金属件应涂刷防锈漆，板面应涂刷脱模剂。

6.4.6 爬模的外附脚手架或悬挂脚手架应满铺脚手板，脚手架外侧应设防护栏杆和安全网。爬架底部亦应满铺脚手板和设置安全网。

6.4.7 每步脚手架间应设置爬梯，作业人员应由爬梯上下，进入爬架应在爬架内上下，严禁攀爬模板、脚手架和爬架外侧。

6.4.8 脚手架上不应堆放材料，脚手架上的垃圾应及时清除。如需临时堆放少量材料或机具，必须及时取走，且不得超过设计荷载的规定。

6.4.9 所有螺栓孔均应安装螺栓，螺栓应采用50~60 N·m的扭矩紧固。

6.5 飞模构造与安装

6.5.1 飞模的制作组装必须按设计图进行。运到施工现场后，应按设计要求检查合格后方可使用安装。安装前应进行一次试压和试吊，检验确认各部件无隐患。对利用组合钢模板、门式脚手架、钢管脚手架组装的飞模，所用的材料、部件应符合现行国家标准《组合钢模板技术规范》GB 50214、《冷弯薄壁型钢结构技术规范》GB 50018以及其他专业技术规范的要求。凡属采用铝合金型材、木或竹塑胶合板组装的飞模，所用材料及部件应符合有关专业标准的要求。

6.5.2 飞模起吊时，应在吊离地面0.5 m后停下，待飞模完全平衡后再起吊。吊装应使用安全卡环，不得使用吊钩。

6.5.3 飞模就位后，应立即在外侧设置防护栏，其高度不得小于1.2 m，外侧应另加设安全网，同时应设置楼层护栏。并应准确、牢固地搭设出模操作平台。

6.5.4 当飞模在不同楼层转运时，上下层的信号人员应分工明确、统一指挥、统一信号，并应采用步话机联络。

6.5.5 当飞模转运采用地滚轮推出时，前滚轮应高出后滚轮10~20 mm，并应将飞模重心标画在旁侧，严禁外侧吊点在未挂钩前将飞模向外倾斜。

6.5.6 飞模外推时，必须用多根安全绳一端牢固拴在飞模两侧，另一端围绕在飞模两侧建筑物的可靠部位上，并应设专人掌握；缓慢推出飞模，并松放安全绳，飞模外端吊点的钢丝绳应逐渐收紧，待内外端吊钩挂牢后再转运起吊。

6.5.7 在飞模上操作的挂钩作业人员应穿防滑鞋，且应系好安全带，并应挂在上层的预埋铁环上。

6.5.8 吊运时，飞模上不得站人和存放自由物料，操作电动平衡吊具的作业人员应站在楼面上，并不得斜拉歪吊。

6.5.9 飞模出模时，下层应设安全网，且飞模每运转一次后应检查各部件的损坏情况，同时应对所有的连接螺栓重新进行紧固。

6.6 隧道模构造与安装

6.6.1 组装好的半隧道模应按模板编号顺序吊装就位。并应将2个半隧道模顶板边缘的角钢用连接板和螺栓进行连接。

6.6.2 合模后应采用千斤顶升降模板的底沿,按导墙上所确定的水准点调整到设计标高,并应采用斜支撑和垂直支撑调整模板的水平度和垂直度,再将连接螺栓拧紧。

6.6.3 支卸平台构架的支设,必须符合下列规定:

1 支卸平台的设计应便于支卸平台吊装就位,平台的受力应合理。

2 平台桁架中立柱下面的垫板,必须落在楼板边缘以内400 mm左右,并应在楼层下相应位置加设临时垂直支撑。

3 支卸平台台面的顶面,必须和混凝土楼面齐平,并应紧贴楼面边缘。相邻支卸平台间的空隙不得过大。支卸平台外周边应设安全护栏和安全网。

6.6.4 山墙作业平台应符合下列规定:

1 隧道模拆除吊离后,应将特制U形卡承托对准山墙的上排对拉螺栓孔,从外向内插入,并用螺帽紧固。U形卡承托的间距不得大于1.5 m。

2 将作业平台吊至已埋设的U形卡位置就位,并将平台每根垂直杆件上的$\phi30$水平杆件落入U形卡内,平台下部靠墙的垂直支撑用穿墙螺栓紧固。

3 每个山墙作业平台的长度不应超过7.5 m,且不应小于2.5 m,并应在端头分别增加外挑1.5 m的三角平台。作业平台外周边应设安全护栏和安全网。

7 模板拆除

7.1 模板拆除要求

7.1.1 模板的拆除措施应经技术主管部门或负责人批准,拆除模板的时间可按现行国家标准《混凝土结构工程施工质量验收规范》GB 50204的有关规定执行。冬期施工的拆模,应符合专门规定。

7.1.2 当混凝土未达到规定强度或已达到设计规定强度,需提前拆模或承受部分超设计荷载时,必须经过计算和技术主管确认其强度能足够承受此荷载后,方可拆除。

7.1.3 在承重焊接钢筋骨架作配筋的结构中,承受混凝土重量的模板,应在混凝土达到设计强度的25%后方可拆除承重模板。当在已拆除模板的结构上加置荷载时,应另行核算。

7.1.4 大体积混凝土的拆模时间除应满足混凝土强度要求外,还应使混凝土内外温差降低到25℃以下时方可拆模。否则应采取有效措施防止产生温度裂缝。

7.1.5 后张预应力混凝土结构的侧模宜在施加预应力前拆除,底模应在施加预应力后拆除。当设计有规定时,应按规定执行。

7.1.6 拆模前应检查所使用的工具有效和可靠,扳手等工具必须装入工具袋或系挂在身上,并应检查拆模场所范围内的安全措施。

7.1.7 模板的拆除工作应设专人指挥。作业区应设围栏,其内不得有其他工种作业,并应设专人负责监护。拆下的模板、零配件严禁抛掷。

7.1.8 拆模的顺序和方法应按模板的设计规定进行。当设计无规定时,可采取先支的后拆、后支的先拆、先拆非承重模板、后拆承重模板,并应从上而下进行拆除。拆下的模板不得抛扔,应按指定地点堆放。

7.1.9 多人同时操作时,应明确分工、统一信号或行动,应具有足够的操作面,人员应站在安全处。

7.1.10 高处拆除模板时,应符合有关高处作业的规定。严禁使用大锤和撬棍,操作层上临时拆下的模板堆放不能超过3层。

7.1.11 在提前拆除互相搭连并涉及其他后拆模板的支撑时,应补设临时支撑。拆模时,应逐块拆卸,不得成片撬落或拉倒。

7.1.12 拆模如遇中途停歇,应将已拆松动、悬空、浮吊的模板或支架进行临时支撑牢固或相互连接稳固。对活动部件必须一次拆除。

7.1.13 已拆除了模板的结构,应在混凝土强度达到设计强度值后方可承受全部设计荷载。若在未达到设计强度以前,需在结构上加置施工荷载时,应另外核算,强度不足时,应加设临时支撑。

7.1.14 遇6级或6级以上大风时,应暂停室外的高处作业。雨、雪、霜后应先清扫施工现场,方可进行工作。

7.1.15 拆除有洞口模板时,应采取防止操作人员坠落的措施。洞口模板拆除后,应按国家现行标准《建筑施工高处作业安全技术规范》JGJ 80 的有关规定及时进行防护。

7.2 支架立柱拆除

7.2.1 当拆除钢楞、木楞、钢桁架时,应在其下面临时搭设防护支架,使所拆楞梁及桁架先落在临时防护支架上。

7.2.2 当立柱的水平拉杆超出2层时,应首先拆除2层以上的拉杆。当拆除最后一道水平拉杆时,应和拆除立柱同时进行。

7.2.3 当拆除4~8 m跨度的梁下立柱时,应先从跨中开始,对称地分别向两端拆除。拆除时,严禁采用连梁底板向旁侧一片拉倒的拆除方法。

7.2.4 对于多层楼板模板的立柱,当上层及以上楼板正在浇筑混凝土时,下层楼板立柱的拆除,应根据下层楼板结构混凝土强度的实际情况,经过计算确定。

7.2.5 拆除平台、楼板下的立柱时,作业人员应站在安全处。

7.2.6 对已拆下的钢楞、木楞、桁架、立柱及其他零配件应及时运到指定地点。对有芯钢管立柱运出前应先将芯管抽出或用销卡固定。

7.3 普通模板拆除

7.3.1 拆除条形基础、杯形基础、独立基础或设备基础的模板时,应符合下列规定:

1 拆除前应先检查在槽(坑)土壁的安全状况,发现有松软、龟裂等不安全因素时,应在采取安全防范措施后,方可进行作业。

2 模板和支撑杆件等应随拆随运,不得在离槽(坑)上口边缘1 m以内堆放。

3 拆除模板时,施工人员必须站在安全地方。应先拆内外木楞、再拆木面板;钢模板应先拆钩头螺栓和内外钢楞,后拆U形卡和L形插销,拆下的钢模板应妥善传递或用绳钩放置在地面,不得抛掷。拆下的小型零配件应装入工具袋内或小型箱笼内,不得随处乱扔。

7.3.2 拆除柱模应符合下列规定：

1 柱模拆除应分别采用分散拆和分片拆2种方法。分散拆除的顺序应为：

拆除拉杆或斜撑、自上而下拆除柱箍或横楞、拆除竖楞，自上而下拆除配件及模板、运走分类堆放、清理、拔钉、钢模维修、刷防锈油或脱模剂、入库备用。

分片拆除的顺序应为：

拆除全部支撑系统、自上而下拆除柱箍及横楞、拆掉柱角U形卡、分2片或4片拆除模板、原地清理、刷防锈油或脱模剂、分片运至新支模地点备用。

2 柱子拆下的模板及配件不得向地面抛掷。

7.3.3 拆除墙模应符合下列规定：

1 墙模分散拆除顺序应为：

拆除斜撑或斜拉杆、自上而下拆除外楞及对拉螺栓、分层自上而下拆除木楞或钢楞及零配件和模板、运走分类堆放、拔钉清理或清理检修后刷防锈油或脱模剂、入库备用。

2 预组拼大块墙模拆除顺序应为：

拆除全部支撑系统、拆卸大块墙模接缝处的连接型钢及零配件、拧去固定埋设件的螺栓及大部分对拉螺栓、挂上吊装绳扣并略拉紧吊绳后，拧上剩余对拉螺栓，用方木均匀敲击大块墙模立楞及钢模板，使其脱离墙体，用撬棍轻轻外撬大块墙模板使全部脱离，指挥起吊、运走、清理、刷防锈油或脱模剂备用。

3 拆除每一大块墙模的最后2个对拉螺栓后，作业人员应撤离大模板下侧，以后的操作均应在上部进行。个别大块模板拆除后产生局部变形者应及时整修好。

4 大块模板起吊时，速度要慢，应保持垂直，严禁模板碰撞墙体。

7.3.4 拆除梁、板模板应符合下列规定：

1 梁、板模板应先拆梁侧模，再拆板底模，最后拆除梁底模，并应分段分片进行，严禁成片撬落或成片拉拆。

2 拆除时，作业人员应站在安全的地方进行操作，严禁站在已拆或松动的模板上进行拆除作业。

3 拆除模板时，严禁用铁棍或铁锤乱砸，已拆下的模板应妥善传递或用绳钩放至地面。

4 严禁作业人员站在悬臂结构边缘敲拆下面的底模。

5 待分片、分段的模板全部拆除后，方允许将模板、支架、零配件等按指定地点运出堆放，并进行拔钉、清理、整修、刷防锈油或脱模剂，入库备用。

7.4 特殊模板拆除

7.4.1 对于拱、薄壳、圆穹屋顶和跨度大于8 m的梁式结构，应按设计规定的程序和方式从中心沿环圈对称向外或从跨中对称向两边均匀放松模板支架立柱。

7.4.2 拆除圆形屋顶、筒仓下漏斗模板时，应从结构中心处的支架立柱开始，按同心圆层次对称地拆向结构的周边。

7.4.3 拆除带有拉杆拱的模板时，应在拆除前先将拉杆拉紧。

7.5 爬升模板拆除

7.5.1 拆除爬模应有拆除方案，且应由技术负责人签署意见，应向有关人员进行安全技术交底后，方可实施拆除。

7.5.2　拆除时应先清除脚手架上的垃圾杂物，并应设置警戒区由专人监护。

7.5.3　拆除时应设专人指挥，严禁交叉作业。拆除顺序应为：悬挂脚手架和模板、爬升设备、爬升支架。

7.5.4　已拆除的物件应及时清理、整修和保养，并运至指定地点备用。

7.5.5　遇 5 级以上大风应停止拆除作业。

7.6　飞模拆除

7.6.1　脱模时，梁、板混凝土强度等级不得小于设计强度的 75%。

7.6.2　飞模的拆除顺序、行走路线和运到下一个支模地点的位置，均应按飞模设计的有关规定进行。

7.6.3　拆除时应先用千斤顶顶住下部水平连接管，再拆去木楔或砖墩（或拔出钢套管连接螺栓，提起钢套管）。推入可任意转向的四轮台车，松千斤顶使飞模落在台车上，随后推运至主楼板外侧搭设的平台上，用塔吊吊至上层重复使用。若不需重复使用时，应按普通模板的方法拆除。

7.6.4　飞模拆除必须有专人统一指挥，飞模尾部应绑安全绳，安全绳的另一端应套在坚固的建筑结构上，且在推运时应徐徐放松。

7.6.5　飞模推出后，楼层外边缘应立即绑好护身栏。

7.7　隧道模拆除

7.7.1　拆除前应对作业人员进行安全技术交底和技术培训。

7.7.2　拆除导墙模板时，应在新浇混凝土强度达到 1.0 N/mm^2 后，方准拆模。

7.7.3　拆除隧道模应按下列顺序进行：

1　新浇混凝土强度应在达到承重模板拆模要求后，方准拆模。

2　应采用长柄手摇螺帽杆将连接顶板的连接板上的螺栓松开，并应将隧道模分成 2 个半隧道模。

3　拔除穿墙螺栓，并旋转垂直支撑杆和墙体模板的螺旋千斤顶，让滚轮落地，使隧道模脱离顶板和墙面。

4　放下支卸平台防护栏杆，先将一边的半隧道模推移至支卸平台上，然后再推另一边半隧道模。

5　为使顶板不超过设计允许荷载，经设计核算后，应加设临时支撑柱。

7.7.4　半隧道模的吊运方法，可根据具体情况采用单点吊装法、两点吊装法、多点吊装法或鸭嘴形吊装法。

8　安全管理

8.0.1　从事模板作业的人员，应经安全技术培训，从事高处作业人员，应定期体检，不符合要求的不得从事高处作业。

8.0.2　安装和拆除模板时，操作人员应配戴安全帽、系安全带、穿防滑鞋。安全帽和安全带应定期检查，不合格者严禁使用。

8.0.3　模板及配件进场应有出厂合格证或当年的检验报告，安装前应对所用部件（立柱、楞梁、吊环、扣件等)进行认真检查,不符合要求者不得使用。

8.0.4 模板工程应编制施工设计和安全技术措施,并应严格按施工设计与安全技术措施的规定进行施工。满堂模板、建筑层高 8 m 及以上和梁跨大于或等于 15 m 的模板,在安装、拆除作业前,工程技术人员应以书面形式向作业班组进行施工操作的安全技术交底,作业班组应对照书面交底进行上、下班的自检和互检。

8.0.5 施工过程中的检查项目应符合下列要求:

1 立柱底部基土应回填夯实。

2 垫木应满足设计要求。

3 底座位置应正确。顶托螺杆伸出长度应符合规定。

4 立杆的规格尺寸和垂直度应符合要求,不得出现偏心荷载。

5 扫地杆、水平拉杆、剪刀撑等的设置应符合规定,固定应可靠。

6 安全网和各种安全设施应符合要求。

8.0.6 在高处安装和拆除模板时,周围应设安全网或搭脚手架,并应加设防护栏杆。在临街面及交通要道地区,尚应设警示牌,派专人看管。

8.0.7 作业时,模板和配件不得随意堆放,模板应放平放稳,严防滑落。脚手架或操作平台上临时堆放的模板不宜超过 3 层,连接件应放在箱盒或工具袋中,不得散放在脚手板上。脚手架或操作平台上的施工总荷载不得超过其设计值。

8.0.8 对负荷面积大和高 4 m 以上的支架立柱采用扣件式钢管、门式钢管脚手架时,除应有合格证外,对所用扣件应采用扭矩扳手进行抽检,达到合格后方可承力使用。

8.0.9 多人共同操作或扛抬组合钢模板时,必须密切配合、协调一致、互相呼应。

8.0.10 施工用的临时照明和行灯的电压不得超过 36 V;当为满堂模板、钢支架及特别潮湿的环境时,不得超过 12 V。照明行灯及机电设备的移动线路应采用绝缘橡胶套电缆线。

8.0.11 有关避雷、防触电和架空输电线路的安全距离应符合国家现行标准《施工现场临时用电安全技术规范》JGJ 46 的有关规定。施工用的临时照明和动力线应采用绝缘线和绝缘电缆线,且不得直接固定在钢模板上。夜间施工时,应有足够的照明,并应制定夜间施工的安全措施。施工用临时照明和机电设备线严禁非电工乱拉乱接。同时还应经常检查线路的完好情况,严防绝缘破损漏电伤人。

8.0.12 模板安装高度在 2 m 及以上时,应符合国家现行标准《建筑施工高处作业安全技术规范》JGJ 80 的有关规定。

8.0.13 模板安装时,上下应有人接应,随装随运,严禁抛掷。且不得将模板支搭在门窗框上,也不得将脚手板支搭在模板上,并严禁将模板与上料井架及有车辆运行的脚手架或操作平台支成一体。

8.0.14 支模过程中如遇中途停歇,应将已就位模板或支架连接稳固,不得浮搁或悬空。拆模中途停歇时,应将已松扣或已拆松的模板、支架等拆下运走,防止构件坠落或作业人员扶空坠落伤人。

8.0.15 作业人员严禁攀登模板、斜撑杆、拉条或绳索等,不得在高处的墙顶、独立梁或在其模板上行走。

8.0.16　模板施工中应设专人负责安全检查，发现问题应报告有关人员处理。当遇险情时，应立即停工和采取应急措施；待修复或排除险情后，方可继续施工。

8.0.17　寒冷地区冬期施工用钢模板时，不宜采用电热法加热混凝土，否则应采取防触电措施。

8.0.18　在大风地区或大风季节施工时，模板应有抗风的临时加固措施。

8.0.19　当钢模板高度超过 15 m 时，应安设避雷设施，避雷设施的接地电阻不得大于 4 Ω。

8.0.20　当遇大雨、大雾、沙尘、大雪或 6 级以上大风等恶劣天气时，应停止露天高处作业。5 级及以上风力时，应停止高空吊运作业。雨、雪停止后，应及时清除模板和地面上的积水及冰雪。

8.0.21　使用后的木模板应拔除铁钉，分类进库，堆放整齐。若为露天堆放，顶面应遮防雨篷布。

8.0.22　使用后的钢模、钢构件应符合下列规定：

1　使用后的钢模、桁架、钢楞和立柱应将粘结物清理洁净，清理时严禁采用铁锤敲击的方法。

2　清理后的钢模、桁架、钢楞、立柱，应逐块、逐榀、逐根进行检查，发现翘曲、变形、扭曲、开焊等必须修理完善。

3　清理整修好的钢模、桁架、钢楞、立柱应刷防锈漆。

4　钢模板及配件，使用后必须进行严格清理检查，已损坏断裂的应剔除，不能修复的应报废。螺栓的螺纹部分应整修上油，然后应分别按规格分类装在箱笼内备用。

5　钢模板及配件等修复后，应进行检查验收。凡检查不合格者应重新整修。待合格后方准应用，其修复后的质量标准应符合表 8.0.22 的规定。

6　钢模板由拆模现场运至仓库或维修场地时，装车不宜超出车栏杆，少量高出部分必须拴牢，零配件应分类装箱，不得散装运输。

7　经过维修、刷油、整理合格的钢模板及配件，如需运往其他施工现场或入库，必须分类装入集装箱内，杆应成捆、配件应成箱，清点数量，入库或接收单位验收。

8　装车时，应轻搬轻放，不得相互碰撞。卸车时，严禁成捆从车上推下和拆散抛掷。

9　钢模板及配件应放入室内或敞棚内，当需露天堆放时，应装入集装箱内，底部垫高 100 mm，顶面应遮盖防水篷布或塑料布，集装箱堆放高度不宜超过 2 层。

表 8.0.22　钢模板及配件修复后的质量标准

<table>
<tr><th colspan="2">项目</th><th>允许偏差（mm）</th><th colspan="2">项目</th><th>允许偏差（mm）</th></tr>
<tr><td rowspan="5">钢结构</td><td>板面局部不平度</td><td>≤2.0</td><td rowspan="2">钢模板</td><td>板面锈皮麻面，背面粘混凝土</td><td>不允许</td></tr>
<tr><td>板面翘曲矢高</td><td>≤2.0</td><td>孔洞破裂</td><td>不允许</td></tr>
<tr><td>板侧凸棱面翘曲矢高</td><td>≤1.0</td><td rowspan="2">零配件</td><td>U 形卡卡口残余变形</td><td>≤1.2</td></tr>
<tr><td>板肋平直度</td><td>≤2.0</td><td>钢楞及支柱长度方向弯曲度</td><td>≤L/1 000</td></tr>
<tr><td>焊点脱焊</td><td>不允许</td><td>桁架</td><td>侧向平直度</td><td>≤2.0</td></tr>
</table>

施工现场机械设备检查技术规程(节选)

JGJ 160—2008　J 817—2008

(2008年12月1日实施。其中,第3.1.5、3.3.2、3.3.4、3.3.5、3.3.12、6.1.17、6.5.3、6.5.7、6.5.16、6.5.20.、6.5.21、6.5.22、6.6.14、6.6.15、6.7.1、6.9.2、6.9.5、6.11.4、6.12.3、8.9.7条为强制性条文)

1　总　则

1.0.3　施工现场机械设备使用单位应建立健全施工现场机械设备安全使用管理制度和岗位责任制度,并应对现场机械设备进行检查。

3　动力设备及低压配电系统

3.1　柴油发电机组

3.1.5　发电机组电源必须与外电线路电源连锁,严禁与外电线路并列运行;当2台及2台以上发电机组并列运行时,必须装设同步装置,并应在机组同步后再向负载供电。

3.3　低压配电系统

3.3.2　施工现场临时用电的电力系统严禁利用大地和动力设备金属结构体作相线或工作零钱。

3.3.4　用电设备的保护地线或保护零线应并联接地,严禁串联接地或接零。

3.3.5　每台用电设备应有各自专用的开关箱,严禁用同一个开关箱直接控制2台及2台以上用电设备(含插座)。

3.3.6　动力设备及低压配电装置的负荷线应按计算负荷选用无接头的橡皮护套铜芯软电缆。电缆的芯线数应根据负荷及其控制电器的相数和线数确定;三相四线时,应选用五芯电缆;三相三线时,应选用四芯电缆;当三相用电设备中配置有单相用电器具时,应选用五芯电缆;单相二线时,应选用三芯电缆。电缆芯线应符合国家现行标准《施工现场临时用电安全技术规范》JGJ 46的有关规定,其中PE线应采绿/黄双色绝缘导线。

3.3.7　电气系统的绝缘应良好,接地装置敷设和接地电阻应符合国家现行标准《施工现场临时用电安全技术规范》JGJ 46的有关规定,接地体(线)连接应正确、牢固。

3.3.12　开关箱中必须安装漏电保护器,且应装设在靠近负荷的一侧,额定漏电动作电流不应大于30 mA,额定漏电动作时间不应大于0.1 s;潮湿或腐蚀场所应采用防溅型产品,其额定漏电动作电流不应大于15 mA,额定漏电动作时间不应大于0.1 s。

4 土方及筑路机械

4.1 一般规定

4.1.1 土方及筑路机械主要工作性能应达到使用说明书中各项技术参数指标。

4.1.2 技术资料应齐全;机械的使用、维修、保养、事故记录应及时、准确、完整、字迹清晰。

4.1.3 机械在靠近架空高压输电线路附近作业或停放时,与架空高压输电线路之间的距离应符合国家现行标准《施工现场临时用电安全技术规范》JGJ 46 的规定。

5 桩工机械

5.1 一般规定

5.1.1 桩工机械主要工作性能应达到说明书中所规定的各项技术参数。

5.1.2 打桩机操作、指挥人员应持有效证件上岗。

5.1.3 桩工机械使用的钢丝绳、电缆、夹头、卸甲、螺栓等材料及标准件应有制造厂签发的出厂产品合格证、质量保证书、技术性能参数等文件。

5.1.6 桩工机械所使用的电缆、电线应有制造单位签发的出厂产品合格证,且技术参数应匹配合理,符合规定要求。

5.1.7 桩工机械配置的各类安全保护装置,应齐全完好、灵敏可靠,不应随意调整或拆除。

5.1.8 漏电保护器参数应匹配;安装应正确,动作应灵敏可靠。

5.1.9 桩工机械在靠近架空高压输电线路附近作业时,与架空高压输电线路之间的距离应符合本规程表 6.1.3 的规定。

5.1.10 施工现场的地基承载力应满足桩工机械安全作业的要求;打桩机作业时与河流、基坑坡沟的安全距离不宜小于 4 m。

5.1.11 桩工机械零部件应齐全,各分支系统性能应完好,并能满足使用要求,不应带病作业。

6 起重机械与垂直运输机械

6.1 一般规定

6.1.1 各类起重机应装有音响清晰的喇叭、电铃或汽笛等信号装置;在起重臂、吊钩、平衡臂等转动体上应标以明显的色彩标志。

6.1.2 起重机的变幅指示器、力矩限制器、起重量限制器以及各种行程限位开关等安全保护装置,应完好齐全、灵敏可靠,不应随意调整或拆除;严禁利用限制器和限位装置代替操纵机构。

6.1.3 起重机的任何部位、吊具、辅具、钢丝绳、缆风绳和重物与架空输电线路之间的距离不得小于表 6.1.3 的规定,否则应与有关部门协商,并采取安全防护措施后方可架设。

表 6.1.3 起重机械与架空输电线路的安全距离

电压(kV) / 安全距离(m)	<1	1~15	20~40	60~110	220
沿垂直方向	1.5	3	4	5	6
沿水平面	1	1.5	2	4	6

6.1.4 吊钩应符合下列规定:

1 起重机不得使用铸造的吊钩;

2 吊钩严禁补焊;

3 吊钩表面应光洁,不应有剥裂、锐角、毛刺、裂纹;

4 吊钩应设有防脱装置;防脱棘爪在吊钩负载时不得张开,安装棘爪后钩口尺寸减小值不得超过钩口尺寸的10%;防脱棘爪的形态应与钩口端部相吻合。

5 吊钩出现下列情况之一时应予报废;

1)表面有裂纹或破口;

2)钩尾和螺纹部分等危险截面及钩筋有永久性变形;

3)挂绳处截面磨损量超过原高度的10%;

4)开口度比原尺寸增加15%;开口扭转变形超过10°;

5)板钩衬套磨损达原尺寸的50%时,应报废衬套;

6)板钩芯轴磨损达原尺寸的5%时,应报废芯轴。

6.1.5 卷筒和滑轮应符合下列规定:

1 卷筒两侧边缘的高度应超过最外层钢丝绳,其值不应小于钢丝绳直径的2倍;

2 卷筒上钢丝绳尾端的固定装置,应有防松或自紧性能;

3 滑轮槽应光洁平滑,不应有损伤钢丝绳的缺陷;

4 滑轮应有防止钢丝绳跳出轮槽的装置;

5 当卷筒和滑轮出现下列情况之一时应予报废;

1)裂纹或轮缘破损;

2)卷筒壁磨损量达到原壁厚的10%;

3)滑轮槽不均匀磨损达3 mm;

4)滑轮绳槽壁厚磨损量达到原壁厚的20%;

5)滑轮槽底的磨损量超过相应钢丝绳直径的25%;

6)其他能损害钢丝绳的缺陷。

6.1.6 制动器和制动轮应符合下列规定:

1 起重机上的每一套机构都必须设制动器或具有同等功能的装置;对于电力驱动的起重机,在产生大的电压降或在电气保护元件动作时,不得发生导致各机构的动作失控;如变速机构有中间位置,必须在换挡时使用制动器或其他自动停住载荷的装置;

5 制动轮的摩擦面,不应有妨碍制动性能的缺陷或油污;

6 当制动器和制动轮出现下列情况之一时应予报废:

1)制动轮出现可见裂纹;

2)制动块(带)摩擦衬垫磨损量达原厚度的50%,或露出铆钉应报废更换摩擦衬垫。

3)弹簧出现塑性变形;

4)电磁铁杠杆系统空行程超过额定行程的10%;

5)小轴或轴孔直径磨损达原直径的5%;

6)起升、变幅机构的制动轮轮缘厚度磨损量达原厚度的40%;其他机构制动轮轮缘厚度磨损量达原厚度的50%;

7)制动轮轮面凹凸不平度达1.5 mm,且不能修复;轮面磨损量达1.5~2 mm(直径300 mm以上的取大值,否则取小值)。

6.1.7 用于轨道式安装的车轮出现下列情况之一的应予以报废;

1 可见裂纹;

2 车轮踏面厚度磨损量达原厚度的15%;

3 轮缘厚度磨损量达原厚度的50%;轮缘厚度弯曲变形达原厚度的20%;

6.1.8 钢丝绳使用应符合下列规定:

1 起重机使用的钢丝绳,应有钢丝绳制造厂签发的产品技术性能和质量证明文件;

2 起重机使用的钢丝绳的规格、型号应符合该机说明书要求,并应与滑轮和卷筒相匹配,穿绕正确;

3 钢丝绳不得有扭结、压扁、弯折、断股、断丝、断芯、笼状畸变等变形;

4 圆股钢丝绳断丝根数的控制标准应按表6.1.8-1的规定执行;

5 钢丝绳润滑应良好,并保持清洁;

6 钢丝绳与卷筒连接应牢固,钢丝绳放出时,卷筒上应保留三圈以上;

7 钢丝绳端部固接应达到说明书规定的强度:

1)用楔与楔套固接时,固接强度不应小于钢丝绳破断拉力的75%;楔套不应有裂纹,楔块不应有松动;

2)用锥形套浇铸固接时,固接强度应达到钢丝绳的破断拉力;

3)用铝合金压制固接时,固接强度应达到钢丝绳的破断拉力;接头不应有裂纹;

4)编插固接时,固接强度应符合以下规定:

①d15 mm以下,固接强度不应小于钢丝绳破断拉力的90%;

②d16~26 mm,固接强度不应小于钢丝绳破断拉力的85%;

③d28~36 mm,固接强度不应小于钢丝绳破断拉力的80%;

④d39 mm以上,固接强度不应小于钢丝绳破断拉力的75%。

其编插长度不应小于钢丝绳直径的20~25倍,且最短编插长度不应小于300 mm;编插部分应捆扎细钢丝,细钢丝的捆扎长度应大于钢丝绳直径的20倍。

5)用压板固接时,固接强度应达到钢丝绳的破断拉力;

6)用绳卡固接时,固接强度不应小于钢丝绳破断拉力的85%;绳卡与钢丝绳的直径应匹配,规格、数量应符合表6.1.8-2的规定。

表 6.1.8-1 圆股钢丝绳中断丝根数的控制标准

外层绳股承载钢丝数 n	钢丝绳典型结构示例（GB 8918—2006 GB/T 20118—2006）	起重机用钢丝绳必须报废时与疲劳有关的可见断丝数							
		机构工作级别 M1、M2、M3、M4				机构工作级别 M5、M6、M7、M8			
		交互捻		同向捻		交互捻		同向捻	
		长度范围				长度范围			
		≤6d	≤30d	≤6d	≤30d	≤6d	≤30d	≤6d	≤30d
≤50	6×7	2	4	1	2	4	8	2	4
51~75	6×19S*	3	6	2	3	6	12	3	6
76~100		4	8	2	4	8	15	4	8
101~120	8×19S* 6×25Fi	5	10	2	5	10	19	5	10
121~140		6	11	3	6	11	22	6	11
141~160	8×25Fi	6	13	3	6	13	26	6	13
161~180	6×36WS*	7	14	4	7	14	29	7	14
181~200		8	16	4	8	16	32	8	16
201~220	6×41WS*	8	18	4	9	18	38	9	18
221~240	6×37	10	19	5	10	19	38	10	19
241~260		10	21	5	10	21	42	10	21
261~280		11	22	6	11	22	45	11	22
281~300		12	24	6	12	24	48	12	24
>300		0.04n	0.08n	0.02n	0.04n	0.08n	0.16n	0.04n	0.08n

a 填充钢丝不是承载钢丝，因此检验中要予以扣除。多层绳股钢丝绳仅考虑可见的外层，带钢芯的钢丝绳，其绳芯看做内部绳股而不予考虑。

b 统计绳中的可见断丝数时，圆整至整数时，对外层绳股的钢丝直径大于标准直径的特定结构的钢丝绳，在表中作降低等级处理，并以＊号表示。

c 一根断丝可能有两处可见端。

d d 为钢丝绳公称直称。

e 钢丝绳绳典型结构与国际标准的钢丝绳典型结构是一致的。

注：本表引用《起重机械用钢丝绳检验和报废实用规范》GB 5972—2006。

表 6.1.8-2 与绳径匹配的绳卡数

钢丝绳直径(mm)	10 以下	10~20	21~26	28~36	36~40
最少绳卡数(个)	3	4	5	6	7
绳卡间距(mm)	80	140	160	220	240

最后一个绳卡距绳头的长度不应小于140 mm,卡滑鞍(夹板)应在钢丝绳承载时受力的一侧;"U"型栓应在钢丝绳的尾端,并不应正反交错。

6.1.9 油料及水应符合下列规定:

1 起重机使用的各类油料及水应符合该机说明书要求;

9 施工现场使用的各类油料应集中存放,并应配备相应的灭火器材。

6.1.11 传动系统应符合下列规定:

1 离合器接合应平衡、传递动力应有效,分离应彻底;

4 工作时,齿轮箱不应有异常声响、振动、发热和漏油;

7 卷筒上的钢丝绳排列应整齐;

9 减速齿轮箱运转不得有异响,温升应符合说明书规定。

6.1.13 电气系统应符合下列规定:

1 电气管线排列应整齐,卡固应牢靠,不应有损伤、老化;

6 线路应整齐,不应损伤、老化,包扎、卡固应可靠;绝缘应良好,电缆电线不应有老化、裸露;

9 电机运行不应有异响;温升应正常。

6.1.14 漏电保护器参数应匹配,安装应正确,动作应灵敏可靠。

6.1.15 起升高度大于50 m的起重机在臂架头部应安装风速仪;当风速大于工作极限风速时,应能发出停止作业的警报。

6.1.16 起重机内、外应整洁,不应有锈蚀、漏水、漏油、漏气、漏电等。

6.1.17 塔式起重机的主要承载结构件出现下列情况之一时应报废:

1 塔式起重机的主要承载结构件失去整体稳定性,且不能修复时;

2 塔式起重机的主要承载结构件,由于腐蚀而使结构的计算应力提高,当超过原计算应力的15%时;对无计算条件的,当腐蚀深度达原厚度的10%时;

3 塔式起重机的主要承载结构件产生无法消除裂纹影响时。

6.1.18 各总成件、零部件、附件及附属装置应齐全完整。

6.1.22 《特种设备安全监察条例》规定的起重机械必须经有相应资质的检验检测机构检测合格后方可使用。

6.1.23 起重机械的操作、司索、指挥人员应经过专业培训,考核合格后,持有效证件上岗。

6.1.24 司机室内应配备灭火器。

6.5 塔式起重机

6.5.1 塔式起重机尾部与周围建筑物及其他外围施工设施之间的安全操作距离不应小于0.60 m。

6.5.2 两台塔机之间的最小架设距离应保证处于低位的塔机的起重臂端部与另一台塔机的塔身之间至少有2 m的距离;处于高位塔机的最低位置的部件(吊钩升至最高点或平衡臂的最低部位)与低位塔机中处于最高位置部件之间的垂直距离不应小于2m。

6.5.3 动臂式和尚未附着的自升式塔式起重机,塔身上不得悬挂标语牌。

6.5.7 塔式起重机安装到设计规定的基本高度时,在空载无风状态下,塔身轴心线对支承面的侧向垂直度偏差不应大于0.4%；附着后，最高附着点以下的垂直度偏差不应大于0.2%。

6.5.16　塔式起重机金属结构、轨道及所有电气设备的金属外壳、金属管线，安全照明的变压器低压侧等应可靠接地，接地电阻不应大于4 Ω；重复接地电阻不应大于10 Ω。

6.5.17　塔顶高度大于30 m且高于周围建筑物的塔机，应在塔顶和臂架端部安装红色障碍指示灯，该指示灯的供电不应受停机的影响。

6.5.20　当塔式起重机的起重力矩大于相应工况下的额定值并小于额定值的110%时，应切断上升和幅度增大方向的电源，但机构可作下降和减小幅度方向的运动。

6.5.21　塔式起重机的吊钩装置起升到下列规定的极限位置时，应自动切断起升的动作电源：

1　对于动臂变幅的塔式起重机，吊钩装置顶部至臂架下端的极限距离应为800 mm；

2　对于上回转的小车变幅的塔式起重机，吊钩装置顶部至小车架下端的极限位置应符合下列规定：

1）起升钢丝绳的倍率为2倍率时，其极限位置应为1 000 mm；

2）起升钢丝绳的倍率为4倍率时，其极限位置应为700 mm；

3　对于下回转的小车变幅的塔式起重机，吊钩装置顶部至小车架下端的极限位置应符合下列规定：

1）起升钢丝绳的倍率为2倍率时，其极限位置应为800 mm；

2）起升钢丝绳的倍率为4倍率时，其极限位置应为400 mm；

6.5.22　塔式起重机应安装起重量限制器。当起重量大于相应挡位的额定值并小于额定值的110%时，应切断上升方向的电源，但机构可作下降方向的运动。

6.5.26　安全装置应符合下列规定：

1　动臂变幅的塔式起重机，应装设幅度指示器，应能正确指示吊具所在的幅度；

2　动臂的支承停止器与动臂变幅机构之间，应设连锁保证装置；

3　轨道上露天作业的起重机，应安装锚定装置或铁靴；

4　起重臂根部铰点高度大于50 m时，应安装风速仪，当风速大于工作极限风速时，应能发出停止作业警报；

5　对回转部分不设集电环（器）的，应设置回转限制器，左右回转应控制在1.5圈。

6.6　施工升降机

6.6.1　升降机应设置高度不低于1.8 m的地面防护围栏，围栏门应装有机电连锁装置。

6.6.2　各导轨架标准节组合时，每根立管接缝处相互错位形成的阶差不应大于0.8 mm。

6.6.4　附墙架与建筑物的连接应牢固可靠，角度应符合说明书的要求。

6.6.5　吊笼运行应平衡，停层应准确，不应有异常振动及过热。

6.6.6　电缆和滑触架在吊笼运行中应能自由拖行，不应受阻。

6.6.12　SC型升降机标准节上的齿条连接应牢固，相邻两齿条的对接处，沿齿高方向的阶差不应大于0.3 mm，沿长度方向的齿周节误差不应大于0.6 mm；齿轮与齿条、滚轮与立管运行应平衡；不应有冲击、振动、异响。

6.6.14　施工升降机安全防护装置必须齐全，工作可靠有效。

6.6.15 施工升降机防坠安全器必须灵敏有效、动作可靠,且在检定有效期内。

6.6.16 安全装置应符合下列规定:

1 吊笼停留时不应有下滑,在空中再启动上升时,不应有瞬时下滑;

2 SC 型升降机的每个吊笼上应装有渐进式安全器,其制动距离应为0.25~1.2 m,不应采用瞬时式安全器;

3 吊笼门升降应自如,连锁性能应良好,只有当吊笼门完全关闭后,吊笼才能启动;

4 人货两用升降机和额定载重在400 kg以上的货用升降机,其底座上应安装吊笼和对重的缓冲装置;

5 断绳保护装置应完好、反应应灵敏,动作应可靠。

6 SC 型升降机均应设置一对以上防坠安全钩;

7 限位开关的设置应符合下列规定:

1)升降机应设置自动复位型的上、下限位开关;

2)上限位开关的安装位置,当提升速度小于0.8 m/s时,上限位开关的安装位置应保证吊笼触发限位开关后,留有的上部安全距离不应小于1.8 m;当提升速度大于0.8 m/s时,上限位开关的安装位置应保证吊笼触发限位开关后,上部安全距离应能满足下式的计算值:

$$L = 1.8 + 0.1v^2 \tag{6.6.16}$$

式中 L——上部安全距离(m);

v——提升速度(m/s)。

3)下限位开关安装位置应能保证吊笼额定载荷下降时触板触发该开关,使吊笼制停,此时触板离触发下极限开关还应有一定行程。

8 极限开关的设置应符合下列规定:

1)极限开关应能切断总电源;

2)非自动复位型的极限开关,其动作后必须手动复位后才能使吊笼重新启动;

3)在正常工作状态下,上极限开关的安装位置应保证上极限开关与上限位开关之间的行程距离;SS型升降机为0.5 m;SC型升降机为0.15 m。

4)在正常工作状态下,吊笼碰到缓冲器之前,下极限开关应首先动作。

6.6.17 施工升降机运动部件与建筑物和固定施工设备之间的距离不应小于0.25 m。

6.6.18 安全防护网应完整,不应破损。

6.7 电动卷扬机

6.7.1 卷扬机不得用于运送人员。

6.7.2 露天作业的卷扬机应有防雨措施。

6.7.3 卷扬机安装地点应平整,与基础或底架的连接应牢固,并应符合使用说明书的规定。

6.7.4 卷扬机安装时应与定滑轮对中,钢丝绳出绳偏角α应符合下列规定:

1 自然排绳:α≤1°30′;

2 排绳器排绳:α≤2°;

3 对于光卷筒,从卷筒中心到导向轮的距离不应小于卷筒长的20倍;对有槽卷筒,从卷筒中心到导向轮的距离不应小于卷筒长的15倍。

6.7.5 卷扬机用于起吊重物时,应安装上升行程限位开关且灵敏可靠,根据施工情况,如使用超载保护、超速保护、下降行程限位开关时,应保证其灵敏可靠。

6.7.6 外露传动部位防护罩应齐全完好。

6.7.7 短路和过载保护、失压保护、零位保护装置工作应灵敏可靠。

6.7.8 滑轮与钢丝绳应匹配。

6.9 物料提升机

6.9.2 严禁使用倒顺开关作为物料提升机卷扬机的控制开关。

6.9.5 附墙架与物料提升机架体之间及建筑物之间应采用刚性连接;附墙架及架体不得与脚手架连接。

6.11 高处作业吊篮

6.11.4 吊篮的安全锁应灵敏可靠,当吊篮平台下滑速度大于25 m/min时,安全锁应在不超过100 mm距离内自动锁住悬吊平台的钢丝绳;安全锁应在有效检定期内。

6.12 附着整体升降脚手架

6.12.3 附着整体升降脚手架应具有安全可靠的防倾斜装置、防坠落装置以及保证架体同步升降和监控升降载荷的控制系统。

7 混凝土机械

7.1 一般规定

7.1.1 固定式混凝土机械应有良好的设备基础,移动式混凝土机械应安放在平坦坚实的地坪上,地基承载力应能承受工作荷载和振动荷载,其场地周边应有良好的排水条件。

7.1.3 混凝土机械在生产过程中产生的噪声应控制在《建筑施工场界噪声限值》GB 12523范围内,其粉尘、尾气、污水、固体废弃物排放应符合国家环保部门所规定的排放标准。

7.1.4 整机应符合下列规定:

1 主要工作性能应达到说明书规定的额定指标;

2 金属结构不应有开焊、裂纹、变形、严重锈蚀,各连接螺栓应紧固;

3 工作装置性能应可靠,附件应齐全完整;

4 整机应清洁,不应漏油、漏气、漏水。

7.1.7 电气系统应符合下列规定:

1 电气箱应完好;箱内元器件应完好,电气线路排列应整齐;卡固应牢靠符合规定;电缆电线不应有老化、裸露、损伤;

2 各种电器、仪表、信号装置应齐全完好,指示数据应准确。

8 焊接机械

8.1 一般规定

8.1.2 电焊机导线应具有良好的绝缘,绝缘电阻不得小于1 MΩ,接地线接地电阻不得大于4 Ω;当长期使用的电焊机恢复使用时,其绝缘电阻不得小于0.5 MΩ;接线部分不得有腐蚀和受潮。

8.1.4 电焊机的二次线应采用防水橡皮护套铜芯软电缆,电缆长度不宜大于30 m。当需要加长电缆时,应相当增加截面。

8.1.9 安全防护装置应齐全、有效;漏电保护器参数应匹配,安装应正确,动作应灵敏可靠;接地(接零)应良好,应配装二次侧漏电保护器。

8.1.10 各类电焊机的整机应符合下列规定:

1 焊机内、外应整洁,不应有明显锈蚀;

2 各部连接螺栓应紧固牢靠,不应有缺损;

3 机架、机壳、盖罩不应有变形、开焊、开裂。

8.2 交流电焊机

8.2.1 接线装置应符合下列规定:

1 一、二次接线保护板应完好,接线柱表面应平整,不应有烧蚀、破裂;

2 接线柱的螺帽、铜垫圈、母线应紧固,螺母不应有缺损、烧蚀、松动;

3 接线保护应完好。

8.2.3 电焊机罩壳应能防雨、防尘、防潮。

8.9 气焊(割)设备

8.9.6 气瓶(乙炔瓶、氧气瓶)与焊炬相互间的距离不应小于10 m。

8.9.7 严禁使用未安装减压器的氧气瓶。

9 钢筋加工机械

9.1 一般规定

9.1.1 整机应符合下列规定:

1 机械的安装应坚实稳固,保持水平位置;

2 金属结构不应有开焊、裂纹;

3 零部件应完整,随机附件应齐全;

4 外观应清洁,不应有油垢和锈蚀;

5 操作系统应灵敏可靠,各仪表指示数据应准确;

6 传动系统运转应平衡,不应有异常冲击、振动、爬行、窜动、噪声、超温、超压;

7 机身不应有破损、断裂及变形;

8 各部位连接应牢靠,不应松动。

9.1.3 安全防护应符合下列规定:

1 安全防护装置及限位应齐全、灵敏可靠,防护罩、板安装应牢固,不应破损;

2 接地(接零)应符合用电规定,接地电阻不应大于4 Ω;

3 漏电保护器参数应匹配,安装应正确,动作应灵敏可靠;电气保护(短路、过载、失压)应齐全有效。

10 木工机械及其他机械

10.1 一般规定

10.1.1 整机应符合下列规定：

1 机械安装应坚实稳固，保持水平位置；

2 金属结构不应有开焊、裂纹；

3 机构应完整，零部件应齐全，连接应可靠；

4 外观应清洁，不应有油垢和明显锈蚀；

5 传动系统运转应平衡，不应有异常冲击、振动、爬行、窜动、噪声、超温、超压；传动皮带应完好，不应破损，松紧应适度；

6 变速系统换档应自如，不应有跳档；各档速度应正常；

7 操作系统应灵敏可靠，配置操作按钮、手轮、手柄应齐全，反应应灵敏；各仪表指示数据应准确；

8 各导轨及工作面不应严重磨损、碰伤、变形；

9 刀具安装应牢固，定位应准确有效；

10 积尘装置应完好，工作应可靠。

10.1.3 安全防护装置应符合下列规定：

1 接地（接零）应正确，接地电阻应符合用电规定；

2 短路保护、过载保护、失压保护装置动作应灵敏、有效；

3 漏电保护器参数应匹配，安装应正确，动作应灵敏可靠；

4 外露传动部分防护罩壳应齐全完整，安装应牢靠；

5 防护压板、护罩等安全防护装置应齐全、可靠，指示标志应醒目有效。

11 装修机械

11.1 一般规定

11.1.1 装修机械整机应符合下列规定：

1 金属结构不应有开焊、裂纹；

2 零部件应完整，随机附件应齐全；

3 外观应清洁，不应有油垢和明显锈蚀；

4 传动系统运转应平稳，不应有异常冲击、振动、爬行、窜动、噪声、超温、超压；

5 传动皮带应齐全完好，松紧应适度；

6 操作系统应灵敏可靠，各仪表指示数据应准确。

11.1.3 安全防护装置应符合下列规定：

1 漏电保护器参数应匹配，安装应正确，动作应灵敏可靠；电气保护装置（短路、过载、失压）应齐全有效；

2 接地（接零）应符合规范，接地电阻不应大于4 Ω。

3 安全防护装置及限位应齐全、灵敏可靠；防护罩、板安装应牢靠，不应破损。

12 掘进机械

12.1 一般规定

12.1.1 掘进机械应按照使用说明书规定的技术性能和使用条件合理使用,严禁任意扩大使用范围。

12.1.3 盾构机的选用应与周围岩土条件相适应。

12.1.4 整机应符合下列规定:

1 外观应清洁,警示标记应明显;

2 主要工作性能应能达到额定指标;

3 各总成件、零部件及附属装置应齐全、完整;试运转时,不得有漏油、异响、发热;

4 钢结构不应有变形,主要受力构件的焊缝不应有开焊、裂纹,螺栓连接及销连接应牢靠。

建筑施工土石方工程安全技术规范(节选)

JGJ 180—2009　J 888—2009

(2009年12月1日实施。其中,第2.0.2、2.0.3、2.0.4、5.1.4、6.3.2条为强制性条文)

1　总　则

1.0.2　本规范适用于工业与民用建筑及构筑物工程的土石方施工与安全。

2　基本规定

2.0.2　土石方工程应编制专项施工安全方案,并应严格按照方案实施。

2.0.3　施工前应针对安全风险进行安全教育及安全技术交底。特种作业人员必须持证上岗,机械操作人员应经过专业技术培训。

2.0.4　施工现场发现危及人身安全和公共安全的隐患时,必须立即停止作业,排除隐患后方可恢复施工。

3　机械设备

3.1　一般规定

3.1.1　土石方施工的机械设备应有出厂合格证书。必须按照出厂使用说明书规定的技术性能、承载能力和使用条件等要求,正确操作,合理使用,严禁超载作业或任意扩大使用范围。

3.1.3　机械设备应定期进行维修保养,严禁带故障作业。

3.1.5　作业前检查施工现场,查明危险源。机械作业不宜在地下电缆或燃气管道等2 m半径范围内进行。

3.1.6　作业时操作人员不得擅自离开岗位或将机械设备交给其他无证人员操作,严禁疲劳和酒后作业。严禁无关人员进入作业区和操作室。机械设备连续作业时,应遵守交接班制度。

3.1.7　配合机械设备作业人员,应在机械设备的回转半径以外工作;当在回转半径内作业时,必须有专人协调指挥。

3.1.8　遇到下列情况之一时应立即停止作业:

1　填挖区土体不稳定、有坍塌可能;

2　地面涌水冒浆,出现陷车或因下雨发生坡道打滑;

3　发生大雨、雷电、浓雾、水位暴涨及山洪暴发等情况;

4　施工标志及防护设施被损坏；

5　工作面净空不足以保证安全作业；

6　出现其他不能保证作业和运行安全的情况。

3.1.9　机械设备运行时，严禁接触转动部位和进行检修。

3.1.10　夜间工作时，现场必须有足够照明；机械设备照明装置应完好无损。

3.2　土石方开挖设备

Ⅰ　挖掘机

3.2.1　挖掘前，驾驶员应发出信号，确认安全后方可启动设备。设备操作过程中应平稳，不宜紧急制动。当铲斗未离开工作面时，不得作回转、行走等动作。铲斗升降不得过猛，下降时不得碰撞车架或履带。

3.2.5　挖掘机行驶或作业中，不得用铲斗吊运物料，驾驶室外严禁站人。

Ⅱ　推土机

3.2.7　推土机工作时严禁有人站在履带或刀片的支架上。

3.2.9　推土机在积水地带行驶或作业前，必须查明水深。

3.2.10　推土机向沟槽回填土时应设专人指挥，严禁推铲越出边缘。

3.2.11　两名以上推土机在同一区域作业时，两机前后距离不得小于 8 m，平行时左右距离不得小于 1.5 m。

Ⅳ　装载机

3.2.15　装载机作业时间应使用低速挡。严禁铲斗载人。

3.2.18　在边坡、壕沟、凹坑卸料时，应有专人指挥，轮胎距沟、坑边缘的距离应大于 1.5 m，并应放置挡木阻滑。

3.3　土方平整和运输设备

Ⅰ　压路机

3.3.2　修筑坑边道路时，必须由里侧向外侧碾压。距路基边缘不得小于 1 m。

3.3.3　严禁用压路机拖带任何机械、物件。

Ⅱ　载重汽车

3.3.5　载重汽车向坑洼区域卸料时，应和边坡保持安全距离，防止坍塌方翻车。严禁在斜坡侧向倾卸。

3.3.6　载重汽车卸料后，应使车厢落下复位后方可起步，不得在未落车厢的情况下行驶。车厢内严禁载人。

Ⅲ　蛙式夯实机

3.3.7　夯实机的扶手和操作手柄必须加装绝缘材料，操作开关必须使用定向开关，进线口必须加胶圈。

3.3.9　操作人员必须戴绝缘手套、穿绝缘鞋。必须采取一人操作、一人拉线作业。

3.3.10　多台夯机同时作业时，其并列间距不宜小于 5 m，纵列间距不宜小于 10 m。

Ⅳ　小翻斗车

3.3.12　下坡时严禁空挡滑行；严禁在大于 25°的陡坡上向下行驶。

3.3.13　在坑槽边缘倒料时，必须在距离坑槽 0.8～1.0 m 处设置安全挡块。严禁骑沟倒料。

3.3.15 翻斗车行驶中,车架上和料斗内严禁站人。

5 土石方爆破

5.1 一般规定

5.1.4 爆破作业环境有下列情况时,严禁进行爆破作业:

1 爆破可能产生不稳定边坡、滑坡、崩塌的危险;

2 爆破可能危及建(构)筑物、公共设施或人员的安全;

3 恶劣天气条件下。

5.1.8 严禁硬拉或拔出起爆药包中的导爆索、导爆管或电雷管脚线。

5.1.9 爆破警戒范围由设计确定。在危险区边界,应设有明显标志,并派出警戒人员。

6 基坑工程

6.1 一般规定

6.1.2 土方开挖前,应查明基坑周边影响范围内建(构)筑物、上下水、电缆、燃气、排水及热力等地下管线情况,并采取措施保护其使用安全。

6.2 基坑开挖的防护

6.2.1 开挖深度超过 2 m 的基坑周边必须安装防护栏杆。防护栏杆应符合下列规定:

1 防护栏杆高度不应低于 1.2 m;

2 防护栏杆应由横杆及立杆组成;横杆应设 2~3 道,下杆离地边高度宜为 0.3~0.6 m,上杆离地高度宜为 1.2~1.5 m;立杆间距不宜大于 2.0 m,立杆离坡边距离宜大于 0.5 m;

3 防护栏杆宜加挂密目安全网和挡脚板;安全网应自上而下封闭设置;挡脚板高度不应小于 180 mm,挡脚板下沿离地高度不应大于 10 mm;

4 防护栏杆应安装牢固,材料应有足够的强度。

6.2.4 同一垂直作业面的上下层不宜同时作业。需同时作业时,上下层之间应采取隔离防护措施。

6.3 作业要求

6.3.2 基坑支护结构必须在达到设计要求的强度后,方可开挖下层土方,严禁提前开挖和超挖。施工过程中,严禁设备或重物碰撞支撑、腰梁、锚杆等基坑支护结构,亦不得在支护结构上放置或悬挂重物。

6.3.3 基坑边坡的顶部应设排水措施。基坑底四周宜设排水沟和集水井,并及时排除积水。基坑挖至坑底时应及时清理基底并浇筑垫层。

6.3.10 采用井点降水时,井口应设置防护盖板或围栏,设置明显的警示标志。降水完成后,应及时将井填实。

6.4 险情预防

6.4.1 深基坑开挖过程中必须进行基坑变形监测,发现异常情况应及时采取措施。

6.4.4 当基坑开挖过程中出现位移超过预警值、地表裂缝或深陷等情况时,应及时报告有关方面。出现塌方险情等征兆时,应立即停止作业,组织撤离危险区域,并立即通知有关方面进行研究处理。

7 边坡工程

7.2 作业要求

7.2.3 土石方开挖应按设计要求自上而下分层实施,严禁随意开挖坡脚。

7.2.4 开挖至设计坡面及坡脚后,应及时进行支护施工,尽量减少暴露时间。

7.2.7 在有滑坡地段进行挖方时,应遵守下列规定:

1 遵循先整治后开挖的施工程序;

2 不得破坏开挖上方坡体的自然植被和排水系统;

3 应先做好地面和地下排水设施;

4 严禁在滑坡体上部堆土、堆放材料、停放施工机械或搭临时设施;

5 应遵循由上至下的开挖顺序,严禁在滑坡的抗滑段通长大断面开挖;

6 爆破施工时,应采取减振和监测措施防止爆破振动对边坡和滑坡体的影响。

7.2.9 人工开挖时应遵守下列规定:

1 作业人员相互之间应保持安全作业距离;

2 打锤与扶钎者不得对面工作,打锤者应戴防滑手套;

3 作业人员严禁站在石块滑落的方向撬挖或上下层同时开挖;

4 作业人员在陡坡上作业应系安全绳。

7.3 险情预防

7.3.2 边坡开挖过程中出现沉降、裂缝等险情时,应立即向有关方面报告,并根据险情采取如下措施:

1 暂停施工,转移危险区内人员和设备;

2 对危险区域采取临时隔离措施,并设置警示标志;

3 坡脚被动区压重或坡顶主动区卸载;

4 作好临时排水、封面处理;

5 采取应急支护措施。

液压升降整体脚手架安全技术规程(节选)

JGJ 183—2009　J 892—2009

(2010年3月1日实施。其中,第3.0.1、7.1.1、7.2.1条为强制性条文)

1　总　则

1.0.2　本规程适用于高层、超高层建(构)筑物不带外模板的千斤顶式或油缸式液压升降整体脚手架的设计、制作、安装、检验、使用、拆除和管理。

3　基本规定

3.0.1　液压升降整体脚手架架体及附着支承结构的强度、刚度和稳定性必须符合设计要求,防坠落装置必须灵敏、制动可靠,防倾覆装置必须稳固、安全可靠。

3.0.4　安装和操作人员应经过专业培训合格后持证上岗,作业前应接受安全技术交底。

4　架体结构

4.0.1　架体结构(图4.0.1)的尺寸应符合下列规定:

1　架体结构高度不应大于5倍楼层高;

2　架体全高与支承跨度的乘积不应大于110 m^2;

3　架体宽度不应大于1.2 m;

4　直线布置的架体支承跨度不应大于8 m,折线或曲线布置的架体中心线处支承跨度不应大于5.4 m;

5　水平悬挑长度不应大于跨度的1/2,且不得大于2 m;

6　当两主框架之间架体的立杆作承重架时,纵距应小于1.5 m,纵向水平杆的步距不应大于1.8 m。

4.0.5　工作脚手架宜采用扣件式钢管脚手架,其结构构造应符合国家现行标准《建筑施工扣件式钢管脚手架安全技术规范》JGJ 130的规定,工作脚手架应设置在两竖向主框架之间,并应与纵向水平杆相连。立杆底端应设置定位销轴。

4.0.6　竖向主框架悬臂高度不得大于6 m或架体高度的2/5。

4.0.7　当水平支承不能连续设置时,局部可采用脚手架杆件进行连接,但其长度不得大于2.0 m,且必须采取加强措施,其强度和刚度不得低于原有的水平支承。

4.0.8　液压升降整体脚手架不得与物料平台相连接。

4.0.9　当架体遇到塔吊、施工电梯、物料平台等需断开或开洞时,断开处应加设栏杆并封闭,开口处应有可靠的防止人员及物料坠落的措施。

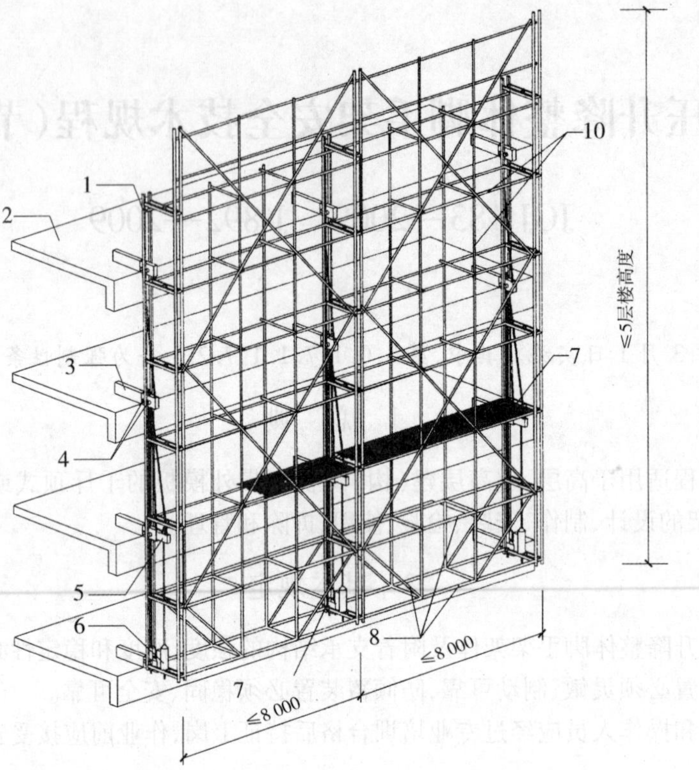

1—竖向主框架;2—建筑结构混凝土楼面;3—附着支承结构;4—导向及防倾覆装置;5—悬臂(吊)梁;6—液压升降装置;7—防坠落装置;8—水平支承结构;9—工作脚手架;10—架体结构

图4.0.1　液压升降整体脚手架总装配示意图　(单位:mm)

4.0.10　架体外立面应沿全高设置剪刀撑,剪刀撑斜杆应采用旋转扣件固定在与之相交的横向水平杆件的伸出端或立杆上,旋转扣件中心线至主节点的距离不宜大于150 mm,剪刀撑水平夹角应为45°~60°,悬挑端应以竖向主框架为中心设置对称斜拉杆,其水平夹角不应小于45°。

4.0.11　架体在下列部位应采取可靠的加强构造措施:

1　与附着支承结构的连接处;

2　液压升降装置的设置处;

3　防坠落、防倾覆装置的设置处;

4　吊拉点设置处;

5　平面的转角外;

6　因碰到塔吊、施工电梯、物料平台等设施而需断开或开洞处;

7　水平支承悬挑部位;

8　其他有加强要求的部位。

4.0.12　安全防护措施应符合下列要求:

1 架体外侧必须采用密目式安全立网（≥2 000 目/100 cm^2）围挡；密目式安全立网必须可靠固定在架体上；

2 架体底层的脚手板除应铺设严密外，还应具有可翻起的翻板构造；

3 工作脚手架外侧应设置防护栏杆和挡脚板，挡脚板的高度不应小于 180 mm，顶层防护栏杆高度不应小于 1.5 m；

4 工作脚手架应设置固定牢靠的脚手板，其与结构之间的间距应符合国家现行标准《建筑施工扣件式钢管脚手架安全技术规范》JGJ 130 的相关规定。

4.0.13 构配件的制作应符合下列要求：

1 制作构配件的原、辅材料的材质及性能应符合设计要求，并应按规定对其进行验证和检验；

2 加工构配件的工装、设备及工具应满足构配件制作精度的要求，并应定期进行检查；

3 构配件应按照工艺要求及尺寸精度进行检验，对防倾覆及防坠落装置等关键部件的加工件应有可追溯性标志，加工件必须进行 100% 检验；使用构配件时，应验证出厂合格证。

5 设计及计算

5.2 设计及计算

5.2.16 位于建筑物凸出或凹进结构处的液压升降整体脚手架应进行专项设计。

6 液压升降装置

6.1 技术要求

6.1.3 液压系统额定工作压力宜小于 16 MPa，各液压元件的额定工作压力应大于 16 MPa。

6.1.4 溢流阀的调定值不应大于系统额定工作压力的 110%。

6.2 检验

6.2.2 当达到额定工作压力的 1.25 倍时，保压 15 min，液压升降装置应无异常情况。

6.2.3 在额定工作压力状态下连续运转 30 min 后，液压油温度应在 60 ℃以下。

6.2.4 在负载工况运转时，噪声不应大于 75 dB(A)。

6.2.5 在额定荷载作用下，当液压控制系统出现失压状态时，液压升降装置不得有滑移现象。

6.2.6 液压升降装置最低启动工作压力应小于 0.5 MPa。

6.2.8 在额定工作压力下和温度 -20 ~ 45 ℃的环境中，液压升降装置应可靠工作，固定密封处不得渗漏油，运动密封处渗油不应成滴。

6.3 使用与维护

6.3.2 当液压系统出现异常噪声时，应立即停机检查，排除噪声源后方可运行。

6.3.6 液压升降装置在使用 12 个月或工程结束后，应更换密封件，检验卡齿，并应重新采取防腐、防锈措施。

7 安全装置

7.1 防坠落装置

7.1.1 液压升降整体脚手架的每个机位必须设置防坠落装置,防坠落装置的制动距离不得大于80 mm。

7.1.2 防坠落装置应设置在竖向主框架或附着支承结构上。

7.1.4 防坠落装置使用完一个单体工程或停止使用6个月后,应经检验合格后方可再次使用。

7.2 防倾覆装置

7.2.1 液压升降整体脚手架在升降工况下,竖向主框架位置的最上附着支承和最下附着支承之间的最小间距不得小于2.8 m或1/4架体高度;在使用工况下,竖向主框架位置的最上附着支承和最下附着支承之间的最小间距不得小于5.6 m或1/2架体高度。

7.2.2 防倾覆导轨应与竖向主框架有可靠连接。

7.2.4 防倾覆装置应采用螺栓与建筑主体结构连接,与装置与导轨之间的间隙不应大于8 mm。

7.2.5 架体的垂直度偏差不应大于架体全高的0.5%,防倾覆装置通过调节应满足架体垂直度的要求。

7.2.6 防倾覆装置与导轨的摩擦宜采用滚动摩擦。

7.3 荷载控制或同步控制装置

7.3.1 液压升降整体脚手架升降时必须具有荷载控制或同步控制功能。

7.3.2 当某一机位的荷载超过设计值的30%或失载的70%时,荷载控制系统应能自动停机并报警。

7.3.3 当相邻机位高差达到30 mm或整体架体最大升降差超过80 mm时,同步控制系统应能自动停机并报警,待其他机位与超高超低机位相平时方可重新开机。

8 安装、升降、使用、拆除

8.1 一般规定

8.1.1 技术人员和专业操作人员应熟练掌握液压升降整体脚手架的技术性能及安全要求。

8.1.2 遇到雷雨、6级及以上大风、大雾、大雪天气时,必须停止施工。架体上人员应对设备、工具、零散材料、可移动的铺板等进行整理、固定,并应作好防护,全部人员撤离后应立即切断电源。

8.1.3 液压升降整体脚手架施工区域内应有防雷设施,并应设置相应的消防设施。

8.1.4 液压升降整体脚手架安装、升降、拆除过程中,应统一指挥,在操作区域应设置安全警戒。

8.1.7 升降过程中作业人员必须撤离工作脚手架。

8.2 安装

8.2.1 液压升降整体脚手架应由有资质的安装单位施工。

8.2.5 应设置安装平台,安装平台应能承受安装时的垂直荷载。高度偏差应小于20

mm;水平支承底平面高差应小于20 mm。

8.2.6 架体的垂直度偏差应小于架体全高的0.5%,且不应大于60 mm。

8.2.8 架体底部应铺设脚手板,脚手板与墙体间隙不应大于50 mm,操作层脚手板应满铺牢固,孔洞直径宜小于25 mm。

8.2.9 剪刀撑斜杆与地面的夹角应为45°~60°。

8.2.10 每个竖向主框架所覆盖的每一楼层处应设置一道附着支承及防倾覆装置。

8.2.17 架体的外侧防护应采用安全密目网,安全密目网应布设在外立杆内侧。

8.3 升降

8.3.1 液压升降整体脚手架提升或下降前应按本规程附录E的要求进行检查;检查合格后方能发布升降令。

8.3.4 当发现异常现象时,应停止升降工作。查明原因、隐患排除后方可继续进行升降工作。

8.4 使用

8.4.1 液压升降整体脚手架提升或下降到位后应按本规程附录F的要求进行检查,检查合格后方可使用。

8.4.2 在使用过程中严禁下列违章作业:

1 架体上超载、集中堆载;

2 利用架体作为吊装点和张拉点;

3 利用架体作为施工外模板的支模架;

4 拆除安全防护设施和消防设施;

5 构件碰撞或扯动架体;

6 其他影响架体安全的违章作业。

8.4.3 施工作业时,应有足够的照度。

8.4.4 液压升降整体脚手架使用过程中,应每个月进行一次检查,并应符合本规程附录D的要求,检查合格后方可继续使用。

8.4.5 作业期间,应每天清理架体、设备、构配件上的混凝土、尘土和建筑垃圾。

8.4.6 每完成一个单体工程,应对液压升降整体脚手架部件、液压升降装置、控制设备、防坠落装置等进行保养和维修。

8.4.7 液压升降整体脚手架的部件及装置,出现下列情况之一时,应予以报废:

1 焊接结构件严重变形或严重锈蚀;

2 螺栓发生严重变形、严重磨损、严重锈蚀;

3 液压升降装置主要部件损坏;

4 防坠落装置的部件发生明显变形。

8.5 拆除

8.5.1 液压升降整体脚手架的拆除工作应按专项施工方案执行,并应对拆除人员进行安全技术交底。

附录 D　液压升降整体脚手架安装后验收表

表 D　液压升降整体脚手架安装后验收表

工程名称		结构形式	
建筑面积		机位布置情况	
总包单位		安拆单位	
监理单位		验收日期	
序号	检查项目	标准	检查结果
1★	相邻竖向主框架的高差	≤30 mm	
2★	竖向主框架及导轨的垂直度偏差	≤0.5%且≤60 mm	
3★	预埋穿墙螺栓孔或预埋件中心的误差	≤15 mm	
4★	架体底部脚手板与墙体间隙	≤50 mm	
5	节点板的厚度	≥6 mm	
6	剪刀撑斜杆与地面的夹角	45°~60°	
7★	操作层脚手板应铺满、铺牢,孔洞直径	≤25 mm	
8★	连接螺栓的拧紧扭力矩	40~65 N·m	
9★	防松措施	双螺母	
10★	附着支承在建(构)筑物上连接处的混凝土强度	≥C10	
11	架体全高	≤5 倍楼层高度	
12	架体宽度	≤1.2 m	
13	架体全高×支承跨度	≤110 m^2	
14	支承跨度直线型	≤8 m	
15	支承跨度折线型或曲线型	≤5.4 m	
16	水平悬挑长度	≤2 m;且≤1/2 跨度	
17	使用工况上端悬臂高度	≤2/5 架体高度;且≤6 m	
18	防坠落装置制动距离	≤80 mm	

续表 D

序号	检查项目	标准	检查结果
19★	在竖向主框架位置的最上附着支承和最下附着支承之间的间距	≥5.6 m	
20	垫板尺寸	≥100 mm×100 mm×10 mm	
21★	防倾覆装置与导轨之间的间隙	≤8 mm	
22	液压升降装置承受额定荷载 48 h	滑移量≤1 mm	
23	液压升降装置施压 20 MPa，保压 15 min	无异常	
24	液压升降装置锁紧力，上、下锁紧油缸在 8 MPa 压力承载工况下	锁紧不滑移	
25	承受荷载，液压系统失压 36 h	载物不滑移	
26	额定工作压力下，保压 30 min，所有的管路接头	滴漏≤3 滴油	
27	防护栏杆	在 0.6 m 和 1.2 m 两道	
28	挡脚板高度	≥180 mm	
29	顶层防护栏杆高度	≥1.5 m	
检查结论			

检查人签字	总包单位项目经理	安拆单位负责人	安全员	机械管理员

符合要求，同意使用(　　)　　　　不符合要求，不同意使用(　　)

总监理工程师(签字)

年　　月　　日

注：本表由安拆单位填报，总包单位、安拆单位、监理单位各存一份。

本表带★检查项目为每月检查内容。

附录E 液压升降整体脚手架升降前准备工作检查表

表E 液压升降整体脚手架升降前准备工作检查表

工程名称		升降层次		
建筑面积		机位布置情况		
总包单位		安拆单位		
监理单位		日期		
序号	检查项目	标准	检查结果	
1	安装最上附着支承处结构混凝土强度	≥C10		
2	液压动力系统的控制柜	设置在楼层上		
3	防坠吊杆与建筑结构连接	可靠		
4	防坠落装置工作状态	正常		
5	在竖向主框架位置的最上附着支承和最下附着支承之间的间距	≥2.8 m或≥1/4架体高度		
6	防倾覆装置与导轨之间的间隙	≤8 mm		
7	架体的垂直度偏差	≤0.5%架体全高;且≤60 mm		
8	额定荷载超过30%时	报警停机		
9	额定荷载超过70%	报警停机		
10	升降行程范围	无伸出墙面外的障碍物		
11	专业操作人员	持证上岗		
12	垂直立面与地面	进行警戒		
13	架体上	无杂物及人员		
检查结论				
检查人签字	安拆单位负责人	安全员	机械管理员	
符合要求,同意使用(　　)		不符合要求,不同意使用(　　)		
项目经理(签字) 年　月　日				

注:本表由安拆单位填报,监理单位、施工单位、租赁单位、安拆单位各存一份。

附录F　液压升降整体脚手架升降后使用前安全检查表

表F　液压升降整体脚手架升降后使用前安全检查表

工程名称		结构层次	
建筑面积		机位布置情况	
总包单位		安拆单位	
监理单位		日期	
序号	检查项目	标准	检查结果
1	整体脚手架的垂直荷载	建筑物受力	
2	液压升降装置	非工作状态	
3	防坠落装置	工作状态	
4	最上一道防倾覆装置	可靠牢固	
5	架体底层脚手板与墙体间隙	≤50 mm	
6	在竖向主框架位置的最上附着支承和最下附着支承之间的间距	≥5.6 m或 ≥1/2架体高度	
检查结论			

检查人签字	安拆单位负责人	安全员	机械管理员

符合要求，同意使用(　　)　　　　不符合要求，不同意使用(　　)

项目经理(签字)

年　　月　　日

注：本表由安拆单位填报，总包单位、施工单位、租赁单位、安拆单位各存一份。

建筑施工作业劳动防护用品配备及使用标准(节选)

JGJ 184—2009 J 964—2009

(2010年6月1日实施。其中,第2.0.4、3.0.1、3.0.2、3.0.3、3.0.4、3.0.5、3.0.6、3.0.10、3.0.14、3.0.17、3.0.19条为强制性条文)

2 基本规定

2.0.1 本标准所列劳动防护用品为从事建筑施工作业的人员和进入施工现场的其他人员配备的个人防护装备。

2.0.2 从事施工作业人员必须配备符合国家现行有关标准的劳动防护用品,并应按规定正确使用。

2.0.3 劳动防护用品的配备,应按照"谁用工,谁负责"的原则,由用人单位为作业人员按作业工种配备。

2.0.4 进入施工现场人员必须佩戴安全帽。作业人员必须戴安全帽、穿工作鞋和工作服;应按作业要求正确使用劳动防护用品。在2 m及以上的无可靠安全防护设施的高处、悬崖和陡坡作业时,必须系挂安全带。

3 劳动防护用品的配备

3.0.1 架子工、起重吊装工、信号指挥工的劳动防护用品配备应符合下列规定:

1 架子工、塔式起重机操作人员、起重吊装工应配备灵便紧口的工作服、系带防滑鞋和工作手套。

2 信号指挥工应配备专用标志服装。在自然强光环境条件作业时,应配备有色防护眼镜。

3.0.2 电工的劳动防护用品配备应符合下列规定:

1 维修电工应配备绝缘鞋、绝缘手套和灵便紧口的工作服。

2 安装电工应配备手套和防护眼镜。

3 高压电气作业时,应配备相应等级的绝缘鞋、绝缘手套和有色防护眼镜。

3.0.3 电焊工、气割工的劳动防护用品配备应符合下列规定:

1 电焊工、气割工应配备阻燃防护服、绝缘鞋、鞋盖、电焊手套和焊接防护面罩。在高处作业时,应配备安全帽与面罩连接式焊接防护面罩和阻燃安全带。

2 从事清除焊渣作业时,应配备防护眼镜。

3 从事磨削钨极作业时,应配备手套、防尘口罩和防护眼镜。

4 从事酸碱等腐蚀性作业时,应配备防腐蚀性工作服、耐酸碱胶鞋,戴耐酸碱手套、防护口罩和防护眼镜。

5 在密闭环境或通风不良的情况下，应配备送风式防护面罩。

3.0.4 锅炉、压力容器及管道安装工的劳动护用品配备应符合下列规定：

1 锅炉及压力容器安装工、管道安装工应配备紧口工作服和保护足趾安全鞋。在强光环境条件作业时，应配备有色防护眼镜。

2 在地下或潮湿场所，应配备紧口工作服、绝缘鞋和绝缘手套。

3.0.5 油漆工在从事涂刷、喷漆作业时，应配备防静电工作服、防静电鞋、防静电手套、防毒口罩和防护眼镜；从事砂纸打磨作业时，应配备防尘口罩和密闭式防护眼镜。

3.0.6 普通工从事淋灰、筛灰作业时，应配备高腰工作鞋、鞋盖、手套和防尘口罩，应配备防护眼镜；从事抬、扛物料作业时，应配备垫肩；从事人工挖扩桩孔孔井下作业时，应配备雨靴、手套和安全绳；从事拆除工程作业时，应配备保护足趾安全鞋、手套。

3.0.10 磨石工应配备紧口工作服、绝缘胶靴、绝缘手套和防尘口罩。

3.0.14 防水工的劳动防护用品配备应符合下列规定：

1 从事涂刷作业时，应配备防静电工作服、防静电鞋和鞋盖、防护手套、防毒口罩和防护眼镜。

2 从事沥青熔化、运送作业时，应配备防烫工作服、高腰布面胶底防滑鞋和鞋盖、工作帽、耐高温长手套、防毒口罩和防护眼镜。

3.0.17 钳工、铆工、通风工的劳动防护用品配备应符合下列规定：

1 从事使用锉刀、刮刀、錾子、扁铲等工具作业时，应配备紧口工作服和防护眼镜。

2 从事剔凿作业时，应配备手套和防护眼镜；从事搬抬作业时，应配备保护足趾安全鞋和手套。

3 从事石棉、玻璃棉等含尘毒材料作业时，操作人员应配备防异物工作服、防尘口罩、风帽、风镜和薄膜手套。

3.0.19 电梯安装工、起重机械安装拆卸工从事安装、拆卸和维修作业时，应配备紧口工作服、保护足趾安全鞋和手套。

4 劳动防护用品使用及管理

4.0.1 建筑施工企业应选定劳动防护用品的合格供货方，为作业人员配备的劳动防护用品必须符合国家有关标准，应具备生产许可证、产品合格证等相关资料。经本单位安全生产管理部门审查合格后方可使用。

建筑施工企业不得采购和使用无厂家名称、无产品合格证、无安全标志的劳动防护用品。

4.0.2 劳动防护用品的使用年限应按国家现行相关标准执行。劳动防护用品达到使用年限或报废标准的应由建筑施工企业统一收回报废，并应为作业人员配备新的劳动防护用品。劳动防护用品有定期检测要求的应按照其产品的检测周期进行检测。

4.0.3 建筑施工企业应建立健全劳动防护用品购买、验收、保管、发放、使用、更换、报废管理制度。在劳动防护用品使用前，应对其防护功能进行必要的检查。

4.0.4 建筑施工企业应教育从业人员按照劳动防护用品使用规定和防护要求，正确使用劳动防护用品。

4.0.5 建设单位应按国家有关法律和行政法规的规定，支付建筑工程的施工安全措施费用。建筑施工企业应严格执行国家有关法规和标准，使用合格的劳动防护用品。

4.0.6 建筑施工企业应对危险性较大的施工作业场所及具有尘毒危害的作业环境设置安全警示标识及应使用的安全防护用品标识牌。

施工现场临时建筑物技术规范(节选)

JGJ/T 188—2009　J 954—2009

(2010年7月1日实施)

3　基本规定

3.0.1　临时建筑应由专业技术人员编制施工组织设计,并应经企业技术负责人批准后方可实施。临时建筑的施工安装、拆卸或拆除应编制施工方案,并应由专业人员施工、专业技术人员现场监督。

3.0.2　临时建筑建设场地应具备路通、水通、电通、讯通和平整的条件。

3.0.3　临时建筑、施工现场、道路及其他设施的布置应符合消防、卫生、环保和节约用地的有关要求。

3.0.4　临时建筑层数不宜超过两层。

3.0.5　临时建筑设计使用年限应为5年。

3.0.6　临时建筑结构选型应遵循可循环利用的原则,并应根据地理环境、使用功能、荷载特点、材料供应和施工条件等因素综合确定。

3.0.7　临时建筑不宜采用钢筋混凝土楼面、屋面结构;严禁采用钢管、毛竹、三合板、石棉瓦等搭设简易的临时建筑物;严禁将夹芯板作为活动房的竖向承重构件使用。

3.0.10　临时建筑应根据当地气候条件,采取抵抗风、雪、雨、雷电等自然灾害的措施。

4　基地与总平面

4.1　基　地

4.1.1　临时建筑不应建造在易发生滑坡、坍塌、泥石流、山洪等危险地段和低洼积水区域,应避开水源保护区、水库泄洪区、濒险水库下游地段、强风口和危房影响范围,且应避免有害气体、强噪声等对临时建筑使用人员的影响。

4.1.2　当临时建筑建造在河沟、高边坡、深基坑边时,应采取结构加强措施。

4.2　总平面

4.2.1　办公区、生活区和施工作业区应分区设置,且应采取相应的隔离措施,并应设置导向、警示、定位、宣传等标识。

4.2.2　办公区、生活区宜位于建筑物的坠落半径和塔吊等机械作业半径之外。

4.2.3　临时建筑与架空明设的用电线路之间应保持安全距离。临时建筑不应布置在高压走廊范围内。

4.2.4　办公区应设置办公用房、停车场、宣传栏、密闭式拉圾收集容器等设施。

4.2.5　生活用房宜集中建设、成组布置,并宜设置室外活动区域。

4.2.6　厨房、卫生间宜设置在主导风向的下风侧。

5　建筑设计

5.1　一般规定

5.1.1　临时建筑各类用房的功能配置,应根据建设规模与现场情况确定。

5.1.3　餐厅、资料室应设在临时建筑的底层,会议室宜设在临时建筑的底层。

5.1.4　办公用房、宿舍宜采用活动房,围挡宜选用彩钢板。

5.1.5　临时建筑的体形宜规整,应有自然通风和采光,并应满足节能要求。

5.1.8　屋面、外墙、外门窗应采取防止雨、雪渗漏的措施。

5.1.9　临时建筑地面应采取防水、防潮、防虫等措施,且应至少高出室外地面 150 mm。临时建筑周边应排水通畅、无积水。

5.2　办公用房

5.2.1　办公用房宜包括办公室、会议室、资料室、档案室等。

5.2.2　办公用房室内净高不应低于2.5 m。

5.2.3　办公室的人均使用面积不宜小于4 m^2,会议室使用面积不宜小于30 m^2。

5.3　生活用房

5.3.1　生活用房宜包括宿舍、食堂、餐厅、厕所、盥洗室、浴室、文体活动室等。

5.3.2　宿舍应符合下列规定:

1　宿舍内应保证必要的生活空间,人均使用面积不宜小于2.5 m^2,室内净高不应低于2.5 m。每间宿舍居住人数不宜超过16人。

2　宿舍内应设置单人铺,层铺的搭设不应超过2层。

3　宿舍内宜配置生活用品专柜,宿舍门外宜配置鞋柜或鞋架。

5.3.3　食堂应符合下列规定:

1　食堂与厕所、垃圾站等污染源的距离不宜小于 15 m,且不应设在污染源的下风侧。

2　食堂宜采用单层结构,顶棚宜设吊顶。

3　食堂应设置独立的操作间、售菜(饭)间、储藏间和燃气罐存放间。

4　操作间应设置冲洗池、清洗池、消毒池、隔油池;地面应做硬化和防滑处理。

5　食堂应配备机械排风和消毒设施。操作间油烟应经处理后方可对外排放。

6　食堂应设置密闭式泔水桶。

5.3.4　厕所、盥洗室、浴室应符合下列规定:

1　施工现场应设置自动水冲式或移动式厕所。

2　厕所的厕位设置应满足男厕每 50 人、女厕每 25 人设 1 个蹲便器,男厕每 50 人设 1 m 长小便槽的要求。蹲便器间距不应小于 900 mm,蹲位之间宜设置隔板,隔板高度不宜低于 900 mm。

3　盥洗间应设置盥洗池和水嘴。水嘴与员工的比例宜为 1:20,水嘴间距不宜小于

700 mm。

4 淋浴间的淋浴器与员工的比例宜为1:20,淋浴器间距不宜小于1 000 mm。

5 淋浴间应设置储衣柜或挂衣架。

6 厕所、盥洗室、淋浴间的地面应做硬化和防滑处理。

6 建筑防火

6.0.1 临时建筑场地应设有消防车道,且消防车道的宽度不应小于4.0 m,净空高度不应小于4.0 m。

6.0.2 临时建筑的耐火等级、最多允许层数、最大允许长度、防火分区的最大允许建筑面积应符合表6.0.2的规定。

表6.0.2 临时建筑的耐火等级、最多允许层数、最大允许长度、防火分区的最大允许建筑面积

临时建筑	耐火等级	最多允许层数	最大允许长度（m）	防火分区的最大允许建筑面积（m^2）
宿舍	四级	2	60	600
办公用房	四级	2	60	600
食堂	四级	1	60	600

6.0.3 防火间距应符合下列规定:

1 临时建筑距易燃易爆危险物品仓库等危险源的距离不应小于16 m。

2 对于成组布置的临时建筑,每组数量不应超过10幢,幢与幢之间的间距不应小于3.5 m,组与组之间的间距不应小于8.0 m。

6.0.7 每100 m^2 临时建筑应至少配备两具灭火级别不低于3A的灭火器,厨房等用火场所应适当增加灭火器的配置数量。

8 建筑设备

8.1 一般规定

8.1.1 建筑设备设计应做到安全可靠、经济合理、维护管理方便,并应整体协调。

8.1.2 临时建筑应考虑声、光、废弃物等对环境的影响,并应采取综合治理措施,确保周边环境安全。

8.1.3 临时建筑应采用节能和节水措施,并应采用节能型设备和节水型器具。

8.2 给水排水

8.2.1 临时建筑宜设置室内、外给水排水系统。

8.2.3 临时建筑的水源可采用市政水源或自备水源。生活给水的饮用水系统、杂用水系统和热水系统的水质应满足使用要求,并应符合国家现行有关卫生标准的规定。

8.2.12 在严寒地区和寒冷地区等有可能结冻的场所,给水排水管道和设施应采取防冻措施。

8.2.18 食堂内排水宜与其他排水系统分开单独设置,并应采取隔油处理措施。

8.2.19 化粪池距离地下水取水构筑物不得小于30 m。

8.2.23 临时建筑消防给水设置应根据各类用房的性质、面积、层数等因素，按照国家现行有关防火规范执行。

8.3 采暖、通风与空调

8.3.1 严寒地区和寒冷地区临时建筑宜设采暖设施。

8.3.5 临时建筑内严禁采用明火采暖。

8.3.6 设置空调及采暖时，宜采用单元式空调机或多联式空调机。

8.3.7 除电力充足和供电政策支持外，不应采用直接电热式采暖供热设置。

8.4 电气

8.4.1 临时建筑的低压配电应采用交流50 Hz、220/380 V。当由施工专用变压器或独立变压器供电时，低压配电系统接地形式应采用TN系统；当由地区共用低压电网供电时，低压配电系统接地形式应与原系统一致。

8.4.3 自备发电机电源必须与城市供电线路电源连锁，严禁并列运行。

8.4.4 室外配电采用架空线路时，架空线必须采用绝缘导线。架空线必须架设在专用电杆上，严禁架设在树木、脚手架及其他设施上。

8.4.6 接户线在档距内不得有接头，进线处离地高度不得小于2.5 m，进户线过墙处应穿管保护。接户线最小截面应符合表8.4.6规定。

表8.4.6 接户线最小截面

接户线架设方式	接户线长度(m)	接户线截面(mm^2)	
		铜线	铝线
架空或沿墙敷设	10～25	6.0	10.0
	<10	4.0	6.0

8.4.16 白炽灯、卤钨灯、荧光高压汞灯及其镇流器等不应直接安装在木构件等可燃材料上。

直接安装在可燃材料表面的灯具，应采用标有▽标志的灯具。

8.4.17 照明系统中的每一单相分支回路电流不宜超过16 A，光源数量不宜超过25个。当插座为单独回路时，每一回路插座数量不宜超过10个(或组)，用于计算机电源的插座数量不宜超过5个(或组)。

8.4.21 宿舍每居室用电负荷标准应按使用要求确定，且不宜小于1.5 kW。

9 施工安装

9.1 一般规定

9.1.1 临时建筑的构件应按设计要求制作。活动房、轻钢屋架等构件制作应在生产车间内完成，不得在施工现场进行。

9.1.2 原材料、构配件和设备进场时，应提供相应的产品合格证、材质证明和检测报告；对于活动房，还应提供建筑、结构图纸和安装施工说明书及使用说明书。

9.1.3 临时建筑施工前应对结构构件的质量进行检查。当结构构件的变形、缺陷超出允许偏差时,应进行处理,并应经检验合格后方可使用。

9.1.6 临时建筑安装施工前,应根据设计图纸和施工专项方案对操作工人进行技术交底。

10 质量验收

10.1 一般规定

10.1.1 临时建筑宜在施工安装完工后进行一次性验收。

10.1.2 临时建筑的质量验收应按本规范附录C的规定执行。

10.1.3 临时建筑相关技术文件和验收合格报告等验收资料应单独汇编成册,并应移交使用单位归档保管。

10.1.4 临时建筑应在验收合格后,方可交付使用。当临时建筑工程质量不符合要求时,可按照现行国家标准《建筑工程施工质量验收统一标准》GB 50300的规定进行处理,并应在重新验收合格后交付使用。

11 使用与维护

11.1 使 用

11.1.1 临时建筑使用单位应建立健全安全保卫、卫生防疫、消防、生活设施的使用和生活管理等各项管理制度。

11.1.4 临时建筑使用单位应定期对生活区住宿人员进行安全、治安、消防、卫生防疫、环境保护等宣传教育。

11.1.5 临时建筑使用单位应建立临时建筑防风、防汛、防雨雪灾害等应急预案,在风暴、洪水、雨雪来临前,应组织进行全面检查,并应采取可靠的加固措施。

11.1.7 临时建筑在使用过程中,不得随意开洞、打孔或对结构进行改动,不得擅自拆除隔墙和围护构件。

11.1.8 生活区内不得存放易燃、易爆、剧毒、放射源等化学危险物品。活动房内不得存放有腐蚀性的化学材料。

11.1.10 严禁擅自安装、改造和拆除临时建筑内的电线、电器装置和用电设备,严禁使用电炉等大功率用电设备。

11.1.12 围挡的使用应符合下列规定:

1 严禁在彩钢板等轻体围挡或紧靠围挡架设广告或宣传标牌;

2 对围挡应定期进行检查,当出现开裂、沉降、倾斜等险情时,应立即采取相应加固措施;

3 堆场的物品、弃土等不得紧靠围挡堆载,堆场离围挡的安全距离不应小于1.0 m。

4 围挡上的灯光照明设置和使用等,应符合现行行业标准《施工现场临时用电安全技术规范》JGJ 46的规定。

11.2 维 护

11.2.1 临时建筑使用单位应建立健全维护管理制度,组织相关人员对临时建筑的使用情况进行定期检查、维护,并应建立相应的使用台账记录。对检查过程中发现的问题和安全隐患,应及时采取相应措施。

11.2.2 周转使用规定年限内的活动房重新组装前,应对主要构件进行检查维护,达到质量要求的方可使用。

12 拆除与回收

12.1 一般规定

12.1.1 临时建筑的拆除应符合现行行业标准《建筑拆除工程安全技术规范》JGJ 147 的规定。

12.1.2 临时建筑的拆除应遵循"谁安装、谁拆除"的原则;当出现可能危及临时建筑整体稳定的不安全情况时,应遵循"先加固、后拆除"的原则。

12.1.3 拆除施工前,施工单位应编制拆除施工方案、安全操作规程及采取相关的防尘降噪、堆放、清除废弃物等措施,并应按规定程序进行审批,对作业人员进行技术交底。

12.1.4 临时建筑拆除前,应做好拆除范围内的断水、断电、断燃气等工作。拆除过程中,现场用电不得使用被拆临时建筑中的配电线。

12.1.5 临时建筑的拆除应符合环保要求,拆下的建筑材料和建筑垃圾应及时清理。楼面、操作平台不得集中堆放建筑材料和建筑垃圾。建筑垃圾宜按规定清运,不得在施工现场焚烧。

12.1.6 拆除区周围应设立围栏、挂警示牌,并应派专人监护,严禁无关人员逗留。当遇到五级以上大风、大雾和雨雪等恶劣天气时,不得进行临时建筑的拆除作业。

12.2 活动房拆卸

12.2.1 活动房拆卸顺序应遵循"先安装的构件后拆卸、后安装的构件先拆卸"的原则。

12.2.4 操作人员严禁站在构件上采用晃动、撬动或用大锤砸钢架的方法进行拆卸。

12.3 砌体建筑拆除

12.3.1 人工拆除砌体建筑的作业流程应按自上而下、先非承重构件、后承重构件的搭建施工逆顺序进行。

12.3.2 对于存在结构安全隐患的砌体建筑应采用机械进行破坏性拆除,严禁人工进行拆除作业。

12.3.3 禁止采用立体交叉方式进行拆除作业。砌体建筑确需采用倾覆法拆除的,倾覆物与相邻建(构)筑物间必须满足安全距离要求。

12.4 回收

12.4.1 拆卸周转使用的活动房时,应采取措施避免损伤构配件,构件拆卸后应分类堆放在安全区域。

12.4.3 变形和损坏的构配件应及时进行维修,并经抽样检验,性能满足要求后,方可再利用。

附录C 临时建筑工程质量验收记录表

表C 临时建筑工程质量验收记录

工程名称					
建设单位				项目负责人	
施工总承包单位				项目经理	
临时建筑施工单位				项目负责人	
监理单位				总监理工程师	
临时建筑用途				临时建筑层数	
项目	质量控制资料	安全和主要使用功能	观感质量	验收结论	检(核)查人
地基与基础					
主体结构					
建筑屋面					
建筑门窗					
建筑设备					

综合验收结果：

临时建筑施工单位：(盖章)　　　　项目负责人：

生产或租赁单位：(盖章)　　　　项目负责人：

使用单位：(盖章)　　　　项目负责人：

年　月　日

建筑施工塔式起重机安装、使用、拆卸安全技术规程(节选)

JGJ 196—2010　J 974——2010

(2010年7月1日实施。其中,第2.0.3、2.0.9、2.0.14、2.0.16、3.4.12、3.4.13、4.0.2、4.0.3、5.0.7条为强制性条文)

2　基本规定

2.0.1　塔式起重机安装、拆卸单位必须具有从事塔式起重机安装、拆卸业务的资质。

2.0.2　塔式起重机安装、拆卸单位应具备安全管理保证体系,有健全的安全管理制度。

2.0.3　塔式起重机安装、拆卸作业应配备下列人员:

1　持有安全生产考核合格证书的项目负责人和安全负责人、机械管理人员;

2　具有建筑施工特种作业操作资格证书的建筑起重机械安装拆卸工、起重司机、起重信号工、司索工等特种作业操作人员。

2.0.4　塔式起重机应具有特种设备制造许可证、产品合格证、制造监督检验证明,并已在县级以上地方建设主管部门备案登记。

2.0.5　塔式起重机应符合现行国家标准《塔式起重机安全规程》GB 5144及《塔式起重机》GB/T 5031的相关规定。

2.0.6　塔机启用前应检查下列项目:

1　塔式起重机的备案登记证明等文件;

2　建筑施工特种作业人员的操作资格证书;

3　专项施工方案;

4　辅助起重机械的合格证及操作人员资格证书。

2.0.7　对塔式起重机应建立技术档案,其技术档案应包括下列内容:

1　购销合同、制造许可证、产品合格证、制造监督检验证明、使用说明书、备案证明等原始资料;

2　定期检验报告、定期自行检查记录、定期维护保养记录、维修和技术改造记录、运行故障和生产安全事故记录、累计运转记录等运行资料;

3　历次安装验收资料。

2.0.8　塔式起重机的选型和布置应满足工程施工要求,便于安装和拆卸,并不得损害周边其他建筑物或构筑物。

2.0.9　有下列情况之一的塔式起重机严禁使用:

1　国家明令淘汰的产品;

2　超过规定使用年限经评估不合格的产品;

3 不符合国家现行相关标准的产品；

4 没有完整安全技术档案的产品。

2.0.10 塔式起重机安装、拆卸前，应编制专项施工方案，指导作业人员实施安装、拆卸作业。专项施工方案应根据塔式起重机使用说明书和作业场地的实际情况编制，并应符合国家现行相关标准的规定。专项施工方案应由本单位技术、安全、设备等部门审核、技术负责人审批后，经监理单位批准实施。

2.0.11 塔式起重机安装前应编制专项施工方案，并应包括下列内容：

1 工程概况；

2 安装位置平面和立面图；

3 所选用的塔式起重机型号及性能技术参数；

4 基础和附着装置的设置；

5 爬升工况及附着节点详图；

6 安装顺序和安全质量要求；

7 主要安装部件的重量和吊点位置；

8 安装辅助设备的型号、性能及布置位置；

9 电源的设置；

10 施工人员配置；

11 吊索具和专用工具的配备；

12 安装工艺程序；

13 安全装置的调试；

14 重大危险源和安全技术措施；

15 应急预案等。

2.0.12 塔式起重机拆卸专项方案应包括下列内容：

1 工程概况；

2 塔式起重机位置的平面和立面图；

3 拆卸顺序；

4 部件的重量和吊点位置；

5 拆卸辅助设备的型号、性能及布置位置；

6 电源的设置；

7 施工人员配置；

8 吊索具和专用工具的配备；

9 重大危险源和安全技术措施；

10 应急预案等。

2.0.13 塔式起重机与架空输电线的安全距离应符合现行国家标准《塔式起重机安全规程》GB 5144 的规定。

2.0.14 当多台塔式起重机在同一施工现场交叉作业时，应编制专项方案，并应采取防碰撞的安全措施。任意两台塔式起重机之间的最小架设距离应符合下列规定：

1 低位塔式起重机的起重臂端部与另一台塔式起重机的塔身之间的距离不得小于 2 m；

2 高位塔式起重机的最低位置的部件(或吊钩升至最高点或平衡重的最低部位)与低位塔式起重机中处于最高位置部件之间的垂直距离不得小于2 m。

2.0.15 在塔式起重机的安装、使用及拆卸阶段,进入现场的作业人员必须佩戴安全帽、防滑鞋、安全带等防护用品,无关人员严禁进入作业区域内。在安装、拆卸作业期间,应设警戒区。

2.0.16 塔式起重机在安装前和使用过程中,发现有下列情况之一的,不得安装和使用:

1 结构件上有可见裂纹和严重锈蚀的;

2 主要受力构件存在塑性变形的;

3 连接件存在严重磨损和塑性变形的;

4 钢丝绳达到报废标准的;

5 安全装置不齐全或失效的。

2.0.17 塔式起重机使用时,起重臂和吊物下方严禁有人员停留;物件吊运时,严禁从人员上方通过。

2.0.18 严禁用塔式起重机载运人员。

3 塔式起重机的安装

3.1 塔式起重机安装条件

3.1.1 塔式起重机安装前,必须经维修保养,并应进行全面的检查,确认合格后方可安装。

3.1.2 塔式起重机的基础及其地基承载力应符合使用说明书和设计图纸的要求。安装前应对基础进行验收,合格后方可安装。基础周围应有排水设施。

3.1.4 内爬式塔式起重机的基础、锚固、爬升支承结构等应根据使用说明书提供的荷载进行设计计算,并应对内爬式塔式起重机的建筑承载结构进行验算。

3.4 塔式起重机的安装

3.4.1 安装前应根据专项施工方案,对塔式起重机基础的下列项目进行检查,确认合格后方可实施:

1 基础的位置、标高、尺寸;

2 基础的隐蔽工程验收记录和混凝土强度报告等相关资料;

3 安装辅助设备的基础、地基承载力、预埋件等;

4 基础的排水措施。

3.4.2 安装作业,应根据专项施工方案要求实施。安装作业人员应分工明确、职责清楚。安装前应对安装作业人员进行安全技术交底。

3.4.5 安装作业中应统一指挥,明确指挥信号。当视线受阻、距离过远时,应采用对讲机或多级指挥。

3.4.6 自升式塔式起重机的顶升加节应符合下列规定:

1 顶升系统必须完好;

2 结构件必须完好;

3 顶升前,塔式起重机下支座与顶升套架应可靠连接;

4 顶升前,应确保顶升横梁搁置正确;

5 顶升前,应将塔式起重机配平;顶升过程中,应确保塔式起重机的平衡;

6 顶升加节的顺序,应符合使用说明书的规定;

7 顶升过程中,不应进行起升、回转、变幅等操作;

8 顶升结束后,应将标准节与回转下支座可靠连接;

9 塔式起重机加节后需进行附着的,应按照先装附着装置、后顶升加节的顺序进行,附着装置的位置和支撑点的强度应符合要求。

3.4.7 塔式起重机的独立高度、悬臂高度应符合使用说明书上的要求。

3.4.8 雨雪、浓雾天气严禁进行安装作业。安装时塔式起重机最大高度处的风速应符合使用说明书的要求,且风速不得超过 12 m/s。

3.4.9 塔式起重机不宜在夜间进行安装作业;当需要夜间进行塔式起重机安装和拆卸作业时,应保证提供足够的照明。

3.4.10 当遇特殊情况安装作业不能连续进行时,必须将已安装的部位固定牢靠并达到安全状态,经检查确认无隐患后,方可停止作业。

3.4.12 塔式起重机的安全装置必须齐全,并应按程序进行调试合格。

3.4.13 连接件及其防松防脱件严禁用其他代用品代用。连接件及其防松防脱件应使用力矩扳手或专用工具紧固连接螺栓。

3.4.15 安装单位应对安装质量进行自检,并应按本规程附录 A 填写自检报告书。

3.4.16 安装单位自检合格后,应委托有相应资质的检验检测机构进行检测。检验检测机构应出具检测报告书。

3.4.18 经自检、检测合格后,应由总承包单位组织出租、安装、使用、监理等单位进行验收,并应按本规程附录 B 填写验收表,合格后方可使用。

3.4.19 塔式起重机停用 6 个月以上的,在复工前,应按本规程附录 B 重新进行验收,合格后方可使用。

4 塔式起重机的使用

4.0.1 塔式起重机起重司机、起重信号工、司索工等操作人员应取得特种作业人员资格证书,严禁无证上岗。

4.0.2 塔式起重机使用前,应对起重司机、起重信号工、司索工等作业人员进行安全技术交底。

4.0.3 塔式起重机的力矩限制器、重量限制器、变幅限位器、行走限位器、高度限位器等安全保护装置不得随意调整和拆除,严禁用限位装置代替操纵机构。

4.0.4 塔式起重机回转、变幅、行走、起吊动作前应示意警示。起吊时应统一指挥,明确指挥信号;当指挥信号不清楚时,不得起吊。

4.0.6 塔式起重机起吊前,应对安全装置进行检查,确认合格后方可起吊;安全装置失灵时,不得起吊。

4.0.8 作业中遇突发故障,应采取措施将吊物降落到安全地点,严禁吊物长时间悬挂在空中。

4.0.9 遇有风速在12 m/s及以上的大风或大雨、大雪、大雾等恶劣天气时,应停止作业。雨雪过后,应先经过试吊,确认制动器灵敏可靠后方可进行作业。夜间施工应有足够照明,照明的安装应符合现行行业标准《施工现场临时用电安全技术规范》JGJ 46的要求。

4.0.10 塔式起重机不得起吊重量超过额定载荷的吊物,且不得起吊重量不明的吊物。

4.0.12 物件起吊时应绑扎牢固,不得在吊物上堆放或悬挂其他物件;零星材料起吊时,必须用吊笼或钢丝绳绑扎牢固。当吊物上站人时不得起吊。

4.0.14 作业完毕后,应松开回转制动器,各部件应置于非工作状态,控制开关应置于零位,并应切断总电源。

4.0.16 当塔式起重机使用高度超过30 m时,应配置障碍灯,起重臂根部铰点高度超过50 m时应配备风速仪。

4.0.17 严禁在塔式起重机塔身上附加广告牌或其他标语牌。

4.0.21 塔式起重机的主要部件和安全装置等应进行经常性检查,每月不得少于一次,并应有记录;当发现有安全隐患时,应及时进行整改。

4.0.23 当使用过程中塔式起重机发生故障时,应及时维修,维修期间应停止作业。

5 塔式起重机的拆卸

5.0.1 塔式起重机拆卸作业宜连续进行;当遇特殊情况拆卸作业不能继续时,应采取措施保证塔式起重机处于安全状态。

5.0.3 拆卸前应检查主要结构件、连接件、电气系统、起升机构、回转机构、变幅机构、顶升机构等项目。发现隐患应采取措施,解决后方可进行拆卸作业。

5.0.6 自升式塔式起重机每次降节前,应检查顶升系统和附着装置的连接等,确认完好后方可进行作业。

5.0.7 拆卸时应先降节、后拆除附着装置。

6 吊索具的使用

6.1 一般规定

6.0.1 塔式起重机安装、使用、拆卸时,起重吊具、索具应符合下列要求:

1 吊具与索具产品应符合现行行业标准《起重机械吊具与索具安全规程》LD 48的规定;

2 吊具与索具应与吊重种类、吊运具体要求以及环境条件相适应;

3 作业前应对吊具与索具进行检查,当确认完好时方可投入使用;

4 吊具承载时不得超过额定起重量,吊索(含各分肢)不得超过安全工作载荷;

5 塔式起重机吊钩的吊点,应与吊重重心在同一条铅垂线上,使吊重处于稳定平衡状态。

6.1.3 吊具、索具在每次使用前应进行检查,经检查确认符合要求后,方可继续使用。当发现有缺陷时,应停止使用。

6.1.4 吊具与索具每6个月应进行一次检查,并应作好记录。检验记录应作为继续使用、维修或报废的依据。

6.2 钢丝绳

6.2.1 钢丝绳作吊索时,其安全等数不得小于6倍。

6.2.3 当钢丝绳的端部采用编结固接时,编结部分的长度不得小于钢丝绳直径的20倍,并不应小于300 mm,插接绳股应拉紧,凸出部分应光滑平整,且应在插接末尾留出适当长度,用金属丝扎牢,钢丝绳插接方法宜符合现行行业标准《起重机械吊具与索具安全规程》LD 48的要求。用其他方法插接的,应保证其插接连接强度不小于该绳最小破断拉力的75%。

当采用绳夹固接时,钢丝绳吊索绳夹最少数量应满足表6.2.3的要求。

表6.2.3 钢丝绳吊索绳夹最少数量

绳夹规格(钢丝绳公称直径) d_r(mm)	钢丝绳夹的最少数量(组)
≤18	3
18~26	4
26~36	5
36~44	6
44~60	7

6.2.4 钢丝绳夹压板应在钢丝绳受力绳一边,绳夹间距A(图6.2.4)不应小于钢丝绳直径的6倍。

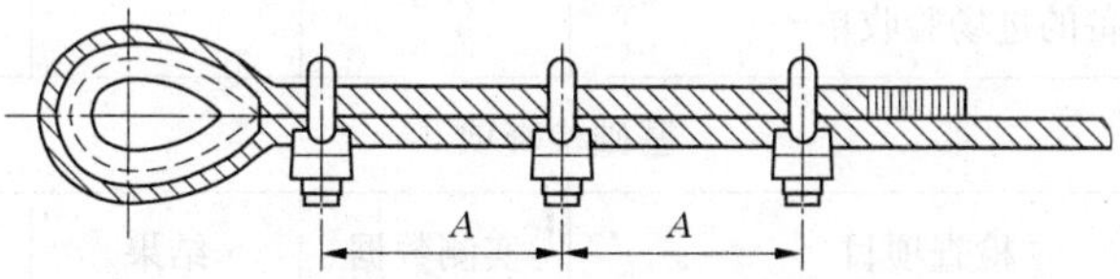

图6.2.4 钢丝绳夹压板布置图

6.2.7 钢丝绳严禁采用打结方式系结吊物。

6.2.9 卸扣应无明显变形、可见裂纹和弧焊痕迹。销轴螺纹应无损伤现象。

6.3 吊钩与滑轮

6.3.2 吊钩严禁补焊,有下列情况之一的应予以报废;

1 表面有裂纹;

2 挂绳处截面磨损量超过原高度的10%;

3 钩尾和螺纹部分等危险截面及钩筋有永久性变形;

4 开口度比原尺寸增加15%;

5 钩身的扭转角超过10°。

6.3.4 滑轮有下列情况之一的应予以报废:

1 裂纹或轮缘破损;

2 轮槽不均匀磨损达3 mm;

3 滑轮绳槽壁厚磨损量达原壁厚的20%;

4 铸造滑轮槽底磨损达钢丝绳原直径的30%;焊接滑轮槽底磨损达钢丝绳原直径的15%。

6.3.5 滑轮、卷筒均应设有钢丝绳防脱装置;吊钩应设有钢丝绳防脱钩装置。

附录A 塔式起重机安装自检表

表A 塔式起重机安装自检表

设备型号		设备编号		
设备生产厂		出厂日期		
工程名称		安装单位		
工程地址		安装日期		
资料检查项				
序号	检查项目	要求	结果	备注
1	隐蔽工程验收单和混凝土强度报告	齐全		
2	安装方案、安全交底记录	齐全		
3	塔式起重机转场保养作业单或新购设备的进场验收单	齐全		
基础检查项				
序号	检查项目	实测数据	结果	备注
1	地基允许承载能力(kN/m^2)	—	—	
2	基坑围护形式	—	—	
3	塔式起重机距基坑边距离(m)	—	—	
4	基础下是否有管线、障碍物或不良地质	—	—	
5	排水措施(有、无)	—	—	
6	基础位置、标高及平整度			
7	塔式起重机底架的水平度			
8	行走式塔式起重机导轨的水平度			
9	塔式起重机接地装置的设置	—	—	
10	其他	—	—	

续表 A

机械检查项					
名称	序号	检查项目	要求	结果	备注
标识与环境	1	登记编号牌和产品标牌	齐全		
标识与环境	2*	塔式起重机与周围环境关系	尾部与建(构)筑物及施工设施之间的距离不小于 0.6 m		
			两台塔式起重机之间的最小架设距离应保证处于低位塔式起重机的起重臂端部与另一塔式起重机的塔身之间至少有 2 m 的距离;处于高位塔式起重机的最低位置的部件与低位塔式起重机中处于最高位置部件之间的垂直距离不应小于 2 m		
			与输电线的距离应不小于《塔式起重机安全规程》GB 5144 的规定		
金属结构件	3*	主要结构件	无可见裂纹和明显变形		
金属结构件	4	主要连接螺栓	齐全,规格和预紧力达到使用说明书要求		
金属结构件	5	主要连接销轴	销轴符合出厂要求,连接可靠		
金属结构件	6	过道、平台、栏杆、踏板	符合《塔式起重机安全规程》GB 5144 的规定		
金属结构件	7	梯子、护圈、休息平台	符合《塔式起重机安全规程》GB 5144 的规定		
金属结构件	8	附着装置	设置位置和附着距离符合方案规定,结构形式正确,附墙与建筑物连接牢固		
金属结构件	9	附着杆	无明显变形,焊缝无裂纹		
金属结构件	10	在空载,风速不大于 3 m/s 状态下:独立状态塔身(或附着状态下最高附着点以上塔身)	塔身轴心线对支承面的垂直度 ≤4/1 000		
金属结构件	11	在空载,风速不大于 3 m/s 状态下:附着状态下最高附着点以下塔身	塔身轴心线对支承面的垂直度 ≤2/1 000		
金属结构件	12	内爬式塔式起重机的爬升框与支承钢梁、支承钢梁与建筑结构之间的连接	连接可靠		

续表 A

机械检查项					
名称	序号	检查项目	要求	结果	备注
爬升与回转	13*	平衡阀或液压锁与油缸间连接	应设平衡阀或液压锁，且与油缸用硬管连接		
	14	爬升装置防脱功能	自升式塔式起重机在正常加节、降节作业时，应具有可靠的防止爬升装置在塔身支承中或油缸端头从其连接结构中自行（非人工操作）脱出的功能		
	15	回转限位器	对回转处不设集电器供电的塔式起重机，应设置正反两个方向回转限位开关，开关动作时臂架旋转角度应不大于±540°		
起升系统	16*	起重力矩限制器	灵敏可靠，限制值＜额定载荷110%，显示误差≤±5%		
	17*	起升高度限位	对动臂变幅和小车变幅的塔式起重机，当吊钩装置顶部升至起重臂下端的最小距离为800 mm处时，应能立即停止起升运动		
	18	起重量限制器	灵敏可靠，限制值＜额定载荷110%，显示误差≤±5%		
变幅系统	19	小车断绳保护装置	双向均应设置		
	20	小车断轴保护装置	应设置		
	21	小车变幅检修挂篮	连接可靠		
	22*	小车变幅限位和终端止挡装置	对小车变幅的塔机，应设置小车行程限位开关和终端缓冲装置。限位开关动作后应保证小车停车时其端部距缓冲装置最小距离为200 mm		
	23*	动臂式变幅限位和防臂架后翻装置	动臂变幅有最大和最小幅度限位器，限制范围符合使用说明书要求；防止臂架反弹后翻的装置牢固可靠		
机构及零部件	24	吊钩	钩体无裂纹、磨损、补焊，危险截面，钩筋无塑性变形		
	25	吊钩防钢丝绳脱钩装置	应完整可靠		
	26	滑轮	滑轮应转动良好，出现下列情况应报废：1. 裂纹或轮缘破损；2. 滑轮绳槽壁厚磨损量达原壁厚的20%；3. 滑轮槽底的磨损量超过相应钢丝绳直径的25%		

续表 A

机械检查项					
名称	序号	检查项目	要求	结果	备注
机构及零部件	27	滑轮上的钢丝绳防脱装置	应完整、可靠,该装置与滑轮最外缘的间隙不应超过钢丝绳直径的20%		
	28	卷筒	卷筒壁不应有裂纹,筒壁磨损量不应大于原壁厚的10%;多层缠绕的卷筒,端部应有比最外层钢丝绳高出2倍钢丝绳直径的凸缘		
机构及零部件	29	卷筒上的钢丝绳防脱装置	卷筒上钢丝绳应排列有序,设有防钢丝绳脱槽装置。该装置与卷筒最外缘的间隙不应超过钢丝绳直径的20%		
	30	钢丝绳完好度	见表A钢丝绳检查项		
	31	钢丝绳端部固定	符合使用说明书规定		
	32	钢丝绳穿绕方式、润滑与干涉	穿绕正确,润滑良好,无干涉		
	33	制动器	起升、回转、变幅、行走机构都应配备制动器,制动器不应有裂纹、过度磨损、塑性变形、缺件等缺陷。调整适宜,制动平稳可靠		
	34	传动装置	固定牢固,运行平稳		
	35	有可能伤人的活动零部件外露部分	防护罩齐全		
电气及保护	36*	紧急断电开关	非自动复位,有效,且便于司机操作		
	37*	绝缘电阻	主电路和控制电路的对地绝缘电阻不应小于0.5 MΩ		
	38	接地电阻	接地系统应便于复核检查,接地电阻不大于4 Ω		
	39	塔式起重机专用开关箱	单独设置并有警示标志		
	40	声响信号器	完好		
	41	保护零线	不得作为载流回路		
	42	电源电缆与电缆保护	无破损,老化。与金属接触处有绝缘材料隔离,移动电缆有电缆卷筒或其他防止磨损措施		
	43	障碍指示灯	塔顶高度大于30 m且高于周围建筑物时应安装,该指示灯的供电不应受停机的影响		

续表 A

机械检查项					
名称	序号	检查项目	要求	结果	备注
轨道	44	行走轨道端部止挡装置与缓冲	应设置		
	45*	行走限位装置	制停后距止挡装置≥1 m		
	46	防风夹轨器	应设置,有效		
	47	排障清轨板	清轨板与轨道之间的间隙不应大于 5 mm		
	48	钢轨接头位置及误差	支承在道木或路基箱上时,两侧错开≥1.5 m;间隙≤4 mm;高差≤2 mm		
	49	轨距误差及轨距拉杆设置	<1/1 000 且最大应<6 mm;相邻两根间距≤6 m		
司机室	50	性能标牌(显示屏)	齐全,清晰		
	51	门窗和灭火器、雨刷等附属设施	齐全,有效		
	52*	可升降司机室或乘人升降机	按《施工升降机》GB/T 10054 和《施工升降机安全规程》GB 10055 检查		
其他	53	平衡重、压重	安装准确,牢固可靠		
	54	风速仪	臂架根部铰点高于 50 m 时应设置		

钢丝绳检查项					
名称	检查项目	报废标准	实测	结果	备注
1	钢丝绳磨损量	钢丝绳实测直径相对于公称直径减小 7%或更多时			
2	常用规格钢丝绳规定长度内达到报废标准的断丝数	钢制滑轮上工作的圆股钢丝绳、抗扭钢丝绳中断丝根数的控制标准参照《起重机用钢丝绳检验和报废实用规范》GB/T 5972			

续表 A

钢丝绳检查项					
名称	检查项目	报废标准	实测	结果	备注
3	钢丝绳的变形	出现波浪形时，在钢丝绳长度不超过 25 d 范围内，若波形幅度值达到 4 d/3 或以上，则钢丝绳应报废			
		笼状畸变、绳股挤出或钢丝挤出变形严重的钢丝绳应报废			
		钢丝绳出现严重的扭结、压扁和弯折现象应报废			
		绳径局部严重增大或减小均应报废			
4	其他情况描述				
检查结果	保证项目不合格项数		一般项目不合格项数		
	资料		结论		
检查人			检查日期	年 月 日	

注：1 表中序号打＊的为保证项目，其他为一般项目；

2 表中打"—"的表示该处不必填写，而只需在相应"备注"中说明即可；

3 对于不符合要求的项目应在备注栏具体说明，对于要求量化的参数应按规定量化在备注栏内；

4 表中 d 表示钢丝绳公称直径；

5 钢丝绳磨损量 = [（公称直径 - 实测直径）/公称直径] ×100%。

附录B　塔式起重机安装验收记录表

表B　塔式起重机安装验收记录表

工程名称								
塔式起重机	型号		设备编号		起升高度			m
	幅度	m	起重力矩	kN·m	最大起重量	t	塔高	m
与建筑物水平附着距离				m	各道附着间距	m	附着道数	

验收部位	验收要求	结果
塔式起重机结构	部件、附件、连接件安装齐全，位置正确	
	螺栓拧紧力矩达到技术要求，开口销完全撬开	
	结构无变形、开焊、疲劳裂纹	
	压重、配重的重量与位置符合使用说明书要求	
基础与轨道	地基坚实、平整，地基或基础隐蔽工程资料齐全、准确	
	基础周围有排水措施	
	路基箱或枕木铺设符合要求，夹板、道钉使用正确	
	钢轨顶面纵、横方向上的倾斜度不大于1/1 000	
	塔式起重机底架平整度符合使用说明书要求	
	止挡装置距钢轨两端距离≥1 m	
	行走限位装置距止挡装置距离≥1 m	
	轨道头间距不大于4 mm，接头高低差不大于2 mm	
机构及零部件	钢丝绳在卷筒上面缠绕整齐、润滑良好	
	钢丝绳规格正确，断丝和磨损未达到报废标准	
	钢丝绳固定和编插符合国家及行业标准	
	各部位滑轮转动灵活、可靠，无卡塞现象	
	吊钩磨损未达到报废标准、保险装置可靠	
	各机构转动平稳、无异常响声	
	各润滑点润滑良好、润滑油牌号正确	
	制动器动作灵活可靠，联轴节连接良好，无异常	

续表 B

验收部位	验收要求	结果
附着锚固	锚固框架安装位置符合规定要求	
	塔身与锚固框架固定牢靠	
	附着框、锚杆、附着装置等各处螺栓、销轴齐全、正确、可靠	
	垫铁、楔块等零部件齐全可靠	
	最高附着点下塔身轴线对支承面垂直度不得大于相应高度的2/1 000	
	独立状态或附着状态下最高附着点以上塔身轴线对支承面垂直度不得大于4/1 000	
	附着点以上塔式起重机悬臂高度不得大于规定要求	
电气系统	供电系统电压稳定、正常工作、电压(380 ±10%)V	
	仪表、照明、报警系统完好、可靠	
	控制、操纵装置动作灵活、可靠	
	电气按要求设置短路和过电流、失压及零位保护，切断总电源的紧急开关符合要求	
	电气系统对地的绝缘电阻不大于0.5 MΩ	
安全限位与保险装置	起重量限制器灵敏可靠，其综合误差不大于额定值的 ±5%	
	力矩限制器灵敏可靠，其综合误差不大于额定值的 ±5%	
	回转限位器灵敏可靠	
	行走限位器灵敏可靠	
	变幅限位器灵敏可靠	
	超高限位器灵敏可靠	
	顶升横梁防脱装置完好可靠	
	吊钩上的钢丝绳防脱钩装置完好可靠	
	滑轮、卷筒上的钢丝绳防脱装置完好可靠	
	小车断绳保护装置灵敏可靠	
	小车断轴保护装置灵敏可靠	

续表 B

验收部位	验收要求	结果
环境	布设位置合理，符合施工组织设计要求	
	与架空线最小距离符合规定	
	塔式起重机的尾部与周围建(构)筑物及其外围施工设施之间的安全距离不小于0.6 m	
其他	对检测单位意见复查	

出租单位验收意见： 签章： 日期：	安装单位验收意见： 签章： 日期：
使用单位验收意见： 签章： 日期：	监理单位验收意见： 签章： 日期：
总承包单位验收意见： 签章： 日期：	

建筑施工工具式脚手架安全技术规范(节选)

JGJ 202—2010 J 999—2010

(2010年9月1日实施。其中,第4.4.2、4.4.5、4.4.10、4.5.1、4.5.3、5.2.11、5.4.7、5.4.10、5.4.13、5.5.8、6.3.1、6.3.4、6.5.1、6.5.7、6.5.10、6.5.11、7.0.1、7.0.3、8.2.1条为强制性条文)

1 总 则

1.0.2 本规范适用于建筑施工中使用的工具式脚手架,包括附着式升降脚手架、高处作业吊篮、外挂防护架的设计、制作、安装、拆除、使用及安全管理。

3 构配件性能

3.0.1 附着式升降脚手架和外挂防护架架体用的钢管,应采用现行国家标准《直缝电焊钢管》GB/T 13793和《低压流体输送用焊接钢管》GB/T 3091中的Q235号普通钢管,应符合现行国家标准《焊接钢管尺寸及单位长度重量》GB/T 21835的规定,其钢材质量应符合现行国家标准《碳素结构钢》GB/T 700中Q235-A级钢的规定,且应满足下列规定:

1 钢管应采用ϕ48.3×3.6 mm的规格;

2 钢管应具有产品质量合格证和符合现行国家标准《金属材料 室温拉伸试验方法》GB/T 228有关规定的检验报告;

3 钢管应平直,其弯曲度不得大于管长的1/500,两端端面应平整,不得有斜口,有裂缝、表面分层硬伤、压扁、硬弯、深划痕、毛刺和结疤等不得使用;

4 钢管表面的锈蚀深度不得超过0.25 mm;

5 钢管在使用前应涂刷防锈漆。

3.0.4 钢管脚手架的连接扣件应符合现行国家标准《钢管脚手架扣件》GB 15831的规定。在螺栓拧紧的扭力矩达到65 N·m时,不得发生破坏。

3.0.6 脚手板可采用钢、木、竹材料制作,其材质应符合下列规定:

1 冲压钢板和钢板网脚手板,其材质应符合现行国家标准《碳素结构钢》GB/T 700中Q235A级钢的规定。新脚手板应有产品质量合格证;板面挠曲不得大于12 mm和任一角翘起不得大于5 mm;不得有裂纹、开焊和硬弯。使用前应涂刷防锈漆。钢板网脚手板的网孔内切圆直径应小于25 mm。

2 竹脚手板包括竹胶合板、竹笆板和竹串片脚手板。可采用毛竹或楠竹制成;竹胶合板、竹笆板宽度不得小于600 mm,竹胶合板厚度不得小于8 mm,竹笆板厚度不得小于6 mm,竹串片脚手板厚度不得小于50 mm;不得使用腐朽、发霉的竹脚手板。

3 木脚手板应采用杉木或松木制作,其材质应符合现行国家标准《木结构设计规范》GB 50005 中Ⅱ级材质的规定。板宽度不得小于 200 mm,厚度不得小于 50 mm,两端应用直径为 4 mm 镀锌钢丝各绑扎两道。

4 胶合板脚手板,应选用现行国家标准《胶合板 第 3 部分:普通胶合板通用技术条件》GB/T 9846.3 中Ⅱ类普通耐水胶合板,厚度不得小于 18 mm,底部木方间距不得大于 400 mm,木方与脚手架杆件应用钢丝绑扎牢固,胶合板脚手板与木方应用钉子钉牢。

3.0.10 高处作业吊篮用的提升机、安全锁应有独立标牌,并应标明产品型号、技术参数、出厂编号、出厂日期、标定期、制造单位。

3.0.11 高处作业吊篮应附有产品合格证和使用说明书,应详细描述安装方法、作业注意事项。

3.0.13 安全绳应使用锦纶安全绳,并应符合现行国家标准《安全带》GB 6095 的要求.

3.0.15 工具式脚手架的构配件,当出现下列情况之一时,应更换或报废:

1 构配件出现塑性变形的;

2 构配件锈蚀严重,影响承载能力和使用功能的;

3 防附落装置的组成部件任何一个发生明显变形的;

4 弹簧件使用一个单体工程后;

5 穿墙螺栓在使用一个单体工程后,凡发生变形、磨损、锈蚀的;

6 钢拉杆上端连接板在一个单体工程后,出现变形和裂纹的;

7 电动葫芦链条出现深度超过 0.5 mm 咬伤的。

4 附着式升降脚手架

4.1 荷载

4.1.1 作用于附着式升降脚手架的荷载可分为永久荷载(即恒载)和可变荷载(即活载)两类。

4.4 构造措施

4.4.2 附着式升降脚手架结构构造的尺寸应符合下列规定:

1 架体高度不得大于 5 倍楼层高;

2 架体宽度不得大于 1.2 m;

3 直线布置的架体支承跨度不得大于 7 m,折线或曲线布置的架体,相邻两主框架支撑点处的架体外侧距离不得大于 5.4 m;

4 架体的水平悬挑长度不得大于 2 m,且不得大于跨度的 1/2;

5 架体全高与支承跨度的乘积不得大于 110 m^2。

4.4.5 附着支承结构应包括附墙支座、悬臂梁及斜拉杆,其构造应符合下列规定:

1 竖向主框架所覆盖的每个楼层处应设置一道附墙支座;

2 在使用工况时,应将竖向主框架固定于附墙支座上;

3 在升降工况时,附墙支座上应设有防倾、导向的结构装置;

4 附墙支座应采用锚固螺栓与建筑物连接,受拉螺栓的螺母不得少于两个或应采用弹簧垫圈加单螺母,螺杆露出螺母端部的长度不应少于 3 扣,并不得小于 10 mm,垫板尺寸应由设计确定,且不得小于 100 mm×100 mm×10 mm;

5 附墙支座支承在建筑物上连接处混凝土的强度应按设计要求确定,且不得小于 C10。

4.4.7 水平支承桁架最底层应设置脚手板，并应铺满铺牢，与建筑物墙面之间也应设置脚手板全封闭，宜设置可翻转的密封翻板。在脚手板的下面应采用安全网兜底。

4.4.8 架体悬臂高度不得大于架体高度的2/5，且不得大于6 m。

4.4.9 当水平支承桁架不能连接设置时，局部可采用脚手架杆件进行连接，但其长度不得大于2.0 m，且应采取加强措施，确保其强度和刚度不得低于原有的桁架。

4.4.10 物料平台不得与附着式升降脚手架各部位和各结构构件相连，其荷载应直接传递给建筑工程结构。

4.4.11 当架体遇到塔吊、施工升降机、物料平台需断开或开洞时，断开处应加设栏杆和封闭，开口处应有可靠的防止人员及物料坠落的措施。

4.4.12 架体外立面应沿全高连续设置剪刀撑，并应将竖向主框架、水平支承桁架和架体构架连成一体，剪刀撑斜杆水平夹角应为45°~60°；应与所覆盖架体构架上每个主节点的立杆或横向水平杆伸出端扣紧；悬挑端应以竖向主框架为中心成对设置对称斜拉杆，其水平夹角不应小于45°。

4.4.13 架体结构应在以下部位采取可靠的加强构造措施：

1 与附墙支座的连接处；

2 架体上提升机构的设置处；

3 架体上防坠、防倾装置的设置处；

4 架体吊拉点设置处；

5 架体平面的转角处；

6 架体因碰到塔吊、施工升降机、物料平台等设施而需要断开或开洞处；

7 其他有加强要求的部位。

4.4.14 附着式升降脚手架的安全防护措施应符合下列规定：

1 架体外侧应采用密目式安全立网全封闭，密目式安全立网的网目密度不应低于2 000目/100 cm^2，且应可靠地固定在架体上；

2 作业层外侧应设置1.2 m高的防护栏杆和180 mm高的挡脚板；

3 作业层应设置固定牢靠的脚手板，其与结构之间的间距应满足现行行业标准《建筑施工扣件式钢管脚手架安全技术规范》JGJ 130 的相关规定。

4.5 安全装置

4.5.1 附着式升降脚手架必须具有防倾覆、防坠落和同步升降控制的安全装置。

4.5.3 防坠落装置必须符合下列规定：

1 防坠落装置应设置在竖向主框架处并附着在建筑结构上，每一升降点不得少于一个防坠落装置，防坠落装置在使用和升降工况下都必须起作用；

2 防坠落装置必须采用机械式的全自动装置，严禁使用每次升降都需重组的手动装置；

3 防坠落装置技术性能除应满足承载能力要求外，还应符合表4.5.3的规定。

表4.5.3 防坠落装置技术性能

脚手架类别	制动距离(mm)
整体式升降脚手架	≤80
单片式升降脚手架	≤150

4 防坠落装置应具有防尘、防污染的措施，并应灵敏可靠和运转自如；

5 防坠落装置与升降设备必须分别独立固定在建筑结构上；

6 钢吊杆式防坠落装置，钢吊杆规格应由计算确定，且不应小于 ϕ 25 mm。

4.6 安装

4.6.2 附着式升降脚手架在首层安装前应设置安装平台，安装平台应有保障施工人员安全的防护设施，安装平台的水平精度和承载能力应满足架体安装的要求。

4.6.3 安装时应符合下列规定：

1 相邻竖向主框架的高差不应大于 20 mm；

2 竖向主框架和防倾导向装置的垂直偏差不应大于 5‰，且不得大于 60 mm；

3 预留穿墙螺栓孔和预埋件应垂直于建筑结构外表面，其中心误差应小于 15 mm；

4 连接处所需要的建筑结构混凝土强度应由计算确定，但不应小于 C10；

5 升降机构连接应正确且牢固可靠；

6 安全控制系统的设置和试运行效果应符合设计要求；

7 升降动力设备工作正常。

4.6.4 附着支承结构的安装应符合设计要求，不得少装和使用不合格螺栓及连接件。

4.6.5 安全保险装置应全部合格，安全防护设施应齐备，且应符合设计要求，并应设置必要的消防设施。

4.6.6 电源、电缆及控制柜等的设置应符合现行行业标准《施工现场临时用电安全技术规范》JGJ 46 的有关规定。

4.6.8 升降设备、同步控制系统及防坠落装置等专项设备，均应采用同一厂家的产品。

4.7 升降

4.7.2 附着式升降脚手架每次升降前，应按本规范表 8.1.4 的规定进行检查，经检查合格后，方可进行升降。

4.7.3 附着式升降脚手架的升降操作应符合下列规定：

1 应按升降作业程序和操作规程进行作业；

2 操作人员不得停留在架体上；

3 升降过程中不得有施工荷载；

4 所有妨碍升降的障碍物应已拆除；

5 所有影响升降作业的约束应已解除；

6 各相邻提升点间的高差不得大于 30 mm，整体架最大升降差不得大于 80 mm。

4.7.4 升降过程中应实行统一指挥、统一指令。升降指令应由总指挥一人下达；当有异常情况出现时，任何人均可立即发出停止指令。

4.7.8 附着式升降脚手架架体升降到位固定后，应按本规范表 8.1.3 进行检查，合格后方可使用；遇 5 级及以上大风和大雨、大雪、浓雾和雷雨等恶劣天气时，不得进行升降作业。

4.8 使用

4.8.1 附着式升降脚手架应按设计性能指标进行使用，不得随意扩大使用范围；架体上的施工荷载应符合设计规定，不得超载，不得放置影响局部杆件安全的集中荷载。

4.8.2 架体内的建筑垃圾和杂物应及时清理干净。

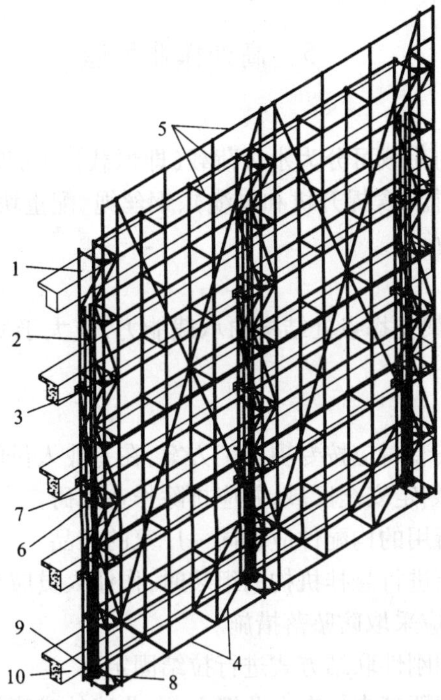

1—竖向主框架(空间桁架式);2—导轨;3—悬臂梁(含防倾覆装置);
4—水平支承桁架;5—架体构架;6—升降设备;7—悬吊梁;
8—下提升点;9—防坠落装置;10—工程结构

图 4.6.1-2 空间桁架式主框架的架体示意图

4.8.3 附着式升降脚手架在使用过程中不得进行下列作业:

1 利用架体吊运物料;

2 在架体上拉结吊装缆绳(或缆索);

3 在架体上推车;

4 任意拆除结构件或松动连接件;

5 拆除或移动架体上的安全防护设施;

6 利用架体支撑模板或卸料平台;

7 其他影响架体安全的作业。

4.8.5 当附着式升降脚手架停用超过1个月或遇6级及以上大风后复工时,应进行检查,确认合格后方可使用。

4.8.6 螺栓连接件、升降设备、防倾装置、防坠落装置、电控设备、同步控制装置等应每月进行维护保养。

4.9 拆除

4.9.1 附着式升降脚手架的拆除工作应按专项施工方案及安全操作规程的有关要求进行。

4.9.2 应对拆除作业人员进行安全技术交底。

4.9.3 拆除时应有可靠的防止人员或物料坠落的措施,拆除的材料及设备不得抛扔。

4.9.4 拆除作业应在白天进行。遇5级及以上大风和大雨、大雪、浓雾和雷雨等恶劣天气时,不得进行拆除作业。

5 高处作业吊篮

5.1 荷载

5.1.1 高处作业吊篮的荷载可分为永久荷载(即恒载)和可变荷载(即活载)两类。永久荷载包括:悬挂机构、吊篮(含提升机和电缆)、钢丝绳、配重块;可变荷载包括:操作人员、施工工具、施工材料、风荷载。

5.2 设计计算

5.2.11 悬挂吊篮的支架支撑点处结构的承载能力,应大于所选择吊篮各工况的荷载最大值。

5.4 安装

5.4.1 高处作业吊篮安装时应按专项施工方案,在专业人员的指导下实施。

5.4.2 安装作业前,应划定安全区域,并应排除作业障碍。

5.4.4 高处作业吊篮所用的构配件应是同一厂家的产品。

5.4.5 在建筑物屋面上进行悬挂机构的组装时,作业人员应与屋面边缘保持 2 m 以上的距离。组装场地狭小时应采取防坠落措施。

5.4.6 悬挂机构宜采用刚性联结方式进行拉结固定。

5.4.7 悬挂机构前支架严禁支撑在女儿墙上、女儿墙外或建筑物挑檐边缘。

5.4.8 前梁外伸长度应符合高处作业吊篮使用说明书的规定。

5.4.9 悬挑横梁应前高后低,前后水平高差不应大于横梁长度的 2%。

5.4.10 配重件应稳定可靠地安放在配重架上,并应有防止随意移动的措施。严禁使用破损的配重件或其他替代物。配重件的重量应符合设计规定。

5.4.13 悬挂机构前支架应与支撑面保持垂直,脚轮不得受力。

5.4.14 安装任何形式的悬挑结构,其施加于建筑物或构筑物支承处的作用力,均应符合建筑结构的承载能力,不得对建筑物和其他设施造成破坏和不良影响。

5.4.15 高处作业吊篮安装和使用时,在 10 m 范围内如有高压输电线路,应按照现行行业标准《施工现场临时用电安全技术规范》JGJ 46 的规定,采取隔离措施。

5.5 使用

5.5.1 高处作业吊篮应设置作业人员专用的挂设安全带的安全绳及安全锁扣。安全绳应固定在建筑物可靠位置上不得与吊篮上任何部位有连接。

5.5.2 吊篮宜安装防护棚,防止高处坠物造成作业人员伤害。

5.5.4 使用吊篮作业时,应排除影响吊篮正常运行的障碍。在吊篮下方可能造成坠落物伤害的范围,应设置安全隔离区和警告标志,人员或车辆不得停留、通行。

5.5.7 不得将吊篮作为垂直运输设备,不得采取吊篮运送物料。

5.5.8 吊篮内的作业人员不应超过 2 个。

5.5.9 吊篮正常工作时,人员应从地面进入吊篮内,不得从建筑物顶部、窗口等处或其他孔洞处出入吊篮。

5.5.10 在吊篮内的作业人员应佩戴安全帽,系安全带,并应将安全锁扣正确挂置在独立设置的安全绳上。

5.5.11 吊篮平台内应保持荷载均衡，不得超载运行。

5.5.12 吊篮做升降运行时，工作平台两端高差不得超过150 mm。

5.5.14 吊篮悬挂高度在60 m及其以下的，宜选用长边不大于7.5 m的吊篮平台；悬挂高度在100 m及其以下的，宜选用长边不大于5.5 m的吊篮平台；悬挂高度在100 m以上的，宜选用不大于2.5 m的吊篮平台。

5.5.16 悬挑结构平行移动时，应将吊篮平台降落至地面，并应使其钢丝绳处于松弛状态。

5.5.17 在吊篮内进行电焊作业时，应对吊篮设备、钢丝绳、电缆采取保护措施。不得将电焊机放置在吊篮内；电焊缆线不得在吊篮任何部位接触；电焊钳不得搭挂在吊篮上。

5.5.19 当吊篮施工遇有雨雪、大雾、风沙及5级以上大风等恶劣天气时，应停止作业，并应将吊篮平台停放至地面，应对钢丝绳、电缆进行绑扎固定。

5.5.21 下班后不得将吊篮停留在半空中，应将吊篮放至地面。人员离开吊篮、进行吊篮维修或每日收工后应将主电源切断，并应将电气柜中各开关置于断开位置并加锁。

5.6 拆除

5.6.1 高处作业吊篮拆除时应按照专项施工方案，并应在专业人员的指挥下实施。

5.6.2 拆除前应将吊篮平台下落至地面，并应将钢丝绳从提升机、安全锁中退出，切断总电源。

6 外挂防护架

6.3 构造措施

6.3.1 在提升状况下，三角臂应能绕竖向桁架自由转动；在工作状况下，三角臂与竖向桁架之间应采用定位装置防止三角臂转动。

6.3.4 每一处连墙件应至少有2套杆件，每一套杆件应能够独立承受架体上的全部荷载。

6.4 安装

6.4.1 应根据专项施工方案的要求，在建筑结构上设置预埋件。预埋件应经验收合格后方可浇筑混凝土，并应做好隐蔽工程记录。

6.4.2 安装防护架时，应先搭设操作平台。

6.4.3 防护架应配合施工进度搭设，一次搭设的高度不应超过相邻连墙件以上二个步距。

6.4.6 同一片防护架的相邻立杆的对接扣件应交错布置，在高度方向错开的距离不宜小于500 mm；各接头中心至主节点的距离不宜大于步距的1/3。

6.5 提升

6.5.1 防护架的提升索具应使用现行国家标准《重要用途钢丝绳》GB 8918规定的钢丝绳。钢丝绳直径不应小于12.5 mm。

6.5.2 提升防护架的起重设备能力应满足要求，公称起重力矩值不得小于400 kN · m，其额定起升重量的90%应大于架体重量。

6.5.7 当防护架提升、下降时，操作人员必须站在建筑物内或相邻的架体上，严禁站在防护架上操作；架体安装完毕前，严禁上人。

6.5.10 防护架在提升时，必须按照“提升一片、固定一片、封闭一片”的原则进行，严禁提前拆除两片以上的架体、分片处的连接杆、立面及底部封闭设施。

6.5.11　在每次防护架提升后，必须逐一检查扣件紧固程度；所有连接扣件拧紧力矩必须达到 40 ~ 65 N · m。

7　管　理

7.0.1　工具式脚手架安装前，应根据工程结构、施工环境等特点编制专项施工方案，并应经总承包单位技术负责人审批、项目总监理工程师审核后实施。

7.0.3　总承包单位必须将工具式脚手架专业工程发包给具有相应资质等级的专业队伍，并应签订专业承包合同，明确总包、分包或租赁等各方的安全生产责任。

7.0.5　工具式脚手架专业施工单位应设置专业技术人员、安全管理人员及相应的特种作业人员。特种作业人员应经专门培训，并应经建筑行政主管部门考核合格，取得特种作业操作资格证书后，方可上岗作业。

7.0.6　施工现场使用工具式脚手架应由总承包单位统一监督，并应符合下列规定：

1　安装、升降、使用、拆除等作业前，应向有关作业人员进行安全教育；并应监督对作业人员的安全技术交底；

2　应对专业承包人员的配备和特种作业人员的资格进行审查；

3　安装、升降、拆卸等作业时，应派专人进行监督；

4　应组织工具式脚手架的检查验收；

5　应定期对工具式脚手架使用情况进行安全巡检。

7.0.9　进入施工现场的附着式升降脚手架产品应具有国务院建设行政主管部门组织鉴定或验收的合格证书，并应符合本规范的有关规定。

7.0.11　临街搭设时，外侧应有防止坠物伤人的防护措施。

7.0.12　安装、拆除时，在地面应设围栏和警戒标志，并应派专人看守，非操作人员不得入内。

7.0.13　在工具式脚手架使用期间，不得拆除下列杆件：

1　架体上的杆件；

2　与建筑物连接的各类杆件（如连墙件、附墙支座）等。

7.0.15　遇 5 级以上大风和雨天，不得提升或下降工具式脚手架。

7.0.17　剪刀撑应随立杆同步搭设。

7.0.20　工具式脚手架在施工现场安装完成后应进行整机检测。

7.0.21　工具式脚手架作业人员在施工过程中应戴安全帽、紧安全滞、穿防滑鞋、酒后不得上岗作业。

8　验　收

8.1　附着式升降脚手架

8.1.1　附着式升降脚手架安装前应具有下列文件：

1　相应资质证书及安全生产许可证；

2　附着式升降脚手架的鉴定或验收证书；

3　产品进场前的自检记录；

4 特种作业人员和管理人员岗位证书；

5 各种材料、工具的质量合格证、材质单、测试报告；

6 主要部件及提升机构的合格证。

8.1.2 附着式升降脚手架应在下列阶段进行检查与验收：

1 首次安装完毕；

2 提升或下降前；

3 提升、下降到位，投入使用前。

8.1.3 附着式升降脚手架首次安装完毕及使用前，应按表 8.1.3 的规定进行检验，合格后方可使用。

表 8.1.3 附着式升降脚手架首次安装完毕及使用前检查验收表

工程名称		结构形式	
建筑面积		机位布置情况	
总包单位		项目经理	
租赁单位		项目经理	
安拆单位		项目经理	

序号	检查项目		标 准	检查结果
1	保证项目	竖向主框架	各杆件的轴线应汇交于节点处，并应采用螺栓或焊接连接，如不交汇于一点，应进行附加弯矩验算	
2			各节点应焊接或螺栓连接	
3			相邻竖向主框架的高差≤30 mm	
4		水平支承桁架	桁架上、下弦应采用整根通长杆件，或设置刚性接头；腹杆上、下弦连接应采用焊接或螺栓连接	
5			桁架各杆件的轴线应相交于节点上，并宜用节点板构造连接，节点板的厚度不得小于 6 mm	
6		架体构造	空间几何不可变体系的稳定结构	
7		立杆支承位置	架体构架的立杆底端应放置在上弦节点各轴线的交汇处	
8		立杆间距	应符合现行行业标准《建筑施工扣件式钢管脚手架安全技术规范》JGJ 130 中小于等于 1.5 m 的要求	
9		纵向水平杆的步距	应符合现行行业标准《建筑施工扣件式钢管脚手架安全技术规范》JGJ 130 中的小于等于 1.8 m 的要求	
10		剪刀撑设置	水平夹角应满足 45°～60°	
11		脚手板设置	架体底部铺设严密，与墙体无间隙，操作层脚手板应铺满、铺牢，孔洞直径小于 25 mm	
12		扣件拧紧力矩	40 N·m～65 N·m	

续表 8.1.3

序号	检查项目		标准	检查结果
13	保证项目	附墙支座	每个竖向主框架所覆盖的每一楼层处应设置一道附墙支座	
14			使用工况,应将竖向主框架固定于附墙支座上	
15			升降工况,附墙支座上应设有防倾、导向的结构装置	
16			附墙支座应采用锚固螺栓与建筑物连接,受拉螺栓的螺母不得少于两个或采用单螺母加弹簧垫圈	
17			附墙支座支承在建筑物上连接处混凝土的强度应按设计要求确定,但不得小于 C10	
18		架体构造尺寸	架高≤5 倍层高	
19			架宽≤1.2 m	
20			架体全高×支承跨度≤110 m^2	
21			支承跨度直线型≤7 m	
22			支承跨度折线或曲线型架体,相邻两主框架支撑点处的架体外侧距离≤5.4 m	
23			水平悬挑长度不大于 2 m,且不大于跨度的 1/2	
24			升降工况上端悬臂高度不大于 2/5 架体高度且不大于 6 m	
25			水平悬挑端以竖向主框架为中心对称斜拉杆水平夹角≥45°	
26		防坠落装置	防坠落装置应设置在竖向主框架处并附着在建筑结构上	
27			每一升降点不得少于一个,在使用和升降工况下都能起作用	
28			防坠落装置与升降设备应分别独立固定在建筑结构上	
29			应具有防尘防污染的措施,并应灵敏可靠和运转自如	
30			钢吊杆式防坠落装置,钢吊杆规格应由计算确定,且不应小于 ϕ25 mm	
31			防倾覆装置中应包括导轨和两个以上与导轨连接的可滑动的导向件	

续表 8.1.3

序号	检查项目		标　准	检查结果
32	保证项目	防倾覆设置情况	在防倾导向件的范围内应设置防倾覆导轨，且应与竖向主框架可靠连接	
33			在升降和使用两种工况下，最上和最下两个导向件之间的最小间距不得小于 2.8 m 或架体高度的 1/4	
34			应具有防止竖向主框架倾斜的功能	
35			应用螺栓与附墙支座连接，其装置与导轨之间的间隙应小于 5 mm	
36		同步装置设置情况	连续式水平支承桁架，应采用限制荷载自控系统	
37			简支静定水平支承桁架，应采用水平高差同步自控系统，若设备受限时可选择限制荷载自控系统	
38	一般项目	防护设施	密目式安全立网规格型号 ≥2 000 目/100 cm^2，≥3 kg/张	
39			防护栏杆高度为 1.2 m	
40			挡脚板高度为 180 mm	
41			架体底层脚手板铺设严密，与墙体无间隙	

检查结论				
检查人签字	总包单位	分包单位	租赁单位	安拆单位

符合要求，同意使用(　)
不符合要求，不同意使用(　)

总监理工程师(签字)：　　　　年　月　日

注：本表由施工单位填报，监理单位、施工单位、租赁单位、安拆单位各存一份。

8.1.4　附着式升降脚手架提升、下降作业前应按表 8.1.4 的规定进行检验，合格后方可实施提升或下降作业。

8.1.5　在附着式升降脚手架使用、提升和下降阶段均应对防坠、防倾装置进行检查，合格后方可作业。

表 8.1.4 附着式升降脚手架提升、下降作业前检查验收表

工程名称		结构形式	
建筑面积		机位布置情况	
总包单位		项目经理	
租赁单位		项目经理	
安拆单位		项目经理	

序号	检查项目		标 准	检查结果
1	保证项目	支承结构与工程结构连接处混凝土强度	达到专项方案计算值，且≥C10	
2		附墙支座设置情况	每个竖向主框架所覆盖的每一楼层处应设置一道附墙支座	
3			附墙支座上应设有完整的防坠、防倾、导向装置	
4		升降装置设置情况	单跨升降式可采用手动葫芦；整体升降式应采用电动葫芦或液压设备；应启动灵敏，运转可靠，旋转方向正确；控制柜工作正常，功能齐备	
5		防坠落装置设置情况	防坠落装置应设置在竖向主框架处并附着在建筑结构上	
6			每一升降点不得少于一个，在使用和升降工况下都能起作用	
7			防坠落装置与升降设备应分别独立固定在建筑结构上	
8			应具有防尘防污染的措施，并应灵敏可靠和运转自如	
9			设置方法及部位正确，灵敏可靠，不应人为失效和减少	
10			钢吊杆式防坠落装置，钢吊杆规格应由计算确定，且不应小于 ϕ 25 mm	
11		防倾覆装置设置情况	防倾覆装置中应包括导轨和两个以上与导轨连接的可滑动的导向件	
12			在防倾导向件的范围内应设置防倾覆导轨，且应与竖向主框架可靠连接	

续8.1.4

<table>
<tr><th>序号</th><th colspan="2">检查项目</th><th colspan="3">标　准</th><th>检查结果</th></tr>
<tr><td>13</td><td rowspan="5">保证项目</td><td>防倾覆装置设置情况</td><td colspan="3">在升降和使用两种工况下，最上和最下两个导向件之间的最小间距不得小于2.8 m或架体高度的1/4</td><td></td></tr>
<tr><td>14</td><td>建筑物的障碍物清理情况</td><td colspan="3">无障碍物阻碍外架的正常滑升</td><td></td></tr>
<tr><td>15</td><td>架体构架上的连墙杆</td><td colspan="3">应全部拆除</td><td></td></tr>
<tr><td>16</td><td>塔吊或施工电梯附墙装置</td><td colspan="3">符合专项施工方案的规定</td><td></td></tr>
<tr><td>17</td><td>专项施工方案</td><td colspan="3">符合专项施工方案的规定</td><td></td></tr>
<tr><td>18</td><td rowspan="4">一般项目</td><td>操作人员</td><td colspan="3">经过安全技术交底并持证上岗</td><td></td></tr>
<tr><td>19</td><td>运行指挥人员、通讯设备</td><td colspan="3">人员已到位，设备工作正常</td><td></td></tr>
<tr><td>20</td><td>监督检查人员</td><td colspan="3">总包单位和监理单位人员已到场</td><td></td></tr>
<tr><td>21</td><td>电缆线路、开关箱</td><td colspan="3">符合现行行业标准《施工现场临时用电安全技术规范》JGJ 46中的对线路负荷计算的要求；设置专用的开关箱</td><td></td></tr>
<tr><td colspan="2">检查结论</td><td colspan="5"></td></tr>
<tr><td colspan="2" rowspan="2">检查人签字</td><td colspan="2">总包单位</td><td>分包单位</td><td>租赁单位</td><td>安拆单位</td></tr>
<tr><td colspan="2"></td><td></td><td></td><td></td></tr>
<tr><td colspan="7">符合要求，同意使用(　)
不符合要求，不同意使用(　)

总监理工程师(签字)：　　　　年　月　日</td></tr>
</table>

注：本表由施工单位填报，监理单位、施工单位、租赁单位、安拆单位各存一份。

8.2 高处作业吊篮

8.2.1 高处作业吊篮在使用前必须经过施工、安装、监理等单位的验收,未经验收或验收不合格的吊篮不得使用。

8.2.2 高处作业吊篮应按表8.2.2的规定逐台逐项验收,并应经空载运行试验合格后,方可使用。

表8.2.2 高处作业吊篮使用验收表

工程名称		结构形式	
建筑面积		机位布置情况	
总包单位		项目经理	
租赁单位		项目经理	
安拆单位		项目经理	

序号	检查部位		检查标准	检查结果
1	保证项目	悬挑机构	悬挑机构的连接销轴规格与安装孔相符并用锁定销可靠锁定	
			悬挑机构稳定,前支架受力点平整,结构强度满足要求	
			悬挑机构抗倾覆系数大于等于2,配重铁足量稳妥安放,锚固点结构强度满足要求	
2		吊篮平台	吊篮平台组装符合产品说明书要求	
			吊篮平台无明显变形和严重锈蚀及大量附着物	
			连接螺栓无遗漏并拧紧	
3		操控系统	供电系统符合施工现场临时用电安全技术规范要求	
			电气控制柜各种安全保护装置齐全、可靠,控制器件灵敏可靠	
			电缆无破损裸露,收放自如	
4		安全装置	安全锁灵敏可靠,在标定有效期内,离心触发式制动距离小于等于200 mm,摆臂防倾3°~8°锁绳	
			独立设置锦纶安全绳,锦纶绳直径不小于16 mm,锁绳器符合要求,安全绳与结构固定点的连接可靠	
			行程限位装置是否正确稳固,灵敏可靠	
			超高限位器止挡安装在距顶端80 cm处固定	

续表 8.2.2

序号	检查部位		检查标准	检查结果
5	保证项目	钢丝绳	动力钢丝绳、安全钢丝绳及索具的规格型号符合产品说明书要求	
			钢丝绳无断丝、断股、松股、硬弯、锈蚀,无油污和附着物	
			钢丝绳的安装稳妥可靠	
6	一般项目	技术资料	吊篮安装和施工组织方案	
			安装、操作人员的资格证书	
			防护架钢结构构件产品合格证	
			产品标牌内容完整(产品名称、主要技术性能、制造日期、出厂编号、制造厂名称)	
7		防护	施工现场安全防护措施落实,划定安全区,设置安全警示标识	

验收结论				
验收人签字	总包单位	分包单位	租赁单位	安拆单位

监理单位验收:

符合验收程序,同意使用(　)

不符合验收程序,重新组织验收(　)

总监理工程师(签字):　　　　　　　　　　　　年　月　日

注:本表由施工单位填报,监理单位、施工单位、租赁单位、安拆单位各存一份。

8.3 外挂防护架

8.3.1 外挂防护架在使用前应经过施工、安装、监理等单位的验收。未经验收或验收不合格的防护架不得使用。

8.3.2 外挂防护架应按表 8.3.2 的规定逐项验收,合格后方可使用。

表 8.3.2 防护架安装及使用验收表

<table>
<tr><td colspan="2">工程名称</td><td colspan="2"></td><td>结构形式</td><td></td></tr>
<tr><td colspan="2">建筑面积</td><td colspan="2"></td><td>机位布置情况</td><td></td></tr>
<tr><td colspan="2">总包单位</td><td colspan="2"></td><td>项目经理</td><td></td></tr>
<tr><td colspan="2">租赁单位</td><td colspan="2"></td><td>项目经理</td><td></td></tr>
<tr><td colspan="2">安拆单位</td><td colspan="2"></td><td>项目经理</td><td></td></tr>
<tr><td>序号</td><td colspan="2">检查项目</td><td colspan="2">检查标准</td><td>检查结果</td></tr>
<tr><td rowspan="3">1</td><td rowspan="9">保证项目</td><td rowspan="3">钢结构构件</td><td colspan="2">桁架安装部位满足要求,工人可以在建筑室内或相邻架体上操作</td><td></td></tr>
<tr><td colspan="2">连墙件、三角臂与预埋件连接可靠</td><td></td></tr>
<tr><td colspan="2">桁架、三角臂、连墙件无明显变形</td><td></td></tr>
<tr><td rowspan="3">2</td><td rowspan="3">封闭情况</td><td colspan="2">架体分片处距离不大于 200 mm</td><td></td></tr>
<tr><td colspan="2">底部封闭不得有大于 20 mm 的孔洞</td><td></td></tr>
<tr><td colspan="2">架体分片处底部采用 20 mm 厚模板下加 60 mm 厚以上的木方作加强筋</td><td></td></tr>
<tr><td rowspan="3">3</td><td rowspan="3">提升钢线绳</td><td colspan="2">钢丝绳规格型号符合产品说明书要求</td><td></td></tr>
<tr><td colspan="2">钢丝绳无断丝、断股、松股、硬弯、锈蚀,无油污和附着物</td><td></td></tr>
<tr><td colspan="2">钢丝绳的安装部位满足产品说明书要求</td><td></td></tr>
<tr><td rowspan="4">4</td><td rowspan="5">一般项目</td><td rowspan="4">技术资料</td><td colspan="2">防护架安装和施工组织方案</td><td></td></tr>
<tr><td colspan="2">安装、操作人员的资格证书</td><td></td></tr>
<tr><td colspan="2">技术交底资料、预埋件的隐蔽验收记录</td><td></td></tr>
<tr><td colspan="2">产品标牌内容完整(产品名称、主要技术性能、制造日期、出厂编号、制造厂名称)</td><td></td></tr>
<tr><td>5</td><td>防护</td><td colspan="2">施工现场安全防护措施落实,划定安全区,设置安全警示标识</td><td></td></tr>
</table>

续表 8.3.2

<table>
<tr><td>验收结论</td><td colspan="4"></td></tr>
<tr><td rowspan="2">验收人签字</td><td>总包单位</td><td>分包单位</td><td>租赁单位</td><td>安拆单位</td></tr>
<tr><td></td><td></td><td></td><td></td></tr>
<tr><td colspan="5">监理单位验收：
符合验收程序，同意使用（ ）
不符合验收程序，重新组织验收（ ）

总监理工程师（签字）： 年 月 日</td></tr>
</table>

注：本表由施工单位填报，监理单位、施工单位、租赁单位、安拆单位各存一份。

施工企业安全生产评价标准(节选)

JGJ/T 77—2010 J 278—2010

(2010年11月1日实施。原行业标准《施工企业安全生产评价标准》JGJ/T 77—2003同时废止)

1 总 则

1.0.2 本标准适用于对施工企业进行安全生产条件和能力的评价。

3 评价内容

3.1 安全生产管理评价

3.1.1 施工企业安全生产条件应按安全生产管理、安全技术管理、设备和设施管理、企业市场行为和施工现场安全管理等5项内容进行考核,并应按本标准附录A中的内容具体实施考核评价。

3.1.3 安全生产管理评价应为对企业安全管理制度建立和落实情况的考核,其内容应包括安全生产责任制度、安全文明资金保障制度、安全教育培训制度、安全检查及隐患排查制度、生产安全事故报告处理制度、安全生产应急救援制度等6个评定项目。

3.1.4 施工企业安全生产责任制度的考核评价应符合下列要求:

1 未建立以企业法人为核心分级负责的各部门及各类人员的安全生产责任制,则该评定项目不应得分;

2 未建立各部门、各级人员安全生产责任落实情况考核的制度及未对落实情况进行检查的,则该评定项目不应得分;

3 未实行安全生产的目标管理、制定年度安全生产目标计划、落实责任和责任人及未落实考核的,则该评定项目不应得分;

4 对责任制和目标管理等的内容和实施,应根据具体情况评定折减分数。

3.1.5 施工企业安全文明资金保障制度和考核评价应符合下列要求:

1 制度未建立且每年未对与本企业施工规模相适应的资金进行预算和决算,未专款专用,则该评定项目不应得分;

2 未明确安全生产、文明施工资金使用、监督及考核的责任部门或责任人,应根据具体情况评定折减分数。

3.1.6 施工企业安全教育培训制度的考核评价应符合下列要求:

1 未建立制度且每年未组织对企业主要负责人、项目经理、安全专职人员及其他管理人员的继续教育的,则该评定项目不应得分;

2 企业年度安全教育计划的编制，职工培训教育的档案管理，各类人员的安全教育，应根据具体情况评定折减分数。

3.1.7 施工企业安全检查及隐患排查制度的考核评价应符合下列要求：

1 未建立制度且未对所属的施工现场、后方场站、基地等组织定期和不定期安全检查的，则该评定项目不应得分；

2 隐患的整改、排查及治理，应根据具体情况评定折减分数。

3.1.8 施工企业生产安全事故报告处理制度的考核评价应符合下列要求：

1 未建立制度且未及时、如实上报施工生产中发生伤亡事故的，则该评定项目不应得分；

2 对已发生的和未遂事故，未按照“四不放过”原则进行处理的，则该评定项目不应得分；

3 未建立生产安全事故发生及处理情况事故档案的，则该评定项目不应得分。

3.1.9 施工企业安全生产应急救援制度的考核评价应符合下列要求：

1 未建立制度且未按照本企业经营范围，并结合本企业的施工特点，制定易发、多发事故部位、工序、分部、分项工程的应急救援预案，未对各项应急预案组织实施演练的，则该评定项目不应得分；

2 应急救援预案的组织、机构、人员和物资的落实，应根据具体情况评定折减分数。

3.2 安全技术管理评价

3.2.1 安全技术管理评价应为对企业安全技术管理工作的考核，其内容应包括法规、标准和操作规程配置，施工组织设计，专项施工方案（措施），安全技术交底，危险源控制等5个评定项目。

3.2.2 施工企业法规、标准和操作规程配置及实施情况的考核评价应符合下列要求：

1 未配置与企业生产经营内容相适应的、现行的有关安全生产方面的法规、标准，以及各工种安全技术操作规程，并未及时组织学习和贯彻的，则该评定项目不应得分；

2 配置不齐全，应根据具体情况评定折减分数。

3.2.3 施工企业施工组织设计编制和实施情况的考核评价应符合下列要求：

1 未建立施工组织设计编制、审核、批准制度的，则该评定项目不应得分；

2 安全技术措施的针对性及审核、审批程序和实施情况等，应根据具体情况评定折减分数。

3.2.4 施工企业专项施工方案（措施）编制和实施情况的考核评价应符合下列要求：

1 未建立对危险性较大的分部、分项工程专项施工方案编制、审核、批准制度的，则该评定项目不应得分；

2 制度的执行，应根据具体情况评定折减分数。

3.2.5 施工企业安全技术交底制定和实施情况的考核评价应符合下列要求：

1 未制定安全技术交底规定的，则该评定项目不应得分；

2 安全技术交底资料的内容、编制方法及交底程序的执行，应根据具体情况评定折减分数。

3.2.6 施工企业危险源控制制度的建立和实施情况的考核评价应符合下列要求：

1　未根据本企业的施工特点,建立危险源监管制度的,则该评定项目不应得分;

2　危险源公示、告知及相应的应急预案编制和实施,应根据具体情况评定折减分数。

3.3　设备和设施管理评价

3.3.1　设备和设施管理评价应为对企业设备和设施安全管理工作的考核,其内容应包括设备安全管理、设施和防护用品、安全标志、安全检查测试工具等4个评定项目。

3.3.2　施工企业设备安全管理制度的建立和实施情况的考核评价应符合下列要求:

1　未建立机械、设备(包括应急救援器材)采购、租赁、安装、拆除、验收、检测、使用、检查、保养、维修、改造和报废制度的,则该评定项目不应得分;

2　设备的管理台账、技术档案、人员配备及制度落实,应根据具体情况评定折减分数。

3.3.3　施工企业设施和防护用品制度的建立及实施情况的考核评价应符合下列要求:

1　未建立安全设施及个人劳保用品的发放、使用管理制度的,则该评定项目不应得分;

2　安全设施及个人劳保用品管理的实施及监管,应根据具体情况评定折减分数。

3.3.4　施工企业安全标志管理规定的制度和实施情况的考核评价应符合下列要求:

1　未制定施工现场安全警示、警告标识、标志使用管理规定的,则该评定项目不应得分;

2　管理规定的实施、监督和指导,应根据具体情况评定折减分数。

3.3.5　施工企业安全检查测试工具配备制度的建立和实施情况的考核评价应符合下列要求:

1　未建立安全检查检验仪器、仪表及工具配备制度的,则该评定项目不应得分;

2　配备及使用,应根据具体情况评定折减分数。

3.4　企业市场行为评价

3.4.1　企业市场行为评价应为对企业安全管理市场行为的考核,其内容包括安全生产许可证、安全生产文明施工、安全质量标准化达标、资质机构与人员管理制度等4个评定项目。

3.4.2　施工企业安全生产许可证许可状况的考核评价应符合下列要求:

1　未取得安全生产许可证而承接施工任务的、在安全生产许可证暂扣期间承接工程的、企业承发包工程项目的规模和施工范围与本企业资质不相符的,则该评定项目不应得分;

2　企业主要负责人、项目负责人和专职安全管理人员的配备和考核,应根据具体情况评定折减分数。

3.4.3　施工企业安全生产文明施工动态管理行为的考核评价应符合下列要求:

1　企业资质因安全生产、文明施工受到降级处罚的,则该评定项目不应得分;

2　其他不良行为,视其影响程度、处理结果等,应根据个体情况评定折减分数。

3.4.4　施工企业安全质量标准化达标情况的考核评价应符合下列要求:

1　本企业所属的施工现场安全质量标准化年度达标合格率低于国家或地方规定的,则该评定项目不应得分;

2 安全质量标准化年度达标优良率低于国有或地方规定的，应根据具体情况评定折减分数。

3.4.5 施工企业资质、机构与人员管理制度的建立和人员配备情况的考核评价应符合下列要求：

1 未建立安全生产管理组织体系、未制定人员资格管理制度、未按规定设置专职安全管理机构、未配备足够的安全生产专管人员的，则该评定项目不应得分；

2 实行分包的，总承包单位未制定对分包单位资质和人员资格管理制度并监督落实的，则该评定项目不应得分。

3.5 施工现场安全管理评价

3.5.1 施工现场安全管理评价应为对企业所属施工现场安全状况的考核，其内容应包括施工现场安全达标、安全文明资金保障、资质和资格管理、生产安全事故控制、设备设施工艺选用、保险等6个评定项目。

3.5.2 施工现场安全达标考核，企业应对所属的施工现场按现行规范标准进行检查，有一个工地未达到合格标准的，则该评定项目不应得分。

3.5.3 施工现场安全文明资金保障，应对企业按规定落实其所属施工现场安全生产、文明施工资金的情况进行考核，有一个施工现场未将施工现场安全生产、文明施工所需资金编制计划并实施、未做到专款专用的，则该评定项目不应得分。

3.5.4 施工现场分包资质和资格管理规定的制度以及施工现场控制情况的考核评价应符合下列要求：

1 未制定对分包单位安全生产许可证、资质、资格管理及施工现场控制的要求和规定，且在总包与分包合同中未明确参建各方的安全生产责任，分包单位承接的施工任务不符合其所具有的安全资质，作业人员不符合相应的安全资格，未按规定配备项目经理、专职或兼职安全生产管理人员的，则该评定项目不应得分；

2 对分包单位的监督管理，应根据具体情况评定折减分数。

3.5.5 施工现场生产安全事故控制的隐患防治、应急预案的编制和实施情况的考核评价应符合下列要求：

1 未针对施工现场实际情况制定事故应急救援预案的，则该评定项目不应得分；

2 对现场常见、多发或重大隐患的排查及防治措施的实施，应急救援组织和救援物资的落实，应根据具体情况评定折减分数。

3.5.6 施工现场设备、设施、工艺管理的考核评价应符合下列要求：

1 使用国家明令淘汰的设备或工艺，则该评定项目不应得分；

2 使用不符合国家现行标准的且存在严重安全隐患的设施，则该评定项目不应得分；

3 使用超过使用年限或存在严重隐患的机械、设备、设施、工艺的，则该评定项目不应得分；

4 对其余机械、设备、设施以及安全标识的使用情况，应根据具体情况评定折减分数；

5 对职业病的防治，应根据具体情况评定折减分数。

4 评价方法

4.0.1 施工企业每年度应至少进行一次自我考核评价。发生下列情况之一时,企业应再进行复核评价:

1 适用法律、法规发生变化时;

2 企业组织机构和体制发生重大变化后;

3 发生生产安全事故后;

4 其他影响安全生产管理的重大变化。

4.0.2 施工企业考核自评应由企业负责人组织,各相关管理部门均应参与。

4.0.3 评价人员应具备企业安全管理及相关专业能力,每次评价不应少于3人。

4.0.4 对施工企业安全生产条件的量化评价应符合下列要求:

1 当施工企业无施工现场时,应采用本标准附录A中的表A-1~表A-4进行评价;

2 当施工企业有施工现场时,应采用本标准附录A中表A-1~表A-5进行评价:

3 施工企业的安全生产情况应依据自评价之月起前12个月以来的情况,施工现场应依据自开工日起至评价时的安全管理情况;

4 施工现场评价结论,应取抽查及核验的施工现场评价结果的平均值,且其中不得有一个施工现场评价结果为不合格。

4.0.5 抽查及核验企业在建施工现场,应符合下列要求:

1 抽查在建工程实体数量,对特级资质企业不应少于8个施工现场;对一级资质企业不应少于5个施工现场;对一级资质以下企业不应小于3个施工现场;企业在建工程实体少于上述规定数量的,则应全数检查;

2 核验企业所属其他在建施工现场安全管理状况,核验总数不应少于企业在建工程项目总数的50%。

4.0.6 抽查发生因工死亡事故的企业在建施工现场,应按事故等级或情节轻重程度,在本标准第4.0.5条规定的基础上分别增加2~4个在建工程项目;应增加核验企业在建工程项目总数的10%~30%。

4.0.7 对评价时无在建工程项目的企业,应在企业有在建工程项目时,再次进行跟踪评价。

4.0.8 安全生产条件和能力评分应符合下列要求:

1 施工企业安全生产评价应按评定项目、评分标准和评分方法进行,并应符合本标准附录A的规定,满分分值均应为100分;

2 在评价施工企业安全生产条件能力时,应采用加权法计算,权重系数应符合表4.0.8的规定,并应按本标准附录B进行评价。

表 4.0.8 权重系数

评价内容			权重系数
无施工项目	①	安全生产管理	0.3
	②	安全技术管理	0.2
	③	设备和设施管理	0.2
	④	企业市场行为	0.3
有施工项目	①②③④加权值		0.6
	⑤	施工现场安全管理	0.4

4.0.9 各评分表的评分应符合下列要求：

1 评分表的实得分数应为各评定项目实得分数之和；

2 评分表中的各个评定项目应采用扣减分数的方法，扣减分数总和不得超过该项目的应得分数；

3 项目遇有缺项的，其评分的实得分应为可评分项目的实得分之和与可评分项目的应得分之和比值的百分数。

5 评价等级

5.0.1 施工企业安全生产考核评定应分为合格、基本合格、不合格三个等级，并宜符合下列要求：

1 对有在建工程的企业，安全生产考核评定宜分为合格、不合格 2 个等级；

2 对无在建工程的企业，安全生产考核评定宜分为基本合格、不合格 2 个等级。

5.0.2 考核评价等级划分应按表 5.0.2 核定。

表 5.0.2 施工企业安全生产考核评价等级划分

考核评价等级	考核内容		
	各项评分表中的实得分数为零的项目数(个)	各评分表实得分数(分)	汇总分数(分)
合格	0	≥70 且其中不得有一个施工现场评定结果为不合格	≥75
基本合格	0	≥70	≥75
不合格	出现不满足基本合格条件的任意一项时		

附录A 施工企业安全生产评价表

表A-1 安全生产管理评分表

序号	评定项目	评分标准	评分方法	应得分	扣减分	实得分
1	安全生产责任制度	• 企业未建立安全生产责任制度，扣20分，各部门，各级(岗位)安全生产责任制度不健全，扣10~15分； • 企业未建立安全生产责任制考核制度，扣10分，各部门，各级对各自安全生产责任制未执行，每起扣2分； • 企业未按考核制度组织检查并考核的，扣10分，考核不全面扣5~10分； • 企业未建立，完善安全生产管理目标，扣10分，未对管理目标实施考核的，扣5~10分； • 企业未建立安全生产考核，奖惩制度扣10分，未实施考核和奖惩的，扣5~10分	查企业有关制度文本；抽查企业各部门、所属单位有关责任人对安全生产责任制的知晓情况，查确认记录，查企业考核记录。 查企业文件，查企业对下属单位各级管理目标设置及考核情况记录；查企业安全生产奖惩制度文本和考核、奖惩记录	20		
2	安全文明资金保障制度	• 企业未建立安全生产，文明施工资金保障制度扣20分； • 制度无针对性和具体措施的，扣10~15分； • 未按规定对安全生产，文明施工措施费的落实情况进行考核，扣10~15分	查企业制度文本、财务资金预算及使用记录	20		
3	安全教育培训制度	• 企业未按规定建立安全培训教育制度，扣15分； • 制度未明确企业主要负责人，项目经理，安全专职人员及其他管理人员，特种作业人员，待岗、转岗、换岗职工，新进单位从业人员安全培训教育要求的，扣5~10分； • 企业未编制年度安全培训教育计划，扣5~10分，企业未按年度计划实施的，扣5~10分	查企业制度文本、企业培训计划文本和教育的实施记录，企业年度培训教育记录和管理人员的相关证书	15		

续表 A-1

序号	评定项目	评分标准	评分方法	应得分	扣减分	实得分
4	安全检查及隐患排查制度	●企业未建立安全检查及隐患排查制度,扣15分,制度不全面、不完善的,扣5~10分; ●未按规定组织检查的,扣15分,检查不全面、不及时的扣5~10分; ●对检查出的隐患未采取定人、定时、定措施进行整改的,每起扣3分,无整改复查记录的,每起扣3分; ●对多发或重大隐患未排查或未采取有效治理措施的,扣3~15分	查企业制度文本、企业检查记录、企业对隐患整改消项、处置情况记录、隐患排查统计表	15		
5	生产安全事故报告处理制度	●企业未建立生产安全事故报告处理制度,扣15分; ●未按规定及时上报事故的,每起扣15分; ●未建立事故档案扣5分; ●未按规定实施对事故的处理及落实"四不放过"原则的,扣10~15分	查企业制度文本; 查企业事故上报及结案情况记录	15		
6	安全生产应急救援制度	●未制定事故应急救援预案制度的,扣15分,事故应急救援预案无针对性的,扣5~10分; ●未按规定制定演练制度并实施的,扣5分; ●未按预案建立应急救援组织或落实救援人员和救援物资的,扣5分	查企业应急预案的编制,应急队伍建立情况以及相关演练记录、物资配备情况	15		
分项评分				100		

评分员： 年 月 日

表 A-2 安全技术管理评分表

序号	评定项目	评分标准	评分方法	应得分	扣减分	实得分
1	法规、标准和操作规程配置	• 企业未配备与生产经营内容相适应的现行有关安全生产方面的法律、法规、标准、规范和规程的，扣 10 分，配备不齐全，扣 3 ~ 10分； • 企业未配备各工种安全技术操作规程，扣 10 分，配备不齐全的，缺一个工种扣 1 分； • 企业未组织学习和贯彻实施安全生产方面的法律、法规、标准、规范和规程，扣 3 ~ 5 分	查企业现有的法律、法规、标准、操作规程的文本及贯彻实施记录	10		
2	施工组织设计	• 企业无施工组织设计编制、审核、批准制度的，扣 15 分； • 施工组织设计中未明确安全技术措施的扣 10 分； • 未按程序进行审核、批准的，每起扣 3 分	查企业技术管理制度，抽查企业备份的施工组织设计	15		
3	专项施工方案(措施)	• 未建立对危险性较大的分部、分项工程编写、审核、批准专项施工方案制度的，扣 25 分； • 未实施或按程序审核、批准的，每起扣 3 分； • 未按规定明确本单位需进行专家论证的危险性较大的分部、分项工程名录(清单)的，每起扣 3 分	查企业相关规定、实施记录专项施工方案备份资料	25		
4	安全技术交底	• 企业未制定安全技术交底规定的，扣 25 分； • 未有效落实各级安全技术交底，扣 5 ~ 10 分； • 交底无书面记录，未履行签字手续，每起扣 1 ~ 3 分	查企业相关规定，企业实施记录	25		
5	危险源控制	• 企业未建立危险源监管制度，扣 25 分； • 制度不齐全、不完善的，扣 5 ~ 10 分； • 未根据生产经营特点明确危险源的，扣 5 ~ 10 分； • 未针对识别评价出的重大危险源制定管理方案或相应措施，扣 5 ~ 10 分； • 企业未建立危险源公示、告知制度的，扣 8 ~ 10 分	查企业规定及相关记录	25		
	分项评分			100		

评分员： 年 月 日

表 A-3 设备和设施管理评分表

序号	评定项目	评分标准	评分方法	应得分	扣减分	实得分
1	设备安全管理	•未制定设备(包括应急救援器材)采购、租赁、安装(拆除)、验收、检测、使用、检查、保养、维修、改造和报废制度,扣30分; •制度不齐全,不完善的扣10~15分; •设备的相关证书不齐全或未建立台账的,扣3~5分; •未按规定建立技术档案或档案资料不齐全的,每起扣2分; •未配备设备管理的专(兼)职人员的,扣10分	查企业设备安全管理制度,查企业设备清单和管理档案	30		
2	设施和防护用品	•未制定安全物资供应单位及施工人员个人安全防护用品管理制度的,扣30分 •未按制度执行的,每起扣2分; •未建立施工现场临时设施(包括临时建、构筑物,活动板房)的采购、租赁、搭设与拆除、验收、检查、使用的相关管理规定的,扣30分; •未按管理规定实施或实施有缺陷的,每项扣2分	查企业相关规定及实施记录	30		
3	安全标志	•未制定施工现场安全警示,警告标识,标志使用管理规定的,扣20分; •未定期检查实施情况的,每项扣5分	查企业相关规定及实施记录	20		
4	安全检查测试工具	•企业未制定施工场所安全检查,检验仪器,工具配备制度的,扣20分; •企业未建立安全检查,检验仪器,工具配备清单的,扣5~15分	查企业相关记录	20		
	分项评分			100		

评分员： 年 月 日

表 A-4 企业市场行为评分表

序号	评定项目	评分标准	评分方法	应得分	扣减分	实得分
1	安全生产许可证	●企业未取得安全生产许可证而承接施工任务的,扣20分; ●企业在安全生产许可证暂扣期间继续承接施工任务的,扣20分; ●企业资质与承发包生产经营行为不相符,扣20分; ●企业主要负责人,项目负责人,专职安全管理人员持有的安全生产合格证不符合规定要求的,每起扣10分	查安全生产许可证及各类人员相关证书	20		
2	安全生产文明施工	●企业资质受到降级处罚,扣30分; ●企业受到暂扣安全生产许可证的处罚,每起扣5~30分; ●企业受当地建设行政主管部门通报处分,每起扣5分; ●企业受当地建设行政主管部门通报处罚,每起扣5~10分; ●企业受到省级及以上通报批评每次扣10分,受到地市级通报批评每次扣5分	查各级行政主管部门管理信息资料,各类有效证明材料	30		
3	安全质量标准化达标	●安全质量标准化达标优良率低于规定的,每5%扣10分; ●安全质量标准化年度达标合格率低于规定要求的,扣20分	查企业相应管理资料	20		
4	资质,机构与人员管理	●企业未建立安全生产管理组织体系(包括机构和人员等),人员资格管理制度的,扣30分; ●企业未按规定设置专职安全管理机构的,扣30分,未按规定配足安全生产专管人员的,扣30分; ●实行总、分包的企业未制定对分包单位资质和人员资格管理制度的,扣30分,未按制度执行的,扣30分	查企业制度文本和机构、人员配备证明文件,查人员资格管理记录及相关证件,查总、分包单位的管理资料	30		
	分项评分			100		

评分员： 年 月 日

表 A-5 施工现场安全管理评分表

序号	评定项目	评分标准	评分方法	应得分	扣减分	实得分
1	施工现场安全达标	●按《建筑施工安全检查标准》JGJ 59 及相关现行标准规范进行检查，不合格的，每 1 个工地扣 30 分	查现场及相关记录	30		
2	安全文明资金保障	●未按规定落实安全防护，文明施工措施费，发现一个工地扣 15 分	查现场及相关记录	15		
3	资质和资格管理	●未制定对分包单位安全生产许可证、资质、资格管理及施工现场控制的要求和规定，扣 15 分，管理记录不全扣 5～15 分； ●合同未明确参建各方安全责任，扣 15 分； ●分包单位承接的项目不符合相应的安全资质管理要求，或作业人员不符合相应的安全资格管理要求扣 15 分； ●未按规定配备项目经理，专职或兼职安全生产管理人员（包括分包单位），扣 15 分	查对管理记录，证书，抽查合同及相应管理资料	15		
4	生产安全事故控制	●对多发或重大隐患未排查或未采取有效治理措施的，扣 3～15 分； ●未制定事故应急救援预案的，扣 15 分，事故应急救援预案无针对性的，扣 5～10 分； ●未按规定实施演练的，扣 5 分； ●未按预案建立应急救援组织或落实救援人员和救援物资的，扣 5～15 分	查检查记录及隐患排查统计表，应急预案的编制及应急队伍建立情况以及相关演练记录、物资配备情况	15		

续表 A-5

序号	评定项目	评分标准	评分方法	应得分	扣减分	实得分
5	设备、设施、工艺选用	• 现场使用国家明令淘汰的设备或工艺的,扣 15 分; • 现场使用不符合标准的,且存在严重安全隐患的设施,扣 15 分; • 现场使用的机械、设备、设施、工艺超过使用年限或存在严重隐患的,扣 15 分; • 现场使用不合格的钢管,扣件的,每起扣 1 ~ 2 分; • 现场安全警示,警告标志使用不符合标准的扣 5 ~ 10 分; • 现场职业危害防治措施没有针对性扣 1 ~ 5 分	查现场及相关记录	15		
6	保险	• 未按规定办理意外伤害保险的,扣 10 分; • 意外伤害保险办理率不足 100%,每低于 2% 扣 1 分	查现场及相关记录	10		
分项评分				100		

评分员: 年 月 日

附录 B　施工企业安全生产评价汇总表

评价类型：□市场准入□发生事故□不良业绩□资质评价□日常管理□年终评价□其他

企业名称：__________________经济类型：__________________

资质等级：___________上年度施工产值：___________在册人数：___________

<table>
<tr><td colspan="3" rowspan="2">评价内容</td><td colspan="5">评价结果</td></tr>
<tr><td>零分项（个）</td><td>应得分数（分）</td><td>实得分数（分）</td><td>权重系数</td><td>加权分数</td></tr>
<tr><td rowspan="5">无施工项目</td><td>表 A-1</td><td>安全生产管理</td><td></td><td></td><td></td><td>0.3</td><td></td></tr>
<tr><td>表 A-2</td><td>安全技术管理</td><td></td><td></td><td></td><td>0.2</td><td></td></tr>
<tr><td>表 A-3</td><td>设备和设施管理</td><td></td><td></td><td></td><td>0.2</td><td></td></tr>
<tr><td>表 A-4</td><td>企业市场行为</td><td></td><td></td><td></td><td>0.3</td><td></td></tr>
<tr><td colspan="2">汇总分数①＝
表 A-1～表 A-4 加权值</td><td></td><td></td><td></td><td>0.6</td><td></td></tr>
<tr><td rowspan="2">有施工项目</td><td>表 A-5</td><td>施工现场安全管理</td><td></td><td></td><td></td><td>0.4</td><td></td></tr>
<tr><td colspan="2">汇总分数②＝汇总分数①×0.6＋表 A-5×0.4</td><td></td><td></td><td></td><td></td><td></td></tr>
<tr><td colspan="8">评价意见：</td></tr>
<tr><td colspan="2">评价负责人（签名）</td><td colspan="2"></td><td>评价人员（签名）</td><td colspan="3"></td></tr>
<tr><td colspan="2">企业负责人（签名）</td><td colspan="2"></td><td>企业签章</td><td colspan="3"></td></tr>
</table>

年　　月　　日

建筑施工升降机安装、使用、拆卸安全技术规程(节选)

JGJ 215—2010 J 1067—2010

(2010年12月1日实施。其中,第4.1.6、4.2.10、5.2.2、5.2.10、5.3.9条为强制性条文)

1 总 则

1.0.2 本规程适用于房屋建筑工程,市政工程所用的齿轮齿条式、钢丝绳式人贷两用施工升降机,不适用于电梯、矿井提升机、升降平台。

3 基本规定

3.0.1 施工升降机安装单位应具备建设行政主管部门颁发的起重设备安装工程专业承包资质和建筑施工企业安全生产许可证。

3.0.2 施工升降机安装、拆卸项目应配备与承担项目相适应的专业安装作业人员以及专业安装技术人员。施工升降机的安装拆卸工、电工、司机等应具有建筑施工特种作业操作资格证书。

3.0.3 施工升降机使用单位应与安装单位签订施工升降机安装,拆卸合同,明确双方的安全生产责任。实行施工总承包的,施工总承包单位应与安装单位签订施工升降机安装、拆卸工程安全协议书。

3.0.4 施工升降机应具有特种设备制造许可证、产品合格证、使用说明书、起重机械制造监督检验证书,并已在产权单位工商注册所在地县级以上建设行政主管部门备案登记。

3.0.5 施工升降机安装作业前,安装单位应编制施工升降机安装、拆卸工程专项施工方案,由安装单位技术负责人批准后,报送施工总承包单位或使用单位、监理单位审核,并告知工程所在地县级以上建设行政主管部门。

3.0.9 施工升降机安装、拆卸工程专项施工方案应包括下列主要内容:

1 工程概况;

2 编制依据;

3 作业人员组织和职责;

4 施工升降机安装位置平面、立面图和安装作业范围平面图;

5 施工升降机技术参数、主要零部件外形尺寸和重量;

6 辅助起重设备的种类、型号、性能及位置安排;

7 吊索具的配置、安装与拆卸工具及仪器;

8 安装、拆卸步骤与方法；

9 安全技术措施；

10 安全应急预案。

3.0.10 施工总承包单位进行的工作应包括下列内容：

1 向安装单位提供拟安装设备位置的基础施工资料，确保施工升降机进场安装所需的施工条件；

2 审核施工升降机的特种设备制造许可证、产品合格证、起重机械制造监督检验证书、备案证明等文件；

3 审核施工升降机安装单位、使用单位的资质证书、安全生产许可证和特种作业人员的特种作业操作资格证书；

4 审核安装单位制定的施工升降机安装、拆卸工程专项施工方案；

5 审核使用单位制定的施工升降机安全应急预案；

6 指定专职安全生产管理人员监督检查施工升降机安装、使用、拆卸情况。

3.0.11 监理单位进行的工作应包括下列内容：

1 审核施工升降机特种设备制造许可证、产品合格证、起重机械制造监督检验证书、备案证明等文件；

2 审核施工升降机安装单位、使用单位的资质证书、安全生产许可证和特种作业人员的特种作业操作资格证书；

3 审核施工升降机安装、拆卸工程专项施工方案；

4 监督安装单位对施工升降机安装、拆卸工程专项施工方案的执行情况；

5 监督检查施工升降机的使用情况；

6 发现存在生产安全事故隐患的，应要求安装单位、使用单位限期整改；对安装单位、使用单位拒不整改的，应及时向建设单位报告。

4 施工升降机的安装

4.1 安装条件

4.1.1 施工升降机地基、基础应满足使用说明书的要求。对基础设置在地下室顶板、楼面或其他下部悬空结构上的施工升降机，应对基础支撑结构进行承载力验算。施工升降机安装前应按本规程附录 A 对基础进行验收，合格后方能安装。

4.1.4 安装作业前，应对辅助起重设备和其他安装辅助用具的机械性能和安全性能进行检查，合格后方能投入作业。

4.1.5 安装作业前，安装技术人员应根据施工升降机安装、拆卸工程专项施工方案和使用说明书的要求，对安装作业人员进行安全技术交底，并由安装作业人员在交底书上签字，在施工期间内，交底书应留存备查。

4.1.6 有下列情况之一的施工升降机不得安装使用：

1 属国家明令淘汰或禁止使用的；

2 超过由安全技术标准或制造厂家规定使用年限的；

3 经检验达不到安全技术标准规定的；

4 无完整安全技术档案的；

5 无齐全有效的安全保护装置的。

4.1.7 施工升降机必须安装防坠安全器，防坠安全器应在一年有效标定期内使用。

4.1.8 施工升降机应安装超载保护装置。超载保护装置在载荷达到额定载重量的110%前应能中止吊笼启动，在齿轮齿条式载人施工升降机载荷达到额定载重量的90%时应能给出报警信号。

4.2 安装作业

4.2.1 安装作业人员应按施工安全技术交底内容进行作业。

4.2.2 安装单位的专业技术人员、专职安全生产管理人员应进行现场监督。

4.2.3 施工升降机的安装作业范围应设置警戒线及明显的警示标志。非作业人员不得进入警戒范围。任何人不得在悬吊物下方行走或停留。

4.2.4 进入现场的安装作业人员应佩戴安全防护用品，高处作业人员应系安全带，穿防滑鞋。作业人员严禁酒后作业。

4.2.6 当遇大雨、大雪、大雾或风速大于13 m/s等恶劣天气时，应停止安装作业。

4.2.8 施工升降机金属结构和电气设备金属外壳均应接地，接地电阻不应大于4 Ω。

4.2.10 安装作业时必须将按钮盒或操作盒移至吊笼顶部操作。当导轨架或附墙架上有人员作业时，严禁开动施工升降机。

4.2.11 传递工具或器材不得采用投掷的方式。

4.2.14 安装作业过程中安装作业人员和工具等总载荷不得超过施工升降机的额定安装载重量。

4.2.16 层站应为独立受力体系，不得搭设在施工升降机附墙架的立杆上。

4.2.18 导轨架安装时，应对施工升降机导轨架的垂直度进行测量校准。施工升降机导轨架安装垂直度偏差应符合使用说明书和表4.2.18的规定。

表4.2.18 安全垂直度偏差

导轨架架设高度 h(m)	$h \leqslant 70$	$70 < h \leqslant 100$	$100 < h \leqslant 150$	$150 < h \leqslant 200$	$h > 200$
垂直度偏差(mm)	不大于(1/1 000)h	≤70	≤90	≤110	≤130
	对钢丝绳式施工升降机，垂直度偏差不大于(1.5/1 000)h				

4.2.20 每次加节完毕后，应对施工升降机导轨架的垂直度进行校正，且应按规定及时重新设置行程限位和极限限位，经验收合格后方能运行。

4.2.21 连接件和连接件之间的防松防脱件应符合使用说明书的规定，不得用其他物件代替。对有预紧力要求的连接螺栓，应使用扭力扳手或专用工具，按规定的拧紧次序将螺栓准确地紧固到规定的扭矩值。安装标准节连接螺栓时，宜螺杆在下，螺母在上。

4.2.22 施工升降机最外侧边缘与外面架空输电线路的边线之间，应保持安全操作距离。最小安全操作距离应符合表4.2.22的规定。

表 4.2.22 最小安全操作距离

外电线电路电压（kV）	<1	1~10	35~110	220	330~500
最小安全操作距离（m）	4	6	8	10	15

4.2.23 当发现故障或危及安全的情况时，应立刻停止安装作业，采取必要的安全防护措施，应设置警示标志并报告技术负责人。在故障或危险情况未排除之前，不得继续安装作业。

4.2.24 当遇意外情况不能继续安装作业时，应使已安装的部件达到稳定状态并固定牢靠，经确认合格后方能停止作业。作业人员下班离岗时，应采取必要的防护措施，并应设置明显的警示标志。

4.2.26 钢丝绳式施工升降机的安装还应符合下列规定：

1 卷扬机应安装在平整、坚实的地点，且应符合使用说明书的要求；

2 卷扬机、曳引机应按使用说明书的要求固定牢靠；

3 应按规定配备防坠安全装置；

4 卷扬机卷筒、滑轮、曳引轮等应有防脱绳装置；

5 每天使用前应检查卷扬机制动器，动作应正常；

6 卷扬机卷筒与导向滑轮中心线应垂直对正，钢丝绳出绳偏角大于2°时应设置排绳器；

7 卷扬机的传动部位应安装牢固的防护罩；卷扬机卷筒旋转方向应与操纵开关上指示方向一致。卷扬机钢丝绳在地面上运行区域内应有相应的安全保护措施。

4.3 安装自检和验收

4.3.1 施工升降机安装完毕且经调试后，安装单位应按本规程附录B及使用说明书的有关要求对安装质量进行自检，并应向使用单位进行安全使用说明。

4.3.2 安装单位自检合格后，应经有相应资质的检验检测机构监督检验。

4.3.3 检验合格后，使用单位应组织租赁单位、安装单位和监理单位等进行验收。实行施工总承包的，应由施工总承包单位组织验收。施工升降机安装验收应按本规程附录C进行。

4.3.4 严禁使用未经验收或验收不合格的施工升降机。

4.3.5 使用单位应自施工升降机安装验收合格之日起30日内，将施工升降机安装验收资料、施工升降机安全管理制度、特种作业人员名单等，向工程所在地县级以上建设行政主管部门办理使用登记备案。

4.3.6 安装自检表、检测报告和验收记录等应纳入设备档案。

5 施工升降机的使用

5.1 使用前准备工作

5.1.1 施工升降机司机应持有建筑施工特种作业操作资格证书,不得无证操作。

5.1.2 使用单位应对施工升降机司机进行书面安全技术交底,交底资料应留存备查。

5.2 操作使用

5.2.1 不得使用有故障的施工升降机。

5.2.2 严禁施工升降机使用超过有效标定期的防坠安全器。

5.2.3 施工升降机额定载重量、额定乘员数标牌应置于吊笼醒目位置。严禁在超过额定载重量或定额乘员数的情况下使用施工升降机。

5.2.5 应在施工升降机作业范围内设置明显的安全警示标志,应在集中作业区做好安全防护。

5.2.6 当建筑物超过2层时,施工升降机地面通道上方应搭设防护棚。当建筑物高度超过24 m时,应设置双层防护棚。

5.2.8 使用单位应在现场设置相应的设备管理机构或配备专职的设备管理人员,并指定专职设备管理人员、专职安全生产管理人员进行监督检查。

5.2.9 当遇大雨、大雪、大雾、施工升降机顶部风速大于20 m/s或导轨架、电缆表面结有冰层时,不得使用施工升降机。

5.2.10 严禁用行程限位开关作为停止运行的控制开关。

5.2.12 在施工升降机基础周边水平距离5 m以内,不得开挖井沟,不得堆放易燃易爆物品及其他物。

5.2.13 施工升降机运行通道内不得有障碍物。不得利用施工升降机的导轨架、横竖支撑、层站等牵拉或悬挂脚手架、施工管道、绳缆标语、旗帜等。

5.2.14 施工升降机安装在建筑物内部井道中时,应在运行通道四周搭设封闭屏障。

5.2.15 安装在阴暗处或夜班作业的施工升降机,应在全行程装设明亮的楼层编号标志灯。夜间施工时作业区应有足够的照明,照明应满足现行行业标准《施工现场临时用电安全技术规范》JGJ 46的要求。

5.2.18 施工升降机司机严禁酒后作业。工作时间内司机不应与其他人员闲谈,不应有妨碍施工升降机运行的行为。

5.2.20 实行多班作业的施工升降机,应执行交接班制度,交班司机应按本规程附录D填写交接班记录表。接班司机应进行班前检查,确认无误后,方能开机作业。

5.2.21 施工升降机每天第一次使用前,司机应将吊笼升离地面1~2 m,停车试验制动的可靠性。当发现问题,应经修复合格后方能运行。

5.2.23 工作时间内司机不得擅自离开施工升降机。当有特殊情况需离开时,应将施工升降机停到最底层,关闭电源并锁好吊笼门。

5.2.24 操作手动开关的施工升降机时,不得利用机电联锁开动或停止施工升降机。

5.2.25 层门门栓宜设置在靠施工升降机一侧,且层门应处于常闭状态。未经施工升降机司机许可,不得启闭层门。

5.2.27　施工升降机使用过程中,运载物料的尺寸不应超过吊笼的界限。

5.2.32　吊笼上的各类安全装置应保持完好有效。经过大雨、大雪、台风等恶劣天气后应对各安全装置进行全面检查,确认安全有效后方能使用。

5.2.33　当在施工升降机运行中发现异常情况时,应立即停机,直到排除故障后方能继续运行。

5.2.35　作业结束后应将施工升降机返回最底层停放,将各控制开关拨到零位,切断电源,锁好开关箱、吊笼门和地面防护围栏门。

5.3　**检查、保养和维护**

5.3.1　在每天开工前和每次换班前,施工升降机司机应按使用说明书及本规程附录 E 的要求对施工升降机进行检查。对检查结果应进行记录,发现问题应向使用单位报告。

5.3.3　当遇到可能影响施工升降机安全技术性能的自然灾害。发生设备事故或停工 6 个月以上时,应对施工升降机重新组织检查验收。

5.3.6　施工升降机使用期间,每 3 个月应进行不少于一次的额定载重量坠落试验。坠落试验的方法、时间间隔及评定标准应符合使用说明书和现行国家标准《施工升降机》GB/T 10054 的有关要求。

5.3.7　对施工升降机进行检修时应切断电源,并应设置醒目的警示标志。当需通电检修时,应做好防护措施。

5.3.8　不得使用未排除安全隐患的施工升降机。

5.3.9　严禁在施工升降机运行中进行保养、维修作业。

5.3.11　应将各种与施工升降机检查、保养和维修相关的记录纳入安全技术档案,并在施工升降机使用期间内在工地存档。

6　施工升降机的拆卸

6.0.1　拆卸前应对施工升降机的关键部件进行检查,当发现问题时,应在问题解决后方能进行拆卸作业。

6.0.2　施工升降机拆卸作业应符合拆卸工程专项施工方案的要求。

6.0.3　应有足够的工作面作为拆卸场地,应在拆卸场地周围设置警戒线和醒目的安全警示标志,并应派专人监护。拆卸施工升降机时,不得在拆卸作业区域内进行与拆卸无关的其他作业。

6.0.4　夜间不得进行施工升降机的拆卸作业。

6.0.6　应确保与基础相连的导轨架在最后一个附墙架拆除后,仍能保持各方向的稳定性。

6.0.7　施工升降机拆卸应连续作业。当拆卸作业不能连续完成时,应根据拆卸状态采取相应的安全措施。

附录A 施工升降机基础验收表

表A 施工升降机基础验收表

工程名称		工程地址	
使用单位		安装单位	
设备型号		备案登记号	

序号	检查项目	检查结论 （合格✓、不合格×）	备注
1	地基承载力		
2	基础尺寸偏差（长×宽×厚）（mm）		
3	基础混凝土强度报告		
4	基础表面平整度		
5	基础顶部标高偏差（mm）		
6	预埋螺栓、预埋件位置偏差（mm）		
7	基础周边排水措施		
8	基础周边与架空输电线安全距离		

其他需说明的内容：

总承包单位		参加人员签字	
使用单位		参加人员签字	
安装单位		参加人员签字	
监理单位		参加人员签字	

验收结论：

施工总承包单位（盖章）：

年 月 日

注：对不符合要求的项目应在备注栏具体说明，对要求量化的参数应填实测值。

附录B　施工升降机安装自检表

表B　施工升降机安装自检表

工程名称			工程地址		
安装单位			安装资质等级		
制造单位			使用单位		
设备型号			备案登记号		
安装日期		初始安装高度		最高安装高度	
检查结果代号说明	✓ = 合格　○ = 整改后合格　✕ = 不合格　无 = 无此项				
名称	序号	检查项目	要求	检查结果	备注
资料检查	1	基础验收表和隐蔽工程验收单	应齐全		
	2	安装方案、安全交底记录	应齐全		
	3	转场保养作业单	应齐全		
标志	4	统一编号牌	应设置在规定位置		
	5	警示标志	吊笼内应有安全操作规程，操纵按钮及其他危险处应有醒目的警示标志，施工升降机应设限载和楼层标志		
基础和围护设施	6	地面防护围栏门联锁保护装置	应装机电联锁装置。吊笼位于底部规定位置时，地面防护围栏门才能打开。地面防护围栏门开启后吊笼不能启动		
	7	地面防护围栏	基础上吊笼和对重升降通道周围应设置地面防护围栏，高度≥1.8 m		
	8	安全防护区	当施工升降机基础下方有施工作业区时，应加设对重坠落伤人的安全防护区及其安全防护措施		

续表 B

名称	序号	检查项目	要求	检查结果	备注
金属结构件	9	金属结构件外观	无明显变形、脱焊、开裂和锈蚀		
	10	螺栓连接	紧固件安装准确、紧固可靠		
	11	销轴连接	销轴连接定位可靠		
	12	导轨架垂直度	架设高度 h(m)：垂直度偏差(mm) $h \leqslant 70$：$\leqslant (1/1\,000)h$ $70 < h \leqslant 100$：$\leqslant 70$ $100 < h \leqslant 150$：$\leqslant 90$ $150 < h \leqslant 200$：$\leqslant 110$ $h > 200$：$\leqslant 130$ 对钢丝绳式施工升降机，垂直度偏差应$\leqslant (1.5/1\,000)h$		
吊笼	13	紧急逃离门	吊笼顶应有紧急出口，装有向外开启活动板门，并配有专用扶梯。活动板门应设有安全开关，当门打开时，吊笼不能启动		
	14	吊笼顶部护栏	吊笼顶周围应设置护栏，高度≥1.05 m		
层门	15	层站层门	应设置层站层门。层门只能由司机启闭，吊笼门与层站边缘水平距离≤50 mm		
传动及导向	16	防护装置	转动零部件的外露部分应有防护罩等防护装置		
	17	制动器	制动性能良好，有手动松闸功能		
	18	齿条对接	相邻两齿条的对接处沿齿高方向的阶差应≤0.3 mm，沿长度的齿差应≤0.6 mm		
	19	齿轮齿条啮合	齿条应有90%以上的计算宽度参与啮合，且与齿轮的啮合侧隙应为0.2～0.5 mm		
	20	导向轮及背轮	连接及润滑应良好、导向灵活、无明显倾侧现象		

续表 B

名称	序号	检查项目	要求	检查结果	备注
附着装置	21	附着装置	应有用配套标准产品		
	22	附着间距	应符合使用说明书要求或设计要求		
	23	自由端高度	应符合使用说明书要求		
	24	与构筑物连接	应牢固可靠		
安全装置	25	防坠安全器	只能在有效标定期限内使用(应提供检测合格证)		
	26	防松绳开关	对重应设置防松绳开关		
	27	安全钩	安装位置及结构应能防止吊笼脱离导轨架或安全器的输出齿轮脱离齿条		
	28	上限位	安装位置:提升速度 $v<0.8$ m/s 时,留有上部安全距离应≥1.8 m;$v\geq$ 0.8 m/s 时,留有上部安全距离应≥ $1.8+0.1v^2$(m)		
	29	上极限开关	极限开关应为非自动复位型,动作时能切断总电源,动作后须手动复位才能使吊笼启动		
	30	越程距离	上限位和上极限开关之间的越程距离应≥0.15 m		
	31	下限位	安装位置:应在吊笼制停时,距下极限开关一定距离		
	32	下极限开关	在正常工作状态下,吊笼碰到缓冲器之前,下极限开关应首先动作		
电气系统	33	急停开关	应在便于操作处装设非自行复位的急停开关		
	34	绝缘电阻	电动机及电气元件(电子元器件部分除外)的对地绝缘电阻应≥0.5 MΩ;电气线路的对地绝缘电阻应≥1 MΩ		
	35	接地保护	电动机和电气设备金属外壳均应接地,接地电阻应≤4 Ω		

续表 B

名称	序号	检查项目	要求	检查结果	备注
电气系统	36	失压、零位保护	灵敏、正确		
	37	电气线路	排列整齐，接地，零线分开		
	38	相序保护装置	应设置		
	39	通信联络装置	应设置		
	40	电缆与电缆导向	电缆应完好无破损，电缆导向架按规定设置		
对重和钢丝绳	41	钢丝绳	应规格正确，且未达到报废标准		
	42	对重安装	应按使用说明书要求设置		
	43	对重导轨	接缝平整，导向良好		
	44	钢丝绳端部固结	应固结可靠。绳卡规格应与绳径匹配，其数量不得少于 3 个，间距不小于绳径的 6 倍，滑鞍应放在受力一侧		

自检结论：

检查人签字： 检查日期： 年 月 日

注：对不符合要求的项目应在备注栏具体说明，对要求量化的参数应填实测值。

附录C 施工升降机安装验收表

表C 施工升降机安装验收表

工程名称			工程地址	
设备型号			备案登记号	
设备生产厂			出厂编号	
出厂日期			安装高度	
安装负责人			安装日期	
检查结果代号说明	✓=合格 ○=整改后合格 ×=不合格 无=无此项			
检查项目	序号	内容和要求	检查结果	备注
主要部件	1	导轨架、附墙架连接安装齐全、牢固，位置正确		
	2	螺栓拧紧力矩达到技术要求，开口销完全撬开		
	3	导轨架安装垂直度满足要求		
	4	结构件无变形、开焊、裂纹		
	5	对重导轨符合使用说明书要求		
传动系统	6	钢丝绳规格正确，未达到报废标准		
	7	钢丝绳固定和编结符合标准要求		
	8	各部位滑轮转动灵活、可靠，无卡阻现象		
	9	齿条、齿轮、曳引轮符合标准要求、保险装置可靠		
	10	各机构转动平稳、无异常响声		
	11	各润滑点润滑良好、润滑油牌号正确		
	12	制动器、离合器动作灵活可靠		
电气系统	13	供电系统正常，额定电压值偏差≤±5%		
	14	接触器、继电器接触良好		
	15	仪表、照明、报警系统完好可靠		
	16	控制、操纵装置动作灵活、可靠		
	17	各种电气安全保护装置齐全、可靠		
	18	电气系统对导轨架的绝缘电阻应≥0.5 MΩ		
	19	接地电阻应≤4 Ω		

续表 C

<table>
<tr><th>检查项目</th><th>序号</th><th colspan="2">内容和要求</th><th>检查结果</th><th>备注</th></tr>
<tr><td rowspan="9">安全系统</td><td>20</td><td colspan="2">防坠安全器在有效标定期限内</td><td></td><td></td></tr>
<tr><td>21</td><td colspan="2">防坠安全器灵敏可靠</td><td></td><td></td></tr>
<tr><td>22</td><td colspan="2">超载保护装置灵敏可靠</td><td></td><td></td></tr>
<tr><td>23</td><td colspan="2">上、下限位开关灵敏可靠</td><td></td><td></td></tr>
<tr><td>24</td><td colspan="2">上、下极限开关灵敏可靠</td><td></td><td></td></tr>
<tr><td>25</td><td colspan="2">急停开关灵敏可靠</td><td></td><td></td></tr>
<tr><td>26</td><td colspan="2">安全钩完好</td><td></td><td></td></tr>
<tr><td>27</td><td colspan="2">额定载重量标牌牢固清晰</td><td></td><td></td></tr>
<tr><td>28</td><td colspan="2">地面防护围栏门、吊笼门机电联锁灵敏可靠</td><td></td><td></td></tr>
<tr><td rowspan="3">试运行</td><td>29</td><td>空载</td><td rowspan="3">双吊笼施工升降机应分别对两个吊笼进行试运行。试运行中吊笼应启动、制动正常，运行平稳，无异常现象</td><td></td><td></td></tr>
<tr><td>30</td><td>额定载重量</td><td></td><td></td></tr>
<tr><td>31</td><td>125%额定载重量</td><td></td><td></td></tr>
<tr><td>坠落试验</td><td>32</td><td colspan="2">吊笼制动后，结构及连接件应无任何损坏或永久变形，且制动距离应符合要求</td><td></td><td></td></tr>
<tr><td colspan="6">验收结论：

总承包单位(盖章)：　　　　　　　　验收日期：　　年　月　日</td></tr>
</table>

总承包单位		参加人员签字	
使用单位		参加人员签字	
安装单位		参加人员签字	
监理单位		参加人员签字	
租赁单位		参加人员签字	

注：1　新安装的施工升降机及在用的施工升降机应至少每3个月进行一次额定载重量的坠落试验；新安装及大修后的施工升降机应用125%额定载重量试运行；

2　对不符合要求的项目在备注栏具体说明，对要求量化的参数应填实测值。

附录E 施工升降机每日使用前检查表

表E 施工升降机每日使用前检查表

工程名称		工程地址	
使用单位		设备型号	
租赁单位		备案登记号	
检查日期	年 月 日		
检查结果代号说明	✓=合格 ○=整改后合格 ×=不合格 无=无此项		

序号	检查项目	检查结果	备 注
1	外电源箱开关、总接触器正常		
2	地面防护围栏门及机电联锁正常		
3	吊笼、吊笼门和机电联锁操作正常		
4	吊笼顶紧急逃离门正常		
5	吊笼及对重通道无障碍物		
6	钢丝绳连接、固定情况正常，各曳引钢丝绳松紧一致		
7	导轨架连接螺栓无松动、缺失		
8	导轨架及附墙架无异常移动		
9	齿轮、齿条啮合正常		
10	上、下限位开关正常		
11	极限限位开关正常		
12	电缆导向架正常		
13	制动器正常		
14	电机和变整箱无异常发热及噪声		
15	急停开关正常		
16	润滑油无泄漏		
17	警报系统正常		
18	地面防护围栏内及吊笼顶无杂物		

发现问题：	维修情况：
司机签名：	

建筑施工门式钢管脚手架安全技术规范(节选)

JGJ 128—2010 J 43—2010

(2010 年 12 月 1 日实施。其中,第 6.1.2、6.3.1、6.5.3、6.8.2、7.3.4、7.4.2、7.4.5、9.0.3、9.0.4、9.0.7、9.0.8、9.0.14、9.0.16 条为强制性条文,原行业标准《建筑施工门式钢管脚手架安全技术规范》JGJ 128—2000 同时废止)。

1 总 则

1.0.2 本规范适用于房屋建筑与市政工程施工中采用门式钢管脚手架搭设的落地式脚手架、悬挑脚手架、满堂脚手架与模板支架的设计、施工和使用。

1.0.3 在施工前应按本规范的规定对门式钢管脚手架或模板支架结构件及地基承载力进行设计计算,并应编制专项施工方案。

2 术语的符号

2.1 术语

2.1.1 门式钢管脚手架 frame scaffoldings with steel tubules 以门架、交叉支撑、连接棒、挂扣式脚手板、锁臂、底座等组成基本结构,再以水平加固杆、剪刀撑、扫地杆加固,并采用连墙件与建筑物主体结构相连的一种定型化钢管脚手架(图 2.1.1)。又称门式脚手架。

3 构配件

3.0.1 门架与配件的钢管应采用现行国家标准《直缝电焊钢管》GB/T 13793 或《低压流体输送用焊接钢管》GB/T 3091 中规定的普通钢管,其材质应符合现行国家标准《碳素结构钢》GB/T 700 中 Q235 级钢的规定。门架与配件的性能、质量及型号的表述方法应符合现行行业产品标准《门式钢管脚手架》JG 13 的规定。

3.0.3 门架立杆加强杆的长度不应小于门架高度的 70%;门架宽度不得小于 800 mm,且不宜大于 1 200 mm。

3.0.4 加固杆钢管应符合现行国家标准《直缝电焊钢管》GB/T 13793 或《低压流体输送用焊接钢管》GB/T 3091 中规定的普通钢管,其材质应符合现行国家标准《碳素结构钢》GB/T 700 中 Q235 级钢的规定。宜采用直径 $\phi42\times2.5$ mm 的钢管,也可采用直径 $\phi48\times3.5$ mm 的钢管;相应的扣件规格也应分别为 $\phi42$、$\phi48$ 或 $\phi42/\phi48$。

3.0.5 门架钢管平直度允许偏差不应大于管长的 1/500,钢管不得接长使用,不应使用带有硬伤或严重锈蚀的钢管。门架立杆、横杆钢管壁厚有负偏差不应超过 0.2 mm。钢管壁厚存在负偏差时,宜选用热镀锌钢管。

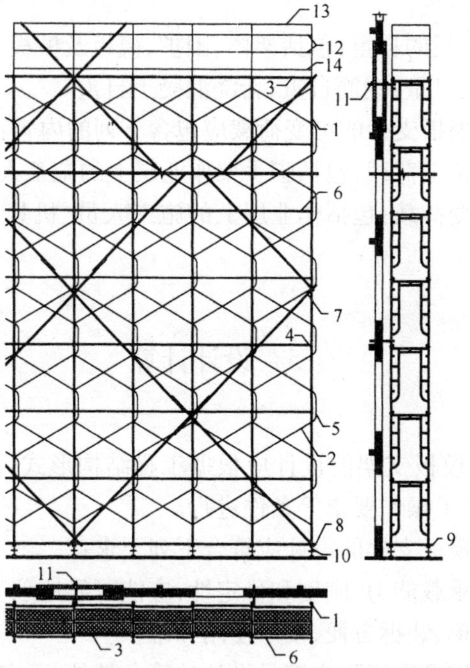

1—门架;2—交叉支撑;3—挂扣式脚手板;4—连接棒;5—锁臂;6—水平加固杆;7—剪刀撑;
8—纵向扫地杆;9—横向扫地杆;10—底座;11—连墙件;12—栏杆;13—扶手;14—挡脚板

图 2.1.1 门式钢管脚手架的组成

3.0.6 交叉支撑、锁臂、连接棒等配件与门架相连时,应有防止退出的止退机构,当连接棒与锁臂一起应用时,连接棒可不受此限。脚手板、钢梯与门架相连的挂扣,应有防止脱落的扣紧机构。

3.0.7 底座、托座及其可调螺母应采用可锻铸铁或铸钢制作,其材质应符合现行国家标准《可锻铸铁件》GB/T 9440 中 KTH - 330 - 08 或《一般工程用铸造碳钢件》GB/T 11352 中 ZG 230 - 450 的规定。

3.0.8 扣件应采用可锻铸铁或铸钢制作,其质量和性能符合现行国家标准《钢管脚手架扣件》GB 15831 的要求。连接外径为 $\phi42/\phi48$ 钢管的扣件应有明显标记。

3.0.9 连墙件宜采用钢管或型钢制作,其材质应符合现行国家标准《碳素结构钢》GB/T 700 中 Q235 级钢或《低合金高强度结构钢》GB/T 1591 中 Q345 级钢的规定。

4 荷 载

4.1 荷载分类

4.1.2 门式脚手架和模板支架的永久荷载应包含下列内容:

1 门式脚手架永久荷载:

1)构配件自重:包括门架、连接棒、锁臂、交叉支撑、水平加固杆、脚手板等自重;

2)附件自重:包括栏杆、扶手、挡脚板、安全网、剪刀撑、扫地杆及防护设施等自重。

2 模板支架永久荷载：

1)支架构配件及模板的自重：包括架体、围护、模板及模板支承梁等自重；

2)新浇钢筋混凝土自重：钢筋自重、新浇混凝土自重。

4.1.3 门式脚手架和模板支架的可变荷载应包含下列的内容：

1 门式脚手架的施工荷载：包括脚手架作业层上的施工人员、材料及机具等自重；

2 模板支架的可变荷载：包括作业层上的施工人员、机具自重、混凝土超高堆积、混凝土振捣等荷载；

3 风荷载。

5 设计计算

5.1 基本规定

5.1.1 门式脚手架与模板支架的设计应根据工程结构形式、荷载、地基土类别、施工设备、门架构配件尺寸、施工操作要求等条件进行。

5.1.2 门式脚手架与模板支架的设计应符合下列要求：

1 应具有足够的承载能力、刚度和稳定性，应能可靠地承受施工过程中的各类荷载；

2 架体构造应简单、装拆方便、便于使用和维护。

5.1.3 门式脚手架的搭设高度除应满足设计计算条件外，不宜超过表5.1.3的规定。

表5.1.3 门式钢管脚手架搭设高度

序 号	搭设方式	施工荷载标准值 $\sum Q_K$(kN/m²)	搭设高度(m)
1	落地、密目式安全网全封闭	≤3.0	≤55
2		>3.0且≤5.0	≤40
3	悬挑、密目式安全立网全封闭	≤3.0	≤24
4		>3.0且≤5.0	≤18

注：表内数据适用于重现期为10年、基本风压值 $W_0 \leq 0.45$ kN/m² 的地区，对于10年重现期，基本风压值 $W_0 > 0.45$ kN/m² 的地区应按实际计算确定。

5.1.4 门式脚手架与模板支架应进行下列的设计计算：

1 门式脚手架：

1)稳定性及搭设高度；

2)脚手板的强度和刚度；

3)连墙件的强度、稳定性和连接强度。

2 模板支架的稳定性；

3 门式脚手架与模板支架门架立杆的地基承载力验算；

4 悬挑脚手架的悬挑支承结构及其锚固连接；

5 满堂脚手架的模板支架必要时应进行抗倾覆验算。

5.1.6 门式脚手架宜采用定型挂扣式脚手板。当采用非定型脚手板时，应进行脚手板的强度、刚度计算。

6 构造要求

6.1 门架

6.1.1 门架应能配套使用，在不同组合情况下，均应保证连接方便、可靠，且应具有良好的互换性。

6.1.2 不同型号的门架与配件严禁混合使用。

6.1.3 上下榀门架立杆应在同一轴线位置上，门架立杆轴线的对接偏差不应大于2 mm。

6.1.4 门式脚手架的内侧立杆离墙面净距不宜大于150 mm；当大于150 mm时，应采取内设挑架板或其他隔离防护的安全措施。

6.1.5 门式脚手架顶端栏杆宜高出女儿墙上端或檐口上端1.5 mm。

6.2 配件

6.2.1 配件应与门架配套，并应与门架连接可靠。

6.2.2 门架的两侧应设置交叉支撑，并应与门架立杆的锁销锁牢。

6.2.3 上下榀门架的组装必须设置连接棒，连接棒与门架立杆配合间隙不应大于2 mm。

6.2.4 门式脚手架或模板支架上下榀门架间设置锁臂，当采用插销式或弹销式连接棒时，可不设锁臂。

6.2.5 门式脚手架作业层连续满铺与门架配套的挂扣式脚手板，并应有防止脚手板松动或脱落的措施。当脚手板上有孔洞时，孔洞的内切圆直径不应大于25 mm。

6.2.6 底部门架的立杆下端宜设置固定底座或可调底座。

6.2.7 可调底座和可调托座的调节螺杆直径不应小于35 mm，可调底座的调节螺杆伸出长度不应大于200 mm。

6.3 加固杆

6.3.1 门式脚手架剪刀撑的设置必须符合下列规定：

1 当门式脚手架搭设高度在24 m及以下时，在脚手架的转角处、两端及中间间隔不超过15 m的外侧立面必须各设置一道剪刀撑，并应由底至顶连续设置；

2 当脚手架搭设高度超过24 m时，在脚手架全外侧立面上必须设置连续剪刀撑；

3 对于悬挑脚手架，在脚手架全外侧立面上必须设置连续剪刀撑。

6.3.2 剪刀撑的构造应符合下列规定（图6.3.2）：

1 剪刀撑斜杆与地面的倾角宜为45°~60°；

2 剪刀撑应采用旋转扣件与门架立杆扣紧；

3 剪刀撑斜杆应采用搭接接长，搭接长度不宜小于1 000 mm，搭接处应采用3个及以上旋转扣件扣紧；

4 每道剪刀撑的宽度不应大于6个跨距，且不应大于10 m；也不应小于4个跨距，且不应小于6 m。设置连续剪刀撑的斜杆水平间距宜为6~8 m。

6.3.3 门式脚手架应在门架两侧的立杆上设置纵向水平加固杆，并应采用扣件与门架杆扣紧。水平加固杆设置应符合下列要求：

1 在顶层、连墙件设置层必须设置；

2 当脚手架每步铺设挂扣式脚手板时，至少每4步应设置一道，并宜在有连墙件的

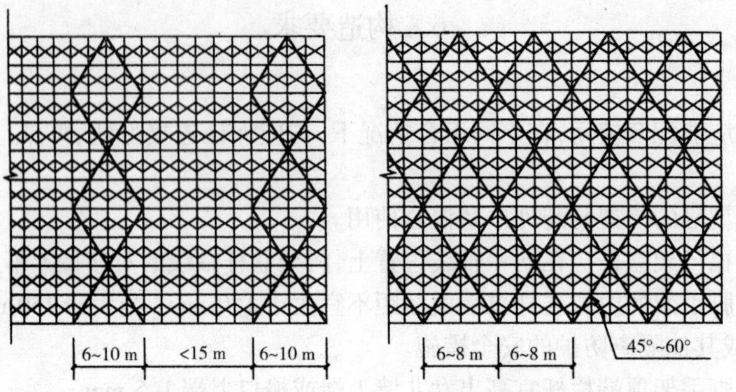

(a) 脚手架搭设高度 24 m 及以下　(b) 脚手架搭设高度超过 24 m

图 6.3.2　剪刀撑设置示意图

水平层设置；

3　当脚手架搭设高度小于或等于 40 m 时，至少每两步门架应设置一道；当脚手架搭设高度大于 40 m 时，每步门架应设置一道；

4　在脚手架的转角处、开口型脚手架端部的两个跨距内，每步门架应设置一道；

5　悬挑脚手架每步门架应设置一道；

6　在纵向水平加固杆设置层面上应连续设置。

6.3.4　门式脚手架的底层门架下端应设置纵、横向通长的扫地杆。纵向扫地杆应固定在距门架立杆底端不大于 200 mm 处的门架立杆上，横向扫地杆宜固定在紧靠纵向扫地杆下方的门架立杆上。

6.4　转角处门架连接

6.4.1　在建筑物的转角处，门式脚手架内、外两侧立杆上应按步设置水平连接杆、斜撑杆，将转角处的两榀门架连成一体(图 6.4.1)。

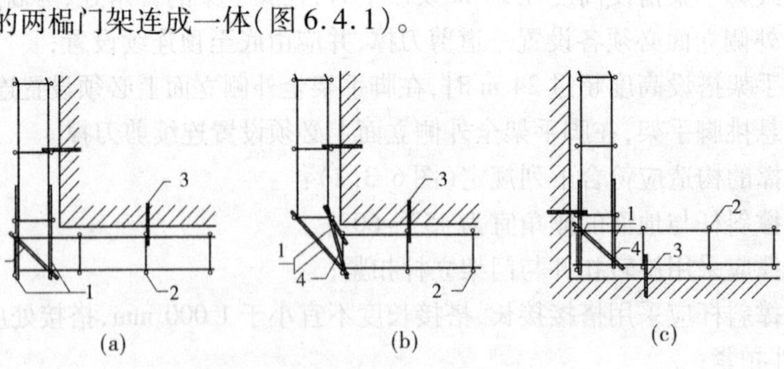

(a)(b)阳角转角处脚手架连接；(c)阴角转角处脚手架连接

1—连接杆；2—门架；3—连墙件；4—斜撑杆

图 6.4.1　转角处脚手架连接

6.4.2　连接杆、斜撑杆应采用钢管，其规格应与水平加固杆相同。

6.4.3　连接杆、斜撑杆应采用扣件与门架立杆及水平加固杆扣紧。

6.5 连墙件

6.5.1 连墙件设置的位置、数量应按专项施工方案确定，并应按确定的位置设置预埋件。

6.5.2 连墙件的设置除应满足本规范的计算要求外，尚应满足表6.5.2的要求。

表6.5.2 连墙件最大间距或最大覆盖面积

序号	脚手架搭设方式	脚手架高度(m)	连墙件间距(m) 竖向	连墙件间距(m) 水平向	每根连墙件覆盖面积
1	落地、密目式安全网全封闭	≤40	3h	3l	≤40
2		≤40	2h	3l	≤27
3		>40			
4	悬挑、密目式安全网全封闭	≤40	3h	3l	≤40
5		40~60	2h	3l	≤27
6		>60	2h	2l	≤20

注：1. 序号4~6为架体位于地面上高度；

2. 按每根连墙件覆盖面积选择连墙件设置时，连墙件的竖向间距不应大于6 m；

3. 表中h为步距；l为跨距。

6.5.3 在门式脚手架的转角处或开口型脚手架端部，必须增设连墙件，连墙件的垂直间距不应大于建筑物的层高，且不应大于4.0 m。

6.5.4 连墙件应靠近门架的横杆设置，距门架横杆不宜大于200 mm。连墙件应固定在门架的立杆上。

6.5.5 连墙件宜水平设置，当不能水平设置时，与脚手架连接的一端，应低于与建筑结构连接的一端，连墙杆的坡度宜小于1:3。

6.6 通道口

6.6.1 门式脚手架通道口高度不宜大于2个门架高度，宽度不宜大于1个门架跨距。

6.6.2 门式脚手架通道口应采取加固措施，并应符合下列规定：

1 当通道口宽度为一个门架跨距时，在通道口上方的内外侧应设置水平加固杆，水平加固杆应延伸至通道口两侧各一个门架跨距，并在两个上角内外侧应加设斜撑杆（图6.6.2(a)）；

2 当通道口宽为两个及以上跨距时，在通道口上方应设置经专门设计和制作的托架梁，并应加强两侧的门架立杆（图6.6.2(b)）。

6.7 斜梯

6.7.1 作业人员上下脚手架的斜梯应采用挂扣式钢梯，并宜采用“之”字形设置，一个梯段宜跨越两步或三步门架再行转折。

6.7.2 钢梯规格应与门架规格配套，并应与门架挂扣牢固。

6.7.3 钢梯应设栏杆扶手、挡脚板。

6.8 地基

6.8.1 门式脚手架与模板支架地基承载力应根据本规范第5.6节的规定经计算确定，在搭设时，根据不同地基土质和搭设高度条件，应符合表6.8.1的规定。

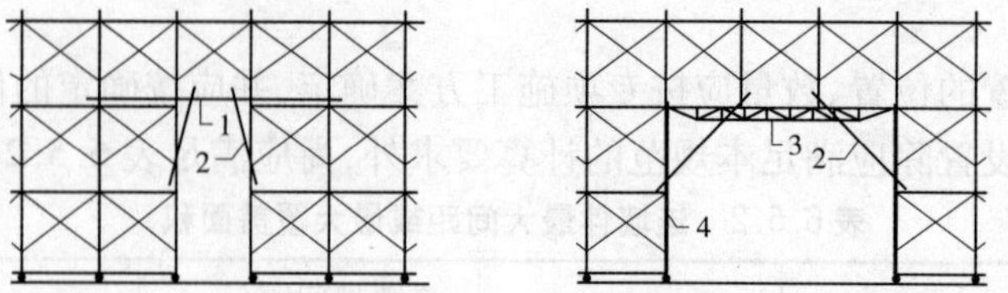

(a)通道口宽度为一个门架跨距 (b)通道口宽度为两个及以上门架跨距

1—水平加固杆;2—斜撑杆;3—托架梁;4—加强杆

图6.6.2 通道口加固示意

表6.8.1 地基要求

搭设高度(m)	地基土质		
	中低压缩性且压缩性均匀	回填土	高压缩性或压缩性不均匀
≤24	夯实原土,干重力密度要求15.5 kN/m^3。立杆底座置于面积不小于0.075 m^2的垫木上	土夹石或素土回填夯实,立杆底座置于面积不小于0.10 m^2垫木上	夯实原土,铺设通长垫木
>24且≤40	垫木面积不小于0.10 m^2,其余同上	砂夹石回填夯实,其余同上	夯实原土,在搭设地面满铺C15混凝土,厚度不小于150 mm
>40且≤55	垫木面积不小于0.15 m^2或铺通长垫木,其余同上	砂夹石回填夯实,垫木面积不小于0.15 m^2或铺通长垫木	夯实原土,在搭设地面满铺C15混凝土,厚度不小于200 mm

注:垫木厚度不小于50 mm,宽度不小于200 mm;通长垫木的长度不小于1 500 mm。

6.8.2 门式脚手架与模板支架的搭设场地必须平整坚实,并应符合下列规定:

1 回填土应分层回填,逐层夯实;

2 场地排水应顺畅,不应有积水。

6.8.3 搭设门式脚手架的地面标高宜高于自然地坪标高50~100 mm。

6.8.4 当门式脚手架与模板支架搭设在楼面等建筑结构上时,门架立杆下宜铺设垫板。

6.9 悬挑脚手架

6.9.1 悬挑脚手架的悬挑支承结构应根据施工方案布设,其位置应与门架立杆位置对应,每一跨距宜设置一根型钢悬挑梁,并应按确定的位置预埋件。

6.9.2 型钢悬挑梁锚固段长度应不小于悬挑段长度有1.25倍,悬挑支承点应设置在建筑结构的梁板上,不得设置在外伸阳台或悬挑楼板上(有加固措施的除外)(图6.9.2)。

6.9.3 型钢悬挑梁宜采用双轴对称截面的型钢。

6.9.4 型钢悬挑梁的锚固段压点应采用不小于2个(对)的预埋U形钢筋拉环或螺栓固

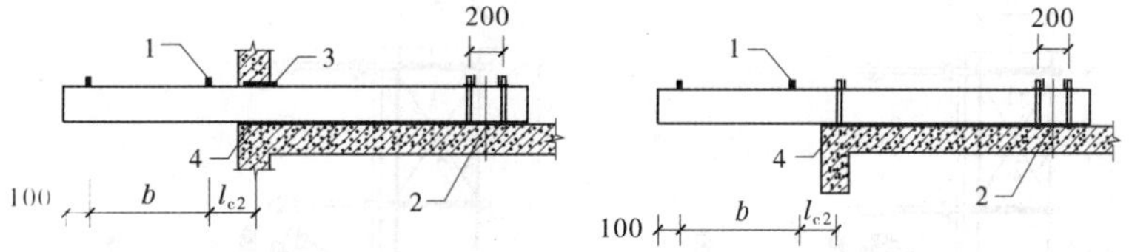

(a)型钢悬挑梁穿墙设置　　(b)型钢悬挑梁楼面设置

1—DN25 短钢管与钢梁焊接;2—锚固段压点;3—木楔;

4—钢板(150 mm×100 mm×10 mm)

图 6.9.2　型钢悬挑梁在主体结构上的设置

定;锚固位置的楼板厚度不应小于 100 mm,混凝土强度不应低于 20 MPa。U 形钢筋拉环或螺栓应埋设在梁板下排钢筋的上边,并与结构钢筋焊接或绑扎牢固,锚固长度应符合现行国家标准《混凝土结构设计规范》GB 50010 中钢筋锚固的规定(图 6.9.4)。

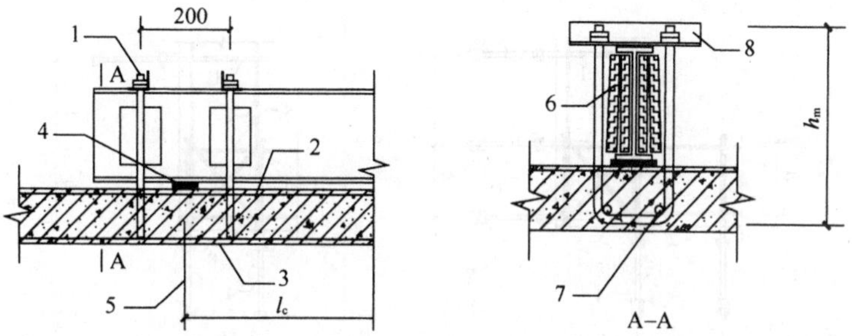

1—锚固螺栓;2—负弯矩钢筋;3—建筑结构楼板;4—钢板;5—锚固螺栓中心;

6—木楔;7—锚固钢筋(2ϕ18 长 1500 mm);8—角钢

图 6.9.4　型钢悬挑梁与楼板固定

6.9.5　用于锚固的 U 形钢筋拉环或螺栓应采用冷弯成型,钢筋直径不应小于 16 mm。

6.9.6　当型钢悬挑梁与建筑结构采用螺栓钢压板连接固定时,钢压板尺寸不应小于 100 mm×10 mm(宽×厚);当采用螺栓角钢压板连接固定时,角钢的规格不应小于 63 mm×63 mm×6 mm。

6.9.7　型钢悬挑梁与 U 形钢筋拉环或螺栓连接应紧固。当采用钢筋拉环连接时,应采用钢楔或硬木楔塞紧;当采用螺栓钢压板连接时,应采用双螺母拧紧。严禁型钢悬挑梁晃动。

6.9.8　悬挑脚手架底层门架立杆与型钢悬挑梁应可靠连接,不得滑动或窜动。型钢梁上应设置固定连接棒与门架立杆连接,连接棒的直径不应小于 25 mm,长度不应小于 100 mm,应与型钢梁焊接牢固。

6.9.9　悬挑脚手架的底层门架两侧立杆应设置纵向扫地杆,并应在脚手架的转角处、两端和中间间隔不超过 15 m 的底层门架上各设置一道单跨距的水平剪刀撑,剪刀撑斜杆应与门架立杆底部扣紧。

6.9.10　在建筑平面转角处(图 6.9.10),型钢悬挑梁应经单独计算设置;架体应按步设置水平连接杆,并应与门架立杆或水平加固杆扣紧。

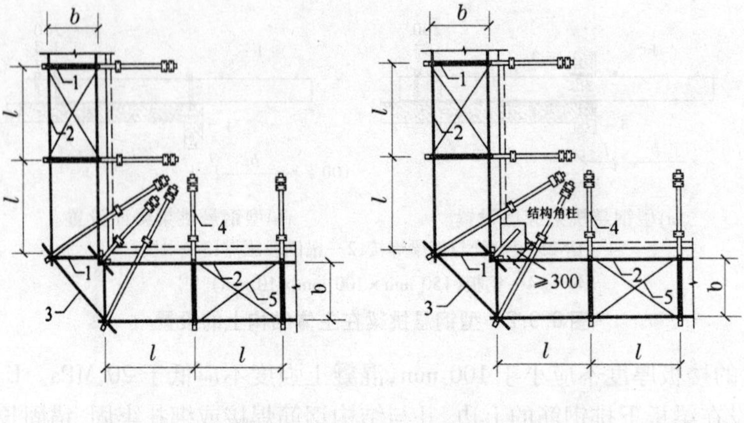

1—门架；2—水平加固杆；3—连接杆；4—型钢悬挑梁；5—水平剪刀撑

(a)型钢悬挑梁在阳角处设置

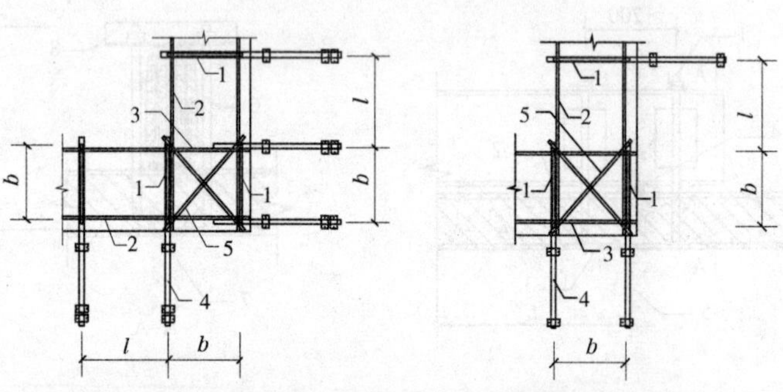

1—门架；2—水平加固杆；3—连接杆；4—型钢悬挑梁；5—水平剪刀撑

(b)型钢悬挑梁在阴角处设置

图6.9.10 建筑平面转角处型钢悬挑梁设置

6.9.11 每个型钢悬挑梁外端宜设置钢丝绳或钢拉杆与上一层建筑结构斜拉结(图6.9.11)，钢丝绳、钢拉杆不得作为悬挑支撑结构的受力构件。

6.9.12 悬挑脚手架在底层应满铺脚手板，并应将脚手板与型钢梁连接牢固。

6.10 满堂脚手架

6.10.1 满堂脚手架的门架跨距和间距应根据实际荷载计算确定，门架净间距不宜超过1.2 m。

6.10.2 满堂脚手架的高宽比不应大于4，搭设高度不宜超过30 m。

6.10.3 满堂脚手架的构造设计，在门架立杆上宜设置托座和托梁，使门架立杆直接传递荷载。门架立杆上设置的托梁应具有足够的抗弯强度和刚度。

6.10.4 满堂脚手架在每步门架两侧立杆上应设置纵向、横向水平加固杆，并应采用扣件与门架立杆扣紧。

6.10.5 满堂脚手架的剪刀撑设置(图6.10.5)除应符合本规范第6.3.2条的规定外，尚应符合下列要求：

1 搭设高度12 m及以下时，在脚手架的周边应设置连续竖向剪刀撑；在脚手架的内部纵向、横向间隔不超过8 m应设置一道竖向剪刀撑；在顶层应设置连续的水平剪刀撑；

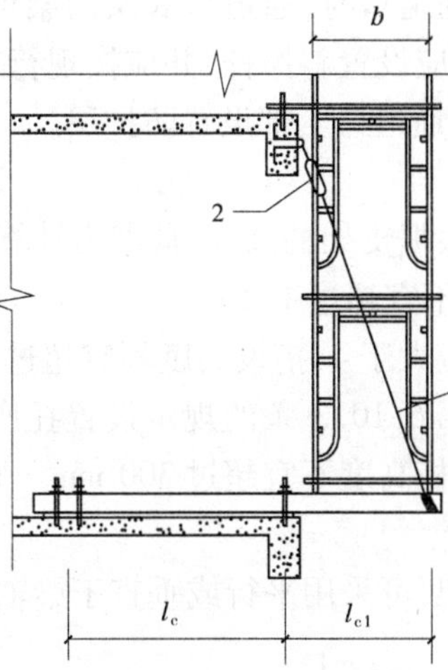

1—钢丝绳；2—花篮螺栓

图 6.9.11　型钢悬挑梁端钢丝绳与建筑结构拉结

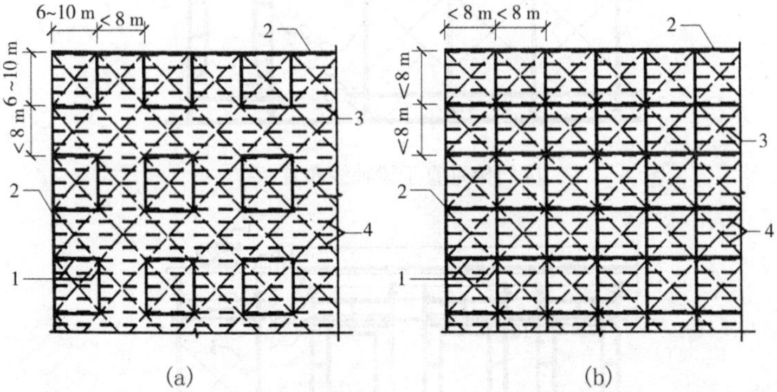

（a）搭设高度 12 m 及以下时剪刀撑设置；（b）搭设高度超过 12 m 时剪刀撑设置

1—竖向剪刀撑；2—周边竖向剪刀撑；3—门架；4—水平剪刀撑

图 6.10.5　剪刀撑设置示意图

2　搭设高度超过 12 m 时，在脚手架的周边和内部纵向、横向间隔不超过 8 m 应设置连续竖向剪刀撑；在顶层和竖向每隔 4 步应设置连续的水平剪刀撑；

3　竖向剪刀撑应由底至顶连续设置。

6.10.6　在满堂脚手架的底层门架立杆上应分别设置纵向、横向扫地杆，并应采用扣件与门架杆扣紧。

6.10.7　满堂脚手架顶部作业区应满铺脚手板，并应采用可靠的连接方式与门架横杆固定。操作平台上的孔洞应按现行行业标准《建筑施工高处作业安全技术规范》JGJ 80 的规定防护，操作平台周边应设置栏杆和挡脚板。

6.10.8　对高宽比大于 2 的满堂脚手架，宜设置缆风绳或连墙件等有效措施防止架体倾覆，缆风绳或连墙件设置宜符合下列规定：

1　在架体端部及外侧周边水平间距不宜超过 10 m 设置；宜与竖向剪刀撑位置对应设置；

2　竖向间距不宜超过 4 步设置。

6.10.9 满堂脚手架中间设置通道口时,通道口底层门架可不设垂直通道方向的水平加固杆和扫地杆,通道口上部两侧应设置斜撑杆,并应按现行行业标准《建筑施工高处作业安全技术规范》JGJ 80 的规定在通道口上部设置防护层。

6.11 模板支架

6.11.1 门架的跨距与间距应根据支架的高度、荷载由计算和构造要求确定,门架的跨距不宜超过 1.5 m,门架的净间距不宜超过 1.2 m。

6.11.2 模板支架的高宽比不应大于 4,搭设高度不宜超过 24 m。

6.11.3 模板支架宜按本规范第 6.10.3 条的规定设置托座和托梁,宜采用调节架、可调托座调整高度,可调托座调节螺杆高度不宜超过 300 mm。底座和托座与门架立杆轴线的偏差不应大于 2.0 mm。

6.11.4 用于支承梁模板的门架,可采用平行或垂直于梁轴线的布置方式(图 6.11.4)。

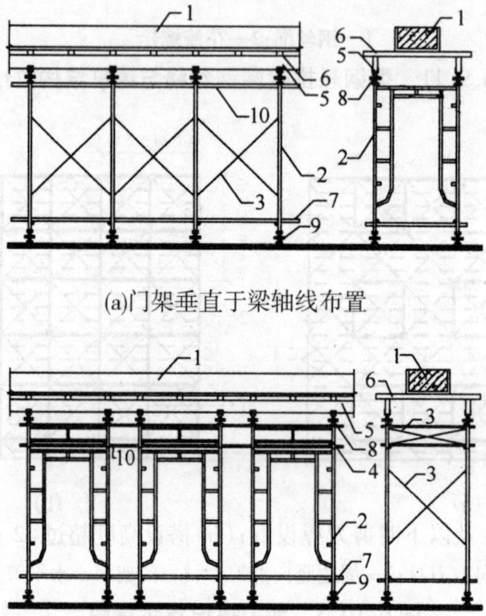

(a)门架垂直于梁轴线布置

(b)门架平行于梁轴线布置

1—混凝土梁;2—门架;3—交叉支撑;4—调节架;
5—托梁;6—小楞;7—扫地杆;8—可调托座;9—可调底座;10—水平加固杆

图 6.11.4 梁模板支架的布置方式(一)

6.11.5 当梁的模板支架高度或荷载较大时,门架可采用复式(重叠)的布置方式(图 6.11.5)。

6.11.6 梁板类结构的模板支架,应分别设计。板支架跨距(或间距)宜是梁支架跨距(或间距)的倍数,梁下横向水平加固杆应伸入板支架内不少于 2 根门架立杆,并应与板下门架立杆扣紧。

6.11.7 当模板支架的高宽比大于 2 时,宜按本规范第 6.10.8 条的规定设置缆风绳或连墙件。

6.11.8 模板支架在支架的四周和内部纵横向应按现行行业标准《建筑施工模板安全技术规范》JGJ 162 的规定与建筑结构柱、墙进行刚性连接,连接点应设在水平剪刀撑或水平加固杆设置层,并应与水平杆连接。

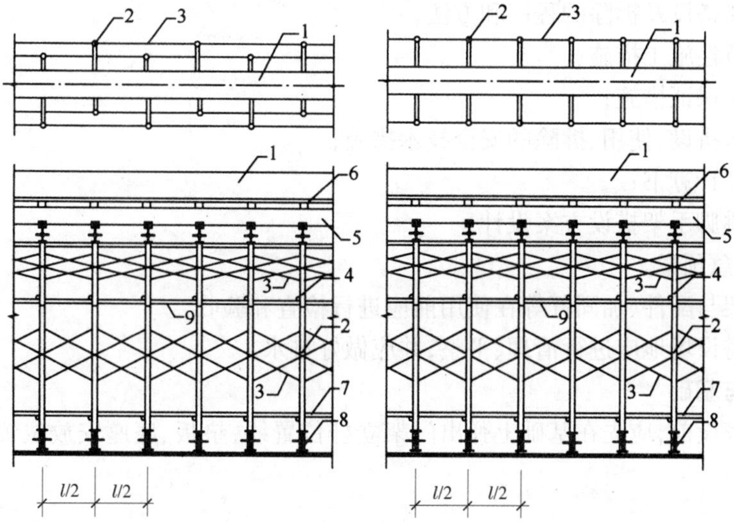

1—混凝土梁;2—门架;3—交叉支撑;4—调节架;5—托梁;6—小楞;
7—扫地杆;8—可调底座;9—水平加固杆

图6.11.5 梁模板支架的布置方式(二)

6.11.9 模板支架应按本规范第6.10.6条的规定设置纵向、横向扫地杆。

6.11.10 模板支架在每步门架两侧立杆上应设置纵向、横向水平加固杆,并应采用扣件与门架立杆扣紧。

6.11.11 模板支架应设置剪刀撑对架体进行加固,剪刀撑的设置除应符合本规范第6.3.2条的规定外,尚应符合下列要求:

1 在支架的外侧周边及内部纵横向每隔6～8 m,应由底至顶设置连续竖向剪刀撑;

2 搭设高度8 m及以下时,在顶层应设置连续的水平剪刀撑;搭设高度超过8 m时,在顶层和竖向每隔4步及以下应设置连续的水平剪刀撑;

3 水平剪刀撑宜在竖向剪刀撑斜杆交叉层设置。

7 搭设与拆除

7.1 施工准备

7.1.1 门式脚手架与模板支架搭设与拆除前,应向搭拆和使用人员进行安全技术交底。

7.1.2 门式脚手架与模板支架搭拆施工的专项施工方案,应包括下列内容:

1 工程概况、设计依据、搭设条件、搭设方案设计;

2 搭设施工图:

1)架体的平、立、剖面图;

2)脚手架连墙件的布置及构造图;

3)脚手架转角、通道口的构造图;

4)脚手架斜梯布置及构造图;

5)重要节点构造图。

3 基础做法及要求；

4 架体搭设及拆除的程序和方法；

5 季节性施工措施；

6 质量保证措施；

7 架体搭设、使用、拆除的安全技术措施；

8 设计计算书；

9 悬挑脚手架搭设方案设计；

10 应急预案。

7.1.3 门架与配件、加固杆等在使用前应进行检查和验收。

7.1.5 对搭设场地应进行清理、平整，并应做好排水。

7.2 地基与基础

7.2.2 在搭设前，应先在基础上弹出门架立杆位置线，垫板、底座安放位置应准确，标高应一致。

7.3 搭设

7.3.1 门式脚手架与模板支架的搭设程序应符合下列规定：

1 门式脚手架的搭设应与施工进度同步，一次搭设高度不宜超过最上层连墙件两步，且自由高度不应大于4 m；

2 满堂脚手架和模板支架应采用逐列、逐排和逐层的方法搭设；

3 门架的组装应自一端向另一端延伸，应自下而上按步架设，并应逐层改变搭设方向；不应自两端相向搭设或自中间向两端搭设；

4 每搭设完两步门架后，应校验门架的水平度及立杆的垂直度。

7.3.2 搭设门架及配件除应符合本规范第6章的规定外，尚应符合下列要求：

1 交叉支撑。脚手板应与门架同时安装；

2 连接门架锁臂、挂钩必须处于锁住状态；

3 钢梯的设置应符合专项施工方案组装布置图的要求，底层钢梯底部应加设钢管并应采用扣件扣紧在门架立杆上；

4 在施工作业层外侧周边应设置180 mm高的挡脚板和两道栏杆，上道栏杆高度应为1.2 m，下道栏杆应居中设置。挡脚板和栏杆均应设置在门架立杆的内侧。

7.3.3 加固杆的搭设除应符合本规范第6.3节和第6.9节～6.11节的规定外，尚应符合下列要求：

1 水平加固杆、剪刀撑等加固杆件必须与门架同步搭设；

2 水平加固杆应设于门架立杆内侧，剪刀撑应设于门架立杆外侧。

7.3.4 门式脚手架连墙件的安装必须符合下列规定：

1 连墙件安装必须随脚手架搭设同步进行，严禁滞后安装；

2 当脚手架操作层高出相邻连墙件以上两步时，在连墙件安装完毕前必须采用确保脚手架稳定的临时拉结措施。

7.3.5 加固杆、连墙件等杆件与门架采用扣件连接时，应符合下列规定：

1 扣件规格应与所连接钢管的外径相匹配；

2 扣件螺栓拧紧扭力矩值应为40~65 N·m；

3 杆件端头伸出扣件盖板边缘长度不应小于100 mm。

7.3.6 悬挑脚手架的搭设应符合本规范第6.1节~6.5节和第6.9节的要求，搭设前应检查预埋件和支承型钢悬挑梁的混凝土强度。

7.3.7 门式脚手架通道口的搭设应符合本规范第6.6节的要求，斜撑杆、托架梁及通道口两侧的门架立杆加强杆件应与门架同步搭设，严禁滞后安装。

7.3.8 满堂脚手架与模板支架的可调底座、可调托座宜采取防止砂浆、水泥浆等污物填塞螺纹的措施。

7.4 拆 除

7.4.1 架体的拆除应按拆除方案施工，并应在拆除前做好下列准备工作：

1 应对将拆除的架体进行拆除前的检查；

2 根据拆除前的检查结果补充完善拆除方案；

3 清除架体上的材料、杂物及作业面的障碍物。

7.4.2 拆除作业必须符合下列规定：

1 架体的拆除应从上而下逐层进行，严禁上下同时作业。

2 同一层的构配件和加固杆件必须按先上后下、先外后内的顺序进行拆除。

3 连墙件必须随脚手架逐层拆除，严禁先将连墙件整层或数层拆除后再拆架体。拆除作业过程中，当架体和自由高度大于两步时，必须加设临时拉结。

4 连接门架的剪刀撑等加固杆件必须在拆卸该门架时拆除。

7.4.3 拆卸连接部件时，应先将止退装置旋转至开启位置，然后拆除，不得硬拉，严禁敲击。拆除作业中，严禁使用手锤等硬物击打、撬别。

7.4.4 当门式脚手架需分段拆除时，架体不拆除部分的两端应按本规范第6.5.3条的规定采取加固措施后再拆除。

7.4.5 门架与配件应采用机械或人工运至地面，严禁抛投。

7.4.6 拆卸的门架与配件、加固杆等不得集中堆放在未拆架体上，并应及时检查、整修与保养，并宜按品种、规格分别存放。

8 检查与验收

8.1 构配件检查与验收

8.1.2 施工现场使用的门架与配件应具有产品质量合格证，应标志清晰，并应符合下列要求：

1 门架与配件表面应平直光滑，焊缝应饱满，不应有裂缝、开焊、焊缝错位、硬弯、凹痕、毛刺、锁柱弯曲等缺陷；

2 门架与配件表面应涂刷防锈漆或镀锌。

8.1.4 在施工现场每使用一个安装拆除周期，应对门架、配件采用目测、尺量的方法检查一次。锈蚀深度检查时，应按本规范附录A第A.4节的规定抽取样品，在每个样品锈蚀严重的部位宜采用测厚仪或横向截断取样检测，当锈蚀深度超过规定值时不得使用。

8.1.5 加固杆、连接杆等所用钢管和扣件的质量，除应符合本规范第3.0.4条、第3.0.5

条、第3.0.8条的规定外，尚应满足下列要求：

1 应具有产品质量合格证；

2 严禁使用有裂缝、变形的扣件，出现滑丝的螺栓必须更换；

3 钢管和扣件应涂有防锈漆。

8.1.6 底座和托座应有产品质量合格证，在使用前应对调节螺杆与门架立杆配合间隙进行检查。

8.1.7 连墙件、型钢悬挑梁、U形钢筋拉环或锚固螺栓，应具有产品质量合格证或质量检验报告，在使用前应进行外观质量检查。

8.2 搭设检查与验收

8.2.1 搭设前，对门式脚手架或模板支架的地基与基础应进行检查，经验收合格后方可搭设。

8.2.2 门式脚手架搭设完毕或每搭设2个楼层高度，满堂脚手架、模板支架搭设完毕或每搭设4步高度，应对搭设质量及安全进行一次检查，经检验合格后方可交付使用或继续搭设。

8.2.3 在门式脚手架或模板支架搭设质量验收时，应具备下列文件：

1 按本规范第7.1.2条要求编制的专项施工方案；

2 构配件与材料质量的检验记录；

3 安全技术交底及搭设质量检验记录；

4 门式脚手架或模板支架分项工程的施工验收报告。

8.2.4 门式脚手架或模板支架分项工程的验收，除应检查验收文件外，还应对搭设质量进行现场核验，在对搭设质量进行全数检查的基础上，对下列项目应进行重点检验，并应记入施工验收报告：

1 构配件和加固杆规格、品种应符合设计要求，应质量合格、设置齐全、连接和挂扣紧固可靠；

2 基础应符合设计要求，应平整坚实，底座、支垫应符合规定；

3 门架跨距、间距应符合设计要求，搭设方法应符合本规范的规定；

4 连墙件设置应符合设计要求，与建筑结构、架体应连接可靠；

5 加固杆的设置应符合设计和本规范的要求；

6 门式脚手架的通道口、转角等部位搭设应符合构造要求；

7 架体垂直度及水平度应合格；

8 悬挑脚手架的悬挑支承结构及与建筑结构的连接固定应符合设计和本规范的规定；

9 安全网的张挂及防护栏杆的设置应齐全、牢固。

8.2.6 门式脚手架与模板支架扣件拧紧力矩的检查与验收，应符合现行行业标准《建筑施工扣件式钢管脚手架安全技术规范》JGJ 130的规定。

8.3 使用过程中检查

8.3.1 门式脚手架与模板支架在使用过程中应进行日常检查，发现问题应及时处理。检查时，下列项目应进行检查：

1 加固杆、连墙件应无松动,架体应无明显变化;

2 地基应无积水,垫板及底座应无松动,门架立杆应无悬空;

3 锁臂、挂扣件、扣件螺栓应无松动;

4 安全防护设施应符合本规范要求;

5 应无超载使用。

8.3.2 门式脚手架与模板支架在使用过程中遇有下列情况时,应进行检查,确认安全后方可继续使用:

1 遇有8级以上大风或大雨过后;

2 冻结的地基土解冻后;

3 停用超过1个月;

4 架体遭受外力撞击等作用;

5 架体部分拆除;

6 其他特殊情况。

8.3.3 满堂脚手架与模板支架在施加荷载或浇筑混凝土时,应设专人看护检查,发现异常情况应及时处理。

8.4 拆除前检查

8.4.1 门式脚手架在拆除前,应检查架体构造、连墙件设置、节点连接,当发现有连墙件、剪刀撑等加固杆件缺少、架体倾斜失稳或门架立杆悬空情况时,对架体应先行加固后再拆除。

8.4.2 模板支架在拆除前,应检查架体各部位的连接构造、加固件的设置,应明确拆除顺序和拆除方法。

8.4.3 在拆除作业前,对拆除作业场地及周围环境应进行检查,拆除作业区内应无障碍物,作业场地临近的输电线路等设施应采取防护措施。

9 安全管理

9.0.1 搭拆门式脚手架或模板支架应由专业架子工担任,并应按住房和城乡建设部特种作业人员考核管理规定合格,持证上岗。上岗人员应定期进行体检,凡不适合登高作业者,不得上架操作。

9.0.2 搭拆架体时,施工作业层应铺设脚手板,操作人员应站在临时设置的脚手板上进行作业,并应按规定使用安全防护用品,穿防滑鞋。

9.0.3 门式脚手架与模板支架作业层上严禁超载。

9.0.4 严禁将模板支架、缆风绳、混凝土泵管、卸料平台等固定在门式脚手架上。

9.0.5 六级及以上大风天气应停止架上作业;雨、雪、雾天应停止脚手架的搭拆作业;雨、雪、霜后上架作业应采取有效的防滑措施,并应扫除积雪。

9.0.6 门式脚手架与模板支架在使用期间,当预见可能有强风天气所产生的风压值超出设计的基本风压值时,对架体应采取临时加固措施。

9.0.7 在门式脚手架使用期间,脚手架基础附近严禁进行挖掘作业。

9.0.8 满堂脚手架与模板支架的交叉支撑和加固杆,在施工期间禁止拆除。

9.0.9 门式脚手架在使用期间,不应拆除加固杆、连墙件、转角处连接杆、通道口斜撑杆等加固杆件。

9.0.10 当施工需要,脚手架的交叉支撑可在门架一侧局部临时拆除,但在该门架单元上下应设置水平加固杆或挂扣式脚手板,在施工完成后应立即恢复安装交叉支撑。

9.0.11 应避免装卸物料对门式脚手架或模板支架产生偏心、振动和冲击荷载。

9.0.12 门式脚手架外侧应设置密目式安全网,网间应严密,防止坠物伤人。

9.0.13 门式脚手架与架空输电线路的安全距离、工地临时用电线路架设及脚手架接地、防雷措施,应按现行行业标准《施工现场临时用电安全技术规范》JGJ 46 的有关规定执行。

9.0.14 在门式脚手架或模板支架上进行电、气焊作业时,必须有防火措施和专人看护。

9.0.15 不得攀爬门式脚手架。

9.0.16 搭拆门式脚手架或模板支架作业时,必须设置警戒线、警戒标志,并应派专人看守,严禁非工作人员入内。

9.0.17 对门式脚手架与模板支架应进行日常性的检查和维护,架体上的建筑垃圾或杂物应及时清理。

龙门架及井架物料提升机安全技术规范(节选)

JGJ 88—2010 J 1083—2010

(2011年2月1日实施。其中第5.1.5、5.1.7、6.1.1、6.1.2、8.3.2、9.1.1、11.0.2、11.0.3条为强制性条文,原行业标准JGJ 88—92同时废止)

1 总 则

1.0.2 本规范适用于建筑工程和市政工程所使用的以卷扬机或曳引机为动力、吊笼沿导轨垂直运行的物料提升机的设计、制作、安装、拆除及使用。不适用于电梯、矿井提升机及升降平台。

3 基本规定

3.0.5 具有自升(降)功能的物料提升机应安装自升平台,并应符合下列规定:

5 自升平台应安装渐进式防坠安全器。

3.0.7 在各停层平台处,应设置显示楼层的标志。

3.0.10 物料提升机额定起重量不宜超过160 kN;安装高度不宜超过30 m。当安装高度超过30 m时,物料提升机除应具有起重量限制、防坠保护、停层及限位功能外,尚应符合下列规定:

1 吊笼应有自动停层功能,停层后吊笼底板与停层平台的垂直高度偏差不应超过30 mm;

2 防坠安全器应为渐进式;

3 应具有自升降安拆功能;

4 应具有语音及影像信号。

4 结构设计与制作

4.1 结构设计

4.1.9 当标准节采用螺栓连接时,螺栓直径不应小于M12,强度等级不宜低于8.8级。

4.1.10 物料提升机自由高度不宜大于6 m;附墙架间距不宜大于6 m。

4.1.11 物料提升机的导轨架不宜兼作导轨。

5 动力与传动装置

5.1 卷扬机

5.1.5 钢丝绳在卷筒上应整齐排列,端部应与卷筒压紧装置连接牢固。当吊笼处于最低位置时,卷筒上的钢丝绳不应少于3圈。

5.1.7 物料提升机严禁使用摩擦式卷扬机。

5.2 曳引机

5.2.1 曳引轮直径与钢丝绳直径的比值不应小于40,包角不宜小于150°。

5.2.2 当曳引钢丝绳为2根及以上时,应设置曳引力自动平衡装置。

5.3 滑轮

5.3.1 滑轮直径在钢丝绳直径的比值不应小于30。

5.3.3 滑轮与吊笼或导轨架,应采用刚性连接。严禁采用钢丝绳等柔性连接或使用开口拉板式滑轮。

5.4 钢丝绳

5.4.5 缆风绳直径不应小于8 mm,安全系数不应小于3.5。

5.4.6 当钢丝绳端部固定采用绳夹时,绳夹规格应与绳径匹配,数量不应少于3个,间距不应小于绳径的6倍,绳夹夹座应安放在长绳一侧,不得正反交错设置。

6 安全装置与防护设施

6.1 安全装置

6.1.1 当荷载达到额定起重量的90%时,起重量限制器应发出警示信号;当荷载达到额定起重量的110%时,起重量限制器应切断上升主电路电源。

6.1.2 当吊笼提升钢丝绳断绳时,防坠安全器应制停带有额定起重量的吊笼,且不应造成结构损坏。自升平台应采用渐进式防坠安全器。

6.1.3 安全停层装置应为刚性机构,吊笼停层时,安全停层装置应能可靠承担吊笼自重、额定荷载及运料人员等全部工作荷载。吊笼停层后底板与停层平台的垂直偏差不应大于50 mm。

6.1.4 限位装置应符合下列规定:

1 上限位开关:当吊笼上升至限定位置时,触发限位开关,吊笼被制停,上部越程距离不应小于3 m;

2 下限位开关;当吊笼下降至限定位置时,触发限位开关,吊笼被制停。

6.1.5 紧急断电开关应为非自动复位型,任何情况下均可切断主电路停止吊笼运行。紧急断电开关应设在便于司机操作的位置。

6.1.7 当司机对吊笼升降运行、停层平台观察视线不清时,必须设置通信装置,通信装置应同时具备语音和影像显示功能。

6.2 防护设施

6.2.1 防护围栏应符合下列规定:

1 物料提升机地面进料口应设置防护围栏;围栏高度不应小于1.8 m,围栏立面可采用网板结构,强度应符合本规范第4.1.8条的规定;

2 进料口门的开启高度不应小于1.8 m,强度应符合本规范第4.1.8条的规定;进料口门应装有电气安全开关,吊笼应在进料口门关闭后才能启动。

6.2.2 停层平台及平台门应符合下列规定:

1　停层平台的搭设应符合现行行业标准《建筑施工扣件式钢管脚手架安全技术规范》JGJ 130 及其他相关标准的规定，并应能承受 3 kN/m^2 的荷载；

2　停层平台外边缘与吊笼门外缘的水平距离不宜大于 100 mm，与外脚手架外侧立杆（当无外脚手架时与建筑结构外墙）的水平距离不宜小于 1 m；

5　平台门的高度不宜小于 1.8 m，宽度与吊笼门宽度差不应大于 200 mm，并应安装在台口外边缘处，与台口外边缘的水平距离不应大于 200 mm；

6　平台门下边缘以上 180 mm 内应采用厚度小于 1.5 mm 钢板封闭，与台口上表面的垂直距离不宜大于 20 mm；

7　平台门应向停层平台内侧开启，并应处于常闭状态。

6.2.3　进料口防护棚应设在提升机地面进料口上方，其长度不应小于 3 m，宽度应大于吊笼宽度。

6.2.4　卷扬机操作棚应采用定型化，装配式，且应具有防雨功能。操作棚应有足够的操作空间。

7　电　气

7.0.7　动力设备的控制开关严禁采用倒顺开关。

8　基础、附墙架、缆风绳与地锚

8.2　基　础

8.1.1　物料提升机的基础应能承受最不利工作条件下的全部荷载。30 m 及以上物料提升机的基础应进行设计计算。

8.1.2　对 30 m 以下物料提升机的基础，当设计无要求时，应符合下列规定：

1　基础土层的承载力，不应小于 80 kPa；

2　基础混凝土强度等级不应低于 C20，厚度不应小于 300 mm；

3　基础表面应平整，水平度不应小于 10 mm；

4　基础周边应有排水设施。

8.2　附墙架

8.2.1　当导轨架的安装高度超过设计的最大独立高度时，必须安装附墙架。

8.2.2　宜采用制造商提供的标准附墙架，当标准附墙架结构尺寸不能满足要求时，可经设计计算采用非标附墙架，并应符合下列规定：

1　附墙架的材质应与导轨架相一致。

2　附墙架与导轨架及建筑结构采用刚性连接，不得与脚手架连接；

3　附墙架间距、自由端高度不应大于使用说明书的规定值；

8.3　缆风绳

8.3.2　当物料提升机安装高度大于或等于 30 m 时，不得使用缆风绳。

9 安装、拆除与验收

9.1 安装、拆除

9.1.1 安装、拆除物料提升机的单位应具备下列条件：

1 安装、拆除单位应具有起重机械安拆资质及安全生产许可证；

2 安装、拆除作业人员必须经专业培训，取得特种作业资格证。

9.1.2 物料提升机安装、拆除前，应根据工程实际情况编制专项安装、拆除方案，且应经安装、拆除单位技术负责人审批后实施。

9.1.4 安装作业前的准备，应符合下列规定：

1 物料提升机安装前，安装负责人应依据专项安装方案对安装作业人员进行安全技术交底；

2 应确认物料提升机的结构、零部件和安全装置经出厂检验，并符合要求；

3 应确认物料提升机的基础已验收，并符合要求；

4 应确认辅助安装起重设备及工具经检验检测，并符合要求；

5 应明确作业警戒区，并设专人监护。

9.1.8 钢丝绳宜设防护槽，槽内应设滚动托架，且应采用钢板网将槽口封盖。钢丝绳不得拖地或浸泡在水中。

9.1.9 拆除作业前，应对物料提升机的导轨架、附墙架等部位进行检查，确认无误后方能进行拆除作业。

9.1.10 拆除作业应先挂吊具、后拆除附墙架或缆风绳及地脚螺栓。拆除作业中，不得抛掷构件。

9.1.11 拆除作业宜在白天进行，夜间作业应有良好的照明。

9.2 验收

9.2.1 物料提升机安装完毕后，应由工程负责人组织安装单位、使用单位、租赁单位和监理单位等对物料提升机安装质量进行验收，并应按本规范附录 B 填写验收记录。

11 使用管理

11.0.2 物料提升机必须由取得特种作业操作证的人员操作。

11.0.3 物料提升机严禁载人。

11.0.4 物料应在吊笼内均匀分布，不应过度偏载。

11.0.5 不得装载超出吊笼空间的超长物料，不得超载运行。

11.0.6 在任何情况下，不得使用限位开关代替控制开关运行。

11.0.7 物料提升机每班作业前司机应进行作业前检查，确认无误后方可作业。应检查确认下列内容：

1 制动器可靠有效；

2 限位器灵敏完好；

3 停层装置动作可靠；

4 钢丝绳磨损在允许范围内；

5 吊笼及对重导向装置无异常；

6 滑轮、卷筒防钢丝绳脱槽装置可靠有效；

7 吊笼运行通道内无障碍物。

11.0.8 当发生防坠安全器制停吊笼的情况时，应查明制停原因，排除故障，并应检查吊笼、导轨架及钢丝绳，应确认无误并重新调整防坠安全器后运行。

11.0.10 物料提升机在大雨、大雾、风速 13 m/s 及以上大风等恶劣天气时，必须停止运行。

11.0.11 作业结束后，应将吊笼返回最底层停放，控制开关应扳至零位，并应切断电源，锁好开关箱。

附录B　龙门架及井架物料提升机安装验收表

表B　龙门架及井架物料提升机安装验收表

工程名称		安装单位		
施工单位		项目负责人		
设备型号		设备编号		
安装高度		附着形式		
安装时间				
验收项目	验收内容及要求		实测结果	结论(合格√,不合格×)
1.基础	1)基础承载力符合要求			
	2)基础表面平整度符合说明书要求			
	3)基础混凝土强度等级符合要求			
	4)基础周边有排水设施			
	5)与输电线路的水平距离符合要求			
2.导轨架	1)各标准节无变形,无开焊及严重锈蚀			
	2)各节点螺栓紧固力矩符合要求			
	3)导轨架垂直度≤0.15%,导轨对接阶差≤1.5 mm			
3.动力系统	1)卷扬机卷筒节径与钢丝绳直径的比值≥30			
	2)吊笼处于最低位置时,卷筒上的钢丝绳不应少于3圈			
	3)曳引轮直径与钢丝绳的包角≥150°			
	4)卷扬机(曳引机)固定牢固			
	5)制动器、离合器工作可靠			
4.钢丝绳与滑轮	1)钢丝绳安全系数符合设计要求			
	2)钢丝绳断丝、磨损未达到报废标准			
	3)钢丝绳及绳夹规格匹配,紧固有效			
	4)滑轮直径与钢丝绳直径的比值≥30			
	5)滑轮磨损未达到报废标准			
5.吊笼	1)吊笼结构完好,无变形			
	2)吊笼安全门开启灵活有效			

续表 B

验收项目	验收内容及要求	实测结果	结 论 （合格√，不合格×）
6. 电气系统	1）供电系统正常，电源电压 380 V ±5%		
	2）电气设备绝缘电阻值≥0.5 MΩ，重复接地电阻值≤10 Ω		
	3）短路保护、过电流保护和漏电保护齐全可靠		
7. 附墙架	1）附墙架结构符合说明书的要求		
	2）自由端高度、附墙架间距≤6 m，且符合设计要求		
8. 缆风绳与地锚	1）缆风绳的设置组数及位置符合说明书要求		
	2）缆风绳与导轨架连接处有防剪切措施		
	3）缆风绳与地锚夹角在 45°～60°之间		
	4）缆风绳与地锚用花篮螺栓连接		
9. 安全与防护装置	1）防坠安全器在标定期限内，且灵敏可靠		
	2）起重量限制器灵敏可靠，误差值不大于额定值的 5%		
	3）安全停层装置灵敏有效		
	4）限位开关灵敏可靠，安全越程≥3 m		
	5）进料门口、停层平台门高度及强度符合要求，且达到工具化、标准化要求		
	6）停层平台及两侧防护栏杆搭设高度符合要求		
	7）进料口防护棚长度≥3 m，且强度符合要求		

验收结构：

验收负责人： 验收日期： 年 月 日

施工总承包单位		验收人	
安装单位		验收人	
使用单位		验收人	
租赁单位		验收人	
监理单位		验收人	

建筑施工扣件式钢管脚手架安全技术规范(节选)

JGJ 130—2011　J 84—2011

(2011年12月1日实施。其中,第3.4.3、6.2.3、6.3.3、6.3.5、6.4.4、6.6.3、6.6.5、7.4.2、7.4.5、8.1.4、9.0.1、9.0.4、9.0.5、9.0.7、9.0.13、9.0.14条为强制性条文,原行业标准《建筑施工扣件式钢管脚手架安全技术规范》JGJ 130—2001同时废止)

1　总　则

1.0.2　本规范适用于房屋建筑工程和市政工程等施工用落地式单、双排扣件式钢管脚手架、满堂扣件式钢管脚手架、型钢悬挑扣件式钢管脚手架、满堂扣件式钢管支撑架的设计、施工及验收。

1.0.3　扣件式钢管脚手架施工前,应按本规范的规定对其结构构件与立杆地基承载力进行设计计算,并应编制专项施工方案。

3　构配件

3.1　钢管

3.1.2　脚手架钢管宜采用ϕ48.3×3.6钢管。每根钢管的最大质量不应大于25.8 kg。

3.2　扣件

3.2.2　扣件在螺栓拧紧扭力矩达到65 N·m时,不得发生破坏。

3.3　脚手板

3.3.1　脚手板可采用钢、木、竹材料制作,单块脚手板的质量不宜大于30 kg。

3.4　可调托撑

3.4.2　可调托撑的螺杆与支托板焊接应牢固,焊缝高度不得小于6 mm;可调托撑螺杆与螺母旋合长度不得少于5扣,螺母厚度不得小于30 mm。

3.4.3　可调托撑受压承载力设计值不应小于40 kN,支托板厚不应小于5 mm。

4　荷　载

4.1　荷载分类

4.1.1　作用于脚手架的荷载可分为永久荷载(恒荷载)与可变荷载(活荷载)。

4.1.2　脚手架永久荷载应包含下列内容:

1　单排架、双排架与满堂脚手架;

1)架体结构自重:包括立杆、纵向水平杆、横向水平杆、剪刀撑、扣件等的自重;

2)构、配件自重:包括脚手板、栏杆、挡脚板、安全网等防护设施的自重。

2 满堂支撑架:

1)架体结构自重:包括立杆、纵向水平杆、横向水平杆、剪刀撑、可调托撑、扣件等的自重;

2)构、配件及可调托撑上主梁、次梁、支撑板等的自重。

4.1.3 脚手架可变荷载应包含下列内容:

1 单排架、双排架与满堂脚手架:

1)施工荷载:包括作业层上的人员、器具和材料等的自重;

2)风荷载。

2 满堂支撑架:

1)作业层上的人员、设备等的自重;

2)结构构件、施工材料等的自重;

3)风荷载。

5 设计计算

5.1 基本设计规定

5.1.1 脚手架的承载能力应按概率极限状态设计法的要求,采用分项系数设计表达式进行设计。可只进行下列设计计算:

1 纵向、横向水平杆等受弯构件的强度和连接扣件的抗滑承载力计算;

2 立杆的稳定性计算;

3 连墙件的强度、稳定性和连接强度的计算;

4 立杆地基承载力计算。

6 构造要求

6.1 常用单、双排脚手架设计尺寸

6.1.1 常用密目式安全立网全封闭单、双排脚手架结构的设计尺寸,可按表6.1.1-1、表6.1.1-2采用。

6.1.2 单排脚手架搭设高度不应超过24 m;双排脚手架搭设高度不宜超过50 m,高度超过50 m的双排脚手架,应采用分段搭设等措施。

6.2 纵向水平杆、横向水平杆、脚手板

6.2.1 纵向水平杆的构造应符合下列规定:

1 纵向水平杆应设置在立杆内侧,单根杆长度不应小于3跨;

2 纵向水平杆接长应采用对接扣件连接或搭接,并应符合下列规定:

1)两根相邻纵向水平杆的接头不应设置在同步或同跨内;不同步或不同跨两个相邻接头在水平方向错开的距离不应小于500 mm;各接头中心至最近主节点的距离不应大于纵距的1/3(图6.2.1-1)。

2)搭接长度不应小于1 m,应等间距设置3个旋转扣件固定;端部扣件盖板边缘至搭接纵向水平杆杆端的距离不应小于100 mm。

表 6.1.1-1 常用密目式安全立网全封闭式双排脚手架的设计尺寸(m)

连墙件设置	立杆横距 l_b	步距 h	下列荷载时的立杆纵距 l_a 2+0.35(kN/m²)	2+2+2×0.35(kN/m²)	3+0.35(kN/m²)	3+2+2×0.35(kN/m²)	脚手架允许搭设高度[H]
二步三跨	1.05	1.50	2.0	1.5	1.5	1.5	50
		1.80	1.8	1.5	1.5	1.5	32
	1.30	1.50	1.8	1.5	1.5	1.5	50
		1.80	1.8	1.2	1.5	1.2	30
	1.55	1.50	1.8	1.5	1.5	1.5	38
		1.80	1.8	1.2	1.5	1.2	22
三步三跨	1.05	1.50	2.0	1.5	1.5	1.5	43
		1.80	1.8	1.2	1.5	1.2	24
	1.80	1.50	1.8	1.5	1.5	1.2	30
		1.80	1.8	1.2	1.5	1.2	17

注:1 表中所示 2+2+2×0.35(kN/m²),包括下列荷载:2+2(kN/m²)为二层装修作业层施工荷载标准值;2×0.35(kN/m²)为二层作业层脚手板自重荷载标准值。

2 作业层横向水平杆间距,应按不大于 $l_a/2$ 设置。

3 地面粗糙度为 B 类,基本风压 $w_0=0.4\ kN/m^2$。

表 6.1.1-2 常用密目式安全立网全封闭式单排脚手架的设计尺寸(m)

连墙件设置	立杆横距 l_b	步距 h	下列荷载时的立杆纵距 l_a 2+0.35(kN/m²)	3+0.35(kN/m²)	脚手架允许搭设高度[H]
二步三跨	1.20	1.50	2.0	1.8	24
		1.80	1.5	1.2	24
	1.40	1.50	1.8	1.5	24
		1.80	1.5	1.2	24
三步三跨	1.20	1.50	2.0	1.8	24
		1.80	1.2	1.2	24
	1.40	1.50	1.8	1.5	24
		1.80	1.2	1.2	24

注:同表 6.1.1-1。

3 当使用冲压钢脚手板、木脚手板、竹串片脚手板时,纵向水平杆应作为横向水平杆的支座,用直角扣件固定在立杆上;当使用竹笆脚手板时,纵向水平杆应采用直角扣件固定在横向水平杆上,并应等间距设置,间距不应大于 400 mm(图 6.2.1-2)。

6.2.2 横向水平杆的构造应符合下列规定：

1 作业层上非主节点处的横向水平杆，宜根据支承脚手板的需要等间距设置，最大间距不应大于纵距的1/2；

2 当使用冲压钢脚手板、木脚手板、竹串片脚手板时，双排脚手架的横向水平杆两端均应采用直角扣件固定在纵向水平杆上；单排脚手架的横向水平杆的一端应用直角扣件固定在纵向水平杆上，另一端应插入墙内，插入长度不应小于180 mm；

3 当使用竹笆脚手板时，双排脚手架的横向水平杆的两端，应用直角扣件固定在立杆上；单排脚手架的横向水平杆的一端，应用直角扣件固定在立杆上，另一端插入墙内，插入长度不应小于180 mm。

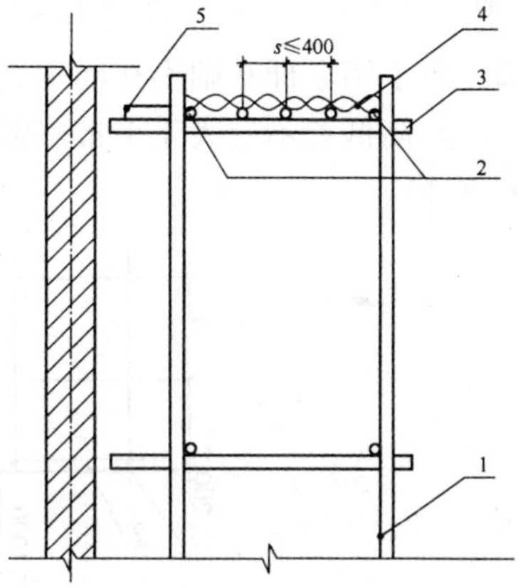

1—立杆；2—纵向水平杆；3—横向水平杆；4—竹笆脚手板；5—其他脚手板

图6.2.1-2 铺竹笆脚手板时纵向水平杆的构造

6.2.3 主节点处必须设置一根横向水平杆，用直角扣件扣接且严禁拆作。

6.2.4 脚手板的设置应符合下列规定：

1 作业层脚手板应铺满、铺稳、铺实。

2 冲压钢脚手板、木脚手板、竹串片脚手板等，应设置在三根横向水平杆上。当脚手板长度小于2 m时，可采用两根横向水平杆支承，但应将脚手板两端与横向水平杆可靠固定，严防倾翻。脚手板的铺设应采用对接平铺或搭接铺设。脚手板对接平铺时，接头处应设两根横向水平杆，脚手板外伸长度应取130～150 mm。两块脚手板外伸长度的和不应大于300 mm[图6.2.4(a)]；脚手板搭接铺设时，接头应支在横向水平杆上，搭接长度不应小于200 mm，其伸出横向水平杆的长度不应小于100 mm[图6.2.4(b)]。

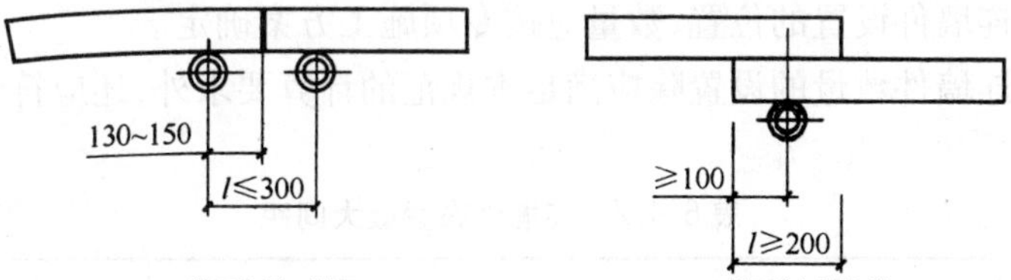

(a) 脚手板对接 (b) 脚手板搭接

图6.2.4 脚手板对接、搭接构造

3 竹笆脚手板应按其主竹筋垂直于纵向水平杆方向铺设，且应对接平铺，四个角应用直径不小于1.2 mm的镀锌钢丝固定在纵向水平杆上。

4 作业层端部脚手板探头长度应取150 mm，其板的两端均应固定于支承杆件上。

6.3 立 杆

6.3.1 每根立杆底部宜设置底座或垫板。

6.3.2 脚手架必须设置纵、横向扫地杆。纵向扫地杆应采用直角扣件固定在距钢管底端不大于200 mm处的立杆上。横向扫地杆应受用直角扣件固定在紧靠纵向扫地杆下方的立杆上。

6.3.3 脚手架立杆基础不在同一高度上时，必须将高处的纵向扫地杆向低处延长两跨与立杆固定，高低差不应大于 1 m。靠边坡上方的立杆轴线到边坡的距离不应小于 500 mm（图 6.3.3）。

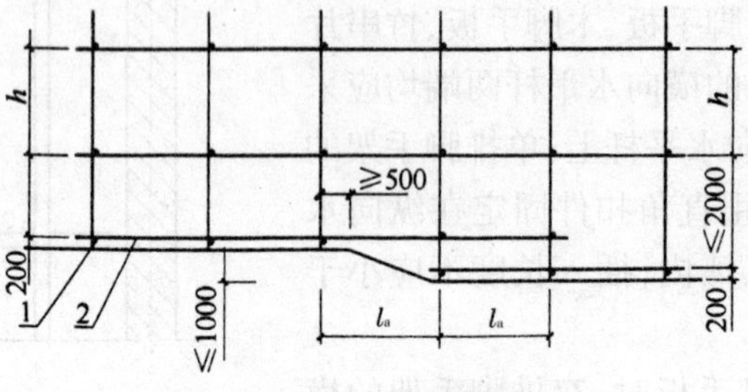

1—横向扫地杆；2—纵向扫地杆

图 6.3.3 纵、横向扫地杆构造

6.3.4 单、双排脚手架底层步距均不应大于 2 m。

6.3.5 单排、双排与满堂脚手架立杆接长除顶层顶步外，其余各层各步接头必须采用对接扣件连接。

6.3.6 脚手架立杆的对接、搭接应符合下列规定：

1 当立杆采用对接接长时，立杆的对接扣件应交错布置，两根相邻立杆的接头不应设置在同步内，同步内隔一根立杆的两个相隔接头在高度方向错开的距离不宜小于 500 mm；各接头中心至主节点的距离不宜大于步距的 1/3；

2 当立杆采用搭接接长时，搭接长度不应小于 1 m，并应采用不少于 2 个旋转扣件固定。端部扣件盖板的边缘至杆端距离不应小于 100 mm。

6.3.7 脚手架立杆顶端栏杆宜高出女儿墙上端 1 m，宜高出檐口上端 1.5 m。

6.4 连墙件

6.4.1 脚手架连墙件设置的位置、数量应按专项施工方案确定。

6.4.2 脚手架连墙件数量的设置除应满足本规范的计算要求外，还应符合表 6.4.2 的规定。

表 6.4.2 连墙件布置最大间距

搭设方法	高 度	竖向间距 (h)	水平间距 (l_a)	每根连墙件覆盖面积 (m^2)
双排落地	≤50 m	$3h$	$3l_a$	≤40
双排悬挑	>50 m	$2h$	$3l_a$	≤27
单排	≤24 m	$3h$	$3l_a$	≤40

注：h—步距；l_a—纵距。

6.4.3 连墙件的布置应符合下列规定：

1 应靠近主节点设置，偏离主节点的距离不应大于 300 mm；

2 应从底层第一步纵向水平杆处开始设置，当该处设置有困难时，应采用其他可靠措施固定；

3 应优先采用菱形布置，或采用方形、矩形布置。

6.4.4 开口型脚手架的两端必须设置连墙件，连墙件的垂直间距不应大于建筑物的层高，并且不应大于4 m。

6.4.5 连墙件中的连墙杆应呈水平设置，当不能水平设置时，应向脚手架一端下斜连接。

6.4.6 连墙件必须采用可承受拉力和压力的构造。对高度24 m以上的双排脚手架，应采用刚性连墙件与建筑物连接。

6.4.7 当脚手架下部暂不能设连墙件时应采取防倾覆措施。当搭设抛撑时，抛撑应采用通长杆件，并用旋转扣件固定在脚手架上，与地面的倾角应在45°~60°之间；连接点中心至主节点的距离不应大于300 mm。抛撑应在连墙件搭设后方可拆除。

6.4.8 架高超过40 m且有风涡流作用时，应采取抗上升翻流作用的连墙措施。

6.5 门 洞

6.5.1 单、双排脚手架门洞宜采用上升斜杆、平行弦杆桁架结构形式，斜杆与地面的倾角 a 应在45°~60°之间。

6.5.2 单、双排脚手架门洞桁架的构造应符合下列规定：

1 单排脚手架门洞处，应在平面桁架的每一节间设置一根斜腹杆；双排脚手架门洞处的空间桁架，除下弦平面外，应在其余5个平面内的节间设置一根斜腹杆。

2 斜腹杆宜采用旋转扣件固定在与之相交的横向水平杆的伸出端上，旋转扣件中心线至主节点的距离不宜大于150 mm。当斜腹杆在1跨内跨越2个步距时，宜在相交的纵向水平杆处，增设一根横向水平杆，将斜腹杆固定在其伸出端上。

3 斜腹杆宜采用通长杆件，当必须接长使用时，宜采用对接扣件连接，也可采用搭接，搭接构造应符合本规范第6.3.6条第2款的规定。

6.5.3 单排脚手架过窗洞时应增设立杆或增设一根纵向水平杆。

6.5.4 门洞桁架下的两侧立杆应为双管立杆，副立杆高度应高于门洞口1~2步。

6.5.5 门洞桁架中伸出上下弦杆的杆件端头，均应增设一防滑扣件，该扣件宜紧靠主节点处的扣件。

6.6 剪刀撑与横向斜撑

6.6.1 双排脚手架应设置剪刀撑与横向斜撑，单排脚手架应设置剪刀撑。

6.6.2 单、双排脚手架剪刀撑的设置应符合下列规定：

1 每道剪刀撑跨越立杆的根数应按表6.6.2的规定确定。每道剪刀撑宽度不应小于4跨，且不应小于6 m，斜杆与地面的倾角应在45°~60°之间；

表6.6.2 剪刀撑跨越立杆的最多根数

剪刀撑斜杆与地面的倾角 α	45°	50°	60°
剪刀撑跨越立杆的最多根数 n	7	6	5

2 剪刀撑斜杆的接长应采用搭或对接，搭接应符合本规范第6.3.6条第2款的规

定；

3 剪刀撑斜杆应用旋转扣件固定在与之相交的横向水平杆的伸出端或立杆上，旋转扣件中心线至主节点的距离不应大于150 mm。

6.6.3 高度在24 m及以上的双排脚手架应在外侧全立面连续设置剪刀撑；高度在24 m以下的单、双排脚手架，均必须在外侧两端、转角及中间间隔不超过15 m的立面上，各设置一道剪刀撑，并应由底至顶连续设置（图6.6.3）。

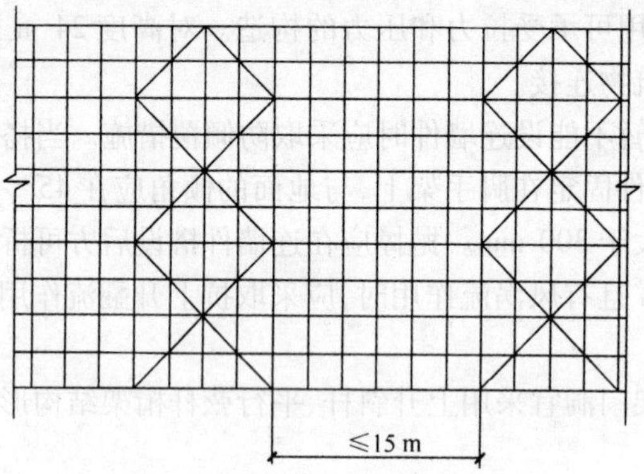

图6.6.3 高度24 m以下剪刀撑布置

6.6.4 双排脚手架横向斜撑的设置应符合下列规定：

1 横向斜撑应在同一节间，由底至顶层呈之字形连续布置，斜撑的固定应符合本规范第6.5.2条第2款的规定；

2 高度在24 m以下的封闭型双排脚手架可不设横向斜撑，高度在24 m以上的封闭型脚手架，除拐角应设置横向斜撑外，中间应每隔6跨距设置一道。

6.6.5 开口型双排脚手架的两端均必须设置横向斜撑。

6.7 斜 道

6.7.1 人行并兼作材料运输的斜道的形式宜按下列要求确定：

1 高度不大于6 m的脚手架，宜采用一字形斜道；

2 高度大于6 m的脚手架，宜采用之字形斜道。

6.7.2 斜道的构造应符合下列规定：

1 斜道应附着外脚手架或建筑物设置；

2 运料斜道宽度不应小于1.5 m，坡度不应大于1:6；人行斜道宽度不应小于1 m，坡度不应大于1:3；

3 拐弯处应设置平台，其宽度不应小于斜道宽度；

4 斜道两侧及平台外围均应设置栏杆及挡脚板；栏杆高度应为1.2 m，挡脚板高度不应小于180 mm；

5 运料斜道两端、平台外围和端部均应按本规范第6.4.1条～第6.4.6条的规定设置连墙件；每两步应加设水平斜杆；应按本规范第6.6.2第～第6.6.5条的规定设置剪刀撑和横向斜撑。

6.8 满堂脚手架

6.8.1 常用敞开式满堂脚手架结构的设计尺寸，可按表6.8.1采用。

表 6.8.1 常用敞开式满堂脚手架结构的设计尺寸

序号	步距(m)	立杆间距(m)	支架高宽比不大于	下列施工荷载时最大允许高度(m)	
				2(kN/m²)	3(kN/m²)
1	1.7~1.8	1.2×1.2	2	17	9
2		1.0×1.0	2	30	24
3		0.9×0.9	2	36	36
4	1.5	1.3×1.3	2	18	9
5		1.2×1.2	2	23	16
6		1.0×1.0	2	36	31
7		0.9×0.9	2	36	36
8	1.2	1.3×1.3	2	20	13
9		1.2×1.2	2	24	19
10		1.0×1.0	2	36	32
11		0.9×0.9	2	36	36
12	0.9	1.0×1.0	2	36	33
13		0.9×0.9	2	36	36

注:1 最少跨数应符合本规范附录 C 表 C-1 的规定;

2 脚手板自重标准值取 0.35 kN/m^2;

3 地面粗糙度为 B 类,基本风压 $w_0=0.35\ kN/m^2$;

4 立杆间距不小于 1.2 m×1.2 m,施工荷载标准值不小于 3 kN/m^2 时,立杆上应增设防滑扣件,防滑扣件应安装牢固,且顶紧立杆与水平杆连接的扣件。

6.8.2 满堂脚手架搭设高度不宜超过 36 m;满堂脚手架施工层不得超过 1 层。

6.8.3 满堂脚手架立杆的构造应符合本规范第 6.3.1 条~第 6.3.3 条的规定;立杆接长接头必须采用对接扣件连接。立杆对接扣件布置应符合规范第 6.3.6 条第 1 款的规定。水平杆的连接应符合本规范第 6.2.1 条第 2 款的有关规定,水平杆长度不宜小于 3 跨。

6.8.4 满堂脚手架应在架体外侧四周及内部纵、横向每 6 m 至 8 m 由底至顶设置连续竖向剪刀撑。当架体搭设高度在 8 m 以下时,应在架顶部设置连续水平剪刀撑;当架体搭设高度在 8 m 及以上时,应在架体底部、顶部及竖向间隔不超过 8 m 分别设置连续水平剪刀撑。水平剪刀撑宜在竖向剪刀撑斜杆相交平面设置。剪刀撑宽度应为 6~8 m。

6.8.5 剪刀撑应用旋转扣件固定在与之相交的水平杆或立杆上,旋转扣件中心线至主节点的距离不宜大于 150 mm。

6.8.6 满堂脚手架的高宽比不宜大于 3,当高宽比大于 2 时,应在架体的外侧四周和内部水平间隔 6~9 m、竖向间隔 4~6 m 设置连墙件与建筑结构拉结,当无法设置连墙件时,应采取设置钢丝绳张拉固定等措施。

6.8.7 最少跨数为 2、3 跨的满堂脚手架,宜按本规范第 6.4 节的规定设置连墙件。

6.8.8 当满堂脚手架局部承受集中荷载时,应按实际荷载计算并应局部加固。

6.8.9　满堂脚手架应爬梯，爬梯踏步间距不得大于 300 mm。

6.8.10　满堂脚手架操作层支撑脚手板的水平杆间距不应大于 1/2 跨距；脚手板的铺设应符合本规范第 6.2.4 条的规定。

6.9　满堂支撑架

6.9.1　满堂支撑架步距与立杆间距不宜超过本规范附录 C 表 C-2 ~ 表 C-5 规定的上限值，立杆伸出顶层水平杆中心线至支撑点的长度 a 不应超过 0.5 m。满堂支撑架搭设高度不宜超过 30 m。

6.9.3　满堂支撑架应根据架体的类型设置剪刀撑，并应符合下列规定：

1　普通型：

1）在架体外侧周边及内部纵、横向每 5 ~ 8 m，应由底至顶设置连续竖向剪刀撑，剪刀撑宽度应为 5 ~ 8 m（图 6.9.3-1）。

2）在竖向剪刀撑顶部交点平面应设置连续水平剪刀撑。当支撑高度超过 8 m，或施工总荷载大于 15 kN/m²，或集中线荷载大于 20 kN/m 的支撑架，扫地杆的设置层应设置水平剪刀撑。水平剪刀撑至架体底平面距离与水平剪刀撑间距不宜超过 8 m（图 6.9.3-1）。

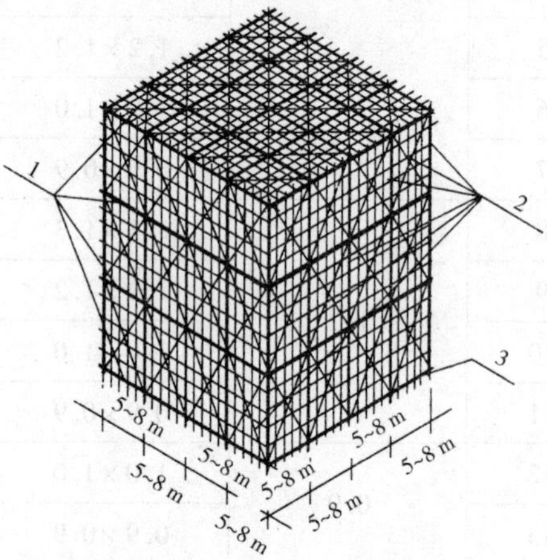

1—水平剪刀撑；2—竖向剪刀撑；3—扫地杆设置层

图 6.9.3-1　普通型水平、竖向剪刀撑布置图

2　加强型：

1）当立杆纵、横间距为 0.9 m × 0.9 m ~ 1.2 m × 1.2 m 时，在架体外侧周边及内部纵、横向每 4 跨（且不大于 5 m），应由底至顶设置连续竖向剪刀撑，剪刀撑宽度应为 4 跨。

2）当立杆纵、横间距为 0.6 m × 0.6 m ~ 0.9 m × 0.9 m（含 0.6 m × 0.6 m，0.9 m × 0.9 m）时，在架体外侧周边及内部纵、横向每 5 跨（且不小于 3 m），应由底至顶设置连续竖向剪刀撑，剪刀撑宽度应为 5 跨。

3）当立杆纵、横间距为 0.4 m × 0.4 m ~ 0.6 m × 0.6 m（含 0.4 m × 0.4 m）时，在架体外侧周边及内部纵、横向每 3 ~ 3.2 m 应由底至顶设置连续竖向剪刀撑，剪刀撑宽度应为 3 ~ 3.2 m。

4）在竖向剪刀撑顶部交点平面应设置水平剪刀撑，扫地杆的设置层水平剪刀撑的设置应符合 6.9.3 条第 1 款第 2 项的规定，水平剪刀撑至架体底平面距离与水平剪刀撑间距不宜超过 6 m，剪刀撑宽度应为 3 ~ 5 m（图 6.9.3-2）。

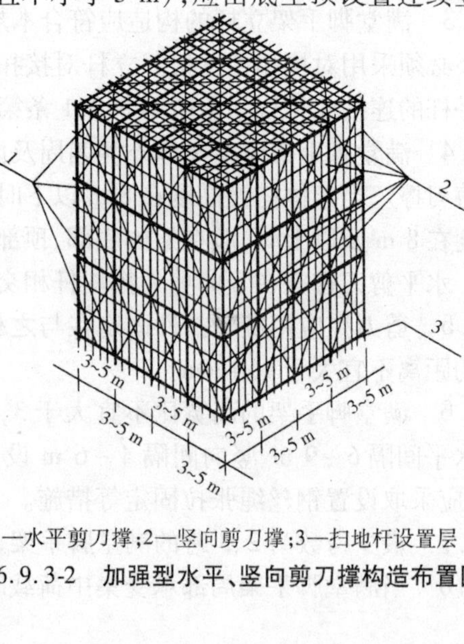

1—水平剪刀撑；2—竖向剪刀撑；3—扫地杆设置层

图 6.9.3-2　加强型水平、竖向剪刀撑构造布置图

6.9.4　竖向剪刀撑斜杆与地面的倾角应为 45° ~ 60°，水平剪刀撑与支架纵（或横）

向夹角应为45°~60°,剪刀撑斜杆的接长应符合本规范第6.3.6条的规定。

6.9.6 满堂支撑架的可调底座、可调托撑螺杆伸出长度不宜超过300 mm,插入立杆内的长度不得小于150 mm。

6.9.7 当满堂支撑架高宽比不满足本规范附录C表C-2~表C-5的规定(高宽比大于2或2.5)时,满堂支撑架应在支架的四周和中部与结构柱进行刚性连接,连墙件水平间距应为6~9 m,竖向间距应为2~3 m。在无结构柱部位应采取预埋钢管等措施与建筑结构进行刚性连接,在有空间部位,满堂支撑架宜超出顶部加载区投影范围向外延伸布置(2~3)跨。支撑架高宽比不应大于3。

6.10 型钢悬挑脚手架

6.10.1 一次悬挑脚手架高度不宜超过20 m。

6.10.2 型钢悬挑梁宜采用双轴对称截面的型钢。悬挑钢梁型号及锚固件应按设计确定,钢梁截面高度不应小于160 mm。悬挑梁尾端应在两处及以上固定于钢筋混凝土梁板结构上。锚固型钢悬挑梁的U形钢筋拉环或锚固螺栓直径不宜小于16 mm(图6.10.2)。

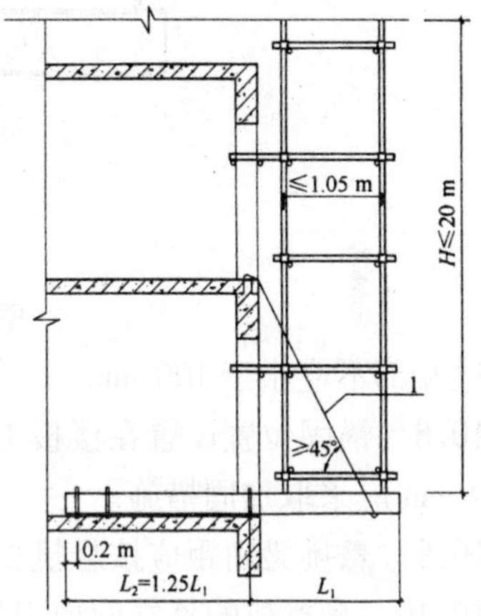

1—钢丝绳或钢拉杆

图6.10.2 型钢悬挑脚手架构造

6.10.3 用于锚固的U形钢筋拉环或螺栓应采用冷弯成型。U形钢筋拉环、锚固螺栓与型钢间隙应用钢楔或硬木楔楔紧。

6.10.4 每个型钢悬挑梁外端宜设置钢丝绳或钢拉杆与上一层建筑结构斜拉结。钢丝绳、钢拉杆不参与悬挑钢梁受力计算;钢丝绳与建筑结构拉结的吊环应使用HPB235级钢筋,其直径不宜小于20 mm,吊环预埋锚固长度应符合现行国家标准《混凝土结构设计规范》GB 50010中钢筋锚固的规定(图6.10.2)。

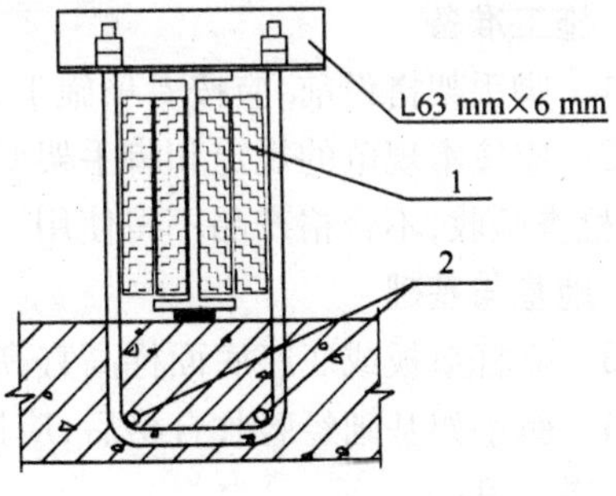

1—木楔侧向楔紧;2—两根1.5 m长直径18 mm的HRB335钢筋

图6.10.5-1 悬挑钢梁U形螺栓固定构造

6.10.5 悬挑钢梁悬挑长度应按设计确定,固定段长度不应小于悬挑段长度的1.25倍。型钢悬挑梁固定端应采用2个(对)及以上U形钢筋拉环或锚固螺栓与建筑结构梁板固定,U形钢筋拉环或锚固螺栓应预埋至混凝土梁、板底层钢筋位置,并应与混凝土梁、板底层钢筋焊接或绑扎牢固,其锚固长度应符合现行国家标准《混凝土结构设计规范》GB 50010中钢筋锚固的规定(图6.10.5-1、图6.10.5-2、图6.10.5-3)。

6.10.6 当型钢悬挑梁与建筑结构采用螺栓钢压板连接固定时,钢压板尺寸不应小于100 mm×10 mm(宽×厚);当采用螺栓角钢压板连接时,角钢的规格不应小于63 mm×63 mm×6 mm。

6.10.7 型钢悬挑梁挑端应设置能使脚手架立杆与钢梁可靠固定的定位点,定位点离悬

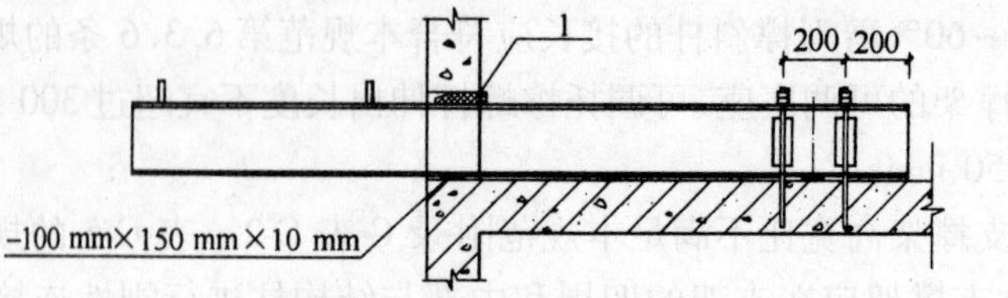

1—木楔楔紧

图 6.10.5-2 悬挑钢梁穿墙构造

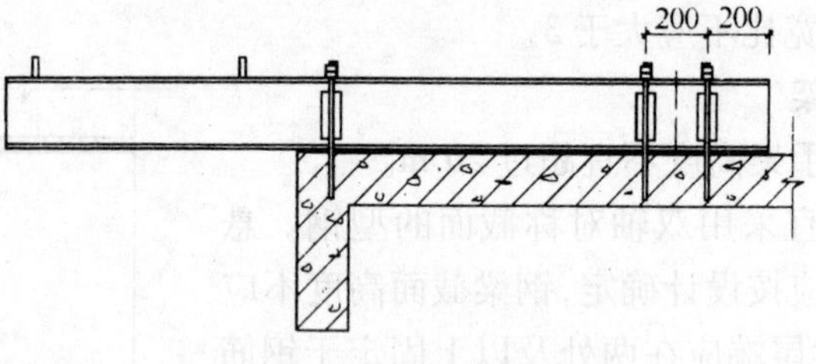

图 6.10.5-3 悬挑钢梁楼面构造

挑梁端部不应小于 100 mm。

6.10.8 锚固位置设置在楼板上时，楼板的厚度不宜小于 120 mm。如果楼板的厚度小于 120 mm 应采取加固措施。

6.10.9 悬挑梁间距应按悬挑架架体立杆纵距设置，每一纵距设置一根。

6.10.10 悬挑架的外立面剪刀撑应自下而上连续设置。

6.10.12 锚固型钢的主体结构混凝土强度等级不得低于 C20。

7 施 工

7.1 施工准备

7.1.1 脚手架搭设前，应按专项施工方案向施工人员进行交底。

7.1.2 应按本规范的规定和脚手架专项施工方案要求对钢管、扣件、脚手板、可调托撑等进行检查验收，不合格产品不得使用。

7.2 地基与基础

7.2.3 立杆垫板或底座底面标高宜高于自然地坪 50～100 mm。

7.2.4 脚手架基础经验收合格后，应按施工组织设计或专项方案的要求放线定位。

7.3 搭 设

7.3.1 单、双排脚手架必须配合施工进度搭设，一次搭设高度不应超过相邻连墙件以上两步；如果超过相邻连墙件以上两步，无法设置连墙件时，应采取撑拉固定等措施与建筑结构拉结。

7.3.2 每搭完一步脚手架后，应按本规范表 8.2.4 的规定校正步距、纵距、横距及立杆的垂直度。

7.3.3 底座安放应符合下列规定：

1 底座、垫板均应准确地放在定位线上；

2 垫板应采用长度不少于 2 跨、厚度不小于 50 mm、宽度不小 200 mm 的木垫板。

7.3.4 立杆搭设应符合下列规定：

1 相邻立杆的对接连接应符合本规范第6.3.6条的规定；

2 脚手架开始搭设立杆时，应每隔6跨设置一根抛撑，直至连墙件安装稳定后，方可根据情况拆除；

3 当架体搭设至有连墙件的主节点时，在搭设完该处的立杆、纵向水平杆、横向水平杆后，应立即设置连墙件。

7.3.5 脚手架纵向水平杆的搭设应符合下列规定：

1 脚手架纵向水平杆应随立杆按步搭设，并应采用直角扣件与立杆固定；

2 纵向水平杆的搭设应符合本规范第6.2.1条的规定；

3 在封闭型脚手架的同一步中，纵向水平杆应四周交圈设置，并应用直角扣件与内外角部立杆固定。

7.3.6 脚手架横向水平杆搭设应符合下列规定：

1 搭设横向水平杆应符合本规范第6.2.2条的规定；

2 双排脚手架横向水平杆的靠墙一端至墙装饰面的距离不应大于100 mm；

3 单排脚手架的横向水平杆不应设置在下列部位：

1）设计上不允许留脚手眼的部位；

2）过梁上与过梁两端成60°角的三角形范围内及过梁净跨度1/2的高度范围内；

3）宽度小于1 m的窗间墙；

4）梁或梁垫下及其两侧各500 mm的范围内；

5）砖砌体的门窗洞口两侧200 mm和转角处450 mm的范围内，其他砌体的门窗洞口两侧300 mm和转角处600 mm的范围内；

6）墙体厚度小于或等于180 mm；

7）独立或附墙砖柱，空斗砖墙、加气块墙等轻质墙体；

8）砌筑砂浆强度等级小于或等于M2.5的砖墙。

7.3.8 脚手架连墙件安装应符合下列规定：

1 连墙件的安装应随脚手架搭设同步进行，不得滞后安装；

2 当单、双排脚手架施工操作层高出相邻连墙件以上两步时，应采取确保脚手架稳定的临时拉结措施，直到上一层连墙件安装完毕后再根据情况拆除。

7.3.9 脚手架剪刀撑与双排脚手架横向斜撑应随立杆、纵向和横向水平杆等同步搭设，不得滞后安装。

7.3.11 扣件安装应符合下列规定：

1 扣件规格应与钢管外径相同；

2 螺栓拧紧扭力矩不应小于40 N·m，且不应大于65 N·m；

3 在主节点处固定横向水平杆、纵向水平杆、剪刀撑、横向斜撑等用的直角扣件、旋转扣件的中心点的相互距离不应大于150 mm；

4 对接扣件开口应朝上或朝内；

5 各杆件端头伸出扣件盖板边缘的长度不应小于100 mm。

7.3.12 作业层、斜道的栏杆和挡脚板的搭设应符合下列规定（图7.3.12）：

1 栏杆和挡脚板均应搭设在外立杆的内侧；

2 上栏杆上皮高度应为1.2 m；

3 挡脚板高度不应小于180 mm；

4 中栏杆应居中设置。

7.3.13 脚手板的铺设应符合下列规定：

1 脚手板应铺满、铺稳，离墙面的距离不应大于150 mm；

3 在拐角、斜道平台口处的脚手板，应用镀锌钢丝固定在横向水平杆上，防止滑动。

7.4 拆 除

7.4.1 脚手架拆除应按专项方案施工，拆除前应做好下列准备工作：

1 应全面检查脚手架的扣件连接、连墙件、支撑体系等是否符合构造要求；

2 应根据检查结果补充完善脚手架专项方案中的拆除顺序和措施，经审批后方可实施；

3 拆除前应对施工人员进行交底；

4 应清除脚手架上杂物及地面障碍物。

7.4.2 单、双排脚手架拆除作业必须由上而下逐层进行，严禁上下同时作业；连墙件必须随脚手架逐层拆除，严禁先将连墙件整层或数层拆除后再拆脚手架；分段拆除高差大于两步时，应增设连墙件加固。

7.4.3 当脚手架拆至下部最后一根长立杆的高度（约6.5 m）时，应先在适当位置搭设临时抛撑加固后，再拆除连墙件。当单、双排脚手架采取分段、分立面拆除时，对不拆除的脚手架两端，应先按本规范第6.4.4条、第6.6.4条、第6.6.5条的有关规定设置连墙件和横向斜撑加固。

7.4.4 架体拆除作业应设专人指挥，当有多人同时操作时，应明确分工、统一行动，且应具有足够的操作面。

7.4.5 卸料时各构配件严禁抛掷至地面。

8 检查与验收

8.1 构配件检查与验收

8.1.4 扣件进入施工现场应检查产品合格证，并应进行抽样复试，技术性能应符合现行国家标准《钢管脚手架扣件》GB 15831的规定。扣件在使用前应逐个挑选，有裂缝、变形、螺栓出现滑丝的严禁使用。

8.2 脚手架检查与验收

8.2.1 脚手架及其地基基础应在下列阶段进行检查与验收：

1 基础完工后及脚手架搭设前；

2 作业层上施加荷载前；

3 每搭设完6~8 m高度后；

4 达到设计高度后；

5 遇有六级强风及以上风或大雨后，冻结地区解冻后；

6 停用超过一个月。

8.2.2 应根据下列技术文件进行脚手架检查、验收：

表 8.1.8 构配件允许偏差

序号	项目	允许偏差Δ (mm)	示意图	检查工具
1	焊接钢管尺寸(mm) 外径 48.3 壁厚 3.6	 ±0.5 ±0.36		游标卡尺
2	钢管两端面切斜偏差	1.70	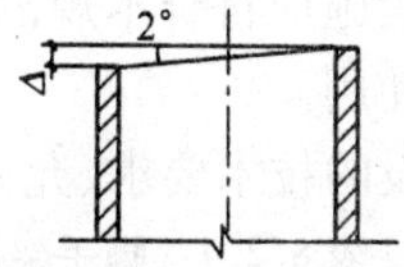	塞尺、拐角尺
3	钢管外表面锈蚀深度	≤0.18	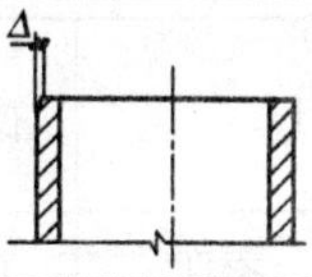	游标卡尺
4	钢管弯曲 ①各种杆件钢管的端部弯曲 $l \leq 1.5$ m	≤5	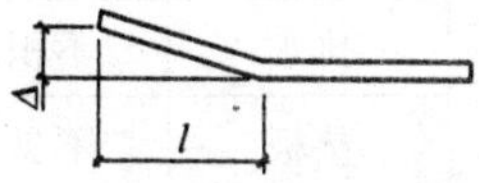	钢板尺
	②立杆钢管弯曲 3 m < $l \leq 4$ m 4 m < $l \leq 6.5$ m	 ≤12 ≤20	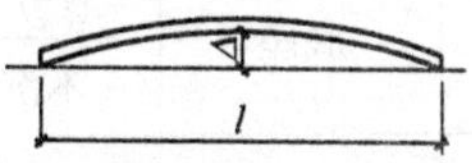	
	③水平杆、斜杆的钢管弯曲 $l \leq 6.5$ m	≤30		
5	冲压钢脚手板 ①板面挠面 $l \leq 4$ m $l \geq 4$ m	 ≤12 ≤16		钢板尺
	②板面扭曲 (任一角翘起)	≤5		
6	可调托撑支托板变形	1.0	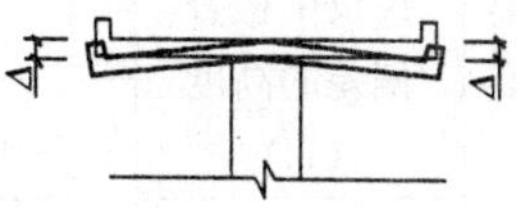	钢板尺、塞尺

1 本规范第 8.2.3 条~第 8.2.5 条的规定;

2 专项施工方案及变更文件;

3 技术交底文件;

4 构配件质量检查表(本规范附录 D 表 D)。

8.2.3 脚手架使用中,应定期检查下列要求内容:

1 杆件的设置和连接,连墙件、支撑、门洞桁架等的构造应符合本规范和专项施工方案的要求；

2 地基应无积水，底座应无松动，立杆应无悬空；

3 扣件螺栓应无栓动；

4 高度在24 m以上的双排、满堂脚手架，其立杆的沉降与垂直度的偏差应符合本规范表8.2.4项次1、2的规定；高度在20 m以上的满堂支撑架，其立杆的沉降与垂直度的偏差应符合本规范表8.2.4项次1、3的规定；

5 安全防护措施应符合本规范要求；

6 应无超载使用。

8.2.4 脚手架搭设的技术要求、允许偏差与检验方法，应符合表8.2.4的规定。

表8.2.4 脚手架搭设的技术要求、允许偏差与检验方法

项次	项目		技术要求	允许偏差Δ（mm）	示意图	检查方法与工具
1	地基基础	表面	坚实平整	—	—	观察
		排水	不积水			
		垫板	不晃动			
		底座	不滑动			
			不沉降	-10		
2	单、双排与满堂脚手架立杆垂直度	最后验收立杆垂直度（20～50）m	—	±100	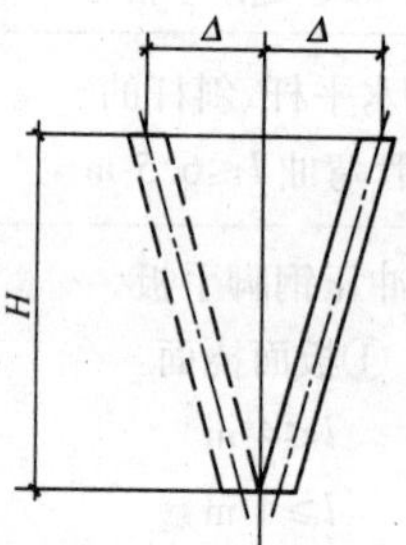	用经纬仪或吊线和卷尺
		下列脚手架允许水平偏差（mm）				
		搭设中检查偏差的高度（m）	总高度			
			50 m	40 m	20 m	
		H=2	±7	±7	±7	
		H=10	±20	±25	±50	
		H=20	±40	±50	±100	
		H=30	±60	±75		
		H=40	±80	±100		
		H=50	±100			
		中间档次用插入法				

续表 8.2.4

<table>
<tr><th>项次</th><th colspan="3">项　目</th><th>技术要求</th><th>允许偏差Δ
(mm)</th><th>示意图</th><th>检查方法
与工具</th></tr>
<tr><td rowspan="6">3</td><td colspan="2" rowspan="6">满堂支撑架立杆垂直度</td><td>最后验收垂直度 30 m</td><td>—</td><td>±90</td><td></td><td rowspan="6">用经纬仪或吊线和卷尺</td></tr>
<tr><td colspan="4">下列满堂支撑架允许水平偏差(mm)</td></tr>
<tr><td rowspan="2">搭设中检查偏差的高度(m)</td><td colspan="3">总高度</td></tr>
<tr><td colspan="3">30 m</td></tr>
<tr><td>$H=2$
$H=10$
$H=20$
$H=30$</td><td colspan="3">±7
±30
±60
±90</td></tr>
<tr><td colspan="4">中间档次用插入法</td></tr>
<tr><td>4</td><td colspan="2">单双排、满堂脚手架间距</td><td>步距
纵距
横距</td><td>—
—
—</td><td>±20
±50
±20</td><td>—</td><td>钢板尺</td></tr>
<tr><td>5</td><td colspan="2">满堂支撑架间距</td><td>步距
立杆
间距</td><td>—
—</td><td>±20
±30</td><td>—</td><td>钢板尺</td></tr>
<tr><td rowspan="2">6</td><td colspan="2" rowspan="2">纵向水平杆高差</td><td>一根杆的两端</td><td>—</td><td>±20</td><td>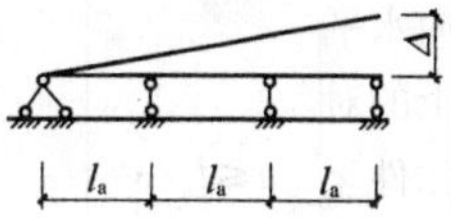
</td><td rowspan="2">水平仪或水平尺</td></tr>
<tr><td>同跨内两根纵向水平杆高差</td><td>—</td><td>±10</td><td>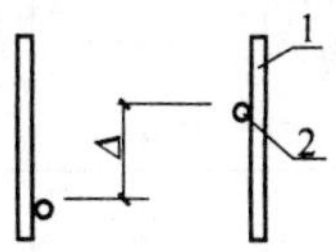
</td></tr>
<tr><td>7</td><td colspan="2">剪刀撑斜杆与地面的倾角</td><td>45°~60°</td><td colspan="3"></td><td>角尺</td></tr>
<tr><td rowspan="2">8</td><td rowspan="2">脚手板外伸长度</td><td>对接</td><td>$a=$
$(130\sim150)$mm
$l\leqslant300$ mm</td><td>—</td><td colspan="2">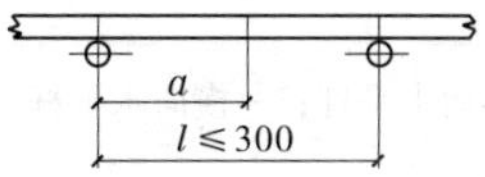
</td><td>卷尺</td></tr>
<tr><td>搭接</td><td>$a\geqslant100$ mm
$l\geqslant200$ mm</td><td>—</td><td colspan="2">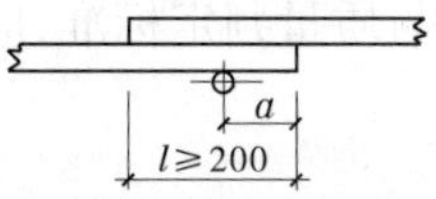
</td><td>卷尺</td></tr>
</table>

续表 8.2.4

项次	项　目		技术要求	允许偏差 Δ（mm）	示意图	检查方法与工具
9	扣件安装	主节点处各扣件中心点相互距离	$a\leqslant150$ mm	—	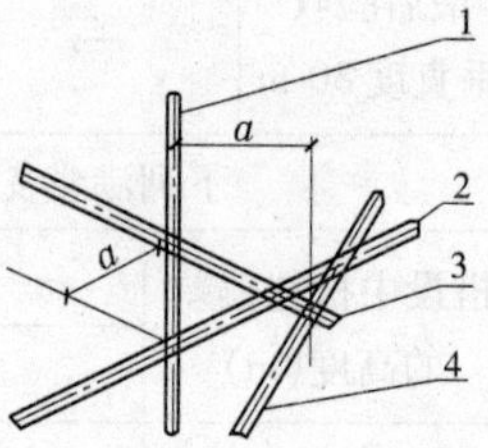	钢板尺
		同步立杆上两个相隔对接扣件的高差	$a\geqslant500$ mm	—	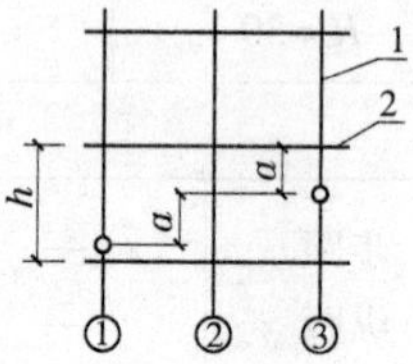	钢卷尺
		立杆上的对接扣件至主节点的距离	$a\leqslant h/3$			
		纵向水平杆上的对接扣件至主节点的距离	$a\leqslant l_a/3$	—	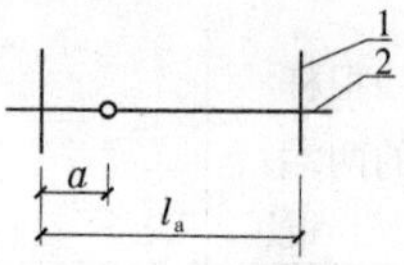	钢卷尺
		扣件螺栓拧紧扭力矩	（40～65）N·m	—	—	扭力扳手

注：图中1—立杆；2—纵向水平杆；3—横向水平杆；4—剪刀撑。

8.2.5　安装后的扣件螺栓拧紧扭力矩应采用扭力扳手检查，抽样方法应按随机分布原则进行。抽样检查数目与质量判定标准，应按表 8.2.5 的规定确定。不合格的应重新拧紧至合格。

表 8.2.5 扣件拧紧抽样检查数目及质量判定标准

项次	检查项目	安装扣件数量（个）	抽检数量（个）	允许的不合格数量（个）
1	连接立杆与纵（横）向水平杆或剪刀撑的扣件；接长立杆、纵向水平杆或剪刀撑的扣件	51～90	5	0
		91～150	8	1
		151～280	13	1
		281～500	20	2
		501～1 200	32	3
		1 201～3 200	50	5
2	连接横向水平杆与纵向水平杆的扣件（非主节点处）	51～90	5	1
		91～150	8	2
		151～280	13	3
		281～500	20	5
		501～1 200	32	7
		1 201～3 200	50	10

9 安全管理

9.0.1 扣件式钢管脚手架安装与拆除人员必须是经考核合格的专业架子工。架子工应持证上岗。

9.0.2 搭拆脚手架人员必须戴安全帽、系安全带、穿防滑鞋。

9.0.4 钢管上严禁打孔。

9.0.5 作业层上的施工荷载应符合设计要求，不得超载。不得将模板支架、缆风绳、泵送混凝土和砂浆的输送管等固定在架体上；严禁悬挂起重设备，严禁拆除或移动架体上安全防护设施。

9.0.6 满堂支撑架在使用过程中，应设有专人监护施工，当出现异常情况时，应立即停止施工，并应迅速撤离作业面上人员。应在采取确保安全的措施后，查明原因、做出判断和处理。

9.0.7 满堂支撑架顶部的实际荷载不得超过设计规定。

9.0.8 当有六级强风及以上风、浓雾、雨或雪天气时应停止脚手架搭设与拆除作业。雨、雪后上架作业应有防滑措施，并应扫除积雪。

9.0.9 夜间不宜进行脚手架搭设与拆除作业。

9.0.11 脚手板应铺设牢靠、严实，并应用安全网双层兜底。施工层以下每隔 10 m 应用安全网封闭。

9.0.12 单、双排脚手架、悬挑式脚手架沿架体外围应用密目式安全网全封闭，密目式安全网宜设置在脚手架外立杆的内侧，并应与架体绑扎牢固。

9.0.13 在脚手架使用期间,严禁拆除下列杆件:

1 主节点处的纵、横向水平杆,纵、横向扫地杆;

2 连墙件。

9.0.14 当在脚手架使用过程中开挖脚手架基础下的设备基础或管沟时,必须对脚手架采取加固措施。

9.0.15 满常脚手架与满堂支撑架在安装过程中,应采取防倾覆的临时固定措施。

9.0.16 临街搭设脚手架时,外侧应有防止坠物伤人的防护措施。

9.0.17 在脚手架上进行电、气焊作业时,应有防火措施和专人看守。

9.0.19 搭拆脚手架时,地面应设围栏和警戒标志,并应派专人看守,严禁非操作人员入内。

附录C　满堂脚手架与满堂支撑架立杆计算长度系数μ

表 C-1　满堂脚手架立杆计算长度系数

步距(m)	立杆间距(m)			
	1.3×1.3	1.2×1.2	1.0×1.0	0.9×0.9
	高宽比不大于2	高宽比不大于2	高宽比不大于2	高宽比不大于2
	最少跨数4	最少跨数4	最少跨数4	最少跨数4
1.8	—	2.176	2.079	2.017
1.5	2.569	2.505	2.377	2.335
1.2	3.011	2.971	2.825	2.758
0.9	—	—	3.571	3.482

注:1　步距两级之间计算长度系数按线性插入值。

2　立杆间距两级之间,纵向间距与横向间距不同时,计算长度系数按较大间距对应的计算长度系数取值。立杆间距两级之间值,计算长度系数取两级对应的较大的μ值。要求高宽比相同。

3　高宽比超过表中规定时,应按本规范6.8.6条执行。

表 C-2　满堂支撑架(剪刀撑设置普通型)立杆计算长度系数μ_1

步距(m)	立杆间距(m)											
	1.2×1.2		1.0×1.0		0.9×0.9		0.75×0.75		0.6×0.6		0.4×0.4	
	高宽比不大于2		高宽比不大于2		高宽比不大于2		高宽比不大于2		高宽比不大于2.5		高宽比不大于2.5	
	最少跨数4		最少跨数4		最少跨数5		最少跨数5		最少跨数5		最少跨数8	
	a=0.5(m)	a=0.2(m)	a=0.5(m)	a=0.2(m)	a=0.5(m)	a=0.2(m)	a=0.5(m)	a=0.2(m)	a=0.5(m)	a=0.2(m)	a=0.5(m)	a=0.2(m)
1.8	—	—	1.165	1.432	1.131	1.388	—	—	—	—	—	—
1.5	1.298	1.649	1.241	1.574	1.215	1.540	—	—	—	—	—	—
1.2	1.403	1.869	1.352	1.799	1.301	1.719	1.257	1.669	—	—	—	—
0.9	—	—	1.532	2.153	1.473	2.066	1.422	2.005	1.599	2.251	—	—
0.6	—	—	—	—	1.699	2.622	1.629	2.526	1.839	2.846	1.839	2.846

注:1　同表C-1注1、注2。

2　立杆间距0.9 m×0.6 m计算长度系数,同立杆间距0.75 m×0.75 m计算长度系数,高宽比不变,最小宽度4.2 m。

3　高度比超过表中规定时,应按本规范6.9.7条执行。

表 C-3 满堂支撑架(剪刀撑设置加强型)立杆计算长度系数 μ_1

步距(m)	立杆间距(m)											
	1.2×1.2		1.0×1.0		0.9×0.9		0.75×0.75		0.6×0.6		0.4×0.4	
	高宽比不大于2		高宽比不大于2		高宽比不大于2		高宽比不大于2		高宽比不大于2.5		高宽比不大于2.5	
	最少跨数4		最少跨数4		最少跨数5		最少跨数5		最少跨数5		最少跨数8	
	a=0.5(m)	a=0.2(m)	a=0.5(m)	a=0.2(m)	a=0.5(m)	a=0.2(m)	a=0.5(m)	a=0.2(m)	a=0.5(m)	a=0.2(m)	a=0.5(m)	a=0.2(m)
1.8	1.099	1.355	1.059	1.305	1.031	1.269	—	—	—	—	—	—
1.5	1.174	1.494	1.123	1.427	1.091	1.386	—	—	—	—	—	—
1.2	1.269	1.685	1.233	1.636	1.204	1.596	1.168	1.546	—	—	—	—
0.9	—	—	1.377	1.940	1.352	1.903	1.285	1.806	1.294	1.818	—	—
0.6	—	—	—	—	1.556	2.395	1.477	2.284	1.497	2.300	1.497	2.300

注:同表 C-2 注。

表 C-4 满堂支撑架(剪刀撑设置普通型)立杆计算长度系数 μ_1

步距(m)	立杆间距(m)					
	1.2×1.2	1.0×1.0	0.9×0.9	0.75×0.75	0.6×0.6	0.4×0.4
	高宽比不大于2	高宽比不大于2	高宽比不大于2	高宽比不大于2	高宽比不大于2.5	高宽比不大于2.5
	最少跨数4	最少跨数4	最少跨数5	最少跨数5	最少跨数5	最少跨数8
1.8	—	1.750	1.697	—	—	—
1.5	2.089	1.993	1.951	—	—	—
1.2	2.492	2.399	2.292	2.225		
0.9	—	3.109	2.985	2.896	3.251	—
0.6	—	—	4.371	4.211	4.744	4.744

注:同表 C-2 注。

表 C-5 满堂支撑架(剪刀撑设置加强型)立杆计算长度系数 μ_2

步距(m)	立杆间距(m)					
	1.2×1.2	1.0×1.0	0.9×0.9	0.75×0.75	0.6×0.6	0.4×0.4
	高宽比不大于2	高宽比不大于2	高宽比不大于2	高宽比不大于2	高宽比不大于2.5	高宽比不大于2.5
	最少跨数4	最少跨数4	最少跨数5	最少跨数5	最少跨数5	最少跨数8
1.8	1.656	1.595	1.551	—	—	—
1.5	1.893	1.808	1.755	—	—	—
1.2	2.247	2.181	2.128	2.062	—	—
0.9	—	2.802	2.749	2.608	2.626	—
0.6	—	—	3.991	3.806	3.833	3.833

注:同表 C-2 注。

附录D　构配件质量检查表

表D　构配件质量检查表

项目	要　求	抽检数量	检查方法
钢管	应有产品质量合格证、质量检验报告	750根为一批，每批抽取1根	检查资料
	钢管表面应平直光滑，不应有裂缝、结疤、分层、错位、硬弯、毛刺、压痕、深的划道及严重锈蚀等缺陷，严禁打孔；钢管使用前必须涂刷防锈漆	全数	目测
钢管外径及壁厚	外径48.3 mm，允许偏差±0.5 mm；壁厚3.6 mm，允许偏差±0.36，最小壁厚3.24 mm	3%	游标卡尺测量
扣件	应有生产许可证、质量检测报告、产品质量合格证、复试报告	《钢管脚手架扣件》GB15831的规定	检查资料
	不允许有裂缝、变形、螺栓滑丝；扣件与钢管接触部位不应有氧化皮；活动部位应能灵活转动，旋转扣件两旋转面间隙应小于1 mm；扣件表面应进行防锈处理	全数	目测
扣件螺栓拧紧扭力矩	扣件螺栓拧紧扭力矩值不应小于40 N·m，且不应大于65 N·m	按8.2.5条	扭力扳手
可调托撑	可调托撑受压承载力设计值不应小于40 kN。应有产品质量合格证、质量检验报告	3‰	检查资料
	可调托撑螺杆外径不得小于36 mm，可调托撑螺杆与螺母旋合长度不得少于5扣，螺母厚度不小于30 mm。插入立杆内的长度不得小于150 mm。支托板厚不小于5 mm，变形不大于1 mm。螺杆与支托板焊接要牢固，焊缝高度不小于6 mm	3%	游标卡尺、钢板尺测量
	支托板、螺母有裂缝的严禁使用	全数	目测

续表 D

项目	要　求	抽检数量	检查方法
脚手板	新冲压钢脚手板应有产品质量合格证	—	检查资料
	冲压钢脚手板板面挠曲≤12 mm（l≤4 m）或≤16 mm（l>4 m）；板面扭曲≤5 mm（任一角翘起）	3%	钢板尺
	不得有裂纹、开焊与硬弯；新、旧脚手板均应涂防锈漆	全数	目测
	木脚手板材质应符合现行国家标准《木结构设计规范》GB 50005 中Ⅱ$_a$级材质的规定。扭曲变形、劈裂、腐朽的脚手板不得使用	全数	目测
	木脚手板的宽度不宜小于 200 mm，厚度不应小于 50 mm；板厚允许偏差 -2 mm	3%	钢板尺
	竹脚手板宜采用由毛竹或楠竹制作的竹串片板、竹笆板	全数	目测
	竹串片脚手板宜采用螺栓将并列的竹片串连而成。螺栓直径宜为 3～10 mm，螺栓间距宜为 500～600 mm，螺栓离板端宜为 200～250 mm，板宽 250 mm，板长 2 000 mm、2 500 mm、3 000 mm	3%	钢板尺

河南省建设工程施工现场管理标准(节选)

DBJ 41/T 098—2009

(2010年1月1日实施)

(安全文明施工部分)

3 文明施工管理

3.1 一般规定

3.1.1 建设工程施工现场各方主体应建立文明施工管理体系,制定管理制度,明确管理目标,并设专人负责。

3.1.2 施工前,施工单位应在施工组织设计中明确文明施工内容或编制文明施工专项方案。

3.1.3 文明施工方案应包括组织机构、临建设施、场容场貌、材料设备堆放、环境保护、职业健康、卫生防疫、消防管理、综合治理等主要内容。

3.1.4 文明施工方案应由施工单位项目负责人审批,项目总监、建设单位项目负责人审核并签字,并随进度、条件变化作相应修改完善。

3.1.5 施工单位应根据国家、行业、地方颁布的法律、法规、标准,编制项目机构的法律、法规、标准清单,并在施工过程中认真贯彻执行。

3.2 临建设施

3.2.1 一般规定

1 临建设施包括施工现场的临时办公用房、现场围挡、生活用房、生产用房等。

2 施工现场临建设施应选址合理,施工区与办公区、生活区划分清晰,分开设置,并保持安全距离。

3 严禁在尚未竣工的建筑物内设置员工集体宿舍、职工食堂和办公用房。

4 临建设施可采用标准化装配式活动房或利用原有建筑物,统筹安排,合理设置,并应符合国家安全、卫生、通风、日照、采光、消防节能等要求。严禁使用钢管、胶合板、毛竹、石棉瓦等材料搭设临建设施。

5 施工现场使用的装配式活动房屋设计、制作、施工、验收、拆除回收应符合国家标准规范。外部主色调宜为蓝色或白色。

6 施工单位应会同建设、监理单位对临建设施进行验收,验收合格后方可使用。使用单位应建立巡查制度和验收、巡查、维护档案,非正常环境条件下应进行重点检查,并采取相应措施,确保临建设施使用安全。

7 临建设施之间应设有消防通道,并满足安全疏散要求。

3.2.2 围挡

1 施工现场必须采用封闭式硬质围挡,高度不得低于1.8 m。市区主干道临街面封闭围挡高度不低于 2.5 m。

2　市政工程施工现场围挡宜采用符合规定要求的彩色压型钢板。

3　围挡设置应完整、牢固、安全、美观，内外清洁，符合城市景观要求。禁止靠围挡堆放物料、器具；禁止用围挡做挡土、挡水墙及机械设备等的支撑体。

3.2.3　办公用房

1　办公用房应包括办公室、会议室、职工文化学习活动室、卫生保健室等。

2　办公用房室内净高不应低于 2.5 m，应有天然采光和自然通风。室内合理布局，清洁卫生，文件资料应分类存放。

3　施工现场应按规定开办农民工夜校。职工文化学习活动室应配备电视、报刊、杂志等学习、娱乐用品。

4　卫生保健室应配备满足需要的急救人员、常用药品及医疗器械。

3.2.4　生活用房

生活用房应包括职工宿舍、食堂、厕所、淋浴间、洗衣间等。

1　职工宿舍

1）宿舍必须设置可开启式窗户，地面硬化。

2）宿舍内必须保证必要的生活空间，室内净高不低于 2.5 m，通道宽度不小于 0.9 m。床铺高于地面不小于 0.3 m，床铺间距不得小于 0.3 m。每间宿舍居住人员不得超过 16 人。

3）宿舍应设置单人铺，床铺的搭设不应超过 2 层。

4）宿舍内应设置个人生活用品专柜。住宿人员应保持室内清洁卫生，床面平整干净，用品摆放整齐。

5）宿舍门外应设置垃圾桶，及时清理，定期消毒。

6）职工宿舍应建立卫生管理制度，明确宿舍负责人和卫生值日人员，宿舍卫生制度、卫生值日表、宿舍负责人、住宿人员名单及其他管理规定应上墙明示。

2　食堂

1）食堂应有卫生许可证，炊事人员必须持身体健康证上岗。

2）食堂应距离厕所、垃圾点、有毒有害等污染源不得小于 25 m。

3）食堂应设立独立的餐厅、操作间、售菜（饭）间、储藏间，建筑面积应满足施工现场就餐人员需要。操作间灶台、墙面必须使用饰面材料，高度不得低于 1.5 m，地面应做硬化和防滑处理，干净整洁；按规定设置“挡鼠板”，高度不低于 0.2 m。

4）食堂应设封闭式餐具柜，生、熟案板及炊具、器皿应有明显标记，分别放置，经常消毒，保持洁净。温暖季节食品出售前应加盖防蝇罩。严禁购买、出售变质食品。

5）炊事人员上岗应穿戴洁净的工作服、工作帽和口罩，保持个人卫生，定期体检。

6）食堂应配置必要的餐具洗涤设施、排风设施和消毒设施。排水、排气口应采用金属网封闭，通风、排气良好。必须设置隔油池，并定期清理。

7）食堂应设置密闭式泔水桶。

8）食堂应采用气、电、油等清洁能源，禁止使用煤、木材等污染燃料。

3　厕所

1）施工现场应设置封闭、水冲式或移动式男、女厕所。

2）厕所蹲位应满足使用要求，蹲位之间应设隔板，隔板高度不低于1 m。地面应硬化，墙面、便池应采用饰面材料，高度不低于1.5 m。门口悬挂防蝇帘，通气窗口安装窗纱。

3）厕所应设专人管理，及时冲刷清理、喷洒药物消毒，无蚊蝇孳生。

4　施工现场应设置淋浴室、盥洗池，淋浴室喷头数和盥洗池龙头数应满足使用需要，排水、通风良好，采用节水器具，使用防水电器。

5　施工现场应设置专门吸烟场所，严禁在施工区域内吸烟。

6　施工现场设置宣传栏、读报栏、黑板报，应牢固、美观，满足防雨要求，宣传内容应及时更换。

7　生活区应设置开水炉或饮用水保温桶，施工区应配备流动保温水桶，并由专人管理，定期清洗消毒。

8　施工现场出入口应设门卫室，建筑面积应不小于4 m^2，有管理制度和登记、检查记录。

3.2.5　生产用房

1　生产用房包括配电室、工具室、材料库、加工棚等。

2　配电室应专门设置，并符合国家有关标准规定。

3　在建筑物坠落半径内的材料加工区应按要求搭设防护棚。木工加工区应配置相应的消防器材。

4　材料库应密闭，地面硬化，并作防雨防潮处理。

3.3　场容场貌

3.3.1　施工现场主要出入口应设有安全、美观的封闭式大门，门头应设置企业标识。

3.3.2　施工现场主要出入口应按规定设置相应公示标牌。各类标牌应设置不锈钢或铝合金架栏，做到牢固、美观、整洁。

3.3.3　施工现场的作业区、加工区、生活区等醒目位置应设置警示用语牌，统一规范，满足数量和警示要求。

3.3.4　施工现场危险部位应设置明显的安全警示标志，并绘制安全标志布置图，不得将安全标志集中悬挂。安全标志应符合国家标准要求。

3.3.5　施工现场主要道路、加工区、生活区、材料堆放场地及出入口应进行硬化处理，平整无积水，并满足车辆行驶要求。

3.3.6　施工现场裸露的场地和集中堆放的土方应采取覆盖、加固或绿化等措施。

3.3.7　施工现场大门口应设置冲洗车辆设施，保持出场车辆清洁。

3.3.8　材料设备堆放

1　施工现场机械设备、材料、构件和料具应按施工平面布置图放置，稳定牢固，整齐有序，分类存放，各类机械设备铭牌、材料状态标识牌应醒目、规范、完整。

2　施工现场应建立库房管理制度，库内物资、材料应分类存放，由专人管理。

3　材料和工具应及时归库或回收利用，做到工完、料净、场地清。

3.4　环境保护

3.4.1　粉尘控制

1　施工现场应设专人负责工地扬尘治理工作，配洒水设备。

2　易产生扬尘污染的作业区应进行封闭作业。堆放、装卸、运输易产生扬尘污染的物料,应采取遮盖、封闭、洒水等有效降尘措施,并防止遗洒。

3 风速四级以上天气应停止易扬尘土方回填、转运以及其他可能产生扬尘的作业,并将现场粉尘材料进行覆盖。

4 市区范围内的施工现场,应按规定使用商品混凝土、预拌砂浆。

3.4.2 有害气体排放控制

1 施工现场严禁焚烧各类废弃物。

2 施工车辆、机械设备的尾气排放应符合国家、地方规定的排放标准。

3 民用建筑工程室内装修严禁采用沥青、煤焦油类防腐、防潮处理剂。

4 施工中所使用的阻燃剂、混凝土外加剂氨的释放量应符合国家标准《民用建筑工程室内环境污染控制规范》(GB 50325)的规定。

3.4.3 水土污染控制

1 施工现场应合理设置沉淀池,严禁废水、污水未经处理直接排入城市管网或河流,可经二次沉淀后循环使用或用于洒水降尘。

2 施工现场存放的油料和化学溶剂等物品应设有专门的库房,地面应做防渗漏处理。废弃的油料和化学溶剂应集中处理,不得随意倾倒。

3 施工现场设置的临时厕所化粪池应做防渗处理。

4 食堂、盥洗室、淋浴间的下水管线应设置过滤网,并应与市政污水管线连接,保证排水畅通。

3.4.4 噪声污染控制

1 施工现场应使用低噪声施工机械,噪声排放不得超过国家标准《建筑施工场界噪声限值》(GB 12523)的规定。

2 因施工需要必须使用的强噪声设备宜设置在远离居民区的一侧,并应采取降噪措施。

3 噪声敏感区域相临的施工现场,因生产工艺要求或其他特殊需要,确需在夜间进行超过噪声标准施工的,施工前建设单位应向有关部门提出申请,经批准后方可进行夜间施工。

4 运输材料的车辆进入施工现场严禁鸣笛。装卸材料应做到轻拿轻放。

3.4.5 光污染控制

1 施工单位应合理安排作业时间,尽量避免夜间施工。必要时的夜间施工,应合理调整灯光照射方向,在保证现场施工作业面有足够光照的条件下,减少对周围居民生活的干扰。

2 在高处进行电焊作业时应采取遮挡措施,避免电弧光外泄。

3.4.6 废弃物处理

1 施工现场生活区设置封闭式垃圾容器,作业区设置封闭式垃圾站,数量满足要求。

2 建筑垃圾、生活垃圾应分类存放,并按规定及时清运。严禁生活垃圾和建筑垃圾混合运输、消纳;严禁凌空抛掷建筑垃圾。

3 加强建筑垃圾的回收再利用,建筑垃圾的再利用和回收率宜达到30%,建筑物拆除产生的废弃物的再利用和回收率宜大于40%。对于碎石类、土石方类建筑垃圾,可采用地基填埋、铺路等方式提高再利用率。

3.5 综合管理

3.5.1 消防管理

1 施工现场应制定消防管理制度，明确消防责任人。

2 施工现场应配备足够有效的消防器材，有满足要求的消防水源，并保持防火疏散通道畅通。高层建筑应设置临时消防水源管道，立管直径不小于50 mm。每层应留有消防水源接口，配备消防管具。

3 现场施工动火有审批手续和相应的监护措施。严禁在施工现场内用明火取暖。

4 施工现场应独立设置存放易燃、易爆、有毒物品、放射源等的危险品仓库，分类存放，集中管理，购领、运输、保管、发放、使用等环节应设专人负责，完善制度，建立台账。

3.5.2 职业健康

1 施工现场应制定职业健康管理制度，明确专人负责，加强日常检查和评定。

2 施工单位应采取有效的职业病防治措施，为作业人员提供必备的防护用品，定期为从业人员进行职业健康培训和体检。

3 操作人员在有毒有害气体作业场所，应戴防毒面具或防护口罩；在粉尘作业场所，应佩戴防尘口罩；在焊接作业时，应佩戴防护面罩、护目镜及手套等个人防护用品；在有害噪声作业场所，应戴耳塞进行听力保护。

4 高温季节，施工现场应合理安排作息时间。

3.5.3 卫生防疫

1 施工现场应建立卫生防疫管理制度，制定突发疾病应急预案，应设专职或兼职保洁员，开展卫生防疫宣传教育。

2 施工现场工作人员膳食、饮水、休息场所应符合卫生标准。

3 施工现场应采取灭鼠、蚊、蝇、蟑螂等措施，并应定期投放和喷洒药物。

4 夏季应有防暑降温和防蚊虫叮咬措施；冬季有取暖和防煤气中毒的措施。

5 施工现场作业人员发生法定传染病、食物中毒或急性职业中毒时，必须在2小时内向施工现场所在地建设行政主管部门和有关部门报告，并应积极配合调查处理。作业人员患有法定传染病时，应及时进行隔离，并由卫生防疫部门进行处置。

3.5.4 分工标志

1 施工现场所有人员应佩戴胸卡，有关管理人员和特种作业人员必须持证上岗。

2 现场管理人员与工人应分色佩戴安全帽，建设单位佩戴白色安全帽，监理单位人员佩戴蓝色安全帽，施工单位管理人员佩戴红色安全帽，作业人员佩戴黄色安全帽。

3 现场指挥、质量、安全监督人员及塔机信号工等应佩戴袖章和工作卡。

4 危险施工区域应派人佩章值班。

3.5.5 社会治安

1 施工现场应建立治安保卫制度，责任分解到人。大门处应设有专职门卫，实行人员出入登记和门卫人员交接班制度。严禁无关人员进入施工现场。

2 施工现场应加强综合治理，确保治安秩序良好，无治安案件或刑事案件发生。

3 施工现场应建立流动人口计划生育管理制度。

4 参建各方应关心劳动者文化生活，开展健康有益的文体活动。

5　建设、施工单位应采取措施,避免施工扰民,妥善处理与周边居民的关系。

5　安全生产管理

5.1　一般规定

5.1.1　施工单位从事建设工程的新建、扩建、改建和拆除等活动,应当依法取得相应等级的资质证书和安全生产许可证,并在其资质等级许可的范围内承揽工程。

5.1.2　建设工程实行施工总承包的,由总承包单位对施工现场的安全生产负总责,总承包单位和分包单位对分包工程的安全生产承担连带责任。分包单位应当服从总承包单位的安全生产管理。

5.1.3　在不同的施工阶段及施工季节、气候和周边环境发生变化时,施工现场应采取相应的技术措施,达到安全文明施工条件。严禁擅自拆除安全防护设施。

5.1.4　任何人、任何单位不得要求施工单位在不具备安全生产条件下强行施工。

5.2　安全管理

5.2.1　安全备案

1　建设单位在工程开工前必须向建设行政主管部门或其授权的安全生产监督机构办理安全措施备案,并提供安全文明施工措施费拨付计划、重大危险源清单及其他有关备案资料。

2　因故停工的工程,施工单位应采取措施,保证停工期间的安全。凡停工满一年的工程,恢复施工前,建设单位应重新办理安全施工措施备案手续。

3　施工期间,施工单位、监理单位应按规定分阶段对工程的安全生产文明施工状况进行评定。

5.2.2　安全生产责任及安全保障体系

1　施工单位应当建立以第一责任人为核心的各级、各部门、各岗位的安全生产责任制。施工单位的法定代表人是本单位安全生产的第一责任人,对本单位的安全生产全面负责。项目经理是本项目安全生产的第一责任人,对本项目的安全生产全面负责。从事特殊工种的作业人员对本工种的安全生产负主要责任。

2　施工单位应将安全目标责任分解落实到人,并予以公示。提倡执行安全管理“零缺陷工作法”。

3　施工单位安全生产文明施工费用应专款专用,不得挪作他用。施工单位内部经济承包合同中必须有安全生产文明施工控制指标,并有明确的奖罚措施。

4　施工单位应在施工现场配备有关安全生产的标准、规范,制定各种安全技术操作规程,并设置在操作场所的明显位置。安全技术操作规程应列为安全活动和安全教育的主要内容。

5　施工单位应按照相关规定设立安全管理部门,在施工现场按照建设工程的规模大小配备相应数量的专职安全管理人员,必要时应设立独立的安全管理机构。项目负责人和专职安全生产管理人员应持安全生产考核合格证书。

6　施工单位必须为施工现场从事危险作业的人员办理意外伤害保险。

7　建设单位应为施工单位提供必要的安全生产文明施工环境,及时提供地下管网和相邻建筑物、构筑物的有关资料,按规定及时足额支付安全文明施工措施费。

8 施工单位应采取保护措施,确保与建设工程毗邻的建筑物、构筑物和地下管线安全。

9 施工现场有多个施工单位的,建设单位或施工总承包单位应当有效协调安全生产文明施工的管理工作。

5.2.3 专项施工方案

1 对达到一定规模的基坑支护与降水工程、土方开挖工程、模板工程、起重吊装工程、脚手架工程、临时用电工程、爆破工程及其他危险性较大的工程,施工单位必须编制专项施工方案,并附必要的计算书,经施工单位技术负责人审批、总监理工程师签字确认后,由现场技术负责人、主管工长和专职安全生产管理人员监督实施。

2 对涉及地下暗挖、深基坑、高大模板、超高脚手架和玻璃幕墙安装、大跨度钢结构和网架结构安装、爆破及其他超过一定规模的危险性较大的分部分项工程,施工单位应当按照规定组织专家对专项方案进行论证。专家组成员应当由5名及以上符合相关专业要求的专家组成。

专家组必须提交书面论证审查报告,论证审查报告应作为专项方案的附件。施工单位应当根据论证报告对专项施工方案进行完善,并经施工单位技术负责人、项目总监理工程师签字后,按照方案组织实施。严禁随意变动经过审查的专项施工方案。确需修改方案的,应组织专家重新进行审查。

5.2.4 分部(分项)工程安全技术交底

1 施工作业前,施工单位项目部技术人员应将分部分项工程有关安全施工的技术要求向施工班组、作业人员进行安全技术交底。专职安全生产管理人员应参加安全技术交底。

2 安全技术交底应按照施工方案的要求进行细化和补充,讲明操作者安全注意事项,要有针对性、指导性。

3 安全技术交底必须以书面形式进行,并经交底双方签字确认,严禁代签字。

5.2.5 安全检查

1 施工单位必须制定定期安全检查制度。企业主管安全负责人每月应组织进行不少于一次的安全检查;项目负责人应会同项目总监理工程师组织工程技术人员、专职安全生产管理人员等进行每周不少于一次的全面安全检查。

2 六级以上大风等恶劣天气前后,施工、监理单位必须组织进行安全检查。遇到影响施工作业的异常天气时,施工现场应立即停止作业。

3 对发现的事故隐患,必须按定人、定时、定措施的“三定”原则进行整改,做好书面记录,并存档。

5.2.6 安全验收

1 对于按规定需要验收的危险性较大的分部分项工程,施工单位、监理单位应当组织有关人员进行验收。验收合格的,经施工单位项目技术负责人及项目总监理工程师签字后,方可进入下一道工序。

2 安全防护设施搭设后,项目技术负责人应组织有关人员逐项进行检查和验收,并作出验收记录,施工工期内还应定期进行抽查。验收也可分层或分阶段进行。凡不符合规定的,必须修整合格后再行查验。

5.2.7 安全教育培训

1 施工单位必须制定安全教育培训制度,并对管理人员、作业人员每年进行规定学时的安全生产继续教育。

2 作业人员进入新的岗位或新的施工现场前,应接受安全生产教育培训,教育培训考核不合格的,不得上岗。

3 施工现场必须建立安全教育培训档案,记录安全教育培训情况,受教育者应签字确认,严禁代签字。

5.2.8 班前安全活动

1 施工现场必须建立班前安全活动制度,并做好记录。

2 各班组每天必须进行班前安全活动,针对当天作业中的不安全因素进行提示防范。专职安全生产管理人员应对班前安全活动进行检查、指导。

3 在工人上岗的必经之路,应设置防护用品正确佩带示意图或警示标牌。上岗前,专职安全生产管理人员应检查工人安全防护用品的佩带情况。

5.2.9 特种作业人员

1 特种作业人员必须持证上岗,证书原件应存放现场以备查验,做到人、证相符。

2 特种作业人员应定期进行体检和复审。

5.2.10 重大危险源监控管理

1 施工现场重大危险源应按规定进行辨识和登记建档。

2 施工单位应建立重大危险源公示制度,在施工现场醒目位置设立《建设工程重大危险源公示牌》,公示施工中不同阶段、不同时段的重大危险源名称、施工部位、可能发生的事故、防护措施和责任人等内容。

3 施工单位、监理单位应对列入重大危险源的分部分项工程予以重点检查、监督和控制。

5.2.11 生产安全事故应急救援与处理

1 施工单位、工程项目部必须分别建立安全事故应急救援预案,配备应急物资、器材和车辆,保证通讯畅通,并定期组织演练,做好演练记录。

2 施工单位应建立安全事故档案。项目部每月向企业上报安全事故情况;施工企业每月向当地建设行政主管部门上报安全事故情况。

3 发生生产安全事故时,施工单位必须按规定及时上报,启动应急救援预案,采取有效措施防止事故扩大,保护事故现场,及时抢救受伤人员,主动配合有关部门调查处理。严禁隐瞒不报或拖延报告。

4 施工、监理、建设单位应做好事故善后工作,并按照"四不放过"原则对事故进行处理。

5.2.12 安全管理资料

1 施工单位应设专人负责安全技术资料的管理。

2 安全技术资料应及时填写,分类清楚,装订统一、规范,内容真实、完整。

5.3 施工用电

5.3.1 施工单位应按《施工现场临时用电安全技术规范》(JGJ 46)中有关规定编写施工现场临时用电组织设计,制定相应的防护措施、操作规程。

5.3.2 施工现场临时用电必须采用TN－S系统,符合"三级配电两级保护",达到"一机、一箱、一闸、一漏”的要求。电箱设置、线路敷设、接零保护、接地装置、电气联接、漏电保护等各种配电装置应符合规范要求。

5.3.3 施工单位应制定电器线路及设备用电的安装、巡检、维修、定期测试的制度，并落实责任人。

5.3.4 防雷、保护接零及重复接地的接地点应作明显标识。

5.3.5 配电箱、开关箱应完好可靠，其电器配件必须使用3C认证的合格产品。

5.3.6 配电箱、开关箱应标明编号、分路标记、用途。配电箱的各控制回路应标明所控制的设备名称。保护接零和工作接零的端子应分隔设置，并作明显标识。箱门应完好并配有门锁，由专人负责管理。

5.3.7 室外配电采用电缆线路时，严禁采用地面明敷，应采用悬挂式架空或埋地敷设，并应避免机械操作或介质腐蚀。

5.3.8 架空线路敷设必须采用绝缘导线，架设在专用电杆上，严禁架设在树木、脚手架及其他设施上。室内配线必须采用绝缘导线或电缆，敷设应符合规范要求。架空线路和室内配线必须有短路保护和过载保护。

5.3.9 照明用电宜使用安全电压，未使用安全电压的灯具距地高度应不低于2.5 m。

5.3.10 对电工、电动机具的操作工和焊工应按规定配置防护用品，对操作工人应进行用电安全教育。施工现场电工必须持有特种作业人员操作资格证书。

5.3.11 施工现场高大脚手架、塔式起重机等大型机械设备应与架空输电导线保持安全距离。

5.4 安全防护设施

5.4.1 基坑支护

1 基坑开挖前，施工单位必须按照本标准5.2.3的要求编制、审批或论证专项施工方案，并严格按方案组织施工。

2 开工前，施工现场技术负责人必须对作业人员进行书面安全技术交底，明确现场施工安全负责人，并由施工安全负责人指定专人负责监控。

3 基坑及周边应设置良好的排水系统，桩孔施工应有可靠的通风措施。

4 基坑边(口)应设置护栏，基坑周边2 m范围内严禁堆放土石方、料具等荷载较重的物料。对周边原有建筑物、公共设施等应设置观测点，发现异常情况立即采取措施处理。

5 每天上班前应检查基坑边(口)及内壁有无裂缝、坍塌等异常情况，对相关安全状况作出评估，排除隐患后再进入作业。

6 施工单位应根据施工进度，适时进行支护、护壁。支护及护壁后，应进行验收，确保支护及护壁安全可靠。监测支护结构的开裂、位移，不得冒险作业。

7 人工挖孔桩施工，除了执行上述要求和《建筑桩基技术规范》(JGJ 94)外，还必须满足下列规定：

1)人工挖孔桩不得用于软土或易发生流沙的场地。

2)挖孔桩开挖深度在5 m以上时，必须安装送风设备。每班施工作业前先送风，后进入桩内施工作业，并保持桩内通风良好。

3)挖孔桩开挖深度在10 m以上时，每班施工作业前应先送风15分钟以上，并采取有效手段对桩内的有害气体进行检测，经检测不会对人造成伤害后才能进入桩孔内施工作业。同时,孔口还应设专人进行安全监护。

4)挖孔桩孔口要设有不低于0.8 m高的防护栏杆,并设置高出地面30 cm的井圈,孔内设置防砸板,作业人员要戴好安全帽,井下照明必须使用安全电压,停工后孔口必须加盖封闭严密。

5)施工单位必须派专人负责管理桩内的通风、检测等工作,安全管理人员监督,并做好原始记录。

5.4.2 模板支撑体系

1 模板工程应编制施工组织设计和安全技术措施,对于达到一定规模的危险性较大的模板工程必须编制专项施工方案,并按规定程序进行审查、审批或专家论证。

2 模板安装前必须做好下列准备工作:

1)模板施工方案审批手续应齐全。

2)进行全面的安全技术交底,操作班组应熟悉施工方案,并做好模板安装作业的分工准备。参加特殊模板施工及搭设高大模板支撑架的作业人员必须经过专门技术培训,考核合格后方可上岗。

3)对模板和配件进行挑选、检测,不合格者应剔除。

4)备齐操作所需的一切安全防护设施和器具。

3 模板安装应严格按施工方案进行。木杆、钢管、门架等支架立柱不得混用。

4 施工过程中的检查项目应符合下列要求:

1)立柱底部基础牢固。

2)垫木满足设计要求。

3)底座位置正确,顶托螺杆伸出长度符合规定。

4)立杆的规格尺寸和垂直度符合要求,不得出现偏心荷载。

5)扫地杆、水平拉杆、剪刀撑等的设置符合规定,固定可靠。

6)安全网和各种安全设施符合要求。

5 模板支撑系统应为独立的系统,禁止与塔吊、施工升降机等起重设备机身及施工脚手架、卸料平台等架体相连接。

6 模板安装后,项目部应组织有关人员进行验收,并经项目监理工程师批准,方可进行浇筑。

7 模板支架的拆除必须在确保混凝土达到规定强度的情况下进行,并履行拆模审批手续。拆除工作应设专人指挥,作业区应设围栏,严禁非操作人员进入。拆下的模板、零配件严禁抛投。

8 模板工程施工中应设专人负责检查,发现险情,应立即停工并采取应急措施;待修复或排除险情后,方可继续施工。

5.4.3 落地式与悬挑式脚手架

1 施工单位必须按要求编制落地式或悬挑式脚手架专项施工方案,方案应包括搭设要求、基础处理、杆件间距、连墙杆设置、设计计算书、施工详图及大样图等内容。方案的编制和审批程序执行本标准5.2.3的要求。

2 落地式与悬挑式脚手架的设计与施工应执行相关规定,严禁钢木、钢竹混搭脚手架。

3 悬挑式脚手架悬挑梁应使用工字钢或槽钢并进行设计计算。安装应符合设计要求。严禁使用钢管作为挑梁搭设悬挑式脚手架。

4 严禁不合格钢管、扣件进入施工现场。

5 脚手架基础必须夯实平整,排水良好。搭设时必须设置垫木、钢底座和纵横向扫地杆。

6 架体与建筑物应按规定拉结,拉结应牢固可靠。拉结点应设明显标志。

7 高度在 24 m 以下的单、双排脚手架,均必须在外侧立面的两端各设置一道剪刀撑,并应由底至顶连续设置;中间各道剪刀撑之间的净距不应大于 15 m。高度在 24 m 以上的双排脚手架应在外侧立面整个长度和高度上连续设置剪刀撑。

8 操作层脚手板必须满铺,固定牢固,严禁有探头跳板,材质应符合要求;操作层按规定应设置防护栏杆,并应设置 18 cm 高的挡脚板。

9 脚手架立杆、横杆应涂黄色漆,剪刀撑、防护栏、挡脚板及其他用于防护的杆件应涂黄、黑相间色漆,间距 50 cm。

10 架体内每隔两层且高度不超过 10 m,设层间安全平网。底层处设首层安全平网,操作层下设随层安全平网。安全平网应架设牢固,封闭严密。

11 脚手架内立杆与建筑物距离大于 15 cm 时必须进行封闭。

12 脚手架应由项目技术负责人、专职安全生产管理人员、现场监理人员及实施人员进行联合验收,并履行验收签字手续,验收合格后方可投入使用。脚手架搭设过程中在下列阶段必须进行分段检查验收:

1)脚手架基础完工后,架体搭设前。

2)每搭设完 10 m~13 m 高度后。

3)作业层上施加荷载前。

4)达到设计高度后。

5)遇有六级以上风或雨雪天气后。

6)停用超过 1 个月。

13 脚手架使用过程中,应定期检查下列项目:

1)杆件的设置和连接、连墙件、支撑、门洞桁架等的构造是否符合要求。

2)地基是否积水,底座是否松动,主杆是否悬空。

3)扣件螺栓是否松动。

4)高度在 24 m 以上的脚手架,其立杆的沉降与垂直度的偏差是否符合要求。

5)安全防护措施是否符合要求。

6)是否超载。

14 脚手架拆除前必须编制拆除施工方案。方案中应规定操作人员的安全防护措施、杆件的拆除顺序、钢管及扣件等的搬运方式。拆除时必须划定安全防护区域,禁止人员进入防护区。

15 卸料平台必须有设计计算书及安拆方案,平台上必须设置明显的荷载限制标志牌。平台底板必须满铺,应设置临边防护栏(板)并固定牢固,材质应符合要求。卸料平台必须有独立的支撑系统,严禁与脚手架架体连接。严禁使用钢管和扣件搭设卸料平台。

5.4.4　附着升降脚手架

1　所使用的附着升降脚手架必须经过国务院建设行政主管部门认证，安装单位必须具有相应的施工资质和安全生产许可证。脚手架所用各种材料、工具和设备应具有质量合格证、材质单等质量文件，使用前应按相关规定对其进行检验。不合格产品严禁投入使用。

2　附着升降脚手架使用前，应根据工程结构特点、施工环境、条件及施工要求编制附着升降脚手架专项施工组织设计，并按规定程序进行审核、审批或论证。

3　施工人员作业前必须经过专项培训。

4　附着升降脚手架在安装和每次升降以及拆卸前，应根据专项施工组织设计要求对施工人员进行安全技术交底，落实安全措施。

5　安装前，安装单位应对架体材料、各类装置、提升设备、控制设备及电路进行检查，并确认建筑结构的强度已达到架体对附着点的承载要求。

6　安装过程中，安装单位应检查、验收下列项目：

1）竖向主框架和水平梁架组装质量。

2）附着装置、防坠装置、防倾装置安装质量。

3）架体搭设完毕，应检查架体的结构、扣件连接、安全措施及封闭状况。

4）整体安装完毕，应试运行检查起升设备工作是否正常、同步，防倾装置运行是否正常。

5）分段各片间是否干涉，架体与墙体结构是否干涉。

7　安装、升降架体过程中，安装单位应有专人负责技术和安全监督，指派专人统一指挥。安装完成后，应进行自检。使用单位在使用附着升降脚手架前，应当组织有关单位进行验收，也可以委托具有相应资质的检验检测机构进行验收。

8　安装单位应向使用脚手架的人员进行相应的技术和安全使用交底。

9　附着升降脚手架的使用必须遵守其设计性能指标，不得随意扩大使用范围；架体上的施工荷载必须符合设计规定，严禁超载，严禁放置影响局部杆件安全的集中荷载，并应及时清理架体、设备及其他构配件上的建筑垃圾和杂物。

10　附着升降脚手架在使用过程中严禁进行下列作业：

1）利用架体吊运物料。

2）在架体上拉结吊装缆绳（索）。

3）在架体上推车。

4）任意拆除结构件或松动连结件。

5）拆除或移动架体上的安全防护设施。

6）起吊物料碰撞或扯动架体。

7）利用架体支顶模板。

8）使用中的物料平台与架体连接在一起。

11　附着升降脚手架在使用过程中，安装单位和使用单位应每月至少进行一次全面的安全检查，并形成书面记录存档。

12　当附着升降脚手架预计停用超过一个月时，停用前安装单位和使用单位应采取加固措施。当停用超过一个月或遇六级以上大风后复工时，安装单位和使用单位必须进行安全检查。

13 附着升降脚手架的螺栓连接件、升降动力设备、防坠装置、防倾装置、电控设备等,架体供应单位和使用单位应每月至少维护保养一次,并形成书面记录存档。

14 夜间禁止进行升降作业。

5.4.5 高处作业吊篮

1 高处作业吊篮安装、拆除前,必须编制专项施工方案,并按规定程序审查、审批。

2 吊篮安装、拆除必须由专业施工单位进行,安拆人员必须取得建筑施工特种作业人员操作资格证书。安装后,应进行空载运行试验。操作系统、上限位装置、提升机、手动滑降装置、安全锁动作等均应灵活、安全可靠方可使用。

3 吊篮施工范围下方如有道路或通道时,必须在吊篮下方设置警戒线或安全区,并设置醒目警戒标记和配备专人监督。

4 吊篮的每一个吊点必须设置两根钢丝绳。安全钢丝绳必须独立于工作钢丝绳另行悬挂。吊篮悬挂平台应醒目地注明额定载重量及注意事项。

5 吊篮安全锁必须在有效标定期限内使用,有效标定期限不大于1年。

6 吊篮上的操作人员应配备独立于悬吊平台的安全绳及安全带或其他安全装置。操作人员必须从地面进出吊篮,不得在空中攀缘窗户进出吊篮;严禁在悬空状态下从一悬吊平台攀入另一悬吊平台;作业时严禁在悬吊平台内使用梯、凳、隔板等攀高工具和在悬吊平台外另设吊具进行作业。

7 利用吊篮进行电焊作业时,严禁用吊篮作电焊接线回路,吊篮内严禁放置氧气瓶、乙炔瓶等易燃易爆品。

8 吊篮投入运行后,应按照使用说明书要求定期进行全面检查,并做好记录。

9 每天工作前应经过安全检查员核实配重和检查悬挂机构,并进行空载运行,以确认设备处于正常状态。

10 吊篮严禁超载或带故障使用。

5.4.6 施工现场"三宝"、"四口"及临边防护

1 所有人员进入施工现场必须正确佩戴符合标准的安全帽。

2 在建工程建筑物的外侧,必须按规定采用规格、材质符合国家标准要求的密目式安全网进行封闭。封闭严密、牢固、平整、美观,封闭高度应保持高出操作层1.5 m以上,绑扎在脚手架内侧,不得使用金属丝等不符合要求的材料绑扎。经验收合格后,方能投入使用。

3 高处作业必须系好安全带,安全带应符合相关标准的规定。

4 楼梯口必须设置防护栏杆;电梯井口必须设置防护门,宜采用定型化、标准化、工具化产品,还应在电梯井内每隔两层(不大于10 m)设置一道安全平网;通道口必须搭设防护棚;预留洞口根据具体情况必须采取设防护栏杆、加盖件、张挡安全网、装栅门等措施。临边作业必须按规定进行防护。

5 作业必须临时拆除或变动安全防护设施时,必须经施工负责人同意并采取相应可靠措施,作业后应立即恢复原安全防护设施。

6 "三宝"的使用管理及"四口"、"临边"的防护设施应按《建筑施工安全检查标准》

(JGJ 59)相应条款进行检查验收。

7 总、分包单位之间应根据工序、进度的实际情况做好对防护设施的检查、验收、移交、管理等工作,以明确义务、划分责任、加强管理。

5.5 建筑机械设备

5.5.1 起重设备

1 建筑施工现场使用的起重机械设备应具有法定的制造许可证、出厂合格证。建筑起重机械进入施工现场安装前,设备产权单位应在所在地建设行政主管部门办理设备登记备案手续,取得设备备案证和备案牌。

2 起重机械设备安装(拆卸)单位必须具备专业施工资质和安全生产许可证,并在资质许可的范围内从事安装拆卸活动。

3 起重机械设备安装(拆卸)单位应编制安装、拆卸方案,经施工单位和监理单位审核确认,施工前应告知建设行政主管部门。

4 起重机械设备安装、拆卸作业前,安装单位应指派专人负责整个作业过程的指挥、监控工作,并向作业人员进行全面的安全技术交底。拆装过程中,应划出警戒区域,安装拆卸单位、总承包单位、监理单位应进行重点监控。

5 起重机械设备安装完毕,安装单位应进行自检。自检合格后,提请设备产权、使用、监理等有关单位进行验收,也可以委托具有相应资质的检验检测机构进行验收,验收合格的方可使用。

《特种设备安全监察条例》规定的建筑起重机械,在验收前应当经有相应资质的检验检测机构监督检验合格。

施工单位应当自起重机械验收合格后30日内,及时向当地建设行政主管部门或者其他有关部门登记。登记标志应当置于或者附着于该设备的显著位置。

6 起重机械设备安装单位应向使用单位说明设备有关安全使用性能及注意事项。

7 起重机械设备的安拆、操作、指挥人员应由经过培训取得上岗证的人员担任,且应相对固定。

8 使用单位应指派专人负责起重机械设备的安全管理,并做好下列工作:

1)在操作、指挥人员上岗前,组织其进行安全操作及法规的学习和交底。

2)坚持安全生产,查处违章作业行为。

3)监督操作人员对起重机械设备的日常维护保养工作,及时发现并排除设备的故障及隐患,确保起重机械设备处于安全运行状态。

4)每月至少对起重机械设备进行一次全面的安全检查,并形成书面记录存档。

5.5.2 起重吊装

1 起重吊装专项工程的施工单位应编制专项施工方案,方案应包含吊装物品及概况、保护吊装物品的措施、起吊设备的选择、荷载的验算、配套器具和索具的验算、吊装程序、统一指挥协调、安全技术措施等。

2 吊装作业人员应具备相关的专业资格。

3 吊装作业前,技术负责人应对作业人员进行全面的安全技术交底。

4 吊装作业前,应对起吊设备、安全保险装置、钢丝绳、索具、卡扣、安全防护用品进行检查及运行试验,合格并落实安全措施后方能作业。

5　多台塔吊作业时必须满足安全距离要求,并制订防碰撞安全措施。

6　划定安全作业范围,设置明显的警示标志,设专人实行全过程监护。

7　被吊物件必须合理放置,确保稳固安全,高处作业人员必须有可靠立足点。

5.5.3　施工机具

1　施工现场各类施工机具的使用应遵守《建筑机械使用安全技术规程》(JGJ 33)的规定。

2　施工单位必须采购、使用符合国家规定标准的施工机具,并建立机械设备的采购、使用、检查、维修、保养的责任制。施工现场禁止使用国家明令禁止和淘汰的施工机具。

3　施工机具使用前应进行维修保养,在配件齐全、性能良好、安全装置牢固可靠、接线端子绝缘密封良好和牢固的前提下,在制定具体的用电保护实施办法和配置适宜的防护用品后方可使用。

4　施工机具安装的地基应平整夯实,基座牢实可靠,排水良好。安装完毕,应由项目部组织验收。

5　施工机具的操作人员应相对固定,上岗前应进行操作培训和安全技术交底。实行持证操作管理的设备,操作人员必须持证上岗。

6　操作人员上班前应先检查、试机。设备发生故障,必须立即排除,不得带病运行。

7　对施工机具每月应进行一次安全检查,及时排除设备隐患。

8　氧气瓶应与其他易燃气瓶、油脂等易燃、易爆物品分别存放,且不得同车运输。氧气瓶、乙炔瓶应有防震圈和安全帽,不得倒置,不得在强烈日光下暴晒。不得用吊车吊运氧气瓶。乙炔瓶不得平放。乙炔瓶、氧气瓶和焊炬相互间的距离不得小于10 m。

9　施焊点10 m范围内或施焊点的下方不得堆放油类、木材、氧气瓶、乙炔瓶等易燃、易爆物品。

10　电焊机一次线长度不得超过5 m,二次线长度不宜大于30 m,无破皮老化现象。导线的绝缘电阻不得小于1 MΩ。导线绝缘受损应立即更换。严禁利用建筑物的金属结构、管道或其他金属物体搭接起来形成焊接回路。

11　机具传动部位必须设置防护罩。固定施工机具应搭设防护棚。

12　平刨应设护手安全装置,圆盘锯应设分料器、防护挡板。严禁使用平刨和圆盘锯合用一台电机的多功能木工机具。

13　Ⅰ类手持电动工具必须作保护接零,电缆线不得有接头,操作人员应穿戴好绝缘防护用品。

14　搅拌机应选址合理,固定牢固,轮胎不得支承在地面或其他物体上。钢丝绳和保险挂钩符合要求,操作手柄应设保险装置。

15　钢筋冷拉作业区应设置警戒区和防护栏,钢筋对焊作业区应有防止火花烫伤的措施。

16　振捣器具应使用移动式配电箱,电缆长度不超过30 m,操作人员应穿戴好绝缘防护用品。

有关建筑安全生产方面主要标准、规范和规程目录

1. 建筑施工安全检查标准(JGJ 59—99)
2. 建筑施工现场环境与卫生标准(JGJ 146—2004)
3. 施工企业安全生产评价标准(JGJ/T 77—2010)
4. 建筑工程绿色施工评价标准(GB/T 50640—2010)
5. 建筑施工作业劳动防护用品配备及使用标准(JGJ 184—2009)
6. 建设工程项目管理规范(GB/T 50326—2006)
7. 河南省建设工程施工现场管理标准(DBJ 41/T 098—2009)
8. 企业职工伤亡事故分类标准(GB 6441—86)
9. 生产经营单位安全生产事故应急预案编制导则(AQ/T 9002—2006)
10. 企业安全文化建设评价标准(AQ/T 9005—2008)
11. 企业安全生产标准化基本规范(AQ/T 9006—2010)
12. 建筑施工土石方工程安全技术规范(JGJ 180—2009)
13. 建筑基坑支护技术规程(JGJ 120—99)
14. 建筑基坑工程监测技术规范(GB 50497—2009)
15. 用电安全导则(GB/T 13869—2008)
16. 建设工程施工现场供用电安全规范(GB 50194—93)
17. 施工现场临时用电安全技术规范(JGJ 46—2005)
18. 建筑施工高处作业安全技术规范(JGJ 80—91)
19. 油漆与粉刷作业安全规程(AQ 5205—2008)
20. 钢管脚手架扣件(GB 15831—2006)
21. 建筑施工木脚手架安全技术规范(JGJ 164—2008)
22. 建筑施工碗扣式钢管脚手架安全技术规范(JGJ 166—2008)
23. 液压升降整体脚手架安全技术规程(JGJ 183—2009)
24. 建筑施工承插型盘扣式钢管支架安全技术规程(JGJ 231—2010)
25. 建筑施工工具式脚手架安全技术规范(JGJ 202—2010)
26. 建筑施工门式钢管脚手架安全技术规范(JGJ 128—2010)
27. 建筑施工扣件式钢管脚手架安全技术规范(JGJ 130—2011)
28. 液压滑动模板施工安全技术规程(JGJ 65—89)
29. 建筑施工模板安全技术规范(JGJ 162—2008)
30. 钢管满堂支架预压技术规程(JGJ/T 194—2009)
31. 起重吊运指挥信号(GB 5082—85)
32. 起重机司机(操作工)、吊装工、指挥人员和评审员的资格要求(GB/T 23722—2009)

33. 起重机 钢丝绳 保养、维护、安装、检验和报废(GB/T 5972—2009)
34. 建筑起重机械安全评估技术规程(JGJ/T 189—2009)
35. 起重机械 分级 第3部分 塔式起重机(GB/T 20863.3—2007)
36. 起重机安全规程 第1部分:总则(GB 6067.1—2010)
37. 塔式起重机安全规程(GB 5144—2006)
38. 塔式起重机(GB/T 5031—2008)
39. 塔式起重机混凝土基础工程技术规程(JGJ/T 187—2009)
40. 混凝土预制拼装塔机基础技术规程(JGJ/T 197—2010)
41. 建筑施工塔式起重机安装、使用、拆卸安全技术规程(JGJ 196—2010)
42. 施工升降机安全规程(GB 10055—2007)
43. 建筑施工升降机安装、使用、拆卸安全技术规程(JGJ 215—2010)
44. 龙门架及井架物料提升机安全技术规范(JGJ 88—2010)
45. 高处作业吊篮(GB 19155—2003)
46. 施工升降机齿轮锥鼓形渐进式防坠安全器(JG 121—2000)
47. 起重机械超载保护装置(GB 12602—2009)
48. 起重机械吊具与索具安全规程(LD 48—93)
49. 建筑机械施工安全技术规程(JGJ 33—2001)
50. 施工现场机械设备检查技术规程(JGJ 160—2008)
51. 手持式电动工具的安全 第一部分 通用要求(GB 3883.1—2008)
52. 施工现场临时建筑物技术规程(JGJ/T 188—2009)
53. 建筑拆除工程安全技术规范(JGJ 147—2004)
54. 拆除爆破安全规程(GB 13533—92)
55. 爆破安全规程(GB 6722—2003)
56. 安全网(GB 5725—2009)
57. 安全带(GB 6095—2009)
58. 安全帽(GB 2811—2007)
59. 安全带测试方法(GB/T 6096—2009)
60. 安全帽测试方法(GB/T 2812—2006)
61. 个体防护装备选用规范(GB/T 11651—2008)
62. 坠落防护装备安全使用规范(GB/T 23468—2009)
63. 坠落防护安全绳(GB 24543—2009)
64. 安全色(GB 2893—2008)
65. 气瓶颜色标志(GB 7144—1999)
66. 安全标志及使用导则(GB 2894—2008)
67. 工作场所职业病危害警示标识(GBZ 158—2003)
68. 土方机械 安全标志和危险图示 通则(GB 20178—2006)
69. 建筑施工场界噪声限值(GB 12523—1990)
70. 高处作业分级(GB/T 3608—2008)

71. 火灾分类(GB/T 4968—2008)
72. 建设工程施工现场消防安全技术规范(GB 50720—2011)
73. 高温作业分级(GB/T 4200—2008)
74. 常用危险化学品贮存通则(GB 15603—1995)
75. 缺氧危险作业安全规程(GB 8958—2006)
76. 焊接与切割安全(GB 8958—2006)